轻松学

电脑基础操作

Windows8+Office2013+上网冲浪)

顾永湘 主编

东南大学出版社
·南 京·

内容简介

本书是《轻松学》系列丛书之一，全书以通俗易懂的语言、翔实生动的实例，全面介绍了Windows 8系统与Office 2013软件的使用方法，以及如何使用电脑上网冲浪。本书共分12章，涵盖了电脑使用常识、Windows 8快速入门、Windows 8系统设置、设置输入法与汉字输入、管理电脑软件与硬件、使用Word处理电子文本、使用Excel编辑电子表格、使用PowerPoint制作演示文稿、使用电脑上网冲浪、Windows 8的多媒体应用、Windows 8的附件与功能以及电脑的安全与优化设置等内容。

全书双栏紧排，双色印刷，同时配以制作精良的多媒体互动教学光盘，方便读者扩展学习。附赠的DVD光盘中包含15小时与图书内容同步的视频教学录像和5套与本书内容相关的多媒体教学视频。此外，光盘中附赠的云视频教学平台(普及版)能够让读者轻松访问上百千兆字节容量的免费教学视频学习资源库。

本书面向电脑初学者，是广大电脑初中级用户、家庭电脑用户，以及不同年龄阶段电脑爱好者的首选参考书。

图书在版编目(CIP)数据

电脑基础操作：Windows 8＋Office 2013＋上网冲浪/顾永湘主编. —南京：东南大学出版社，2014.4

ISBN 978-7-5641-4043-4

Ⅰ.①电… Ⅱ.①顾… Ⅲ.①Windows操作系统②办公自动化—应用软件③因特网 Ⅳ.①TP3

中国版本图书馆CIP数据核字(2014)第025961号

电脑基础操作(Windows 8＋Office 2013＋上网冲浪)

出版发行 东南大学出版社
社　　址 南京市四牌楼2号　**邮编** 210096
出 版 人 江建中
网　　址 http://www.seupress.com
电子邮箱 press@seupress.com
经　　销 全国各地新华书店
印　　刷 江苏徐州新华印刷厂
开　　本 787mm×1092mm　1/16
印　　张 17
字　　数 380千
版　　次 2014年4月第1版
印　　次 2014年4月第1次印刷
书　　号 ISBN 978-7-5641-4043-4
定　　价 42.00元

本社图书若有印装质量问题，请直接与营销部联系。电话(传真)：025-83791830

丛书序

首先，感谢并恭喜您选择本系列丛书！《轻松学》系列丛书挑选了目前人们最关心的方向，通过实用精炼的讲解、大量的实际应用案例、完整的多媒体互动视频演示、强大的网络售后教学服务，让读者从零开始、轻松上手、快速掌握，力求让所有人都能即学即用，真正做到满足工作和生活的需要。

丛书、光盘和网络服务特色

(1) 双栏紧排，双色印刷：本丛书采用双栏紧排的格式，使图文排版紧凑实用，其中 200 多页的篇幅容纳了传统图书一倍以上的内容。从而在有限的篇幅内为读者奉献更多的电脑知识和实战案例，让读者的学习效率达到事半功倍的效果。

(2) 结构合理，内容精炼：本丛书紧密结合自学的特点，由浅入深地安排章节内容，让读者能够一学就会、即学即用。书中的范例通过添加大量的"注意事项"和"专家指点"的注释方式突出重要知识点，使读者轻松领悟每一个范例的精髓所在。

(3) 书盘结合，互动教学：丛书附赠一张精心开发的多媒体教学光盘，其中包含了 15 小时左右与图书内容同步的视频教学录像。光盘采用全程语音讲解、真实详细的操作演示等方式，紧密结合书中的内容对各个知识点进行深入的讲解。

(4) 免费赠品，量大超值：附赠光盘采用大容量 DVD 格式，收录书中实例视频、源文件以及 3～5 套与本书内容相关的多媒体教学视频。此外，光盘中附赠的云视频教学平台（普及版）能够让读者轻松访问上百 GB 容量的免费教学视频学习资源库，让读者花最少的钱学到最多的电脑知识，真正做到物超所值。

(5) 在线服务，贴心周到：本丛书通过技术交流 QQ 群（101617400、2463548）和精心构建的特色服务论坛（http://bbs.btbook.com.cn），为读者提供 24 小时便捷的在线服务。用户可以登录官方论坛下载大量免费的网络教学资源。

读者对象和售后服务

本丛书是广大电脑初中级用户、家庭电脑用户和中老年电脑爱好者，或学习某一应用软件用户的首选参考书。

最后感谢您对本丛书的支持和信任，我们将再接再厉，继续为读者奉献更多更好的优秀图书，并祝愿您早日成为电脑高手！

如果您在阅读图书或使用电脑的过程中有疑惑或需要帮助，可以通过我们的信箱（E-mail：easystudyservice@126.net）联系，本丛书的作者或技术人员会提供相应的技术支持。

丛书编委会

2014 年 3 月

电脑操作已经成为当今社会不同年龄层次的人群必须掌握的一门技能。为了使读者在短时间内轻松掌握电脑各方面应用的基本知识，并快速解决生活和工作中遇到的各种问题，我们组织了一批教学精英和业内专家特别为电脑学习用户量身订制了这套《轻松学》系列丛书。

《电脑基础操作（Windows 8＋Office 2013＋上网冲浪）》是这套丛书中的一本，该书从读者的学习兴趣和实际需求出发，合理安排知识结构，由浅入深、循序渐进，通过图文并茂的方式讲解电脑基础操作的各种应用方法和技巧。全书共分为 12 章，主要内容如下：

第 1 章：介绍了操作电脑的常用知识。

第 2 章：介绍了 Windows 8 操作系统的基本知识。

第 3 章：介绍了设置 Windows 8 系统的方法与技巧。

第 4 章：介绍了在 Windows 8 中设置输入法与输入汉字的方法。

第 5 章：介绍了管理电脑软件与硬件的方法与技巧。

第 6 章：介绍了使用 Word 2013 处理文本的方法与技巧。

第 7 章：介绍了使用 Excel 2013 编辑电子文本的方法与技巧。

第 8 章：介绍了使用 PowerPoint 2013 制作演示文稿的方法与技巧。

第 9 章：介绍了使用电脑上网冲浪的方法与技巧。

第 10 章：介绍了 Windows 8 系统的多媒体应用方法与技巧。

第 11 章：介绍了 Windows 8 系统的常用附件与功能。

第 12 章：介绍了优化与维护电脑安全的方法与技巧。

本书附赠一张精心开发的 DVD 多媒体教学光盘，其中包含了 15 小时左右、与图书内容同步的视频教学录像。光盘采用全程语音讲解、情景式教学、真实详细的操作演示等方式，紧密结合书中的内容对各个知识点进行深入的讲解，使读者在阅读本书的同时享受到全新的交互式多媒体教学。

此外，本光盘附赠大量学习资料，其中包括 5 套与本书内容相关的多媒体教学视频和云视频教学平台（普及版），该平台能够让读者轻松访问上百 GB 容量的免费教学视频学习资源库。这些使读者在短时间内掌握最为实用的电脑知识，真正达到无师自通的效果。

除封面署名的作者外，参加本书编写的人员还有王毅、孙志刚、李珍珍、胡元元、金丽萍、张魁、谢李君、沙晓芳、管兆昶、何美英等人。由于作者水平有限，本书难免有不足之处，欢迎广大读者批评指正。我们的联系信箱是 easystudyservice@126. net。

编　者

2014 年 3 月

第 5 章 管理电脑软件和硬件

第 6 章 使用 Word 处理电子文本

第 7 章 使用 Excel 编辑电子表格

第 10 章 Windows 8 的多媒体应用

第 11 章 Windows 8 的附件与功能

第 12 章 电脑的安全与优化设置

第1章 电脑使用常识

随着社会的进步和发展，电脑已经得到了普及，给人们的学习、工作、娱乐和生活带来了极大的方便，相应的电脑基础操作也成为了人们从事各行各业工作的必备知识。本章将主要介绍电脑的基础知识，带领大家进入电脑的神秘世界。

1.1 电脑的基础知识

电脑的学名为电子计算机，由早期的电动计算器发展而来，是一种能够按照程序运行，自动、高速处理海量数据的现代化智能电子设备。

1.1.1 电脑的外观

电脑由硬件与软件组成，没有安装任何软件的电脑称为"裸机"。常见的电脑类型有台式电脑、笔记本电脑和平板电脑等，其中台式电脑从外观上看，由显示器、主机、键盘、鼠标等几个部分组成，其各部分的作用如下。

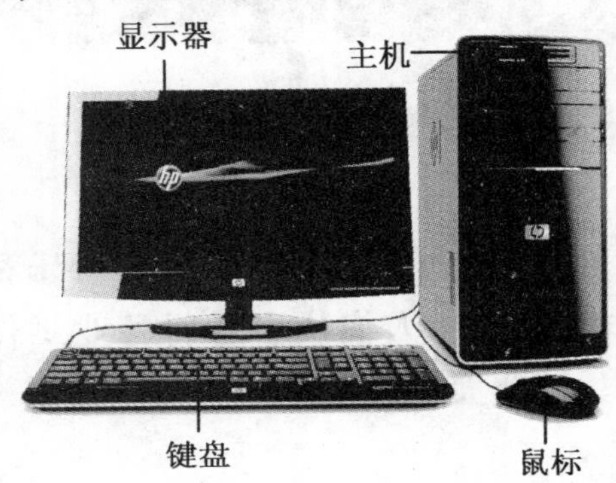

- 显示器：显示器是电脑的 I/O 设备，即输入输出设备，可以分为 CRT、LCD 等多种(目前市场上常见的显示器多为 LCD 显示器，即液晶显示器)。
- 主机：电脑主机指的是电脑除去输入输出设备以外的主要机体部分。它是用于放置主板以及其他电脑主要部件的控制箱体(容器)。
- 键盘：键盘是电脑用于操作设备运行的一种指令和数据输入装置，是电脑最重要的输入设备之一。
- 鼠标：鼠标是电脑用于显示操作系统纵横坐标定位的指示器，因其外观形似老鼠而得名。

1.1.2 电脑的用途

对于普通用户而言，电脑的常用用途主要包括资源管理、电脑办公、视听播放、上网冲浪以及游戏娱乐等几个方面。

1. 资源管理

电脑可以帮助用户更加轻松地掌握并管理各种电子化的数据信息，例如各种电子表格、办公文档、联系信息、视频资料以及图片文件等。用户通过操作电脑，不仅可以方便地保存各种资源，还可以随时在电脑中调出并查看自己所需的内容。

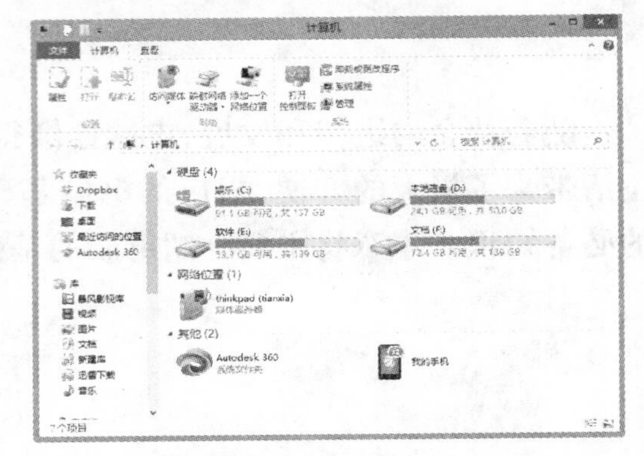

2. 电脑办公

随着电脑的普及，目前几乎所有的办公场所都有使用电脑，尤其是一些从事金融投资、动画制作、广告设计、机械设计等行业的单位，更是离不开电脑的协助。电脑在办公操作中的用途很多，例如制作办公文档、财务报表、3D 效果图、图片设计等。

3. 视听播放

听音乐和看视频是电脑最常用的功能之一。电脑拥有很强的兼容能力，使用电脑的视听播放功能，不仅可以播放各种 DVD、CD 碟片和 MP3、MP4 格式音乐与视频，还可以播放一些特殊格式的音乐或视频文件。因此，目前很多家庭电脑已经逐步代替客厅中的各种影音播放机，组成更强大的视听家庭影院。

4. 上网冲浪

电脑接入 Internet 后，可以为用户带来更多的便利，例如可以在网上看新闻、下载资源、联络好友、购物、浏览微博等。而这一切只是人们使用电脑上网最基本应用而已。随着 Web 2.0 时代的到来，更多的电脑用户可以通过 Internet 相互联系，而且不仅仅只是在互联网上冲浪，每一个用户还可以成为波浪的制造者。

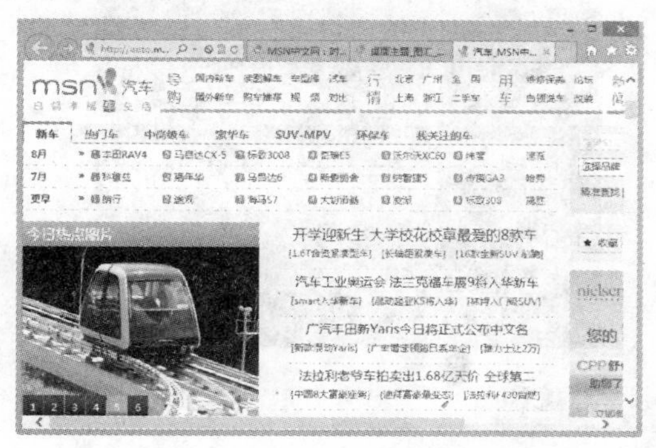

5. 游戏娱乐

电脑游戏是指在电脑上运行的游戏软件，这种软件是一种具有娱乐功能的电脑软件。电脑游戏为游戏参与者提供了一个虚拟的空间，从一定程度上让人可以摆脱现实世界，在另一个世界中扮演真实世界中扮演不了的角色。同时随着电脑多媒体技术的发展，游戏给了人们很多体验和享受。

1.1.3 电脑的分类

电脑经过数十年的发展，出现了多种类型，常见的有台式电脑、平板电脑、笔记本电脑三种。下面分别介绍这三种不同种类电脑的特点。

1. 台式电脑

台式电脑是出现最早，也是目前最常见的电脑，其优点是耐用并且价格实惠，缺点是笨重，并且耗电量较大。常见的台式电脑一般分为一体式电脑与分体式电脑两种。其中，一体式电脑又称为一体式台式机，是一种将主机、显示器，甚至键盘和鼠标都整合在一起的新形态电脑，其产品的创新在于电脑内部元件的高度集成；分体式电脑即一般常见的台式电脑。

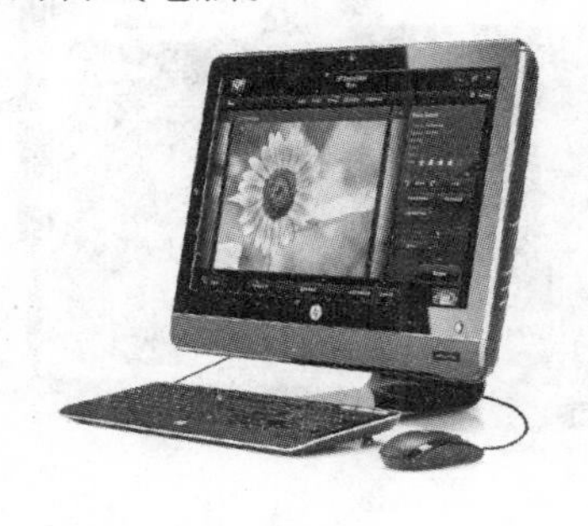

2. 平板电脑

平板电脑(简称 Tablet PC)是一种小型、方便携带的个人电脑，一般以触摸屏作为基本的输入设备。平板电脑的主要特点是显示器可以随意旋转，一般采用小于 10.4 英寸的液晶屏幕，并且都是带有触摸识别的液晶屏，可以用电磁感应笔手写输入。

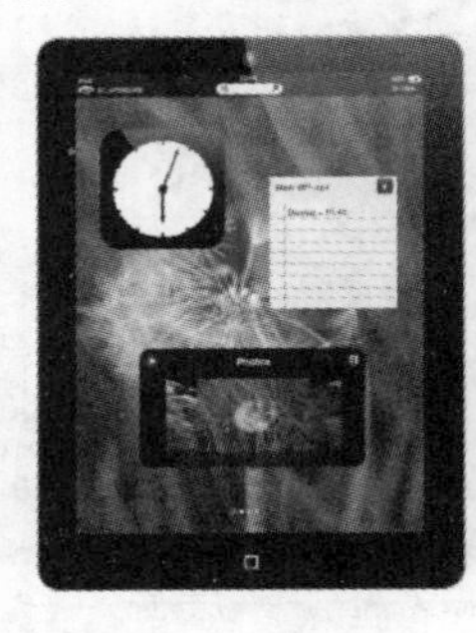

3. 笔记本电脑

笔记本电脑又被称为手提电脑或膝上电脑(简称 NoteBook)，是一种小型的，可随身携带的个人电脑。笔记本电脑通常重 1～3 千克，其发展趋势是体积越来越小，重量越来越轻，而功能却越来越强大。目前，最新推出的笔记本电脑产品为 Intel 公司推出的 Ultrabook，即所谓“超级本”。

1.2 电脑的硬件设备

电脑系统由硬件与软件组成，其硬件设备包括构成电脑的必备硬件设备与常用外部设备两种，本节将分别介绍这两类电脑硬件设备的外观和功能。

1.2.1 必备硬件设备

电脑的主要硬件设备包括主板、CPU、内存、硬盘、显卡、电源、机箱、显示器、电源、键盘、鼠标、光驱等，其各自的外观与功能如下。

1. 主板

电脑的主板是电脑主机的核心配件，它安装在机箱内。

主板的外观一般为矩形的电路板，其上安装了组成电脑的主要电路系统，一般包括 BIOS 芯片、I/O 控制芯片、键盘和面板控制开关接口等。

2. CPU

CPU 是电脑解释和执行指令的部件，它控制整个电脑系统的运行，因此 CPU 也被称作是电脑的“心脏”。CPU 安装在电脑的主板上的 CPU 插座中。

CPU 由运算器、控制器和寄存器及实现它们之间联系的数据、控制及状态的总线构成，其运作原理大致可分为提取(Fetch)、解码(Decode)、执行(Execute)和写回(Writeback)这四个阶段。

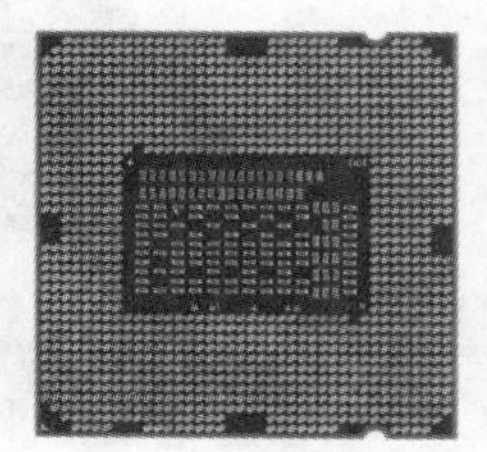

3. 内存

内存(Memory)也称为内存储器，是电脑中重要的部件之一，它是外部存储器与 CPU 进行沟通的桥梁，其作用是暂时存放 CPU 进行运算时的中间数据，以及 CPU 与硬盘等外部存储器要交换的数据。内存被安装在电脑主板的内存插槽中，其运行情况决定了电脑能否稳定运行。

4. 硬盘

硬盘是电脑的主要存储媒介之一，由一个或者多个铝制或者玻璃制的碟片组成，外覆盖有磁性材料。绝大多数硬盘都是固定硬盘，被永久性地密封固定在硬盘驱动器中。硬盘一般被安装在电脑机箱上的驱动器架上，通过数据线与电脑主板相连。

5. 显卡

显卡全称为显示接口卡(Graphics Card)，又称为显示适配器(Video Card)，它是电脑最基本组成部分之一。显卡安装在电脑主板上的 PCI Express(或 AGP、PCI)插槽中，其用途是将电脑系统所需要的显示信息进行转换驱动，并向显示器提供行扫描信号，控制显示器的正确显示。

6. 机箱

机箱作为电脑配件中的一部分，其主要功能是放置和固定各电脑配件，起到一个承托和保护作用。

机箱可以看作是电脑主机的"房子"。它由金属钢板和塑料面板制成,为电源、主板、各种扩展板卡、软盘驱动器、光盘驱动器、硬盘驱动器等存储设备提供安装空间,并通过支架、各种螺丝或卡子、夹子等连接件将这些零部件牢牢的固定在机箱内部,形成一台主机。

7. 显示器

显示器通常也被称为监视器,是一种将一定的电子文件通过特定的传输设备显示到屏幕上再反射到人眼的显示工具。目前市场上常见的显示器均为 LCD(液晶)显示器。

8. 电源

电脑电源是把 220V 交流电转换成直流电,并专门为电脑配件(例如主板、驱动器、显卡等)供电的设备。它是电脑各部件供电的枢纽,也是电脑的重要组成部分。电脑的电源一般安装在机箱上专门的电源架中。

9. 键盘

电脑键盘是一种把文字的控制信息输入电脑的通道,由英文打字机键盘演变而来。台式电脑键盘一般使用 PS/2 或 USB 接口与电脑主机相连。

10. 鼠标

鼠标的标准称呼应该是"鼠标器"(Mouse)。鼠标的使用是为了使计算机的操作更加简便,以代替键盘繁琐的指令。台式电脑所使用的鼠标与键盘一样,一般采用 PS/2 或 USB 接口与电脑主机相连。

11. 光驱

光驱是电脑用来读写光碟内容的设备,也是在台式电脑中较常见的一个部件。随着多媒体的应用越来越广泛,光驱在大部分电脑中已经成为标准配置。目前,市场上常见的光驱可分为 CD-ROM、DVD-ROM、COMBO 和刻录机等。

- CD-ROM:只读光驱,只能读取 CD 光盘中的信息,目前已很少使用。
- DVD-ROM:只读光驱,既可读取 CD 光盘中的信息,也能读取 DVD 光盘中的信息。

◎ 刻录机：使用刻录机可以将电脑中的数据写入 CD 或 DVD 光盘，从而制作音像光盘、数据光盘或启动盘等。

◎ COMBO：既具有 DVD-ROM 读取 DVD 的功能，又具备刻录机刻录光盘的功能。

1.2.2 常用外部设备

电脑的外部设备能够使电脑实现更多的功能，常见的外部设备一般包括打印机、摄像头、移动存储设备、耳机与耳麦、音箱、麦克风等。下面将分别介绍这些设备的外观与功能。

1. 打印机

打印机（Printer）是电脑的输出设备之一，其作用是将电脑的处理结果打印在相关介质上。打印机是最常见的电脑外部设备之一。

2. 摄像头

电脑摄像头（Camera）又称为电脑相机、电脑眼等，是一种视频输入设备，被广泛的运用于视频会议、远程医疗及实时监控等方面。

3. 移动存储设备

移动存储设备指的是便携式的数据存储装置，此类设备带有存储介质及读写介质的功能，不需要（或很少需要）其他设备（例如电脑）的协助。现代的移动存储设备主要有移动硬盘、U 盘（闪存盘）和各种记忆卡（存储卡）等。

4. 耳机与耳麦

耳机是使用电脑听音乐、玩游戏或看电影必不可少的设备，它能够从声卡中接收音频信号，并将其还原为真实的音乐。耳麦是耳机与麦克风的结合体，它不同于普通的耳机：普通耳机往往是立体声的，而耳麦多是单声道的，同时耳麦有普通耳机所没有的麦克风。

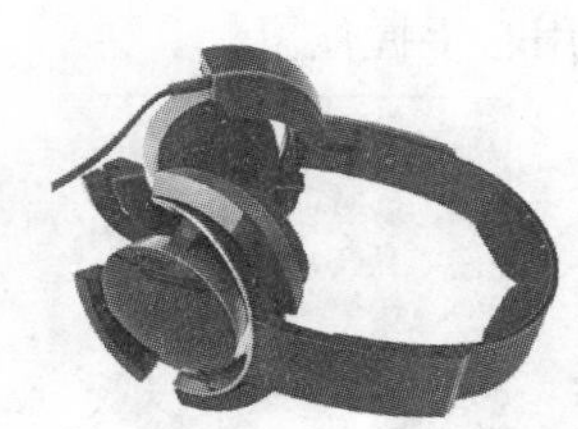

5. 音箱

音箱是最为常见的电脑音频输出设备，由多个带有喇叭的箱体组成。目前，音箱的种类和外形多种多样，常见音箱如下图所示。

6. 麦克风

麦克风的学名为传声器，是一种能够将声音信号转换为电信号的能量转换器件，由英文 Microphone 翻译而来(也称话筒、微音器)。将麦克风配合电脑使用，可以向电脑中输入音频(录音)，或者通过一些专门的语音软件(例如 QQ 或歪歪)与远程用户进行网络语音对话。

1.3 使用鼠标与键盘

操作电脑主要依靠鼠标和键盘，而电脑的基本操作是从鼠标的使用开始的，无论用户是打开电脑中的一个程序，还是关闭电脑，都需要利用鼠标来操作。下面我们将详细介绍鼠标和键盘的具体使用方法。

1.3.1 使用鼠标

鼠标上一般有三个按键，分别是左键、右键和滚轮(中键)，它们分别有不同的功能。在操作鼠标时，应采用正确的握姿。一般情况下，鼠标放在显示器的右侧，操作者使用右手握住鼠标。

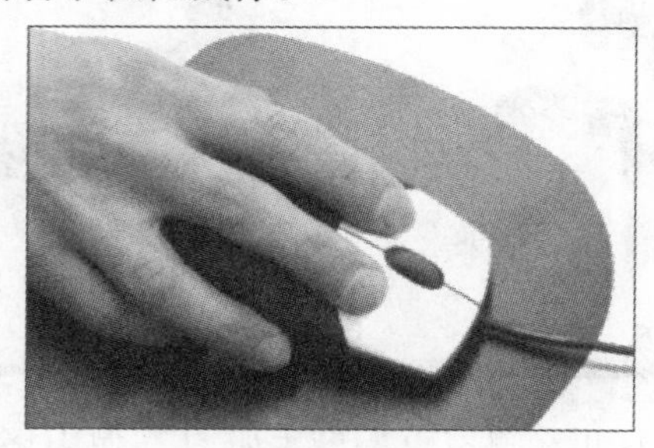

握住鼠标的正确方法如下。

- 将鼠标平放在鼠标垫上，手心轻贴鼠标后部，拇指横向放在鼠标左侧，无名指和小指轻轻抓住鼠标右侧。
- 食指和中指自然弯曲，分别轻放在鼠标左键和右键上。
- 手腕自然放于桌面上，移动鼠标时只需移动手腕运动即可。

1.3.2 操作键盘

键盘是最常用的电脑输入设备，其键位结构分为主键盘区、功能键区、编辑键区、数字键区和提示灯区。

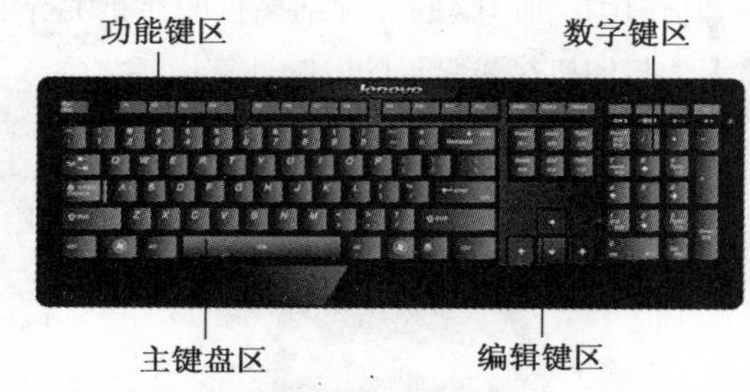

1. 认识键盘布局功能

主键盘区

键盘上主键盘区中各键的功能如下。

- 制表位键 Tab：快速移动光标到下一个制表位。
- 大写锁定键 Caps Lock：在大、小写字母输入状态间切换，灯亮为大写字母输入状态。
- 上档键 Shift：输入上档字符或大写字母。如要输入“%”，可在按住 Shift 键的同时按数字 5 键。
- 组合键 Alt 和 Ctrl：必须与其他的键位配合才能起作用，单独使用不起作用。如 Ctrl+Alt+Del 组合键用来在 Windows 下结束正在运行的某项任务或重新启动计算机。

▶ 空格键 Space：每按一次输入一个空格字符。

▶ 回车键 Enter：确认或换行。如果在 Word 中按回车键，则增加一个段落。

▶ 退格键 Backspace：删除光标左面的字符。

▶ 取消键 Esc：取消正在进行的操作。

▶ 字母键：按一次输入一个相应的字母。

▶ 数字键：按一次输入一个相应的数字或符号。

▶ Windows 功能键：⊞ 打开"开始"菜单，▤ 打开快捷菜单（相当于右击）。

功能键区

键盘上 F1～F12 这些功能键在不同的软件中功能是不同的，F1 通常是帮助键。

编辑键区

▶ 复制屏幕键 Print Screen：复制整个屏幕到剪贴板。按下 Alt＋Print Screen 组合键，则复制活动窗口到剪贴板。

▶ 插入/改写键 Insert：在插入和改写状态间切换。

▶ 删除键 Delete：删除光标右边的字符。

▶ 移动光标键 Home：快速移动光标到行首。按下 Ctrl＋Home 组合键可快速移动光标到文章的起始位置。

▶ 移动光标键 End：快速移动光标到行尾。按下 Ctrl＋End 组合键可快速移动光标到文章的最后位置。

▶ 向前翻页键 Page Up：逐页向前翻页。

▶ 向后翻页键 Page Down：逐页向后翻页。

▶ 光标控制键：上、下、左、右 4 个箭头分别用来控制光标向这 4 个方向移动。

数字键区

数字键区又称小键盘区，包括数字键和编辑键。小键盘区左上角有一个数字（或编辑）开关键 Num Lock。当指示灯亮时，表明小键盘区处于数字输入状态，这时可以用来输入数字；当指示灯熄灭时，小键盘区处于编辑输入状态。

2. 键盘输入指法练习

安装打字软件"金山打字通"或其他键盘练习软件进行英文指法练习。

打字姿势

▶ 身体保持正直，手臂与键盘、桌面保持平行。

▶ 手指放于 8 个基准按键上，手腕平直。

▶ 显示器应放在用户正前方，输入原稿应放在显示器的左侧。

击键要领

▶ 手腕要平直，手指要保持弯曲，指尖后的第一关节弯成弧形，分别轻轻地放在基准键的中央。

▶ 输入时手抬起，只有要击键的手指才可以伸出基准键，击键后立即回到基准键位上。

▶ 击键要轻而有节奏。

正确指法

F、J 键位上有一小横杠，称为定位键；第三排的 A、S、D、F、J、K、L、“;”为基准键位，左手的食指到小指分别放在 F、D、S、A 基准键上，而右手的食指到小指分别放在 J、K、L、“;”基准键上；两个大拇指都放在空格键上。

1.4 实战演练

本章的实验操作，将通过连接一台电脑的必要外部设备，帮助用户进一步掌握电脑的基础知识与使用常识。

【例 1-1】将电脑主机与显示器、键盘和鼠标连接在一起。

01 显示器是计算机的主要 I/O 设备之一，它通过一条视频信号线与计算机主机上的显卡视频信号接口连接。常见的显卡视频信号接口有 VGA、DVI 与 HDMI 这三种，显示器与主机之间所使用的视频信号线一般为 VGA 视频信号线或 DVI 视频信号线。

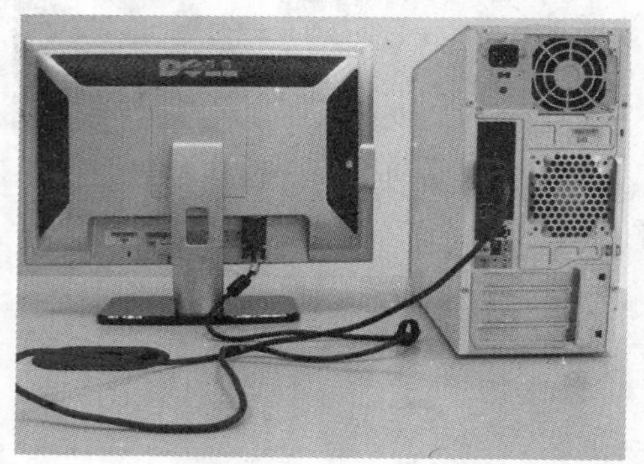

02 在连接主机与显示器时，将视频信号线的一头与主机上的显卡视频信号插槽连接，将另一头与显示器背面视频信号插槽连接即可。

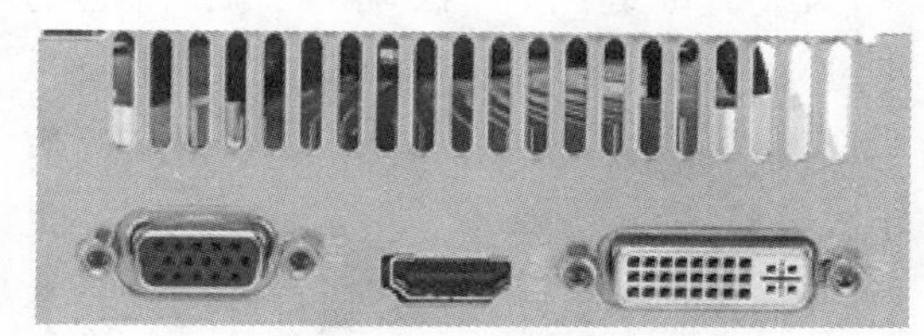

03 在完成主机与显示器的连接后，用户还需连接鼠标和键盘。台式电脑常用的鼠标和键盘接口有 USB 接口与 PS/2 接口两种。

04 USB 接口的键盘、鼠标与电脑主机背面的 USB 接口相连，PS/2 接口的键盘、鼠标与主机背面的 PS/2 接口相连。

1.5 专家答疑

一问一答

问：电脑键盘上有哪些常用的组合键？

答：有 Ctrl+C：复制被选择的项目到剪贴板；Ctrl+V：粘贴剪贴板中的内容到当前位置；Ctrl+X：剪切被选择的项目到剪贴板；Ctrl+Z：撤销上一步操作；Ctrl+S：保存当前操作的文件；Alt+F4：关闭当前应用程序；Win+M：最小化所有被打开的窗口；Ctrl+A：选中全部内容；Shift+Delete：永久删除所选项目，而不将其放到回收站中。

第2章 Windows 8 快速入门

Windows 8 系统画面与操作方式相比传统 Windows 变化极大，采用了全新的 Metro 风格用户界面，各种应用程序、快捷方式等以动态方块的样式呈现在屏幕上，用户可以将常用的浏览器、游戏、应用等添加到这些方块中。

参见随书光盘

例 2-7 调整桌面任务栏位置
例 2-8 调整窗口大小
例 2-9 设置文件查看方式
例 2-10 设置文件排序方式
例 2-11 选择文件或文件夹
例 2-12 复制与剪切文件
例 2-13 删除文件或文件夹
例 2-14 使用资源管理器
例 2-15 使用【计算机】窗口查看文件
例 2-16 添加与删除磁贴
例 2-18 使用“系统配置”功能

2.1 安装并激活 Windows 8

在安装 Windows 8 操作系统之前,用户应先了解该系统对硬件的配置要求,以判断当前设备是否能够安装。Windows 8 系统的安装运行环境需求如下。

- 1GHz(或以上)的处理器。
- 1GB RAM(32 位)或 2GB RAM(64 位)。
- 16GB 硬盘空间(32 位)或 20GB 硬盘空间(64 位)
- 一个带有 Windows 显示驱动 1.0 的 DirectX 9 图形设备。

在确认本机可以安装 Windows 8 系统后,即可开始安装该系统。下面将通过实例详细介绍在普通电脑中安装 Windows 8 的方法(包括全新安装和升级安装)。

2.1.1 升级安装 Windows 8

用户可以参考下面介绍的方法,使用升级工具安装 Windows 8。

【例 2-1】升级安装 Windows 8 操作系统。

01 将 Windows 8 安装光盘放入光驱中,然后在弹出的【Windows 安装程序】对话框中单击【现在安装】按钮。

02 在打开的【Windows 安装程序】对话框中单击【立即在线安装更新】按钮。

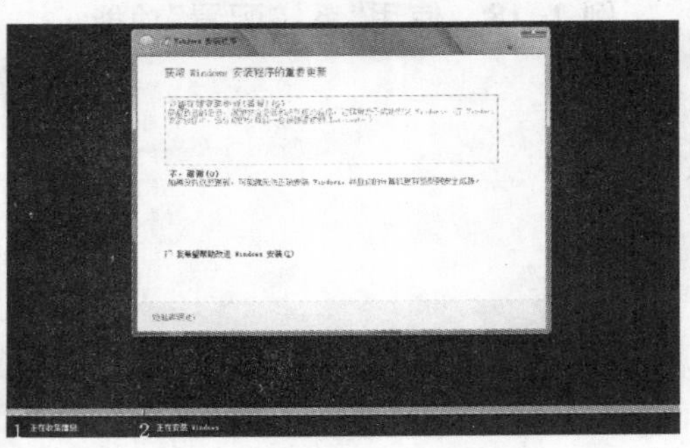

03 此时,系统将自动更新并打开下图所示的【许可条款】对话框,用户在该对话框中选中【我接受许可条款】复选框后,单击【下一步】按钮即可。

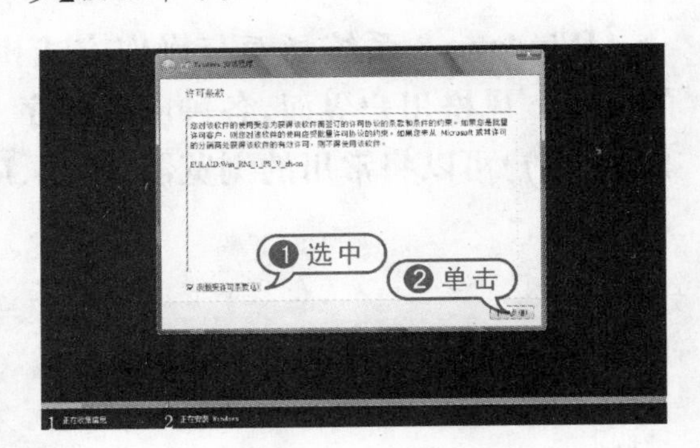

04 在打开的【你想执行哪种类型的安装】对话框中单击【升级:安装 Windows 并保留文件、设置和应用程序】按钮。

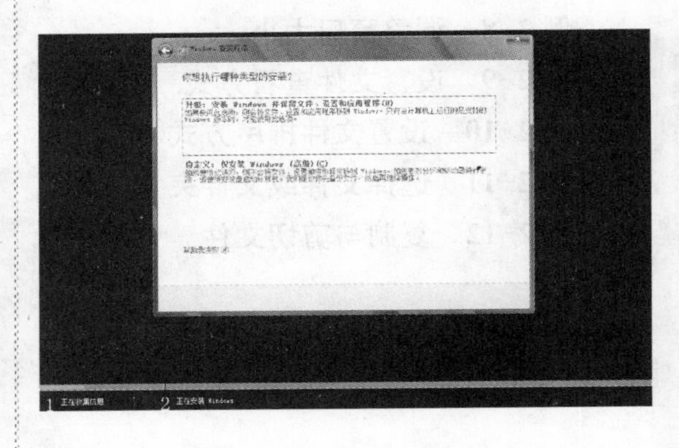

05 在打开的系统安装对话框中选择 Windows 8 的安装路径后,单击【下一步】按钮。

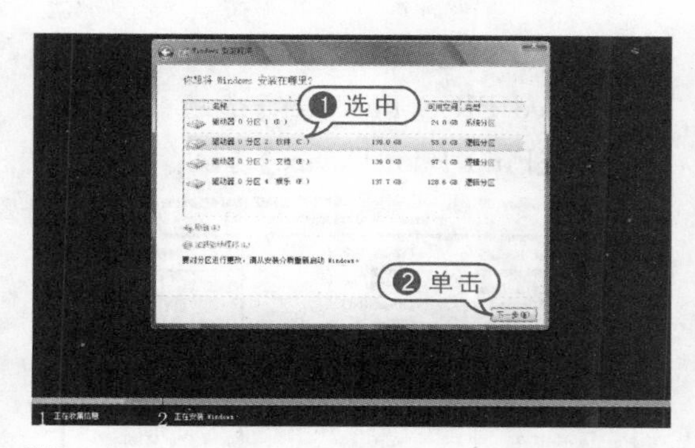

06 在打开的提示对话框中单击【确定】按钮，然后单击【下一步】按钮，Windows 8 操作系统将完成系统安装信息的收集，开始系统安装阶段。

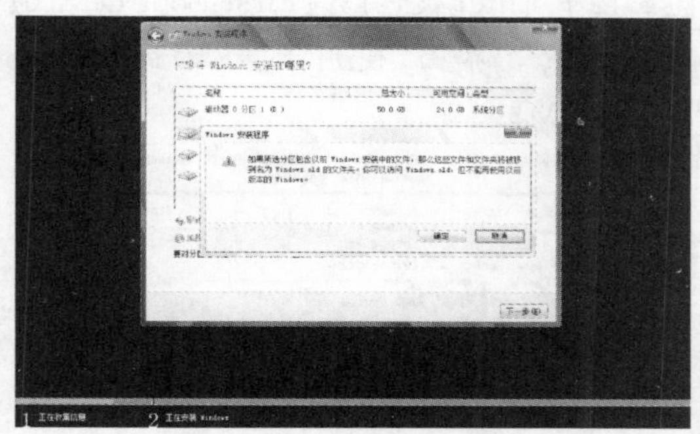

07 在系统的安装提示下，安装程序将在若干秒后自动重新启动，用户可以单击对话框中的【立即重启】按钮，手动立即重新启动电脑。

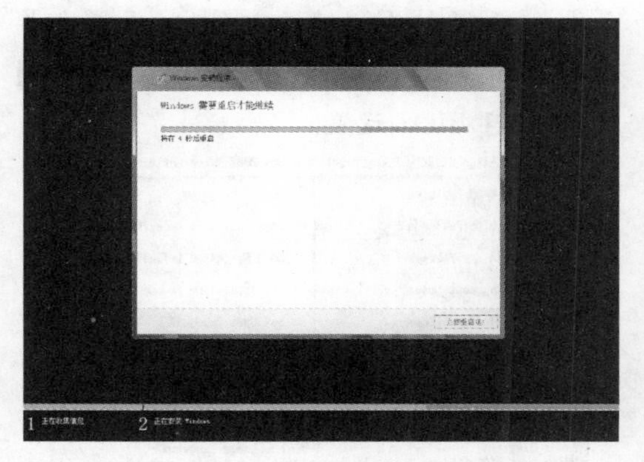

08 重新启动电脑后，将打开【个性化】设置界面，用户需要在该界面的文本框内输入电脑名称，然后单击【下一步】按钮开始配置Windows 8 系统信息。

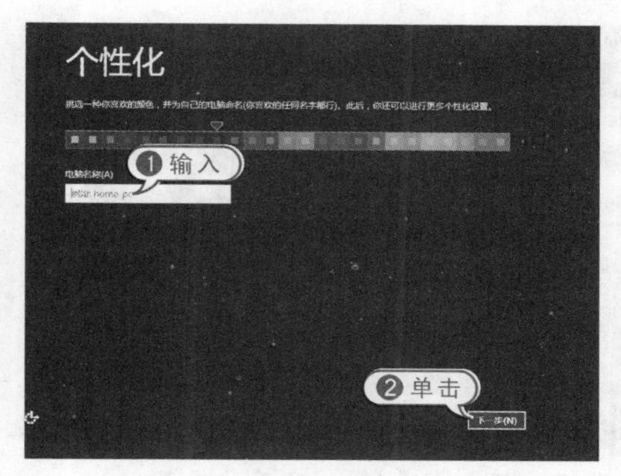

09 在打开的【设置】界面中单击【使用快速设置】按钮，采用界面中设定的快速配置方案设置电脑的更新、位置、姓名、用户头像以及共享连接等。

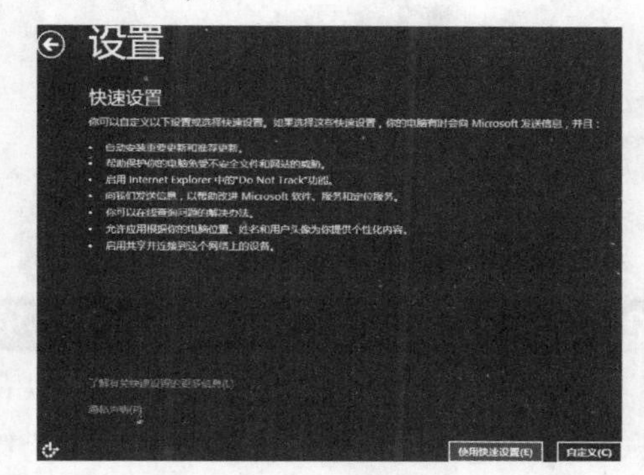

10 在打开的【登录到电脑】界面的文本框内输入一个用于登录Windows 8系统的电子邮箱地址后，单击【下一步】按钮。

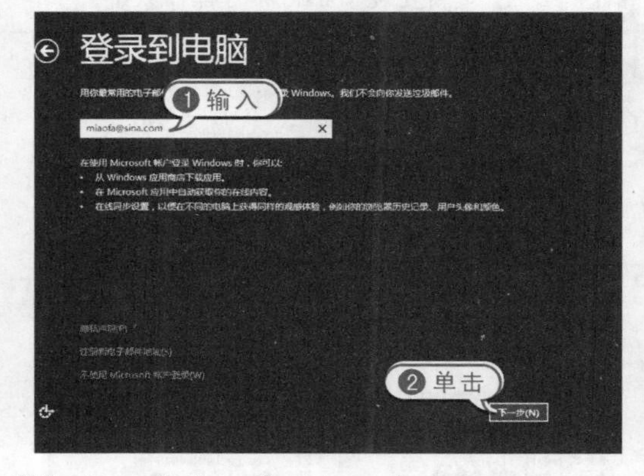

11 根据安装程序的提示完成相应的操作，即可开始安装系统应用与桌面，并进入 Metro UI 界面。

12 单击 Metro 界面左下角的【桌面】图标，即可打开 Windows 8 的系统桌面。

2.1.2 全新安装 Windows 8

若用户需要通过光盘启动安装 Windows 8，应重新启动电脑并将光驱设置为第一启动盘，然后使用 Windows 8 安装光盘引导完成系统的安装操作。

【例 2-2】全新安装 Windows 8 操作系统。

01 在启动电脑时按住 Del 键不放，进入 BIOS 设置界面，设置电脑从光盘启动。

```
CMOS Setup Utility - Copyright (C) 1984-2002 Award Software
▶ Standard CMOS Features        Select Language
▶ Advanced BIOS Features        Load Fail-Safe Defaults
▶ Integrated Peripherals        Load Optimized Defaults
▶ Power Management Setup        Set Supervisor Password
▶ PnP/PCI Configurations        Set User Password
▶ PC Health Status              Save & Exit Setup
▶ Frequency/Voltage Control     Exit Without Saving
  Top Performance
Esc : Quit                      F3  : Change Language
F8  : Dual BIOS/Q-Flash         F10 : Save & Exit Setup
              Miscellaneous BIOS Features...
```

02 在 BIOS 设置界面中选择【Advanced BIOS Features】选项，然后按 Enter 键进入【Advanced BIOS Features】选项的设置界面，选中【First Boot Device】选项。

```
CMOS Setup Utility - Copyright (C) 1984-2002 Award Software
                 Advanced BIOS Features
  First Boot Device          [CDROM    ]    Item Help
  Second Boot Device         [HDD-0    ]
  Third Boot Device          [CDROM    ]    Menu Level  ▶
  Boot Up Floppy Seek        [Disabled]
  Password Check             [Setup ]       Select Boot Device
  DRAM Data Integrity Mode    Non-ECC       Priority
  Init Display First         [AGP     ]
  LOGO/LOTTO Show            [FaceWizard]   [Floppy]
× Last Number                 42            Boot from floppy
× Lucky numbers               6
× Special number              No            [LS120]
× Start with zero             No            Boot from LS120
× Delay time (sec.)           5
× Your birthday               1972  8 17    [HDD-0]
                                            Boot from First HDD

                                            [HDD-1]
                                            Boot from second HDD
↑↓→←:Move  Enter:Select  +/-/PU/PD:Value  F10:Save  ESC:Exit  F1:General Help
F3:Language  F5:Previous Values  F6:Fail-Safe Defaults  F7:Optimized Defaults
```

03 按下 Enter 键，打开【First Boot Device】选项的设置界面，使用上、下方向键选择【CD-ROM】选项。

```
CMOS Setup Utility - Copyright (C) 1984-2002 Award Software
                 Advanced BIOS Features
  First Boot Device          [CDROM    ]    Item Help
  Second Boot Device         [HDD-0    ]
  Third Boot Device          [CDROM    ]    Menu Level  ▶
  Boot Up Floppy Seek        [Disabled]
  Password Check
  DRAM Data Integri   First Boot Device
  Init Display Firs
  LOGO/LOTTO Show     Floppy   ..... [ ]
× Last Number         LS120    ..... [ ]
× Lucky numbers       HDD-0    ..... [ ]
× Special number      SCSI     ..... [ ]
× Start with zero     CDROM    ..... [■]
× Delay time (sec.)   HDD-1    ..... [ ]
× Your birthday       HDD-2    ..... [ ]
                      HDD-3    ..... [ ]
                      ↑↓:Move     ENTER:Accept
                      ESC:Abort
↑↓→←:Move  Enter:Select  +/-/PU/PD:Value  F10:Save  ESC:Exit  F1:General Help
F3:Language  F5:Previous Values  F6:Fail-Safe Defaults  F7:Optimized Defaults
```

04 按下 Enter 键确认，设置光驱为第一启动设备，然后按 Esc 键返回 BIOS 设置主界面，并在该界面中选择【Save & Exit Setup】选项，保存 BIOS 设置。

```
CMOS Setup Utility - Copyright (C) 1984-2002 Award Software
▶ Standard CMOS Features        Select Language
▶ Advanced BIOS Features        Load Fail-Safe Defaults
▶ Integrated Peripherals        Load Optimized Defaults
▶ Power Management Setup        Set Supervisor Password
▶ PnP/PCI Configurations        Set User Password
▶ PC Health Status              Save & Exit Setup
▶ Frequency/Voltage Control     Exit Without Saving
  Top Performance
Esc : Quit                      F3  : Change Language
F8  : Dual BIOS/Q-Flash         F10 : Save & Exit Setup
                 Save Data to CMOS
```

05 在弹出的提示框中输入“Y”后按下 Enter 键重新启动电脑，在电脑启动提示“Press

any key to boot from CD or DVD..."时，按下键盘上的任意键进入 Windows 8 安装程序。在打开的【Windows 安装程序】窗口中单击【现在安装】按钮。

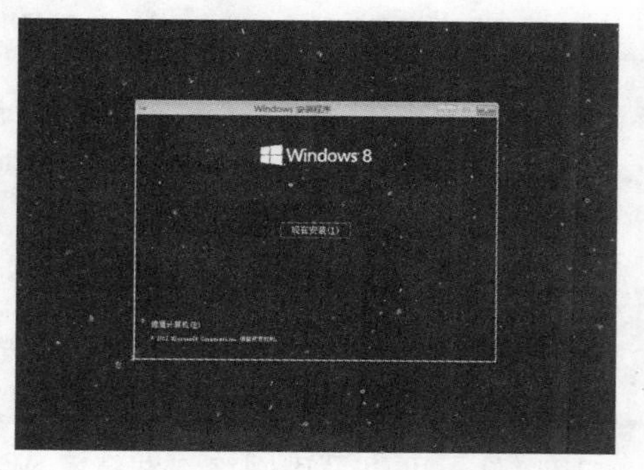

06 在打开的【输入产品密钥以激活 Windows】窗口中输入 Windows 8 的产品密钥后，单击【下一步】按钮。

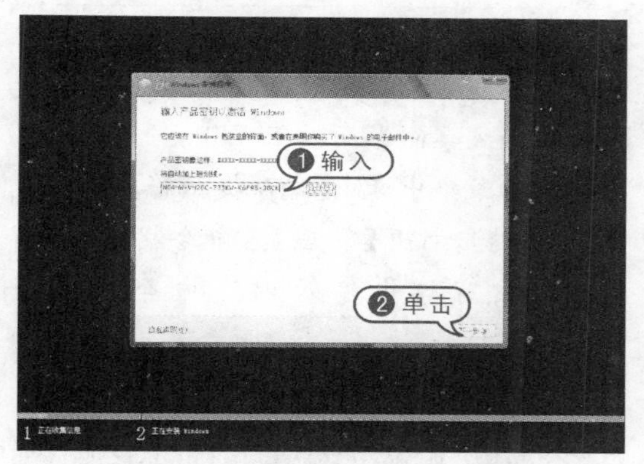

07 参考【例 2-1】所介绍的步骤即可完成 Windows 8 系统的安装。

2.1.3 激活 Windows 8 系统

当用户完成 Windows 8 系统的安装操作后，需要通过网络或电话激活系统，才能够正常使用。下面将详细介绍激活 Windows 8 的具体操作方法。

1. 通过网络在线激活

Windows 系统的激活一直以来都是该软件的重要组成部分，Windows 8 采用的是 OEM Activation 3.0(硬件系统授权合法性验证，简称 OA)技术。用户可参考下面介绍的方法，通过网络激活 Windows 8。

【例 2-3】完成 Windows 8 的安装后，通过网络在线激活该系统。

01 在确认当前电脑能够接入 Internet 后，将鼠标指针悬停于系统界面的右下角，然后在弹出的 Charm 菜单中单击【设置】按钮，打开相应的选项区域。

02 在打开的选项区域中单击【控制面板】按钮，打开【控制面板】窗口。

03 在打开的【控制面板】窗口中单击【系统和安全】选项，打开【系统和安全】窗口，再在【系统和安全】窗口中单击【操作中心】选项，打开【操作中心】窗口。

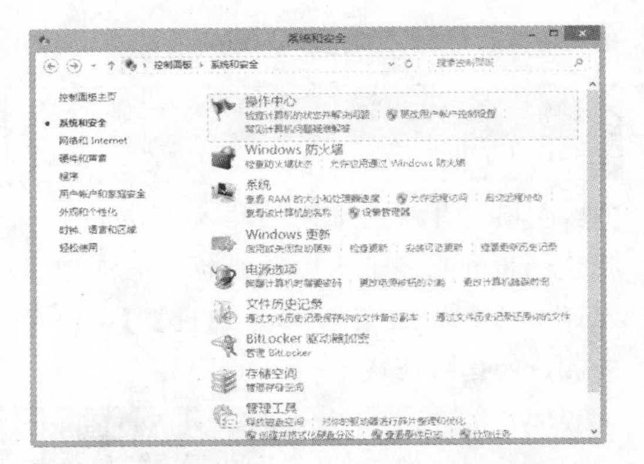

04 在【操作中心】窗口中单击【转至 Windows 激活】按钮，打开【Windows 激活】窗口(在激活 Windows 8 之前，用户需要提前获得产品密钥，产品密钥位于装有 Windows DVD 的包装盒上，或者在用户证明自己已经购买 Windows 的电子邮件中。需要以管理员身份登录后输入产品密钥才能进行激活)。

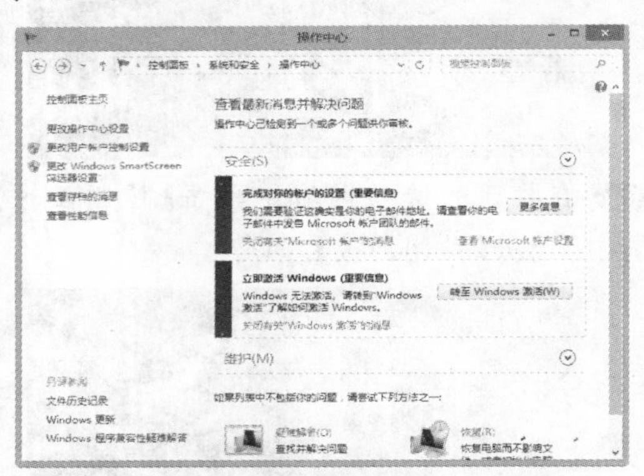

05 在【Windows 激活】窗口中单击【使用新密钥激活】按钮。

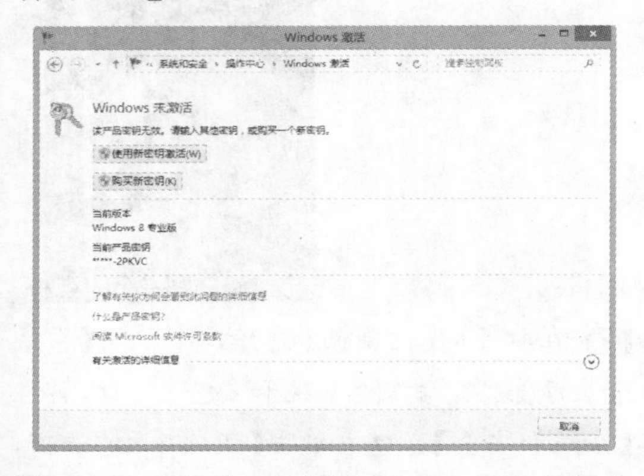

06 在打开的窗口的【产品密钥】文本框中输入购买 Windows 8 时获取的产品密钥，单击【激活】按钮即可。

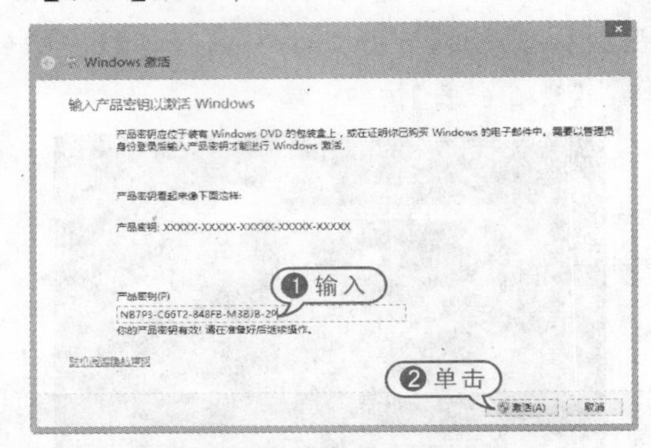

2. 通过电话离线激活

用户除了可以采用网络在线激活 Windows 8 以外，还可以通过电话离线激活该系统。

【例 2-4】通过电话离线激活 Windows 8 操作系统。

01 在系统桌面界面按下 Win+X 组合键，在弹出的菜单中选中【命令提示符】命令(或按下 A 键)，打开【管理员：命令提示符】窗口。在该窗口中输入以下命令后按下 Enter 键。

```
Slmgr. vbs-ipk
76NDP-PD4JT-6Q4JV-HCDKT-P7F9V
```

02 断开 Internet 连接，参考【例 2-3】的操作，显示并单击【更改电脑设置】选项，在打开的【电脑设置】界面中选中【激活 Windows】选项。

03 单击【电脑设置】界面右侧的【通过电话激活】按钮，打开【Windows 激活】对话框，单击该对话框中的下拉列表按钮，在弹出的下拉列表中选中【英国】选项。

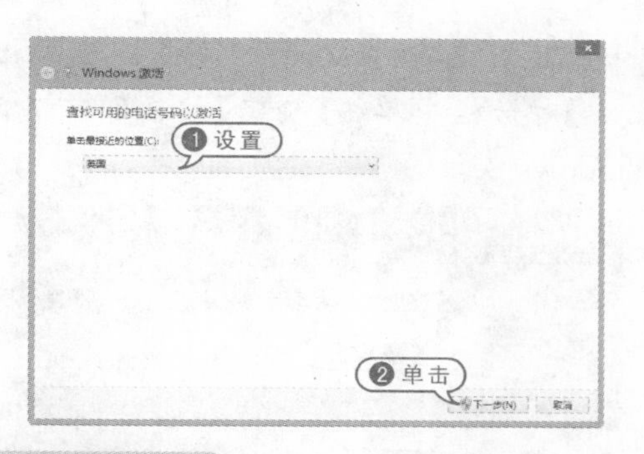

04 在【Windows 激活】对话框中单击【下一步】按钮，用 Skype 拨打免费电话 8000188354，按“1”，接着按“#”键，按照电话提示输入号码。输入完成后按“1”会听到提示音，即对方播报号码，之后按下“#”键激活号码，完成 Windows 8 的电话激活。

2.2 启动与关闭 Windows 8

Windows 8 系统启动依然沿用了传统的方式，但是在关闭系统时微软公司进行了较大的改进，用户所熟悉的【开始】菜单关机方式已不复存在，取而代之的则是 Charm 菜单关机模式。

2.2.1 启动 Windows 8

用户可以参考下面介绍的方法，启动 Windows 8 操作系统。

【例 2-5】正常启动 Windows 8 系统。

01 按下电脑主机上的【开机】按钮，启动电脑。

02 电脑成功启动后，将进入 Metro UI 界面，单击该界面中的【桌面】按钮，即可进入 Windows 8 系统的桌面。

03 若用户为 Windows 8 设置了密码，则在启动系统时会打开用户登录界面，提示用户输入密码后才可进入 Windows 8。

2.2.2 关闭 Windows 8

Winodws 8 没有 Windows 系列经典的【开始】菜单，用户要关闭该系统，可以参考下面所介绍的方法，通过 Charm 菜单实现操作。

【例 2-6】关闭 Windows 8 系统。

01 将鼠标指针移动至桌面右上角(或右下角)，当桌面右侧出现 Charm 菜单时，单击该菜单中的【设置】按钮。

02 在打开的选项区域中单击【电源】选项，然后在弹出的菜单中选中【关机】选项(用户也可以在 Metro UI 界面中按下 Win+I 组

合键显示【电源】选项)。

03 除了用以上方法可以关机以外,用户还可以在 Windows 8 系统的桌面上按下 Alt+F4 组合键,然后在打开的【关闭 Windows】对话框中单击【确定】按钮即可关闭 Windows 8。

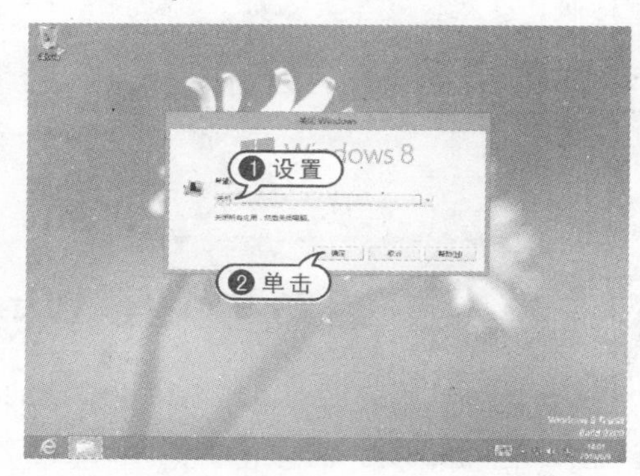

2.3 使用 Windows 8 系统桌面

Windows 8 系统与以往的 Windows 系统最大的不同是取消了【开始】菜单,并且在一些操作细节上做了进一步的改变(例如窗口的操作更多,自带分屏功能等)。本节将详细介绍 Windows 8 的系统桌面,帮助用户掌握其中重要的功能和应用。

2.3.1 使用桌面组件

Windows 8 操作系统的桌面组件主要包括桌面图标、任务栏、通知区域这三个部分。各部分功能如下。

- 桌面图标:用于快捷启动电脑中的应用程序。
- 任务栏:包含"快捷启动栏"和"应用程序区"两部分,用于快速打开程序以及显示正在执行的应用软件。
- 通知区域:用于提示电脑中正在执行的软件的信息以及系统的通知信息,当有新消息时,该区域会显示提醒或标识。

2.3.2 使用任务栏

在 Windows 8 虽然取消了【开始】菜单,但是其任务栏与以往 Windows 系统的任务栏差别不大,下面将简单介绍 Windows 8 系统任务栏的常用操作。

- 快速启动:用户可以将经常需要使用的一些程序设置在任务栏中,以便于快速启动。
- 显示应用程序:显示正在使用的程序,打开多个相同类型的程序则层叠显示。

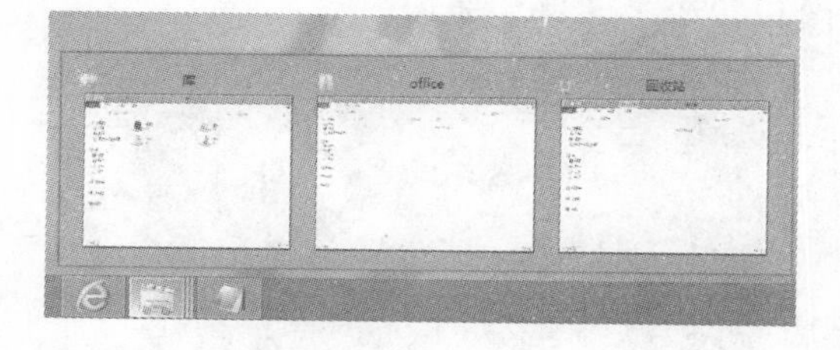

- 预览内容:用户将鼠标放置在任务栏程序图标上即可预览应用程序。

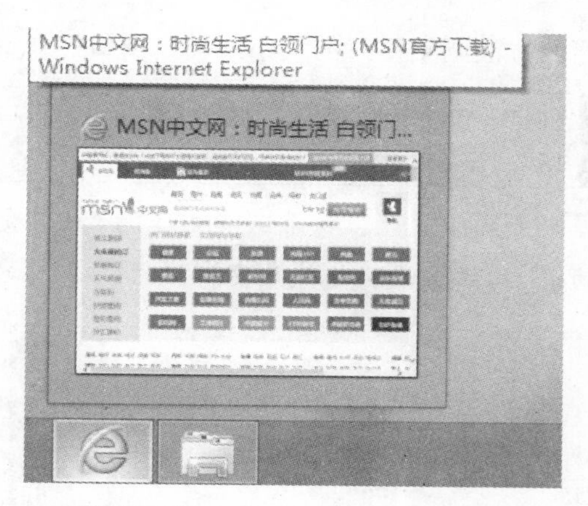

在使用 Winodws 8 系统时，用户可以将桌面快捷方式通过拖拽的方式添加至系统任务栏中，使任务栏中保存常用的应用程序快捷图标。

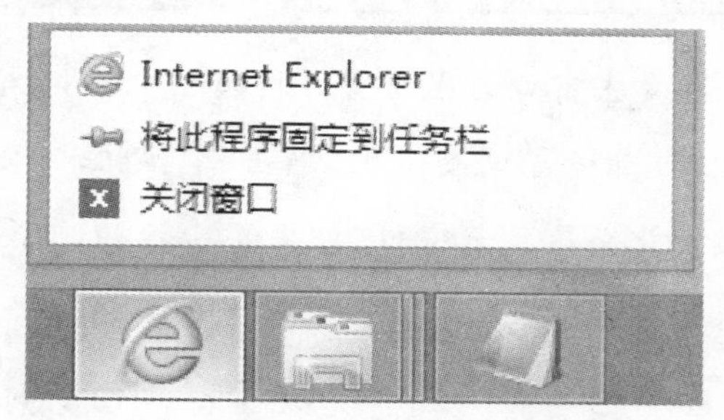

若用户要将任务栏中的快捷方式删除，只需要选中相应的图标后右击鼠标，然后在弹出的菜单中选中【从任务栏取消固定此程序】按钮即可。

另外，用户还可以参考下面实例介绍的方法，调整任务栏在 Windows 8 桌面上的位置。

【例 2-7】在 Windows 8 系统桌面中调整任务栏在桌面中的位置。视频

01 进入 Windows 8 系统桌面后，在任务栏空白处右击鼠标，在弹出的菜单中选中【属性】命令。

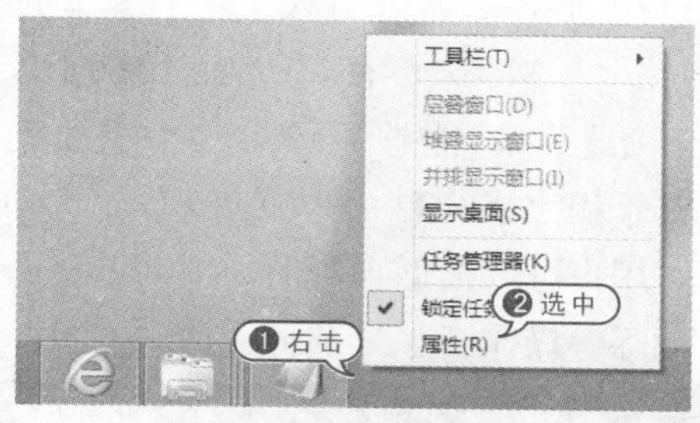

02 在打开的【任务栏属性】对话框中取消【锁定任务栏】复选框的选中状态。

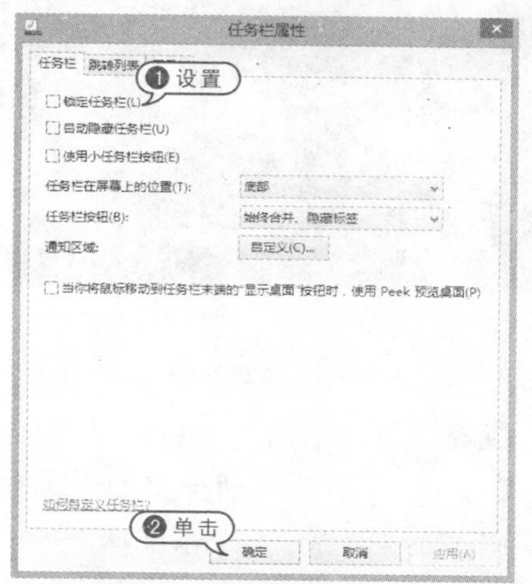

03 此时，任务栏前端将显示控制图标，用户可以使用鼠标拖拽任务栏的上方边缘，调整任务栏的宽度。

04 同时按住鼠标的左键和右键，然后拖动鼠标可以调整任务栏在 Windows 8 系统桌面中的位置。

2.3.3 进入 Metro 界面

Windows 8 系统引入了一种全新的操作风格——Metro 界面，该界面相当于原来的【开始】菜单，能够显示系统中重要的信息，其子程序以磁贴的形式展现，支持动态显示，用户可以根据自身的需要对其进行分组、删除等操作。

在 Windows 8 中，用户可以使用以下两种方式进入 Metro UI 界面。

- 按下键盘上的 Windows 徽标键。
- 将鼠标指针移动至桌面左下角，在显示 Metro 界面提示后单击鼠标。

2.3.4 操作系统窗口

在 Windows 8 操作系统中，熟练掌握窗口的操作可以帮助用户提高工作的效率。下面我们将详细介绍 Windows 8 中窗口的基本操作。

1. 调整窗口的大小与关闭窗口

用户在 Windows 8 中可以参考下面介绍的方法调整窗口的大小或关闭窗口。

【例 2-8】在 Windows 8 中调整【计算机】窗口的大小。视频

01 将鼠标指针移动至窗口右下角，当其变为↗后，按住鼠标拖拽改变窗口的大小。

02 单击窗口右上角窗口控制栏中的 – 按钮，可以将窗口最小化；单击 □ 按钮，可以最大化全屏显示窗口；单击 × 按钮，可以关闭窗口。

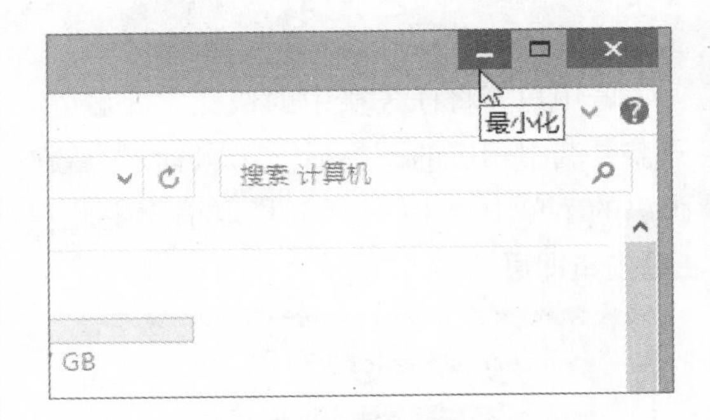

2. 设置文件的查看方式

在 Windows 8 系统中，用户可以参考下面介绍的方法设置窗口中的文件以大图标、超大图标、中图标、列表、详细信息、平铺等多种查看方式显示。

【例 2-9】设置 Windows 8 系统的文件查看方式。视频

01 打开 Windows 8 系统中的【计算机】窗口后，单击窗口菜单栏中的【查看】按钮，显

示相应的菜单。

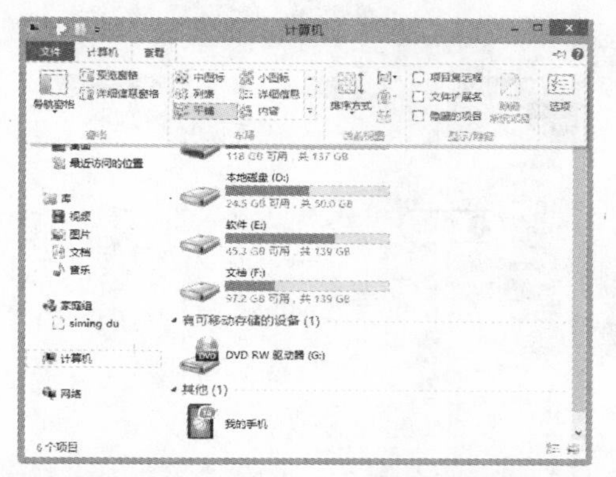

02 单击【查看】菜单中的【大图标】选项可以将窗口中的文件、文件夹或磁盘分区图标以大图标的形式显示。

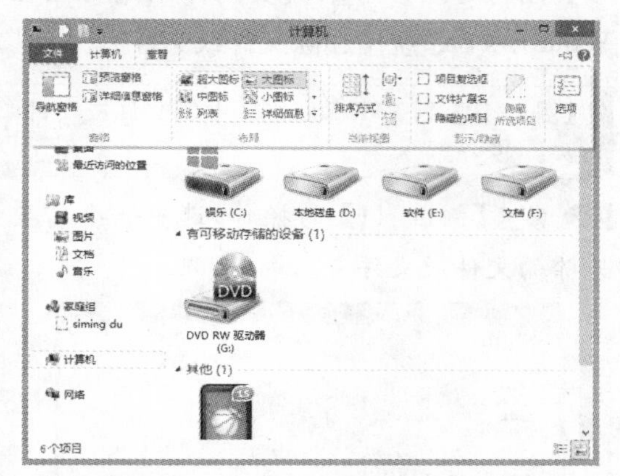

03 参考【步骤 02】的操作，还可以设置文件以超大图标、中图标、列表、详细信息、平铺和内容等形式显示。

3. 设置文件的排序方式

在 Windows 8 中，用户可以参考下面介绍的方法，设置窗口中文件的排序方式。

【例 2-10】设置文件的排序方式。视频

01 在 Windows 8 中打开一个文件夹窗口后，单击窗口上的【查看】按钮，在弹出的菜单中单击【排序方式】选项。

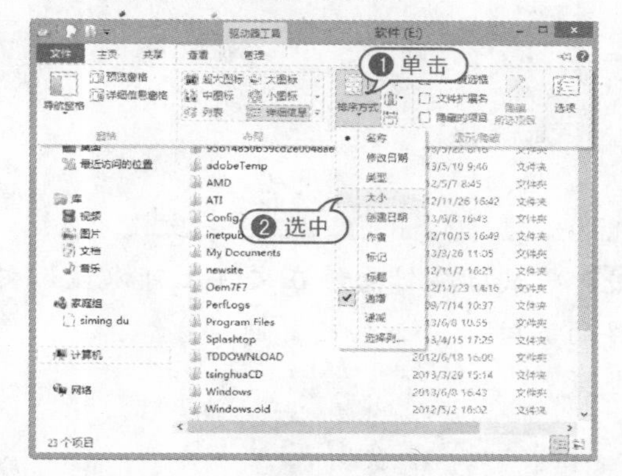

02 在弹出的下拉列表中，用户可以设置当前窗口中的文件排序方式，包括大小、类型、名称、作者、修改日期等。

2.4 操作文件与文件夹

文件是以硬盘为载体，存储在电脑上的信息集合，文件可以是文本文档、图片和程序等。Windows 8 对于文件的基本操作与 Windows 7 类似，但其资源管理器界面已改为 Ribbon 界面。本节将重点介绍选择、复制与删除 Windows 8 中文件与文件夹的具体方法。

2.4.1 选择文件或文件夹

用户可以参考下面介绍的方法，在 Windows 8 系统中选择文件或文件夹。

【例 2-11】选择文件或文件夹。视频

01 在 Windows 8 中打开一个包含文件或文件夹的窗口，将鼠标指针移动至需要选择

的文件或文件夹上，然后单击鼠标即可将其选中。

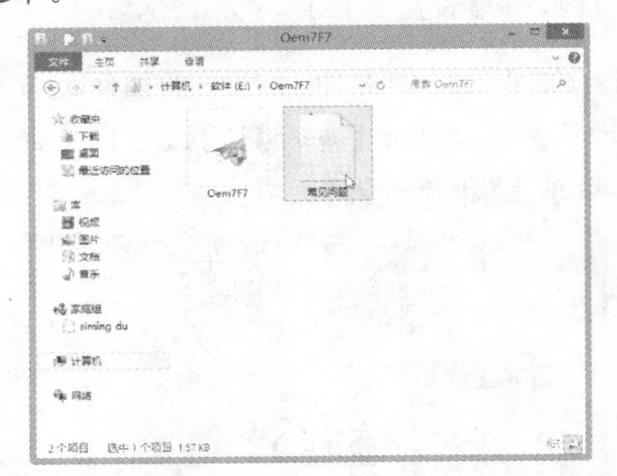

02 将鼠标指针悬停在文件上可以显示文件的类型、大小和修改日期。

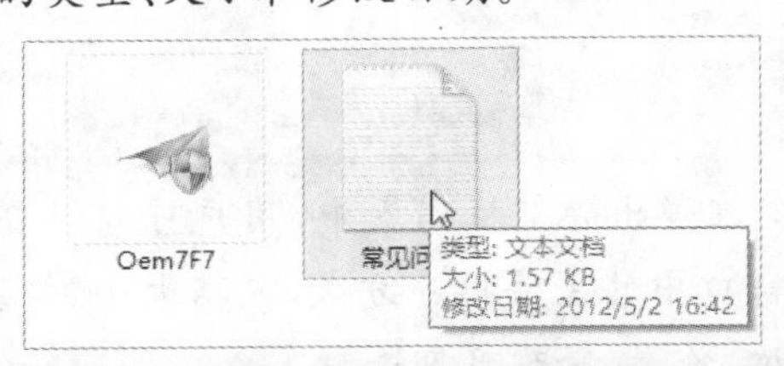

2.4.2 复制与剪切文件

下面将介绍在 Windows 8 中对文件或文件夹执行复制与剪切操作的方法。

【例 2-12】复制与剪切 Windows 8 中的文件或文件夹。视频

01 将鼠标指针移动至需要复制或剪切的文件上，然后右击鼠标，在弹出的菜单中选中【复制】命令(或【剪切】命令)。

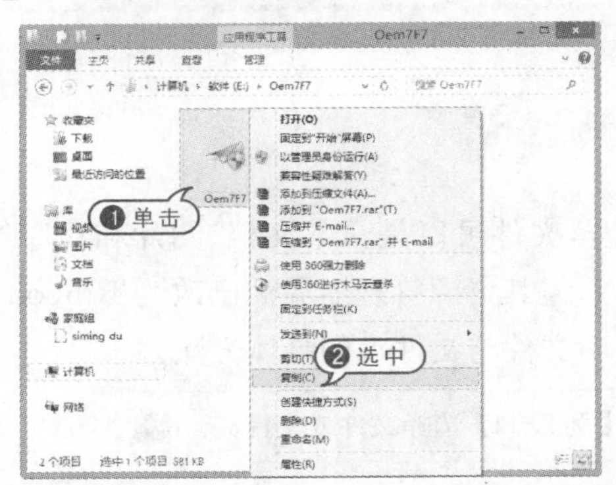

02 打开另一个文件夹，在该文件夹空白处右击鼠标，在弹出的菜单中选中【粘贴】命令，即可将复制(或剪切)的文件粘贴在当前位置。

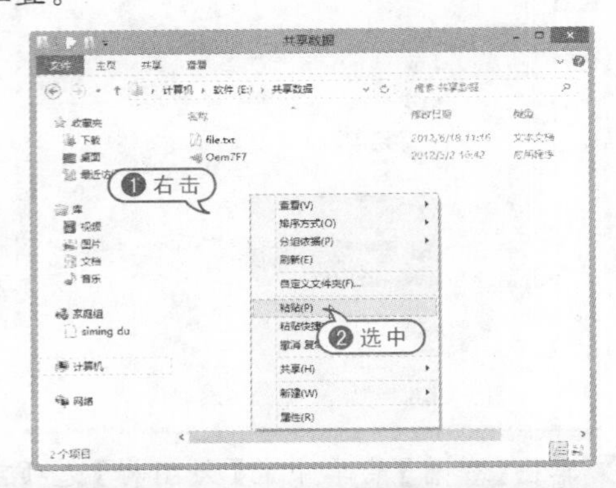

2.4.3 删除文件或文件夹

用户可以参考下面实例介绍的方法在 Windows 8 系统中删除文件或文件夹。

【例 2-13】删除 Windows 8 中的文件或文件夹。视频

01 参考【例 2-11】的操作，选中一个需要删除的文件或文件夹。

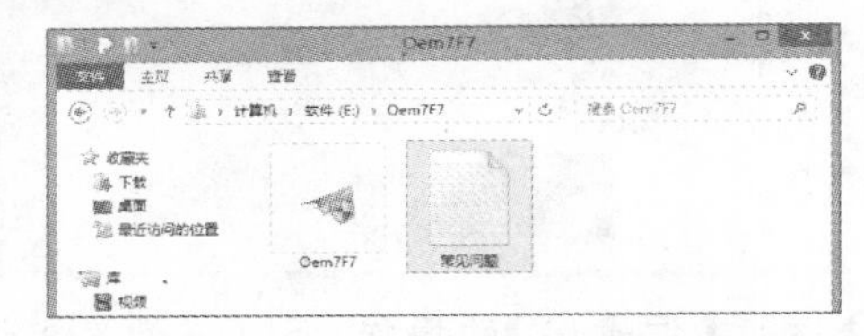

02 右击选中的文件或文件夹，在弹出的菜单中选择【删除】命令，即可将选中的文件或文件夹删除。

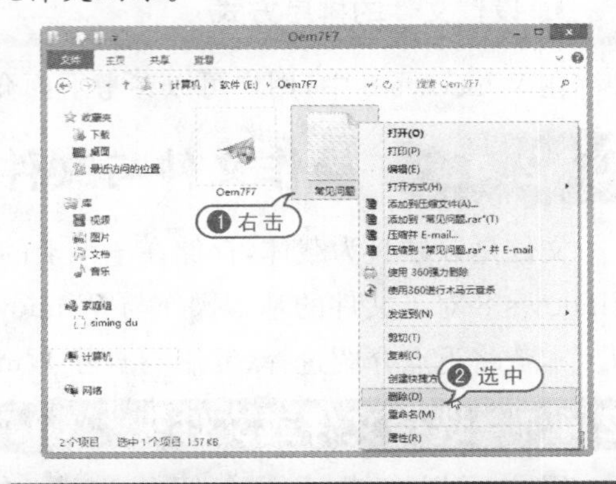

2.4.4 使用资源管理器

Windows 资源管理器以比较有条理的

形式显示了存储在电脑中的所有文件,可以方便用户对文件进行浏览、移动、复制等操作。Windows 8 系统资源管理器的一个显著的特点是 Ribbon 界面的使用,该界面可以使操作更加方便。本节将主要介绍在 Windows 8 中使用资源管理器的方法。

1. 使用资源管理器查看文件

在 Windows 8 中,用户可以参考下面所介绍的方法使用资源管理器查看电脑中的文件。

【例 2-14】使用资源管理器查看电脑中保存的文件。视频

01 将鼠标指针移动至系统桌面的左下角,当显示【开始】桌面的略缩图时右击鼠标,在弹出的菜单中选中【文件资源管理器】命令,打开资源管理器。

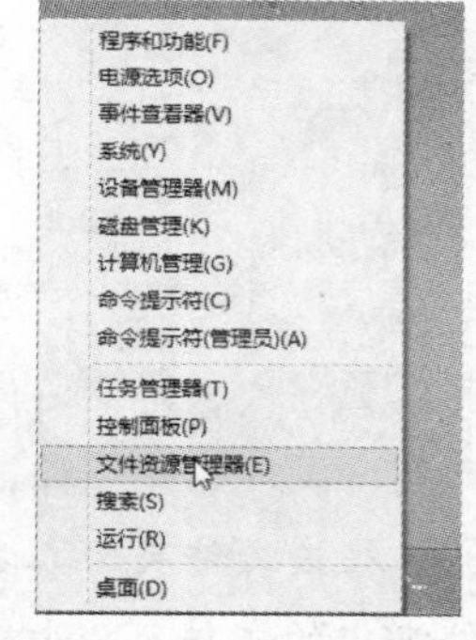

02 在资源管理器中,用户可以通过双击文件夹查看文件夹中的文件。

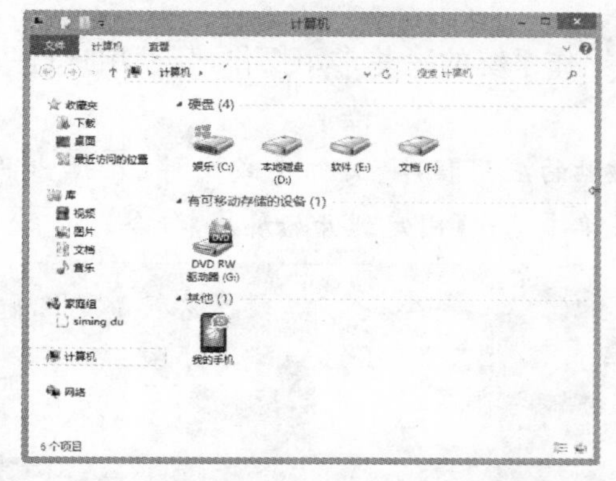

03 单击该界面上方 Ribbon 界面中的【文件】选项,在展开的选项区域中可以找到最近打开的文件。

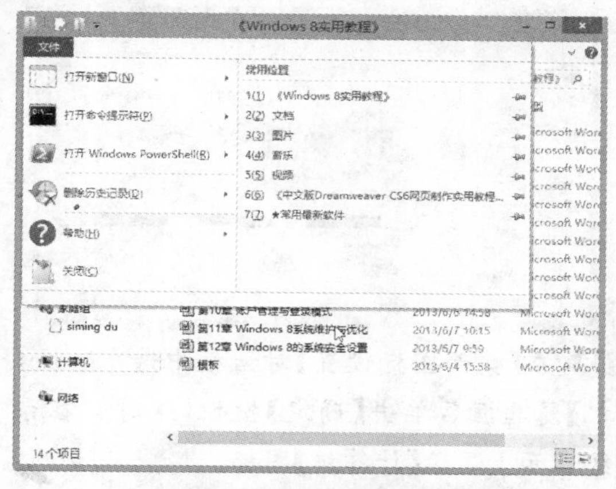

2. 使用【计算机】查看电脑文件

Windows 8 系统中的【计算机】窗口相当于 Windows XP 系统中的【我的电脑】窗口。该窗口作为浏览和管理文件的工具,具有和 Windows 资源管理器同样的功能。

【例 2-15】在 Windows 8 中使用【计算机】窗口查看电脑中的文件。视频

01 在系统桌面空白处右击鼠标,在弹出的菜单中选中【个性化】命令,打开【个性化】窗口。

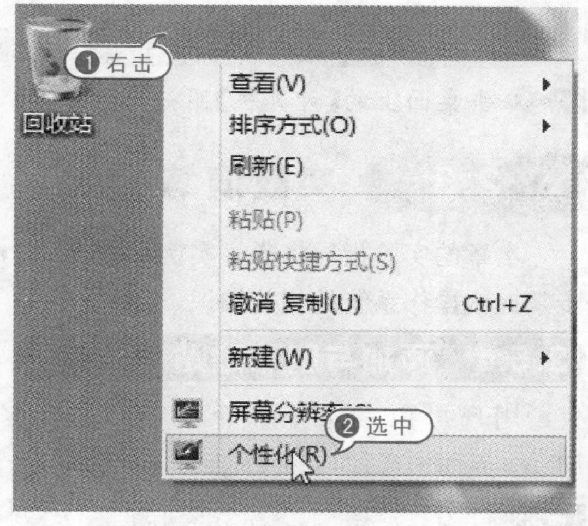

02 在打开的【个性化】窗口中单击【更改桌面图标】选项,打开【桌面图标设置】对话框。

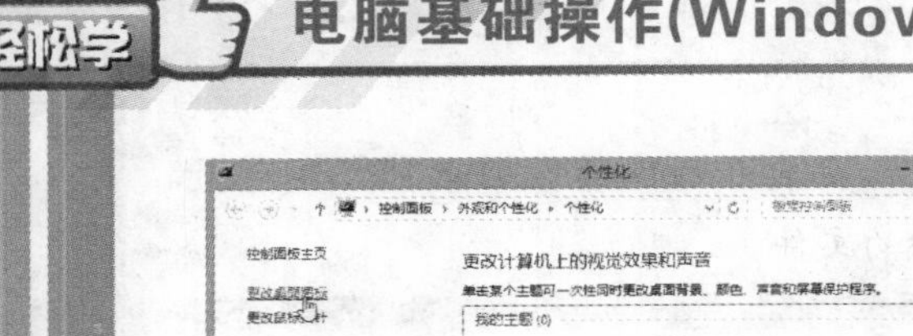

03 在【桌面图标设置】对话框中选中【计算机】复选框后单击【确定】按钮，这时就在系统桌面上显示【计算机】图标。

04 双击桌面上的【计算机】图标，打开【计算机】窗口。

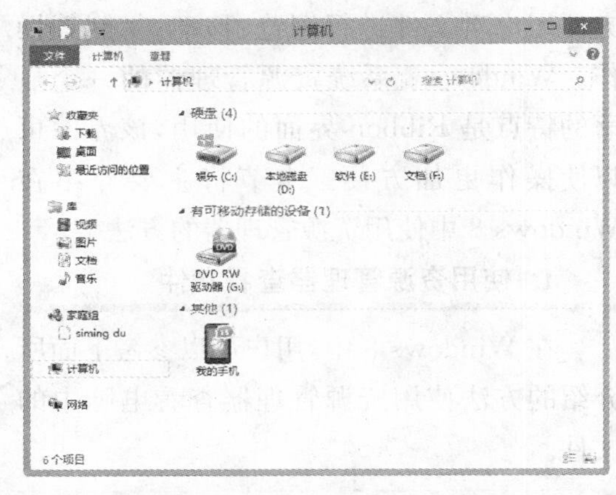

05 在【计算机】窗口中用户可以通过双击某个磁盘符，打开相应的驱动器，显示其中保存的文件。

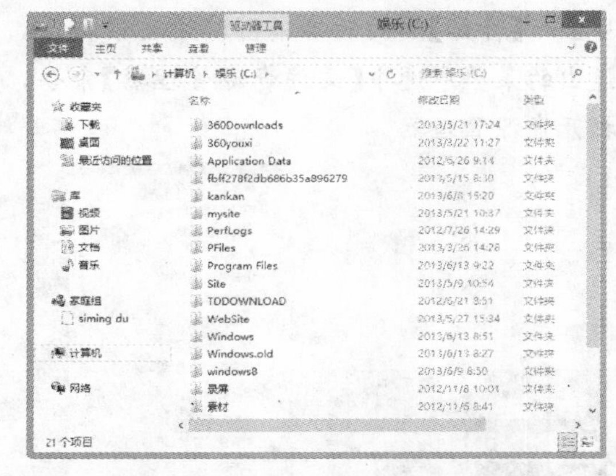

06 双击文件夹可以打开该文件夹，双击文件夹中的文件可以打开或运行该文件。

2.5 实战演练

本章的实验指导将通过实例介绍 Windows 8 操作系统的一些常用操作，帮助用户进一步掌握该操作系统的相关知识。

2.5.1 添加与删除磁贴

用户可以参考下面介绍的方法，在 Metro 界面中添加与删除磁贴。

【例 2-16】在 Windows 8 中添加与删除磁贴。视频

01 在 Windows 8 桌面上右击需要添加为磁贴的应用程序、文件夹或文件，在弹出的菜单中选中【固定到开始屏幕】命令。

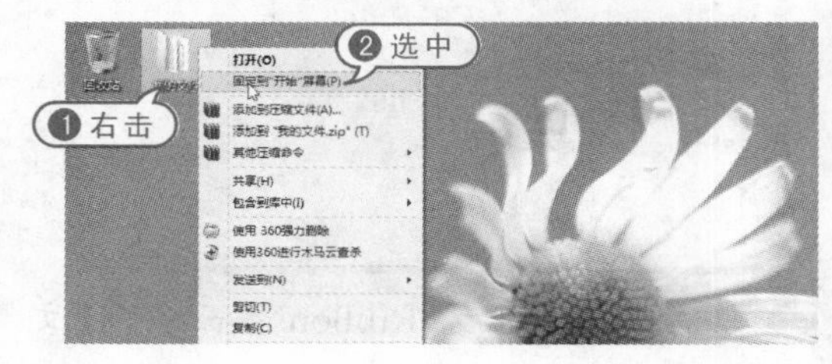

02 被选中的文件对象将被添加为磁贴，并显示在 Windows 8 Metro 界面的最后一页。

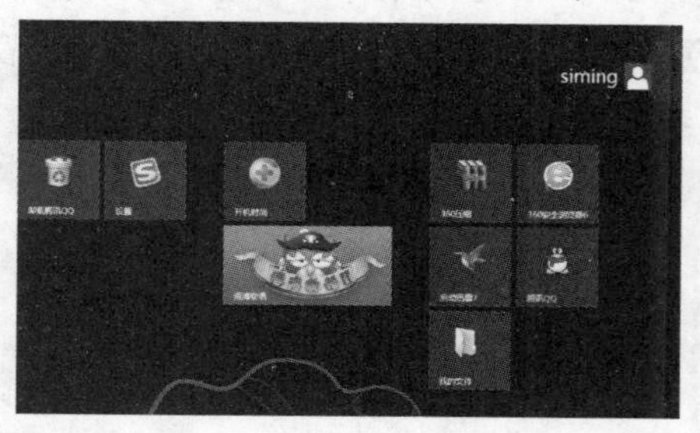

03 要删除 Metro 界面中的磁贴，只需右击该磁贴，在弹出的选项区域中选中【从开始屏幕取消固定】选项即可。

2.5.2 切换与关闭应用

用户可以参考下面介绍的方法，在 Windows 8 系统中切换与关闭应用。

【例 2-17】在 Windows 8 操作系统中切换与关闭应用。

01 在 Metro 界面中单击【照片】磁贴，打开“照片”应用。

02 按下 Windows 8 徽标键返回 Metro 界面，在该界面中单击【地图】磁贴，打开“地图”应用。

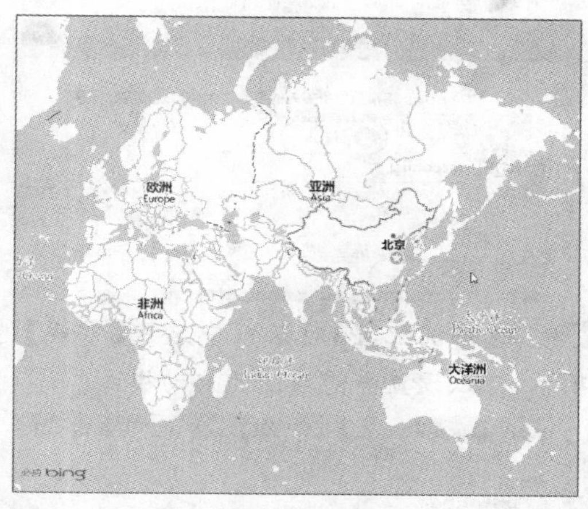

03 将鼠标指针移动至屏幕左上方，然后向下滑动，将显示当前已打开的应用，单击其中的应用图标即可切换应用。

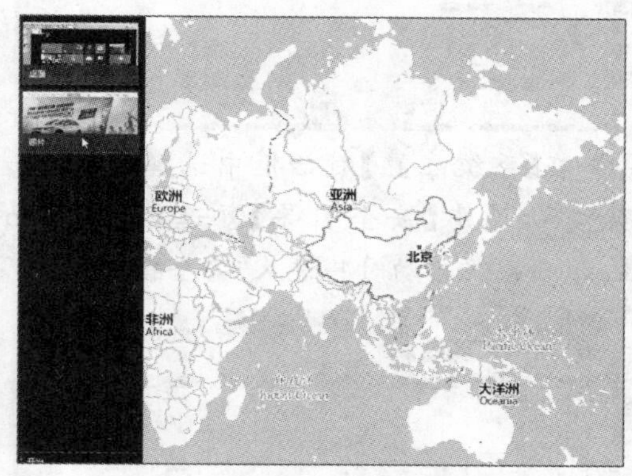

04 右击应用图标，在弹出的菜单中选中【关闭】命令，可以关闭打开的应用。

2.5.3 使用“系统配置”功能

用户可以参考下面介绍的方法，在 Windows 8 出现故障时，打开【系统配置】对话框，设置操作系统的启动配置，并使用系统提供的各种工具。

【例 2-18】在 Windows 8 中使用系统自带的“系统配置”功能。视频

01 按下 Win+R 组合键，打开【运行】对话框，在该对话框的【打开】文本框中输入“msconfig”命令，单击【确定】按钮，打开【系统配置】对话框。

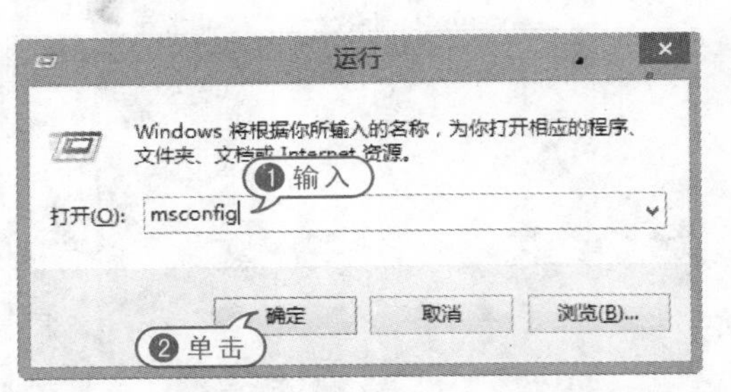

02 在【系统配置】对话框中选中【常规】选项卡，可以设置当前系统的启动模式。

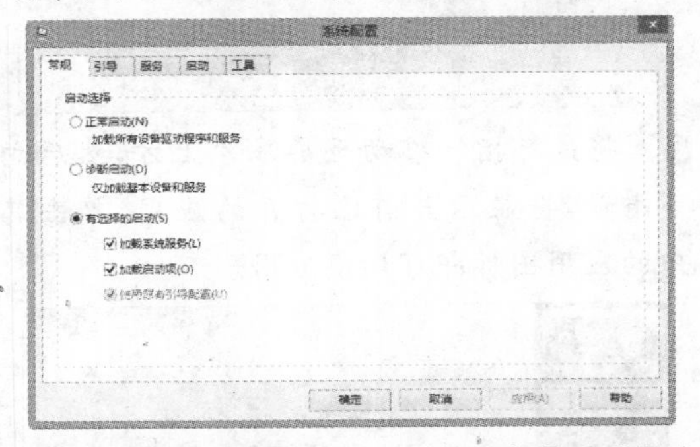

03 在【系统配置】对话框中选择【引导】选项卡后，选中【安全引导】复选框，则 Windows 8 系统启动时将进入“安全模式”。

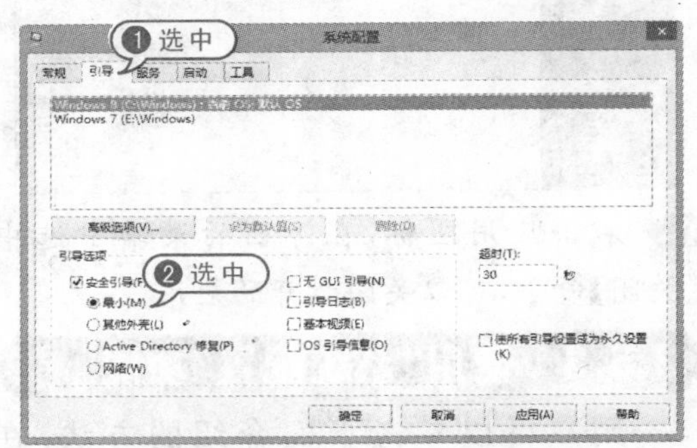

04 在【系统配置】对话框中选中【服务】选项卡后，可以在该选项卡中启用或关闭当前系统中的服务。

05 在【系统配置】对话框中选中【启动】选项卡后，在该选项卡中单击【打开任务管理器】选项，可以打开【任务管理器】窗口，管理随系统启动的软件。

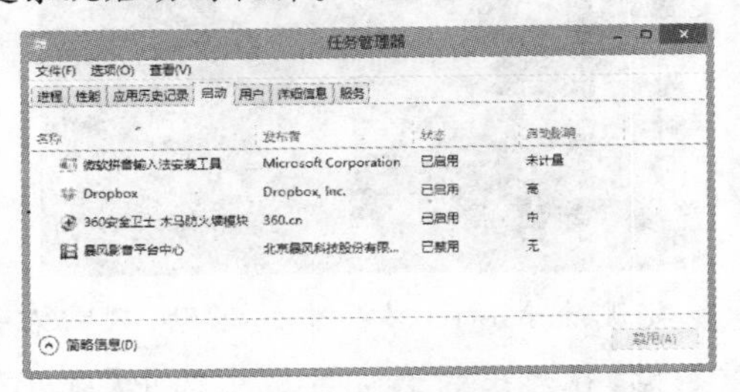

06 在【系统配置】对话框中选中【工具】选项卡后，在该选项卡的列表框内选中一项 Windows 8 工具，然后单击【启动】按钮，可以快速启动该工具。

07 完成以上设置后，若用户需要使设置的内容生效，则在【系统配置】对话框中单击【确定】按钮，根据系统的提示重新启动电脑即可。

2.5.4 使用“屏幕触控”功能

Windows 8 系统可以在平板电脑上使用，操作时无需鼠标与键盘，使用手指就能够对屏幕上的各系统单元进行操控。

【例 2-19】掌握常用的屏幕触控操作，并在 Windows 8 Metro 界面中，通过触控操作调整界面中的磁贴。

01 单击：将手指指尖在需要打开的项目上单击一下，即可将该项目打开。

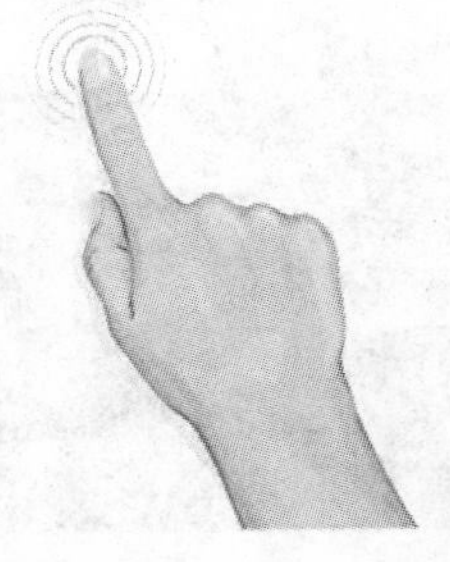

02 按住屏幕：将手指指尖在项目上按下并保持几秒然后松开，即可打开与当前操作相关的菜单。

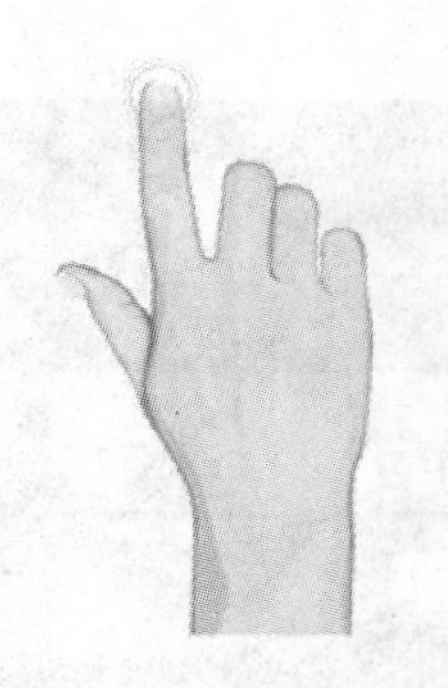

03 旋转：转动两个或多个手指可以翻转一个对象。用户可以在转动设备时将整个屏幕翻转90度使用，例如当用户选择侧卧姿势使用平板电脑时。

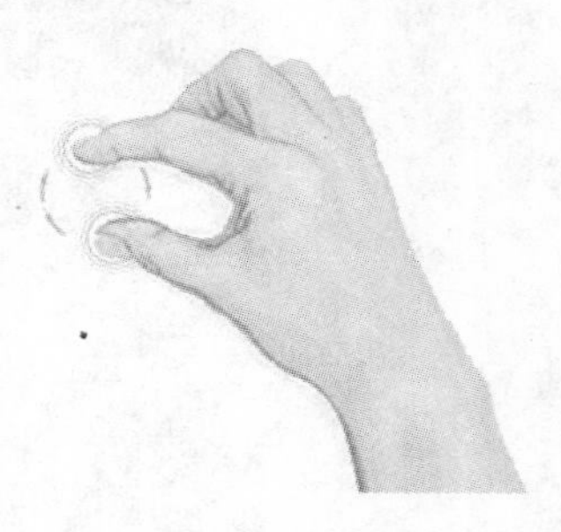

04 收缩和拉伸：使用两个或多个手指触摸屏幕中的项目，然后所有手指都向内侧移动（收缩），或都向外侧移动（拉伸），即可显示信息的不同级别。

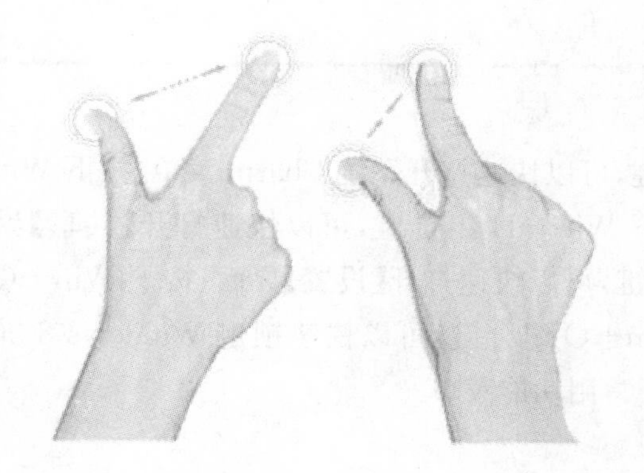

05 滑动以重新排列：用手指按住要移动的屏幕对象，将其拖拽至目标位置后释放，即可将对象移动至新位置，从而重新完成排列。

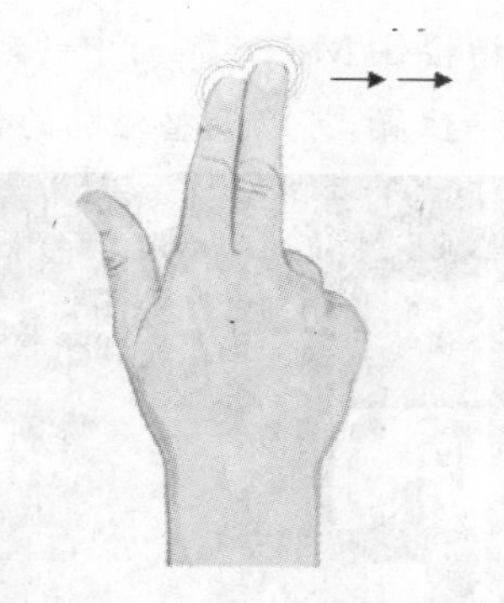

06 启动 Windows 8 后，用两个手指按住 Metro 界面后，将手指同时向内侧移动，执行“收缩”操作，Metro 界面将被缩小。

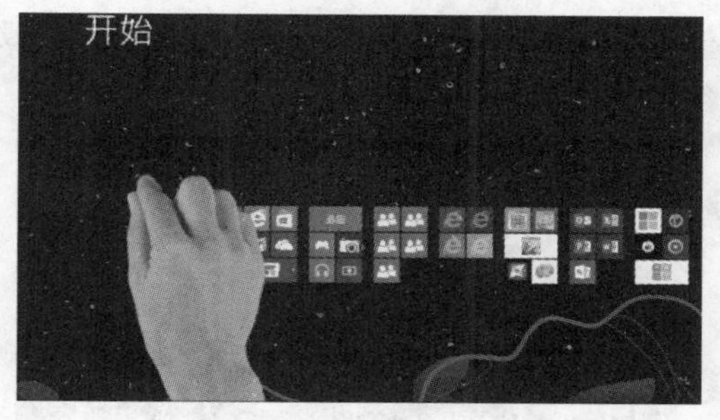

07 将手指同时外侧移动执行“拉伸”操作，Metro 界面将恢复原来的状态。

08 用手指按住 Metro 界面向右滑动，可以滚动显示界面中的应用。

09 用手指按住 Metro 界面中的磁贴，拖动手指至目标位置，可以调整磁贴的位置。

10 将手指移动至 Metro 界面的右边框，然后从屏幕右侧向内轻扫，可以打开 Charm 栏，该栏包括“搜索”、“共享”、“开始”、“设备”和“设置”等选项。

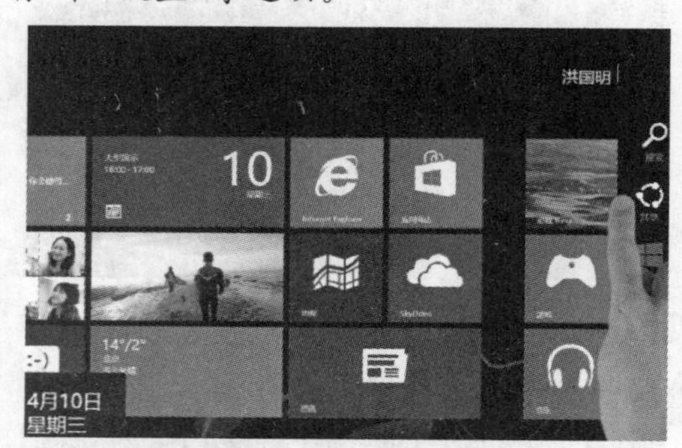

11 单击 Metro 界面上的【桌面】磁贴，可以打开 Windows 8 桌面。

12 参考【步骤 10】介绍的方法显示 Charm 栏后，单击其中的【开始】选项可以返回 Metro 界面。

2.6 专家答疑

一问一答

问：Windows 8 中有哪些常用的快捷键？

答：启动 Windows 8 后，按下 Win+C 组合键，可以快速打开系统 Charm 菜单；按下 Win+F 组合键，可以快速打开文件【搜索】界面；按下 Win+H 组合键，可以快速打开【共享】界面，显示桌面上可共享的内容；按下 Win+I 组合键，可以快速打开【设置】界面；按下 Win+Q 组合键，可以快速打开应用【搜索】界面；按下 Win+O 组合键，可以快速锁定 Windows 8 屏幕(纵向或横向)；按下 Win+X 组合键，可以打开常用功能菜单。

第3章 Windows 8 系统设置

Windows 8 操作系统允许用户对系统进行个性化的设置,例如改变桌面背景和图标、设置桌面图标、设置桌面字体、创建自定义工具栏、改变系统声音以及使用"库管理文件"等,以方便用户操作和美化电脑的使用环境。本章将重点介绍 Windows 8 的常用系统设置。

参见随书光盘

例 3-1　设定系统桌面字体
例 3-2　修改系统桌面图标
例 3-3　自定义鼠标形状
例 3-4　添加【开始】菜单程序
例 3-5　设置隐藏通知区域
例 3-6　创建自定义工具栏
例 3-7　锁定系统桌面任务栏
例 3-8　设置电源按钮的功能
例 3-9　自定义事件提示音
例 3-10　设置应用程序提示音
例 3-11　设置系统音量增强效果
例 3-12　隐藏与显示文件
例 3-13　显示文件夹复选框
例 3-14　显示资源管理器菜单
例 3-15　更改文件默认打开方式
更多视频请参见光盘目录

3.1 设置 Windows 8 的系统外观

Windows 8 系统的界面与以往 Windows 系列操作系统的界面相比，有非常大的变化。在全新的 Metro UI 界面中，用户可以参考本节所介绍的方法设置系统的外观。

3.1.1 使用 Metro UI 界面

微软公司推出的 Windows 8 系统非常新颖，其 Metro UI 界面的设计理念主要是突出简洁与视觉焦点的引导，即典型的活动方格式设计。该设计包含一些用户经常使用的必要信息，例如游戏、图片、音乐、视频和办公等。

在成功启动 Windows 8 后，首先看到的是 Metro UI 界面，在该界面中用户可以执行以下几种常用操作。

- Metro UI 界面由不同功能的活动方格(磁贴)组成，左右拖拽屏幕最下方的滚动条，可以浏览到 Metro UI 界面的所有功能方格。

- 如果用户需要使用某项功能，单击 Metro UI 界面中的相应方格即可。

- 移动功能方格体现了 Metro UI 界面人性化服务特点，用户可以根据需要通过拖拽移动每个方格的位置对方格进行重新排列。

- 选择 Metro UI 界面最下方滚动条右侧的[−]图标，不用滑动鼠标即可进入全景模式看到全部的功能。

- 若用户需要查看 Windows 8 的全部应用，在 Metro UI 界面右下方右击鼠标，显示【所有应用】选项，然后单击该选项即可。

3.1.2 设定系统桌面字体

在 Windows 8 系统中，用户可以根据需求设置系统桌面字体的大小，具体操作方法如下。

【例 3-1】设置系统桌面字体大小。视频

01 在 Metro UI 界面右下方右击鼠标，显

示【所有应用】选项，然后单击该选项，接着在显示的选项区域中单击【控制面板】选项，打开【控制面板】窗口。

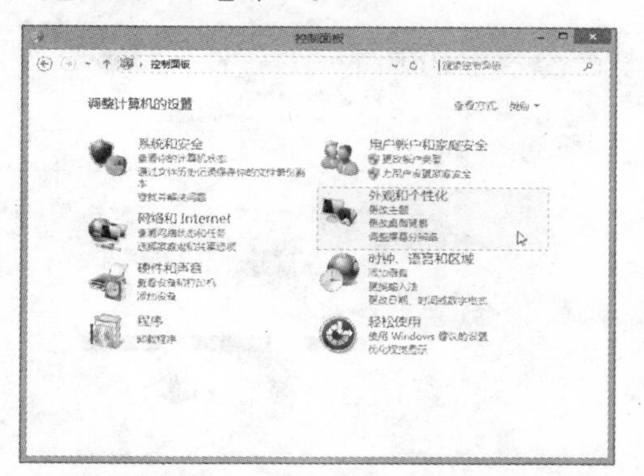

02 在【控制面板】窗口中单击【外观和个性化】选项，打开【外观和个性化】窗口。

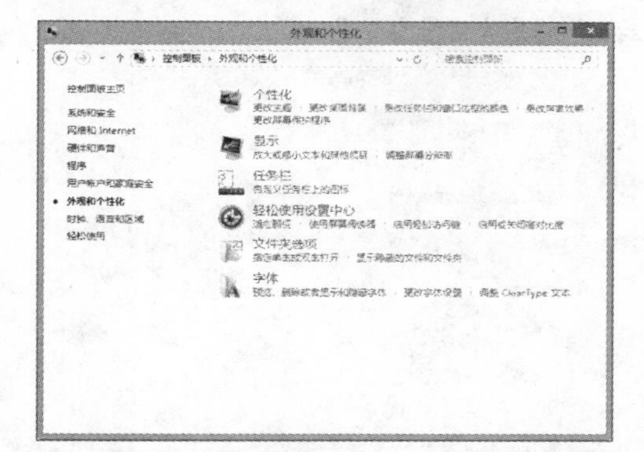

03 在【外观和个性化】窗口中单击【字体】选项，打开【字体】窗口。

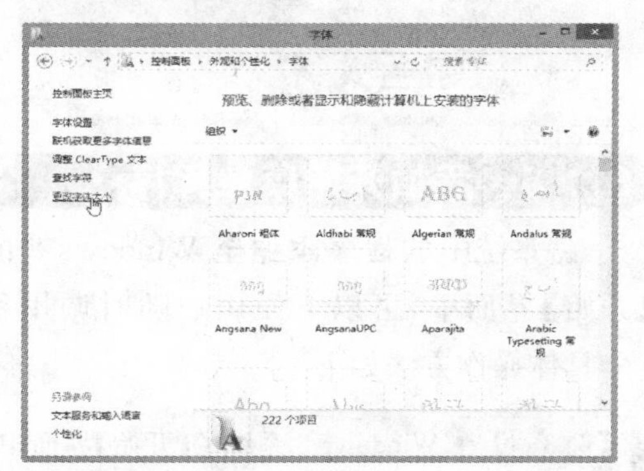

04 在【字体】窗口中单击【更改字体大小】选项，然后在显示的选项区域中设置系统桌面所需要的字体大小，并单击【应用】按钮。

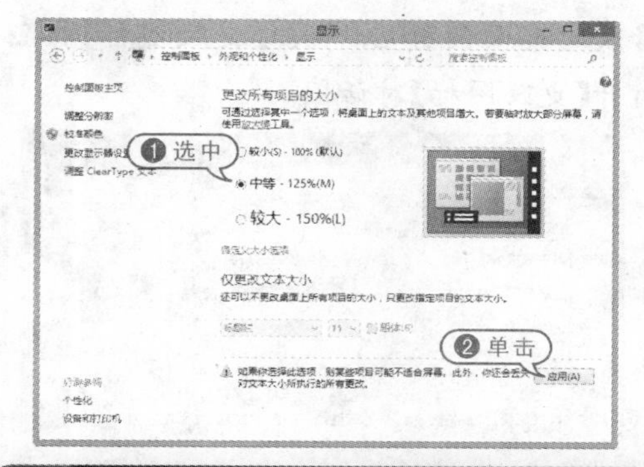

3.1.3 设定系统桌面图标

Windows 8 一般使用自带的默认图标，用户可以根据需要对其进行修改，具体方法如下。

【例 3-2】在 Windows 8 中修改系统桌面图标。视频

01 在 Windows 8 系统桌面上的空白处右击鼠标，在弹出的菜单中选中【个性化】命令，打开【个性化】窗口。

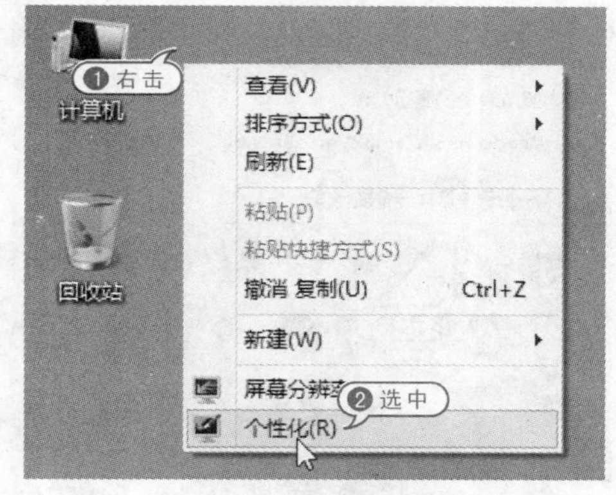

02 在【个性化】窗口中单击【更改桌面图标】选项，打开【桌面图标设置】对话框。

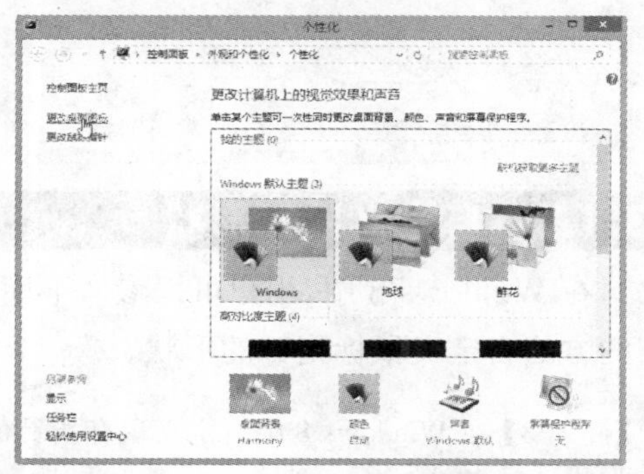

03 在【桌面图标设置】对话框中选中需要

修改的桌面图标后，单击【更改图标】按钮，打开【更改图标】对话框。

04 在【更改图标】对话框的【从以下列表中选择一个图标】列表框中选中一个图标后，单击【确定】按钮即可。

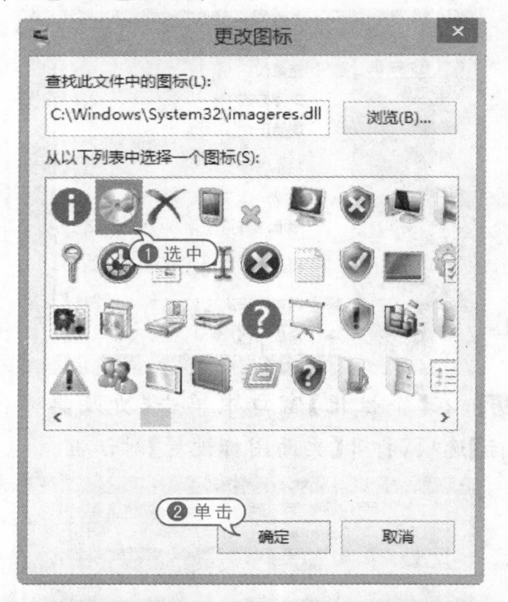

3.1.4 自定义鼠标形状

在 Windows 8 中，用户可以参考下面介绍的方法自定义鼠标指针的形状。

【例 3-3】在 Windows 8 中自定义鼠标指针的形状。视频

01 在参考【例 3-2】介绍的方法打开【个性化】窗口后，单击该窗口中的【更改鼠标指针】选项，打开【鼠标属性】对话框。

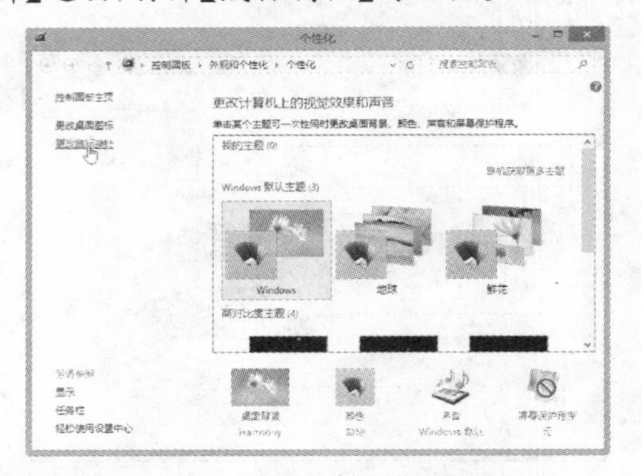

02 在【鼠标属性】对话框【指针】选项卡的【自定义】列表框中选中一种鼠标指针样式后，单击【确定】按钮即可。

3.1.5 添加开始菜单程序

将系统中的程序添加至 Windows 8 的【开始】界面中，可以方便用户随时调用程序，具体操作方法如下。

【例 3-4】在 Windows 8 系统的【开始】界面中添加程序。视频

01 在 Windows 8 操作系统桌面中右击需要添加至【开始】界面的应用程序，然后在弹出的菜单中选中【固定到开始屏幕】命令。

02 按下Windows徽标键切换至【开始】界面，即可在此处查看新添加的应用程序。

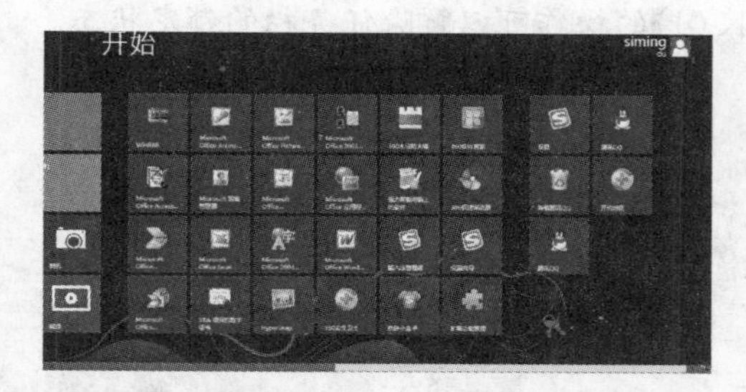

3.1.6 设置隐藏通知区域

在Windows 8系统桌面的右下方，电脑开启的应用程序将以图标的形式显示，用户可以结合自己的需要，或者将其中比较重要的图标显著标注，或者隐藏一部分不需要显示的图标。

【例3-5】在Windows 8中设置隐藏通知区域。视频

01 单击Windows 8桌面任务栏右侧的▲按钮，在弹出的选项区域中单击【自定义】选项。

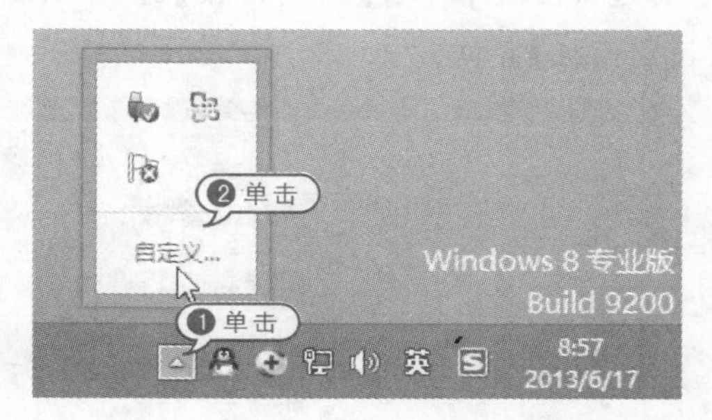

02 在打开的【通知区域图标】窗口中单击需要显示或隐藏的图标通知，在弹出的列表框中选中【隐藏图标和通知】或【仅显示通知】选项后，单击【确定】按钮即可。

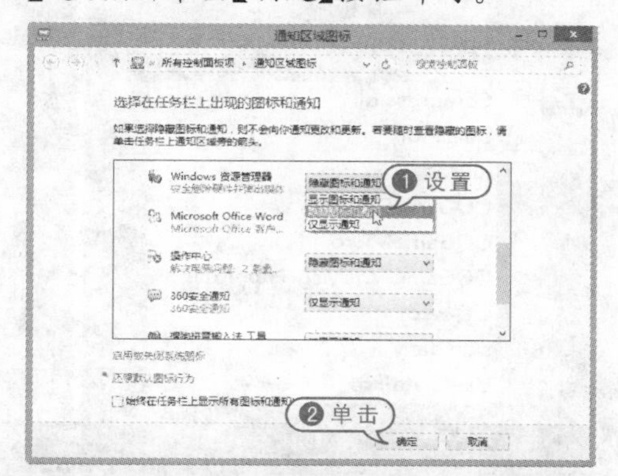

3.1.7 创建自定义工具栏

在Windows 8中，用户可以参考下面介绍的方法将经常需要使用的文件夹添加到任务栏的工具栏中，以方便查找和使用。

【例3-6】在Windows 8系统中创建一个自定义工具栏。视频

01 在系统桌面任务栏空白处右击鼠标，在弹出的菜单中选中【工具栏】|【新建工具栏】命令，打开【新建工具栏】对话框。

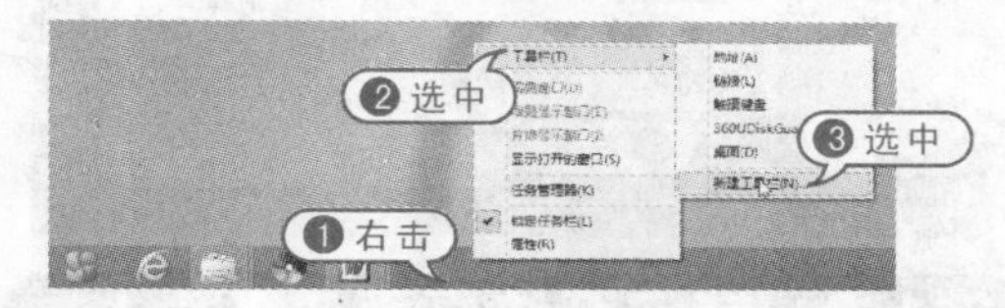

02 在【新工具栏】对话框中选中一个文件夹图标后，单击【选择文件夹】按钮。

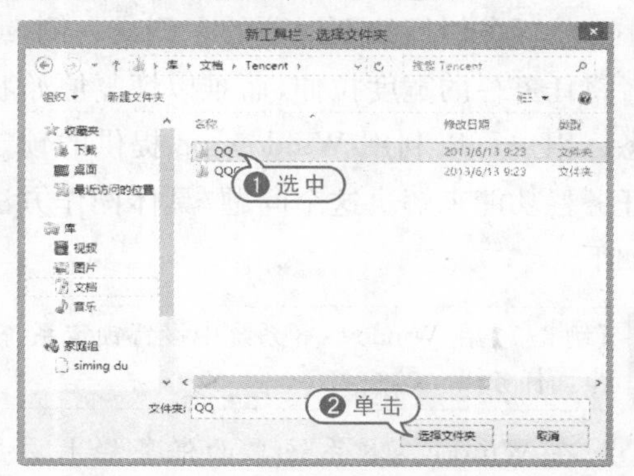

03 此时，新建的快捷图标将出现在工具栏中，单击该图标右侧的»按钮，在弹出的菜

单中显示了文件夹中的文件列表。

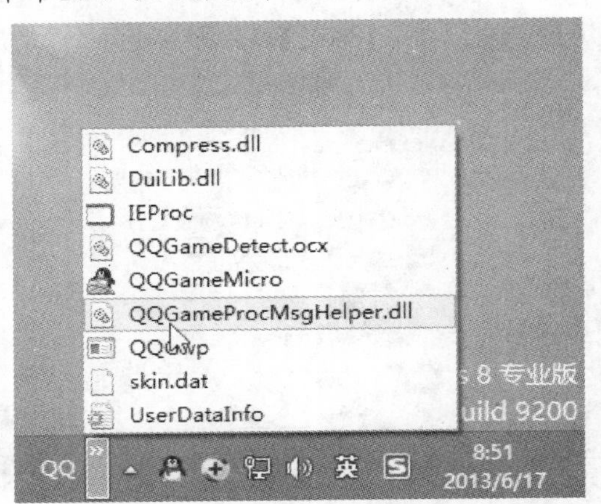

04 右击工具栏中快捷图标，在弹出的菜单栏中选择【工具栏】|【QQ】命令，可以取消自定义的快捷图标。

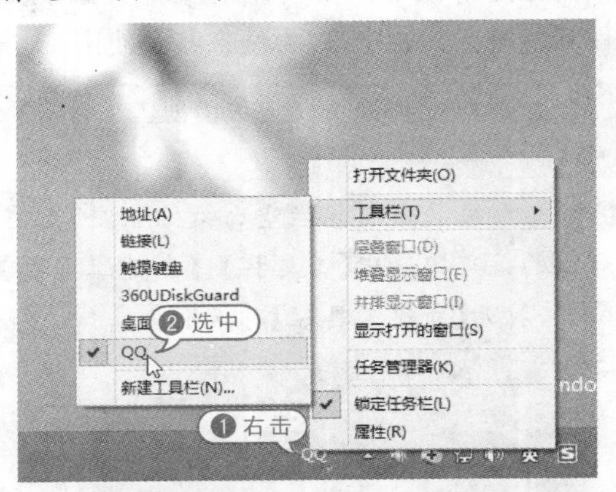

3.1.8 锁定系统桌面任务栏

在使用电脑进行日常工作时，有时会不小心将任务栏拖拽至屏幕的左侧或右侧，或者将任务栏的宽度拉伸，而难以恢复原始状态。用户可以利用 Windows 8 提供的锁定任务栏功能来解决这个问题，具体操作方法如下。

【例 3-7】在 Windows 8 系统中设置锁定系统桌面任务栏。视频

01 在 Windows 8 系统桌面任务栏上右击鼠标，然后在弹出的菜单中选中【锁定任务栏】命令。

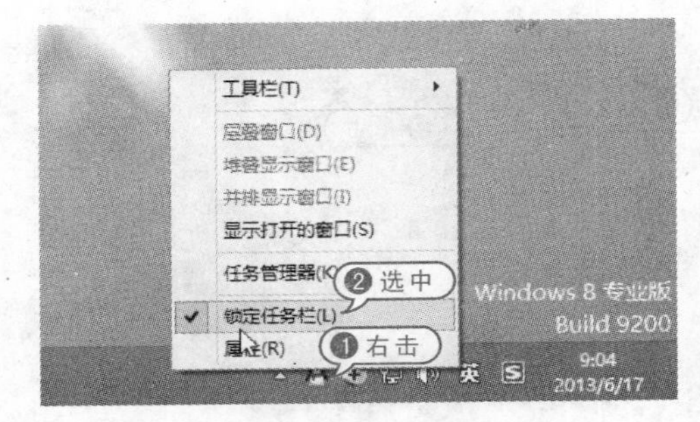

02 锁定系统桌面任务栏后，用户将无法调整任务栏在系统桌面的大小和位置，重复【步骤 01】的操作可以解除任务栏的锁定状态。

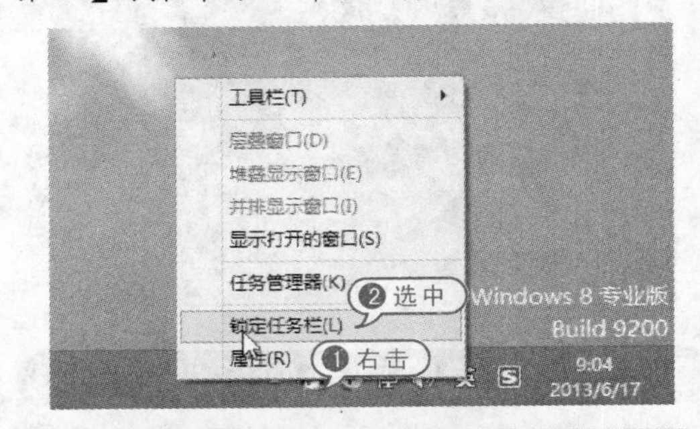

3.1.9 设置电源按钮的功能

在 Windows 8 中，用户可以参考下面介绍的方法修改电脑主机上电源按钮的功能，使用户在按下主机上电源按钮时电脑执行预设的操作。

【例 3-8】在 Windows 8 中设置电脑主机电源按钮的功能。视频

01 在 Metro UI 界面右下方右击鼠标，显示【所有应用】选项，然后单击该选项，在显示的选项区域中单击【控制面板】选项，打开【控制面板】窗口。

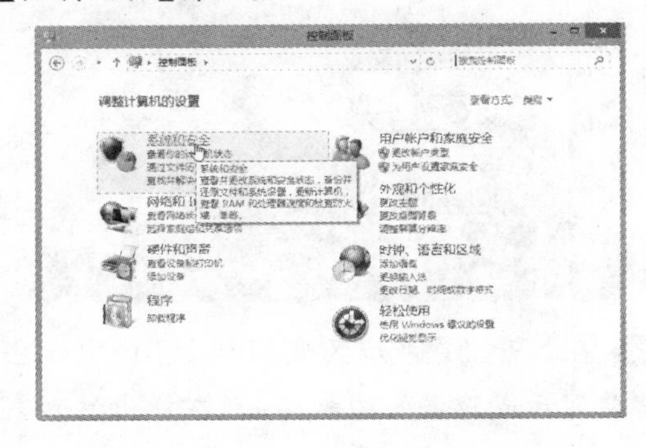

02 在【控制面板】窗口中单击【系统和安全】选项，打开【系统和安全】窗口。

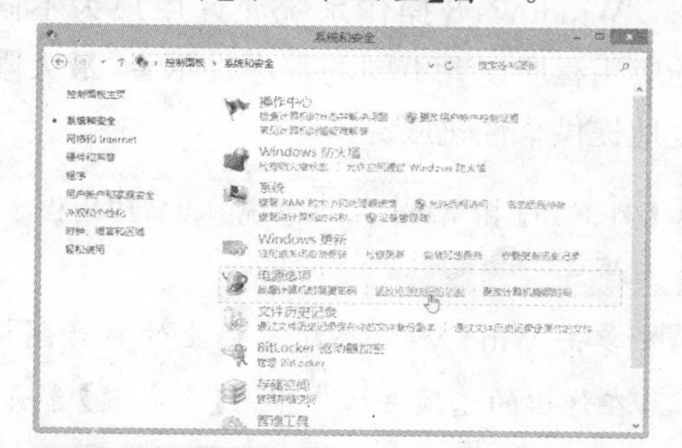

03 【系统和安全】窗口中单击【更改电源按钮的功能】选项，打开【系统设置】窗口。

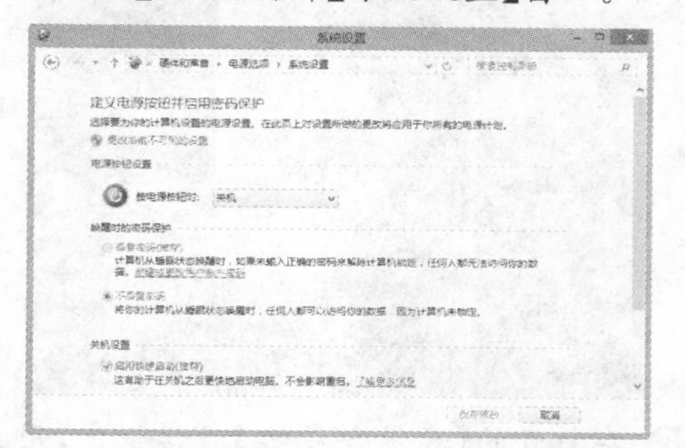

04 在【系统设置】窗口中单击【按电源按钮时】下拉列表按钮，在弹出的下拉列表中，用户可以根据需要设置按下电脑主机上电源按钮后执行的具体操作，包括不采取任何操作、睡眠、休眠和关机等。

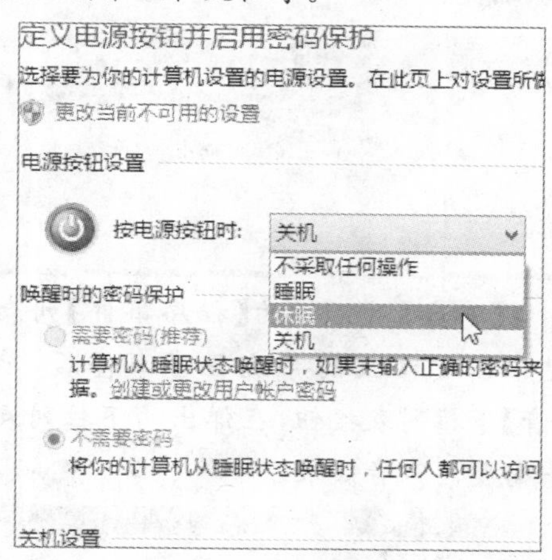

05 完成以上操作后，单击【系统设置】窗口中的【保存修改】按钮即可。此时，用户在启动电脑时按下电脑主机上的电源按钮，电脑将执行本例所设置的操作。

3.2 设置 Windows 8 系统声音

在 Windows 8 中，用户可以在【控制面板】窗口中设置系统的声音，例如自定义事件提示音、为应用程序设置提示音以及调整系统音量等。

3.2.1 自定义事件提示音

在 Windows 8 中，触发系统事件时事件将自动发出声音提示，用户可以根据自己的喜好和习惯对事件提示音进行设置，具体方法如下。

【例 3-9】在 Windows 8 操作系统中自定义事件提示音。视频

01 在 Metro UI 界面右下方右击鼠标，显示【所有应用】选项，单击该选项，在显示的选项区域中单击【控制面板】选项，打开【控制面板】窗口，单击该窗口中的【硬件和声音】选项。

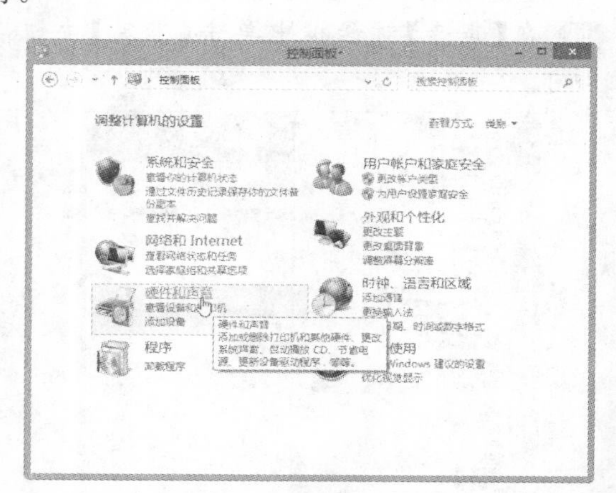

02 在打开的【硬件和声音】窗口中单击【更改系统声音】选项，打开【声音】对话框。

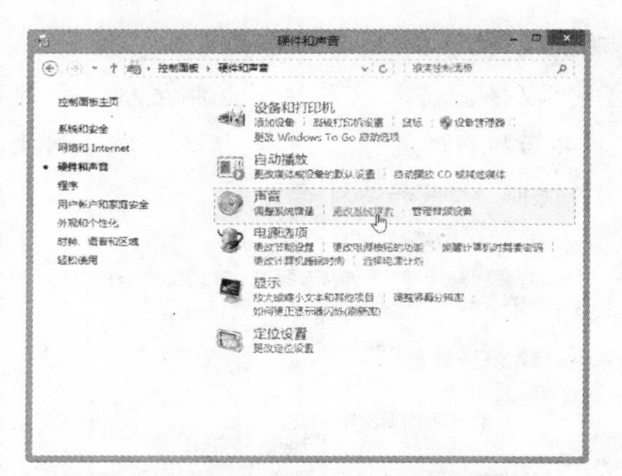

03 在【声音】对话框的【程序事件】列表框中选中需要修改的系统程序事件后，单击【声音】下拉列表按钮，在弹出的下拉列表中选中需要的声音效果。

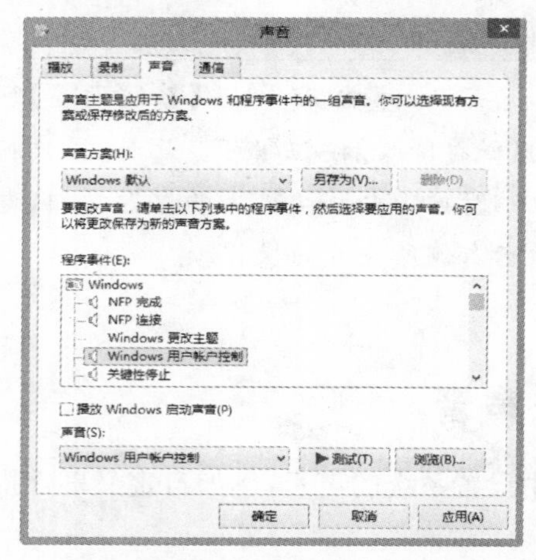

04 在【声音】对话框中单击【确定】按钮即可。

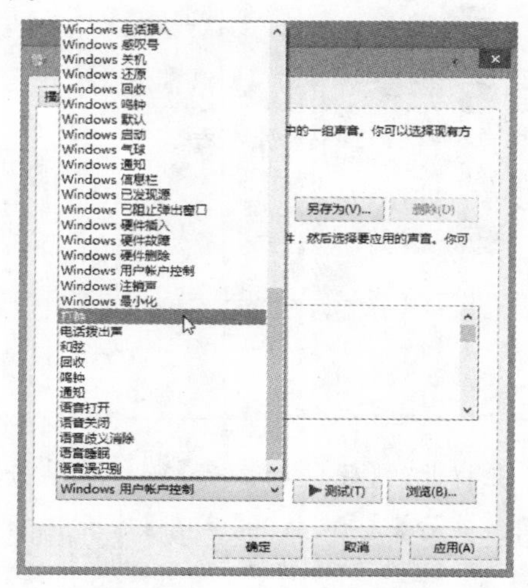

3.2.2 设置应用程序提示音

Windows 8 操作系统允许用户为不同的应用程序设置不同的程序提示音，最大限度地提供个性化服务。

【例 3-10】在 Windows 8 系统中设置应用程序提示音。视频

01 单击 Windows 8 系统桌面上的声音图标，在弹出的选项区域中单击【合成器】选项。

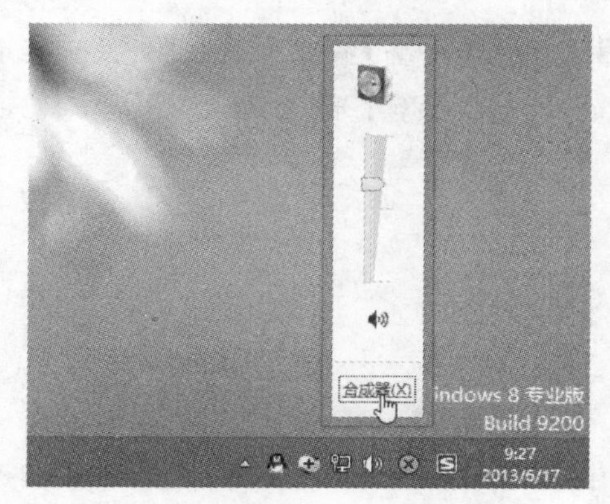

02 在打开的【音量合成器】对话框中，用户可以对当前系统中应用程序的声音效果进行设置。

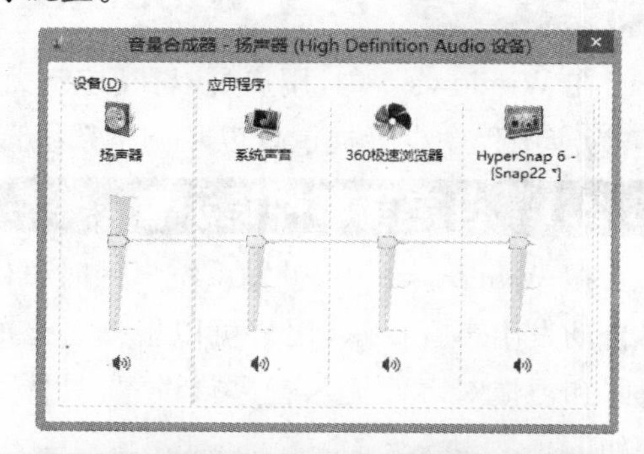

3.2.3 设置系统音量增强性能

用户可以参考下面介绍的方法，在 Windows 8 中设置系统音量增强性能。

【例 3-11】在【控制面板】窗口中设置 Windows 8 系统音量增强性能。视频

01 打开【声音】对话框后，选中该对话框中的【播放】选项卡。

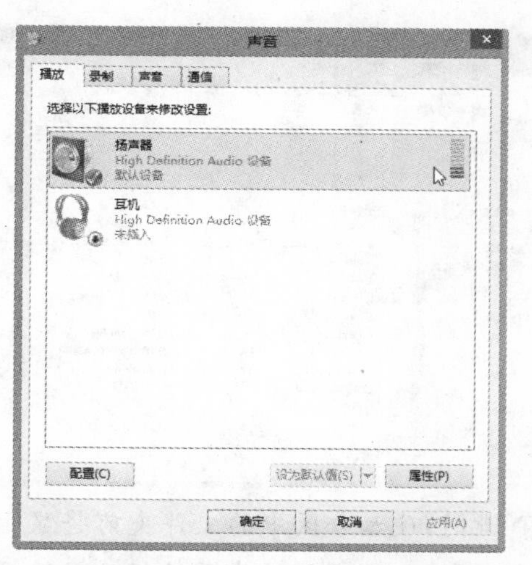

02 选中【扬声器】选项，单击【属性】按钮，在打开的【扬声器属性】对话框中选中【增强功能】选项卡，选中需要的音量增强性能。

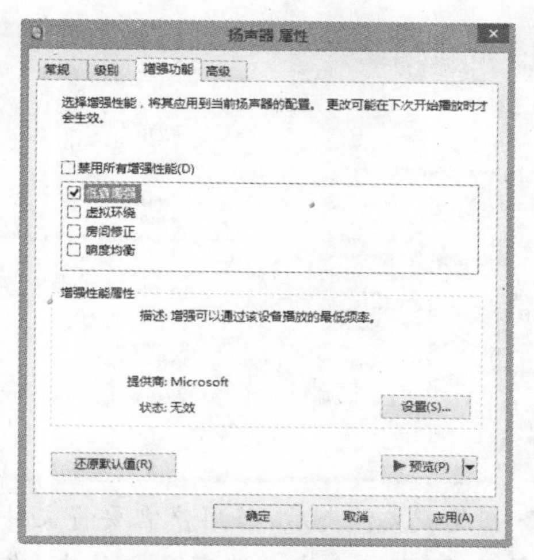

03 在【扬声器属性】对话框中单击【确定】按钮即可。

3.3 管理电脑中的文件

在 Windows 8 中，通过对系统的设置，用户可以对电脑中的文件进行隐藏、显示和修改打开方式等个性化设置，使对文件的管理工作更加方便。

3.3.1 隐藏与显示文件

用户可以根据自己的使用习惯，在 Windows 8 系统中对文件执行显示与隐藏设置，具体操作方法如下。

【例 3-12】在 Windows 8 中设置显示与隐藏电脑中的文件。视频

01 打开【计算机】中的某个硬盘分区后，选中需要隐藏的文件夹，单击窗口上方的【隐藏所选项目】选项。

02 在打开的【确认属性更改】对话框中选择将隐藏设置应用于文件夹还是文件夹及其子文件夹后，单击【确定】按钮即可将选中的文件夹隐藏。

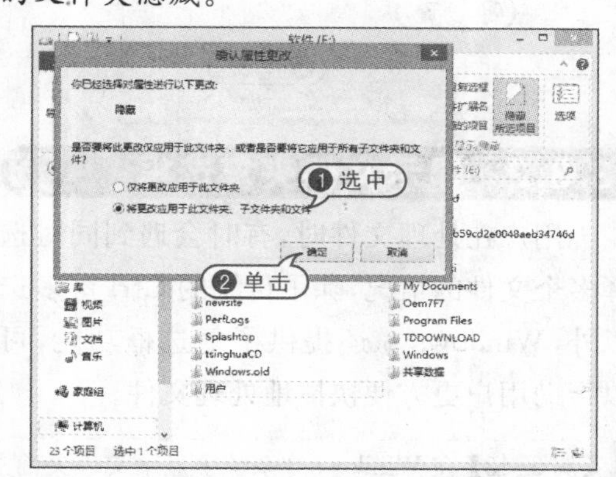

03 在打开的提示对话框中单击【继续】按钮，提供管理员权限，更改文件夹显示设置，打开【应用属性】窗口执行文件夹隐藏操作。当系统完成文件夹隐藏操作后，选中窗口上方的【隐藏的项目】复选框，则可以显示隐藏的文件夹。

04 在隐藏文件夹后，若用户需要将文件夹恢复显示，可以右击被隐藏的文件夹，在弹出的菜单中选中【属性】命令，打开【用户属性】对话框，取消【隐藏】复选框的选中状态，然后单击【确定】按钮即可显示隐藏的文件。

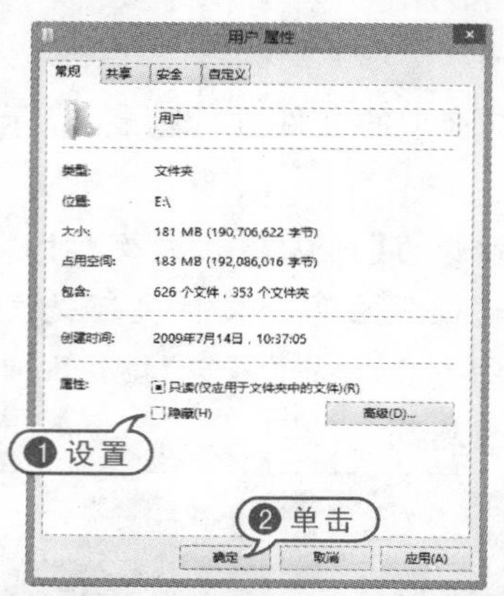

3.3.2 显示文件夹复选框

用户在处理文件时，有时会遇到同时选择多个文件的情况，除了传统的 Ctrl 键多选以外，Windows 8 还提供了复选框功能，可以帮助用户更方便快捷地处理文件。

【例 3-13】在 Windows 8 系统中显示文件夹前的复选框。视频

01 在 Windows 8 中打开【计算机】中的某个硬盘分区后，单击窗口上方的【项目复选框】前的复选框。

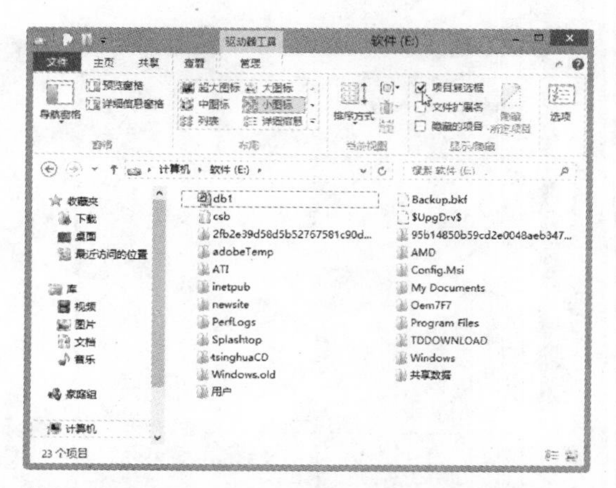

02 此时，硬盘分区中的文件夹前将显示复选框，用户可以通过选中复选框从而选择相应的若干文件夹。

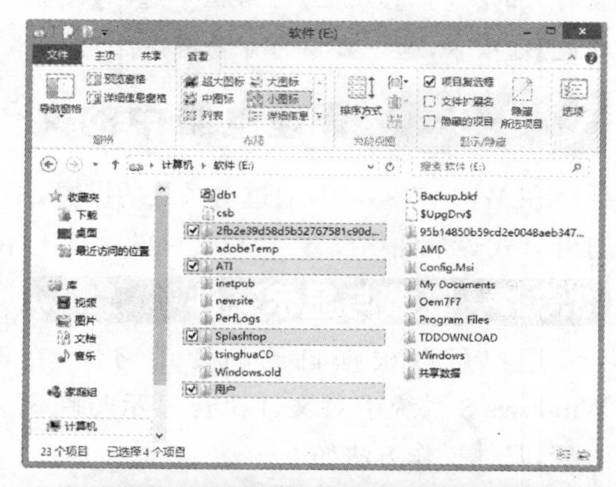

3.3.3 显示资源管理器菜单

Windows 8 在资源管理器中引入了 Ribbon 工具栏，可以将用户最常用的功能用最直接的方式展现，使文件的查找和使用都变得更加方便。用户也可以设置在资源管理器中显示传统菜单，使其更符合自己的使用习惯。

【例 3-14】在 Windows 8 资源管理器中显示传统菜单。视频

01 双击 Windows 8 系统桌面上的【计算机】图标，在打开的【计算机】窗口中单击窗口右上角的【展开功能区】按钮，展开窗口功能区。

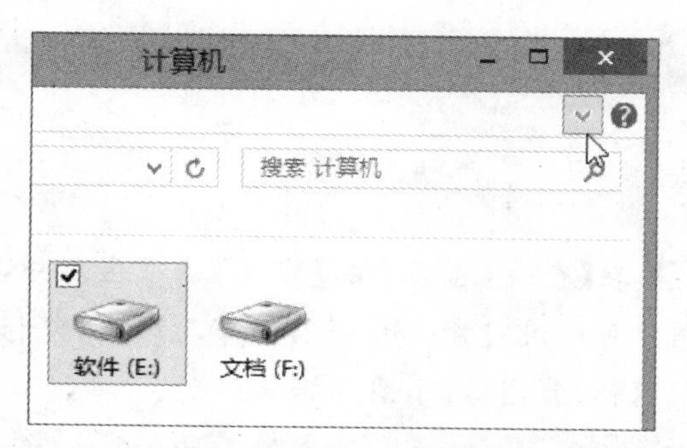

02 此时，用户就可以使用窗口上方显示的传统菜单。

3.3.4 更改文件默认打开方式

文件通常有多种打开方式，例如 AVI 视频文件可以使用不同的播放器打开并播放。

【例 3-15】在 Windows 8 中修改文件的默认打开方式。视频

01 右击需要修改的文件，在弹出的菜单中选中【属性】命令。

02 在打开的【属性】对话框中单击【更改】按钮。

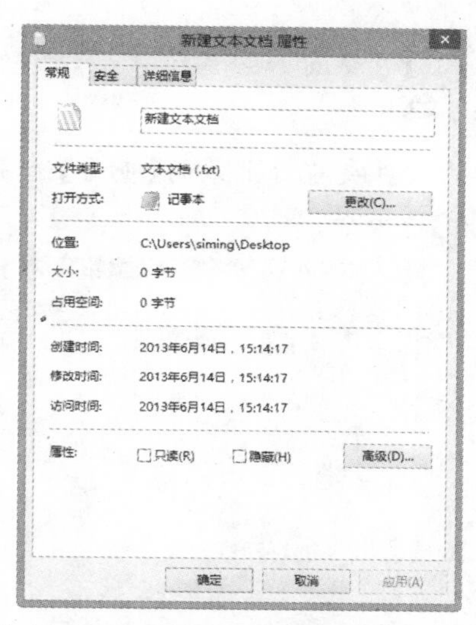

03 在打开的选项区域中单击【更多选项】选项。

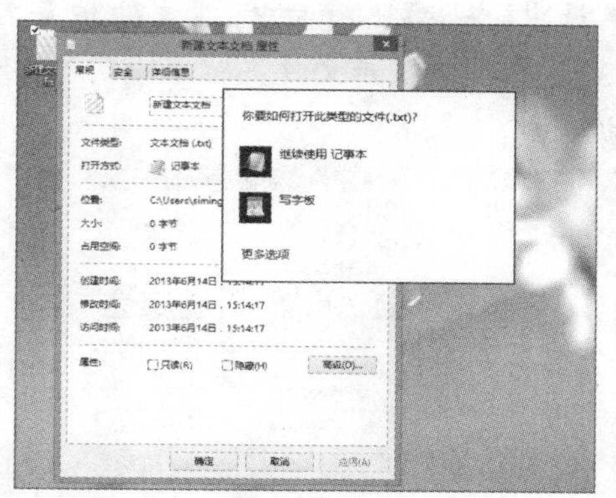

04 在打开的选项区域中滑动鼠标选择需要的文件打开方式，然后单击【确定】按钮。

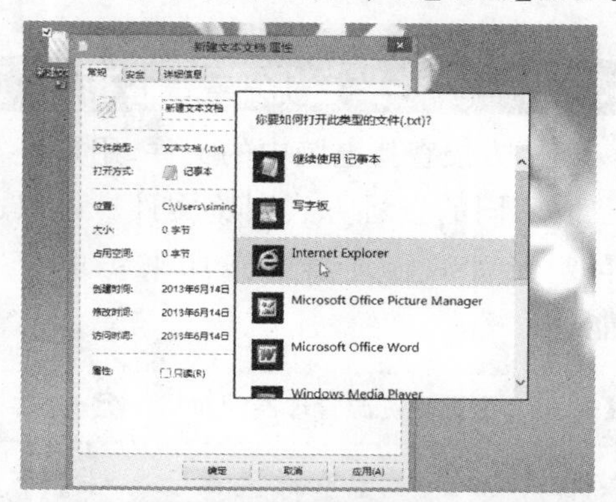

3.3.5 显示文件的扩展名

在 Windows 8 中，用户可以参考下面介绍的方法显示文件的扩展名。

【例 3-16】在 Windows 8 系统中显示文件的扩展名。视频

01 单击文件夹窗口上方的【查看】选项，显示【查看】选项卡。

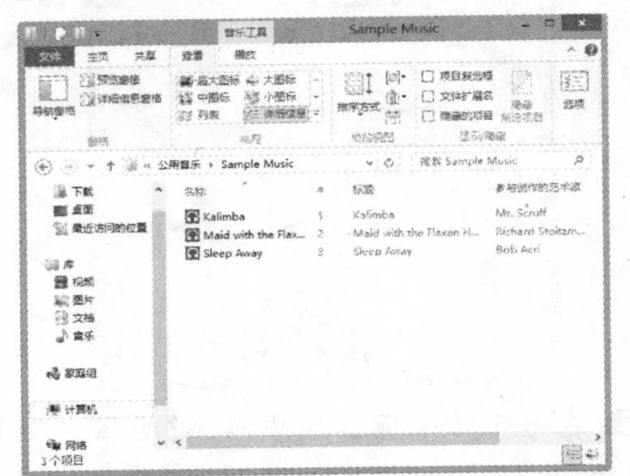

02 选中【查看】选项卡中的【文件扩展名】复选框后，即可显示文件夹窗口中所有文件的扩展名。

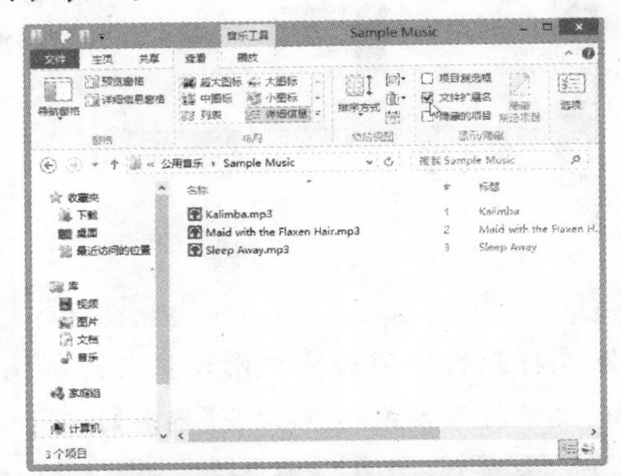

3.3.6 自定义资源管理器布局

为了方便查找电脑中的文件，用户经常需要以不同的查看方式浏览文件。可以通过自定义资源管理器的布局来实现上述功能。

【例 3-17】设置资源管理器的布局。视频

01 在 Windows 8 系统桌面上双击【计算机】图标打开【计算机】窗口后，单击窗口上方的【查看】选项卡。

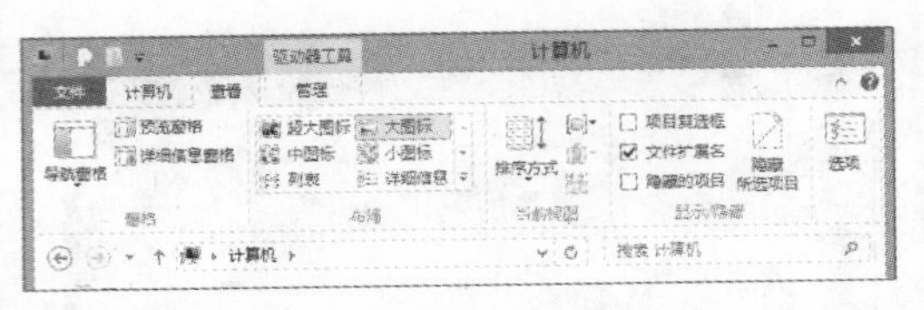

02 在【查看】选项卡的【布局】选项区域中，用户可以设定资源管理器的布局风格，包括中图标、大图标、小图标等。

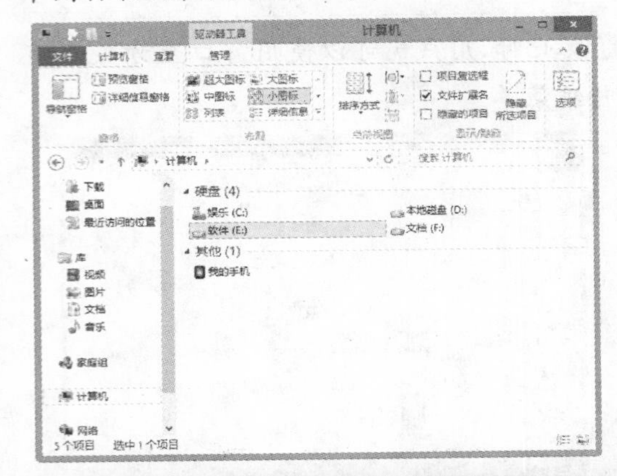

3.3.7 批量重命名文件

在 Windows 8 中，用户可以参考下面介绍的方法批量重命名电脑中保存的文件。

【例 3-18】批量重命名文件。视频

01 选中需要批量重命名的多个文件后，右击鼠标，在弹出的菜单中选中【重命名】命令。

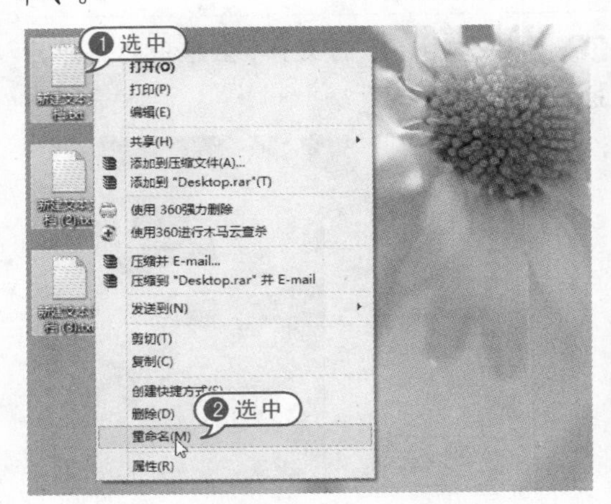

02 输入新的文件名并按下 Enter 键即可批量重命名文件。

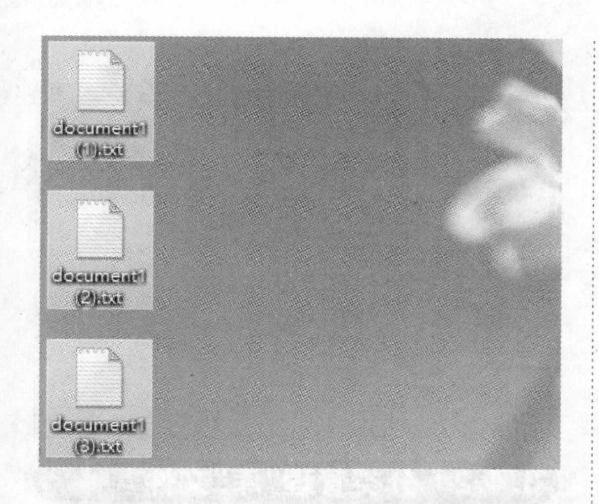

3.3.8 删除文件中的个人信息

在编辑完一个文件后，系统会自动保留一些个人的信息在文档的属性中。当用户将文件上传至网络中时就会在不经意间暴露自己的个人信息。此时，用户可以参考下面介绍的方法，在 Windows 8 中将自己的个人信息从文件中删除。

【例 3-19】在 Windows 8 中删除文件中的个人信息。视频

01 右击某个文件，在弹出的菜单中选中【属性】命令，打开【属性】对话框。选中【详细信息】选项卡，单击【删除属性和个人信息】选项，打开【删除属性】对话框。

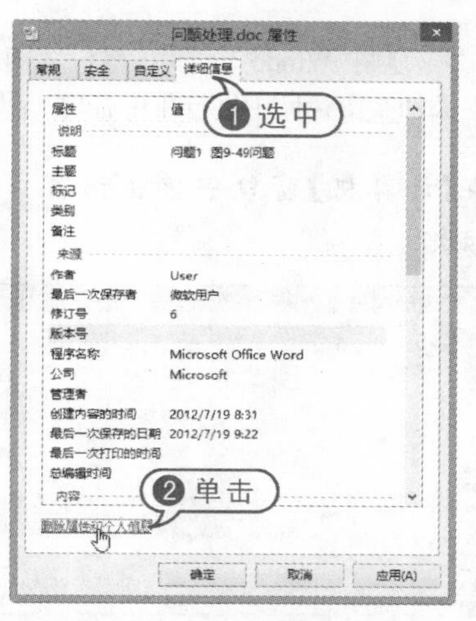

02 选中【从此文件中删除以下属性】单选按钮，然后列表框中选中需要删除的项目。

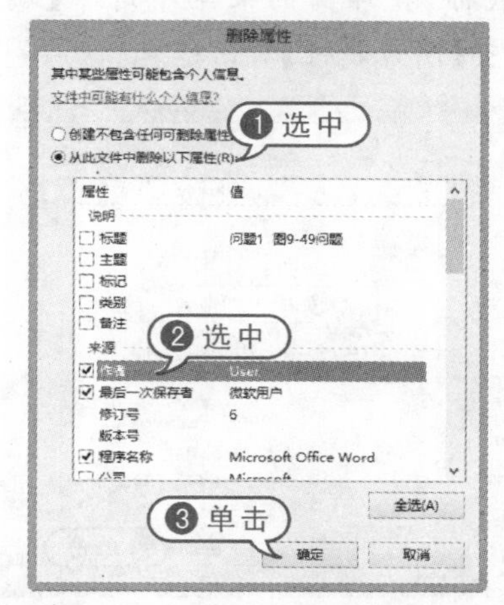

03 在【删除属性】对话框中单击【确定】按钮即可。

3.4 通过“库”管理电脑文件

Windows 8 系统的“库”类似于 Windows XP 系统中的“我的文档”，它可以收集电脑中不同位置的文件，将其显示为一个集合，而无需从文件的保存位置移动文件。在 Windows 8 中，系统提供了视频库、文档库、图片库和音乐库等几种基础库分类管理电脑中的文件，用户还可以根据需要自定义新的库。

3.4.1 “库”文件存储与管理

默认“库”的存储位置是系统盘下（默认为 C 盘分区）的“用户”文件夹，但出于保护系统和易于管理的目的，一般不将系统以外的其他内容存储在系统盘的“用户”文件夹中，因此重新设置“库”的存储位置是非常必要的。

【例 3-20】在 Windows 8 中，将包含图片的文件夹添加至图片库中进行集中管理。视频

01 在【计算机】窗口中单击该窗口左侧的【库】选项。

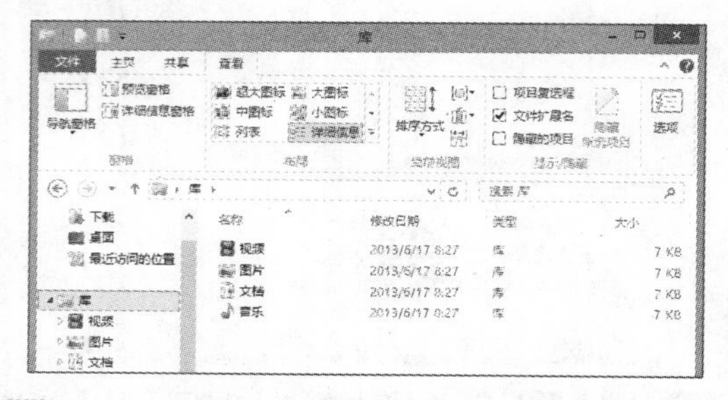

02 在显示的“库”中选中【图片】选项，然后右击鼠标，在弹出的菜单中选中【属性】命令，打开【图片属性】对话框。

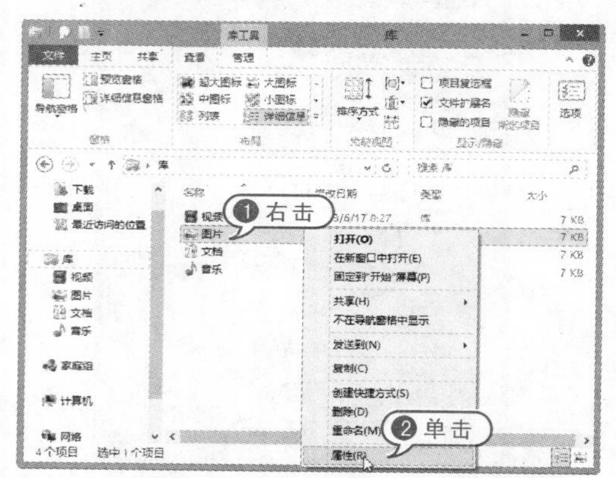

03 单击【添加】按钮，打开【将文件加入到图片中】对话框。

04 在【将文件加入到图片中】对话框中选中一个包含图片的文件夹后，单击【加入文件夹】按钮。

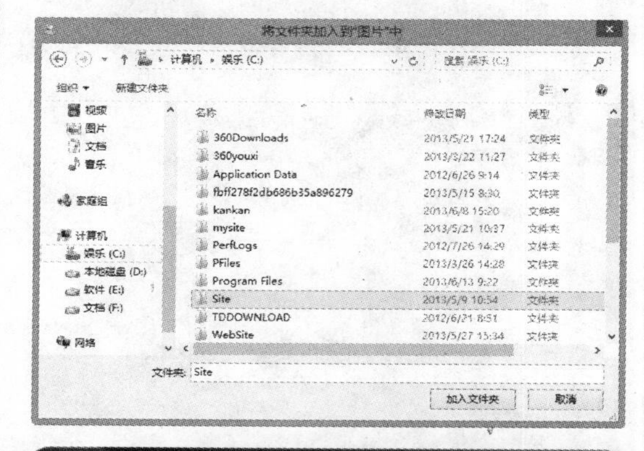

3.4.2 分类管理“库”文件

Windows 8 系统支持对“库”中的文件进行任意移动，具体操作方法如下。

【例 3-21】管理“库”中的文件。视频

01 在单击【计算机】窗口左侧的【库】选项打开“库”后，双击【文档】选项，打开【文档】窗口。

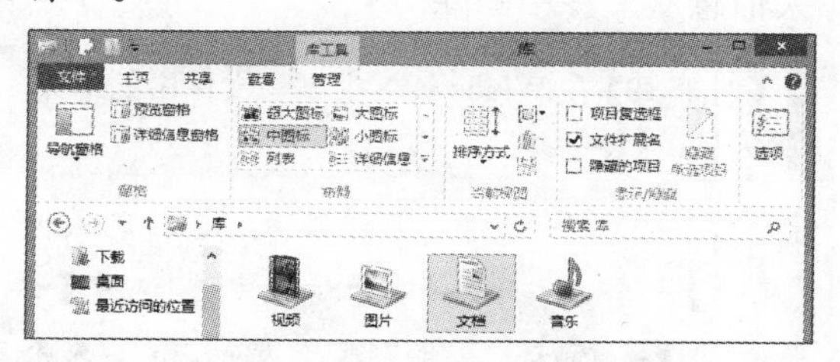

02 在【文档】窗口中选中一个文件(或文件夹)后，单击窗口上方的【主页】选项，并在打开的选项卡中单击【复制到】选项，在弹出的下拉列表框中将文件(或文件夹)复制到相应的文件夹中。

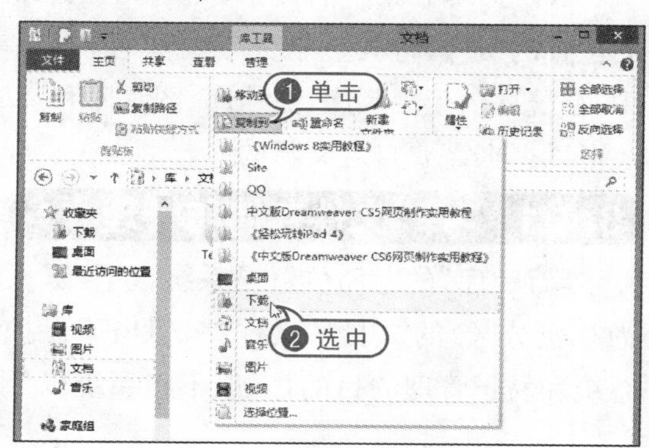

3.4.3 创建与删除“库”

Windows 8 默认有图片、视频、视频和文档等四个库，用户也可以根据自己的需要创建或删除属于自己的库，具体方法如下。

【例 3-22】创建与删除库。视频

01 打开【库】窗口后，右击窗口的空白处，在弹出的菜单中选择【新建】|【库】命令。

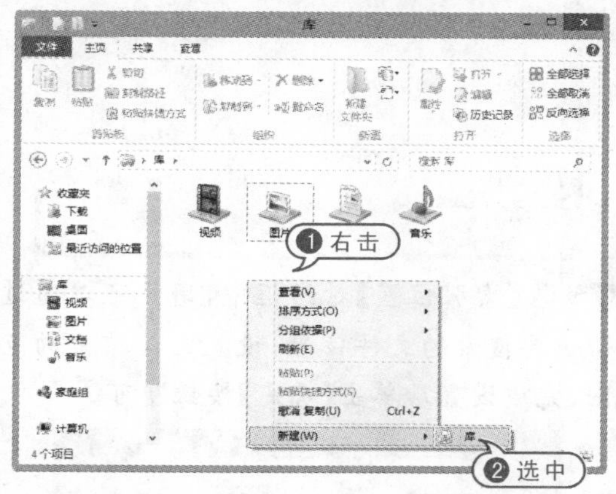

02 新建“库”后，输入新库的名称并按下 Enter 键即可。

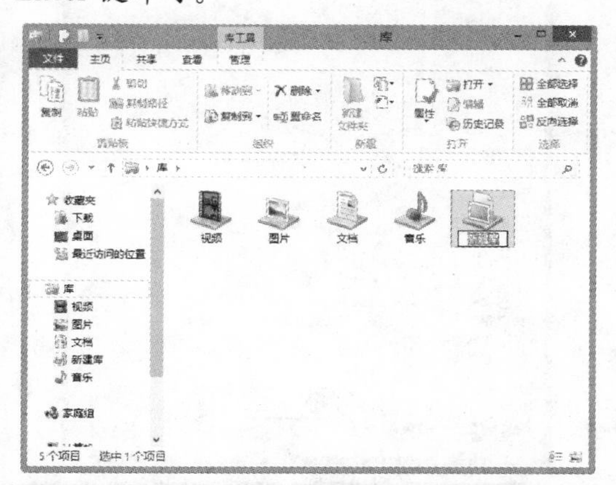

03 右击创建的库，在弹出的菜单中选中【删除】命令，即可将其删除。

3.4.4 优化库的功能

用户可以参考下面介绍的方法，根据自己的需求对“库”进行优化。

【例 3-23】优化 Windows 8 中“库”的功能。视频

01 打开【库】窗口后，右击该窗口中的某个类型的库（例如“文档”库），在弹出的菜单中选中【属性】命令。

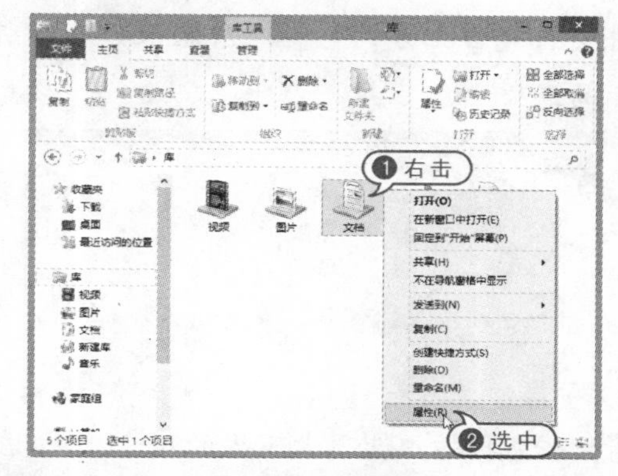

02 在打开的对话框中单击【优化此库】下拉列表按钮，在弹出的下拉列表中选中需要优化的库类型，然后单击【确定】按钮即可。

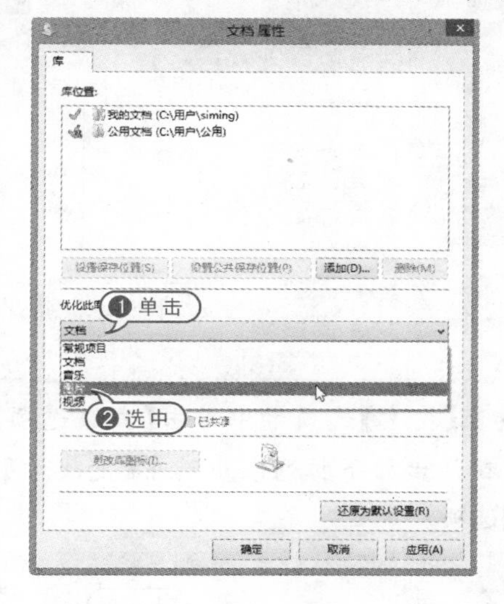

3.5 文件的搜索与索引

Windows 8 系统的搜索与索引服务可以帮助用户快速地查找电脑中保存的文件，从而大大提高文件检索的效率，提高文档的查询能力。

3.5.1 使用文件索引功能

Windows 8 操作系统的索引功能非常强大。索引相当于文件和文件夹的目录，从索引目录中查找文件，要比从一个个文件夹中查找文件速度快很多。

【例 3-24】在 Windows 8 中搜索文件。
视频

01 任意打开一个磁盘的文件夹后，单击文件夹窗口右上方的 按钮，显示如下图所示的选项卡。

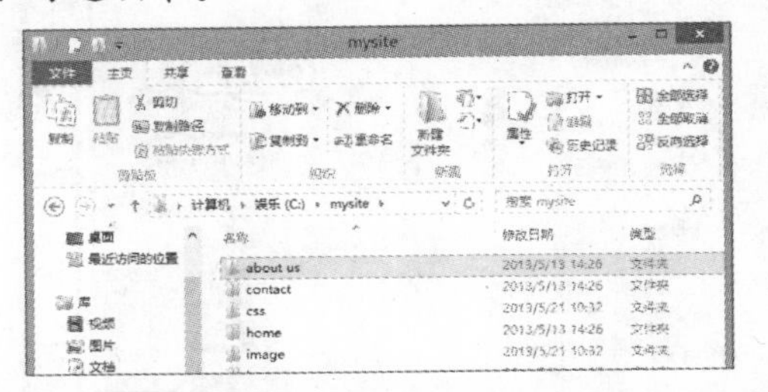

02 将光标插入选项卡下方的搜索栏中，在搜索栏中输入“*.*”可以搜索当前文件夹中所有的文件。

03 在【搜索】选项卡中单击【高级选项】按钮，在弹出的下拉列表中选中【更改索引位置】选项。

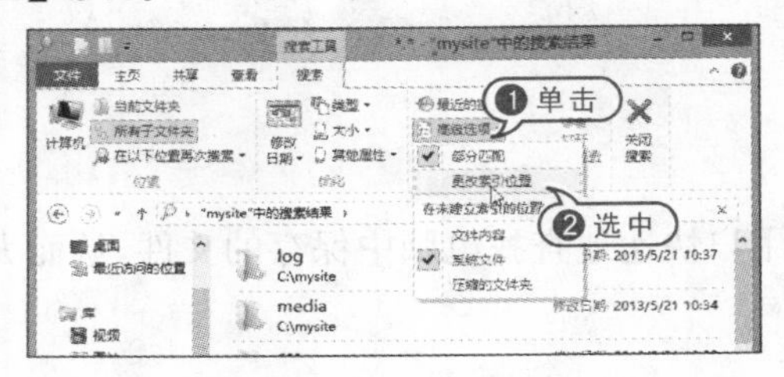

04 在打开的【索引选项】对话框中单击【修改】按钮，打开【索引位置】对话框。

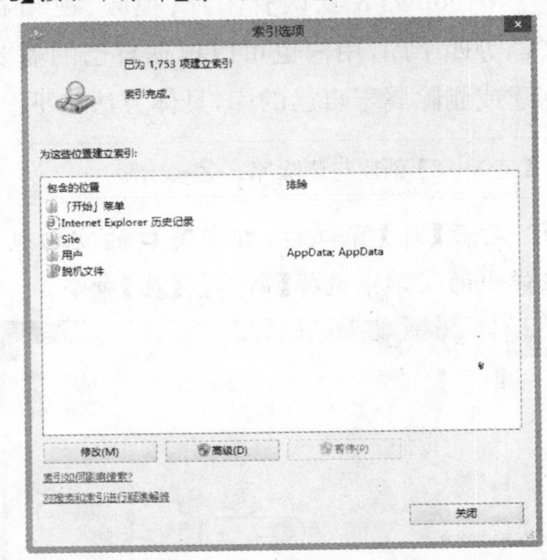

05 在【索引位置】对话框中，用户可以通过勾选要搜索的文件位置，设置文件搜索的范围，完成设置后单击【确定】按钮即可。

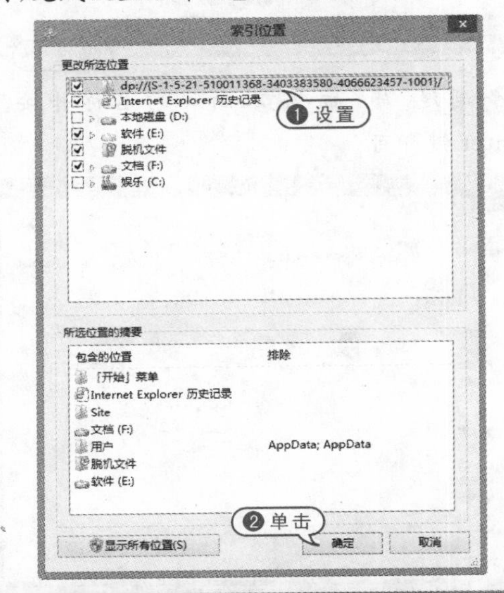

3.5.2 扩展文件索引范围

在使用 Windows 8 完成初步搜索后，如果用户没有找到需要的文件，可以通过扩展索引范围进一步查找所需的文件。其中可以在【搜索】选项卡中单击【高级选项】按钮，然后在弹出的下拉列表中选中【部分匹配】、【文件内容】、【系统文件】以及【压缩的文件夹】等选项。

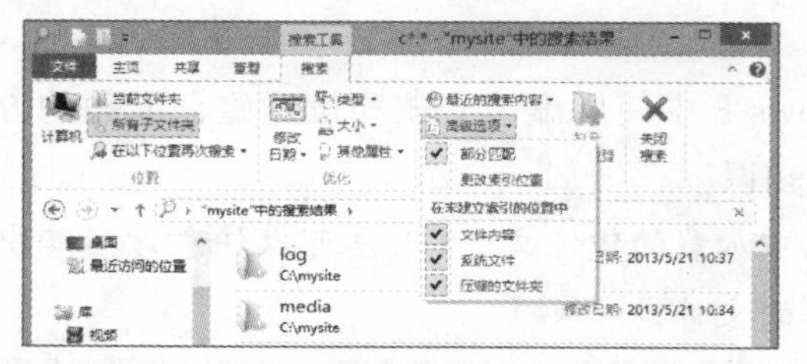

如此，与关键字部分匹配的文件、文件内容，包含关键字的文件、系统文件以及压缩文件夹都将在系统的索引范围之内。

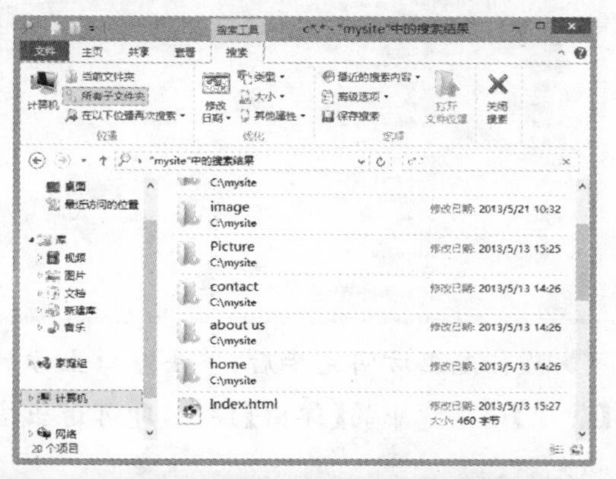

3.5.3 使用“基本查询”功能

在 Windows 8 中，用户可以通过在【搜索框】文本框中输入需要查找的文件名或扩展名，查找相应的文件或文字内容。

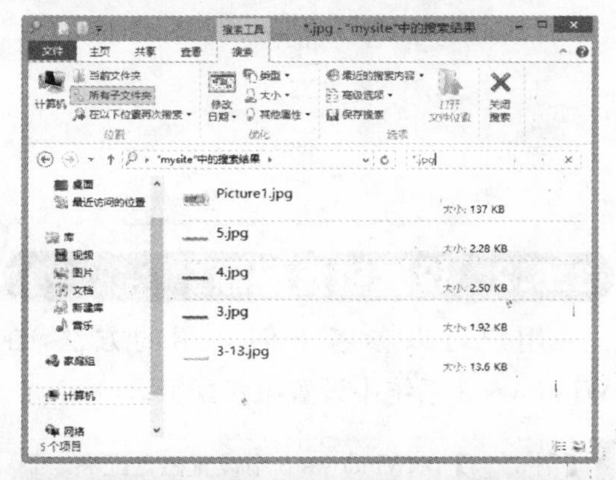

3.5.4 设置文件搜索结果筛选

用户可以通过为基本搜索设置筛选条件来找出自己需要的搜索目标。Windows 8 支持通过类型、大小、修改日期以及其他属性进行筛选，其具体操作方法如下。

【例 3-25】在 Windows 8 中通过设置筛选条件查找具体的文件。视频

01 继续【例 3-24】的操作，在搜索栏中输入“*.Png”，然后在【搜索】选项卡中单击【修改日期】按钮，并在弹出的下拉列表中选中【去年】选项。

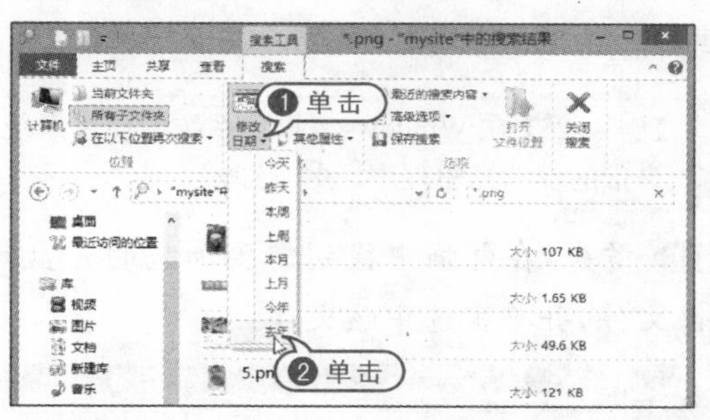

02 窗口中将显示满足搜索条件的搜索结果。

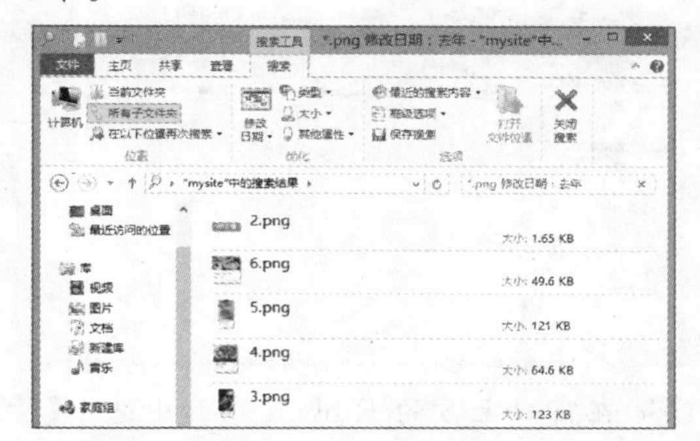

03 单击【搜索】选项卡中的【大小】按钮，在弹出的下拉列表中选中【小 10～100 K】选项，并按照文件大小显示搜索结果。

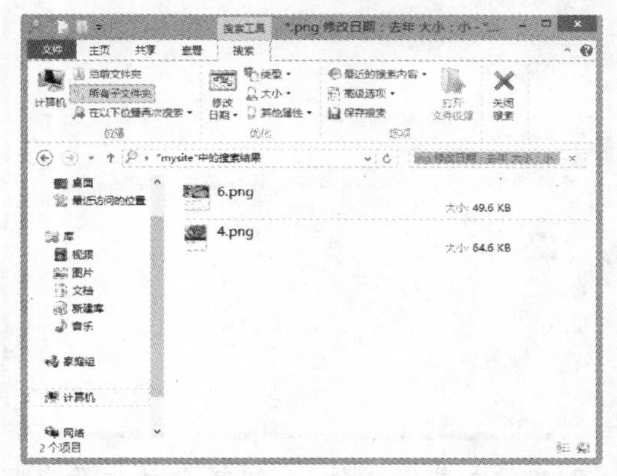

3.6 实战演练

本章的实验指导将通过实例，介绍在 Windows 8 中使用虚拟光驱和设置磁盘配额的方法，用户可以通过具体的操作进一步巩固学到的知识。

3.6.1 使用虚拟光驱

用户可以参考下面所介绍的方法，在 Windows 8 系统中使用系统自带的虚拟光驱程序。

【例 3-26】在 Windows 8 操作系统中使用系统自带的虚拟光驱程序。视频

01 首先，在电脑中找到需要加载的光盘镜像文件，并单击选中该文件。

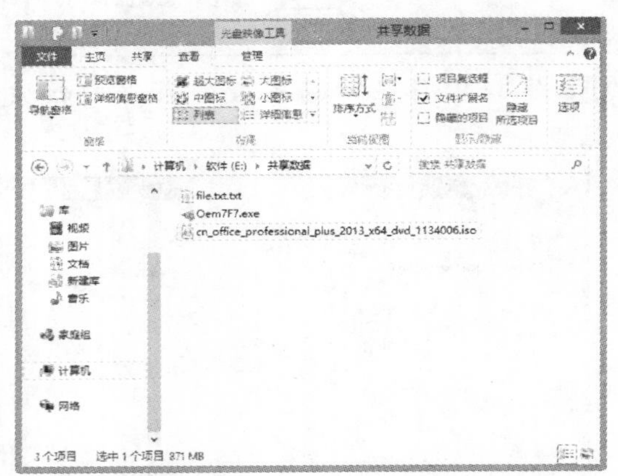

02 在窗口上方的 Ribbon 界面中选中【管理】选项卡，然后单击该选项卡中的【装载】按钮。

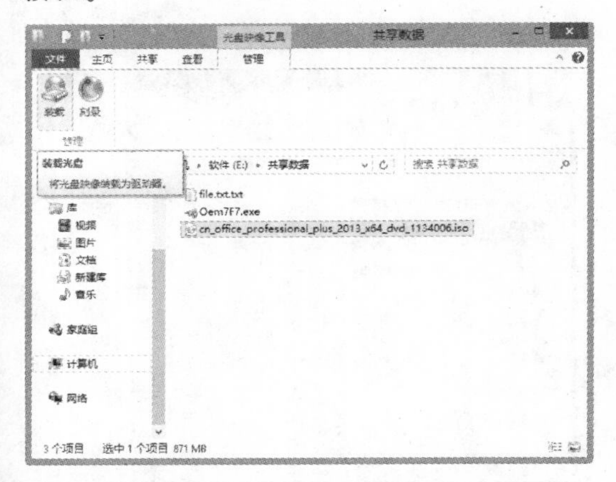

03 文件加载完成后，系统将自动打开光驱中加载的镜像文件，用户可以任意访问其中的文件。

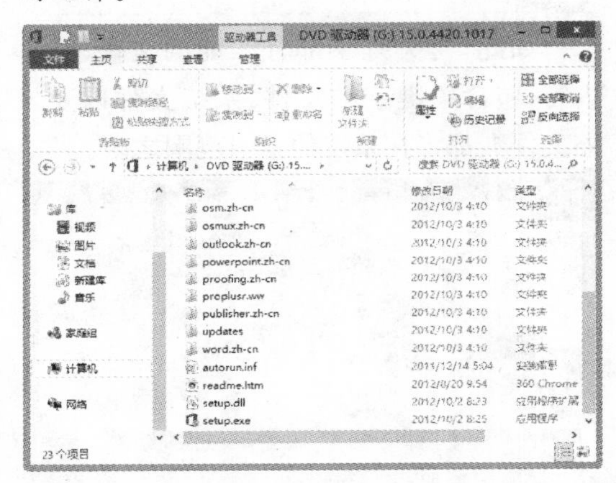

04 虚拟光驱访问完毕后，单击窗口上方的【管理】选项卡中的【弹出】按钮，即可退出虚拟光驱。

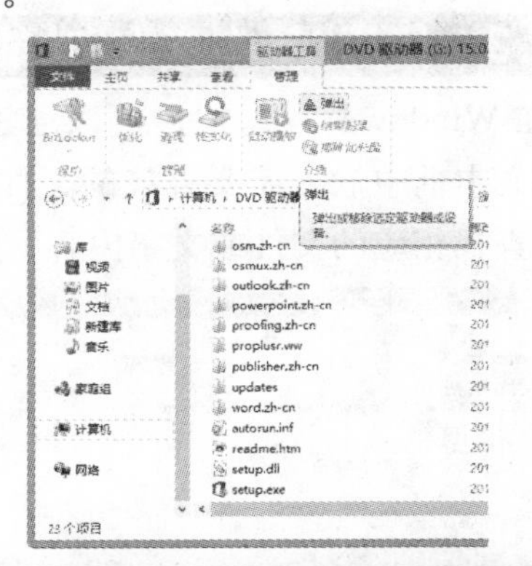

3.6.2 设置磁盘配额

用户可以参考下面介绍的方法，在 Windows 8 系统中设置磁盘配额。

【例 3-27】在 Windows 8 中设置磁盘配额。视频

01 右击 Windows 8 系统桌面上的【计算机】图标，在弹出的菜单中选中【管理】命令，打开【计算机管理】窗口。

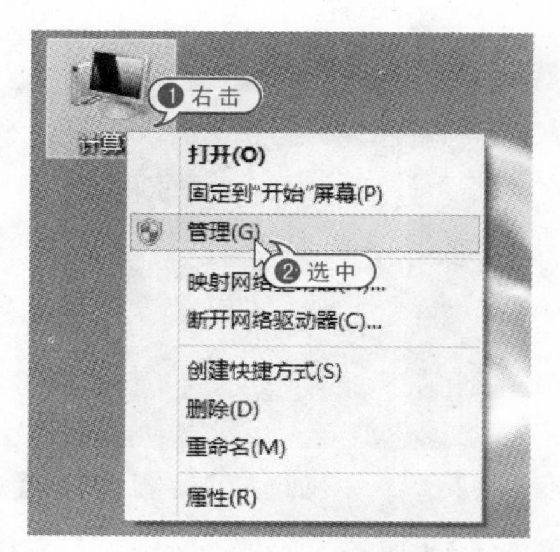

02 在【计算机管理】窗口中单击【存储】选项，然后在打开的选项区域中选中一个磁盘分区并右击鼠标，在弹出的菜单中选中【属性】命令。

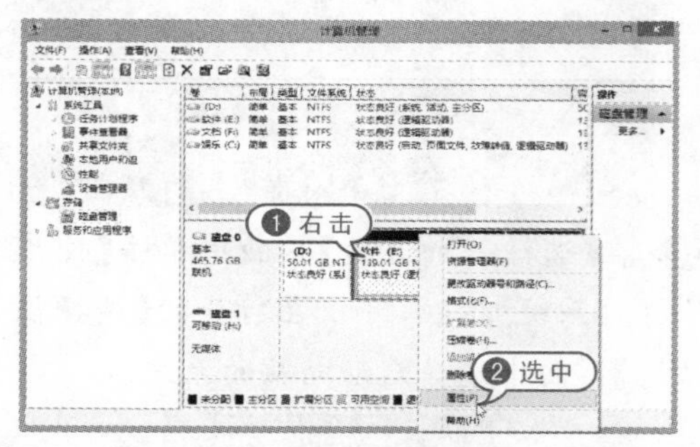

03 在打开的【属性】对话框中选中【配额】选项卡，选中【启用配额管理】复选框。

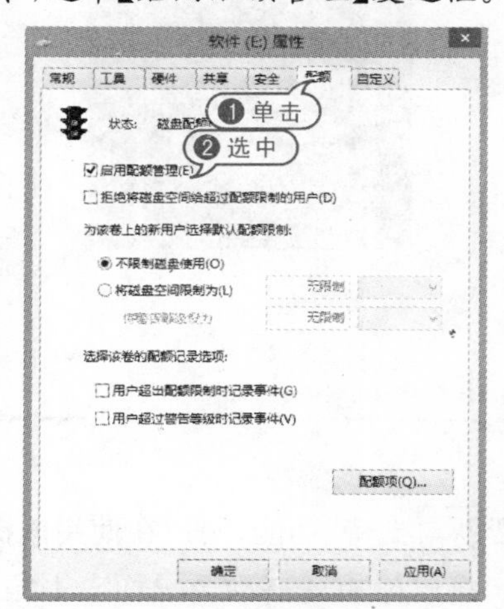

04 选中【将磁盘空间限制为】单选按钮后，在该单选按钮后的文本框中设置磁盘配额限制参数和警告等级。

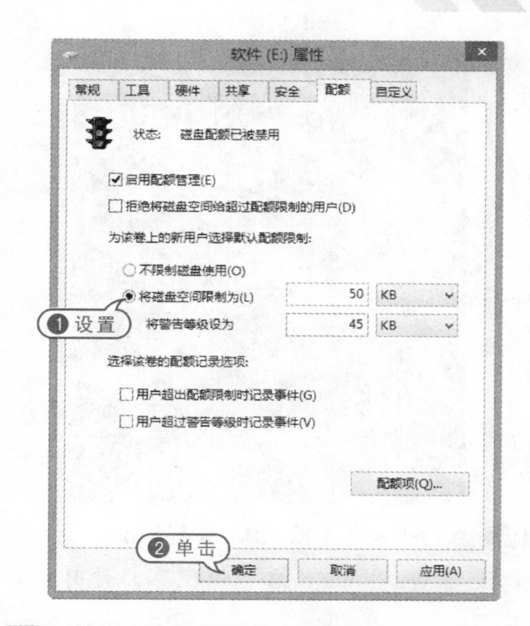

05 单击对话框中的【确定】按钮即可。

3.6.3 管理多个操作系统

当电脑中安装有多个操作系统时（例如Windows 8、Windows 7 和 Windows XP），用户可以参考下面介绍的方法管理系统的默认启动项。

【例 3-28】在多系统下管理 Windows 8。

01 启动电脑后，在 Windows 8 启动管理界面中单击【更改默认值或选择其他选项】按钮，打开【选项】界面。

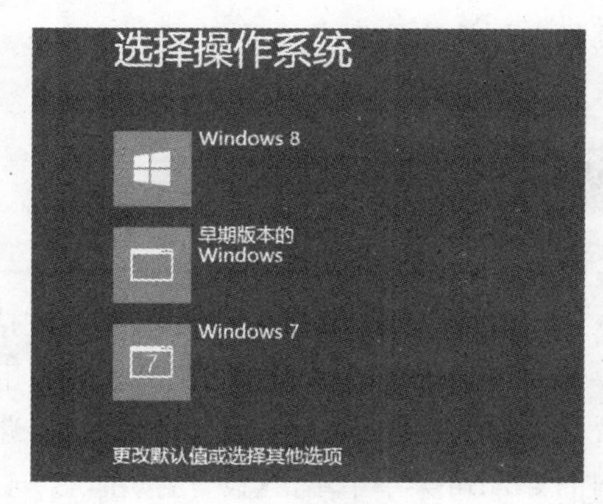

02 在显示的【选项】界面中单击【更改计时器】按钮。

03 在打开的【更改计时器】界面中用户可以设置 Windows 8 启动管理界面计时器的时间。

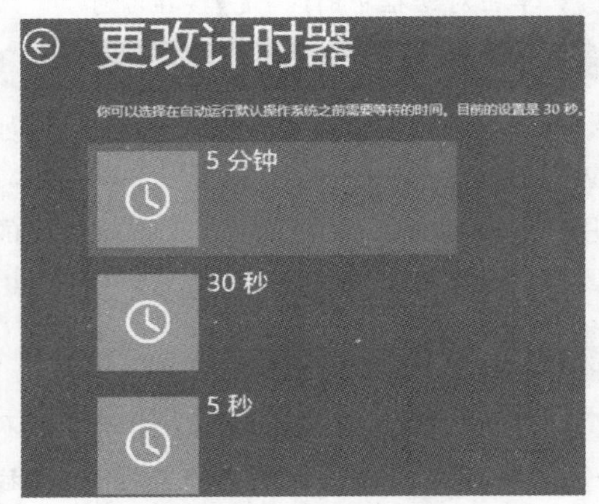

04 在【选项】界面中单击【选择默认操作系统】,在打开的界面中设置下次电脑启动的默认操作系统。

05 单击【选择其他选项】按钮,打开【选择一个选项】界面。

06 在【选择一个选项】界面中单击【使用其他操作系统】按钮,可以在打开的【选择操作系统】界面中选择启动电脑的系统。

3.7 专家答疑

一问一答

问:如何查看 Windows 8 的帮助与支持信息?

答:Windows 8 系统为了方便用户使用,保留了“帮助与支持”功能,用户在使用该操作系统时可以随时调用帮助与支持信息,解决遇到的问题。将鼠标指针移动至桌面右上角,在弹出的 Charm 菜单中单击【设置】按钮,打开【设置】界面。在【设置】界面中单击【帮助】选项,即可打开【Windows 帮助和支持】窗口。

第4章

设置输入法与汉字输入

在日常使用电脑中，经常需要输入汉字，而选择合适的汉字输入法可以极大地提高办公效率。目前常见的汉字输入法主要有拼音输入法和五笔输入法两种，本章将详细介绍在Windows 8系统中设置并使用汉字输入法的方法与技巧。

参见随书光盘

例 4-1　设置 Windows 8 中的输入法

例 4-2　设置微软拼音输入法

例 4-3　使用微软拼音输入法

例 4-4　使用搜狗拼音输入法

例 4-5　在写字板中输入汉字

4.1 输入汉字前的准备

在使用电脑打字之前，首先要了解一些基础知识，主要包括汉字输入法的分类、添加和删除输入法以及输入法的切换等相关知识。

4.1.1 认识汉字输入法

汉字编码是指将汉字拆分为若干个独立单元的规则，汉字输入法则是将拆分汉字得到的独立单元与键盘上的按键建立联系，根据汉字编码进行组合来输入汉字的方法。根据汉字编码的不同，汉字输入法可以分为音码、形码和音形码三种类型。

1. 音码

音码类输入法又称为拼音码输入法，它的编码规则取决于汉字的拼音，简单来说也就是根据拼音来输入汉字。这种类型输入法的优点是只要掌握汉字的拼音即可输入汉字。但由于汉字的同音字较多，从而导致重码率较高，经常需要选择要输入的汉字，因此大大地降低了汉字输入的效率。另外使用音码输入法时，一旦遇到不知道读音的汉字，则无法对汉字进行编码。目前比较常用的音码类输入法有智能 ABC、紫光拼音等。

2. 形码

形码是依汉字的字形来编码的，简单来说也就是根据笔画来输入汉字。形码能有效地避免汉字按发音输入的缺陷，对于那些使用方言的人真可以说是天降福音。形码或者以汉字的笔画为依据，或者以汉字的偏旁部首为基础，并总结出一定的规律进行编码，与汉字读音无任何关系。形码的重码率相对较低，为实现汉字的盲打提供了可能，成为专业人员的首选汉字输入码。我们经常提到的五笔输入法就是形码类输入法。

3. 音形码

音形码吸取了音码和形码的优点，将二者混合使用。常见的音形码有“自然码”和“郑码”等，其中“自然码”是目前比较常用的一种混合码。这种输入法以音码为主，以形码作为可选辅助编码，而且其形码采用切音法，解决了不认识的汉字的输入问题。这类输入法的特点是速度较快，不需要专门培训，适合于对打字速度有些要求的非专业打字人员使用，如记者、作家等。但相对于音码和形码，音形码使用的人还比较少。

4.1.2 设置 Windows 8 输入法

用户可以参考下面介绍的方法，在 Windows 8 中设置系统输入法。

【例 4-1】在 Windows 8 系统中设置输入法。
视频

01 在任务栏通知区域中单击【英】按钮，将其切换为“中”状态可以将输入法切换为中文输入法。

02 单击任务栏通知区域中的M按钮，在弹出的列表框中用户可以切换当前使用的输入法。

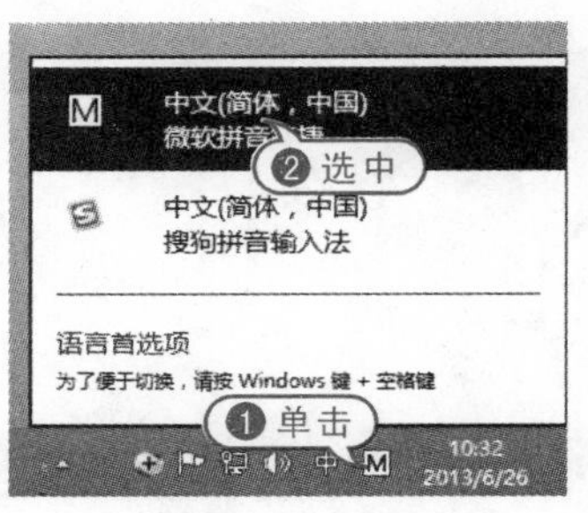

03 单击【语言首选项】选项，打开【语言】窗口。

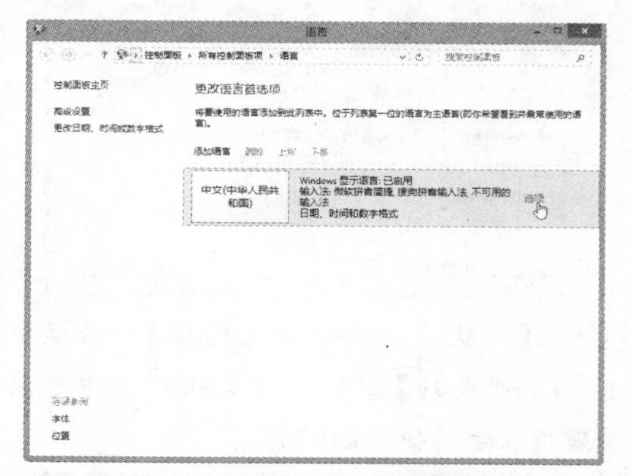

04 在打开的【语言】窗口中，单击【输入法】列表中具体输入法名称后的【选项】选项，打开【语言选项】窗口。

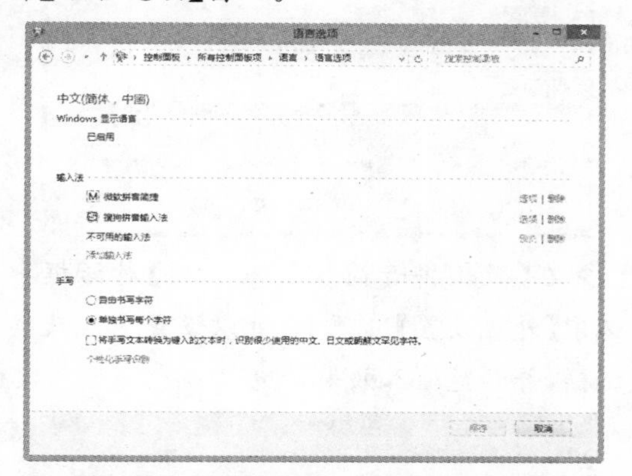

05 在【语言选项】窗口的【输入法】选项区域中，单击输入法后的【选项】选项，可在打开的对话框中设置输入法的详细参数。

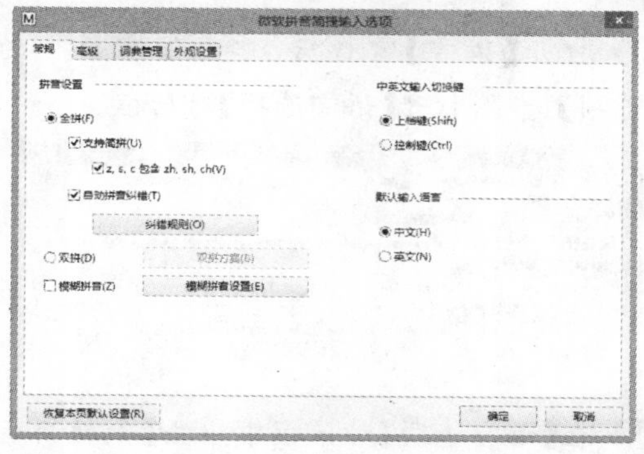

06 在【语言选项】窗口中单击【添加输入法】选项，在打开的【输入法】窗口中可以添加新的输入法。

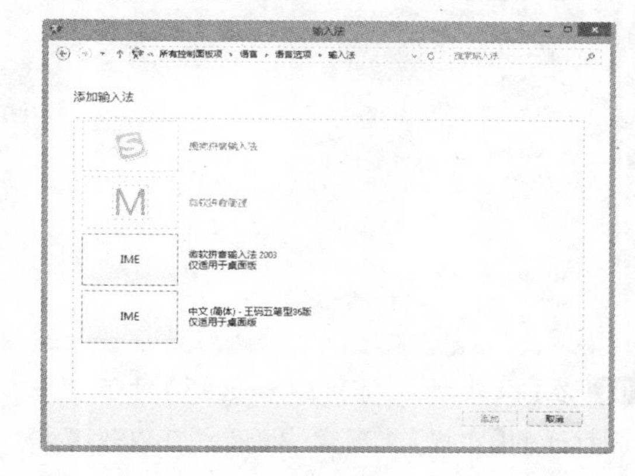

4.2 使用拼音输入法

拼音输入法具有易学易用的优点，只要掌握汉语拼音，就可以使用拼音输入法进行中文输入。但是由于重码率高等问题，拼音输入的速度较五笔字型等形码输入法要慢一些。本节以微软拼音输入法和搜狗拼音输入法为例，介绍拼音输入法的功能和特点。

4.2.1 微软拼音输入法

微软拼音输入法是 Windows XP 默认的汉字输入法，它采用基于语句的整句转换方式，用户可以连续输入整句话的拼音，而不必人工分词和挑选候选词语，这样大大提高了输入的效率。微软拼音输入法还提供了许多有特色的功能，例如手工造词功能，用户使用该功能可以为一些常用术语和习惯用词创建快捷输入方式，在输入文字时可以快速的输入一组词甚至是一段长句。

1. 设置微软拼音输入法

用户可以参考下面介绍的方法对微软拼音输入法的具体输入选项进行设置。

【例 4-2】设置 Windows 8 系统中的微软拼音输入法。视频

01 打开【语言】窗口后，单击该窗口中的【选项】选项，打开【语言选项】对话框。

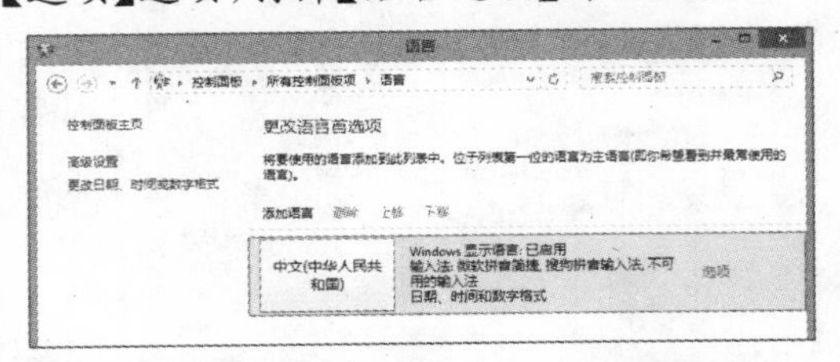

02 在【语言选项】对话框中单击【微软拼音简捷】后的【选项】按钮，打开【微软拼音简快输入选项】对话框。

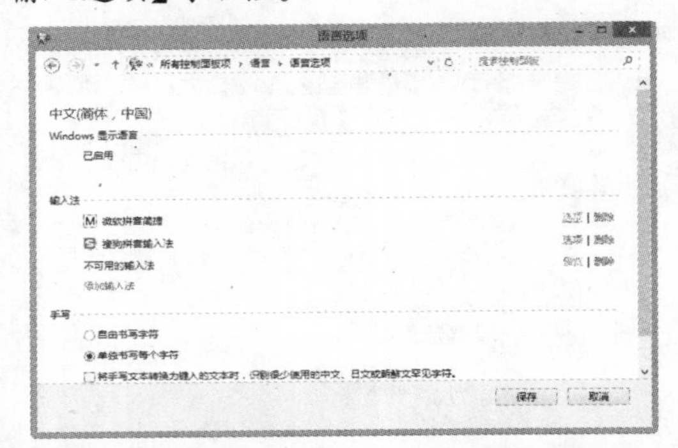

03 在【微软拼音简快输入选项】对话框默认打开的【常规】选项卡中，用户可以设置拼音设置(全拼与双拼)、中英文输入切换快捷键和默认输入语言。

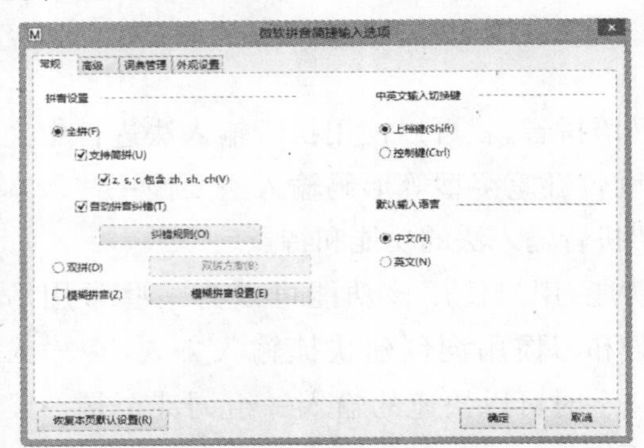

04 在【微软拼音简快输入选项】对话框中选中【高级】选项卡，在该选项卡中可以设置字符集、回车键功能、输入法自学习、造词以及中文输入联想功能。

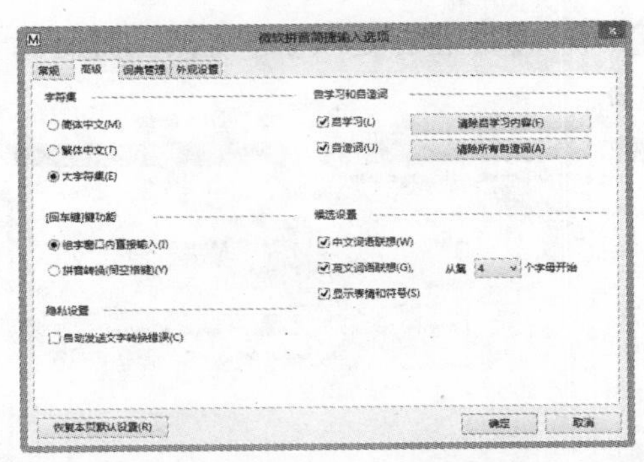

05 在【微软拼音简快输入选项】对话框中选中【词典管理】选项卡，在该选项卡中可以管理输入法所使用的词典。

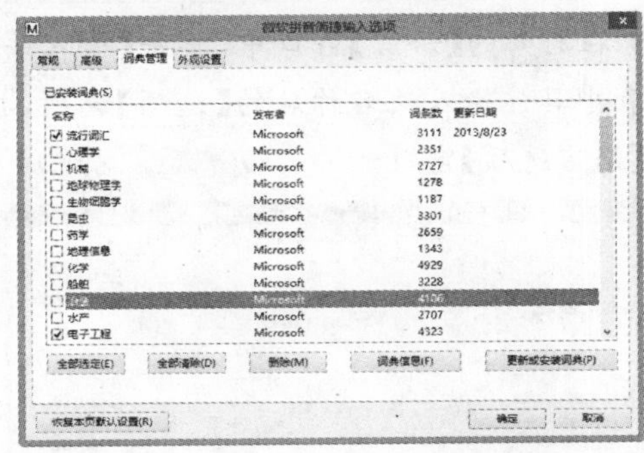

06 在【微软拼音简快输入选项】对话框中选中【外观设置】选项卡，可以设置输入及候选框，并预览输入效果。

07 设置完成后单击【确定】按钮设置即生效。

2. 使用微软拼音输入法

微软拼音输入法的具体使用方法如下。

【例 4-3】使用微软拼音输入法输入汉字。视频

01 在 Windows 8 的【开始】界面空白处右击鼠标，然后在打开的选项区域中单击【所有应用】选项，打开【应用】界面并在该界面中单击【写字板】选项，打开【写字板】工具。

02 在【写字板】工具中连续输入汉语拼音"feichangjingcai"，然后在打开的输入栏中选中相应的中文词汇，按下【空格】键即可输入一段文字。

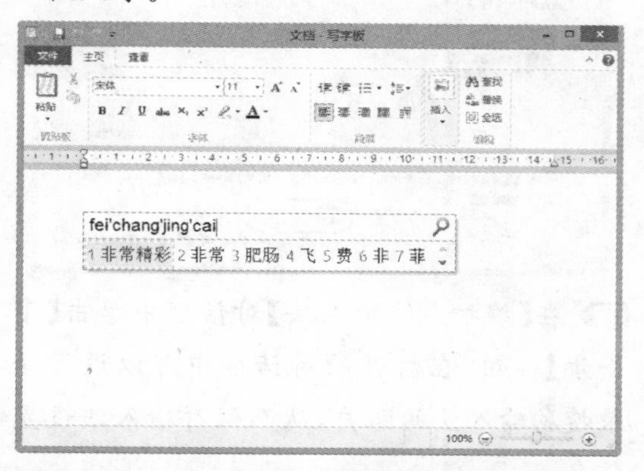

03 在输入拼音时，若单击输入栏中的【下一页】按钮，可以为拼音中的每个文字选定相对应的汉字。

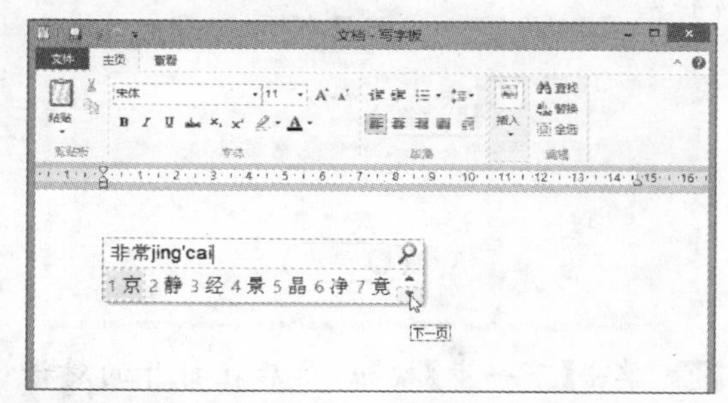

04 若按下 Shift 键，则关闭汉字输入，直接输入字母"feichangjingcai"。

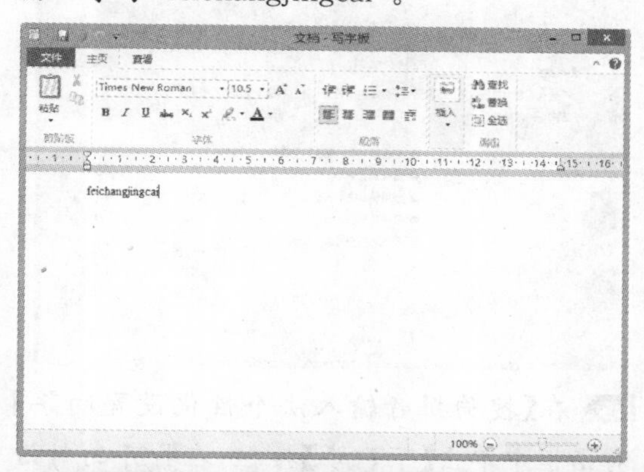

4.2.2 搜狗拼音输入法

搜狗拼音输入法是搜狐公司推出的一款拼音输入法工具，该输入法的最大特点是实现了输入法和互联网的结合。该输入法会自动更新自带热门词库，这些词库源自搜狗搜索引擎的热门关键词。这样，用户自造词的工作量减少，提高了效率。

【例 4-4】使用搜狗输入法输入汉字。视频

01 在 Windows 8 中安装搜狗输入法后，单击桌面右下方的M按钮，在弹出的菜单中选中【搜狗拼音输入法】选项。

02 此时，将显示如下图所示的搜狗输入法状态栏。

03 单击输入法状态栏中的按钮，在弹出的菜单中选中【设置向导】命令，打开【搜狗拼音输入法个性化设置向导】对话框。

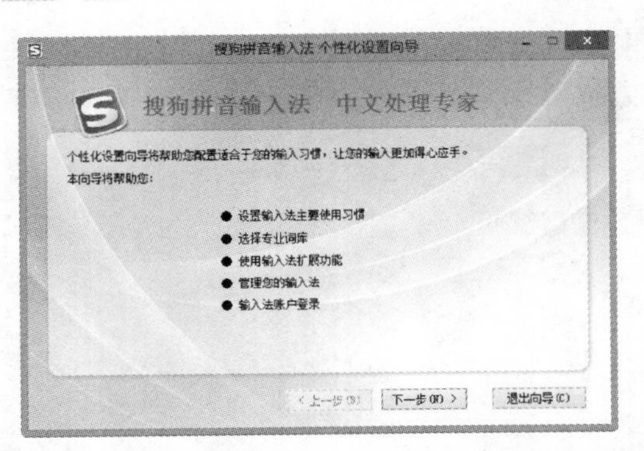

04 在【搜狗拼音输入法个性化设置向导】对话框中单击【下一步】按钮，在打开的对话框中可以设置输入法输入习惯，包括常用拼音习惯(全拼或双拼)和每页候选输入的汉字的数目等。

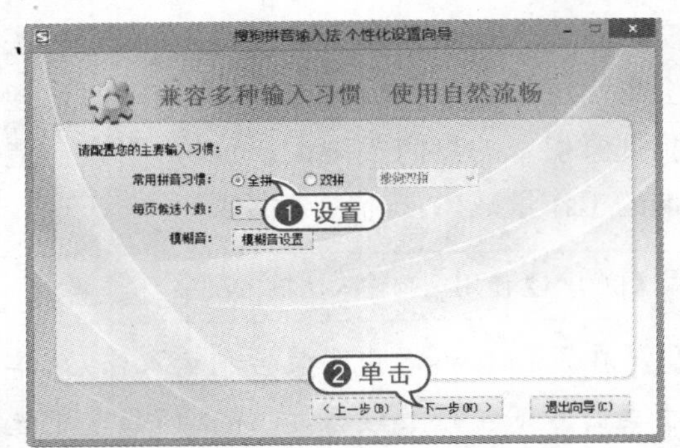

05 单击【模糊音设置】按钮，在打开的【模糊音设置】对话框中可以根据自己的汉字拼音使用习惯，设置模糊输入方式。

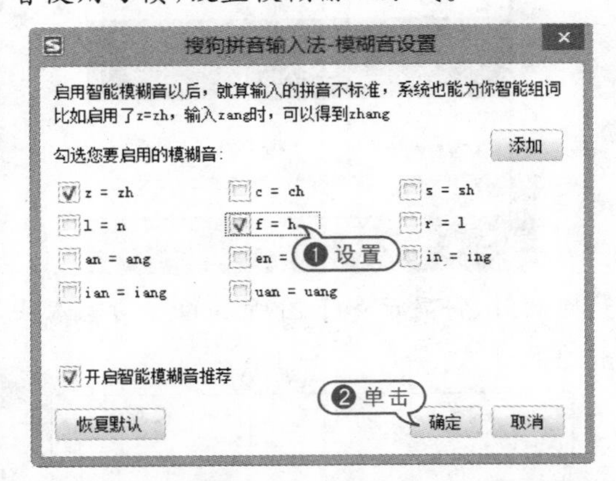

06 完成模糊音设置后单击【确定】按钮，返回【搜狗拼音输入法个性化设置向导】对话框，然后在该对话框中单击【下一步】按钮，打开【选择细胞词库】对话框。

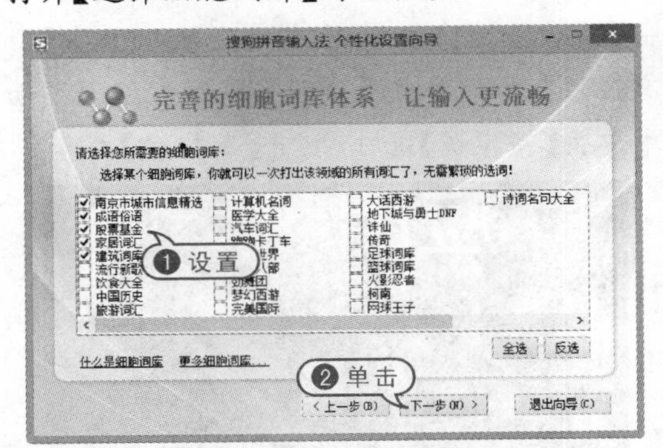

07 在【选择细胞词库】对话框中用户可以选择输入法所使用的词库，完成后单击【下一步】按钮，打开【维护系统输入法】对话框，设置在Windows 8操作系统中安装使用的输入法。

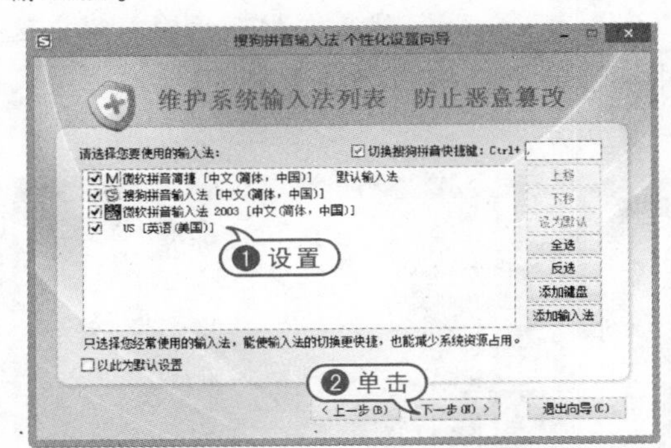

08 在【维护系统输入法】对话框中单击【下一步】按钮，在打开的对话框中可以设置登录搜狗输入法的账户，从而保存输入法设置信息。

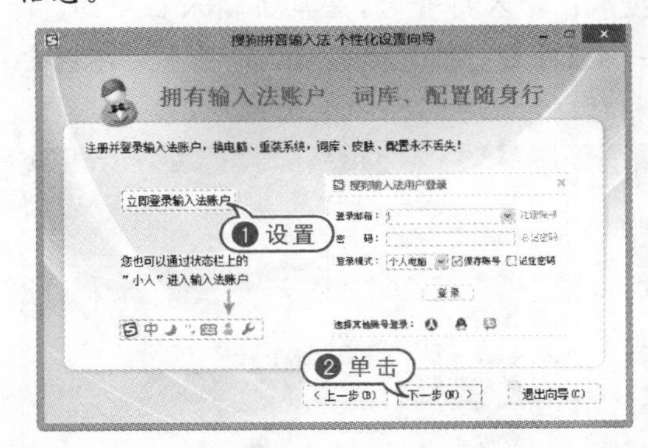

09 单击【下一步】按钮，然后在打开的对话框中单击【完成】按钮，结束搜狗输入法的

设置。

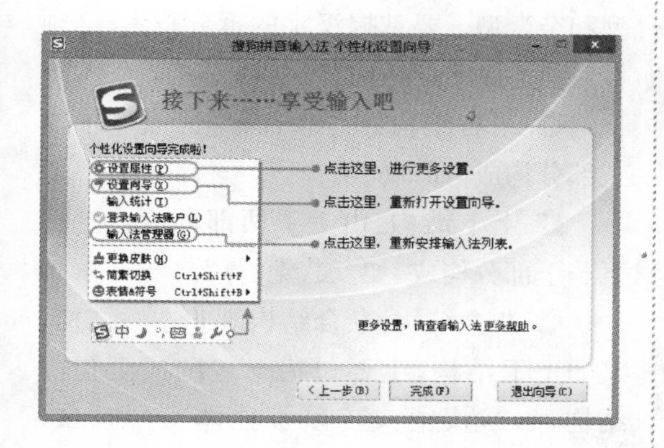

10 此时，用户可以在任意一个文本编辑软件中使用搜狗输入法通过拼音方式输入汉字。例如输入"sgsrf"，即可联想到文字"搜狗输入法"。

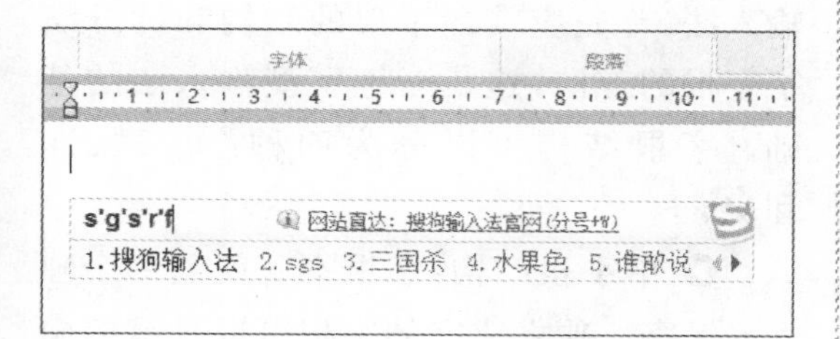

11 在搜狗输入法的状态栏中单击默认的汉字选项，在打开的列表中选中【添加短语】选项，打开【添加自定义短语】对话框。

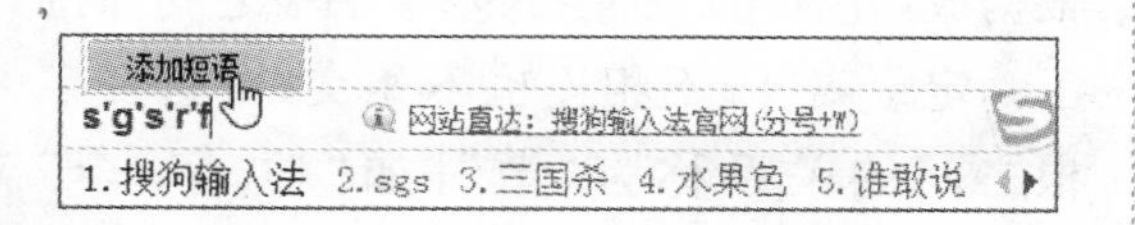

12 在【添加自定义短语】对话框中设置缩写拼音可以联想的短语后，单击【确定添加】按钮。

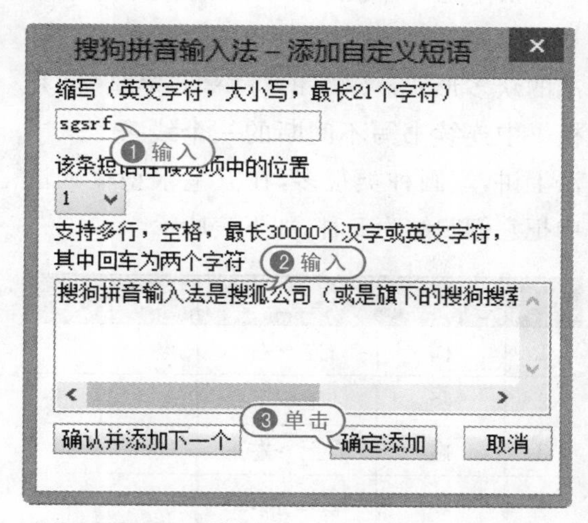

13 在文本编辑软件中输入保存的短语缩写，可以显示设置的短语，按下空格键即可输入相应的内容。

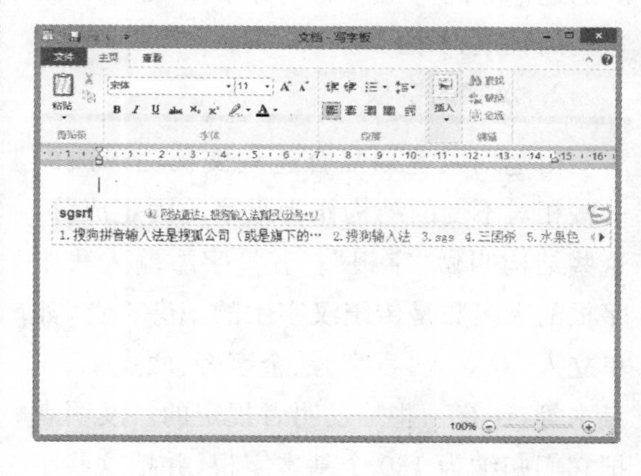

4.3 使用五笔输入法

五笔字型输入法是国内应用最为广泛的中文输入法之一，具有直观、重码率低、输入速度快等优点。对于专业文字录入人员，五笔字型输入法能带来更高的工作效率。本节将主要讲述五笔字型输入法的编码原理和输入方法。

4.3.1 五笔字型输入法

五笔字型输入法的发明者运用汉字可拆分的思想，将汉字从结构上划分为三个层次：笔画、字根和单字。下面讲解汉字结构的基础知识，帮助读者理解五笔字型输入法的编码原理。

1. 汉字的笔画

汉字是一种象形文字,从最初书写极不规范的甲骨文,逐渐演变成现在以楷书为标准的众多形式。汉字的每一个"笔画"就是楷书中连续书写不间断的一个线条。从书法上讲,笔画种类很多,在五笔字型输入法中把它们归纳为5种,如下表所示。

代 号	笔画名称	笔画走向	笔画变形
1	横	左→右	一
2	竖	上→下	丨
3	撇	右上→左下	丿
4	捺	左上→右下	丶
5	折	带转折	乙

以上5种笔画的分类,只按该笔划书写时的运笔方向为惟一的划分依据,而不计较它们的轻重、长短。

2. 汉字的字根

由笔划或笔划复合连线交叉而形成的一些相对不变的结构作为组字的固定成分,这些结构叫做"字根"。五笔字型输入法中字根的大多数是传统汉字中的偏旁部首,如单立人、双立人、言字旁、金字旁、两点水、三点水等,还有一些是发明者规定的。发明者把它们归纳为130个基本字根,并把这些字根分布在25个英文字母键位上(不含Z)。学习五笔字型输入法时应该认识到:所有的汉字都要由这130个基本字根拼合而成,这些字根是组字的依据,也是拆字的依据,是汉字的最基本零件。上面讲过的5种笔画就是这130个字根中的5个最简单的字根。

3. 汉字的结构

字根按照一定的方式组成汉字,根据构成汉字的各字根之间的相对位置关系,可以把汉字的结构分为3种类型:左右型、上下型和杂合型。要掌握汉字的拆分技术,必须首先熟悉汉字的结构。

- 左右结构:由左右两部分或左中右三部分构成,如"利、明、例"。
- 上下结构:由上下两部分或自上而下若干部分构成,如"表、党、算"。
- 杂合结构:杂合结构既非左右结构,又非上下结构,主要包括半包围或全包围结构,如"边、国、超"以及独体字,如"虫、心"。

4.3.2 字根结构的解析

五笔字型输入法是一种根据汉字字型进行编码的汉字输入法。要掌握五笔字型输入法,首先应掌握字根的结构和拆分汉字字根的方法,这是五笔字型输入法的基础。字根结构可以分为四种:单、散、连和交。

- 单字根结构:字根本身就是一个独立的汉字。独立成字的字根可以是键的中文键名,也可以是除键名以外的"成字字根",如"王、门、人、西"等。
- 散字根结构:如果汉字由不止1个字根构成,并且组成汉字的基本字根之间保持了一定距离,既不相连也不相交,则这种字根之间的关系称为"散",如"功、字、李"等字。
- 连字根结构:单笔划与某一基本字根相连或带点的结构叫"连",如"且、于、玉"等字。值得注意的是带点的结构,这些字中的"点"与其他的基本字根之间可能连,也可能有一些距离,但在五笔字型中都视其为相连,如"犬、勺"等。
- 交字根结构:"交"是指两个或两个以上字根交叉、套叠后构成汉字的结构,其基本字根之间没有距离。例如,"里"由"日"

和“土”交叉构成。

有时，一个汉字在结构组成时会同时出现上述 4 种结构中的几种情况，比如，“夷”字中的“一”和“弓”是“散”的关系，而“一”和“人”、“弓”和“人”之间却都是“交”的关系。

4.3.3 汉字的拆分原则

每个汉字都由一个或多个字根组成，五笔字型输入法在输入汉字时，首先要把汉字拆分为各种基本字根，而拆分汉字应遵照以下规则。

1. 按书写顺序

按书写顺序拆分汉字是最基本的拆分原则。汉字的书写顺序通常为从左到右、从上到下、从外到内及综合应用，拆分时也应该按照该顺序来拆分。

例如，汉字“则”拆分成“贝、刂”，而不能拆分成“刂、贝”；汉字“名”拆分成“夕、口”，而不能拆分成“口、夕”；汉字“因”拆分成“口、大”，而不能拆分成“大、口”；汉字“坦”拆分成“土、曰、一”，而不能拆分成“曰、一、土”等，以保证字根序列的顺序性。

2. 取大优先

“取大优先”也叫做“优先取大”。按书写顺序拆分汉字时，应以“再添一个笔画便不能称其为字根”为限，每次都拆取一个“尽可能大”的字根，即拆取尽可能笔画多的字根。例如，“世”：

第一种拆法：一、凵、乙 …………（误）

第二种拆法：廿、乙 ………………（正）

这里第一种拆法是错误的，因为第二码的“凵”，完全可以向前“凑”，与第一个字根“一”凑成“更大一点的字根”“廿”。总之，“取大优先”是在汉字拆分中最常用到的基本原则。至于什么才算“大”，“大”到什么程度才到“边”，等熟悉了字根总表后便不会出错了。

3. 兼顾直观

在拆分汉字时，为了照顾汉字字根的完整性，有时不得不暂且牺牲一下“书写顺序”和“取大优先”的原则，形成个别例外的情况。

例如，“国”按“书写顺序”应拆成“冂、王、丶、一”，但这样便破坏了汉字构造的直观性，故只好违背“书写顺序”，拆作“囗、王、丶”。

又如，“自”按“取大优先”应拆成“亻、乙、三”，但这样拆，不仅不直观，而且也有悖于“自”字的字源（这个字的字源是“一个手指指着鼻子”），故只能拆作“丿、目”，这就叫做“兼顾直观”。

4. 能连不交

“能连不交”指当一个汉字既可以拆分成相连的几个部分，也可以拆分成相交的几个部分时，相连的拆字法是正确的。

例如以下拆分实例：“于”可拆成“一、十”（二者是相连的）和“二、丨”（二者是相交的）；“丑”可拆成“乙、土”（二者是相连的）和“刀、二”（二者是相交的）。我们认为“相连”的拆法是正确的，这是因为“连”比“交”一般更为“直观”。

5. 能散不连

“能散不连”指当一个汉字被拆分成几个部分，这几个部分又是复笔字根，而它们之间的关系既可为“散”，也可为“连”时，按“散”拆分。例如，“倡”三个字根之间是“散”的关系；“自”首笔“丿”与“目”之间是“连”的关系。

字根之间的关系，决定了汉字的字型

(上下、左右、杂合)。几个字根都“交”“连”在一起的,如“夷”、“丙”等,便肯定是“杂合型”,属于“能散不连”型字,不会有争议。而散根结构必定是“取大优先”型或“兼顾直观”型字。

值得注意的是,有时候一个汉字被拆成的几个部分都是复笔字根(不是单笔画),它们之间的关系在“散”和“连”之间模棱两可。如:“占”可拆分为“卜”、“口”,两者按“连”处理,便是杂合型(能连不交型);两者按“散”处理,便是上下型(兼顾直观型,正确)。“严”可拆分为“一、⺍、厂”,后两者按“连”处理,便是杂合型(能连不交型),后两者按“散”处理,便是上下型(兼顾直观型,正确)。当遇到这种既能“散”又能“连”的情况时,我们规定:只要不是单笔画,一律按“能散不连”判别。因此,以上两例中的“占”和“严”,都被认为是“上下型”字(兼顾直观型)。

4.3.4 基本字根及其键位

五笔字型输入法所规定的 130 个字根分布在 25 个英文字母键上。分配方法是按字根笔划的形式划分为五个区,每个区对应 5 个英文字母键,每个键叫一个位。区和位都给予从 1 到 5 的编号,叫做区号、位号。每一区中的位号都是从键盘中间向外侧顺序排列。每个键都有惟一的两位数的编号,区号作为十位数字,位号作为个位数字。例如 11,12,13,14,15;21,22,23,24,25;…;51,52,53,54,55 等。

五个区的具体划分方法是:以横起笔的字根为 1 区,以竖起笔的字根为 2 区,以撇起笔的字根为第 3 区,以捺(点)起笔的字根为第 4 区,以折起笔的字根为第 5 区,每个区的每个键位都赋予一个代表字根,从而形成了五笔字型的键盘布局。

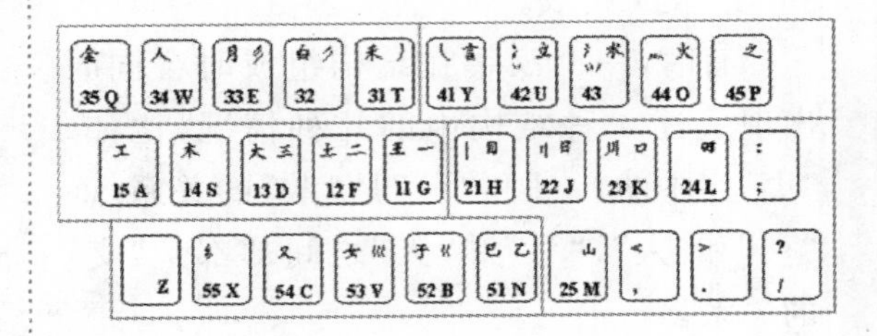

键盘上的每个字母都表示若干个字根,25 个键位的分区、键名、每个键名所代表的字根如下。

从上图中可以看出,字根排列有如下一些规律。

- 字根的首笔代号与它所在的区号一致,也就是说要用一个字根时,如果它的首笔是横,就在一区内查找;首笔是竖,就在二区内查找。
- 字根的次笔代码基本上与它所在的位号一致,也就是说如果某字根第二笔是横,一般来说它应在某区的第二个键位上。
- 有时字根的分位是依据该字根的笔划而定的。比如,横起笔区的前三位就分别放有字根“一、二、三”,类似的竖起笔前三位分别放有一竖、两竖、三竖等。
- 个别字根按拼音分位,如“力”字拼音为“Li”,就放在 L 位;“口”的拼音为“Kou”,就放在 K 位。
- 有些字根以义近为准放在同一位,比如:传统的偏旁单立人和“人”、竖心和

"心"、提手和"手"等。

- 有些字根以与键名字根或主要字根形近或渊源一致为准放在同一位，比如：在 I 键上就有几个与"水"字形近的字根。

4.3.5 简码的输入方法

汉字中有一些常用字的使用频率较高，为了提高效率、节省时间，五笔字型规定了一些简码。利用这些简码进行汉字输入，可以减少击键次数并降低拆字、键入时的难度。五笔字型中的简码分为 3 级，分别叫一级简码、二级简码和三级简码。

1. 一级简码

一级简码的击键方法是按一次字根键后再打一个空格键得到一个汉字。

2. 二级简码

二级简码的击键方法是任意连续按两个键(包括同一键连续按两次)，然后再打一个空格键得到一个汉字。

二级简码的个数较多，按道理应有 625 个(25×25)，但实际上只有 577 个，有些位置是空白，没有安排二级简码。二级简码中的绝大部分字都是只有两个字根的汉字。理论上两个字根的汉字在输入时应依笔顺连续键入所有的字根，然后再加打它的末笔字型交叉识别码，最后打一个空格键。

3. 三级简码

三级简码的输入方法是任意击打三个键(也包括同一键连续击三次)，再加打一个空格键得到一个汉字。理论上讲，三级简码应有 15625 个(25×25×25)，实际上并没有那么多。

4. 词语输入

1982 年底，五笔字型发明者首创了汉字词语依形编码、字码词码体例一致、不需换档的实用化词语输入法。不管多长的词语，一律取四码，而且单字和词语可以混合输入，不用换档或其他附加操作，我们称之为"字词兼容"。其取码方法如下。

(1) 两字词

每字取其全码的前两码组成，共四码。例如：

经济：纟 又 氵 文(55 54 43 41 XCIY)

操作：扌 口 亻 𠂉(32 23 34 31 RKWT)

(2) 三字词

前两字各取一码，最后一字取前两码，共四码。例如：

计算机：讠 竹 木 几(41 31 14 25 YTSM)

操作员：扌 亻 口 贝(32 34 23 25 RWKM)

(3) 四字词

每字各取全码的第一码共四码。例如：

科学技术：禾 ⺍ 扌 木(31 43 32 14 TIRS)

汉字编码：氵 宀 纟 石(43 45 55 13 IPXD)

王码电脑：王 石 曰 月(11 13 22 33 GDJE)

(4) 多字词

取第一、第二、第三及末一个汉字的第一码，共四码。例如：

电子计算机：曰 子 讠 木(22 52 41 14 JBYS)

中华人民共和国：口 亻 人 囗(23 34 34 24 KWWL)

美利坚合众国：⺍ 禾 刂 刂 囗(42 31 22 24 UTJL)

五笔字型计算机汉字输入技术：五 竹 宀 木(11 31 25 14 GTPS)

5. Z 键的用途

Z 键在编码中没有派上用场，它被安排做万能键，或称学习键，可以代替未知的、模糊的字根或识别码。

为了帮助用户更好地学习与使用五笔字型输入法，现将五笔字型编码口诀提供如下：

五笔字型均直观，依照笔画把码编；
键名汉字打四下，基本字根请照搬；
一二三末取四码，顺序拆分大优先；
不足四码要注意，交叉识别补后边。

4.4 实战演练

本章主要介绍了文字的输入方法。本节给出了汉字打字练习，用户可分别选用不同的输入法，通过这些练习来巩固本章所学的知识。

【例 4-5】在【写字板】工具中输入一首唐诗。
视频

01 在 Windows 8 中打开【写字板】工具后，单击任务栏右下角的输入法按钮，在弹出的列表框中选中【微软拼音简捷】选项。

02 将光标插入【写字板】工具中，输入“xinglunan”。

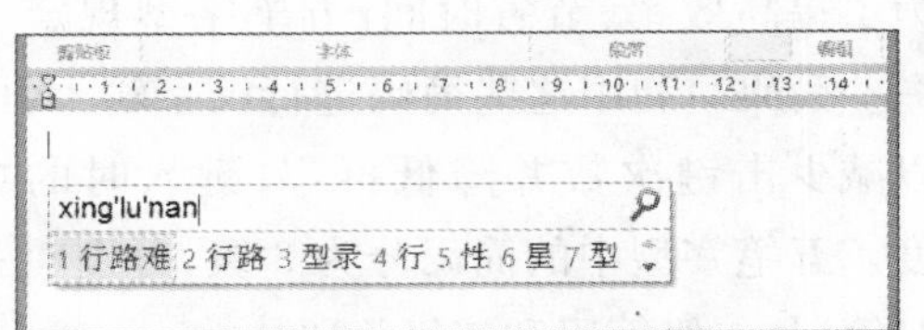

03 按下【1】键，输入汉字“行路难”后，按下 Enter 键输入诗词的其他文字，效果如下所示。

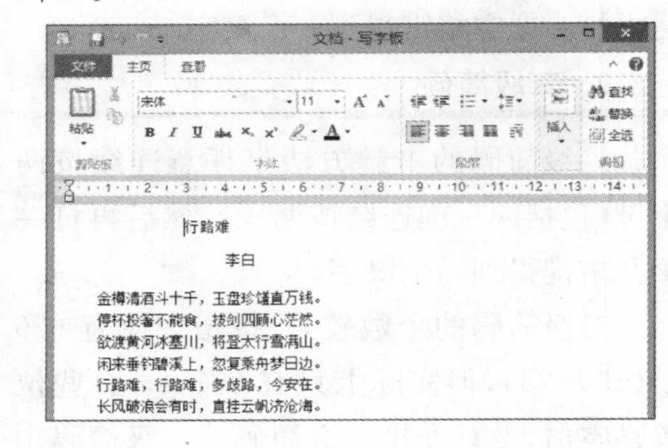

4.5 专家答疑

一问一答

问：我看到别人电脑中的字体非常漂亮，我该如何安装字体呢？

答：打开【控制面板】窗口，单击【外观和个性化】选项，打开【外观和个性化】窗口，单击【字体】选项，打开【字体】窗口。若要使用某种字体，只需将该字体文件粘贴到【字体】窗口中即可。

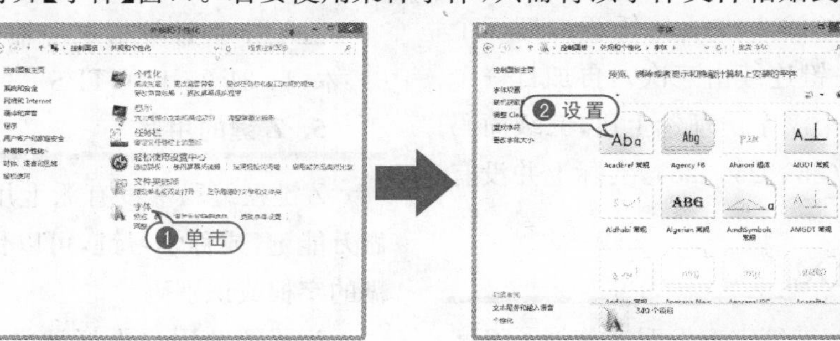

第5章 管理电脑软件和硬件

各种操作系统的正常运行都离不开软件和硬件的支持，硬件设备是电脑系统里最基础的组成部分，而软件应用程序则是人机互动控制电脑运行的必要条件，两者相辅相成、缺一不可。用户只有管理好软件和硬件，电脑才能正常运行工作，发挥出应有的作用。本章将通过实例介绍使用 Windows 8 管理电脑软件和硬件的相关知识。

参见随书光盘

例 5-1　安装电脑软件
例 5-2　通过卸载程序删除电脑软件
例 5-3　通过控制面板卸载电脑软件
例 5-4　查看电脑硬件性能
例 5-5　查看 CPU 与内存性能
例 5-6　查看电脑硬件属性
例 5-7　更新硬件设备驱动
例 5-8　设置禁用与启动硬件
例 5-9　卸载电脑硬件设备
例 5-10　使用 U 盘
例 5-11　使用移动硬盘
例 5-12　安装 360 安全卫士
例 5-13　使用 360 软件管家

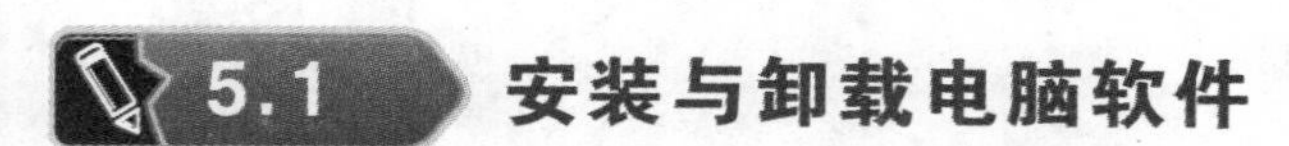

5.1 安装与卸载电脑软件

要在电脑中使用某个软件，必须要将这个软件安装到电脑中，只有在完成了软件的安装后，才能打开它并进行相关的操作；如果不想再使用安装了的软件，还可以将其卸载。本节将介绍在 Windows 8 中安装和卸载软件的具体方法。

5.1.1 软件安装前的准备

在电脑中安装软件之前，用户应做好以下几项准备。

1. 获取软件安装文件

用户若要在电脑中安装某个软件，首先要获得该软件的安装文件。一般来说，获得安装文件的方法有以下几种。

- 从相应的应用软件销售商那里购买安装光盘。
- 直接从网上下载。大多数软件直接从网上下载后就能够使用，而有些软件需要购买激活码或注册才能够使用。

2. 确认软件安装序列号

为了防止盗版，维护知识产权，正版的软件一般都有安装序列号，也叫注册码。安装软件时必须输入正确的序列号，才能够正常安装。序列号可通过以下途径找到。

- 大部分的应用软件会将安装的序列号印刷在光盘的包装盒上，可在包装盒上直接找到安装序列号。
- 某些应用软件可能要通过网站或手机注册的方法来获得安装序列号。
- 大部分免费的软件不需要安装序列号，例如 QQ。

3. 找到 Setup. exe 文件

安装程序一般都有特殊的名称，将应用软件的安装光盘放在光驱中，然后进入光盘驱动器中相应的文件夹，可发现其中有后缀名为. exe 的文件，其名称一般为“Setup”或“Install”，这就是安装文件了。双击该文件，即可启动该应用软件的安装程序，然后按照提示逐步进行操作即可完成软件的安装。

5.1.2 安装电脑软件

本节将通过介绍安装 Office 2013 来介绍软件的安装方法。

【例 5-1】安装办公软件 Office 2013。视频

01 双击 Office 2013 软件安装程序文件(setup. exe)。

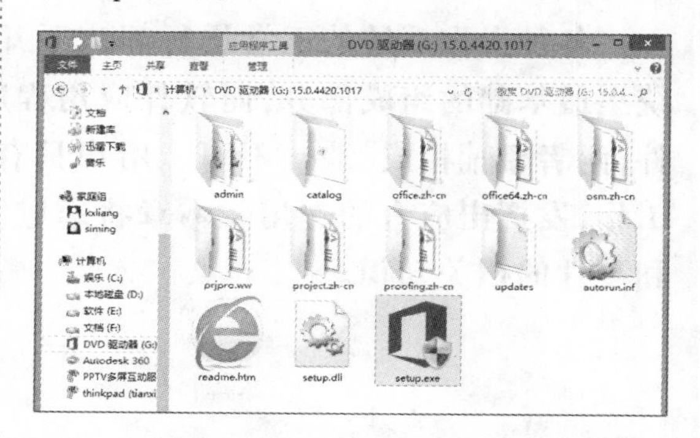

02 在打开的【用户账户控制】对话框中单击【是】按钮，在打开的对话框中选中【我接受此协议的条款】复选框，并单击【继续】按钮。

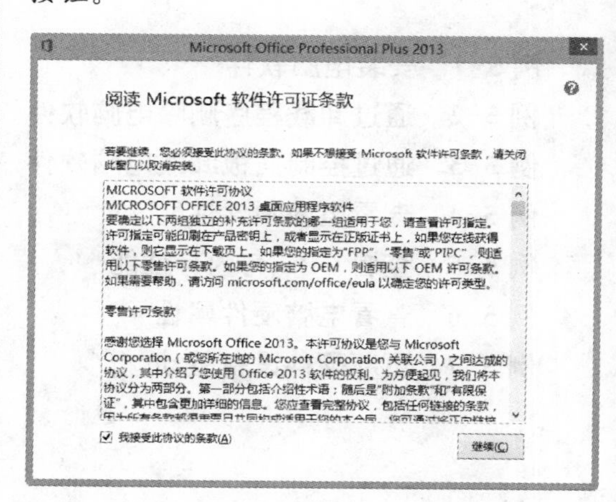

03 如果此时系统中安装有旧版本的Office软件，系统将打开【选择所需的安装】对话框，用户可在该对话框中选择软件的安装方式。

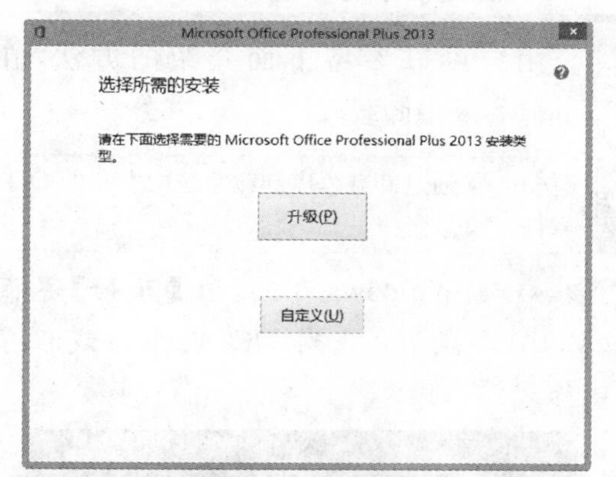

04 本例选择【自定义】安装方式，单击【自定义】按钮，在【升级】选项卡中，可选择是否保留早期版本。

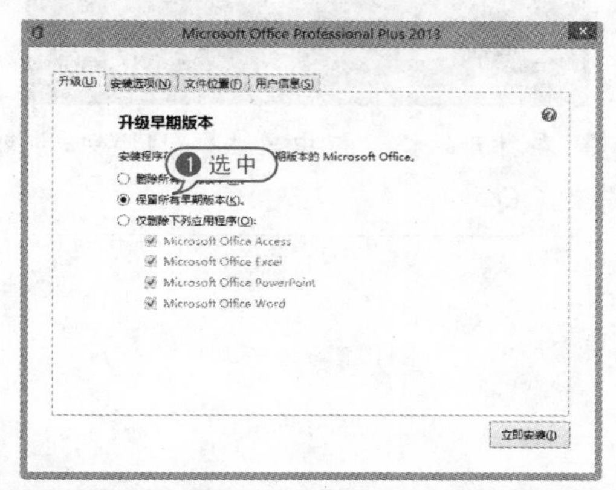

05 切换至【安装选项】选项卡，在该选项卡中，可以选择关闭不需要安装的文件。

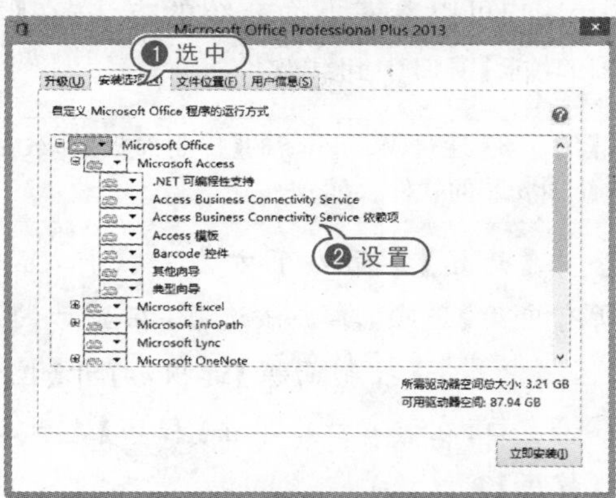

06 切换至【文件位置】选项卡，可在该选项卡中设置文件安装的位置。

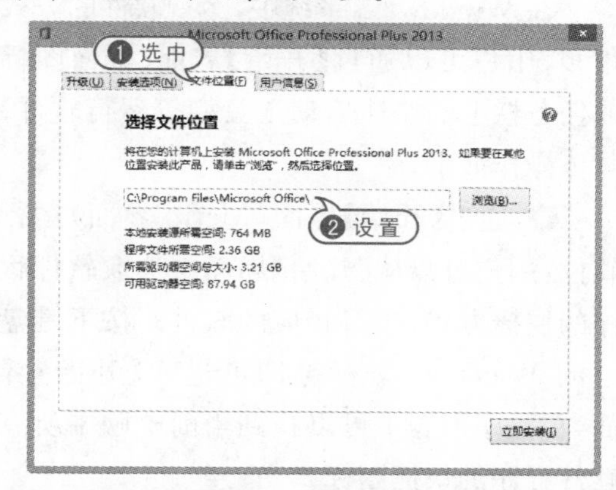

07 切换至【用户信息】选项卡，在该选项卡中可设置用户的相关信息。

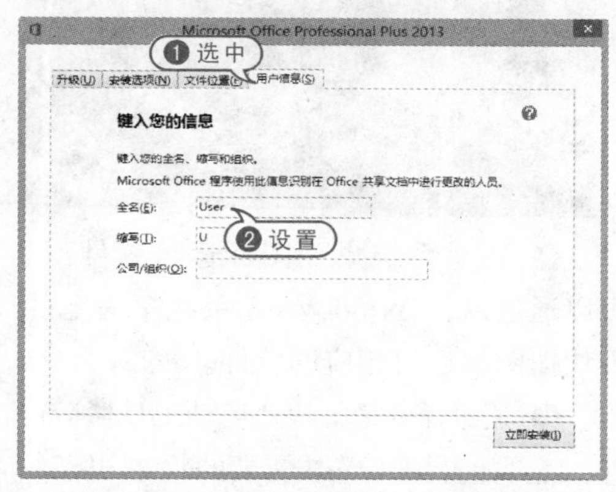

08 设置完成后，单击【立即安装】按钮，系统即可按照设置开始安装Office 2013，并会显示安装进度和安装信息。

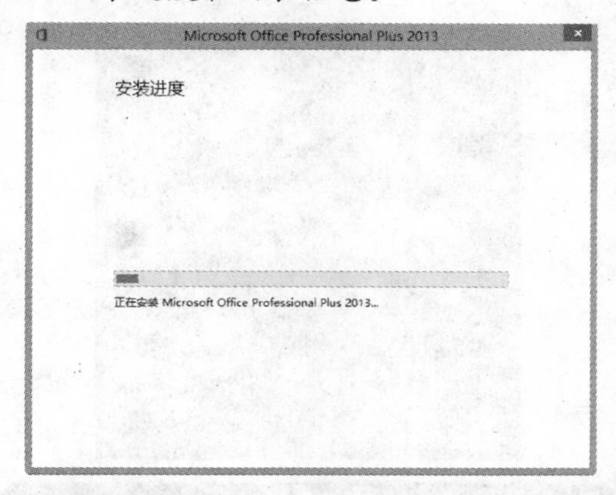

09 安装完成后，在系统的提示下单击【是】按钮，重启系统即可。

5.1.3 运行电脑软件

在 Windows 8 系统中，运行软件的方式很多，用户可以通过【开始】界面、桌面图标或任务栏上的快速启动工具栏等运行软件，具体操作如下。

- 通过【开始】界面（Metro 界面）运行软件：用户可以从【开始】界面中选取软件程序的快捷方式，运行相应的软件。按下键盘上的 Windows 徽标键即可进入【开始】界面，在程序列表中可以找到当前电脑中所有软件程序的快捷图标。

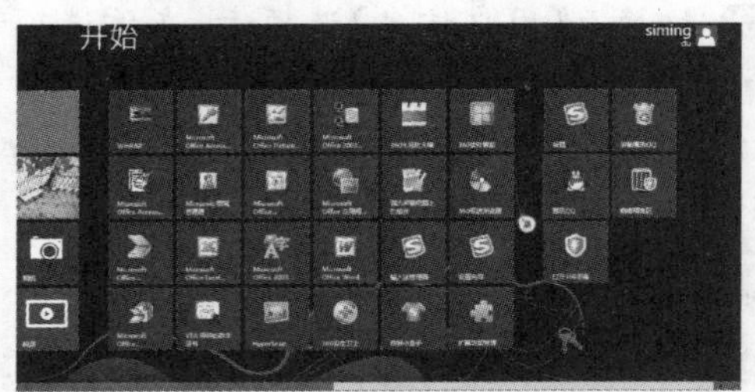

- 通过系统桌面图标运行软件：用户可以通过双击 Windows 8 系统桌面上的软件快捷图标运行相应的软件。

- 通过任务栏的快速启动工具栏运行软件：在【开始】界面中右击需要的软件图标，然后在弹出的选项区域中单击【固定到任务栏】选项，将软件启动图标加入 Windows 8 系统桌面任务栏中，双击它即可运行相应的软件。

5.1.4 卸载电脑软件

在 Windows 8 中卸载软件的方法有两种，一种是使用软件自带的卸载功能卸载软件，另一种是在【控制面板】窗口中打开【程序和功能】窗口卸载软件。

1. 通过程序的卸载功能卸载软件

用户可以参考下面介绍的方法，在 Windows 8 中卸载软件。

> 【例 5-2】通过卸载程序卸载系统中安装的 QQ 软件。视频

01 启动 Windows 8 后，在【开始】界面（Metro 界面）中找到 QQ 软件卸载程序图标。

02 在打开的提示框中单击【是】按钮，即可卸载 QQ 软件。

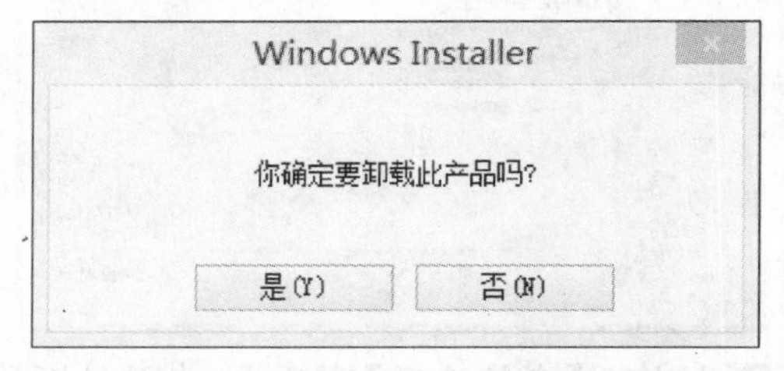

2. 在【程序和功能】窗口中卸载软件

用户可以参考下面介绍的方法，在【程序和功能】窗口中卸载软件。

> 【例 5-3】通过 Windows 的【控制面板】卸载系统中安装的软件。视频

01 在【开始】界面右下方右击鼠标，显示【所有应用】选项，单击该选项，在显示的选项区域中单击【控制面板】选项，打开【控制面板】窗口，在该窗口中单击【程序】选项，打开【程序】窗口。

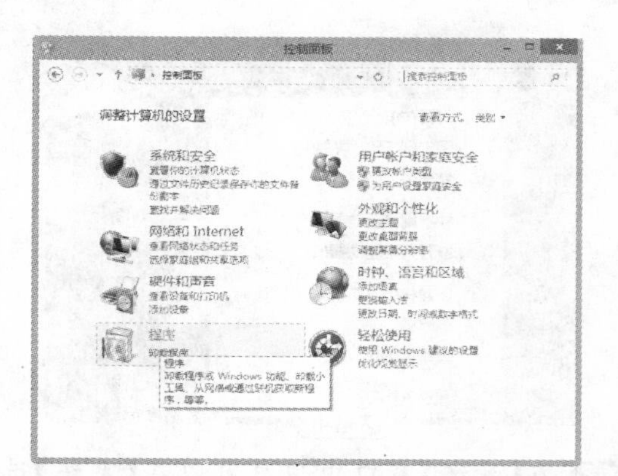

02 在【程序】窗口中单击【卸载】选项，打开【程序和功能】窗口。

03 在【程序和功能】窗口中选中需要卸载的软件后，单击【卸载】按钮。

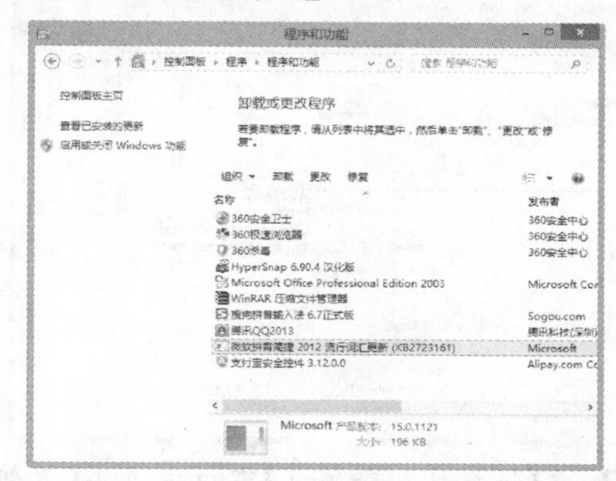

04 在打开的提示框中单击【是】按钮，即可开始卸载软件。

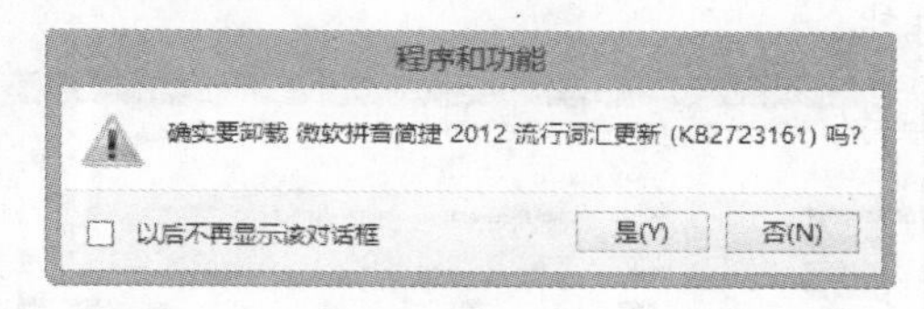

5.2 查看电脑硬件信息

硬件设备是电脑运行的基础，只有安装并配置了必要的硬件，电脑才能正常工作。在Windows 8 操作系统中，用户可以利用系统自带的功能，查看硬件设备的详细信息。

5.2.1 查看电脑硬件性能

Windows 8 系统可以对电脑硬件性能进行评估，并以数字的形式显示测量结果，分数范围在 1～10 分之间，得分越高，说明电脑的整体性能越好。

【例 5-4】在 Windows 8 中检测电脑硬件性能。
视频

01 打开【控制面板】窗口后，在【控制面板】窗口中单击【系统和安全】选项，打开【系统和安全】窗口。

02 在打开的【系统和安全】窗口中单击【查看 RAM 的大小和处理器速度】选项，打开【系统】窗口。

03 在打开的【系统】窗口中单击【Windows 体检指数】选项，打开【性能信息和工具】窗口，显示 Windows 8 系统对当前电脑硬件的评测分数。

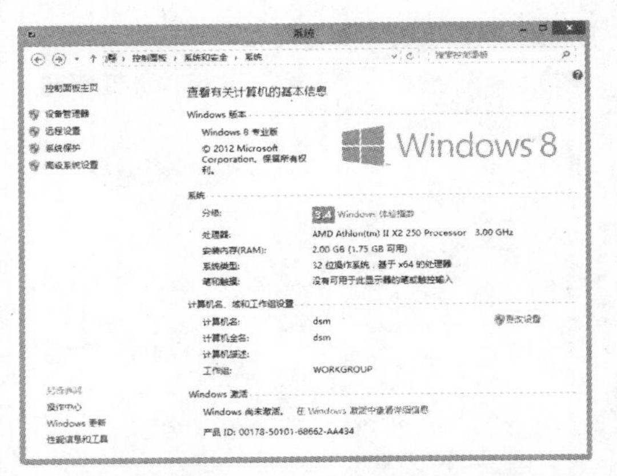

04 在【性能信息和工具】窗口中单击【重新运行评估】选项，可以重新检测当前电脑的性能。

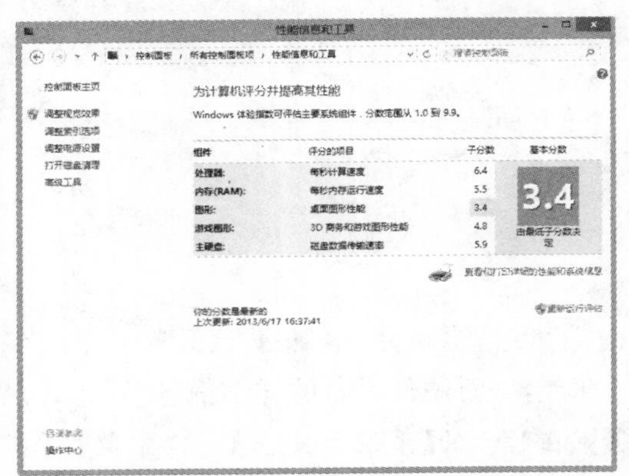

05 完成电脑性能的检测后，在打开的窗口中将显示当前电脑的性能指数，其中电脑每个硬件部件都会显示单独的子分数，电脑的基础分数由最低的子分数确定。

5.2.2 查看 CPU 与内存性能

电脑运行速度的快慢取决于 CPU 性能和内存的容量，Windows 8 系统可以通过简单的设置使用户查看当前电脑的 CPU 性能和内存容量，具体方法如下。

【例 5-5】在 Windows 8 系统中查看电脑 CPU 性能与内存容量。视频

01 右击 Windows 8 系统桌面上的【计算机】图标，在弹出的菜单中选中【属性】命令，打开【系统】窗口。

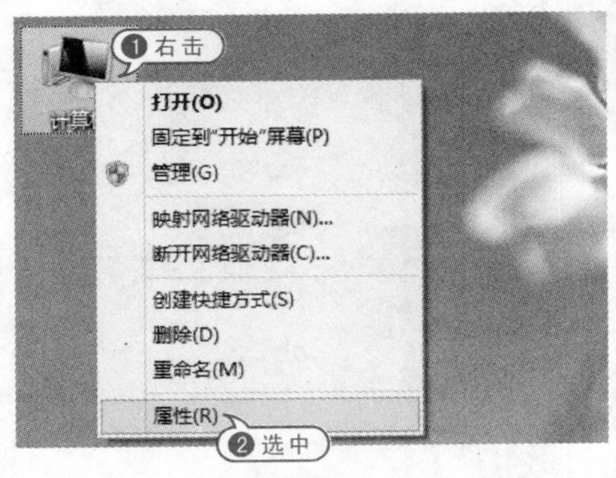

02 在【系统】窗口中用户可以在【系统】选项区域中查看当前电脑 CPU 性能和内存容量的具体信息。

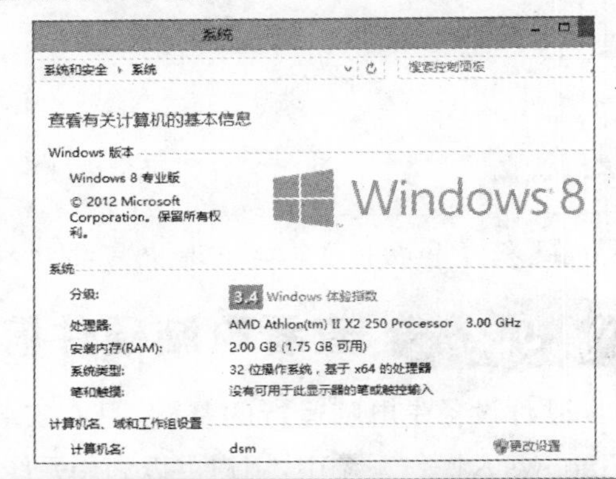

5.2.3 查看电脑硬件属性

通过 Windows 8 系统用户可以查看电脑硬件设备的属性，从而直观地了解电脑硬件设备的详细信息，例如设备的性能及运转状态。

【例 5-6】在 Windows 8 中查看电脑硬件属性。视频

01 单击【控制面板】窗口中的【硬件和声音】选项，打开【硬件和声音】窗口。

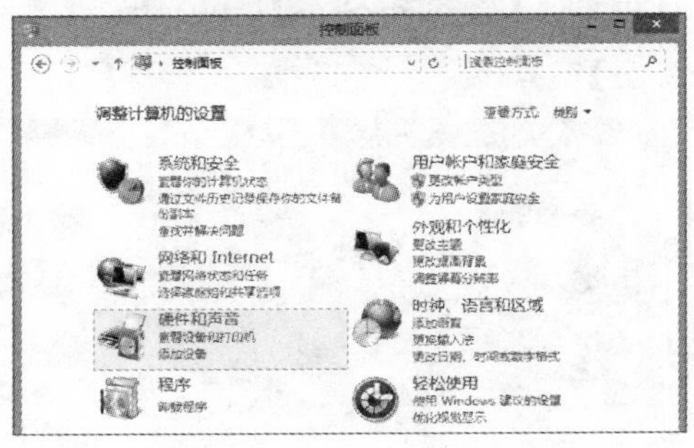

02 在【硬件和声音】窗口中单击【设备管理器】选项。

03 在打开的【设备管理器】窗口中双击要查看的硬件设备选项，在弹出的快捷菜单中选中【属性】命令。

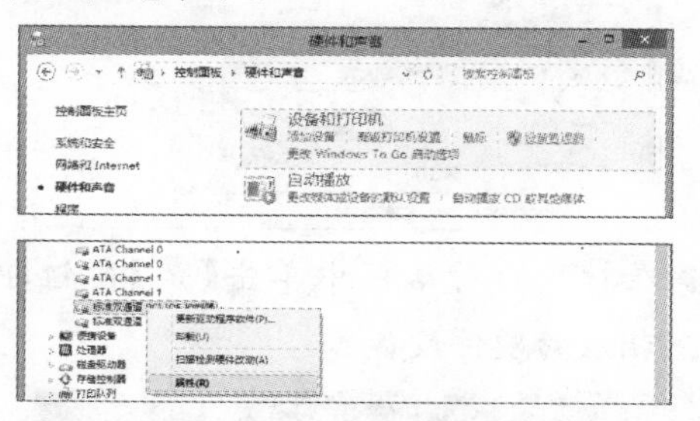

04 在打开的对话框中，用户可以查看硬件设备的属性参数。

5.3 管理电脑硬件设备

在 Windows 8 系统中，用户可以利用硬件相关的驱动程序对硬件进行管理，通过系统操作实现对硬件设备的有效控制。

5.3.1 更新硬件设备驱动

在更换电脑硬件设备后，用户需要对操作系统中的硬件驱动程序进行更新，才能够使系统支持硬件设备正常工作。

【例 5-7】在 Windows 8 系统中设置更新硬件设备驱动程序。视频

01 在【设备管理器】窗口中右击需要更新驱动程序的硬件，并在弹出的菜单中选中【更新驱动程序软件】命令。

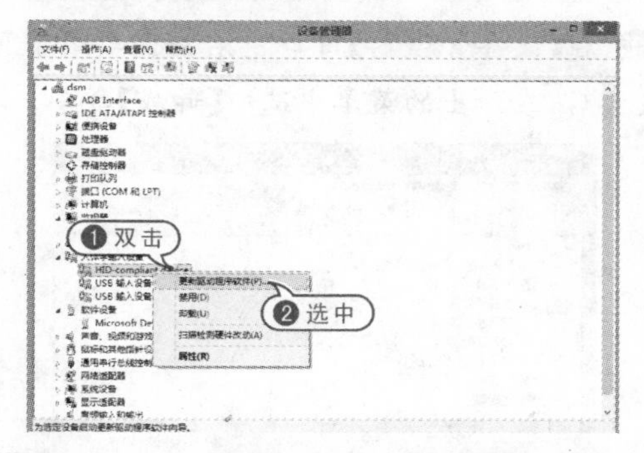

02 在打开的对话框中单击【浏览计算机以查找驱动程序软件】按钮，打开【浏览计算机上的驱动程序软件】对话框。

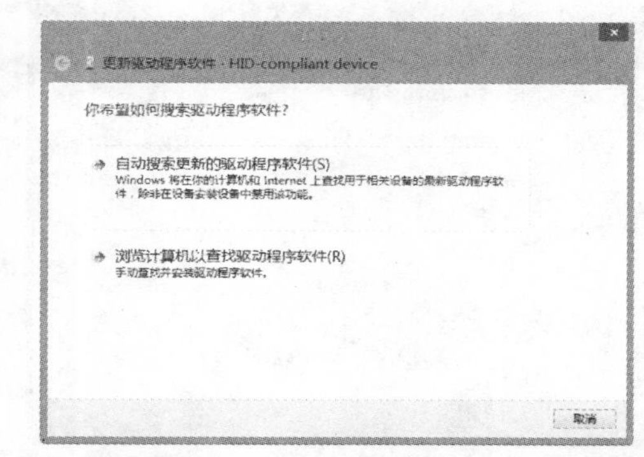

03 在【浏览计算机上的驱动程序软件】对话框中单击【浏览】按钮。

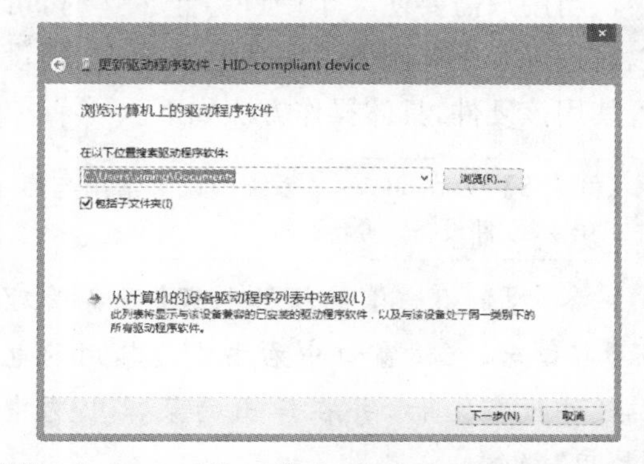

04 在打开的【浏览文件夹】对话框中选中驱动程序所在的文件夹后，单击【确定】按钮

即可。

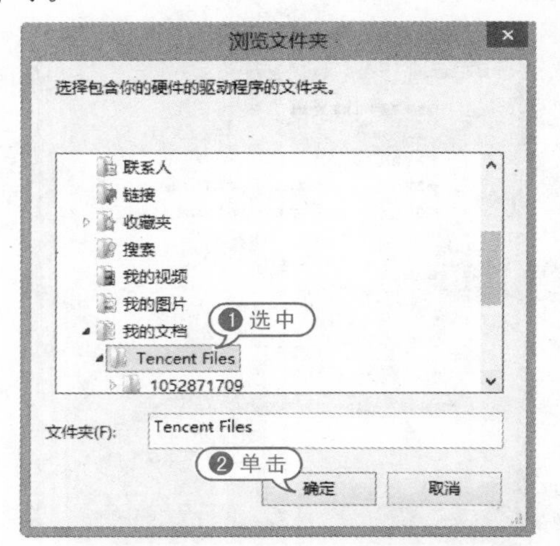

05 返回【浏览计算机上的驱动程序文件】对话框后，单击该对话框中的【下一步】按钮，即可开始更新硬件驱动程序。驱动程序更新完毕后，单击对话框中的【关闭】按钮。

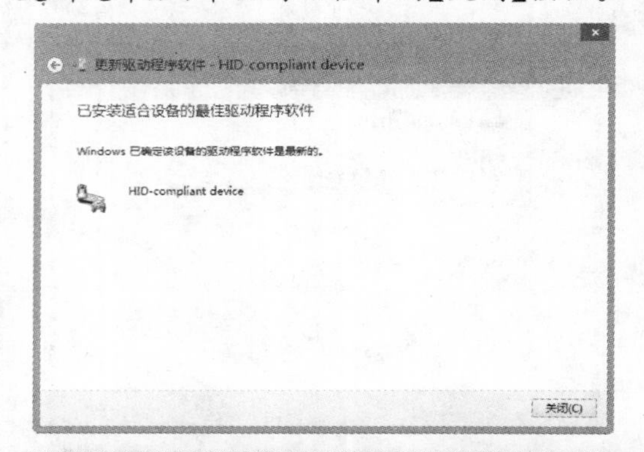

5.3.2 设置禁用与启动硬件

当用户需要使某个硬件停止工作时，可以通过 Windows 8 系统的【设备管理器】设置禁用该硬件，具体操作方法如下。

【例 5-8】在 Windows 8 系统中设置禁用与启动电脑硬件设备。视频

01 参考【例 5-6】的操作打开【设备管理器】窗口后，在该窗口中右击需要禁用的电脑硬件设备名称，并在弹出的菜单中选中【禁用】命令。

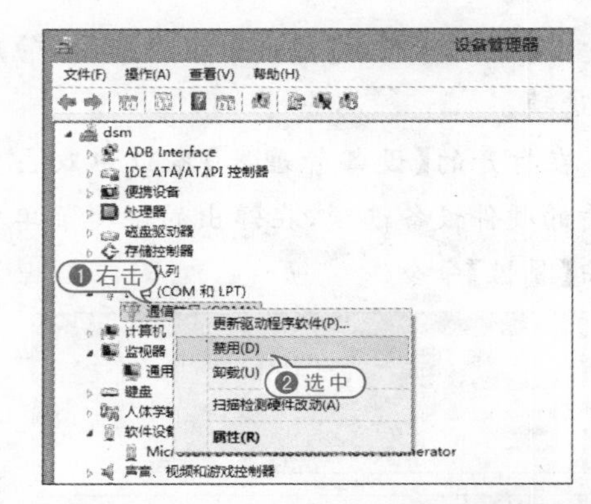

02 在打开的对话框中单击【是】按钮即可禁用相应的硬件设备。

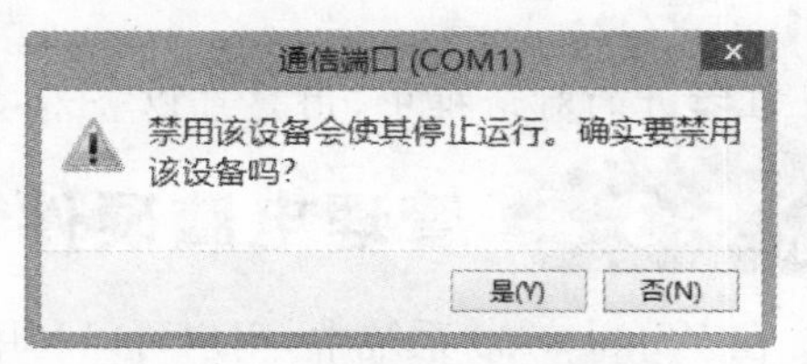

03 参照步骤(1)的操作，右击被禁用的硬件设备，在弹出的菜单中选择【启用】命令即可启动该硬件。

5.3.3 卸载电脑硬件设备

用户在使用电脑时，如果暂时不需要使用某个硬件设备，或者该设备与其他设备冲突，可以参考下面介绍的方法在 Windows 8 中卸载并删除该设备。

【例 5-9】在【设备管理器】窗口中卸载电脑硬件设备。视频

01 在【设备管理器】窗口中右击需要卸载的设备后，在弹出的菜单中选中【卸载】命令。

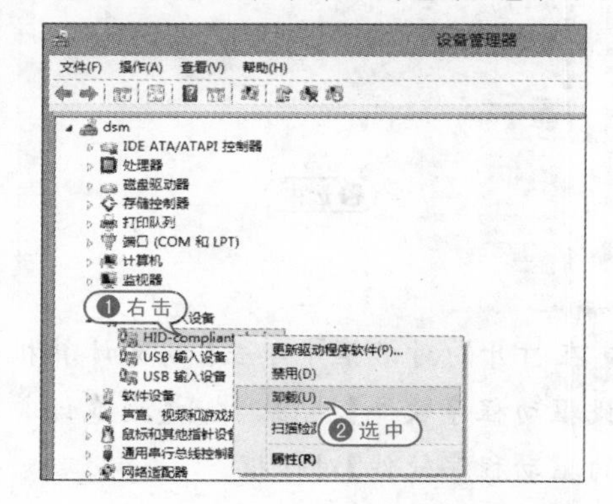

02 在打开的【确认设备卸载】对话框中单击【确定】按钮，即可卸载设备。

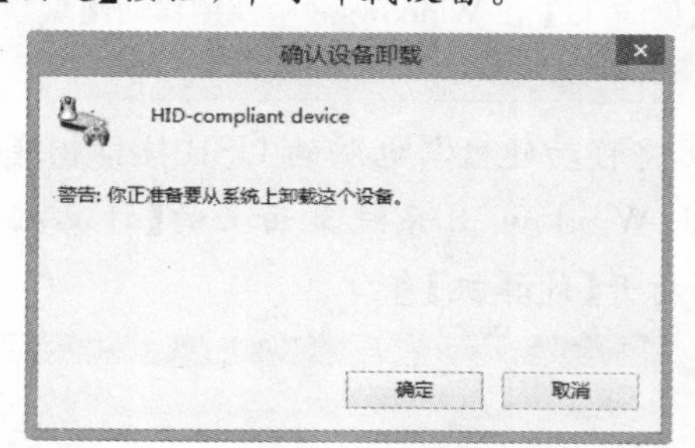

03 设备成功卸载后，【设备管理器】窗口中相应的图标将被删除。

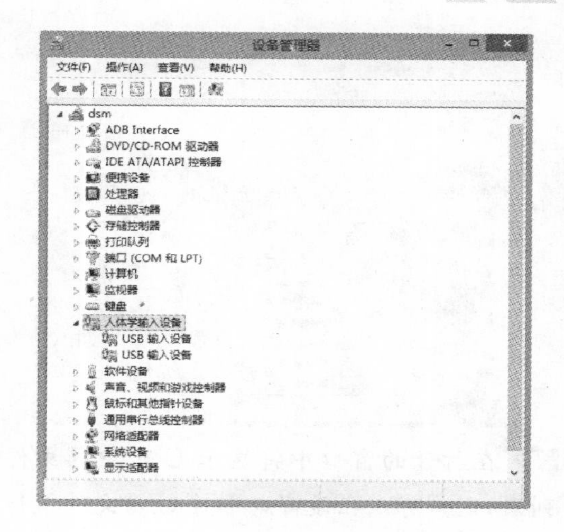

5.4 使用移动存储设备

移动存储设备是人们日常生活和工作中常用的辅助工具，可以方便用户随身携带和存储一些电子文档。目前，比较常见的移动存储设备有 U 盘和移动硬盘。

5.4.1 使用 U 盘

U 盘全称为 USB 闪存驱动器，英文名为 USB Flash Disk。它是一种无需物理驱动器的微型高容量移动存储产品，通过 USB 接口与电脑连接，可实现即插即用。

在 Windows 8 系统中，用户可以参考下面介绍的方法使用 U 盘。

【例 5-10】在 Windows 8 中使用 U 盘。视频

01 将 U 盘与电脑的 USB 接口连接后，系统将弹出【设备安装】对话框，提示正在安装 USB DISK。

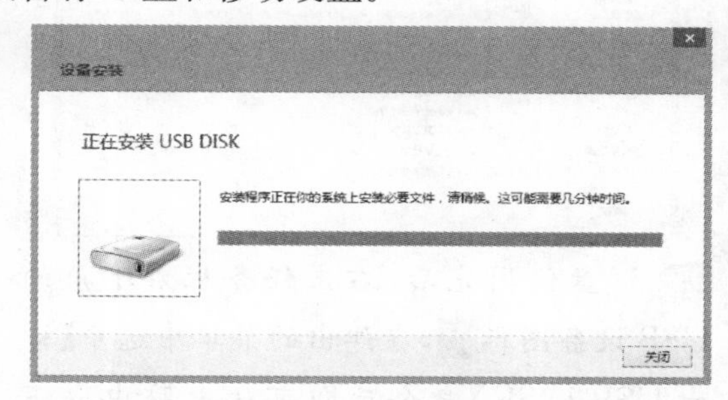

02 右击 Windows 8 系统桌面任务栏右下角的 USB 设备图标，在弹出的菜单中选中【打开设备和打印机】命令。

03 在打开的【设备和打印机】窗口中右击【USB DISK】图标，在弹出的菜单中选中【浏览文件】|【USB DISK】(本例为【台电酷闪】)命令。

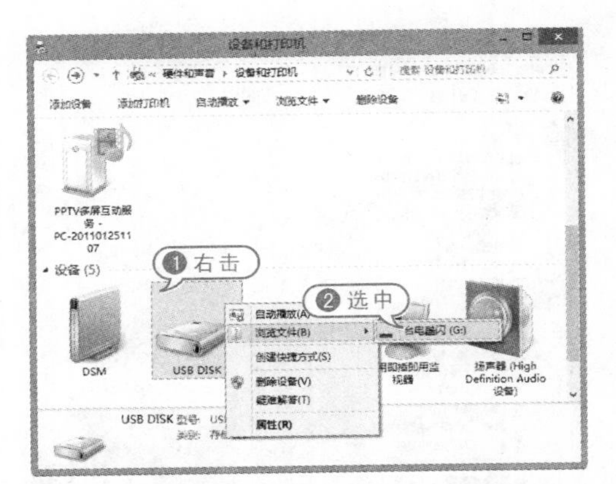

04 在打开的窗口中将显示U盘中的文件列表，用户可以在该窗口中对U盘文件执行复制、粘贴、删除等操作。

05 U盘使用完后，右击任务栏右下角的USB设备图标，在弹出的菜单中选中【弹出USB DISK】命令后即可从电脑中取下U盘。

5.4.2 使用移动硬盘

移动硬盘(Mobile Hard Disk)是一种以硬盘为存储介质，可以在电脑之间交换大容量数据，强调便携性的存储产品。

在Windows 8中，用户可以参考下面介绍的方法使用移动硬盘。

【例5-11】在Windows 8中使用移动硬盘。视频

01 将移动硬盘与电脑的USB接口相连后，双击Windows 8系统桌面上的【计算机】图标，打开【计算机】窗口。

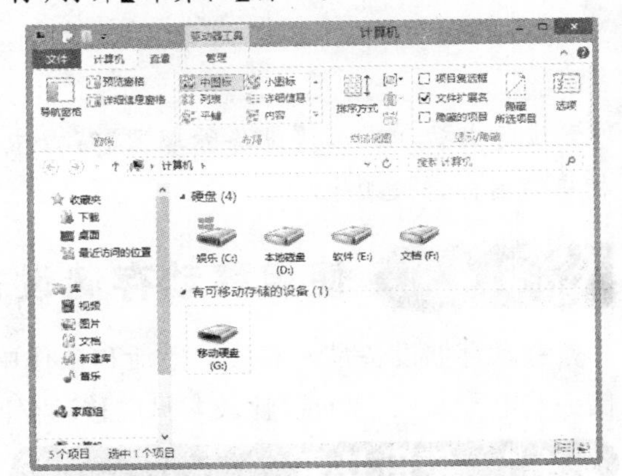

02 此时，【计算机】窗口中将显示新添加的移动硬盘图标，双击打开移动硬盘，对其中的数据进行编辑操作。

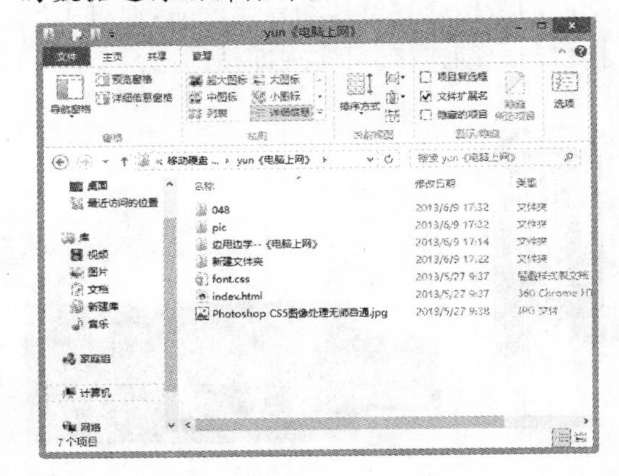

5.5 实战演练

本章的实验指导将通过实例，介绍在Windows 8系统中安装及使用软件管理电脑的方法，帮助用户进一步掌握本章所学的知识。

5.5.1 安装360安全卫士软件

用户可以参考下面介绍的方法，在Windows 8中安装“360安全卫士”软件。

【例5-12】安装“360安全卫士”软件。视频

01 通过网络(http://www.360.cn)下载“360安全卫士”软件的安装文件后，双击该

安装文件，在打开“360 安全卫士”软件安装界面中单击【立即安装】按钮，即可开始安装软件。

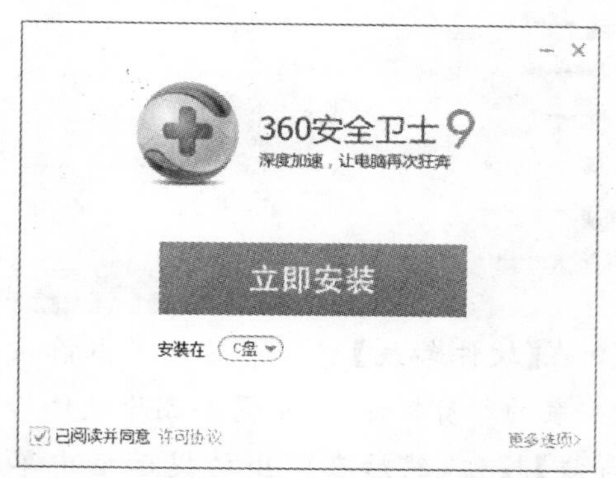

02 软件安装完成后将自动检测电脑。

03 在软件打开的【360UDiskGuard】对话框中单击【是】按钮，在任务栏中显示【360UDiskGuard】工具栏。

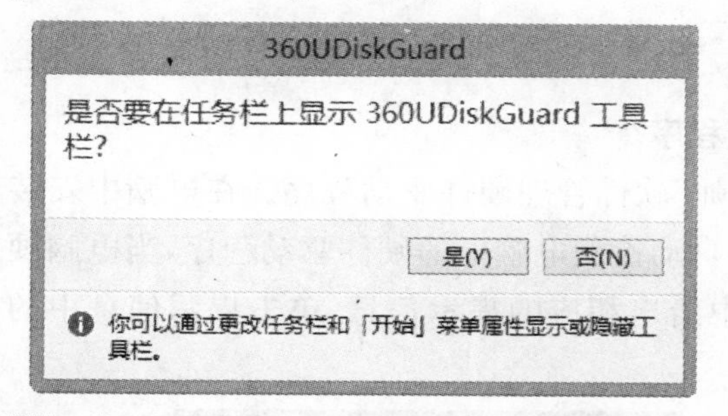

04 单击任务栏右侧的【360 小助手】图标，可以打开类似 Windows 8 系统中的【开始】菜单，在该菜单中用户可以快速运行系统中的功能和软件。

5.5.2 使用 360 软件管家

用户可以参考下面介绍的方法，使用“360 安全卫士”软件安装与卸载电脑中的软件。

【例 5-13】使用“360 安全卫士”软件管理电脑中的其他软件。视频

01 继续【例 5-12】的操作。在电脑中成功安装“360 安全卫士”软件后，单击该软件主界面上方的【软件管家】按钮，打开【360 软件管家】窗口。

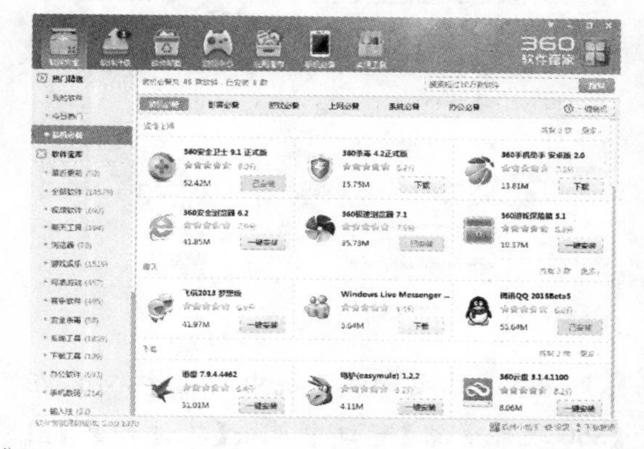

02 在【360 软件管家】窗口上方的文本框中输入需要安装的软件名称或类型后(例如输入“浏览器”)，按下 Enter 键即可通过 Internet 搜索相应的软件。

03 在搜索结果中单击需要安装软件后的【一键安装】按钮，然后在打开的软件安装路径设置对话框中单击【确定】按钮。

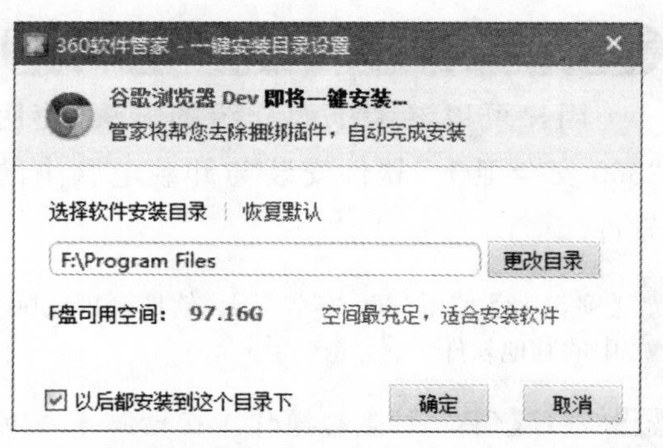

04 “360 软件管家”将通过 Internet 下载相应的软件，并自动安装该软件。

05 若用户需要卸载系统中的软件，可以在【360 软件管家】窗口中单击【软件卸载】图标，打开【软件卸载】窗口。

06 在【软件卸载】窗口中显示了当前系统中安装的所有软件，单击需要删除软件后的【卸载】按钮，然后在弹出的提示框中单击【卸载】按钮即可开始卸载软件。

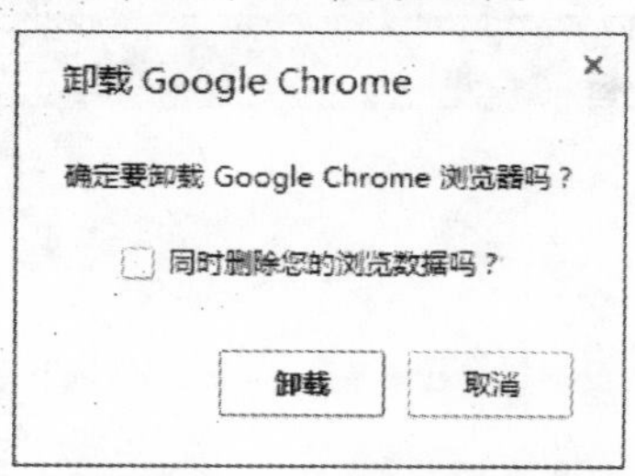

07 成功卸载软件后，“360 软件管家”将提示“卸载成功”。

5.6 专家答疑

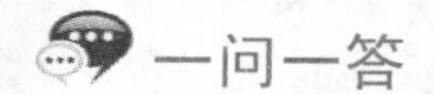

一问一答

问：如何在 Windows 8 中管理电脑硬件驱动程序？

答：在 Windows 8 中用户可以使用“驱动大师”软件管理硬件驱动程序。在电脑中安装“驱动大师”软件后，“驱动大师”软件在启动时将自动检测电脑中的硬件驱动程序，当电脑硬件驱动缺失或需要更新时，软件将会在主界面中给出相应的提示信息，单击提示信息中的【更新】按钮即可自动下载并安装新驱动程序。

第6章 使用 Word 处理电子文本

在电脑的日常使用中，用户常常需要编辑和打印一些文稿，例如资料、信函、通知或者个人简历等，而 Word 是一款功能强大的文本处理工具，利用该软件可以帮助我们更好的处理日常生活中的信息。本章将主要介绍使用 Word 软件处理文本的方法，帮助用户快速掌握 Word 软件的相关知识和使用技巧。

参见随书光盘

例 6-1　新建 Word 文档
例 6-2　设置字体格式
例 6-3　设置段落对齐
例 6-4　使用段落对话框
例 6-5　添加项目符号
例 6-6　快速插入表格
例 6-7　调整表格行高与列宽
例 6-8　设置表格外观
例 6-9　插入电脑中的图片
例 6-10　插入剪贴画
例 6-11　插入艺术字
例 6-12　编辑艺术字
例 6-13　插入内置文本框
例 6-14　绘制文本框
例 6-15　设置文本框格式
更多视频请参见光盘目录

6.1 Word 2013 简介

Word 2013 是一款功能强大的文档处理软件，它既能够制作各种简单的办公、商务和个人文档，又能满足专业人员制作用于印刷的版式复杂的文档。使用 Word 2013 来处理文件，大大提高了企业办公自动化的效率。

6.1.1 Word 2013 的软件界面

在启动 Word 2013 后，用户可看到如下所示的工作界面，该界面主要由标题栏、快速访问工具栏、功能区、导航窗格、文档编辑区和状态与视图栏组成。在 Word 2013 界面中，各部分的功能如下。

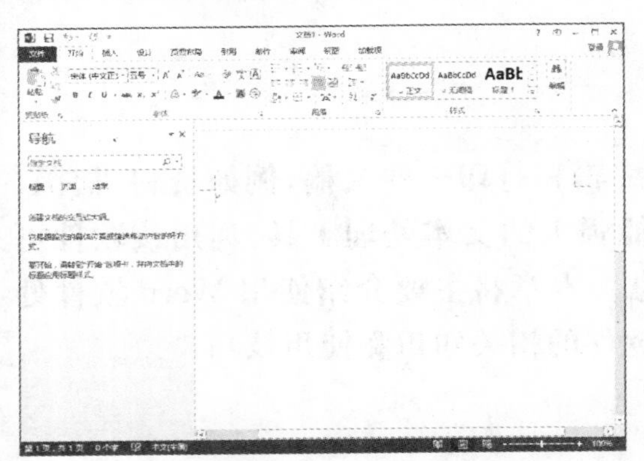

▶ 快速访问工具栏：快速访问工具栏中包含最常用操作的快捷按钮，方便用户使用。在默认状态中，快速访问工具栏中包含三个快捷按钮，分别为【保存】按钮、【撤销】按钮和【恢复】按钮。

▶ 标题栏：标题栏位于窗口的顶端，用于显示当前正在运行的程序名及文件名等信息。标题栏最右端有三个按钮，分别用来控制窗口的最小化、最大化和关闭窗口。

完成文件.rtf [兼容模式] - Word

▶ 功能区：在 Word 2013 中，功能区是完成文本格式操作的主要区域。在默认状态下，功能区主要包含【文件】、【开始】、【插入】、【页面布局】、【引用】、【邮件】、【审阅】、【视图】和【加载项】这九个基本选项卡。

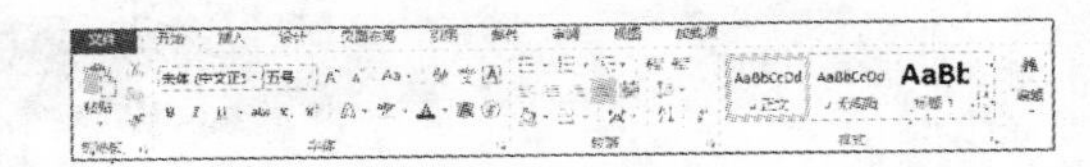

▶ 导航窗格：导航窗格主要显示文档的标题级文字，以方便用户快速查看文档，单击其中的标题，即可快速跳转到相应的位置。

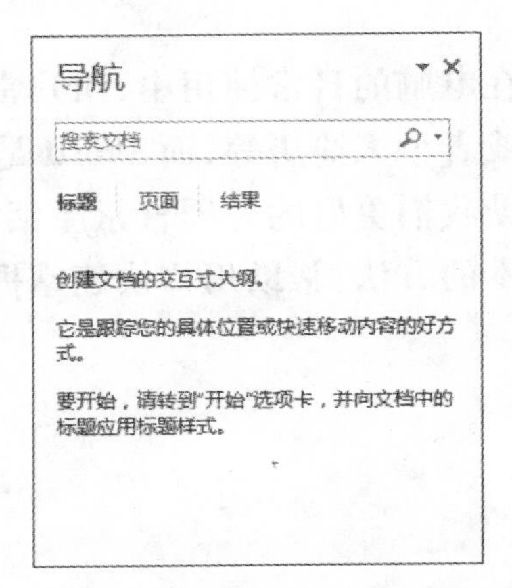

▶ 文档编辑区：文档编辑区就是输入文本、添加图形和图像以及编辑文档的区域，用户对文本进行的操作结果都将在该区域显示。

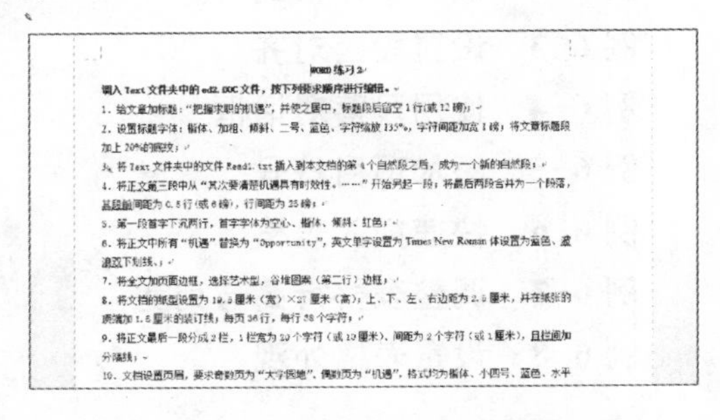

WORD 练习 2

调入 Text 文件夹中的 ed2.DOC 文件，按下列要求顺序进行编辑。

1. 给文章加标题："把握求职的机遇"，并使之居中，标题段后留空 1 行(或 12 磅)；
2. 设置标题字体：楷体、加粗、倾斜、二号、蓝色、字符缩放 135%，字符间距加宽 1 磅；将文章标题段加上 20%的底纹；
3. 将 Text 文件夹中的文件 Read1.txt 插入到本文档的第 4 个自然段之后，成为一个新的自然段；
4. 将正文第三段中从"其次要清楚机遇具有时效性。……"开始另起一段；将最后两段合并为一个段落，其段前间距为 0.5 行(或 6 磅)，行间距为 25 磅；
5. 第一段首字下沉两行，首字字体为空心、楷体、倾斜、红色；
6. 将正文中所有"机遇"替换为"Opportunity"，英文单字设置为 Times New Roman 体设置为蓝色、波浪双下划线；
7. 将全文加页面边框，选择艺术型，谷堆图案（第二行）边框；
8. 将文档的纸型设置为 19.5 厘米（宽）×27 厘米（高)；上、下、左、右边距为 2.5 厘米，并在纸张的顶端加 1.5 厘米的装订线；每页 36 行，每行 38 个字符；
9. 将正文最后一段分成 2 栏，1 栏宽为 20 个字符（或 10 厘米)、间距为 2 个字符（或 1 厘米)，且栏间加分隔线；
10. 文档设置页眉，要求奇数页为"大学园地"、偶数页为"机遇"，格式均为楷体、小四号、蓝色、水平

▶ 状态与视图栏：状态栏和视图栏位于 Word 窗口的底部，显示了当前文档的信

息，如当前显示的文档是第几页、第几节和当前文档的字数等。在状态栏中还可以显示一些特定命令的工作状态。另外，在视图栏中，通过拖动【显示比例滑杆】中的滑块，可以直观地改变文档编辑区的大小。

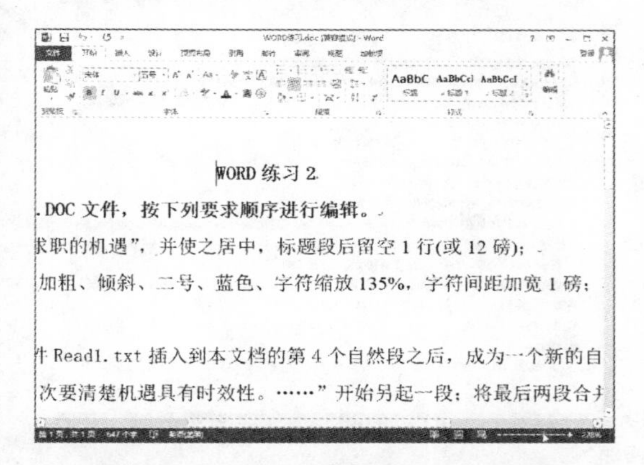

6.1.2 Word 2013 的视图模式

Word 2013 为用户提供了多种浏览文档的方式，包括页面视图、阅读视图、Web 版式视图、大纲视图和草稿。在【视图】选项卡的【文档视图】区域中，单击相应的按钮，即可切换至相应的视图模式。

1. 页面视图

页面视图是 Word 默认的视图模式，该视图中显示的效果和打印的效果完全一致。在页面视图中可看到页眉、页脚、水印和图形等各种对象在页面中的实际打印位置，便于用户对页面中的各种元素进行编辑。

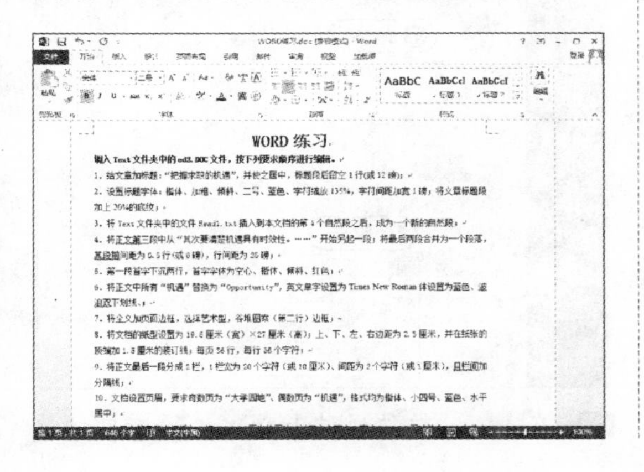

2. 阅读视图

为了方便用户阅读文章，Word 2013 设置了【阅读视图】模式。该视图模式比较适用于阅读比较长的文档，如果文字较多，它会自动分成多屏以方便用户阅读。在该视图模式中，可对文字进行勾画和批注。

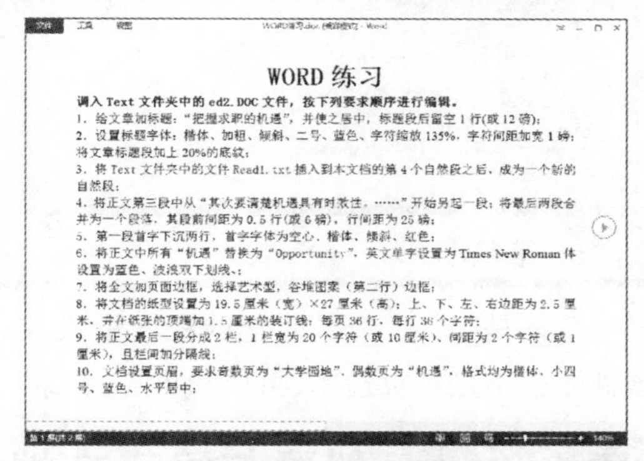

若想关闭【阅读版式】视图，可以按下 Esc 键或单击状态栏中的【页面视图】按钮。

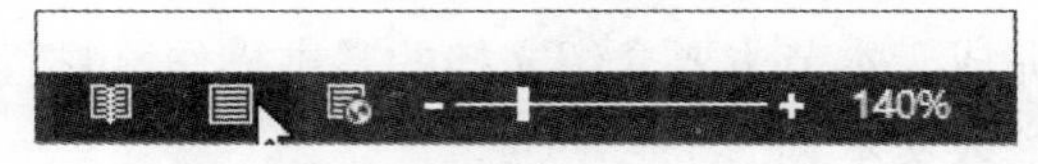

3. Web 版式视图

Web 版式视图是这几种视图方式中唯一按照窗口的大小来显示文本的视图，使用这种视图模式查看文档时，不需拖动水平滚动条就可以查看整行文字。

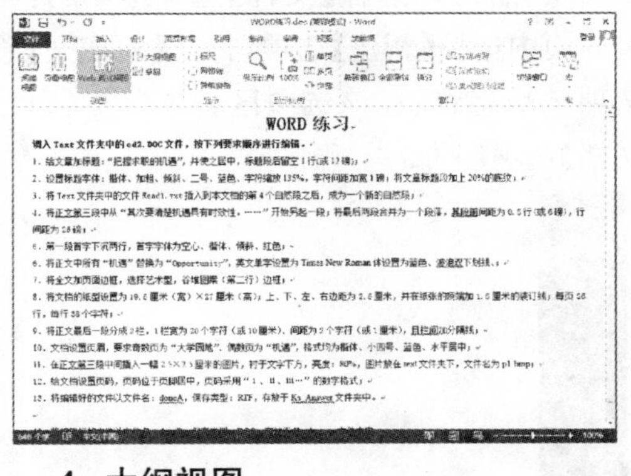

4. 大纲视图

对于一个具有多重标题的文档来说，用户可以使用大纲视图来查看该文档。这是因为大纲视图是按照文档中标题的层次来显示文档的,用户可将文档折叠起来只看主标题,也可将文档展开查看整个文档的内容。

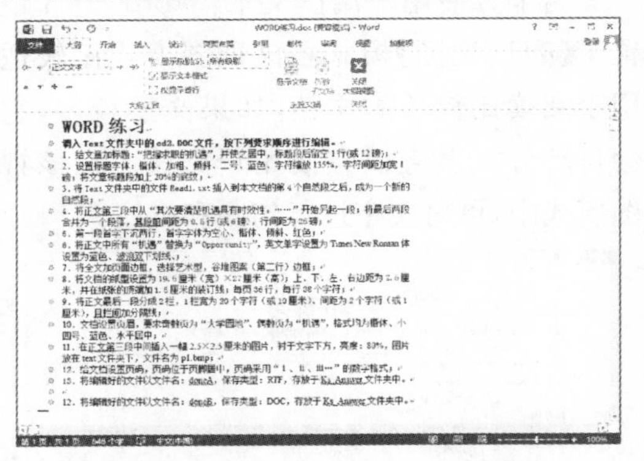

5. 草稿

草稿是 Word 中最简化的视图模式,在该视图中不显示页边距、页眉和页脚、背景、图形图像,没有设置为“嵌入型”环绕方式的图片。因此这种视图模式仅适合编辑内容和格式都比较简单的文档。

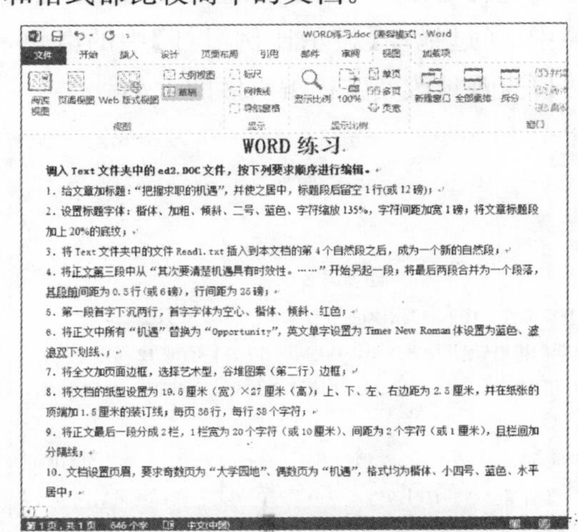

6.2 创建与编辑文档

无论是一份简单的工作报告,还是一份图文并茂的精美海报,使用 Word 2013 都能轻松完成。本节主要介绍文档的基本操作,包括创建和保存文档、打开和关闭文档以及在文档中输入文本。

6.2.1 新建 Word 文档

在 Word 2013 中可以创建空白文档,也可以根据现有的内容创建文档。

空白文档是最常使用的文档。要创建空白文档,可以选择【文件】选项卡,在打开的界面中选择【新建】选项,打开【新建文档】选项区域,然后在该选项区域中单击【空白文档】选项即可。

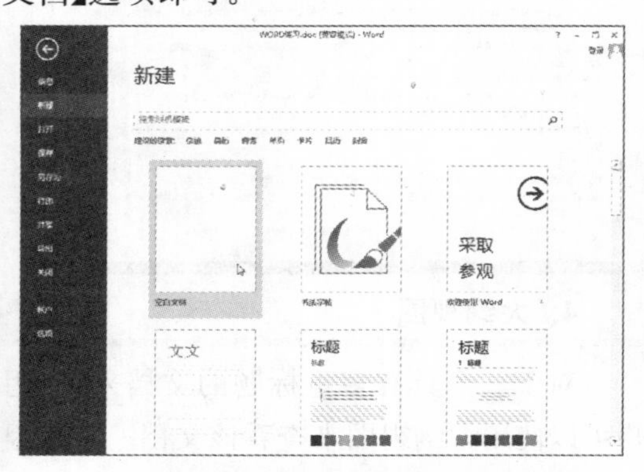

下面通过一个具体实例来介绍如何根据模板创建文档。

【例 6-1】在 Word 2013 中创建一个 2014 年日历文档。视频

01 启动 Word 2013,选择【文件】选项卡,然后在该选项卡中选择【新建】选项,在打开的选项区域的文本框内输入“2014”并按下 Enter 键搜索 2014 年日历模板。

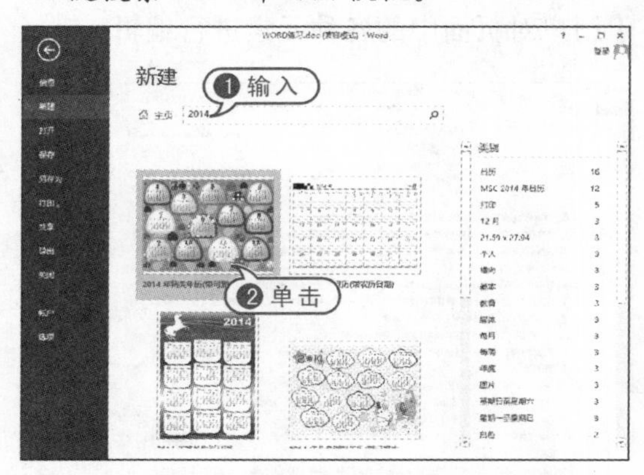

02 在 Word 软件通过 Internet 联机自动搜

索的结果中单击某一个模板选项(例如“2014年简单日历”),然后在打开的对话框中单击【创建】按钮。

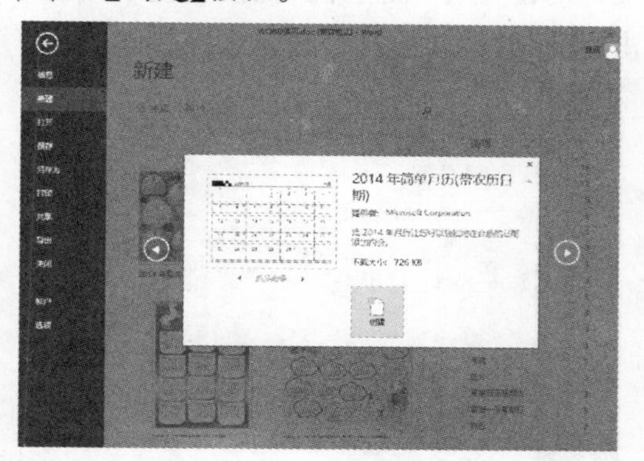

03 此时,Word 2013将开始自动下载相应的模板。

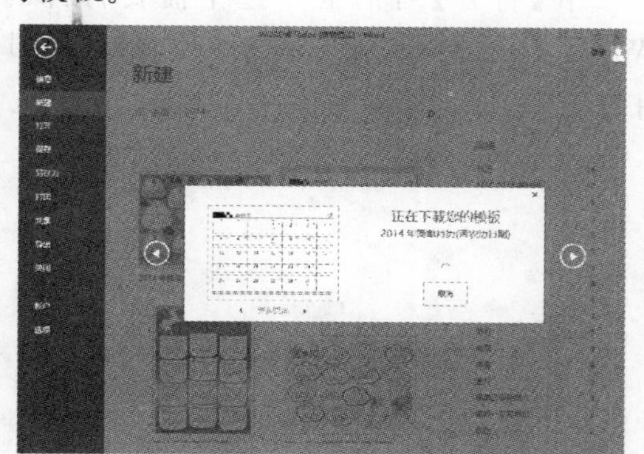

04 模板成功下载后,将创建如下图所示的“2014年日历”文档。

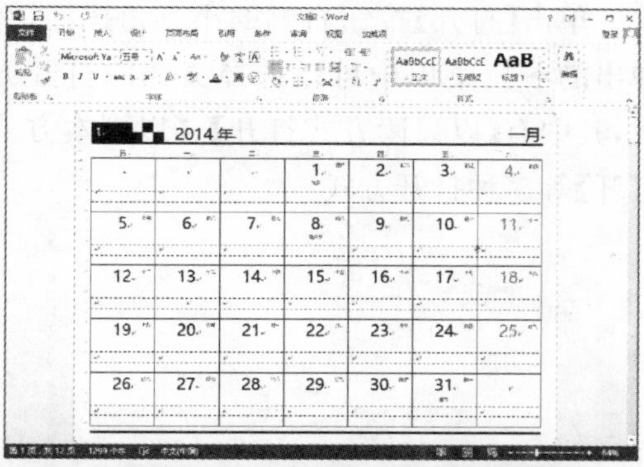

6.2.2 保存Word文档

在新建Word文档或正在编辑某个文档时,如果出现了突然死机、停电等计算机非正常关闭的情况,文档中的信息就会丢失。因此,为了保护劳动成果,做好文档的保存工作是十分重要的。

1. 保存新建的文档

如果要对新建的文档进行保存,可选择【文件】选项卡,在打开的界面中选择【保存】选项(或单击快速访问工具栏上的【保存】按钮),打开【另存为】对话框,设置保存路径、名称及保存格式。

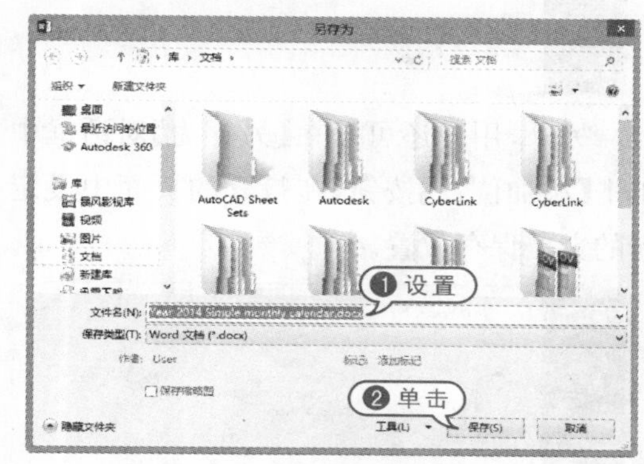

在保存新建的文档时,如果在文档中已输入了一些内容,默认情况下Word 2013自动将输入的第一行内容作为文件名。

2. 保存已保存过的文档

要对已保存过的文档进行保存,可选择【文件】选项卡,在打开的界面中选择【保存】选项,或单击快速访问工具栏上的【保存】按钮,这时就可以按照原有的路径、名称以及格式进行保存。

3. 另存为其他文档

如果文档已保存过,但在进行了一些编辑操作后,需要将其保存下来,并且希望仍能保存以前的文档,这时就需要对文档进行“另存为”操作。

要将当前文档另存为其他文档,可以选择【文件】选项卡,在打开的界面中选择【另存为】选项,然后在打开的选项区域中设定文档“另存为”的位置(例如选中【计算机】选项,设定将Word文档保存在本地计算机

中),并单击【浏览】按钮打开【另存为】对话框指定文件保存的具体路径。

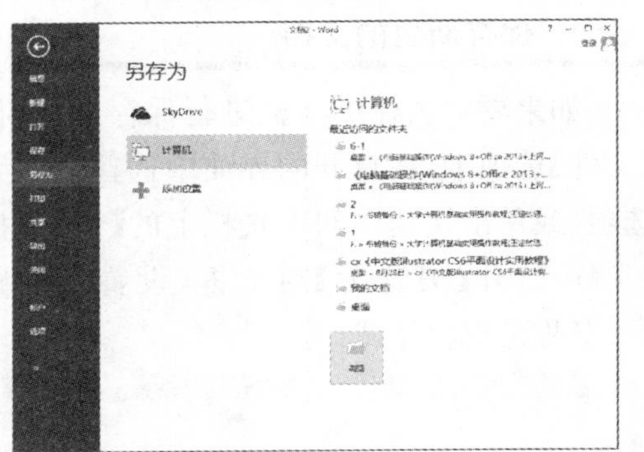

另外,用户还可以在【另存为】对话框中单击【添加位置】按钮,在打开的页面中设定新的文档保存位置。

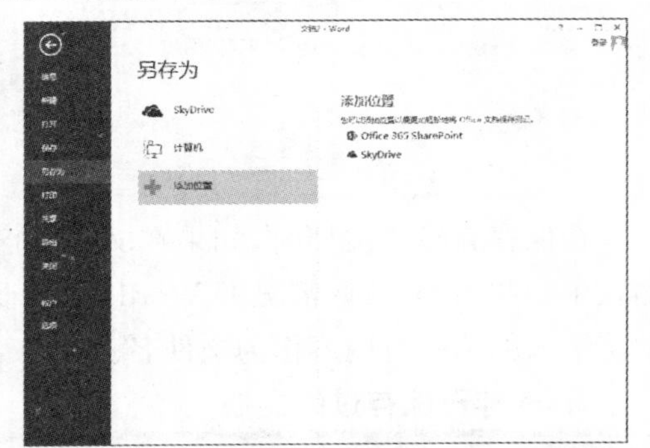

6.2.3 打开与关闭文档

打开文档是 Word 的一项基本的操作,对于任何文档来说,都需要先将其打开,然后才能对其进行编辑。编辑完成后,可将文档关闭。

1. 打开文档

对于已经存在的 Word 文档,只需双击该文档的图标即可打开该文档。

另外,用户还可在一个已打开的文档中打开另外一个文档。选择【文件】选项卡,在打开的界面中选择【打开】命令,打开【打开】对话框,然后在打开的选项区域中选择打开文件的位置(例如选择【计算机】选项),并单击【浏览】按钮打开【打开】对话框。

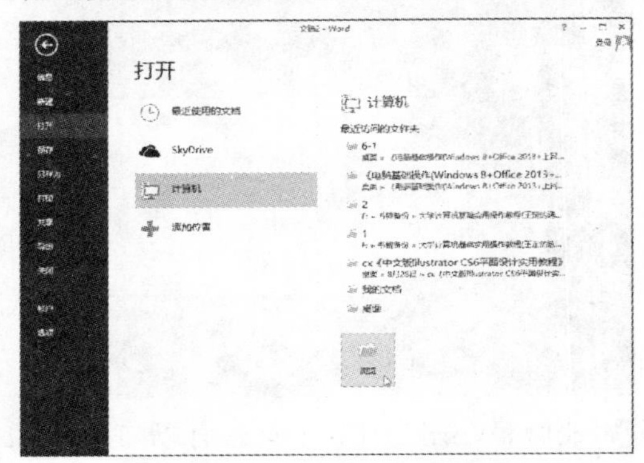

在【打开】对话框中选中需要打开的 Word 文档,并单击【打开】按钮,即可将其打开。

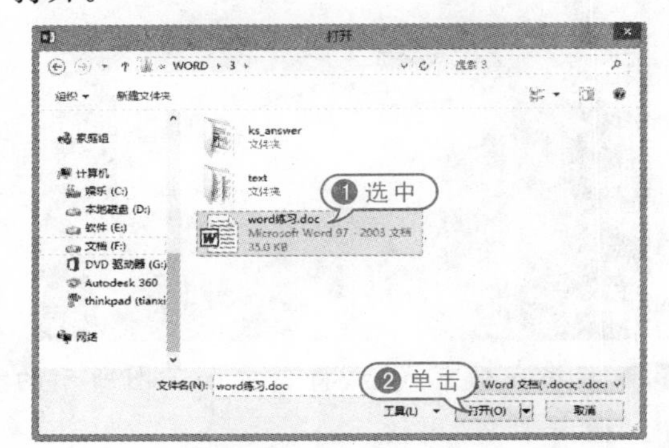

单击【打开】按钮右侧的小三角按钮,在弹出的下拉菜单中可以选择文档的打开方式,其中有【以只读方式打开】、【以副本方式打开】等多种打开方式。

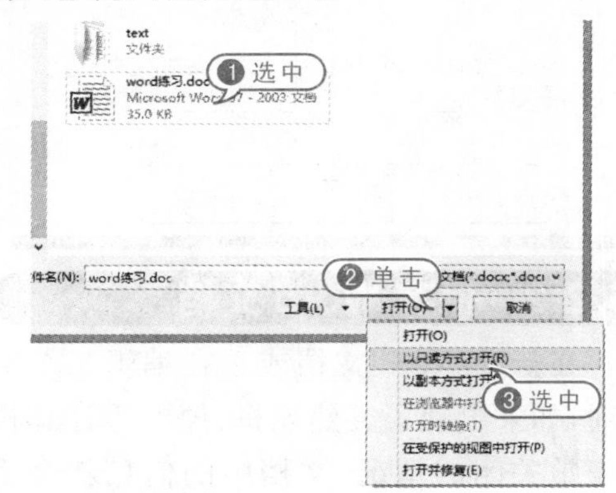

2. 关闭文档

对文档完成所有的操作后，要关闭文档时，可单击【文件】按钮，在打开的页面中选择【关闭】命令，或单击窗口右上角的【关闭】按钮✕。在关闭文档时，如果没有对文档进行编辑、修改操作，可直接关闭。如果对文档做了修改，但还没有保存，系统将会打开一个提示对话框，询问用户是否保存对文档所做的修改。单击【保存】按钮即可保存并关闭该文档。

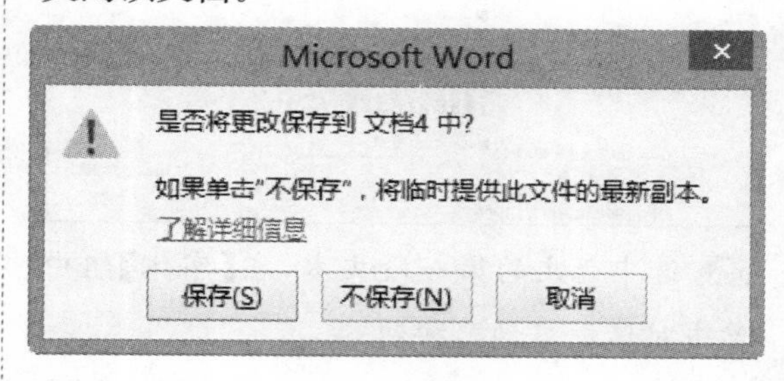

6.3 设置 Word 文档格式

初始输入的文本一般来说编排比较混乱，格式布局也不尽如人意，此时可以对文本的格式进行设置，以使文档结构更加合理，条理更加清晰。对文档格式的设置主要包括文档中字符格式、段落间距以及段落对齐和缩进等。

6.3.1 设置字体格式

对于一些常用的字体格式，可直接通过【开始】选项卡的【字体】组或者【字体】对话框中的相关按钮或下拉列表框进行设置。

【例 6-2】在 Word 2013 中输入文本并设置字体格式。
视频+素材（光盘素材\第 06 章\例 6-2）

01 启动 Word 2013，新建一个 Word 文档，然后在文档中输入以下文本。

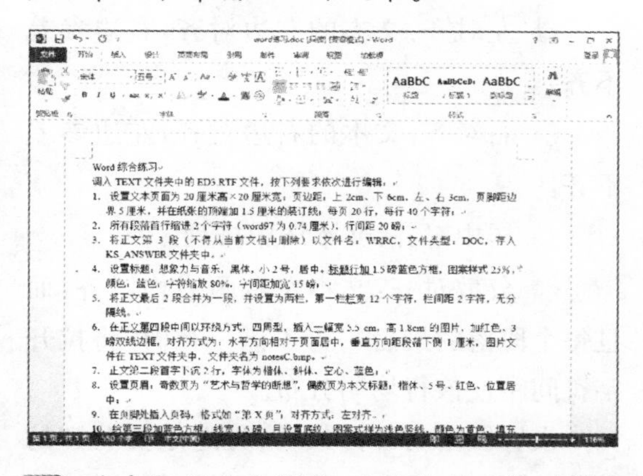

02 选中标题文本“Word 综合练习”，在【开始】选项卡的【字体】组中单击【字体】下拉按钮，在弹出的下拉列表框中选择【华文隶书】选项。

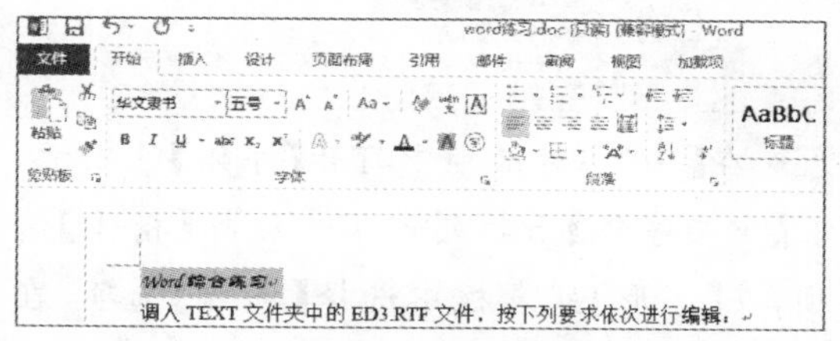

03 在【开始】选项卡的【字体】组中单击【字号】下拉按钮，从弹出的下拉列表框中选择【一号】选项，设置文本的字号。

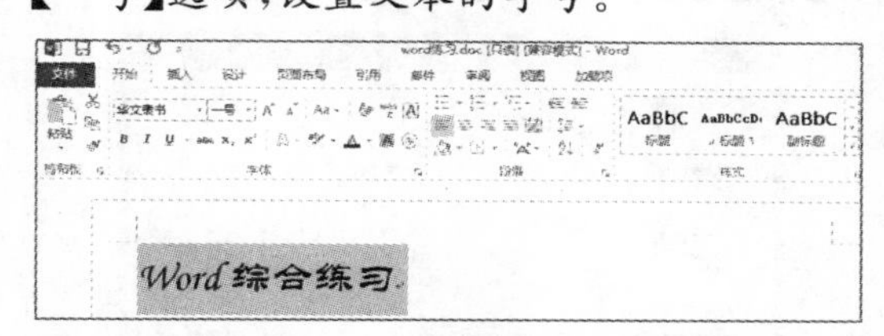

04 在【开始】选项卡的【段落】组中单击【居中】按钮。

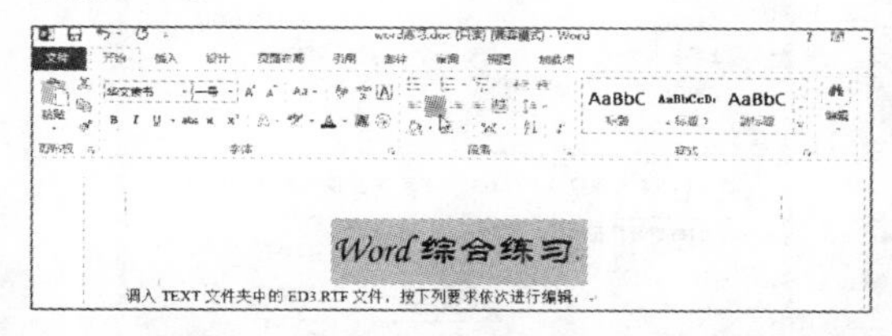

05 在【开始】选项卡的【字体】组中，单击【字体颜色】下拉按钮，在打开的颜色面板中选择【橙色，强调文字颜色 6，深色 25%】选项，为文本应用字体颜色。

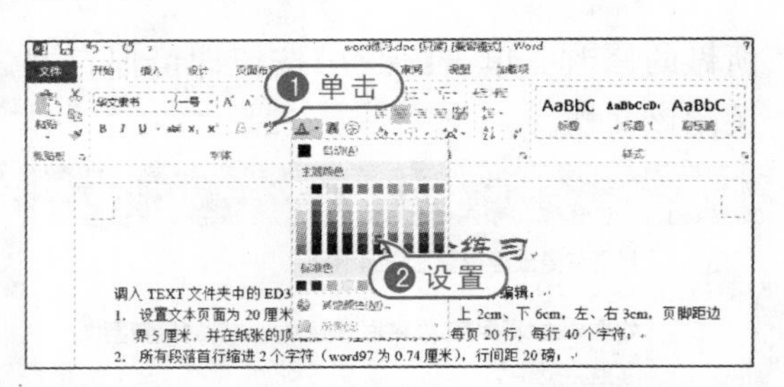

06 选中正文的第一段文本，在【字体】组中单击对话框启动器按钮 。

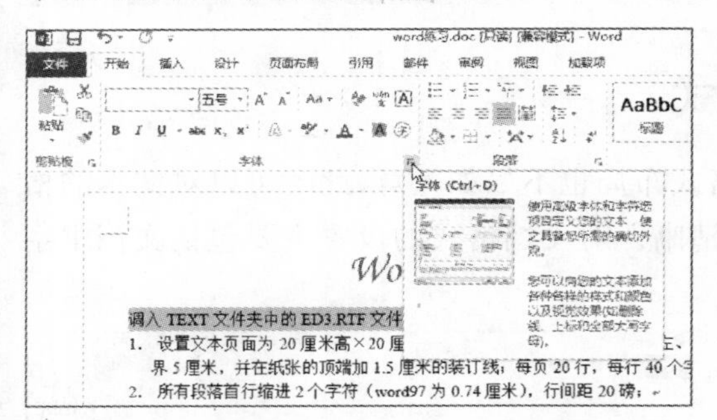

07 在【字体】对话框中打开【字体】选项卡，在【中文字体】下拉列表框中选择【楷体】选项，在【字形】列表框中选择【加粗】选项，在【字号】列表框中选择【小四】选项，单击【字体颜色】下拉按钮，从打开的颜色面板中选择【紫色】选项，单击【确定】按钮。

08 使用同样的方法，设置文档中其他文本的大小为【五号】，颜色为【黑色】，字体为【仿宋】。

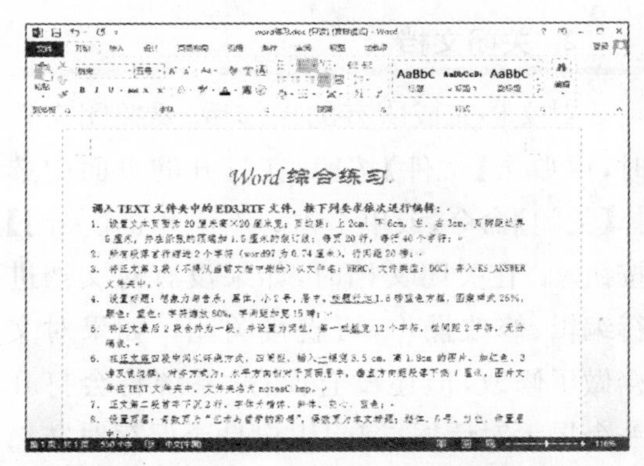

09 在快速访问工具栏中单击【保存】按钮，打开【另存为】对话框，将创建的文档以“Word 综合练习”为名保存。

6.3.2 设置段落对齐

段落是构成整个文档的骨架，由正文、图表和图形等加上一个段落标记构成。为了使文档的结构更清晰、层次更分明，可对段落格式进行设置。

段落对齐指文档边缘的对齐方式，包括两端对齐、左对齐、右对齐、居中对齐和分散对齐。这 5 种对齐方式的说明如下。

- 两端对齐：默认设置。两端对齐时文本左右两端均对齐，只是段落最后不满一行的文字，其右边是不对齐的
- 左对齐：文本的左边对齐，右边参差不齐。
- 右对齐：文本的右边对齐，左边参差不齐。
- 居中对齐：文本居中排列。
- 分散对齐：文本左右两边均对齐，而且每个段落的最后一行不满一行时，将拉开字符间距使该行均匀分布。

设置段落对齐方式时，先选定要对齐的段落，或将插入点移到新段落的开始位置，然后可以通过单击【开始】选项卡【段落】组(或浮动工具栏)中的相应按钮来实现，也可以通过【段落】对话框来实现。使用【段落】

组是最快捷方便的，也是最常用的方法。

【例 6-3】在“Word 综合练习”文档中，设置段落对齐方式。
视频+素材（光盘素材\第 06 章\例 6-3）

01 继续【例 6-2】的操作，选中正文第一段文本，然后在【开始】选项卡的【段落】组中单击【居中】按钮，设置其对齐方式为居中对齐。

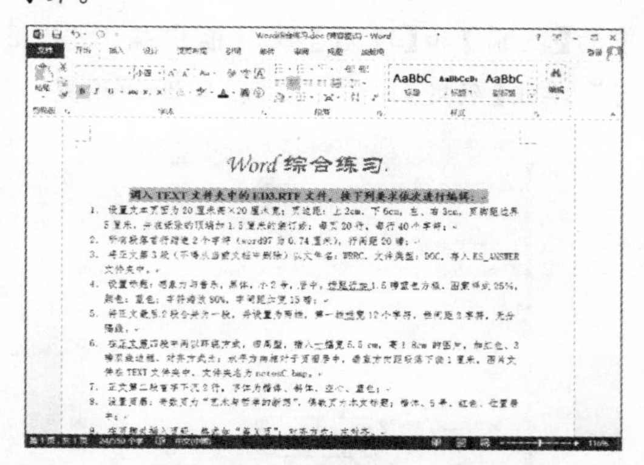

02 选中文档中的其他段落文本，在【开始】选项卡的【段落】组中单击【段落设置】按钮。

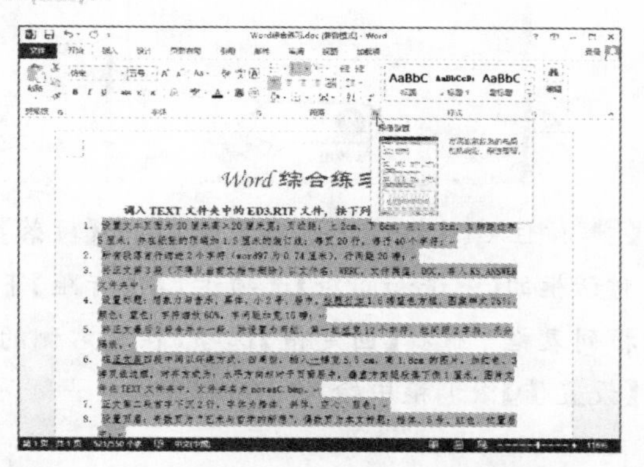

03 在打开的【段落】对话框中选中【缩进和间距】选项卡设置段落的对齐方式。

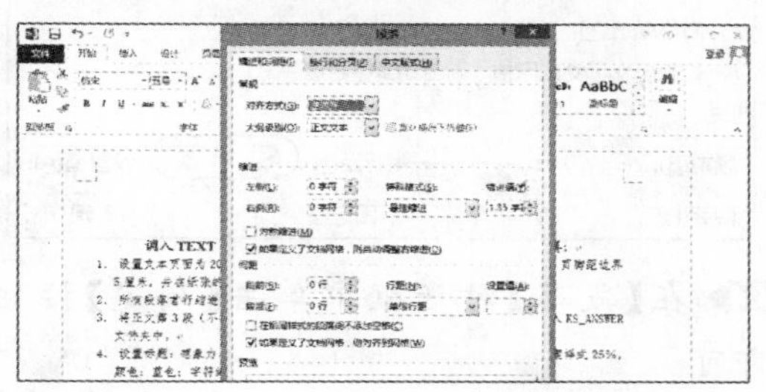

04 在完成所有设置后，在快速访问工具栏中单击【保存】按钮保存文档。

6.3.3 设置段落缩进

段落缩进是指段落中的文本与页边距之间的距离。Word 2013 提供了以下四种段落缩进的方式。

- 左缩进：设置整个段落左边界的缩进位置。
- 右缩进：设置整个段落右边界的缩进位置。
- 悬挂缩进：设置段落中除首行以外的其他行的起始位置。
- 首行缩进：设置段落中首行的起始位置。

1. 使用标尺设置段落缩进

在 Word 2013 中选中【视图】选项卡，然后在该选项卡的【显示】组中选中【标尺】复选框，可以显示标尺。

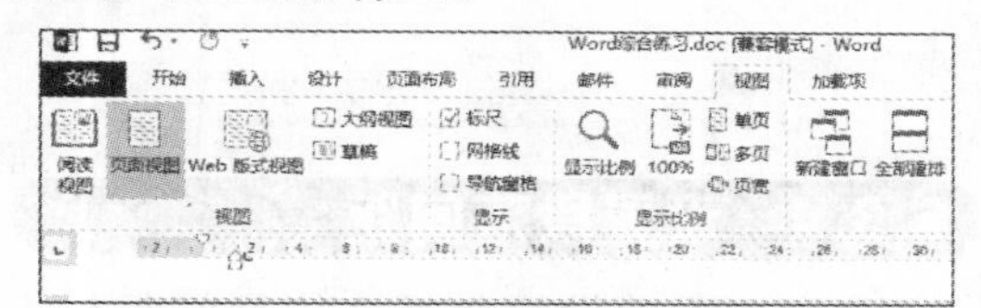

通过水平标尺可以快速设置段落的缩进方式及缩进量。水平标尺中包括首行缩进标尺、悬挂缩进、左缩进和右缩进四个标记，拖动各标记即可设置相应的段落缩进方式。

在使用水平标尺格式化段落时，按住 Alt 键不放，使用鼠标拖动标记，水平标尺上将显示具体的数值，用户可以根据该值更精确的设置缩进量。

使用标尺设置段落缩进时，先在文档中选择要改变缩进的行，然后拖动缩进标记到新位置，可以使某些行缩进。在拖动鼠标时整个页面上出现一条垂直虚线，以显示新边距的位置。

2. 使用段落对话框

使用【段落】对话框可以精确地设置缩进尺寸。打开【开始】选项卡，在【段落】组中单击【段落设置】按钮，打开【段落】对话框的【缩进和间距】选项卡，在该选项卡中可以进行相关设置。

6.3.4 设置段落间距

段落间距的设置包括文档行间距与段间距的设置。行间距是指段落中行与行之间的距离，段间距是指前后相邻的段落之间的距离。

Word 2013 默认的行间距值是单倍行距。打开【段落】对话框的【缩进和间距】选项卡，在【行距】下拉列表中选择所需的选项，并在【设置值】微调框中输入新值，可以重新设置行间距；在【段前】和【段后】微调框中输入新值，可以重新设置段间距。

【例 6-4】在"Word 综合练习"文档中，将标题的段前、段后设为 0.5 行，将正文行距设为固定值 18 磅。

视频+素材(光盘素材\第 06 章\例 6-4)

01 继续【例 6-3】的操作，将插入点定位在标题"Word 综合练习"的前面。

02 打开【开始】选项卡，在【段落】组中单击【段落设置】按钮，打开【段落】对话框，选择【缩进和间距】选项卡，在【间距】选项区域中的【段前】和【段后】微调框中输入"0.5 行"，单击【确定】按钮，完成段间距的设置。

03 按住 Ctrl 键选中所有正文，打开【段落】对话框的【缩进和间距】选项卡，在【行距】下拉列表框中选择【固定值】选项，在其右侧的【设置值】微调框中输入"18 磅"。

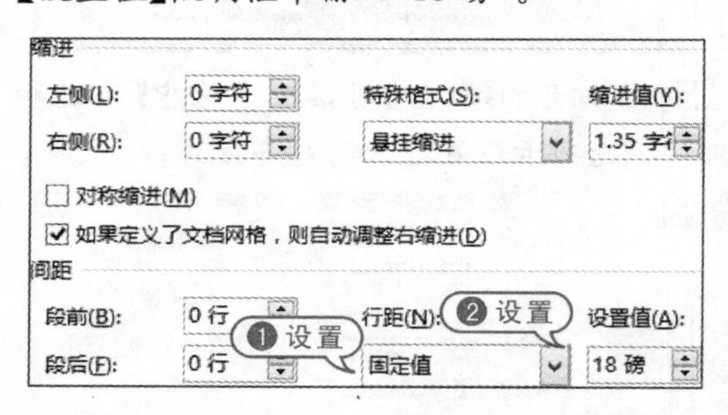

04 在【段落】对话框中单击【确定】按钮即可。

6.4 使用项目符号和编号

使用项目符号和编号列表，可以对文档中并列的项目进行组织，也可以将顺序的内容进行编号，以使这些项目的层次结构更清晰、更有条理。Word 2013 提供了 7 种标准的项目符号和编号，并且允许用户自定义项目符号和编号。

6.4.1 添加项目符号和编号

在 Word 2013 提供了自动添加项目符号和编号的功能。在以"1."、"(1)"、"a"等字符开始的段落中按 Enter 键，下一段的开始将会自动出现"2."、"(2)"、"b"等字符。

另外，可以选取要添加符号的段落，打开【开始】选项卡，在【段落】组中单击【项目符号】按钮，将自动在每一段落前面添加项目符号；单击【编号】按钮，将以"1."、"2."、"3."的形式编号。

【例 6-5】在"毕业生实习报告"文档中添加项目符号和编号。
视频+素材（光盘素材\第 06 章\例 6-5）

01 在 Word 2013 中打开"毕业生实习报告"文档，并选中如下所示的文本。

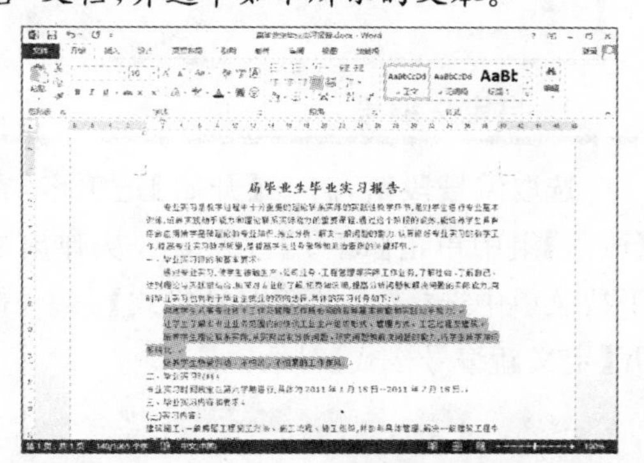

02 打开【开始】选项卡，在【段落】组中单击【编号】下拉按钮，从弹出的列表框中选择一种编号样式。

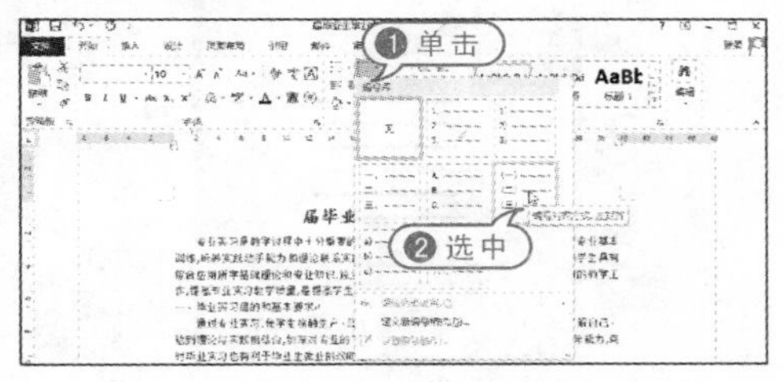

03 此时，Word 自动为所选段落添加编号，效果如下所示。

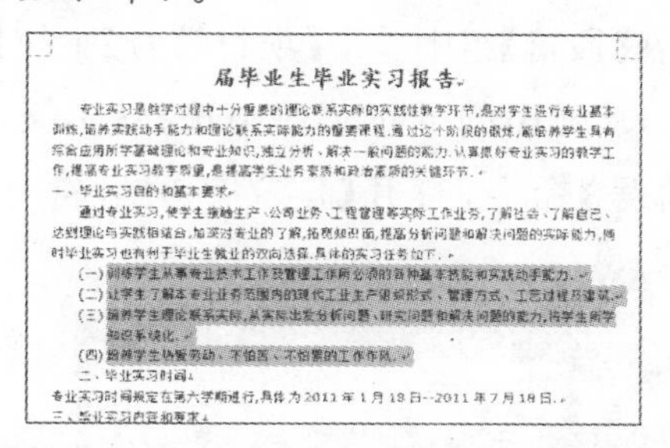

04 选中如下所示的文本，在【段落】组中单击【项目符号】下拉按钮，从弹出的列表框中选择一种项目样式，为段落自动添加项目符号。

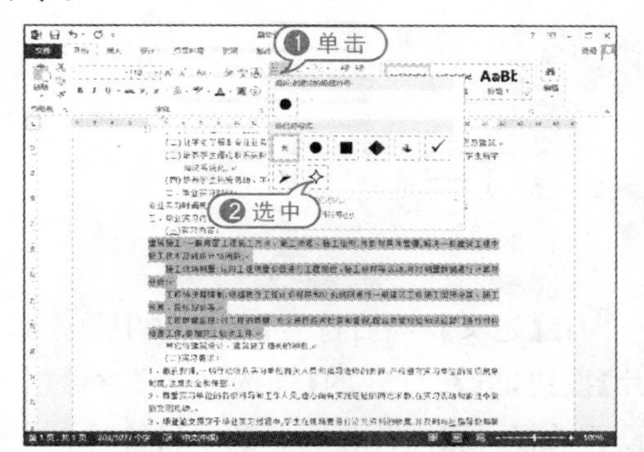

05 完成设置后，文档效果如下所示。在快速访问工具栏中单击【保存】按钮，保存修改后的文档。

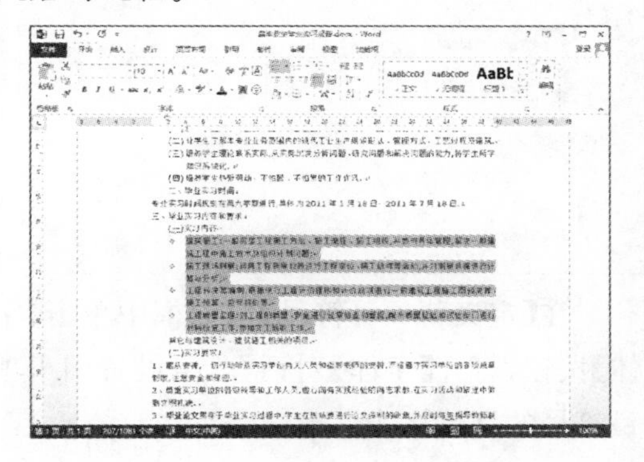

6.4.2 自定义项目符号和编号

在使用项目符号和编号功能时，除了可以使用系统自带的项目符号和编号样式外，还可以自定义项目符号和编号。

1. 自定义项目符号

选取项目符号段落，打开【开始】选项卡，在【段落】组中单击【项目符号】下拉按钮 ，从弹出的下拉菜单中选择【定义新项目符号】命令，打开【定义新项目符号】对话框。

在【定义新项目符号】对话框中单击【图片】按钮，可在打开的【插入图片】对话框中设置选择一张图片作为新的项目符号。

在【定义新项目符号】对话框中单击【字体】按钮，打开【字体】对话框，可设置用于项目符号的字体格式。

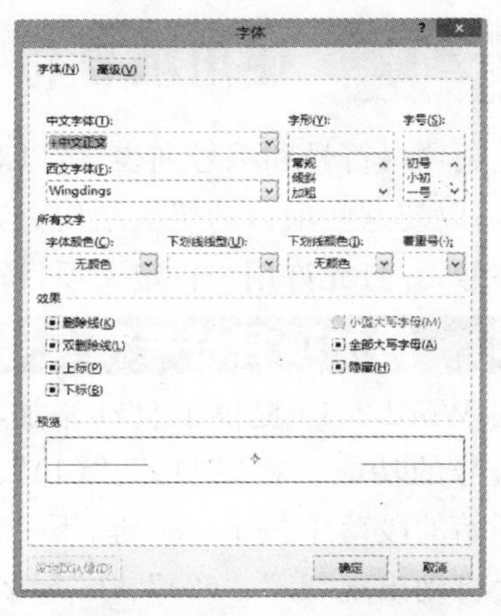

在【定义新项目符号】对话框中单击【符号】按钮，打开【符号】对话框，可从中选择合适的符号作为项目符号。

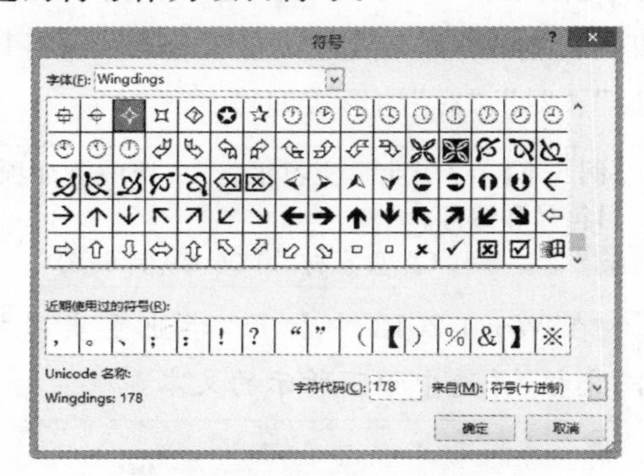

2. 自定义编号

选取编号段落，打开【开始】选项卡，在【段落】组中单击【编号】按钮 ，从弹出的下拉菜单中选择【定义新编号格式】命令，打开【定义新编号格式】对话框。

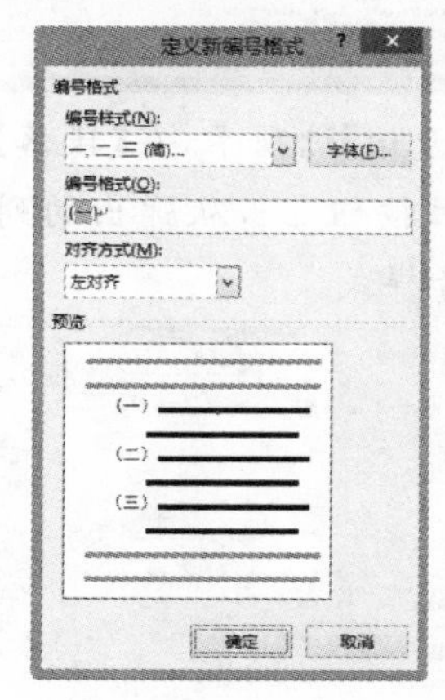

在【编号样式】下拉列表中选择其他编号样式，并在【起始编号】文本框中输入起始编号；单击【字体】按钮，可以在打开的对话框中设置项目编号的字体；在【对齐方式】下拉列表中可以选择编号的对齐方式。

另外，在【开始】选项卡的【段落】组中单击【编号】按钮，从弹出的下拉菜单中选择【设置编号值】命令，打开【起始编号】对话框，在其中可设置编号的起始数值。

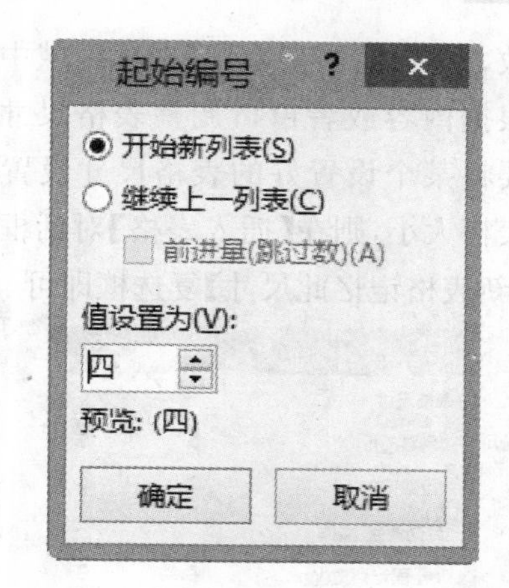

6.5 创建与使用表格

在编辑文档时，为了更形象地说明问题，常常需要在文档中制作各种各样的表格，例如课程表、学生成绩表、个人简历表、商品数据表和财务报表等。Word 2013 提供了强大的表格功能，可以快速创建与编辑表格。

6.5.1 创建表格

在 Word 2013 中可以使用多种方法来创建表格，例如按照指定的行、列插入表格和绘制不规则表格等。

1. 使用表格网格创建表格

利用表格网格框可以直接在文档中插入表格，这也是最快捷的方法。

将光标定位在需要插入表格的位置，然后打开【插入】选项卡，单击【表格】组中的【表格】按钮，在弹出的下拉菜单中会出现一个网格框，在其中拖动鼠标确定要创建表格的行数和列数，然后单击就可以完成一个规则表格的创建。

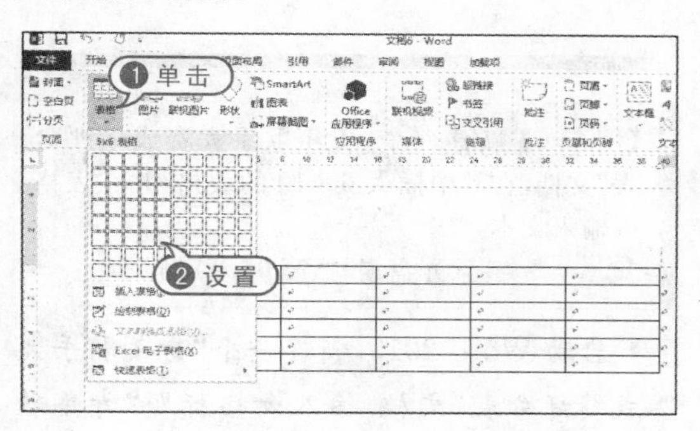

2. 使用对话框创建表格

使用【插入表格】对话框创建表格时，可以在建立表格的同时设置表格的大小。

打开【插入】选项卡，在【表格】组中单击【表格】按钮，在弹出的下拉菜单中选择【插入表格】命令。

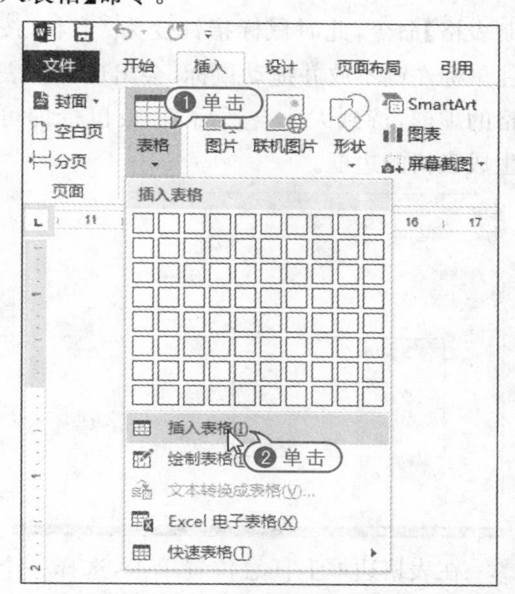

在打开的【插入表格】对话框中的【列数】和【行数】微调框中可以设置表格的列数

和行数，在【自动调整操作】选项区域中可以设置根据内容或者窗口调整表格尺寸。如果需要将某个设置好的表格尺寸设置为默认的表格大小，则在【插入表格】对话框中选中【为新表格记忆此尺寸】复选框即可。

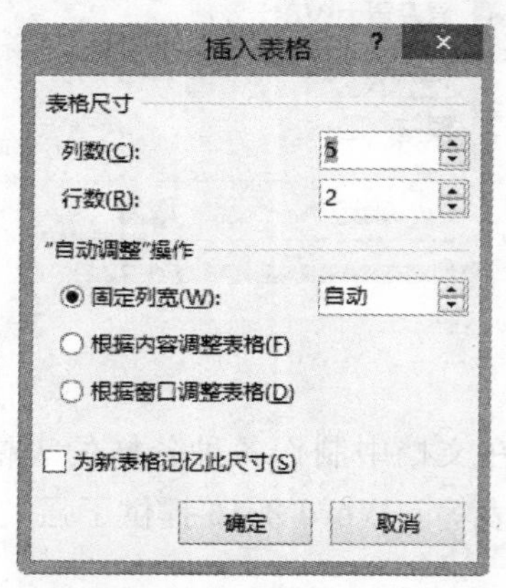

3. 绘制不规则的表格

很多情况下，需要创建各种栏宽、行高都不等的不规则表格。这时，可以通过Word 2013中的绘制表格功能创建。

打开【插入】选项卡，在【表格】组中单击【表格】按钮，从弹出的下拉菜单中选择【绘制表格】命令，此时鼠标指针变为✎形状，按住鼠标左键不放并拖动鼠标，会出现一个表格的虚框，待到大小合适后，释放鼠标即可生成表格的边框。

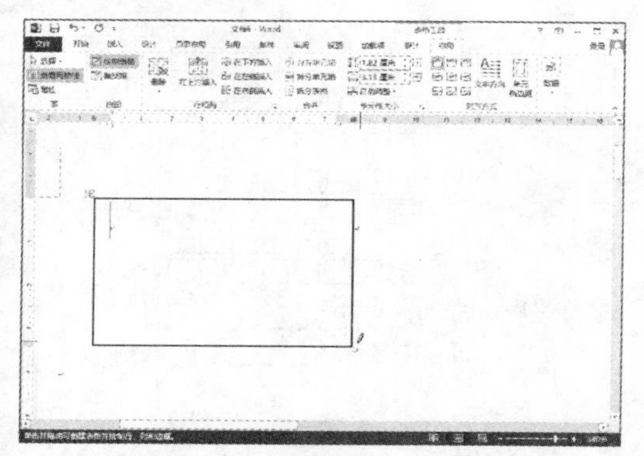

在表格边框上任意位置单击，选择一个起点，按住鼠标左键不放向右(或向下)拖动绘制出表格中的横线(或竖线)。

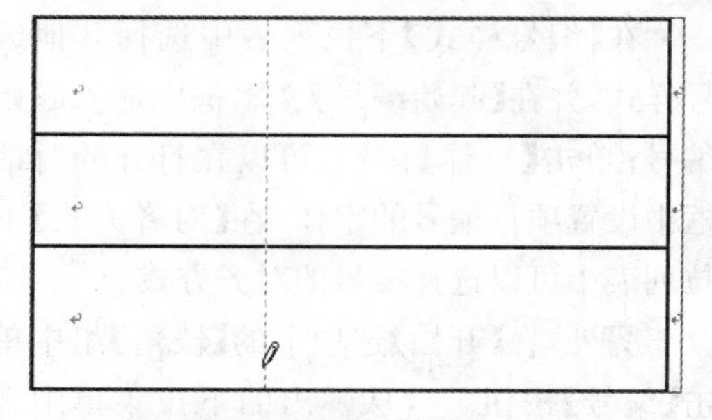

4. 快速插入表格

为了快速制作出美观的表格，Word 2013提供了许多内置表格。

打开【插入】选项卡，在【表格】组中单击【表格】按钮，在弹出的下拉菜单中选择【快速表格】的子命令，即可插入内置表格。

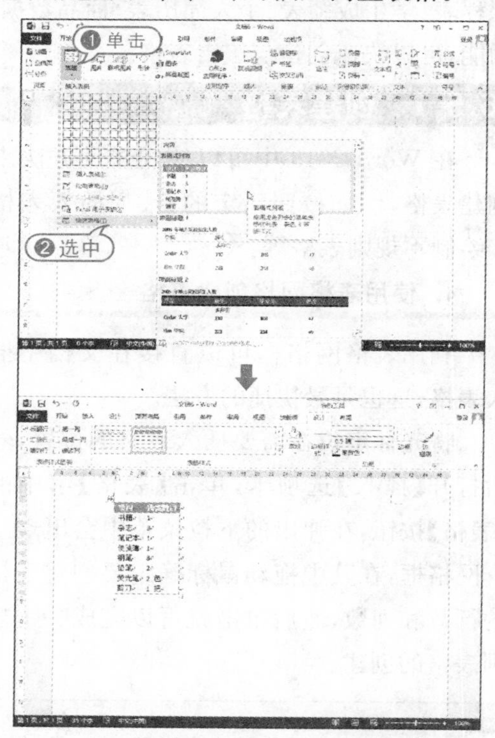

【例 6-6】新建一个“青年歌手大赛成绩评分表”文档，在其中插入 6×10 的表格，并在表格内输入文本。
视频+素材(光盘素材\第 06 章\例 6-6)

01 启动 Word 2013，新建一个“青年歌手大赛成绩评分表”文档，输入表格标题“青年歌手大赛成绩评分表”并设置其文本格式，效果如下所示。

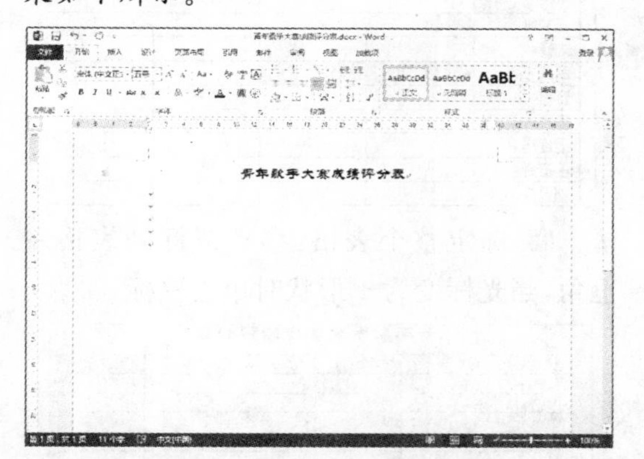

02 将插入点定位在标题的下一行，打开【插入】选项卡，在【表格】组中单击【表格】按钮，在弹出的下拉菜单中选择【插入表格】命令。

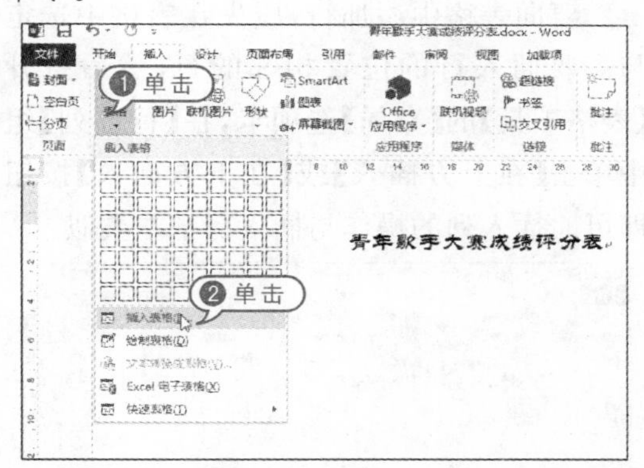

03 在打开的【插入表格】对话框的【列数】和【行数】文本框中分别输入“6”和“10”，然后选中【固定列宽】单选按钮，在其后的微调框中选择【自动】选项。

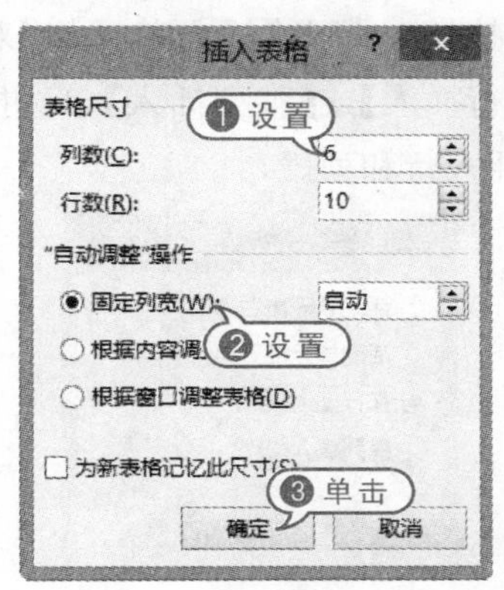

04 在【插入表格】对话框中单击【确定】按钮，这时文档中插入一个6×10的规则表格。

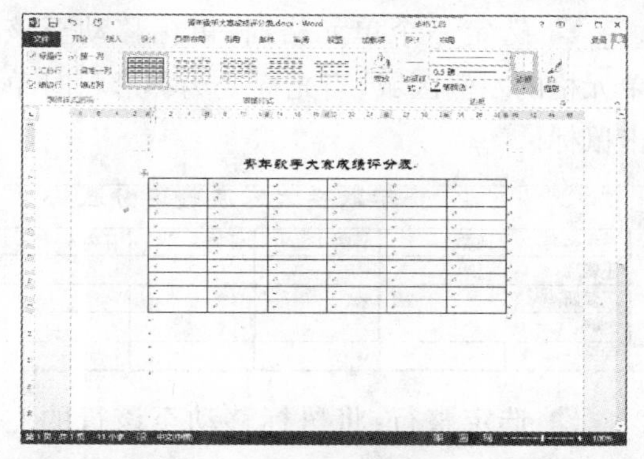

05 将插入点定位到表格第1行第1列单元格中，输入文本“选手姓名”。

青年歌手大赛成绩评分表

选手姓名					

06 使用同样的方法，依次在单元格中输入文本，效果如下所示。

青年歌手大赛成绩评分表

选手姓名	评委1	评委2	评委3	评委4	最终得分
王璐瑶					
冯梦妍					
刘畅					
司马一					
齐唐					
孟茜					
工佳琪					
王彦奇					
刘傅森					

07 输入完成后，在快速访问工具栏中单击【保存】按钮，将“青年歌手大赛成绩评分表”文档进行保存。

6.5.2 编辑表格

表格创建完成后还需要对其进行编辑操作，如选定行、列和单元格，插入和删除行、列，合并和拆分单元格等，以满足不同的需要。

1. 选定行、列和单元格

对表格进行格式化之前，首先要选定表格编辑对象，然后才能对表格进行操作。选定表格编辑对象的鼠标操作方式有如下几种。

● 选定一个单元格：将鼠标移动至该单元格的左侧区域，当光标变为形状时单击鼠标。

青年歌手大赛成绩评分表

选手姓名	评委1	评委2	评委3	评委4
王璐瑶				
冯梦妍				
刘畅				
司马一				

● 选定整行：将鼠标移动至该行的左侧，当光标变为形状时单击鼠标。

青年歌手大赛成绩评分表

选手姓名	评委1	评委2	评委3	评委4
王璐瑶				
冯梦妍				
刘畅				
司马一				

● 选定整列：将鼠标移动至该列的上方，当光标变为形状时单击鼠标。

青年歌手大赛成绩评分表

选手姓名	评委1	评委2	评委3	评委4
王璐瑶				
冯梦妍				
刘畅				
司马一				
齐唐				
孟茜				
工佳琪				
王彦奇				
刘傅森				

● 选定多个连续单元格：从被选区域左上角向右下方拖曳鼠标。

青年歌手大赛成绩评分表

选手姓名	评委1	评委2	评委3	评委4
王璐瑶				
冯梦妍				
刘畅				
司马一				
齐唐				
孟茜				
工佳琪				
王彦奇				
刘傅森				

● 选定多个不连续单元格：选取第1个单元格后，按住 Ctrl 键不放，再分别选取其他的单元格。

青年歌手大赛成绩评分表

选手姓名	评委1	评委2	评委3	评委4
王璐瑶				
冯梦妍				
刘畅				
司马一				
齐唐				
孟茜				
工佳琪				
王彦奇				
刘傅森				

● 选定整个表格：移动鼠标到表格左上角，当光标变为形状时单击鼠标。

青年歌手大赛成绩评分表

选手姓名	评委1	评委2	评委3	评委4	最终得分
王璐瑶					
冯梦妍					
刘畅					
司马一					
齐唐					
孟茜					
工佳琪					
王彦奇					
刘傅森					

2. 插入与删除行、列

要向表格中添加行，应先在表格中选定与需要插入行的位置相邻的行，然后打开【表格工具】的【布局】选项卡，在【行和列】组中单击【在上方插入】或【在下方插入】按钮即可。插入列的操作与插入行基本类似。

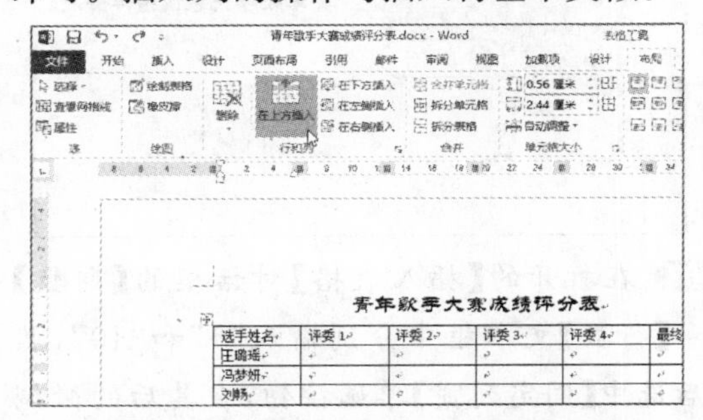

另外，单击【行和列】组中的【表格插入单元格】按钮，打开【插入单元格】对话框，选中【整行插入】或【整列插入】单选按钮，同样可以插入行和列。

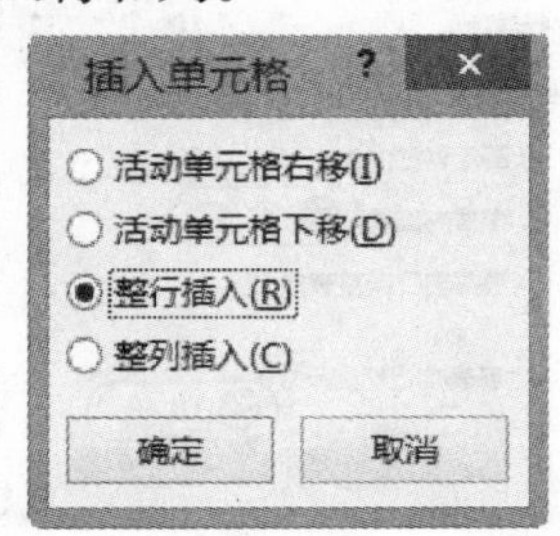

当插入的行或列过多时，需要删除多余的行和列。选定需要删除的行，或将插入点放置在该行的任意单元格中，在【行和列】选项区域中单击【删除】按钮，在打开的下拉菜单中选择【删除行】命令即可。删除列的操作与删除行基本类似。

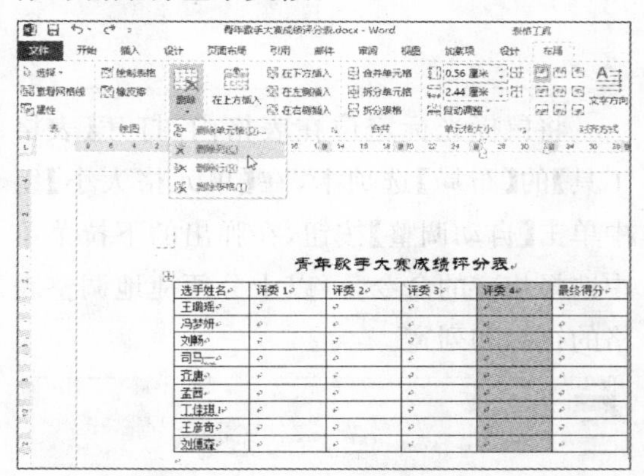

在表格中右击单元格，在弹出的快捷菜单中选择【删除单元格】命令，在打开的【删除单元格】对话框中选中【删除整行】单选按钮，也可以删除行。

另外，如果选中某个单元格后，按 Delete 键，则只会删除该单元格中的内容，而不会从结构上删除单元格。

3. 合并与拆分单元格

要合并表格中的单元格，可以选取要合并的单元格，打开【表格工具】的【布局】选项卡，在【合并】组中单击【合并单元格】按钮。

另外，右击需要合并的单元格，在弹出的快捷菜单中选择【合并单元格】命令，此时 Word 就会删除所选单元格之间的边界，建立起一个新的单元格，并将原来单元格的列宽和行高合并为当前单元格的列宽和行高。

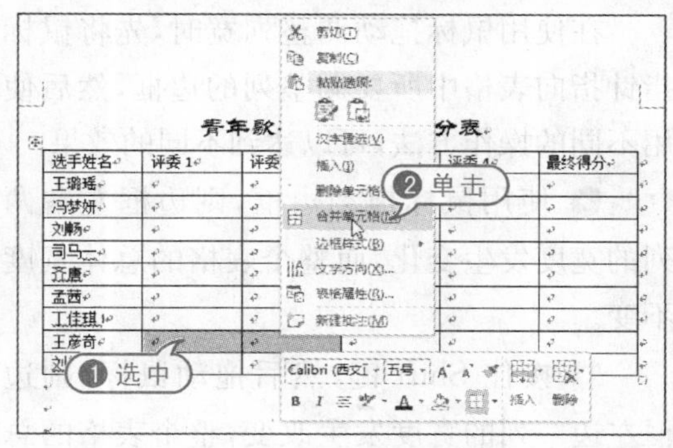

要拆分表格中的单元格，可以选取要拆分的单元格，打开【表格工具】的【布局】选项卡，在【合并】组中单击【拆分单元格】按钮。

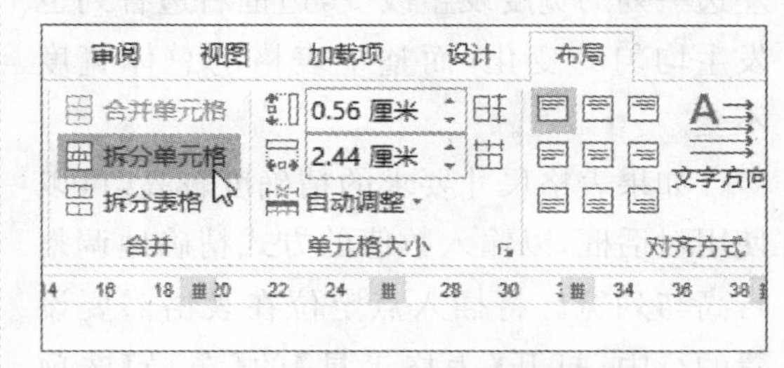

也可以右击需要拆分的单元格，在弹出的快捷菜单中选择【拆分单元格】命令，打开【拆分单元格】对话框，在【列数】和【行数】文本框中分别输入需要拆分的列数和行数。

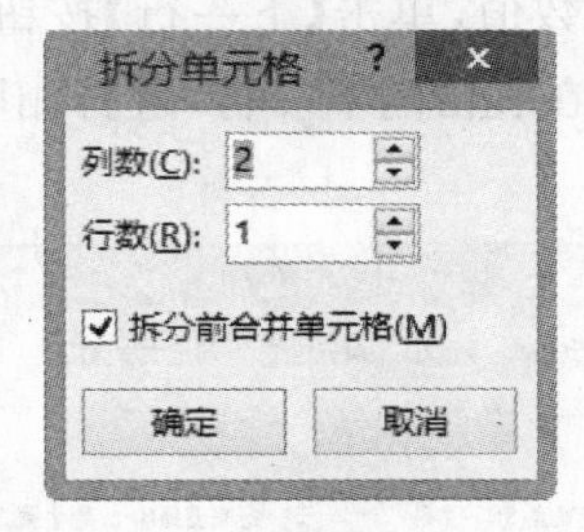

4. 调整行高与列宽

创建表格时，表格的行高和列宽都是默认值，而在实际工作中常常需要随时调整表格的行高和列宽。

使用鼠标可以快速地调整表格的行高和列宽。在使用鼠标拖动调整行高时，先将鼠标指针指向需调整的行的下边框，然后拖动鼠标至所需位置，整个表格的高度会随着行高的改变而改变。

在使用鼠标拖动调整列宽时，先将鼠标指针指向表格中所要调整列的边框，然后使用不同的操作方法，可以达到不同的效果。

- 使用鼠标拖动边框，则边框左右两列的宽度发生变化，而整个表格的总体宽度不变。
- 按住 Shift 键，然后拖动鼠标，则边框左边一列的宽度发生改变，整个表格的总体宽度随之改变。
- 按住 Ctrl 键，然后拖动鼠标，则边框左边一列的宽度发生改变，边框右边各列也发生均匀的变化，而整个表格的总体宽度不变。

如果表格尺寸要求的精确度较高，可以使用对话框，以输入数值的方式精确地调整行高与列宽。将插入点定位在表格需要设置的行中，打开【表格工具】的【布局】选项卡，在【单元格大小】组中单击【表格属性】按钮，打开【表格属性】对话框的【行】选项卡，选中【指定高度】复选框，在其后的数值微调框中输入数值，单击【下一行】按钮，将鼠标指针定位在表格的下一行，进行相同的设置即可。

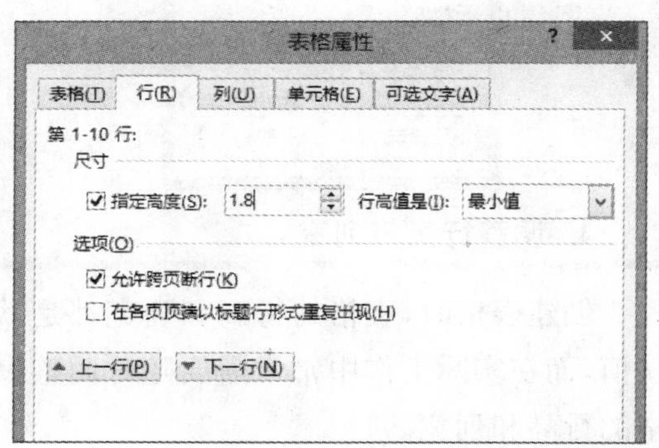

打开【列】选项卡，选中【指定宽度】复选框，在其后的微调框中输入数值，单击【后一列】按钮，将鼠标指针定位在表格的下一列，进行相同的设置即可。

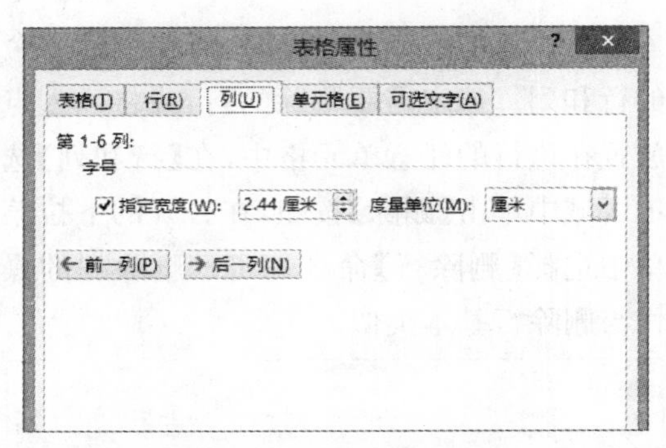

将鼠标光标定位在表格内，打开【表格工具】的【布局】选项卡，在【单元格大小】组中单击【自动调整】按钮，在弹出的下拉菜单中选择相应的命令，可以十分便捷地调整表格的行高和列宽。

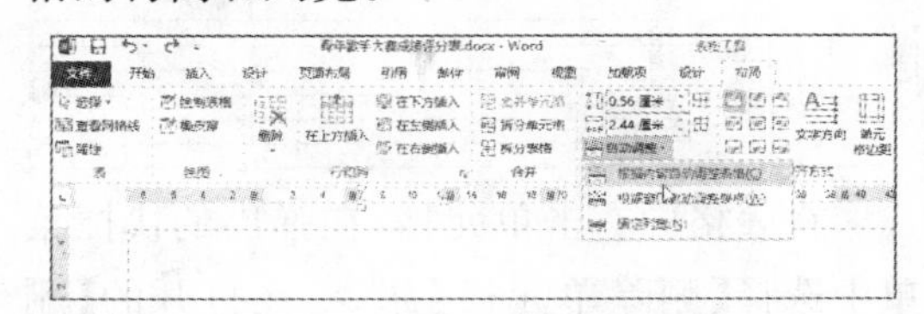

【例 6-7】将表格"青年歌手大赛成绩评分表"第 1 行的行高设置为 0.8 厘米，将第 2、第 3、第 4、第 5、第 6 列的列宽设置为 2 厘米。

视频+素材（光盘素材\第 06 章\例 6-7）

01 继续【例 6-6】的操作，选中"青年歌手大赛成绩评分表"表格的第 1 行。

02 打开【表格工具】的【布局】选项卡，在【单元格大小】组中单击【表格属性】按钮，打开【表格属性】对话框，打开【行】选项卡，在【尺寸】选项区域中选中【指定高度】复选框，在其右侧的微调框中输入"0.8"，在【行高值是】下拉列表中选择【固定值】选项。

03 在【表格属性】对话框中单击【确定】按钮，完成行高的设置。选定表格的第 2、第 3、第 4、第 5、第 6 列，打开【表格属性】对话框的【列】选项卡，选中【指定宽度】复选框，在其右侧的微调框中输入“2”，单击【确定】按钮，完成列宽的设置。

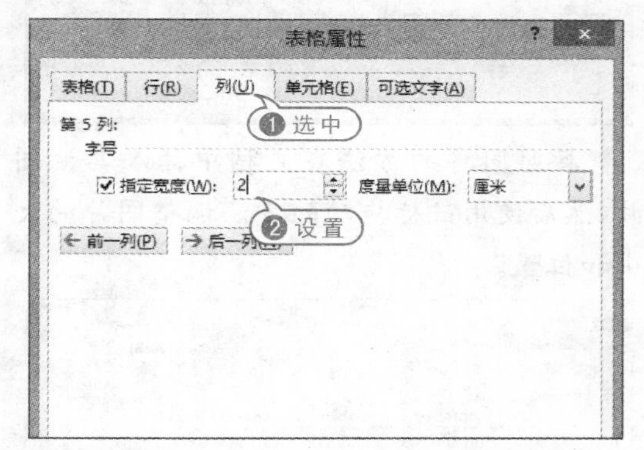

04 设置完成后，按 Ctrl+S 快捷键，保存修改后的文档。

6.5.3 设置表格外观

在制作表格时，可以通过功能区的操作命令对表格进行设置，例如设置表格边框和底纹、对齐方式等，使表格的结构更为合理、外观更为美观。

【例 6-8】在表格“青年歌手大赛成绩评分表”中，设置单元格的对齐方式以及表格的样式。
视频+素材（光盘素材\第 06 章\例 6-8）

01 继续【例 6-7】的操作，选定整个表格，打开【开始】选项卡，在【段落】组中单击【居中】按钮，使整个表格页面居中。

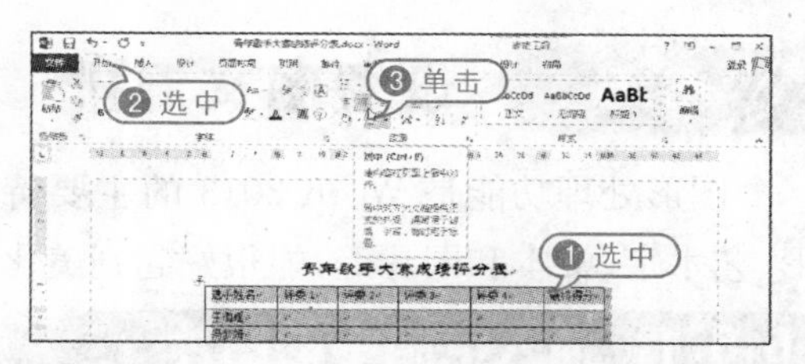

02 保持表格的选中状态，打开【表格工具】的【布局】选项卡，在【对齐方式】组中单击【中部两端对齐】按钮，设置表格文本居中对齐。

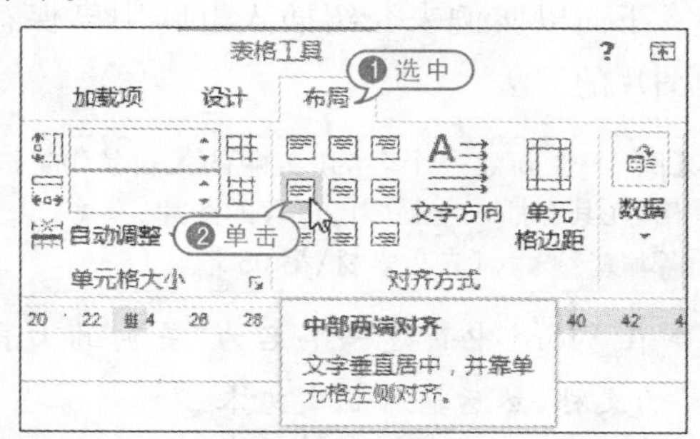

03 打开【表格工具】的【设计】选项卡，在【表格样式】组中单击【其他】按钮，从弹出的列表框中选择【网格表 4】选项，对表格快速应用该底纹和边框样式。

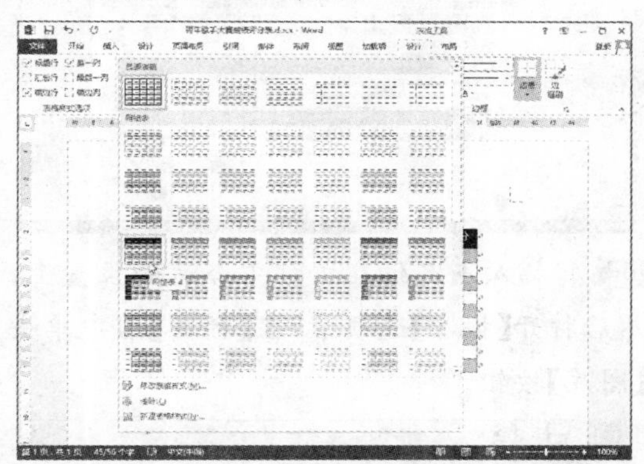

04 完成以上设置后，表格效果如下所示。单击【保存】按钮，保存编辑过的文档。

青年歌手大赛成绩评分表

选手姓名	评委1	评委2	评委3	评委4	最终得分
王曦瑶					
冯梦妍					
刘畅					
司马一					
齐唐					
孟茜					
丁佳琪					
王彦奇					
刘德森					

6.6 设置图文混排

图形处理功能是 Word 2013 的主要特色之一，通过在文档中插入多种图形，如自选图形、艺术字、文本和图片等，能很好起到美化文档的作用，从而引人入胜。

6.6.1 插入电脑中的图片

用户可以直接将保存在计算机中的图片插入 Word 文档中，也可以将扫描仪或其他图形软件生成的图片插入到 Word 文档中。下面以实例来介绍插入电脑中已保存的图片的方法。

【例 6-9】新建一个名为“美丽的大自然”的文档，在其中插入电脑中已保存的图片。
视频+素材（光盘素材\第 06 章\例 6-9）

01 在 Word 中新建一个名为“美丽的大自然”的文档，然后输入正文文本。

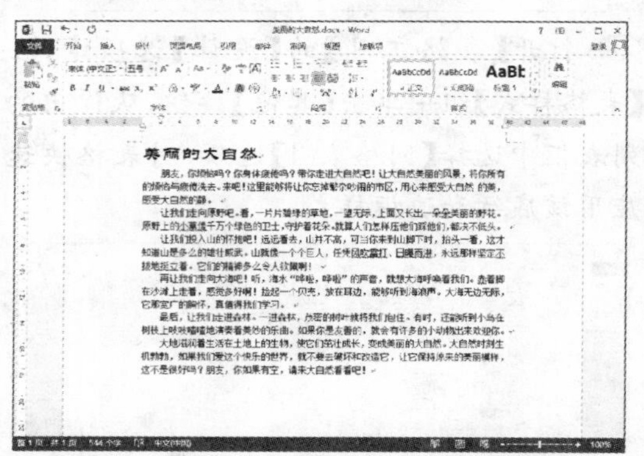

02 将插入点定位在文档中合适的位置上，然后打开【插入】选项卡，在【插图】组中单击【图片】按钮。

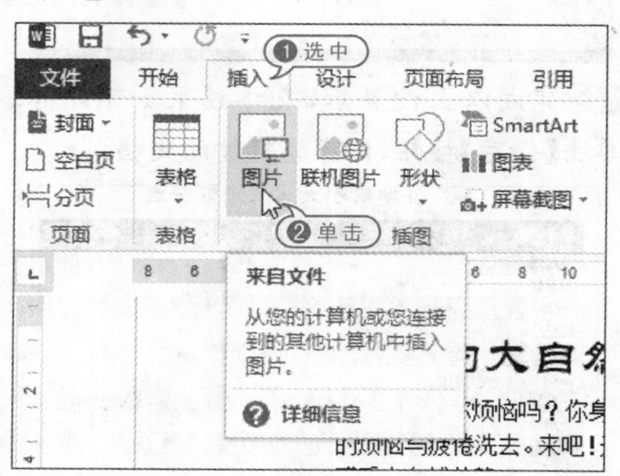

03 在打开的【插入图片】对话框中找到图片的存放位置，选中图片，单击【插入】按钮，即可将其插入到文档中。

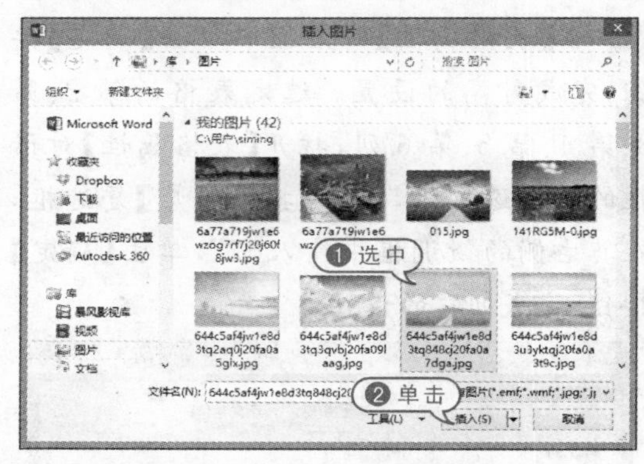

04 按照同样的方法在文档中插入其他图片，然后使用鼠标拖动的方法调整图片的大小和位置。

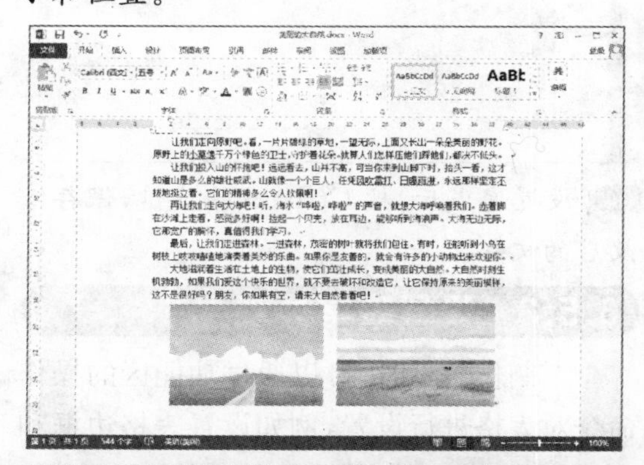

6.6.2 插入剪贴画

Word 2013 所提供的剪贴画库内容非常丰富，设计精美，构思巧妙，能够表达不同的主题，适合用于制作各种文档。

【例 6-10】在“美丽的大自然”文档中插入剪贴画。
视频+素材（光盘素材\第 06 章\例 6-10）

01 在 Word 2013 中打开“美丽的大自然”文档，将插入点定位在标题文本“美丽的大自然”的前方，按下 Enter 键换行，然后将鼠标光标定位在整个文档的首行。

美丽的大自然

朋友，你烦恼吗？你身体疲倦吗？带你走进……的烦恼与疲倦洗去。来吧！这里能够将让你忘掉……感受大自然的静。

让我们走向原野吧。看，一片片碧绿的草地……原野上的小草像千万个绿色的卫士，守护着花朵……

让我们投入山的怀抱吧！远远看去，山并不……知道山是多么的雄壮威武。山就像一个个巨人，……拔地挺立着。它们的精神多么令人钦佩啊！

再让我们走向大海吧！听，海水“哗啦，哗……

02 打开【插入】选项卡，在【插图】组中单击【联机图片】按钮，打开【插入图片】对话框。

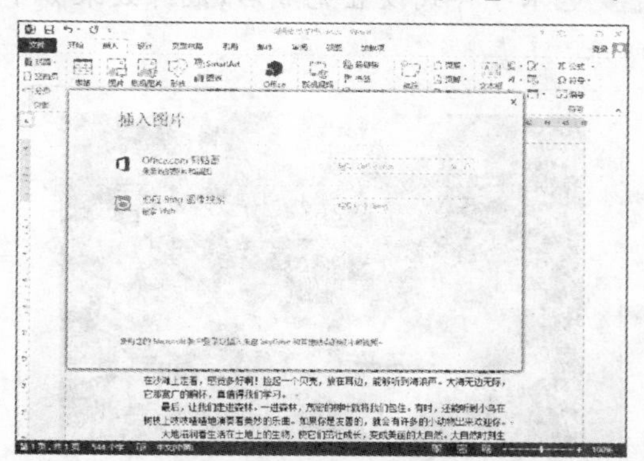

03 在【插入图片】对话框的【Office 剪贴画】文本框中输入“自然”后，按下 Enter 键，并在自动查找到的电脑与网络上的剪贴画文件的结果中选中所需的剪贴画图片。

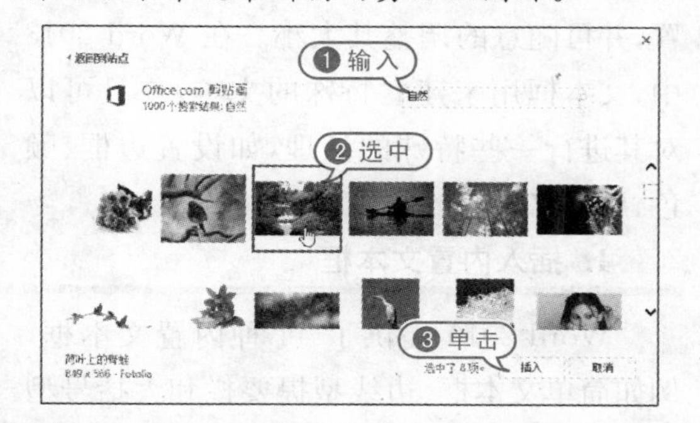

04 单击对话框中的【插入】按钮即可将剪贴画插入 Word 文档中。

05 最后，单击【保存】按钮，保存编辑过的文档。

6.6.3 使用艺术字

在流行的报刊杂志上常常会看到各种各样的艺术字，这些艺术字给文章增添了强烈的视觉冲击效果。使用 Word 2013 可以创建出各种文字的艺术效果，甚至可以把文本扭曲成各种各样的形状，或设置为具有三维轮廓的效果。

1. 插入艺术字

插入艺术字的方法有两种：一种是先输入文本，再将输入的文本应用为艺术字样式；另一种是先选择艺术字样式，再输入需要的艺术字文本。

【例 6-11】在“美丽的大自然”文档中插入艺术字。

视频+素材（光盘素材\第 06 章\例 6-11）

01 继续【例 6-10】的操作，将光标插入文档内剪贴画的前方，打开【插入】选项卡，在【文本】组中单击【艺术字】按钮，从弹出的列表框中选择一种艺术字样式。

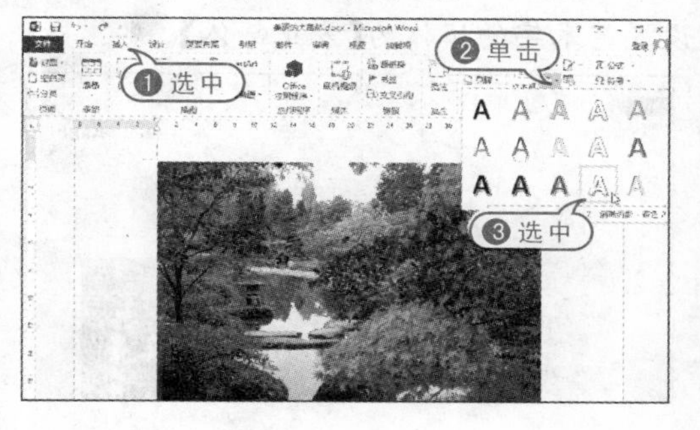

02 此时,在图片左上角处插入了应用了所选的艺术字样式的提示文本。

03 切换至搜狗拼音输入法,在提示文本“请在此放置您的文字”处输入文本,然后拖动鼠标调节艺术字的位置和大小。

2. 编辑艺术字

在【绘图工具】选项卡的【格式】组中可以对艺术字进行编辑,包括形状样式的设置及艺术字样式的设置。

> 【例 6-12】在“美丽的大自然”文档中,对艺术字进行编辑。
> 视频+素材(光盘素材\第 06 章\例 6-12)

01 继续【例 6-11】的操作,选中文档中插入的艺术字,在【开始】选项卡的【字体】组中设置艺术字的字体为【方正舒体】。

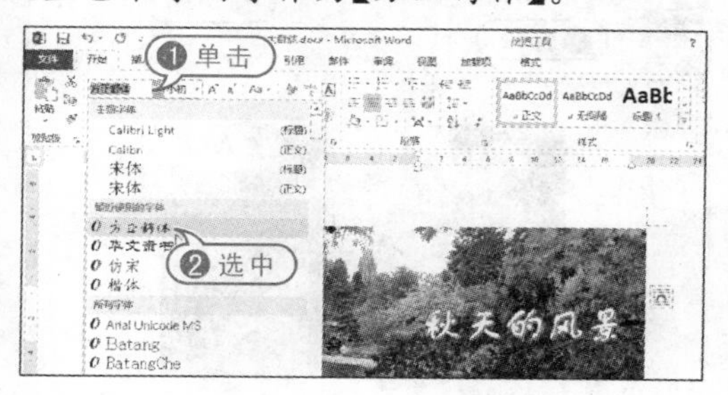

02 打开【格式】选项卡,在【艺术字样式】组中单击【文字效果】按钮,从弹出的下拉菜单中选择【映像】|【紧密映像,4pt 偏移量】选项,为艺术字应用映像效果。

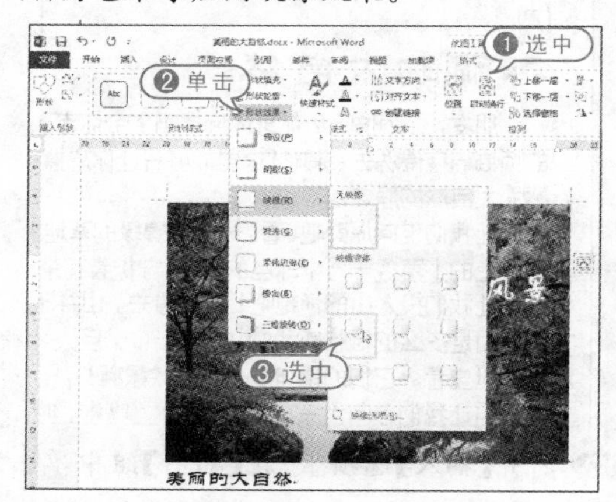

03 艺术字样式设置完成后,最终效果如下所示。

6.6.4 使用文本框

文本框是一种图形对象,它作为存放文本或图形的容器,可置于页面中的任何位置,并可随意的调整其大小。在 Word 2013 中,文本框用来建立特殊的文本,并且可以对其进行一些特殊的处理,如设置边框、颜色、版式格式。

1. 插入内置文本框

Word 2010 提供了 44 种内置文本框,例如简单文本框、边线型提要栏和大括号型引述等。通过插入这些内置文本框,可快速制作出优秀的文档。

【例 6-13】在“把握求职的机遇”文档中插入【现代型引述】文本框。

视频+素材（光盘素材\第 06 章\例 6-13）

01 在 Word 2013 中打开如下所示的“把握求职的机遇”文档。

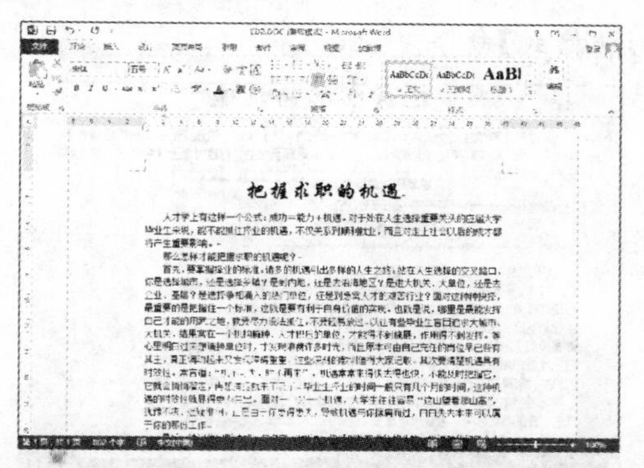

02 将插入点定位至文档中合适的位置，然后按下 Enter 键另起一行，打开【插入】选项卡，在【文本】组中单击【文本框】下拉按钮。

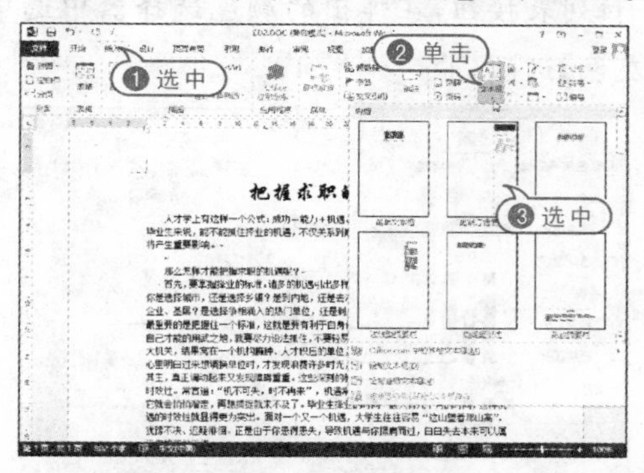

03 从弹出的列表框中选择【奥斯汀引言】选项，将其插入到文档中。

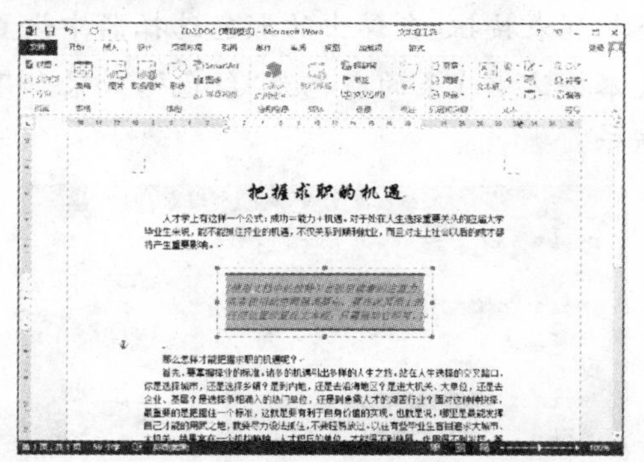

04 切换至搜狗拼音输入法，在文本框中输入文本，然后通过拖动鼠标将其调整到合适的位置，并设置文本大小和格式，效果如下所示。

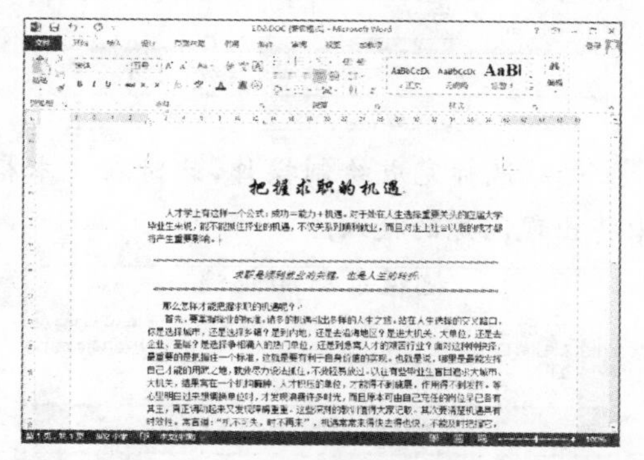

05 最后，单击【保存】按钮，保存编辑过的文档。

2. 绘制文本框

除插入内置文本框外，还可以根据需要手动绘制横排或竖排文本框，该种文本框主要用于插入图片和文本等。

【例 6-14】在“把握求职的机遇”文档中插入横排文本框。

视频+素材（光盘素材\第 06 章\例 6-14）

01 在 Word 2013 中打开“把握求职的机遇”文档后，打开【插入】选项卡，在【文本】组中单击【文本框】按钮，从弹出的下拉菜单中选择【绘制文本框】命令。

02 将鼠标移动到合适的位置，当光标变成“十”字形时，拖动鼠标绘制横排文本框。

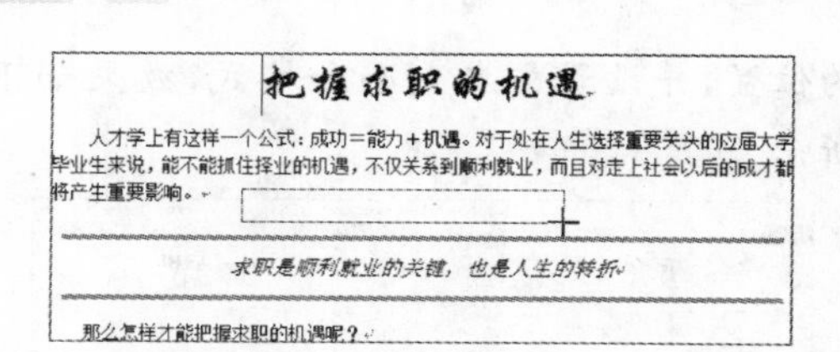

03 释放鼠标完成绘制操作，此时在文本框中将出现闪烁的插入点。

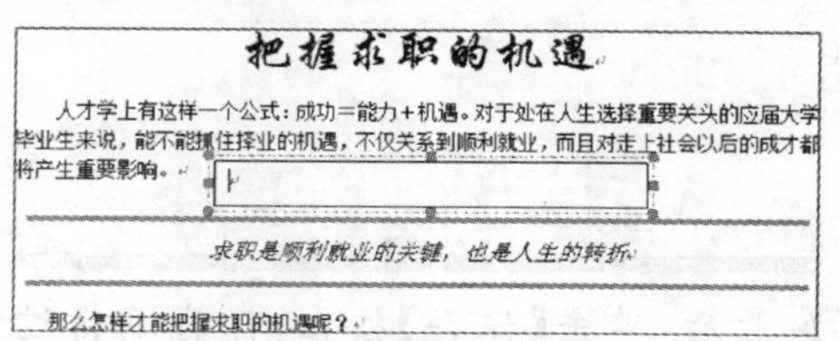

04 切换至搜狗拼音输入法，在文本框的插入点处输入文本。

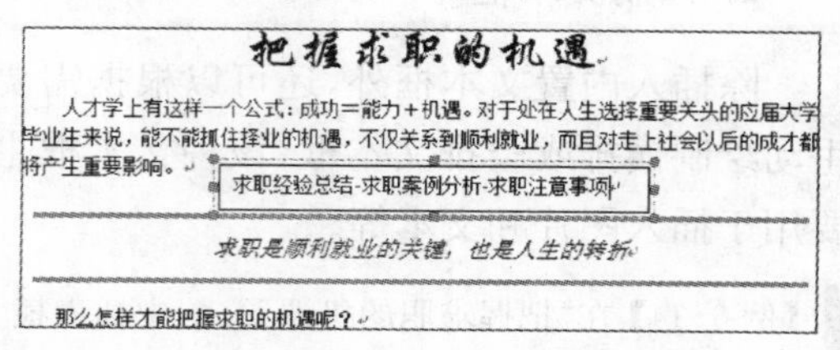

05 选取文本框中的文本，右击鼠标，从弹出的浮动工具栏的【字体】下拉列表中选择【华文琥珀】选项，【字号】下拉列表框中选择【五号】选项；单击【居中】按钮，使文本居中；单击【字体颜色】按钮，从打开的颜色面板中选择【深蓝】选项。

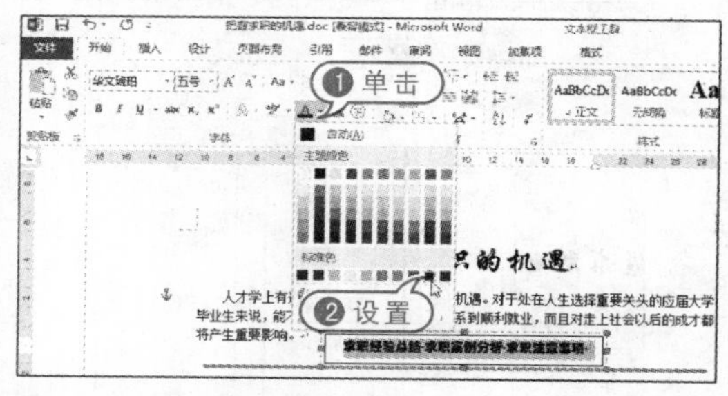

06 设置完成后，调整文本框的大小和位置，然后按 Ctrl+S 组合键保存文档。

3. 设置文本框格式

绘制文本框后，【绘图工具】的【格式】选项卡自动被激活，在该选项卡中可以设置文本框的各种效果。

【例 6-15】在"把握求职的机遇"文档中设置文本框格式。

视频+素材（光盘素材\第 06 章\例 6-15）

01 继续【例 6-14】的操作。右击绘制的横排文本框，从弹出的快捷菜单中选择【设置形状格式】命令。

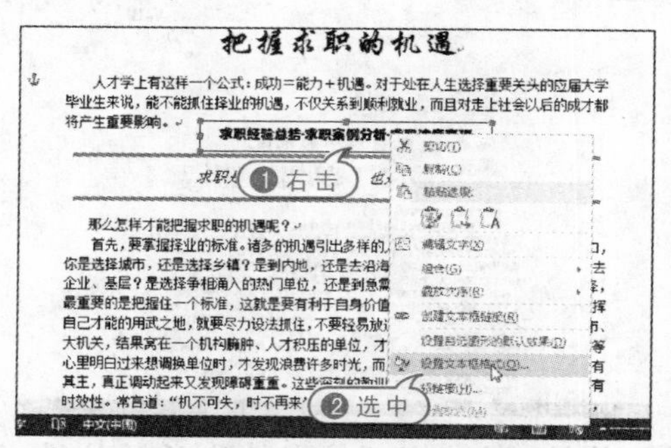

02 在打开的【设置文本框格式】对话框中打开【颜色与线条】选项卡，然后单击【颜色】下拉列表按钮，在弹出的颜色选择器中选中【灰色】选项。

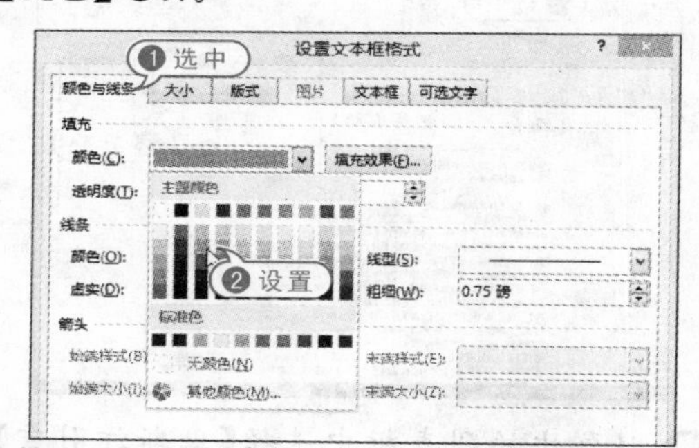

03 在【颜色与线条】选项卡中单击【线条】下拉列表按钮，在弹出的颜色选择器中设置文本框边框线条的颜色为"红色"，效果如下所示。

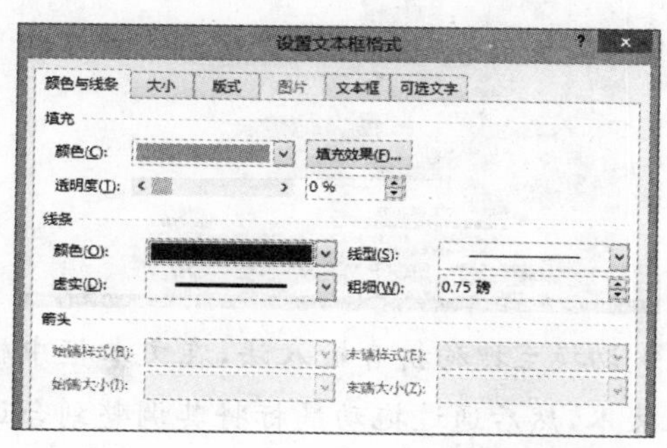

04 在【设置文本框格式】对话框中选中【文本框】选项卡，然后在该选项卡中设置文本框的【内部边距】和【垂直对齐方式】。

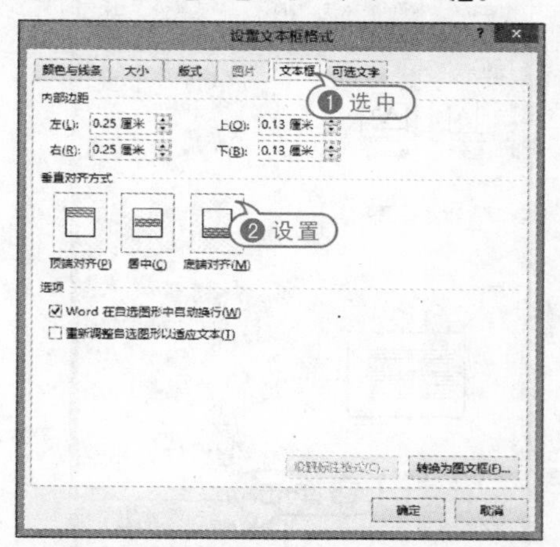

05 单击【设置文本框格式】对话框中的【确定】按钮，文本框的效果将如下所示。

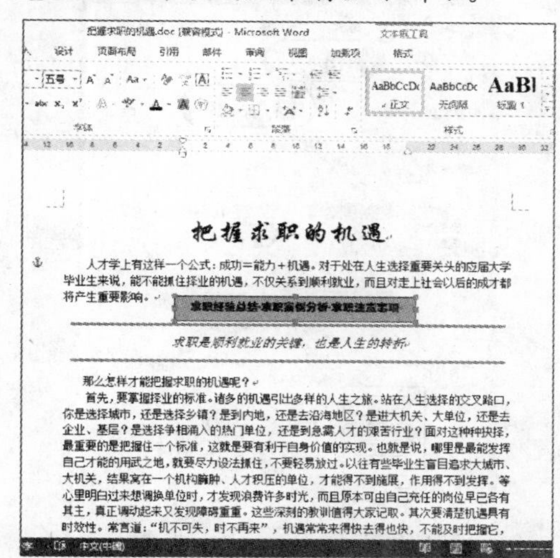

06 按 Ctrl+S 组合键保存文档。

6.7 设置文档页面格式

使用 Word 2013 页面排版功能，能够排版出清晰、美观的版面。在 Word 2013 中，页面设置包括页边距、纸张大小、页眉版式和页眉背景等。

6.7.1 设置页面大小和方向

在 Word 2013 中，默认的页面方向为纵向，其大小为 A4。在制作某些特殊文档(如名片、贺卡)时，为了满足文档的需要，可对其页面大小和方向进行更改。

【例 6-16】新建一个名为"恭贺新春"的贺卡文档，并对其纸张大小和方向进行设置。视频

01 在 Word 2013 中新建一个空白文档，将其命名为"恭贺新春"。

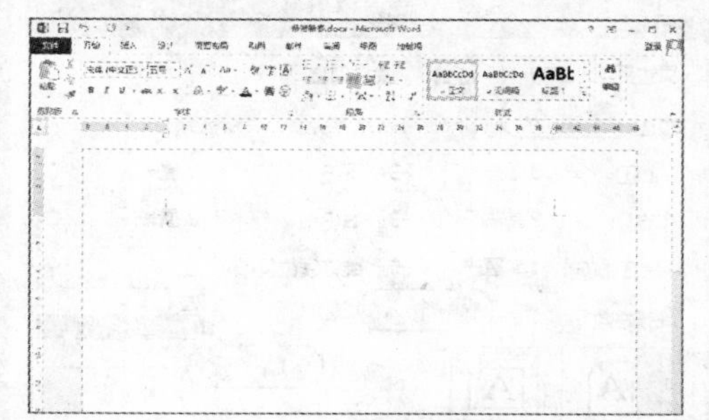

02 打开【页面布局】选项卡，在【页面设置】组中单击【纸张大小】按钮，从弹出的下拉菜单中选择【其他页面大小】命令。

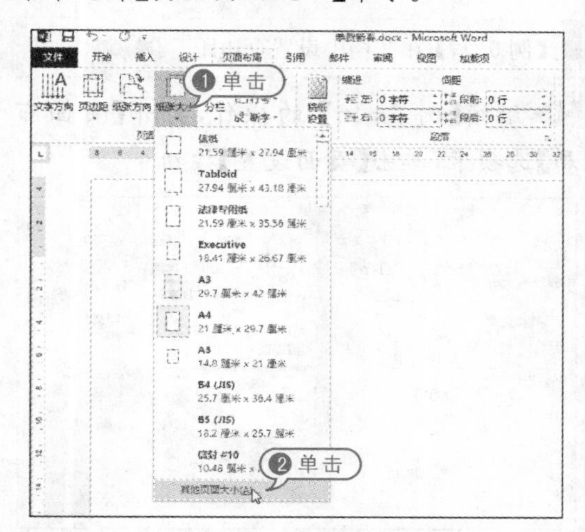

03 在打开的【页面设置】对话框中打开【纸张】选项卡，在【纸张大小】下拉列表框中选择【自定义大小】选项，在【宽度】和【高度】微调框中分别输入"20"和"15"，单击【确定】按钮完成设置。

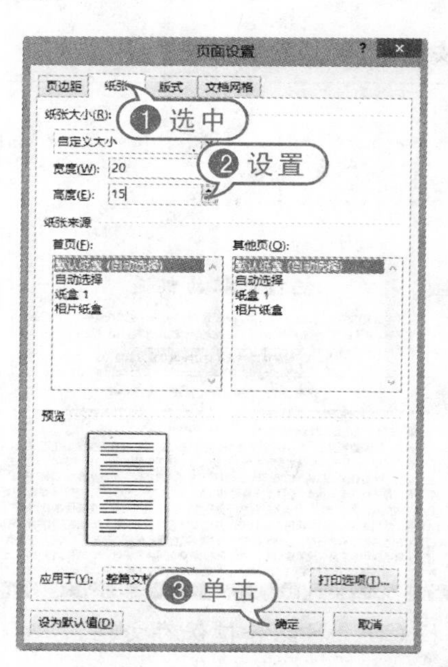

04 单击【保存】按钮，保存完成设置后的文档。

6.7.2 设置页边距

页边距是指文本与纸张边缘的距离。为了使页面更为美观，可以根据需求对页边距进行设置。

【例 6-17】在文档中设置页边距。视频

01 继续【例 6-16】的操作，打开【页面布局】选项卡，单击【页面设置】按钮。

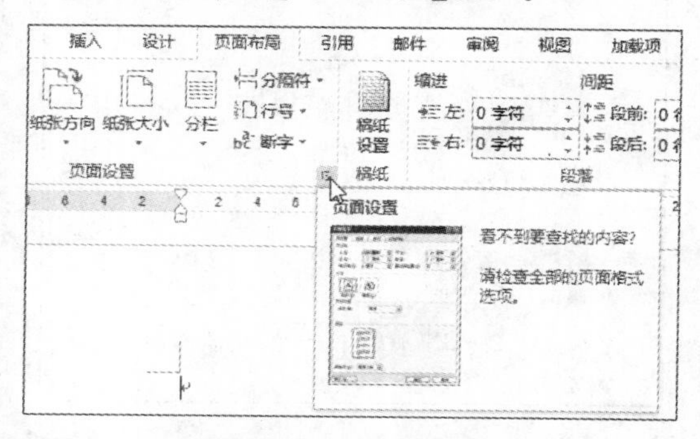

02 在打开的【页面设置】对话框中打开【页边距】选项卡，在【页边距】选项区域中的【上】、【下】、【左】、【右】微调框中依次输入“3 厘米”、“3 厘米”、“2 厘米”和“2 厘米”，然后单击【确定】按钮完成设置。

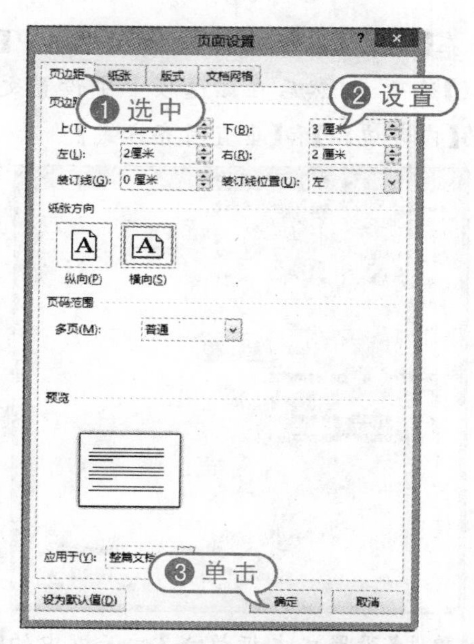

03 在单击【保存】按钮，保存完成设置后的文档。

6.7.3 设置装订线

Word 2013 提供了添加装订线功能，使用该功能可以为页面设置装订线，以便日后装订此文档。

【例 6-18】在文档中设置装订线。视频

01 继续【例 6-17】的操作，打开【页面布局】选项卡，单击【页面设置】，打开【页面设置】对话框，打开【页边距】选项卡，在【页边距】选项区域中的【装订线】微调框中输入“1.5 厘米”，在【装订线位置】下拉列表框中选择【上】选项。

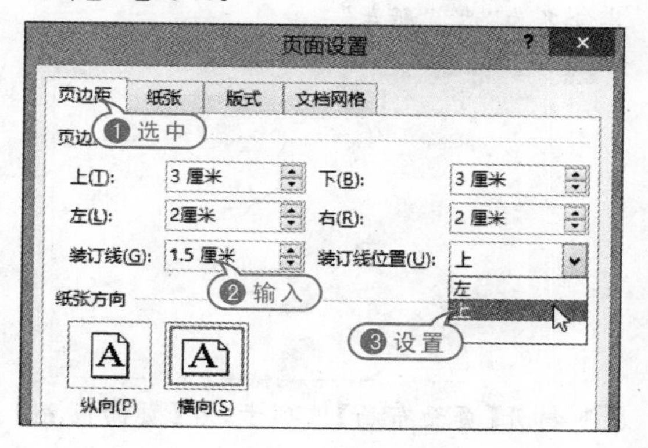

02 在【页面设置】对话框中单击【确定】按钮完成设置，然后单击【保存】按钮，保存完成设置后的文档。

6.7.4 插入封面

通常情况下，在书籍的首页可以插入封面，用于说明文档的主要内容和特点。

封面是文档给人的第一印象，因此必须做得美观。封面主要包括标题、副标题、编写时间、编著者及公司名称等信息。下面通过一个具体实例介绍插入封面的方法。

【例 6-19】新建一个文档并插入封面。视频

01 在 Word 2013 中新建一个空白文档，并将其保存为“封面”。打开【插入】选项卡，在【页面】组中单击【封面】按钮，从弹出的【内置】列表框中选择【奥斯汀】选项，即可快速插入封面。

02 根据提示内容，在封面中输入相关的信息，其预览效果如下所示。

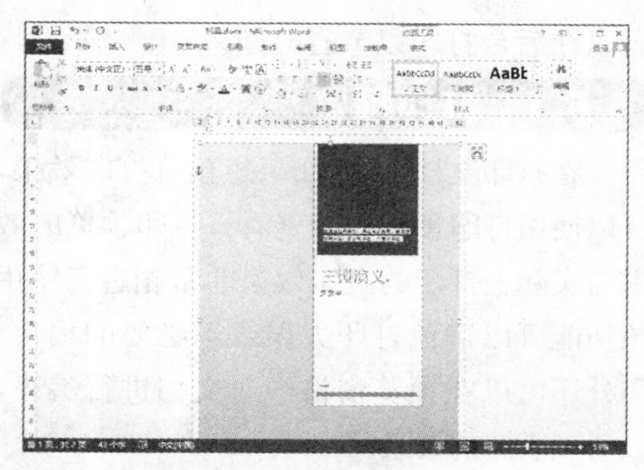

03 按 Ctrl+S 组合键保存文档。

6.7.5 插入页码

要插入页码，可以打开【插入】选项卡，在【页眉和页脚】组中单击【页码】按钮，在弹出的下拉菜单中选择页码的位置和样式。

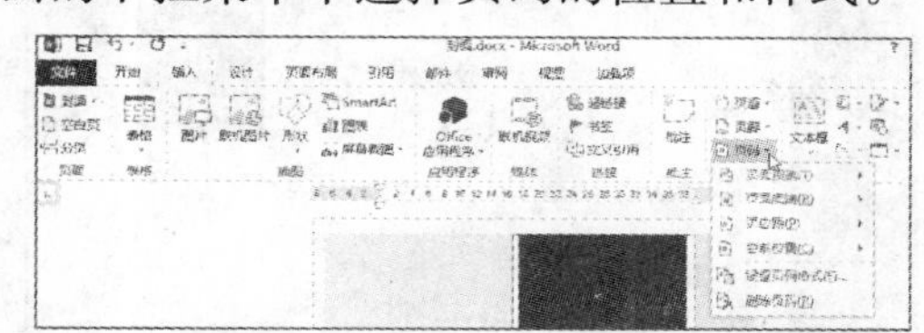

在文档中插入页码后，在【页眉和页脚】组中单击【页码】按钮，选择【设置页码格式】命令，可打开【页码格式】对话框，在该对话框中可设置页码的编号格式和页码的起始数值等参数。

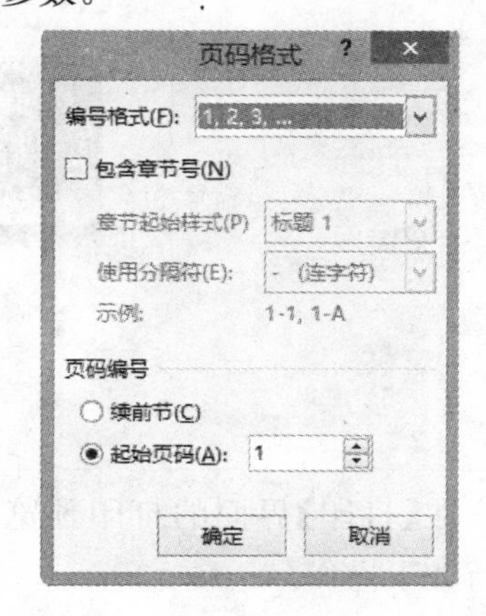

6.8 预览与打印文档

Word 2013 提供了一个非常强大的打印功能，可以很轻松地按要求将文档打印出来。在打印文档前可以先预览文档，设置打印范围、一次打印多份、对版面进行缩放、逆序打印，还

可以在后台打印以节省时间。

6.8.1 打印预览

在打印文档之前，如果想预览打印效果，可以使用打印预览功能查看。打印预览的效果与实际上打印的真实效果非常相近。使用该功能可以避免打印失误或不必要的损失。另外还可以在预览窗格中对文档进行编辑，以得到满意的效果。

在 Word 2013 窗口中，打开【文件】选项卡后选择【打印】选项，在打开界面的右侧的预览窗格中可以预览打印文档的效果。

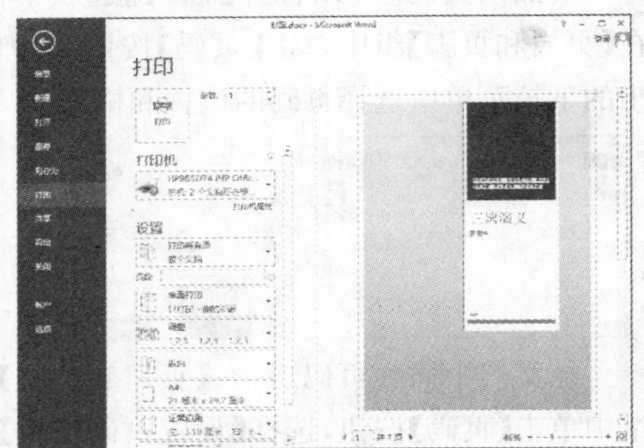

如果看不清楚预览的文档，可以拖动窗格下方的滑块对文档的显示比例进行调整。

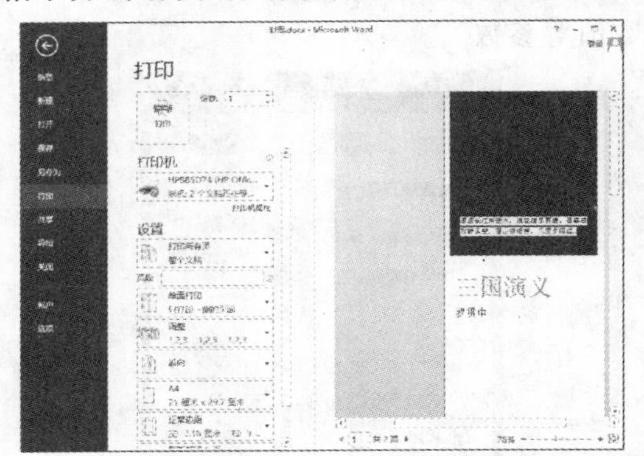

用户在【打印】界面的打印预览窗格中可以进行如下操作。

- 查看文档的总页数以及当前预览的页码。
- 通过缩放比例工具设置显示适当比例进行查看。
- 以多页、单页、双页多种方式进行查看。

6.8.2 打印文档

如果一台打印机与计算机已正常连接，并且安装了所需的驱动程序，就可以在 Word 2013 中直接输出所需的文档。

在文档中打开【文件】选项卡，选择【打印】选项，可以在打开的界面中设置打印份数、打印机属性、打印页数和双页打印等。设置完成后，直接单击【打印】按钮，即可开始打印文档。

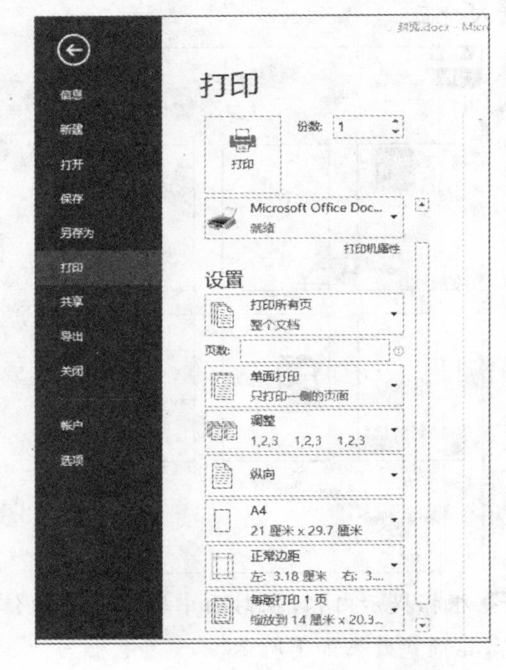

6.9 实战演练

本章主要介绍了 Word 2013 的使用方法，通过对本章的学习，读者应能使用 Word 2013 制作出图文并茂的文档。本次进阶练习通过具体实例使读者进一步巩固本章所学的内容。

6.9.1 制作公司考勤表

用户可以参考下面介绍的方法，使用Word 2013 制作一个公司考勤表。

【例 6-20】使用 Word 2013 制作一个考勤表。
视频+素材(光盘素材\第 06 章\例 6-20)

01 启动 Word 2013，新建一个空白文档，并将其保存为“考勤表”。

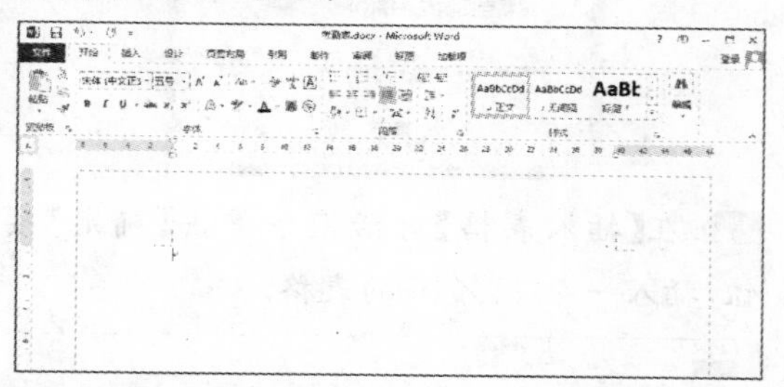

02 在空白文档中输入标题文字“公司考勤表”，然后设置其字体为【方正大黑简体】，字号为【二号】，对齐方式为【居中】。

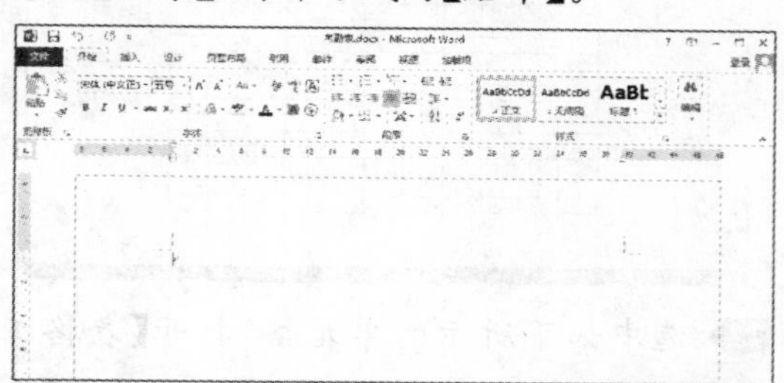

03 将光标定位在第 2 行，输入相关文本(如下所示)，其中下划线可配合【下划线】按钮U和空格键来完成。

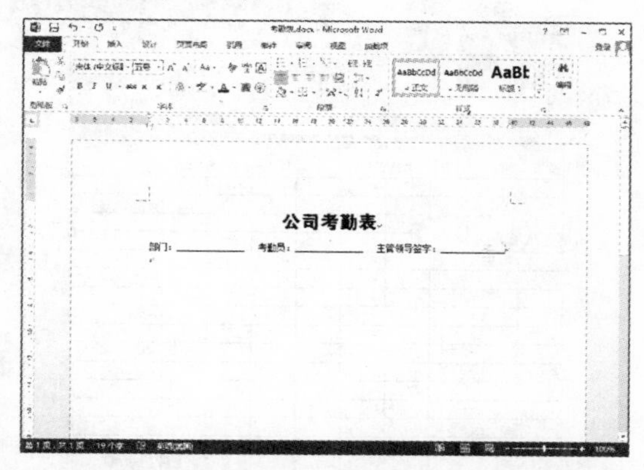

04 选中标题文字“公司考勤表”后，在【开始】选项卡的【段落】组中单击【段落设置】按钮。

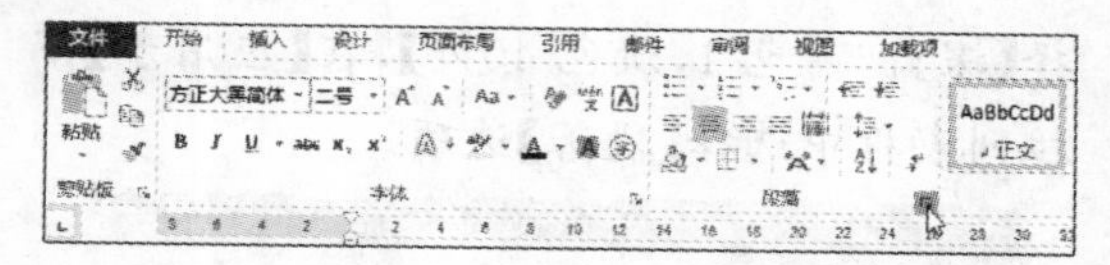

05 在打开的【段落】对话框中设置段后间距为【0.5】，行距为【最小值、0 磅】。

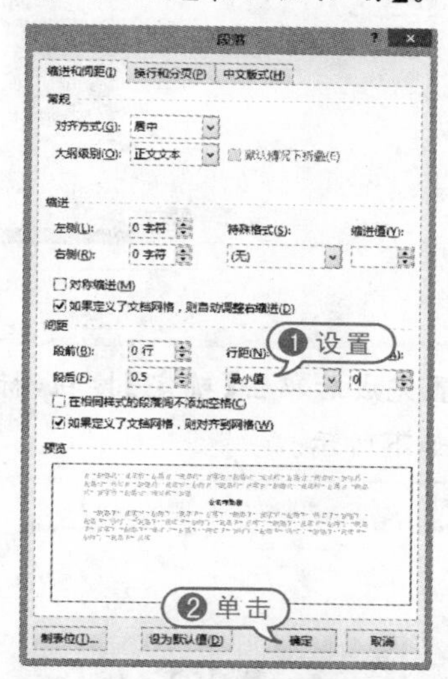

06 在【段落】对话框中单击【确定】按钮后，继续保持选中标题文本，在【段落】组中单击【边框】下拉按钮，选择【边框和底纹】命令。

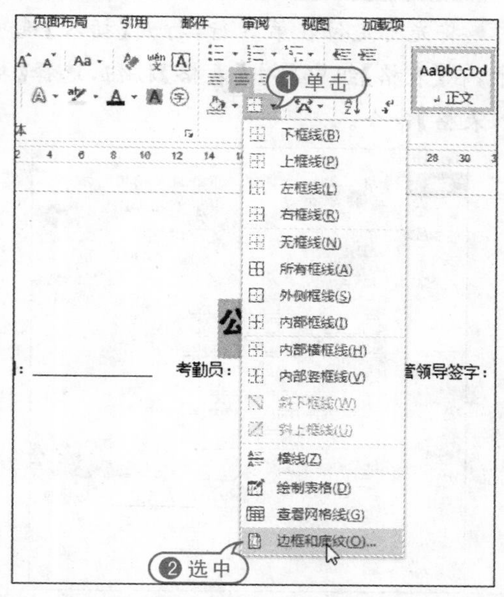

07 在打开的【边框和底纹】对话框中切换

至【底纹】选项卡，在【填充】下拉列表框中选择【深蓝，着色 1，淡色 40%】，在【应用于】下拉列表框中选择【段落】选项。

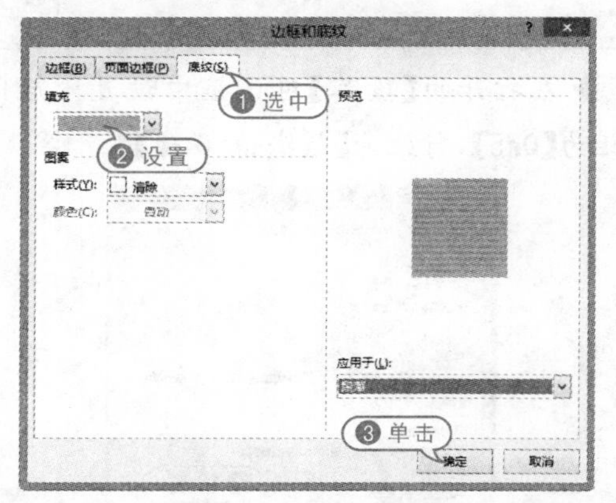

08 设置完成后单击【确定】按钮，标题文本的效果如下所示。

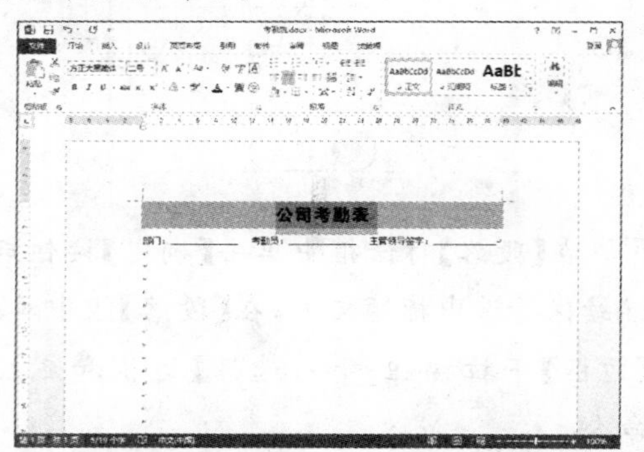

09 将光标定位在第 3 行，打开【插入】选项卡，在【表格】组中单击【表格】按钮，选择【插入表格】命令。

10 在打开的【插入表格】对话框的【列数】微调框中输入“11”，【行数】微调框中输入“16”。

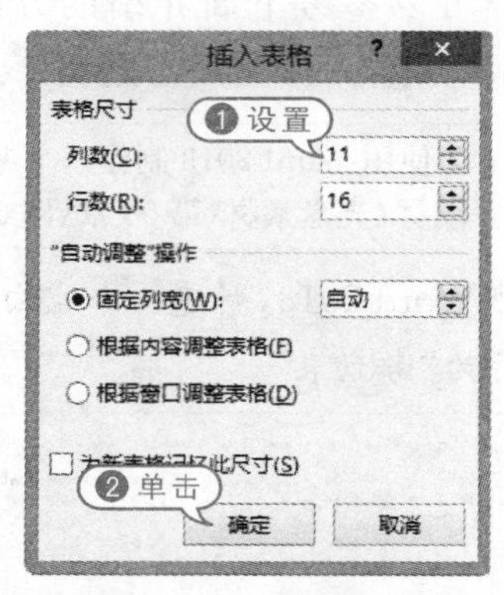

11 在【插入表格】对话框中单击【确定】按钮，插入一个 11×16 的表格。

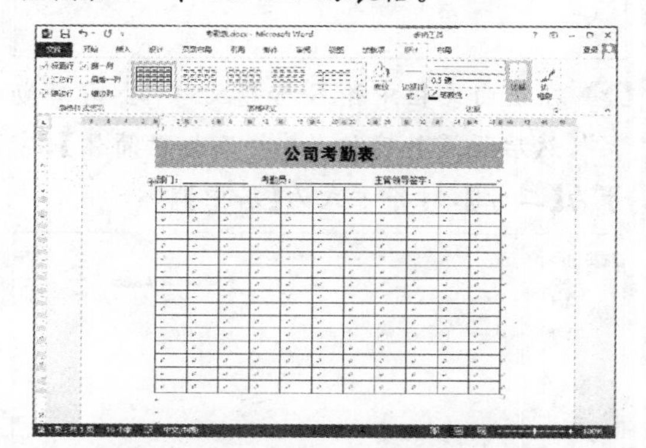

12 选中如下所示的单元格，打开【表格工具】的【布局】选项卡，在【合并】组中单击【合并单元格】按钮，合并单元格。

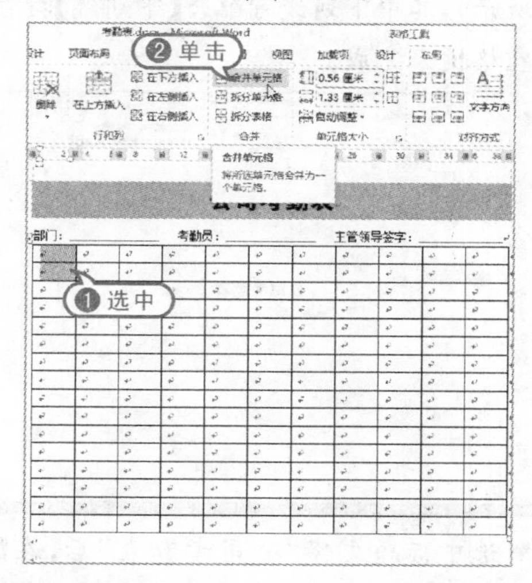

13 按照同样的的方法合并其他单元格，并

输入相应文本，最终效果如下所示。

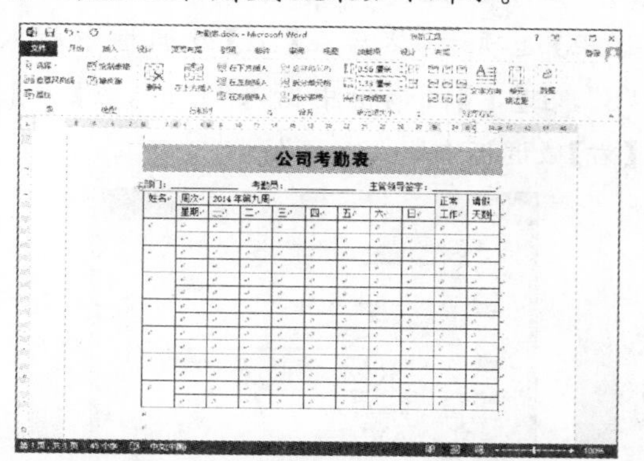

14 选中整个表格，打开【表格工具】的【布局】选项卡，在【对齐方式】组中单击【水平居中】按钮，设置表格中文本的对齐方式。

考勤表.docx - Microsoft Word

公司考勤表

部门： 考勤员： 主管领导签字：

姓名	周次	2014年第九周							正常	请假
	星期	一	二	三	四	五	六	日	工作	天数

15 在【开始】选项卡中设置表格内文本的字体格式，并使用鼠标拖动的方法调整表格的行高和列宽，效果如下所示。

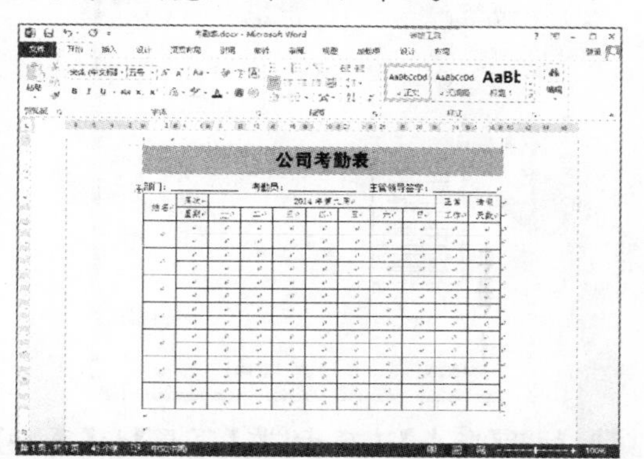

16 选中“六”和“日”两个单元格，在【开始】选项卡的【段落】组中单击【底纹】下拉按钮，为单元格设置【深红色】底纹。

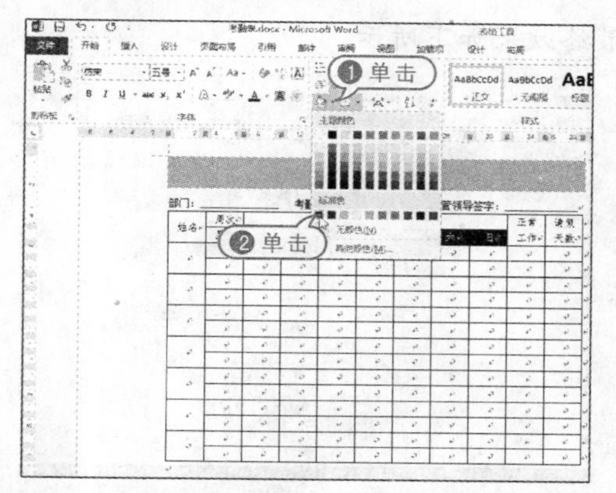

17 使用相同的方法为其他单元格设置底纹颜色，效果如下所示。

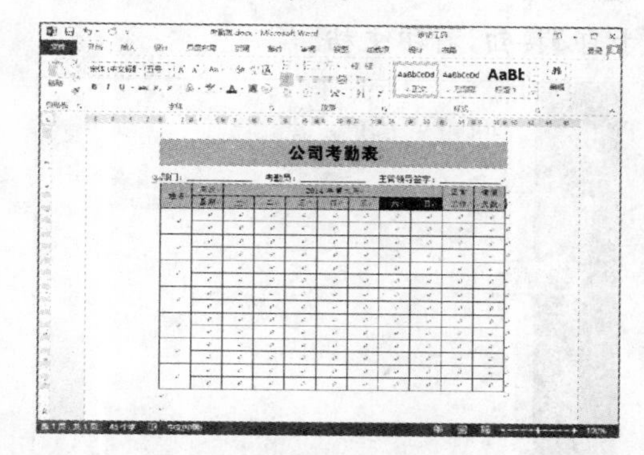

18 选中整个表格，打开【边框和底纹】对话框并切换至【边框】选项卡，在左侧选中【全部】选项，在【颜色】下拉列表框中选择【深蓝，文字1，淡色40%】选项。

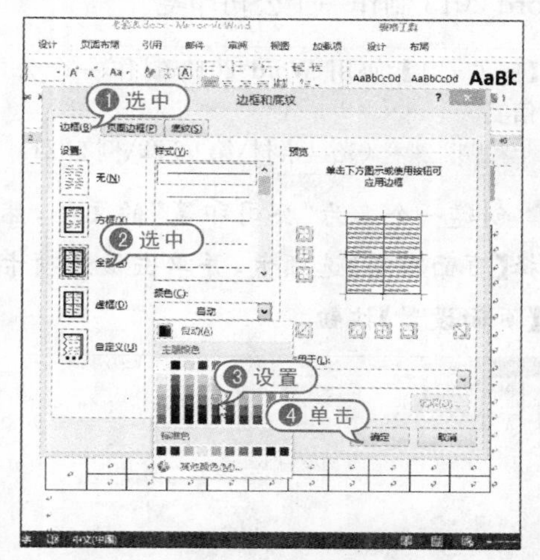

19 选择完成后单击【确定】按钮，为边框设

置颜色，然后补充相应的文本。整个文档的最终效果如下所示。

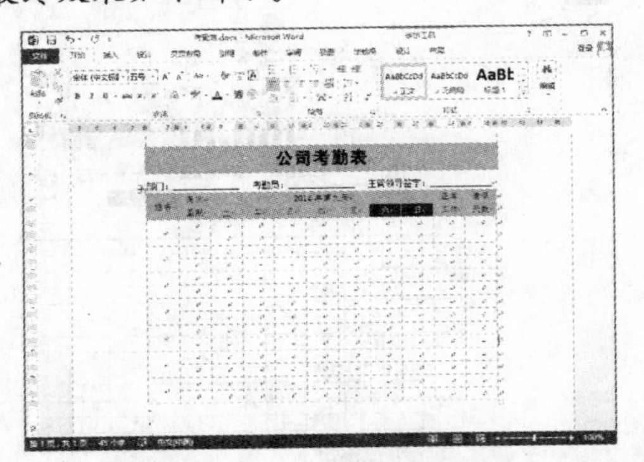

20 选择【文件】选项卡，在打开的界面中选择【打印】选项，并在【打印】选项区域中单击【打印】按钮，打印文档。

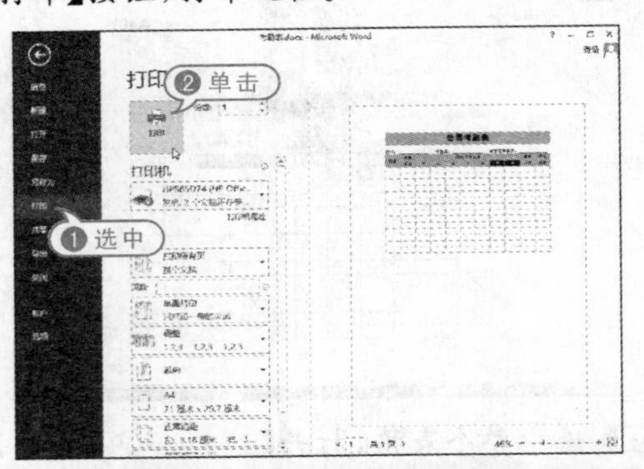

6.9.2 制作公司信笺

用户可以参考下面介绍的方法，使用 Word 2013 制作一个公司印笺。

【例 6-21】使用 Word 2013 制作一个公司信笺。
视频+素材(光盘素材\第 06 章\例 6-21)

01 创建一个名为“公司印笺”的文档，然后选择【页面布局】选项卡，并单击该选项卡中的【页面设置】按钮。

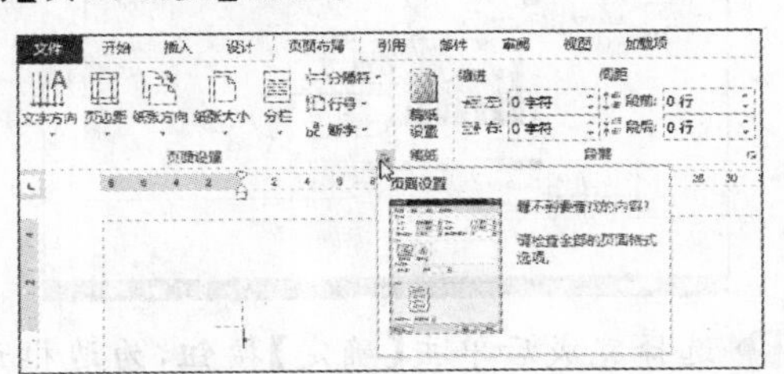

02 在打开的【页面设置】对话框中选择【页边距】选项卡，然后在【上】微调框中输入“3”，在【下】微调框中输入“1.5”，在【左】、【右】微调框中输入“1.5”。

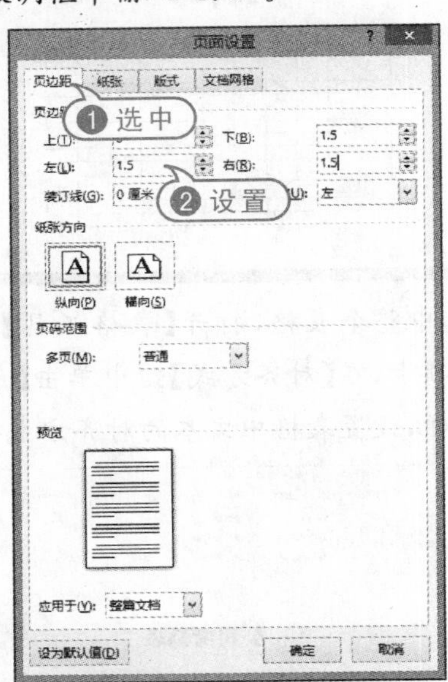

03 打开【纸张】选项卡，在【纸张大小】下拉列表框中选择【32 开(13×18.4 厘米)】选项。

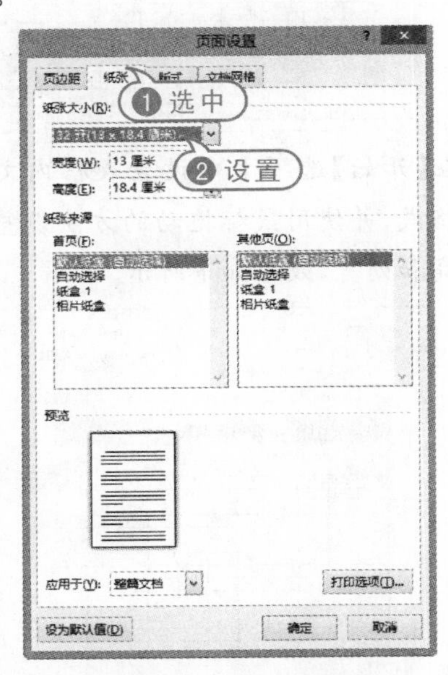

04 打开【版式】选项卡，在【页眉】和【页脚】微调框中分别输入“2 厘米”和“1 厘米”，然后单击【确定】按钮，完成页面大小的设置。

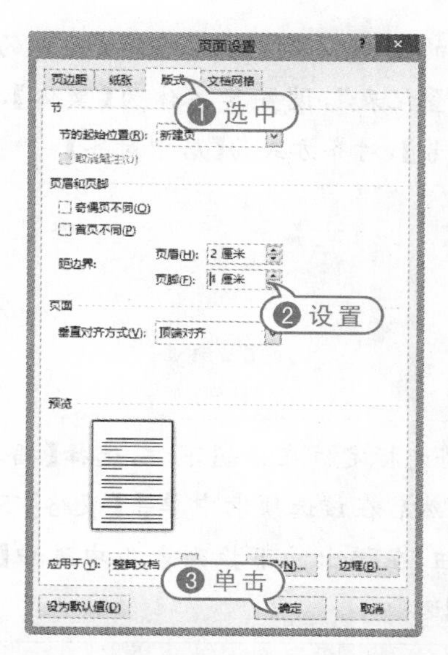

05 选择【插入】选项卡，然后在【页眉和页脚】组中单击【页眉】下拉列表按钮，在弹出的下拉列表框中选中【编辑页眉】选项，进入页眉编辑状态。

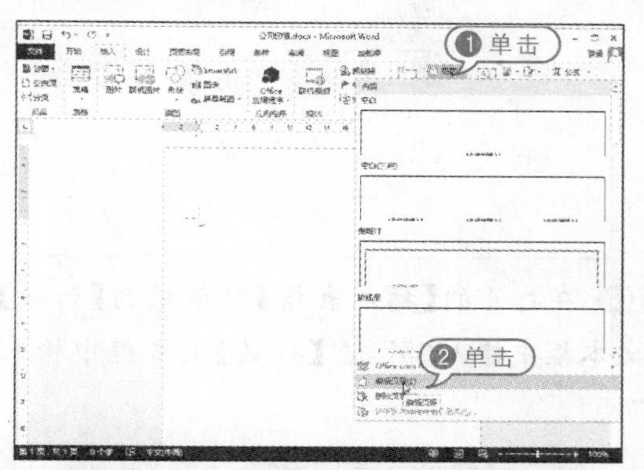

06 将插入点移动到最左端，选择【插入】选项卡，然后单击该选项卡【插图】组中的【图片】按钮，打开【插入图片】对话框。

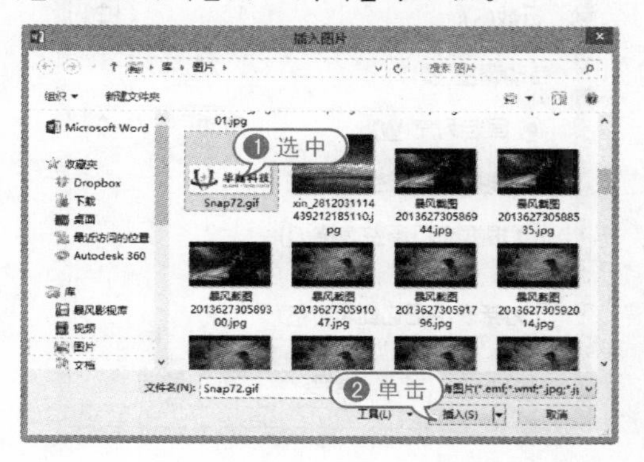

07 在【插入图片】对话框中选中一张图片后，单击【插入】按钮，将图片将插入到页眉中，然后调整图片大小。

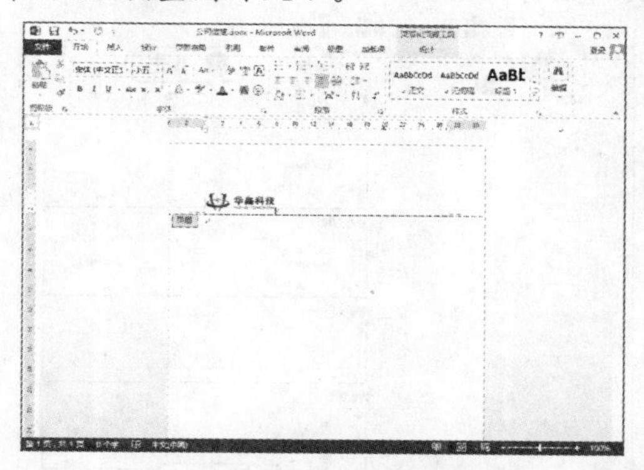

08 在插入点处输入文本"江苏省南京市华鑫科技有限公司"，设置字体为【方正大黑简体】，字号为【小五】，字体颜色为【红色】，对齐方式为【右对齐】。

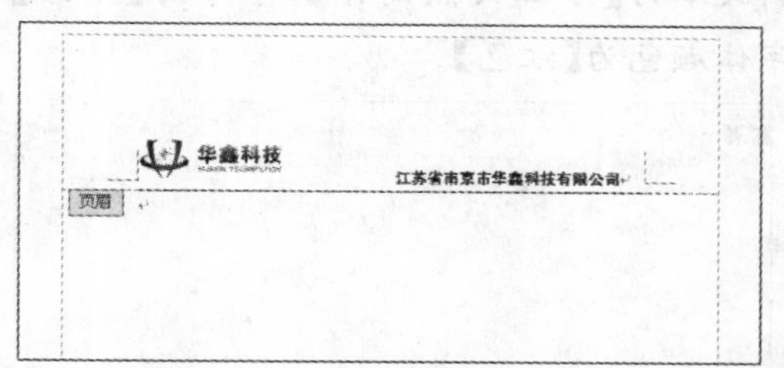

09 选择【设计】选项卡，然后单击该选项卡中的【关闭页眉和页脚】按钮，关闭页眉编辑状态。

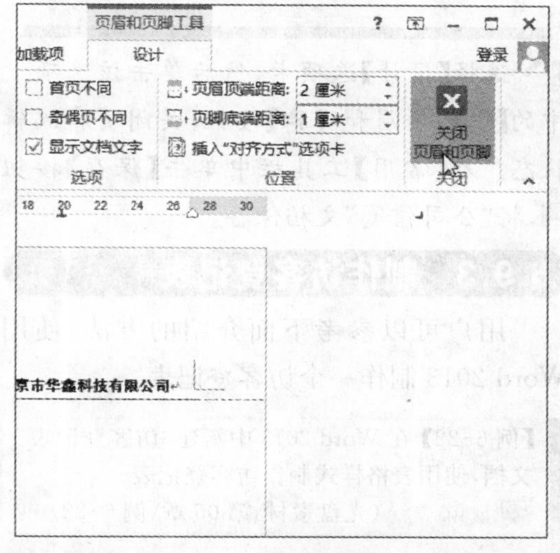

10 选择【插入】选项卡，然后在【页眉和页

脚】组中单击【页脚】下拉列表按钮，在弹出的下拉列表框中选中【编辑页脚】选项，进入页脚编辑状态。

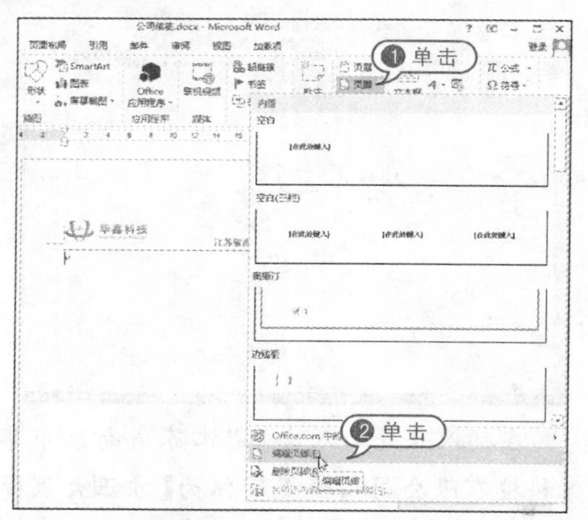

11 在页脚编辑区域中输入文本，并设置页脚文本为【方正大黑简体】，字号为【小五】，字体颜色为【红色】。

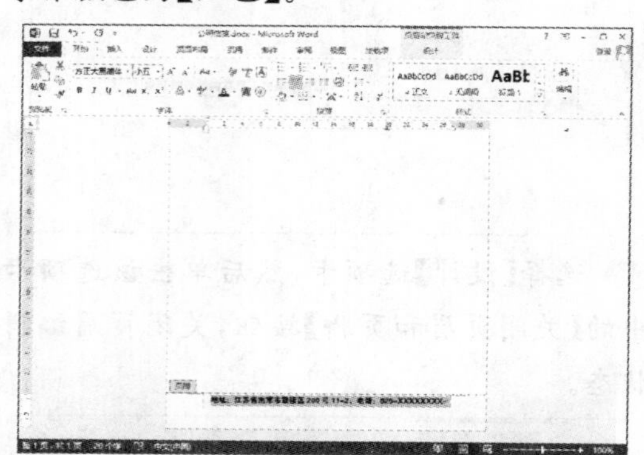

12 选择【设计】选项卡，然后单击该选项卡中的【关闭页眉和页脚】按钮，关闭页脚编辑状态。在【常用】工具栏中单击【保存】按钮，将"公司信笺"文档保存。

6.9.3 制作访客登记表

用户可以参考下面介绍的方法，使用Word 2013 制作一个访客登记表。

【例 6-22】在 Word 2013 中新建"访客登记表"文档，使用表格样式制作访客登记表。
视频+素材（光盘素材\第 06 章\例 6-22）

01 启动 Word 2013，新建一个名为"访客登记表"的文档。在插入点处输入表格的标题"访客登记表"，设置其字体为【黑体】，字号为【二号】，对齐方式为【居中对齐】。

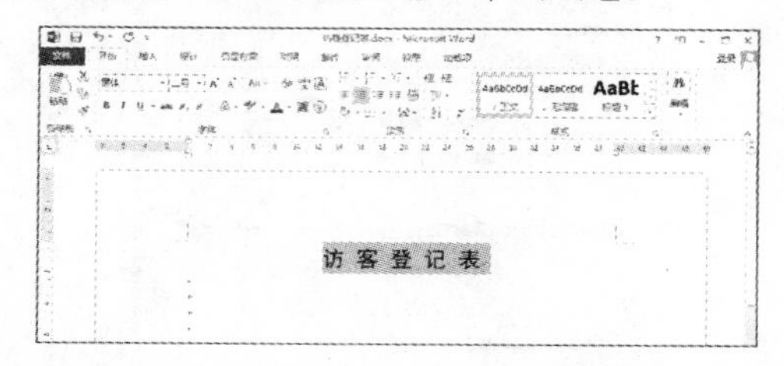

02 将光标定位在标题下方，选择【插入】选项卡，然后在该选项卡中单击【表格】下拉列表按钮，在弹出的下拉列表框中选中【插入表格】选项。

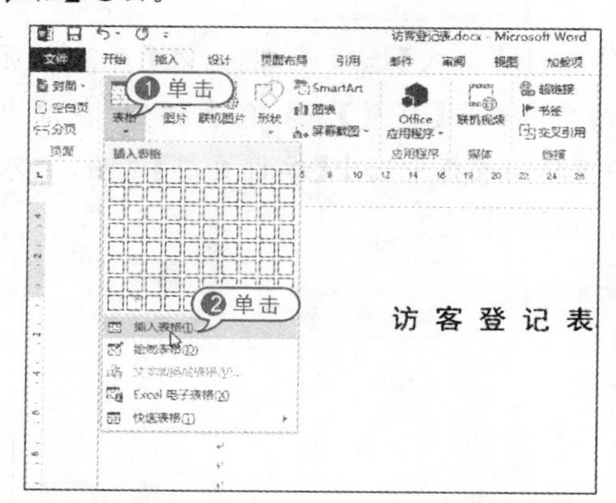

03 在打开的【插入表格】对话框的【列数】文本框中输入"5"，在【行数】文本框中输入"15"。

插入表格

表格尺寸

❶设置

列数(C): 5

行数(R): 15

"自动调整"操作

◉ 固定列宽(W): 自动

○ 根据内容调整表格(F)

○ 根据窗口调整表格(D)

☐ 为新表格记忆此尺寸(S)

❷单击

确定 取消

04 在【插入表格】对话框中单击【确定】按钮，在文档中插入一个15×5的规则表格。

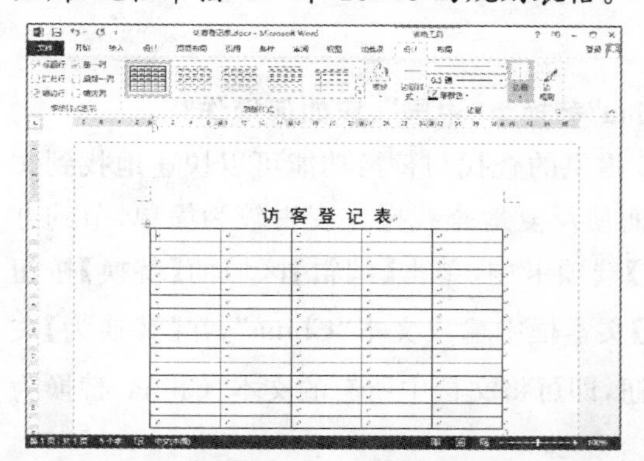

05 将光标定位在第一个单元格内，选择【布局】选项卡，然后单击【单元格大小】组中的【拆分单元格】选项。

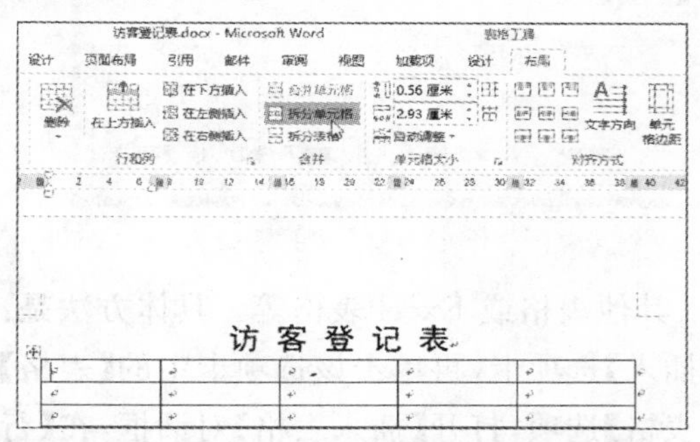

06 在【拆分单元格】对话框的【列】文本框中输入“1”，在【行】文本框中输入“2”。

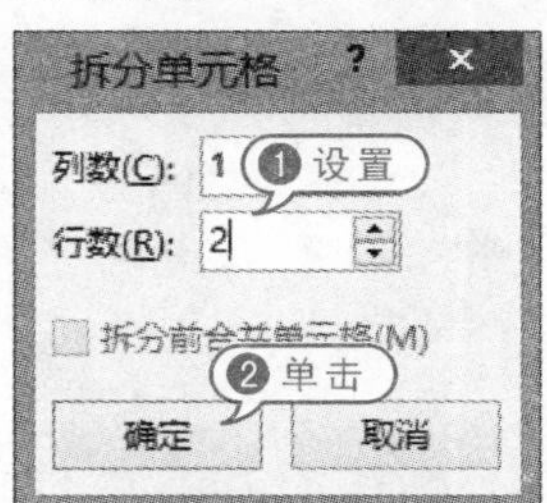

07 在【拆分单元格】对话框中单击【确定】按钮拆分单元格，效果如下所示。

访客登记表

08 使用同样的方法拆分其他单元格。

09 将插入点定位在单元格中并输入文本，然后根据文本内容调整表格的列宽，并选取全部内容，在【开始】选项卡的【段落】组中单击【居中】按钮。

访客登记表

10 将光标定位在表格内，选择【设计】选项卡，然后单击【表格样式】组中的【其他】按钮，在弹出的列表框中选择一种表格样式。

11 在【常用】工具栏中单击【保存】按钮，保存“访客登记表”文档。

6.10 专家答疑

一问一答

问:在一篇长文档中,若要将所有的文本“China”替换为“中国”,应如何操作?

答:在篇幅比较长的文档中,使用 Word 2013 提供的查找与替换功能可以快速地找到文档中某个信息或更改全文中多次出现的词语,从而使反复地查找操作变得较为简单,节约办公时间,提高工作效率。具体操作如下:在【开始】选项卡中,单击【编辑】区域的【替换】按钮 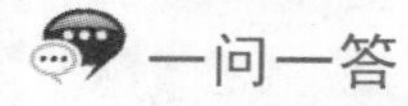,打开【查找和替换】对话框,在【查找内容】文本框中输入文本“China”,在【替换为】文本框中输入文本“中国”,然后单击【全部替换】按钮,即可将文档中所有的文本“China”替换为“中国”,并显示替换的文本数量。

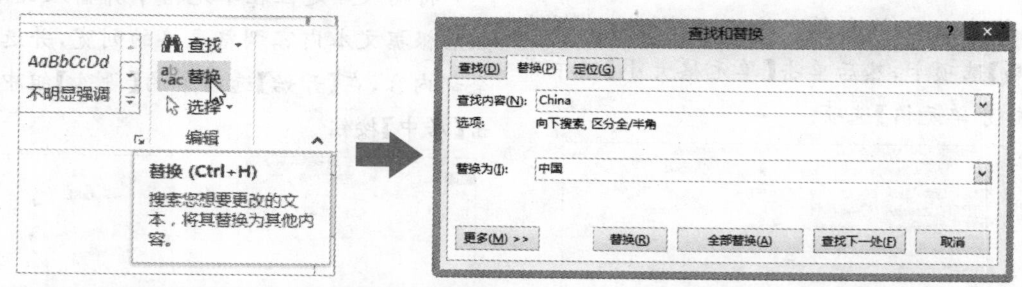

问:如何在 Word 2013 中插入嵌套表格?

答:在 Word 2013 中可以方便地在表格中插入其他表格或 Excel 表格等。具体方法是:将光标定位到要嵌套表格的单元格中,然后选择【插入】选项卡,再单击该选项卡中的【表格】下拉列表按钮,在弹出的下拉列表框中选中【插入表格】选项,打开【插入表格】对话框,在【行数】和【列数】文本框中分别输入行数和列数,单击【确定】按钮即可。

第7章 使用 Excel 编辑电子表格

Excel 是目前最强大的电子表格制作软件之一，它不仅具有强大的数据组织、计算、分析和统计功能，还可以通过图表、图形等多种形式对处理结果加以形象地显示，更能够方便地与 Office 其他组件相互调用数据，实现资源共享。在使用 Excel 制作表格前，用户首先应掌握它的基本操作，包括使用工作簿、工作表以及单元格的方法。

参见随书光盘

7.1 Excel 2013 简介

Excel 2013 是由微软公司开发的一种电子表格程序，是微软 Office 系列核心组件之一，它可提供对于 XML 的支持以及具有可使分析和共享信息更加方便的新功能。本节将重点介绍 Excel 2013 的界面和基础操作，帮助用户初步了解软件的功能和特点。

7.1.1 Excel 2013 的软件界面

启动 Excel 2013 后，就可以看到 Excel 2013 主界面。和以前的版本相比，Excel 2013 的工作界面颜色更加柔和，更加贴近于 Windows 8 操作系统的风格。

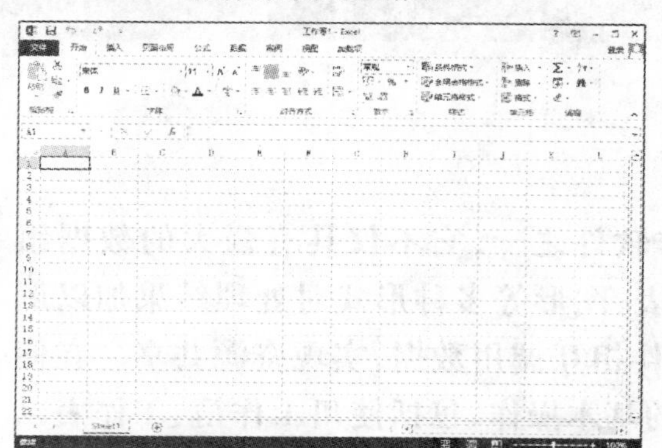

Excel 2013 的工作界面和 Word 2010 相似，其中相似的元素在此不再重复介绍了，仅介绍一下 Excel 特有的编辑栏、工作表编辑区、行号、列标和工作表标签 5 个元素。

1. 编辑栏

编辑栏中主要显示的是当前单元格中的数据，可在编辑框中对数据直接进行编辑，其主要组成部分的功能如下。

- 单元格名称框：显示当前单元格的名称，这个名称可以是程序默认的，也可以是用户自己设置的。
- 插入函数按钮：默认状态下只有一个按钮 fx，当在单元格中输入数据时会自动出现另外两个按钮 × 和 ✓。单击 × 按钮可取消当前在单元格中的输入，单击 ✓ 按钮可确定单元格中输入的公式或函数，单击 fx 按钮可在打开的【插入函数】对话框中选择需在当前单元格中插入的函数。
- 编辑框：用来显示或编辑当前单元格中的内容，有公式和函数时则显示公式和函数。

2. 工作表编辑区

工作表编辑区相当于 Word 的文档编辑区，是 Excel 的工作平台和编辑表格的重要场所，位于操作界面的中间位置，呈网格状。

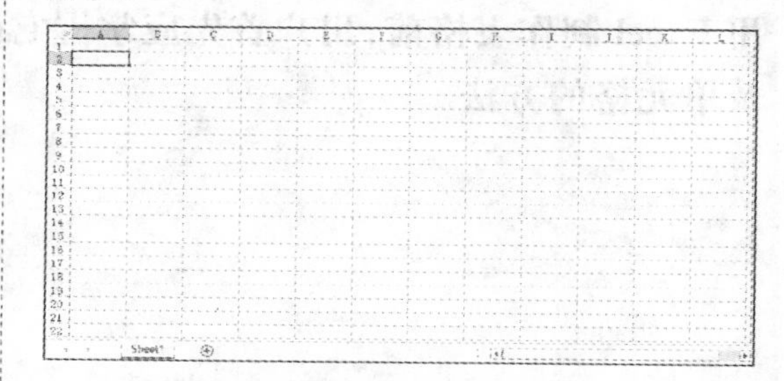

3. 行号和列标

Excel 中的行号和列标是确定单元格位置的重要依据，也是显示工作状态的一种导航工具。其中，行号由阿拉伯数字组成，列标由大写的英文字母组成。单元格的命名规则是列标＋行号，例如第 C 列的第 3 行即称为 C3 单元格。

4. 工作表标签

在一个工作簿中可以有多个工作表，工作表标签表示的是每个对应工作表的名称。

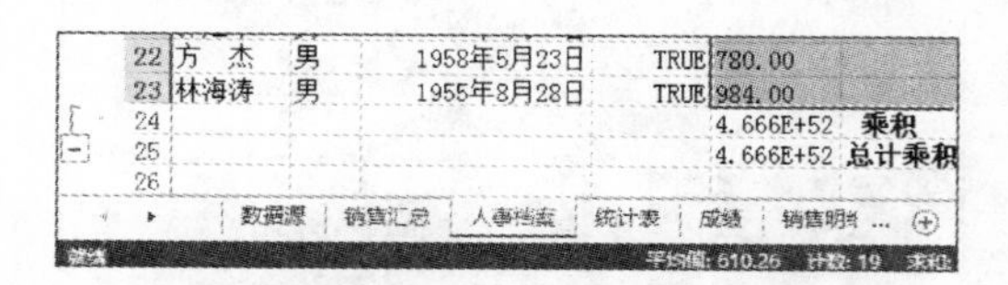

7.1.2 表格的主要组成元素

一个完整的 Excel 电子表格文档主要由三个部分组成，分别是工作簿、工作表和单元格，这三个部分相辅相成，缺一不可。

1. 工作簿

工作簿是 Excel 用来处理和存储数据的文件。新建的 Excel 文件就是一个工作簿，它可以由一个或多个工作表组成。实质上，工作簿是工作表的一个容器。在 Excel 2013 中，创建空白工作簿后，系统会打开一个名为【工作簿】的工作簿。

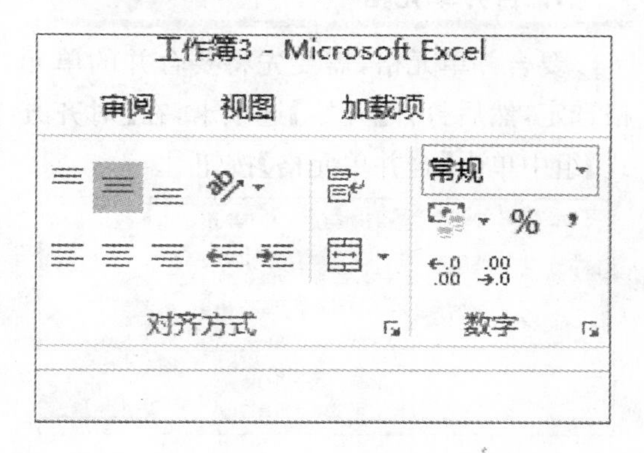

2. 工作表

工作表是在 Excel 中用于存储和处理数据的主要文档，也是工作簿中的重要组成部分，又被称为电子表格。在 Excel 2013 中，用户可以通过单击⊕按钮创建工作表。

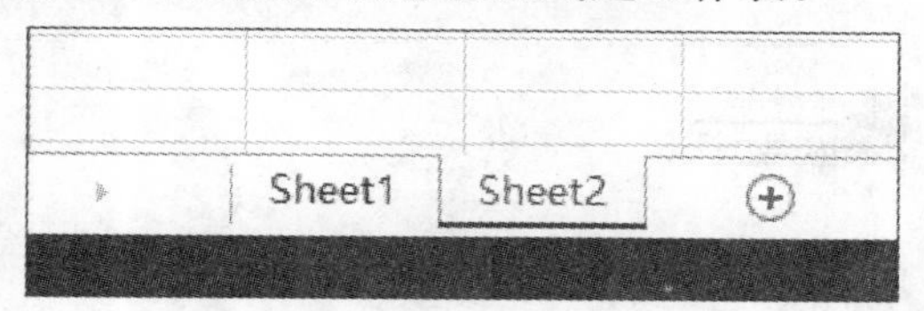

3. 单元格

单元格是工作表中最基本的单位，对数据的操作都是在单元格中完成的。单元格的位置由行号和列标来确定，每一行的行号由 1,2,3 等数字表示；每一列的列标由 A,B,C 等字母表示。行与列的交叉形成一个单元格。

注意事项

Excel 中工作簿、工作表与单元格之间的关系是包含与被包含的关系，即工作表由多个单元格组成，而工作簿又包含一个或多个工作表。

7.2 单元格的基本操作

单元格是工作表的基本单位，在 Excel 中绝大多数的操作都是针对单元格来完成的。对单元格的操作主要包括单元格的选定、合并与拆分等。

7.2.1 单元格的命名规则

工作表是由单元格组成的，每个单元格都有其独一无二的名称，在学习单元格的基本操作前，用户首先应掌握单元格的命名规则。

在 Excel 中，对单元格的命名主要是通过行号和列标来完成的，其中又分为单个单元格的命名和单元格区域的命名两种类型。

单个单元格的命名是“列标+行号”的方法，例如A3单元格指的是第A列第3行的单元格。

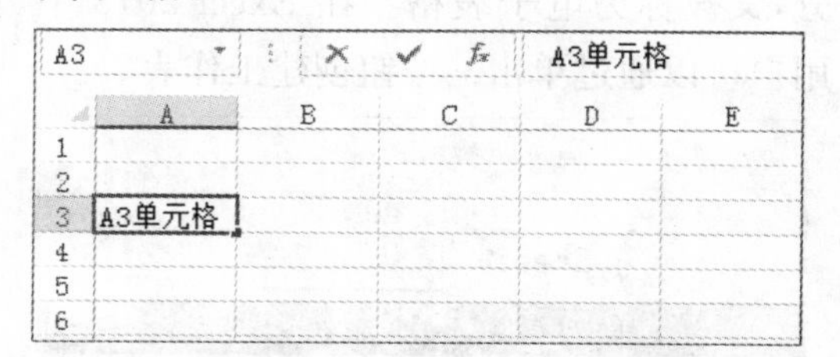

多个连续的单元格区域的命名规则是“单元格区域中左上角的单元格名称：单元格区域中右下角的单元格名称”。例如在下图中，选定单元格区域的名称为A1:E6。

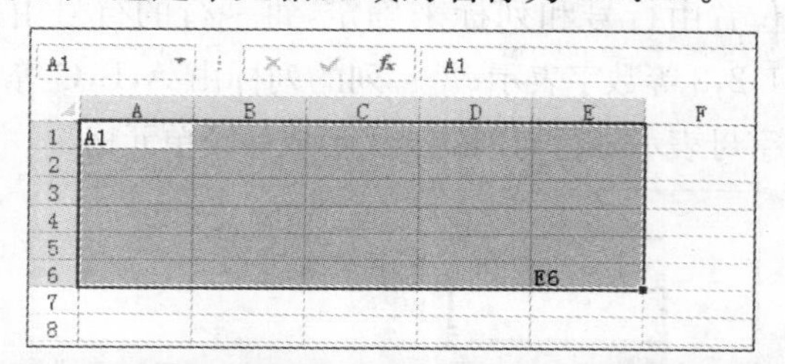

7.2.2 单元格的选定

要对单元格进行操作，首先要选定单元格。对单元格的选定操作主要包括选定单个单元格、选定连续的单元格区域和选定不连续的单元格。

- 选定单个单元格，只需用鼠标单击该单元格即可。

- 按住鼠标左键拖动鼠标可选定一个连续的单元格区域。

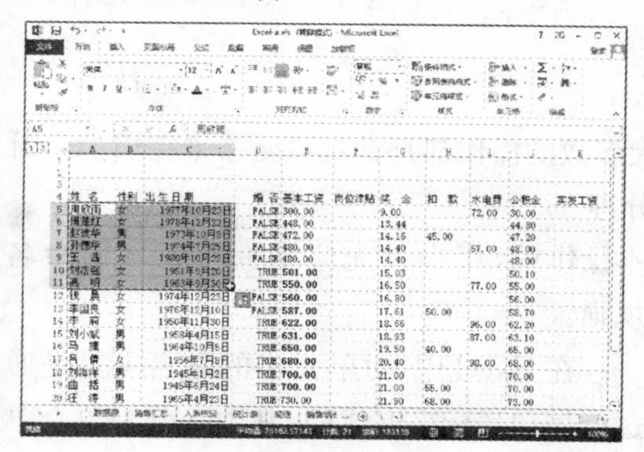

- 按住Ctrl键配合鼠标操作，可选定不连续的单元格或单元格区域。

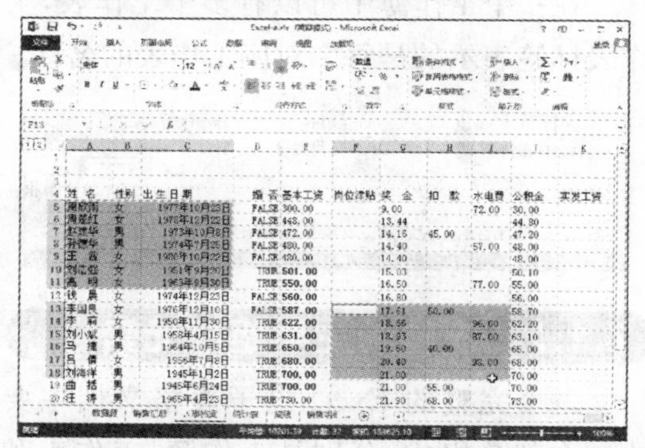

另外，单击工作表中的行标，可选定整行；单击工作表中的列标，可选定整列；单击工作表左上角行标和列标的交叉处，即全选按钮，可选定整个工作表。

7.2.3 合并与拆分单元格

在编辑表格的过程中，有时需要对单元格进行合并或者是拆分操作，以方便对单元格的编辑。

1. 合并单元格

要合并单元格，需要先将要合并的单元格选定，然后打开【开始】选项卡，在【对齐方式】组中单击【合并单元格】按钮⊞。

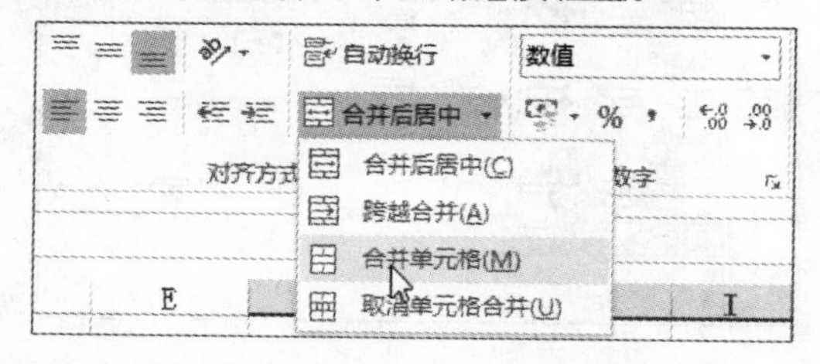

【例7-1】合并表格中的单元格。

视频+素材（光盘素材\第07章\例7-1）

01 选定表格中的E5:F5单元格区域。

D	E	F	G
婚 否	基本工资	岗位津贴	奖 金
FALSE	300.00		9.00
FALSE	448.00		13.44

02 打开【开始】选项卡，在【对齐方式】组中单击【合并后居中】按钮。

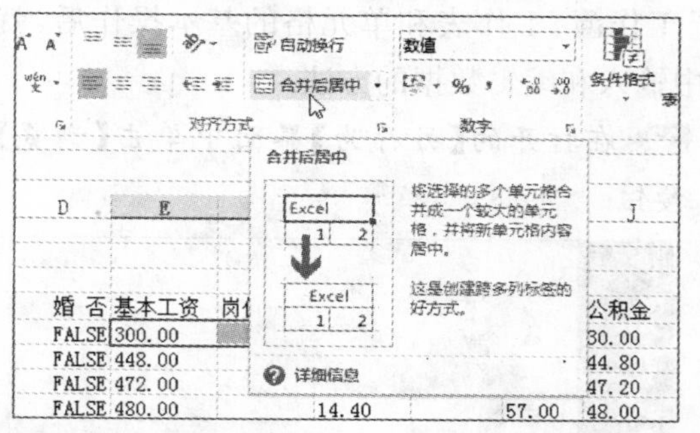

03 此时，选中的单元格区域将合并为一个单元格，其中的内容将自动居中。

婚 否	基本工资	岗位津贴	奖 金
FALSE	300.00		9.00
FALSE	448.00		13.44

04 选定 E6:F6 单元格区域，在【开始】选项卡的【对齐方式】组中单击【合并后居中】下拉按钮，从弹出的下拉菜单中选择【合并单元格】命令，即可将 E6:F6 单元格区域合并为一个单元格。

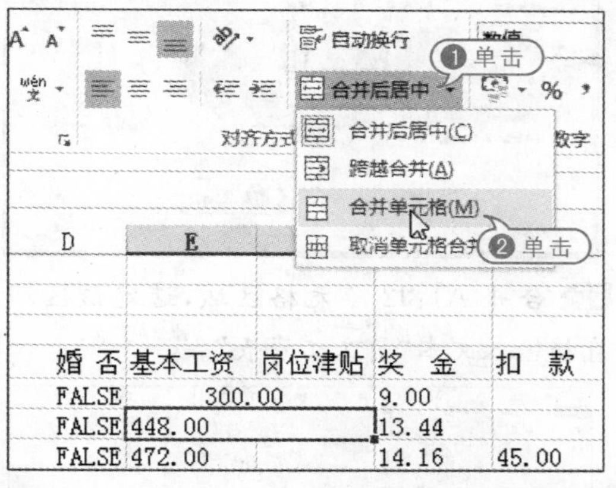

05 选定 E7:F7 单元格区域，在【开始】选项卡中单击【对齐方式】对话框启动器按钮。

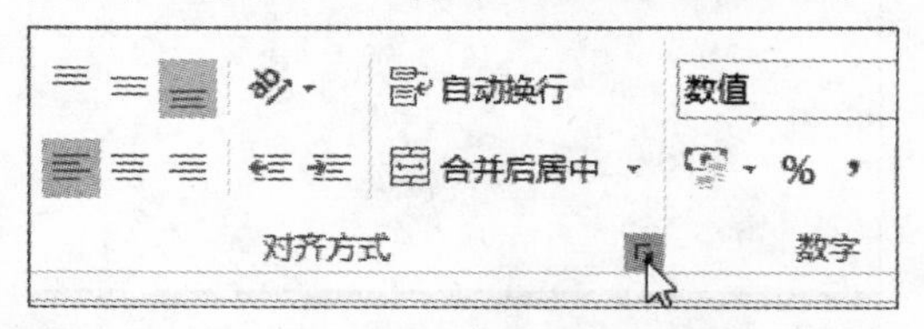

06 在打开的【设置单元格格式】对话框的【对齐】选项卡中，选中【合并单元格】复选框，然后单击【确定】按钮，此时 E7:F7 单元格区域即可合并为一个单元格。

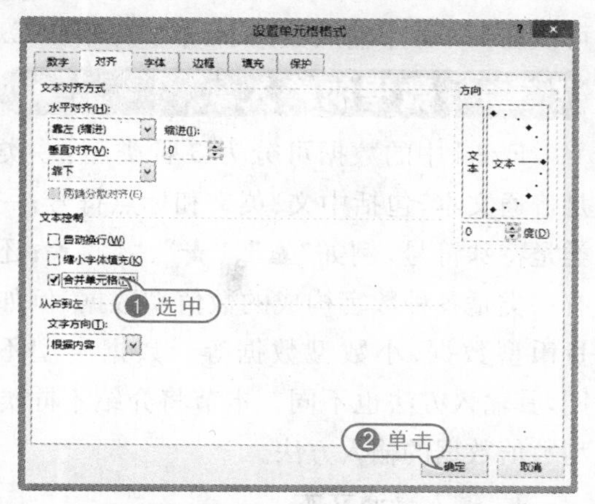

2. 拆分单元格

拆分单元格是合并单元格的逆操作，只有合并后的单元格才能够进行拆分。

要拆分单元格，用户只需选定要拆分的单元格，然后在【开始】选项卡的【对齐方式】组中再次单击【合并后居中】按钮，即可将已经合并的单元格拆分为合并前的状态；或者单击【合并后居中】下拉按钮，选择【取消单元格合并】命令，也可拆分单元格。

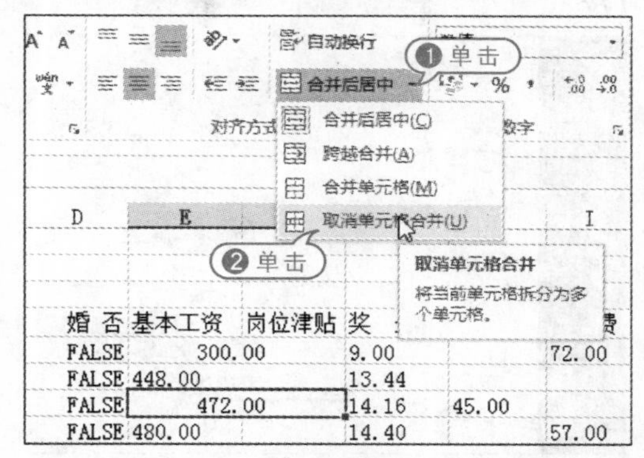

另外，用户也可打开【设置单元格格式】对话框，在该对话框的【对齐】选项卡中取消选中【文本控制】选项区域中的【合并单元格】复选框，然后单击【确定】按钮，同样可以将单元格拆分为合并前的状态。

7.3 数据的输入与编辑

Excel 的主要功能是用来处理数据。熟悉了工作簿、工作表和单元格的基本操作后，就可以在 Excel 中输入数据了，本节介绍在 Excel 中输入和编辑数据的方法。

7.3.1 数据的输入

Excel 中的数据可分为 3 种类型：一类是普通文本，包括中文、英文和标点符号；一类是特殊符号，例如“▲”、“★”、“◎”等；还有一类是各种数字构成的数值型数据，例如货币型数据、小数型数据等。数据类型不同，其输入方法也不同。本节将介绍不同类型数值数据的输入方法。

1. 输入普通文本

普通文本的输入方法和 Word 中的输入方法相同，首先选定需要输入文本的单元格，然后直接输入相应的文本即可。

【例 7-2】制作一个“员工工资表”，并输入相关表头。
视频+素材（光盘素材\第 07 章\例 7-2）

01 启动 Excel 2013，在打开的【新建】界面中单击【空白工作簿】选项，创建一个空白工作簿。

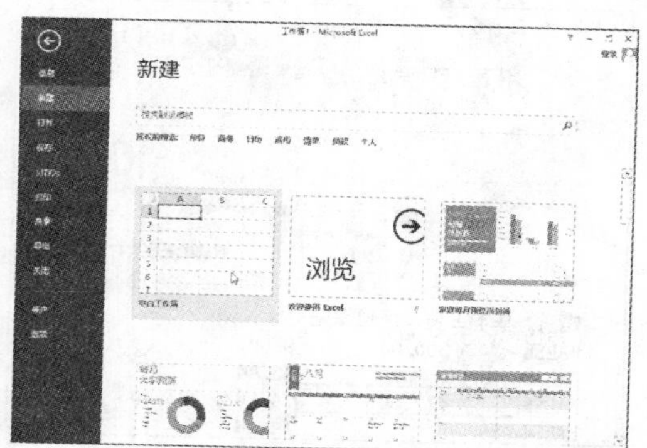

02 单击快速启动栏中的【保存】按钮，打开【另存为】界面。

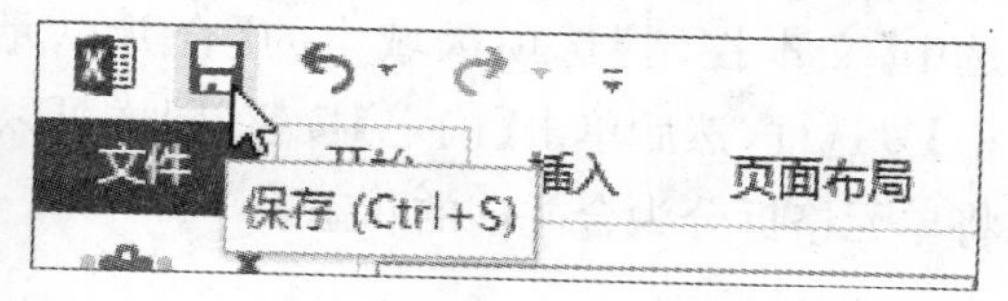

03 在打开的【另存为】界面中单击【浏览】按钮。

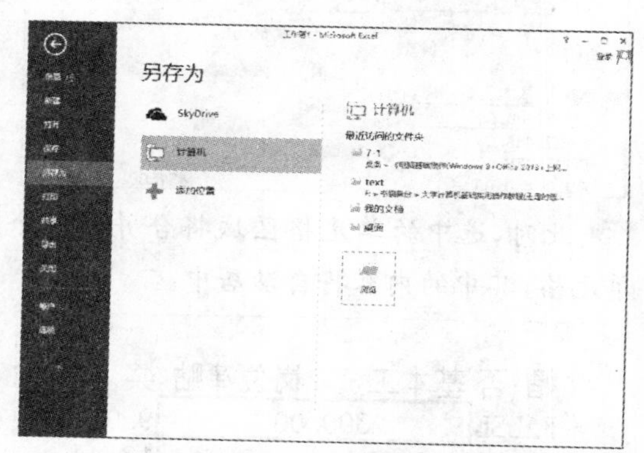

04 在打开的【另存为】对话框中设置工作簿的保存路径和名称后，单击【保存】按钮。

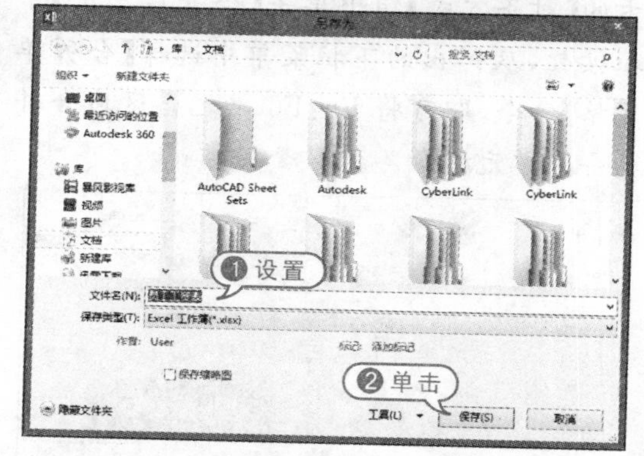

05 合并 A1:I2 单元格区域，选定该区域，直接输入文本“员工工资表”。

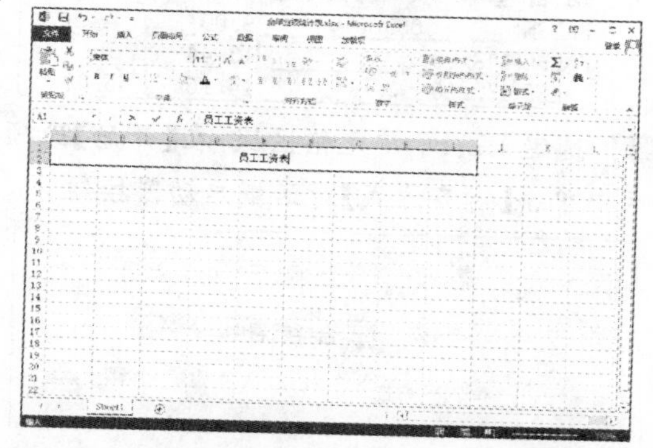

06 选定 A3 单元格，将光标定位在编辑栏

中，然后输入文本“员工编号”，此时在A3单元格中同时出现“员工编号”四个字。

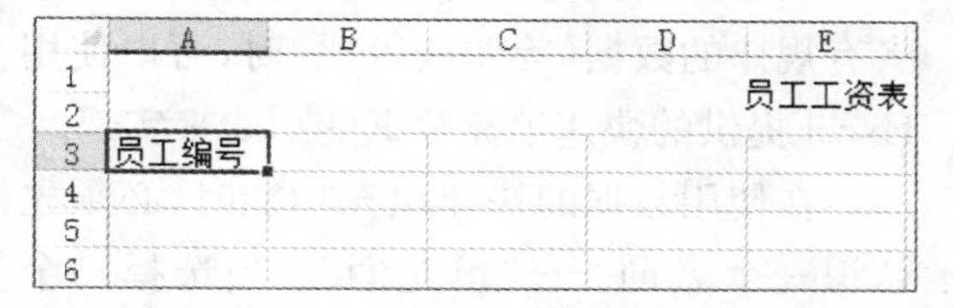

07 选定A4单元格，直接输入“2014001”。然后按照上面介绍的两种方法，在其他单元格中输入文本，表头效果如下所示。

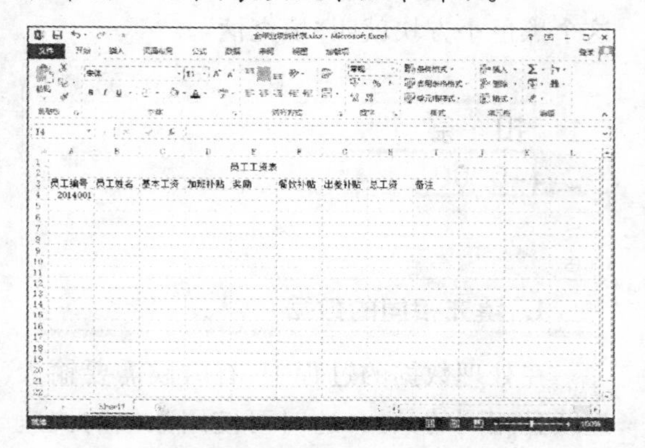

2. 输入特殊符号

特殊符号的输入，可使用Excel提供的【符号】对话框实现。方法如下：首先选定需要输入特殊符号的单元格，然后打开【插入】选项卡，在【符号】区域中单击【符号】按钮。

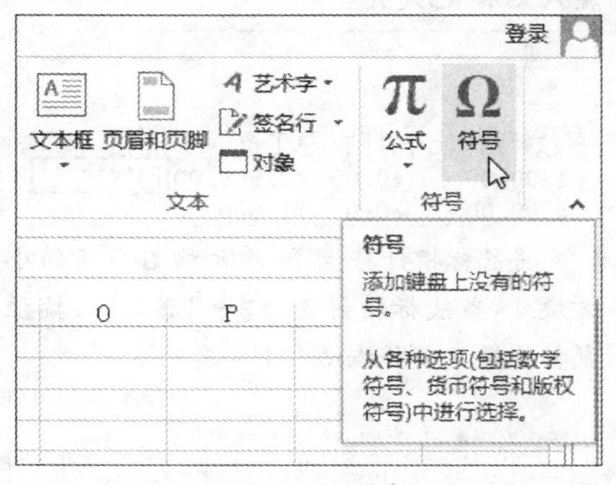

在打开的【符号】对话框中包含有【符号】和【特殊字符】两个选项卡，每个选项卡下面又包含很多种不同的符号和字符。

3. 输入数值型数据

在Excel中输入数值型数据后，数据将自动采用右对齐的方式显示。

如果输入的数据长度超过11位，则系统会将数据转换成科学记数法的形式显示，例如“2.16E+03”。无论显示的数值位数有多少，只保留15位的数值精度，多余的数字将舍掉取零。

另外，还可在单元格中输入特殊类型的数值型数据，例如货币、小数等。当将单元格的格式设置为【货币】时，在输入数字后，系统将自动添加货币符号。

【例7-3】完善“员工工资表”，输入每个员工的工资明细。

视频+素材（光盘素材\第07章\例7-3）

01 继续【例7-2】的操作，在“员工工资表.xlsx”工作簿中输入员工姓名，然后选定C4:H15单元格区域。

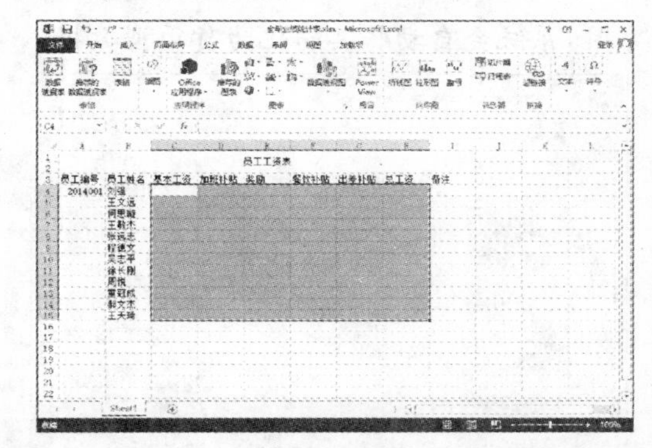

02 在【开始】选项卡的【数字】选项区域中

单击其右下角的【数字格式】按钮，打开【设置单元格格式】对话框的【数字】选项卡。

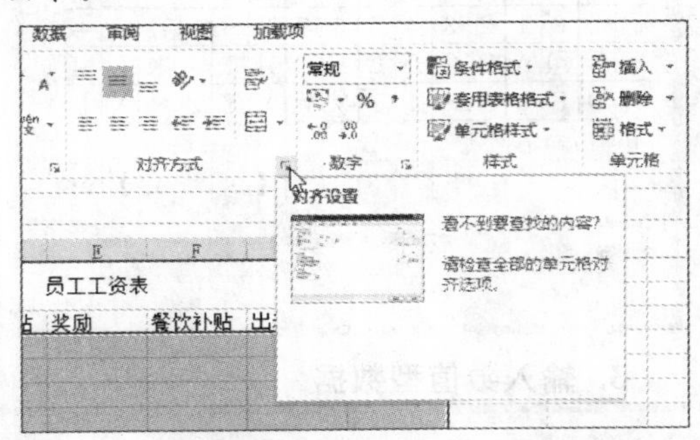

03 在左侧的【分类】列表框中选择【货币】选项，然后在右侧的【小数位数】微调框中设置数值为“2”，在【货币符号】列表框中选择“¥”，在【负数】列表框中选择一种负数格式。选择完成后，单击【确定】按钮，完成货币型数据的格式设置。

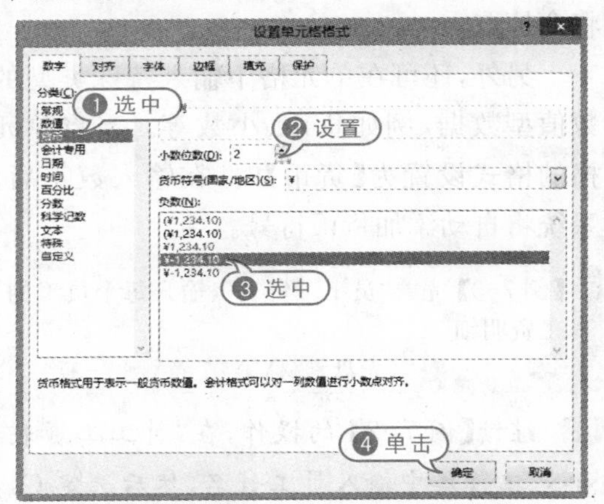

04 此时，当在 C4:H15 单元格区域输入数字时，系统会自动将其转化为货币型数据。

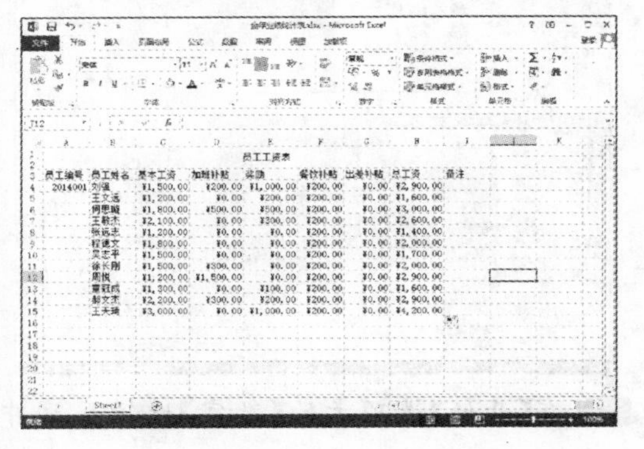

7.3.2 数据的快速填充

当需要在连续的单元格中输入相同或者有规律的数据(等差或等比)时，可以使用 Excel 提供的快速填充数据的功能来实现。

在使用数据的快速填充功能时，必须先认识一个名词——“填充柄”。当选择一个单元格时，在这个单元格的右下角会出现一个与单元格黑色边框不相连的黑色小方块，拖动这个小方块即可实现数据的快速填充。这个黑色小方块就叫“填充柄”。

	A	B	C
1	扣　款		
2	45.00		
3			
4			

1. 填充相同的数据

在处理数据的过程中，有时候需要输入连续且相同的数据，这时可使用数据的快速填充功能来简化操作。

【例 7-4】在“员工工资表”中填充相同的文本“已发放”。
视频+素材(光盘素材\第 07 章\例 7-4)

01 继续【例 7-3】的操作，选定 I4 单元格，输入文本“已发放”。

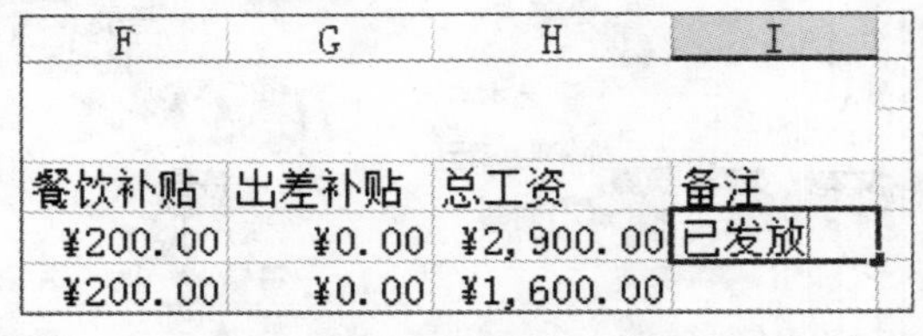

F	G	H	I
餐饮补贴	出差补贴	总工资	备注
¥200.00	¥0.00	¥2,900.00	已发放
¥200.00	¥0.00	¥1,600.00	

02 将鼠标指针移至 I4 单元格右下角的小方块处，当鼠标指针变为“+”形状时，按住鼠标左键不放并拖动至 I15 单元格。

员工工资表

员工编号	员工姓名	基本工资	加班补贴	奖励	餐饮补贴	出差补贴	总工资	备注
2014001	刘强	¥1,500.00	¥200.00	¥1,000.00	¥200.00	¥0.00	¥2,900.00	已发放
	王文远	¥1,200.00	¥0.00	¥200.00	¥200.00	¥0.00	¥1,600.00	
	何思璇	¥1,800.00	¥500.00	¥500.00	¥200.00	¥0.00	¥3,000.00	
	王敏杰	¥2,100.00	¥0.00	¥300.00	¥200.00	¥0.00	¥2,600.00	
	张远志	¥1,200.00	¥0.00	¥0.00	¥200.00	¥0.00	¥1,400.00	
	程德文	¥1,800.00	¥0.00	¥0.00	¥200.00	¥0.00	¥2,000.00	
	吴志平	¥1,500.00	¥0.00	¥0.00	¥200.00	¥0.00	¥1,700.00	
	徐长刚	¥1,500.00	¥300.00	¥0.00	¥200.00	¥0.00	¥2,000.00	
	周悦	¥1,200.00	¥1,500.00	¥0.00	¥200.00	¥0.00	¥2,900.00	
	童冠成	¥1,300.00	¥0.00	¥100.00	¥200.00	¥0.00	¥1,600.00	
	郝文杰	¥2,200.00	¥300.00	¥200.00	¥200.00	¥0.00	¥2,900.00	
	王天琦	¥3,000.00	¥0.00	¥1,000.00	¥200.00	¥0.00	¥4,200.00	

03 此时，释放鼠标左键，在 I4:I15 单元格区域中即填充了相同的文本“已发放”，效果如下所示。

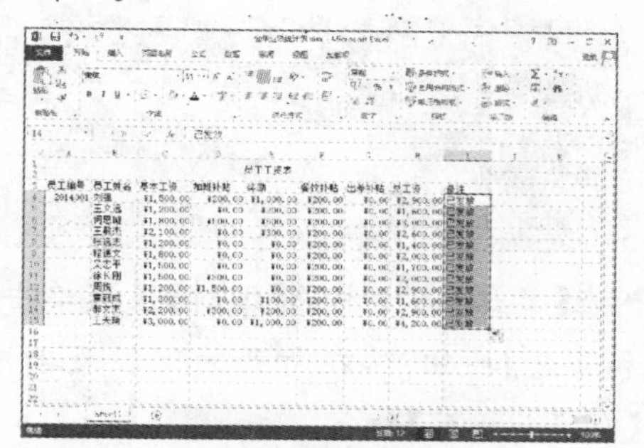

2. 填充有规律的数据

有时候需要在表格中输入有规律的数字，例如“星期一，星期二，…”，或“一月份，二月份，三月份，…”以及天干、地支和年份等。此时可以使用 Excel 特殊类型数据的填充功能进行快速填充。

例如在 A1 单元格中输入文本“星期一”，然后将鼠标指针移至 A1 单元格右下角的小方块处，当鼠标指针变为“✚”形状时按住鼠标左键不放并拖动鼠标至 A7 单元格中，释放鼠标左键，即可在 A1:A7 单元格区域中填充星期序列“星期一，星期二，星期三，…，星期日”。

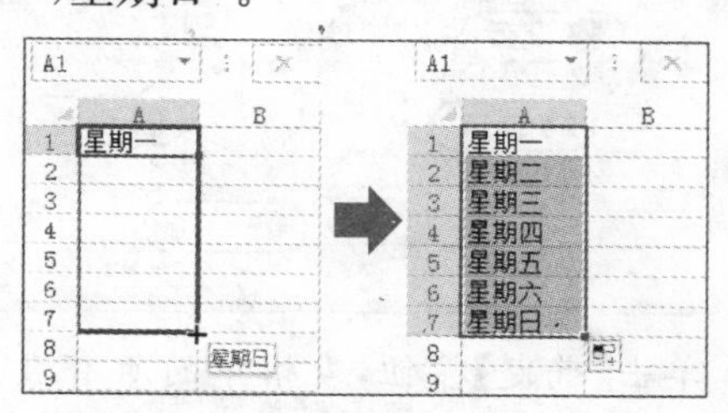

3. 填充等差数列

如果一个数列从第二项起，每一项与它的前一项的差等于同一个常数，这个数列就叫做等差数列，这个常数叫做等差数列的公差。

在 Excel 中也经常会遇到填充等差数列的情况，例如员工编号“1，2，3，…”等，此时就可以使用 Excel 的自动累加功能来进行填充。

【例 7-5】在员工工资表中填充员工编号。
视频+素材（光盘素材\第 07 章\例 7-5）

01 继续【例 7-4】的操作，将鼠标指针移至 A4 单元格右下角的小方块处，当鼠标指针变为“✚”形状时按住 Ctrl 键，同时按住鼠标左键不放拖动鼠标至 A15 单元格中。

	A	B	C	D	E
1					
2					员工工资表
3	员工编号	员工姓名	基本工资	加班补贴	奖励
4	2014001	刘强	¥1,500.00	¥200.00	¥1,000.00
5		王文远	¥1,200.00	¥0.00	¥200.00
6		何思璇	¥1,800.00	¥500.00	¥500.00
7		王敏杰	¥2,100.00	¥0.00	¥300.00
8		张远志	¥1,200.00	¥0.00	¥0.00
9		程德文	¥1,800.00	¥0.00	¥0.00
10		吴志平	¥1,500.00	¥0.00	¥0.00
11		徐长刚	¥1,500.00	¥300.00	¥0.00
12		周悦	¥1,200.00	¥1,500.00	¥0.00
13		童冠成	¥1,300.00	¥0.00	¥100.00
14		郝文杰	¥2,200.00	¥300.00	¥200.00
15		王天琦	¥3,000.00	¥0.00	¥1,000.00
16		2014012			
17					

02 释放鼠标左键，即可在 A5:A15 单元格区域中填充等差数列 2014002，2014003，…，2014012。

	A	B	C	D	E
1					
2					员工工资表
3	员工编号	员工姓名	基本工资	加班补贴	奖励
4	2014001	刘强	¥1,500.00	¥200.00	¥1,000.00
5	2014002	王文远	¥1,200.00	¥0.00	¥200.00
6	2014003	何思璇	¥1,800.00	¥500.00	¥500.00
7	2014004	王敏杰	¥2,100.00	¥0.00	¥300.00
8	2014005	张远志	¥1,200.00	¥0.00	¥0.00
9	2014006	程德文	¥1,800.00	¥0.00	¥0.00
10	2014007	吴志平	¥1,500.00	¥0.00	¥0.00
11	2014008	徐长刚	¥1,500.00	¥300.00	¥0.00
12	2014009	周悦	¥1,200.00	¥1,500.00	¥0.00
13	2014010	童冠成	¥1,300.00	¥0.00	¥100.00
14	2014011	郝文杰	¥2,200.00	¥300.00	¥200.00
15	2014012	王天琦	¥3,000.00	¥0.00	¥1,000.00
16					

7.3.3 数据的自动计算

当需要即时查看一组数据的某种统计结果时（例如，和、平均值、最大值或最小值），可以使用 Excel 2013 提供的状态栏计算功能。

【例 7-6】在“员工工资表”中查看员工“程德文”的总工资以及所有员工的基本工资的最高值。
视频+素材（光盘素材\第 07 章\例 7-6）

01 继续【例 7-5】的操作，选定 C8:H8 单

元格区域。如果是首次使用状态栏的计算功能,则在状态栏中将默认显示选定区域中所有数据的平均值(平均值)、所选数据的数量(计数)和所有数据的总和(求和)。其中所有数据的总和即是员工“程德文”的总工资。

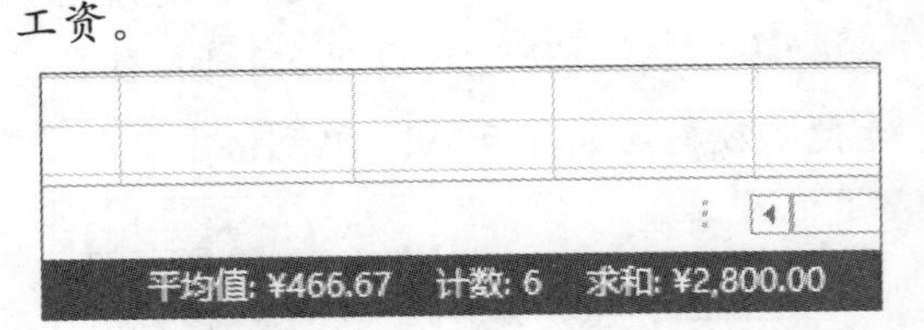

02 要查看所有员工基本工资的最大值,可在选中 C4:C15 单元格后在状态栏中右击鼠标,在弹出的快捷菜单中选择【最大值】命令,系统将在状态栏中添加最大值选项。

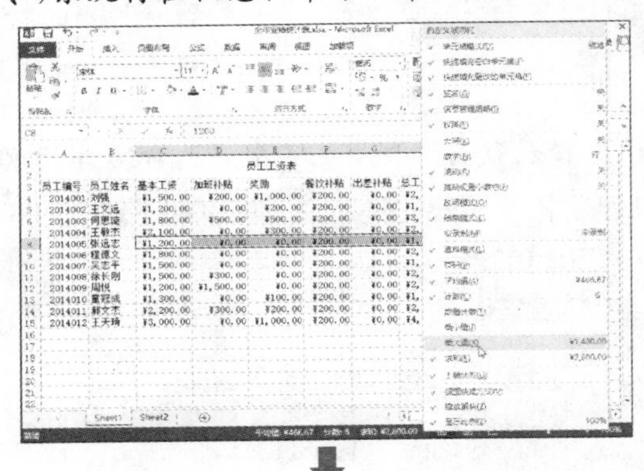

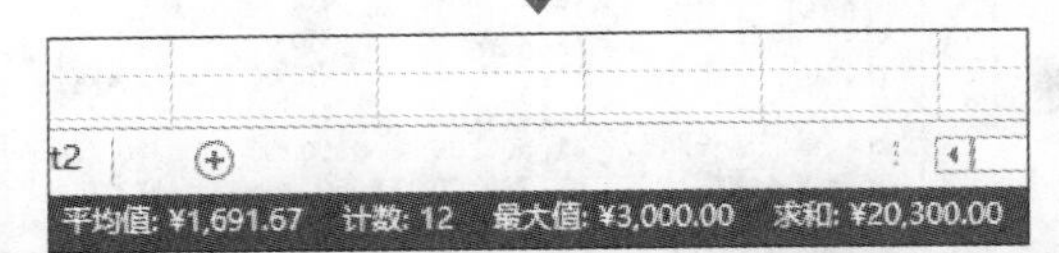

7.3.4 数据的自动排序

在 Excel 电子表格中输入数据后,数据是按照输入的先后顺序进行排列的。用户可以使用 Excel 提供的数据排序功能对数据进行重新排序,例如按照月支出由高到低进行排列等。其中用于排序的字段被称为“关键字”。

【例 7-7】在“员工工资表”中将所有数据按照员工的“基本工资”进行升序排列。

视频+素材(光盘素材\第 07 章\例 7-7)

01 继续【例 7-5】的操作,选定 A3:I15 单元格区域。

员工工资表

员工编号	员工姓名	基本工资	加班补贴	奖励	餐饮补贴	出差补贴	总工资	备注
2014001	刘强	¥1,500.00	¥200.00	¥1,000.00	¥200.00	¥0.00	¥2,900.00	已发放
2014002	王文远	¥1,200.00	¥0.00	¥200.00	¥200.00	¥0.00	¥1,600.00	已发放
2014003	何思璇	¥1,800.00	¥500.00	¥500.00	¥200.00	¥0.00	¥3,000.00	已发放
2014004	王敏杰	¥2,100.00	¥0.00	¥300.00	¥200.00	¥0.00	¥2,600.00	已发放
2014005	张远志	¥1,200.00	¥0.00	¥0.00	¥200.00	¥0.00	¥1,400.00	已发放
2014006	程德文	¥1,800.00	¥0.00	¥0.00	¥200.00	¥0.00	¥2,000.00	已发放
2014007	吴志平	¥1,500.00	¥0.00	¥0.00	¥200.00	¥0.00	¥1,700.00	已发放
2014008	徐长刚	¥1,500.00	¥300.00	¥0.00	¥200.00	¥0.00	¥2,000.00	已发放
2014009	周悦	¥1,200.00	¥1,500.00	¥0.00	¥200.00	¥0.00	¥2,900.00	已发放
2014010	董冠成	¥1,300.00	¥0.00	¥100.00	¥200.00	¥0.00	¥1,600.00	已发放
2014011	郝文杰	¥2,200.00	¥300.00	¥200.00	¥200.00	¥0.00	¥2,900.00	已发放
2014012	王天琦	¥3,000.00	¥0.00	¥1,000.00	¥200.00	¥0.00	¥4,200.00	已发放

02 在【开始】选项卡的【编辑】区域单击【排序和筛选】按钮,在打开的下拉菜单中选择【自定义排序】命令。

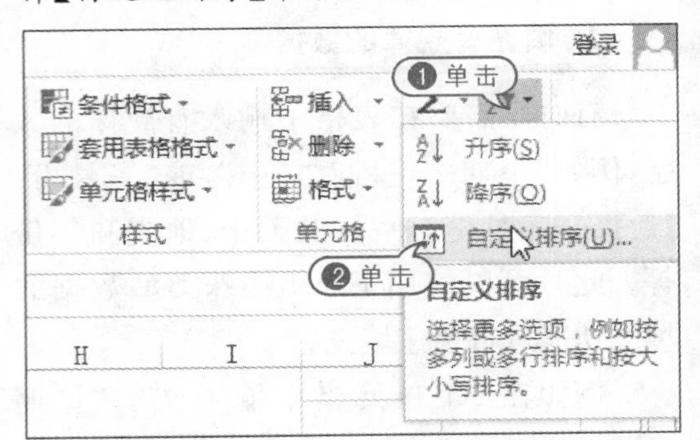

03 打开【排序】对话框,在【主要关键字】下拉列表框中选择【基本工资】,在【排序依据】下拉列表框中选择【数值】,在【次序】下拉列表框中选择【升序】。

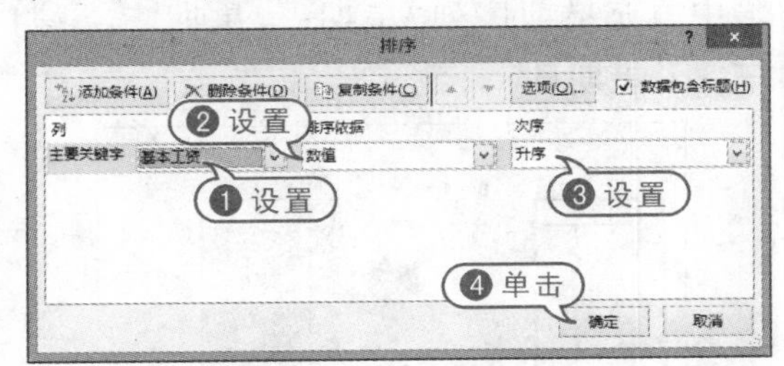

04 单击【确定】按钮,表格中的所有数据将会按照员工的“基本工资”进行升序排列。

员工工资表

员工姓名	基本工资	加班补贴	奖励	餐饮补贴	出差补贴	总工资	备注
王文远	¥1,200.00	¥0.00	¥200.00	¥200.00	¥0.00	¥1,600.00	已发放
张远志	¥1,200.00	¥0.00	¥0.00	¥200.00	¥0.00	¥1,400.00	已发放
周悦	¥1,200.00	¥1,500.00	¥0.00	¥200.00	¥0.00	¥2,900.00	已发放
董冠成	¥1,300.00	¥0.00	¥100.00	¥200.00	¥0.00	¥1,600.00	已发放
刘强	¥1,500.00	¥200.00	¥1,000.00	¥200.00	¥0.00	¥2,900.00	已发放
吴志平	¥1,500.00	¥0.00	¥0.00	¥200.00	¥0.00	¥1,700.00	已发放
徐长刚	¥1,500.00	¥300.00	¥0.00	¥200.00	¥0.00	¥2,000.00	已发放
何思璇	¥1,800.00	¥500.00	¥500.00	¥200.00	¥0.00	¥3,000.00	已发放
程德文	¥1,800.00	¥0.00	¥0.00	¥200.00	¥0.00	¥2,000.00	已发放
王敏杰	¥2,100.00	¥0.00	¥300.00	¥200.00	¥0.00	¥2,600.00	已发放
郝文杰	¥2,200.00	¥300.00	¥200.00	¥200.00	¥0.00	¥2,900.00	已发放
王天琦	¥3,000.00	¥0.00	¥1,000.00	¥200.00	¥0.00	¥4,200.00	已发放

7.4 使用 Excel 公式与函数

Excel 具有强大的数据计算功能，能够进行比较复杂的数学计算。要实现这些计算，就必然用到公式和函数，本节主要介绍在 Excel 中使用公式和函数的方法。

7.4.1 使用 Excel 公式

公式是用等号连接起来的代数式。在 Excel 中，使用公式可以方便地对工作表中的数据进行计算。要想在工作表中熟练地使用公式，应该先了解公式的语法及运算符。

1. 公式的语法

Excel 中的公式由一个或多个单元格值及运算符组成，主要用于对工作表进行加、减、乘、除等的运算，类似于数学中的表达式。

公式的语法规则如下：在输入公式时，首先必须输入等号“＝”，然后输入参与计算的元素和运算符，其中运算符包括算术运算符、比较运算符、文本运算符和引用运算符四种。例如，公式“＝A3＋A4－A5”表示将 A3 和 A4 单元格中的数据进行加法运算，然后再将得到的结果与 A5 单元格中的数据进行减法运算，其中 A3，A4，A5 是单元格引用，“＋”和“－”是运算符。

在 Excel 中，公式具有以下基本特性。

- 所有的公式都以等号开始。
- 输入公式后，在单元格中只显示该公式的计算结果。
- 选定一个含有公式的单元格，该公式将出现在 Excel 2013 的编辑栏中。

2. 公式运算符

运算符是公式的灵魂，它决定了公式中所引用数据的计算方式。在 Excel 2013 中，公式运算符共有 4 类，它们分别是算术运算符、比较运算符、文本运算符和引用运算符。

(1) 算术运算符

算术运算符主要用来完成基本的数字运算，主要包括加“＋”、减“－”、乘“＊”、除“/”、百分号“%”和乘方“^”。

(2) 比较运算符

比较运算符	含　义	示　范
＝(等号)	等于	A1＝B1
＞(大于号)	大于	A1＞B1
＜(小于号)	小于	A1＜B1
＞＝(大于等于号)	大于或等于	A1＞＝B1
＜＝(小于等于号)	小于或等于	A1＜＝B1
＜＞(不等号)	不相等	A1＜＞B1

(3) 文本运算符

文本运算符是“&”，它的作用是连接两个单元格的内容，并产生一个新的单元格的内容。例如 A1 单元格的内容为“江苏”，A2 单元格的内容为“南京”，若想使 A6 单元格的内容为“江苏的省会是南京”，则 A6 单元格应使用公式“＝A1&"的省会是"&A2”。

(4) 引用运算符

引用运算符共包含 3 个，用于对指定的区域引用进行合并运算。

- 区域运算符：冒号“:”用来定义一个连续的区域，对引用的两个单元格之间的所有单元格进行计算。例如，A1:A3 表示参加运算的有 A1，A2，A3 共 3 个单元格；A1:B2 表示参加运算的有 A1，A2，B1，B2 共 4 个单元格。
- 联合运算符：逗号“,”，又叫并集运

算符，用于连接两个或更多的区域，将多个引用合并为一个引用。例如，“＝SUM(A5：A8,B5：B8)”表示计算 A5～A8 和B5～B8 共 8 个单元格的值的总和。

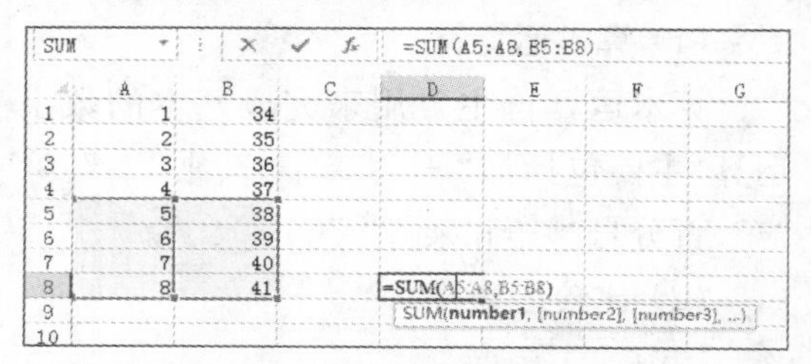

▶ 交叉运算符：空格“ ”，又叫交集运算符，表示两个区域间的重叠部分，或产生同时属于两个区域的单元格。例如，“＝SUM(A2：B4 A1：C3)”表示计算 A2：B4 和 A1：C3 两个单元格区域之间的交集，即 A2，B2，A3，B3 单元格的和。

3. 运算符的优先级

多种运算符在一起混合使用时，会产生一个优先级的问题，即先进行哪些运算，再进行哪些运算。总体来说，运算符的优先级由高到低为引用运算符、算术运算符、文本运算符、比较运算符。其中，引用运算符又可分为 3 个等级，由高到低依次为区域运算符、交叉运算符、联合运算符；算术运算符可分为 4 个等级，由高到低依次为百分号(%)、乘方(^)、乘除(＊、/)、加减(＋、－)。

如果公式中包含了相同优先级的运算符，则应按照从左到右的顺序进行计算，若想改变运算的顺序，可以使用括号。例如，公式“＝9＋3＊3”的值是 18，因为 Excel 2013 按先乘除后加减的顺序进行运算，即先将 3 与 3 相乘，然后再加上 9，得到结果 18；若在该公式上添加括号，如“＝(9＋3)＊3”，则 Excel 2013 先用 9 加上 3，再用结果乘以 3，得到结果 36。

4. 公式的输入

在输入公式前，必须先输入等号，然后再依次输入其他元素。例如，要在 A3 单元格中显示 A1 和 A2 两个单元格中数据的和，应先选定 A3 单元格，然后输入＝A1＋A2，输入完成后按 Enter 键即可。

【例 7-8】在“员工工资表”中计算出员工“刘强”的总工资，并使其显示在 H4 单元格中。
视频+素材（光盘素材\第 07 章\例 7-8）

01 打开“员工工资表.xlsx”工作簿，选中 H4 单元格，在编辑栏中输入公式“＝C4＋D4＋E4＋F4＋G4”。

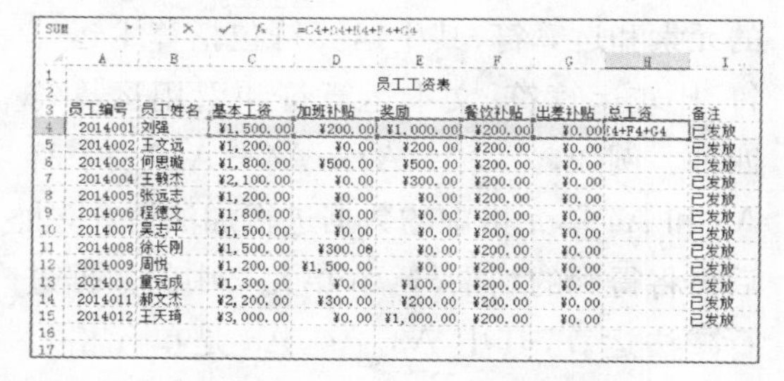

员工工资表

员工编号	员工姓名	基本工资	加班补贴	奖励	餐饮补贴	出差补贴	总工资	备注
2014001	刘强	¥1,500.00	¥200.00	¥1,000.00	¥200.00	¥0.00	4+F4+G4	已发放
2014002	王文远	¥1,200.00	¥0.00	¥200.00	¥200.00	¥0.00		已发放
2014003	何思璇	¥1,800.00	¥500.00	¥500.00	¥200.00	¥0.00		已发放
2014004	王毅杰	¥2,100.00	¥0.00	¥300.00	¥200.00	¥0.00		已发放
2014005	张远志	¥1,200.00	¥0.00	¥0.00	¥200.00	¥0.00		已发放
2014006	程德文	¥1,800.00	¥0.00	¥0.00	¥200.00	¥0.00		已发放
2014007	吴志平	¥1,500.00	¥0.00	¥0.00	¥200.00	¥0.00		已发放
2014008	徐长刚	¥1,500.00	¥300.00	¥0.00	¥200.00	¥0.00		已发放
2014009	周悦	¥1,200.00	¥1,500.00	¥0.00	¥200.00	¥0.00		已发放
2014010	童冠成	¥1,300.00	¥0.00	¥100.00	¥200.00	¥0.00		已发放
2014011	郝文杰	¥2,200.00	¥300.00	¥200.00	¥200.00	¥0.00		已发放
2014012	王天琦	¥3,000.00	¥0.00	¥1,000.00	¥200.00	¥0.00		已发放

02 输入完成后，按下 Enter 键，系统即自动将 C4：G4 单元格区域中的数据相加，并将结果显示在 H4 单元格中。

5. 公式的引用

要想在不同的单元格中使用相同的公式，可以将公式复制或移动，这就牵涉到了公式的引用问题。公式的引用分为相对应用、绝对引用和混合引用三种，只有充分地理解了各种公式引用的用法，才能正确地复制和移动公式。

（1）相对引用

相对引用是 Excel 中最常用的引用方式，也是 Excel 的默认引用方式。在对单元格中的公式使用相对引用时，单元格的地址会随着公式位置的变化而变化。

例如在下图中，C1 单元格中的公式为"＝A1＋B1"，若选中 C1 单元格，然后拖动 C1 单元格右下角的填充柄至 C4 单元格中，则 C2 单元格中的公式会自动变为"＝A2＋B2"，C3 单元格中的公式会自动变为"＝A3＋B3"，C4 单元格中的公式会自动变为"＝A4＋B4"。

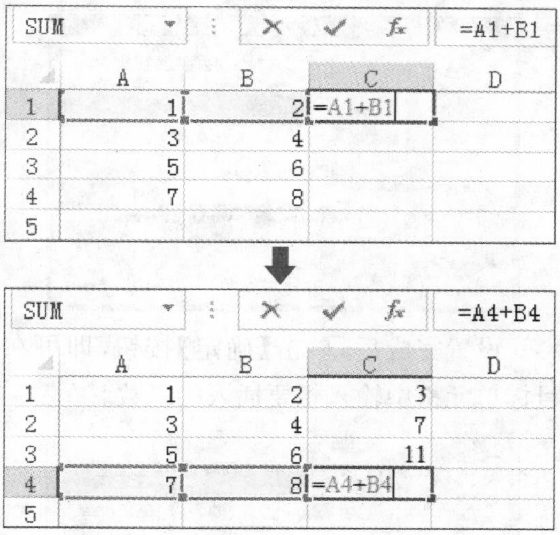

SUM　=A1+B1

	A	B	C	D
1	1	2	=A1+B1	
2	3	4		
3	5	6		
4	7	8		
5				

⬇

SUM　=A4+B4

	A	B	C	D
1	1	2	3	
2	3	4	7	
3	5	6	11	
4	7	8	=A4+B4	
5				

（2）绝对引用

绝对引用，引用的是单元格的绝对地址。在对公式使用绝对引用时，单元格的地址不会随着公式位置的变化而变化。使用单元格的绝对引用格式需要在行号和列号上加上"＄"符号。

例如，在下图的 C1 单元格中输入"＝＄A＄1＋＄B＄1"，将此公式使用自动填充的方法填充到 C2，C3，C4 单元格中时，公式依然会保持原貌，不会发生任何改变。

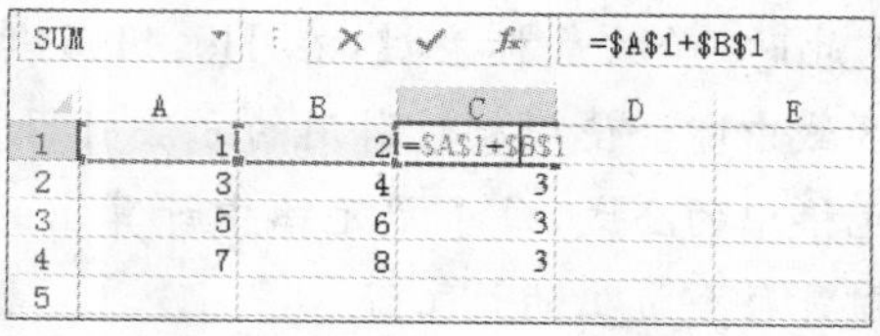

SUM　=$A$1+$B$1

	A	B	C	D	E
1	1	2	=$A$1+$B$1		
2	3	4	3		
3	5	6	3		
4	7	8	3		
5					

（3）混合引用

混合引用指的是在单元格引用的行号或列号前加上"＄"符号。例如：＄A1 表示在对公式进行引用时，列号不变，而行号会相对改变；A＄1 表示在对公式进行引用时，列号会相对改变，而行号不变。

如将下图中 C1 单元格中的公式改为"＝＄A1＋＄B＄1"，则使用自动填充的方法将该公式填充到 C2，C3，C4 单元格中时，C2 单元格中的公式会变为"＝＄A2＋＄B＄1"，C3 单元格中的公式会变为"＝＄A3＋＄B＄1"，C4 单元格中的公式会变为"＝＄A4＋＄B＄1"。

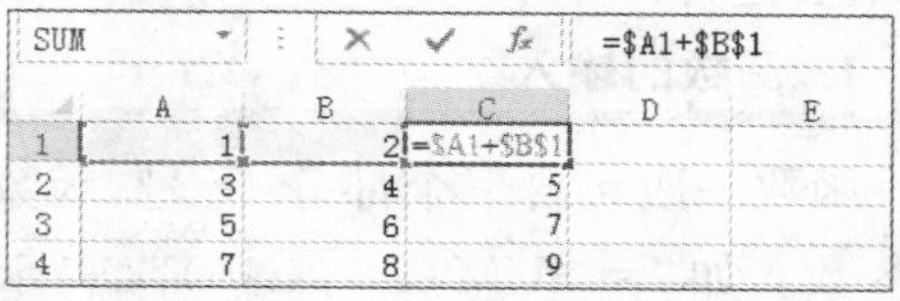

SUM　=$A1+$B$1

	A	B	C	D	E
1	1	2	=$A1+$B$1		
2	3	4	5		
3	5	6	7		
4	7	8	9		

【例 7-9】在"员工工资表"中计算出所有员工的总工资，并使其显示在"总工资"列对应的单元格中。

视频+素材（光盘素材\第 07 章\例 7-9）

01 打开"员工工资表.xlsx"工作簿，选中 H4 单元格，将鼠标指针移至 H4 单元格右下角的小方块处，当鼠标指针变为"✚"形状时，按住鼠标左键不放并拖动至 H15 单元格。

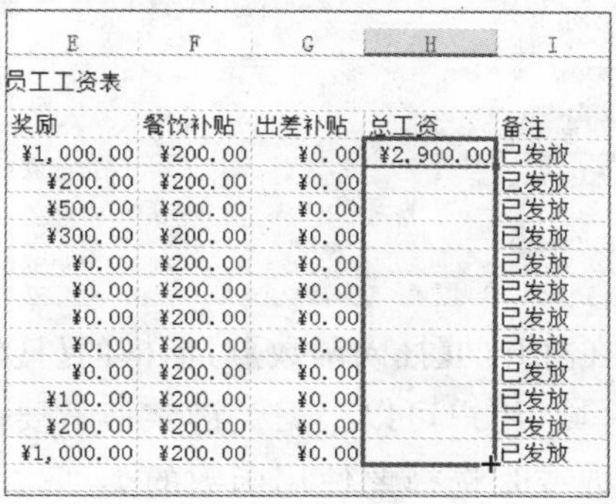

员工工资表

奖励	餐饮补贴	出差补贴	总工资	备注
¥1,000.00	¥200.00	¥0.00	¥2,900.00	已发放
¥200.00	¥200.00	¥0.00		已发放
¥500.00	¥200.00	¥0.00		已发放
¥300.00	¥200.00	¥0.00		已发放
¥0.00	¥200.00	¥0.00		已发放
¥0.00	¥200.00	¥0.00		已发放
¥0.00	¥200.00	¥0.00		已发放
¥0.00	¥200.00	¥0.00		已发放
¥0.00	¥200.00	¥0.00		已发放
¥100.00	¥200.00	¥0.00		已发放
¥200.00	¥200.00	¥0.00		已发放
¥1,000.00	¥200.00	¥0.00		已发放

02 此时，释放鼠标左键，在 H5:H15 单元格区域中即会使用相对引用的方法引用 H4 单元格中的公式，每个单元格中计算出的数值即是每个员工的总工资。

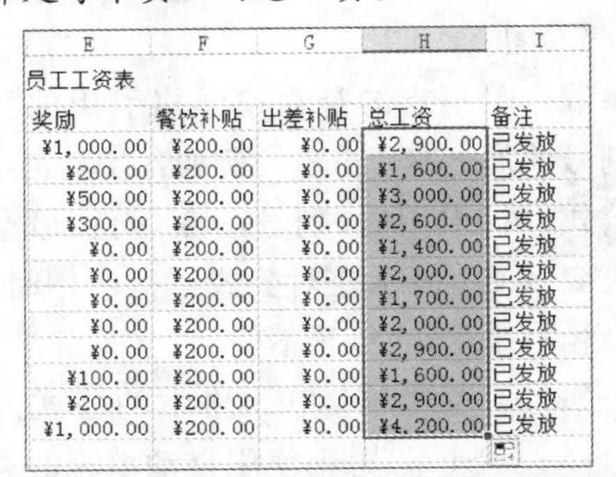

奖励	餐饮补贴	出差补贴	总工资	备注
¥1,000.00	¥200.00	¥0.00	¥2,900.00	已发放
¥200.00	¥200.00	¥0.00	¥1,600.00	已发放
¥500.00	¥200.00	¥0.00	¥3,000.00	已发放
¥300.00	¥200.00	¥0.00	¥2,600.00	已发放
¥0.00	¥200.00	¥0.00	¥1,400.00	已发放
¥0.00	¥200.00	¥0.00	¥2,000.00	已发放
¥0.00	¥200.00	¥0.00	¥1,700.00	已发放
¥0.00	¥200.00	¥0.00	¥2,000.00	已发放
¥0.00	¥200.00	¥0.00	¥2,900.00	已发放
¥100.00	¥200.00	¥0.00	¥1,600.00	已发放
¥200.00	¥200.00	¥0.00	¥2,900.00	已发放
¥1,000.00	¥200.00	¥0.00	¥4,200.00	已发放

7.4.2 使用 Excel 函数

函数是预先定义的公式，可以说是公式的特殊形式，是 Excel 自带的内部公式。函数主要按照特定的语法顺序使用参数(特定的数值)进行计算操作。

1. 函数的输入

函数一般包含三个部分：等号、函数名和参数。如“=SUM(A1:G10)”，表示对 A1:G10 单元格区域内所有数据求和。

(1) 插入函数

要插入函数，用户可先选定要插入函数的单元格，然后打开【公式】选项卡，在【函数库】选项区域中单击【插入函数】按钮。

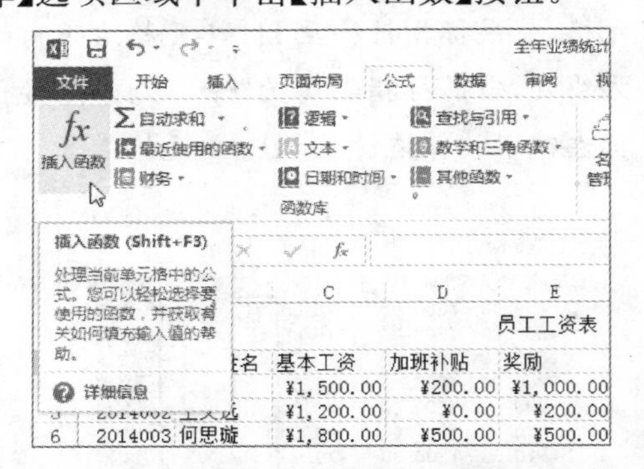

在打开的【插入函数】对话框的【搜索函数】区域，用户可以根据关键字搜索要使用的函数或是选择要使用函数的类别；在【选择函数】列表框中，用户可选择要使用的函数的名称。

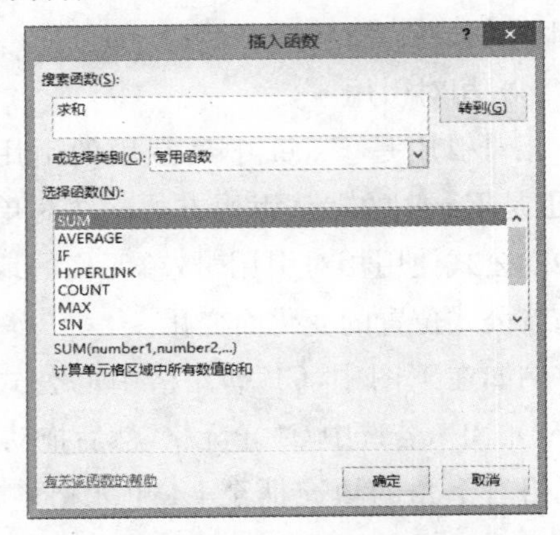

函数选择完成后，单击【确定】按钮，打开【函数参数】对话框。在该对话框的文本框中，用户可设置参数的范围。

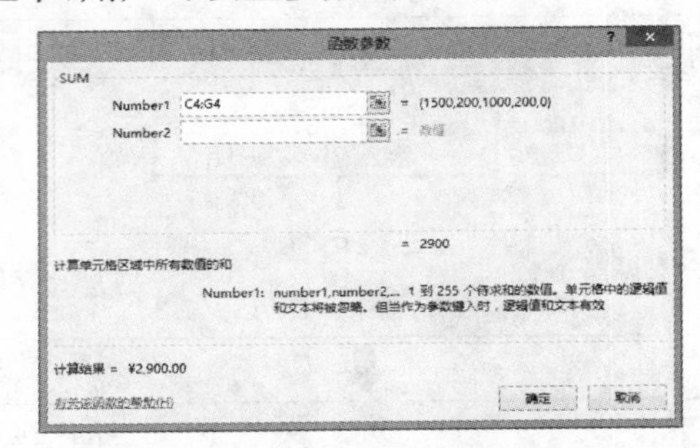

设置完成后，单击【确定】按钮，即可在目标单元格中输入想要插入的函数。

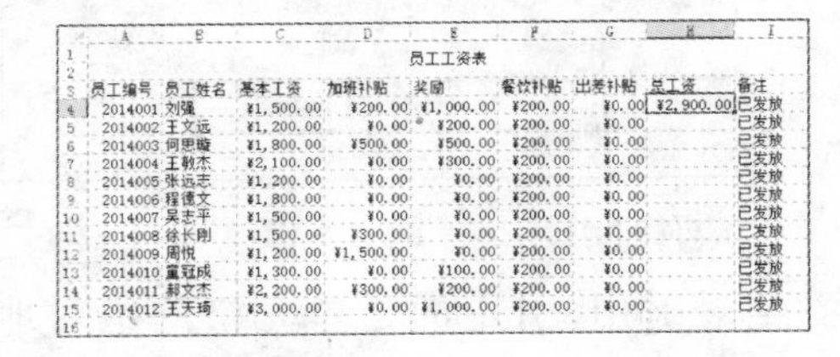

员工工资表

员工编号	员工姓名	基本工资	加班补贴	奖励	餐饮补贴	出差补贴	总工资	备注
2014001	刘强	¥1,500.00	¥200.00	¥1,000.00	¥200.00	¥0.00	¥2,900.00	已发放
2014002	王文远	¥1,200.00	¥0.00	¥200.00	¥200.00	¥0.00		已发放
2014003	何思璇	¥1,800.00	¥500.00	¥500.00	¥200.00	¥0.00		已发放
2014004	王敏杰	¥2,100.00	¥0.00	¥300.00	¥200.00	¥0.00		已发放
2014005	张远志	¥1,200.00	¥0.00	¥0.00	¥200.00	¥0.00		已发放
2014006	程德文	¥1,800.00	¥0.00	¥0.00	¥200.00	¥0.00		已发放
2014007	吴志平	¥1,500.00	¥0.00	¥0.00	¥200.00	¥0.00		已发放
2014008	徐长刚	¥1,500.00	¥300.00	¥0.00	¥200.00	¥0.00		已发放
2014009	周悦	¥1,200.00	¥1,500.00	¥0.00	¥200.00	¥0.00		已发放
2014010	董冠成	¥1,300.00	¥0.00	¥100.00	¥200.00	¥0.00		已发放
2014011	郝文杰	¥2,200.00	¥300.00	¥200.00	¥200.00	¥0.00		已发放
2014012	王天琦	¥3,000.00	¥0.00	¥1,000.00	¥200.00	¥0.00		已发放

(2) 直接输入函数

如果用户对所要使用的函数比较熟悉，可以在单元格中直接输入函数。直接输入函数的方法和输入公式的方法相同。例如，用户要在 C3 单元格中显示 A3 和 B3 两个单元格中数据的和，可先选定 C3 单元格，然后在编辑栏中输入公式“=SUM(A3:B3)”。

SUM =SUM(A3:B3)

	A	B	C	D	E
1					
2					
3	20	36	=SUM(A3:B3)		
4					

按下 Enter 键，即可在 C3 单元格中得到预期的结果。

C1 =SUM(A3:B3)

	A	B	C	D	E
1					
2					
3	20	36	56		

2. 常用函数简介

下面将介绍在 Excel 中经常会用到的几种函数的使用方法，主要包括求和函数、求平均值函数以及求最大值和最小值函数。

(1) 求和函数(SUM)

SUM 函数的作用是求一个单元格区域中的数据的和，常用于学生成绩求和、员工工资求和、销售业绩求和、收入支出求和等需要简单累加的情况中。

【例 7-10】在“学生成绩统计”工作表中求出各个学生的总成绩。
视频+素材（光盘素材\第 07 章\例 7-10）

01 打开“学生成绩统计”工作表，然后选定 G4 单元格，并在该单元格中输入函数“=SUM(D4:F4)”。

SUM =SUM(D4:F4)

	A	B	C	D	E	F	G
1	学生成绩统计						
2							
3	考生编号	姓名	专业	数学成绩	英语成绩	政治成绩	总成绩
4	000238	汪永明	计算机科学	85	76	92	=SUM(D4:F4)
5	000213	李明明	自动控制	92	98	65	
6	000568	王大伟	计算机科学	87	73	89	
7	000352	刘晓声	企业管理	68	98	45	
8	000895	孙博伟	电子技术	45	32	99	
9	合计			75.4	75.4	78	

02 输入完成后，按下 Enter 键，在 G4 单元格中即显示学生“汪永明”的各科总成绩。选中 G4 单元格，拖动 G4 单元格右下角的“填充柄”，将该公式复制到 G5:G8 单元格区域，此时系统即自动计算出每个学生的总成绩，并显示在相应的单元格中。

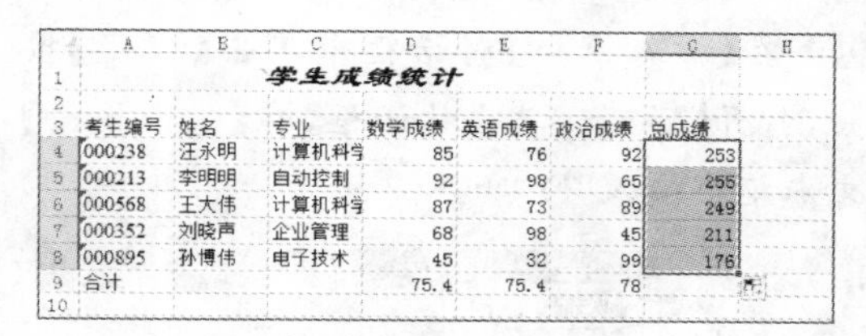

	A	B	C	D	E	F	G
1	学生成绩统计						
2							
3	考生编号	姓名	专业	数学成绩	英语成绩	政治成绩	总成绩
4	000238	汪永明	计算机科学	85	76	92	253
5	000213	李明明	自动控制	92	98	65	255
6	000568	王大伟	计算机科学	87	73	89	249
7	000352	刘晓声	企业管理	68	98	45	211
8	000895	孙博伟	电子技术	45	32	99	176
9	合计			75.4	75.4	78	

(2) 求平均值函数(AVERAGE)

AVERAGE 函数主要用来求一组数据的平均值，通常用于求某项考试中学生成绩的平均值、统计公司中某项数据的平均值等操作中。

【例 7-11】在“学生成绩统计”工作表中求出各个学生的各科平均成绩。
视频+素材（光盘素材\第 07 章\例 7-11）

01 打开“学生成绩统计”工作表，选定 G4 单元格。

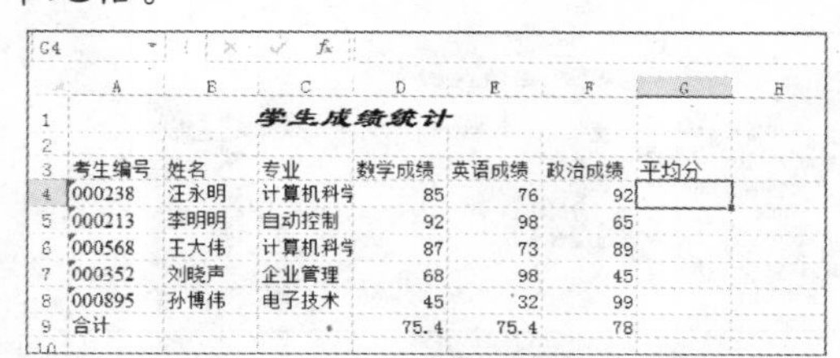

	A	B	C	D	E	F	G
1	学生成绩统计						
2							
3	考生编号	姓名	专业	数学成绩	英语成绩	政治成绩	平均分
4	000238	汪永明	计算机科学	85	76	92	
5	000213	李明明	自动控制	92	98	65	
6	000568	王大伟	计算机科学	87	73	89	
7	000352	刘晓声	企业管理	68	98	45	
8	000895	孙博伟	电子技术	45	32	99	
9	合计			75.4	75.4	78	

02 在【公式】选项卡的【函数库】选项区域中单击【插入函数】按钮。

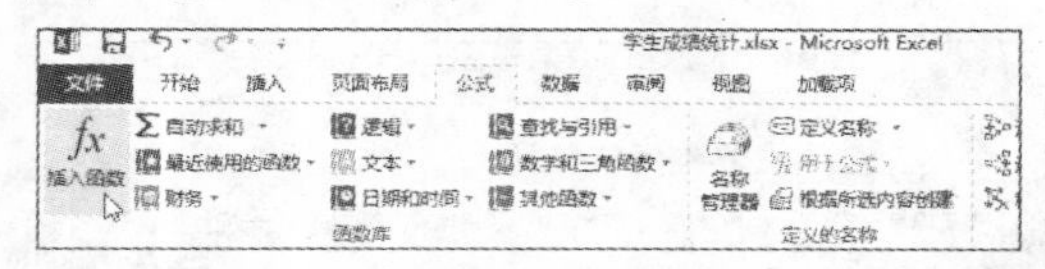

03 打开【插入函数】对话框，在【或选择类别】下拉列表框中选择【常用函数】选项，在【选择函数】列表框中选择【AVERAGE】选项。

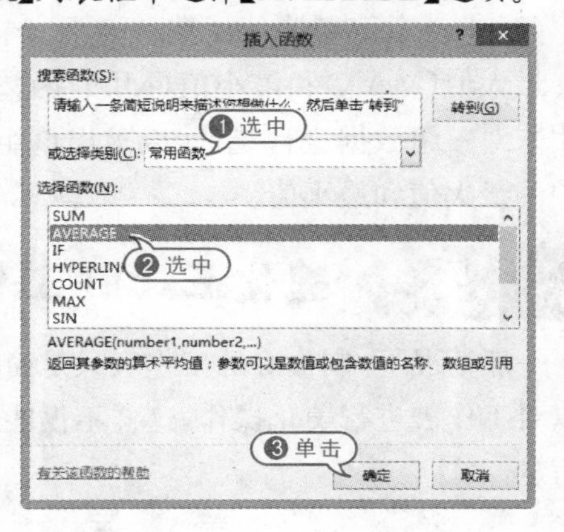

04 在【插入函数】对话框中单击【确定】按钮，打开【函数参数】对话框，在【Number1】文本框中输入“D4:F4”。

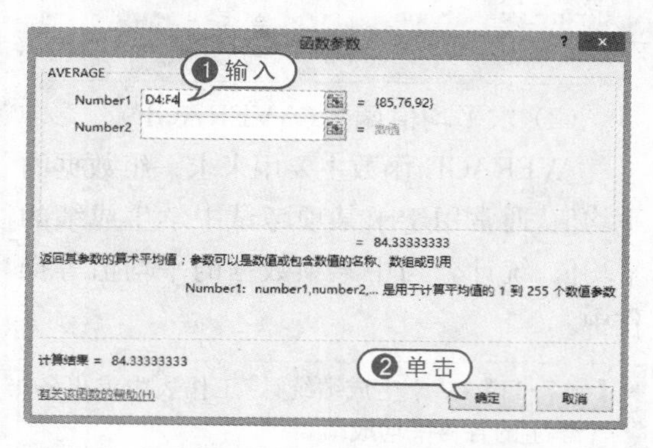

05 输入完成后单击【确定】按钮，系统即自动计算学生“汪永明”的各科平均成绩，并将结果显示在 G4 单元格中。

	A	B	C	D	E	F	G
1			学生成绩统计				
2							
3	考生编号	姓名	专业	数学成绩	英语成绩	政治成绩	平均分
4	000238	汪永明	计算机科学	85	76	92	84.33333
5	000213	李明明	自动控制	92	98	65	
6	000568	王大伟	计算机科学	87	73	89	
7	000352	刘晓声	企业管理	68	98	45	
8	000895	孙博伟	电子技术	45	32	99	
9	合计			75.4	75.4	78	
10							

06 使用数据的自动填充功能，将该公式填充到 G5:G8 单元格区域中。

G4 =AVERAGE(D4:F4)

	A	B	C	D	E	F	G
1			学生成绩统计				
2							
3	考生编号	姓名	专业	数学成绩	英语成绩	政治成绩	平均分
4	000238	汪永明	计算机科学	85	76	92	84.33333
5	000213	李明明	自动控制	92	98	65	85
6	000568	王大伟	计算机科学	87	73	89	83
7	000352	刘晓声	企业管理	68	98	45	70.33333
8	000895	孙博伟	电子技术	45	32	99	58.66667
9	合计			75.4	75.4	78	
10							

(3) 最大值和最小值函数

最大值(MAX)和最小值(MIN)函数主要用来对一组数据进行统计，以求出该组数据中的最大值和最小值。

【例 7-12】在“学生成绩统计”工作表中求出单科成绩最高分、最低分以及总成绩最高分、最低分。

视频+素材(光盘素材\第 07 章\例 7-12)

01 打开“学生成绩统计”工作表，选中 D9 单元格，并在该单元格中输入函数“=MAX(D4:D8)”。

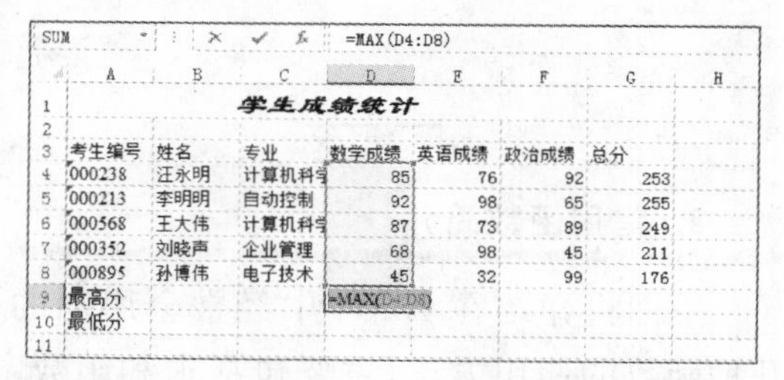

SUM =MAX(D4:D8)

	A	B	C	D	E	F	G
1			学生成绩统计				
2							
3	考生编号	姓名	专业	数学成绩	英语成绩	政治成绩	总分
4	000238	汪永明	计算机科学	85	76	92	253
5	000213	李明明	自动控制	92	98	65	255
6	000568	王大伟	计算机科学	87	73	89	249
7	000352	刘晓声	企业管理	68	98	45	211
8	000895	孙博伟	电子技术	45	32	99	176
9	最高分			=MAX(D4:D8)			
10	最低分						
11							

02 选定 D10 单元格，并在该单元格中输入函数“=MIN(D4:D8)”。

SUM =MIN(D4:D8)

	A	B	C	D	E	F	G
1			学生成绩统计				
2							
3	考生编号	姓名	专业	数学成绩	英语成绩	政治成绩	总分
4	000238	汪永明	计算机科学	85	76	92	253
5	000213	李明明	自动控制	92	98	65	255
6	000568	王大伟	计算机科学	87	73	89	249
7	000352	刘晓声	企业管理	68	98	45	211
8	000895	孙博伟	电子技术	45	32	99	176
9	最高分			92			
10	最低分			=MIN(D4:D8)			
11							

03 选定 D9:D10 单元格区域，将鼠标指针移至 D10 单元格右下角的小方块处，当鼠标指针变为“+”形状时，按住鼠标左键不放并拖动至 G10 单元格中，然后释放鼠标左键，即可求出单科和总成绩的最高分和最低分。

D9 =MAX(D4:D8)

	A	B	C	D	E	F	G
1			学生成绩统计				
2							
3	考生编号	姓名	专业	数学成绩	英语成绩	政治成绩	总分
4	000238	汪永明	计算机科学	85	76	92	253
5	000213	李明明	自动控制	92	98	65	255
6	000568	王大伟	计算机科学	87	73	89	249
7	000352	刘晓声	企业管理	68	98	45	211
8	000895	孙博伟	电子技术	45	32	99	176
9	最高分			92	98	99	255
10	最低分			45	32	45	176
11							
12							

7.5 美化 Excel 工作表

一般情况下，制作好的工作表只是简单的数字和文本的堆砌，没有任何视觉效果。此时可以对工作表进行美化操作，这样不仅能够增强工作表的视觉效果，还可突出显示重要的数据信息。

7.5.1 自动套用单元格样式

Excel 2013 提供了许多内置的单元格样式供用户使用，使用它们可以快速地为单元格设置样式，避免了一些重复繁琐的操作。

要为某个单元格套用样式，可先选定该单元格，然后在【开始】选项卡的【样式】选项区域中单击【单元格样式】按钮，系统将打开如下所示的列表，单击其中的某种样式，即可将该样式应用到选定的单元格中。

例如，用户可为“学生成绩统计”工作表套用【数据和模型】样式区域中的【输入】样式，效果如下所示。

7.5.2 自动套用表格样式

Excel 2013 提供了许多种内置的表格格式供用户使用，要使用这些格式，可先选定该表格，然后在【开始】选项卡的【样式】选项区域中单击【套用表格格式】按钮，系统将弹出表格格式列表，单击其中的某种格式，即可将该格式应用到选定的表格中。

【例 7-13】为“学生成绩统计”工作表自动套用单元格样式和表格样式。
视频+素材（光盘素材\第 07 章\例 7-13）

01 打开如下所示的“学生成绩统计”工作表，选中文本“学生成绩统计”所在的单元格。

	A	B	C	D	E	F	G	H
1	学生成绩统计							
2								
3	考生编号	姓名	专业	数学成绩	英语成绩	政治成绩	总分	
4	000238	汪永明	计算机科学	85	76	92	253	
5	000213	李明明	自动控制	92	98	65	255	
6	000568	王大伟	计算机科学	87	73	89	249	
7	000352	刘晓声	企业管理	68	98	45	211	
8	000895	孙博伟	电子技术	45	32	99	176	
9	最高分			92	98	99	255	
10	最低分			45	32	45	176	
11								
12								

02 在【开始】选项卡的【样式】选项区域中单击【单元格样式】下拉按钮，选择【好】选项，为单元格套用该样式。

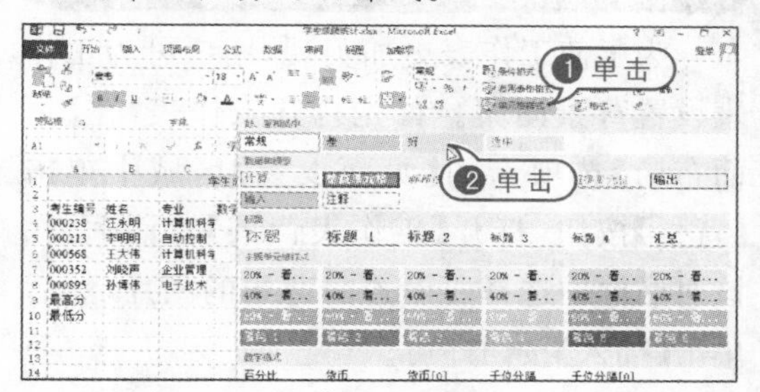

03 选中 A3:G10 单元格区域，然后在【开始】选项卡的【样式】选项区域中单击【套用表格格式】按钮，在弹出的列表框中选择【表样式中等深浅 17】选项。

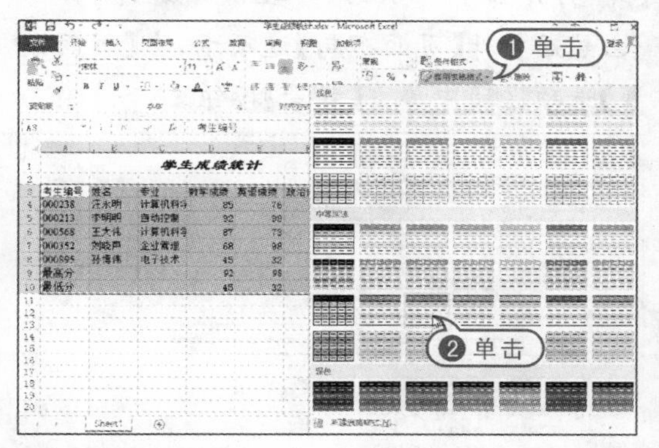

04 选择后，系统打开【套用表格式】对话框，在该对话框中可选择要套用表格格式的

单元格区域。

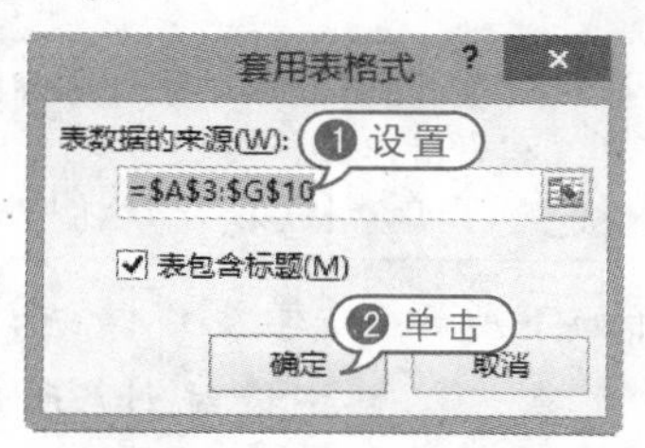

05 设置好单元格区域后，单击【确定】按钮，即可将选定的表格格式套用到选定的单元格区域中，效果如下所示。

学生成绩统计

考生编号	姓名	专业	数学成绩	英语成绩	政治成绩	总分
000238	汪永明	计算机科学	85	76	92	253
000213	李明明	自动控制	92	98	65	255
000568	王大伟	计算机科学	87	73	89	249
000352	刘晓声	企业管理	68	98	45	211
000895	孙博伟	电子技术	45	32	99	176
最高分			92	98	99	255
最低分			45	32	45	176

7.5.3 设置工作表背景图

为了使工作表更加美观，用户可为工作表设置背景图案。首先打开工作表，在【页面布局】选项卡的【页面设置】区域中单击【背景】按钮，打开【工作表背景】对话框，在该对话框中选择要设置为背景的图片，然后单击【插入】按钮即可。

【例 7-14】为“学生成绩统计”工作表设置背景图案。

视频+素材（光盘素材\第 07 章\例 7-14）

01 打开如下所示的“学生成绩统计”工作表，然后打开【页面布局】选项卡，在【页面设置】选项区域中单击【背景】按钮。

学生成绩统计

考生编号	姓名	专业	数学成绩	英语成绩	政治成绩	总分
000238	汪永明	计算机科学	85	76	92	253
000213	李明明	自动控制	92	98	65	255
000568	王大伟	计算机科学	87	73	89	249
000352	刘晓声	企业管理	68	98	45	211
000895	孙博伟	电子技术	45	32	99	176
最高分			92	98	99	255
最低分			45	32	45	176

02 在打开的【工作表背景】对话框中单击【来自文件】选项。

03 在打开的【工作表背景】对话框中选择要设置为背景的图片，然后单击【插入】按钮，即可将所选图片设置为当前工作表的背景图案。

04 为工作表设置背景图案后，若要取消该背景图案，可在【页面布局】选项卡的【页面设置】选项区域中单击【删除背景】按钮，对背景图案进行删除即可。

学生成绩统计

考生编号	姓名	专业	数学成绩	英语成绩	政治成绩	总分
000238	汪永明	计算机科学	85	76	92	253
000213	李明明	自动控制	92	98	65	255
000568	王大伟	计算机科学	87	73	89	249
000352	刘晓声	企业管理	68	98	45	211
000895	孙博伟	电子技术	45	32	99	176
最高分			92	98	99	255
最低分			45	32	45	176

7.5.4 设置单元格对齐方式

对齐是指单元格中的内容在显示时相

对单元格上下左右的位置。一般有如下几种对齐方式：

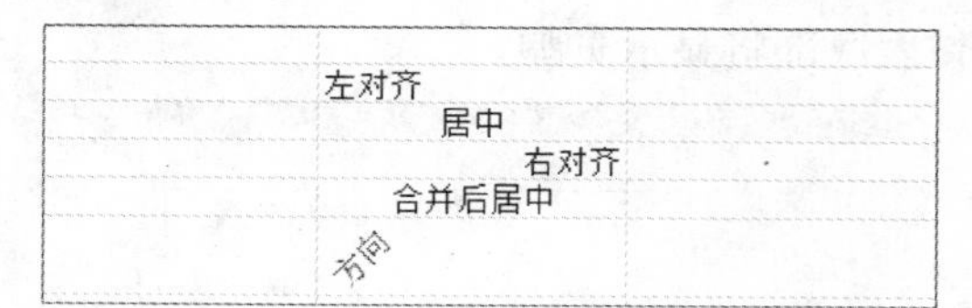

默认情况下，单元格中的文本靠左对齐，数字靠右对齐，逻辑值和错误值居中对齐。此外，Excel 还允许用户为单元格中的内容设置其他对齐方式，如合并后居中、旋转等。

对于简单的对齐操作，可以直接单击【开始】选项卡【对齐方式】组中的按钮来完成。如果要设置较复杂的对齐操作，可以使用【设置单元格格式】对话框的【对齐】选项卡来完成。在【方向】选项区域中，还可以精确设置单元格中数据的旋转方向。

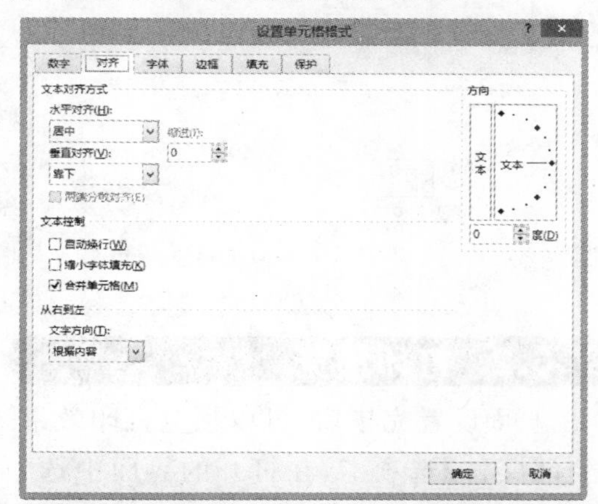

7.5.5 设置边框与底纹

默认情况下，Excel 并不为单元格设置边框，工作表中的框线在打印时并不显示出来。但在一般情况下，用户在打印工作表或突出显示某些单元格时，都需要添加一些边框，以使工作表更美观和容易阅读。设置底纹和设置边框一样，都是对工作表进行形象设计。使用底纹为特定的单元格加上色彩和图案，不仅可以突出显示工作表的重点内容，还可以美化工作表的外观。

在【设置单元格格式】对话框的【边框】选项卡中，可以为单元格设置边框。

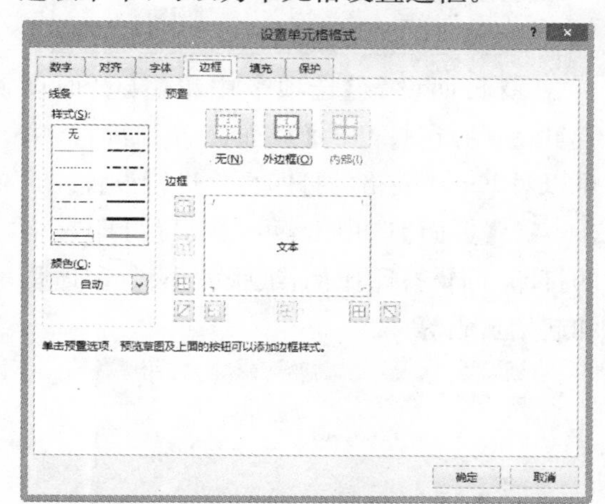

在【设置单元格格式】对话框的【填充】选项卡中，可以为单元格设置填充效果。

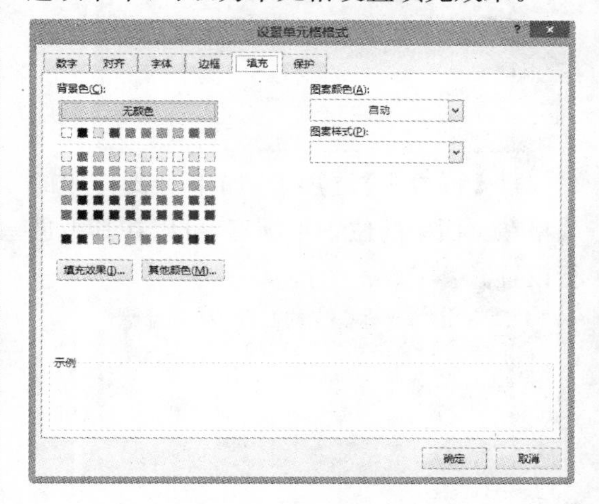

7.6 打印 Excel 工作表

工作表制作完成后，还可将其打印出来，以备用户存档。打印工作表一般可分为两个步骤：打印预览和打印输出。另外，还可对工作表进行页面设置，以使工作表有更好的打印输出效果。

7.6.1 页面设置

页面设置是指打印页面的布局和格式的合理安排,如确定打印方向、页面边距和页眉与页脚等。打开【页面布局】选项卡,在【页面设置】组对打印页面进行设置。

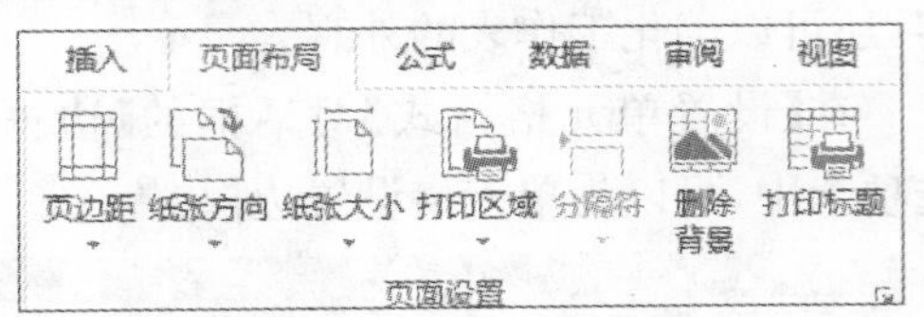

在【页面设置】选项卡中单击【页面设置】按钮,在打开的【页面设置】对话框中可以对 Excel 表格的打印页面进行设置。

- 【页面】选项卡:可以设置打印表格的打印方向、打印比例、纸张大小、打印质量和起始页码等。

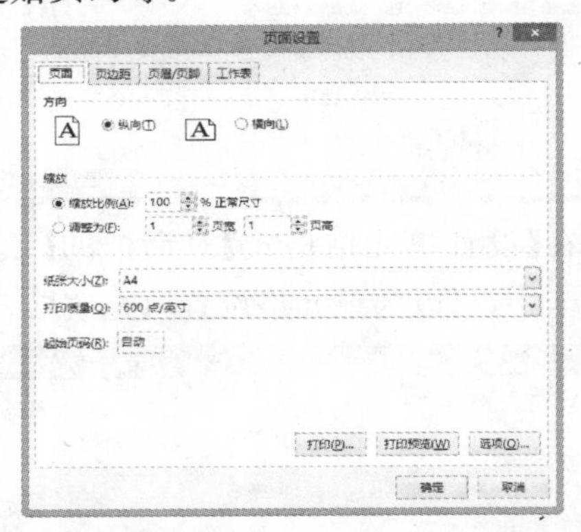

- 【页边距】选项卡:如果对要打印的表格在页面中的位置不满意,可以在其中进行设置。

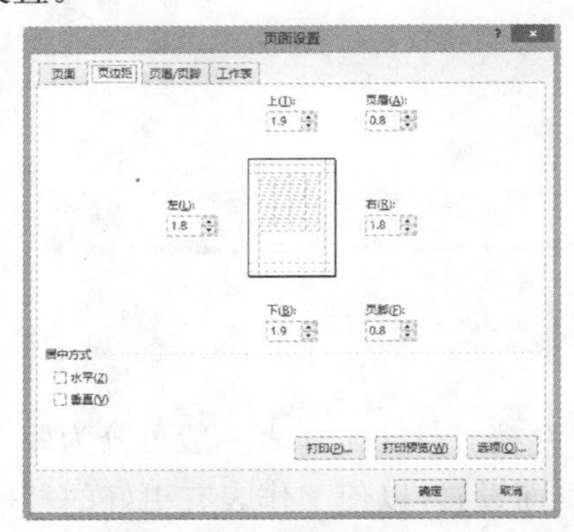

- 【页眉/页脚】选项卡:可以为工作表设置自定义的页眉和页脚。设置页眉、页脚后,打印出来的工作表顶部将出现页眉,工作表底部将显示页脚。

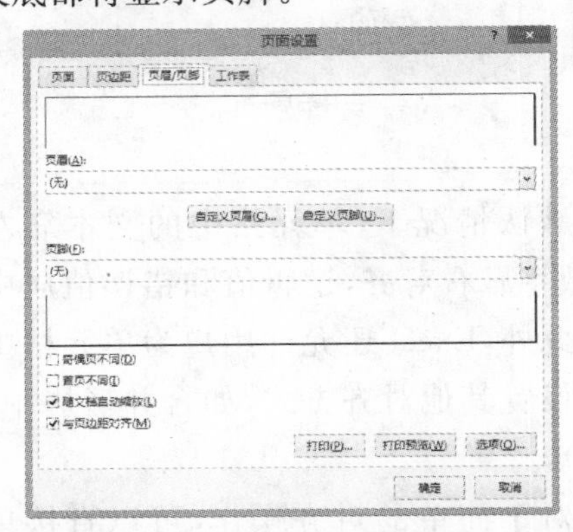

- 【工作表】选项卡:用于设置工作表的打印区域、打印顺序和打印网格线等其他打印属性。

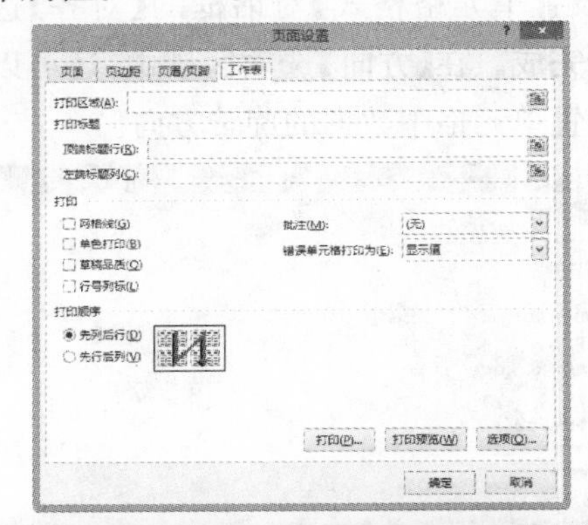

7.6.2 打印预览

页面设置完毕后,可以预览打印效果。选择【文件】选项卡,在打开的界面中选中【打印】选项,显示【打印】选项区域。

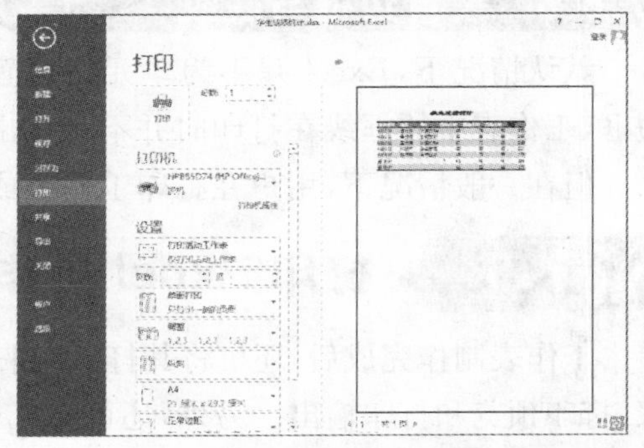

在【打印】选项区域右侧的窗格中将显

示工作表的打印预览效果。单击界面右下角的【显示边距】按钮，可以开启页边距、页眉和页脚控制线。

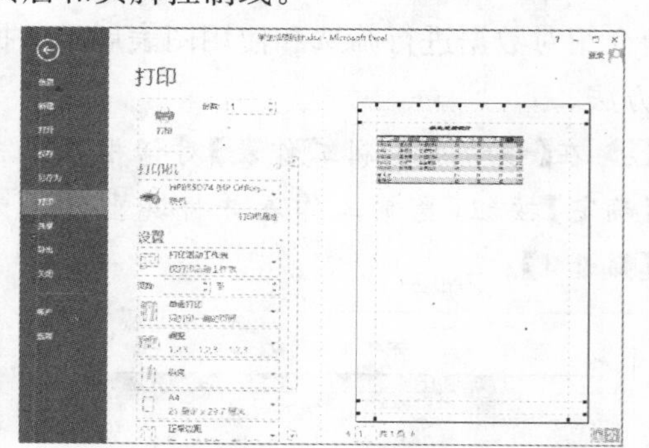

单击界面右下角的【缩放到页面】按钮，可放大显示预览效果图。

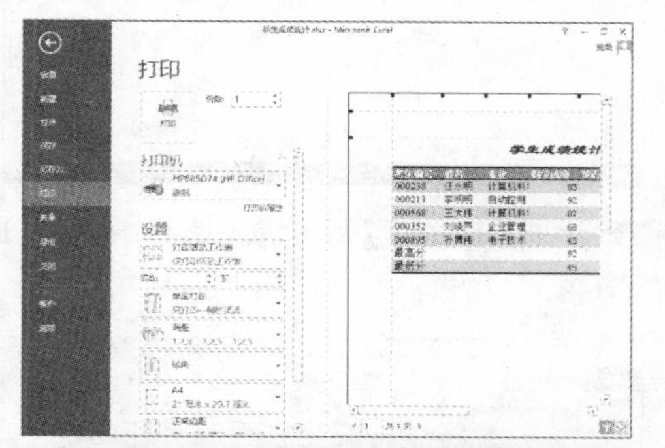

7.6.3 打印输出

打印预览完工作表后，即可打印输出整个工作表或表格的指定区域。

1. 打印当前工作表

选择【文件】选项卡，在打开的界面中选择【打印】选项，然后在【打印】选项区域中单击【打印机】按钮，在弹出的下拉列表框中选择用于打印工作表的打印机。

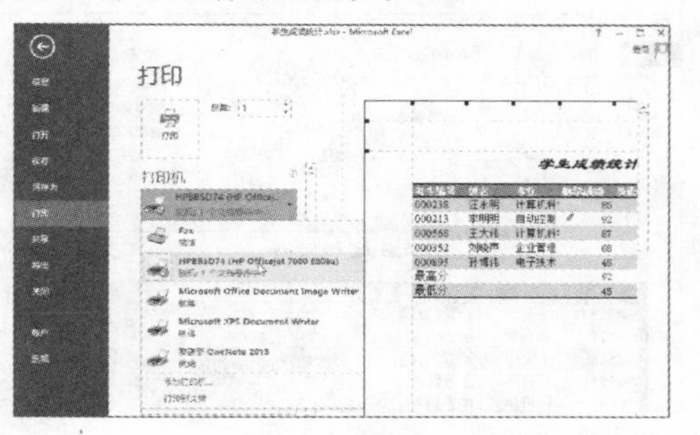

在【打印】选项区域中单击【打印】按钮即可开始打印工作表。

2. 打印指定区域

如果要打印工作表的一部分，可先选定要打印的区域。

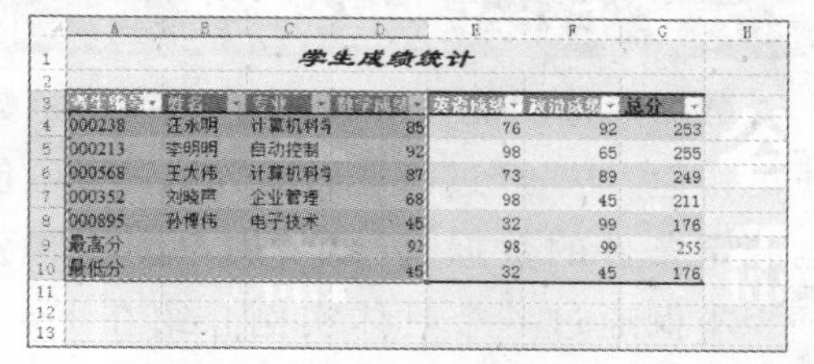

学生成绩统计

考生编号	姓名	专业	数学成绩	英语成绩	政治成绩	总分
000238	汪永明	计算机科学	85	76	92	253
000213	李明明	自动控制	92	98	65	255
000568	王大伟	计算机科学	87	73	89	249
000352	刘晓芦	企业管理	68	98	45	211
000895	孙博伟	电子技术	45	32	99	176
最高分			92	98	99	255
最低分			45	32	45	176

选择【文件】选项卡，然后在打开的界面中选中【打印】选项打开【打印】选项区域，并在该区域中单击【设置】选项区域下的第一个按钮，在弹出的下拉列表框中选中【打印选定区域】选项。

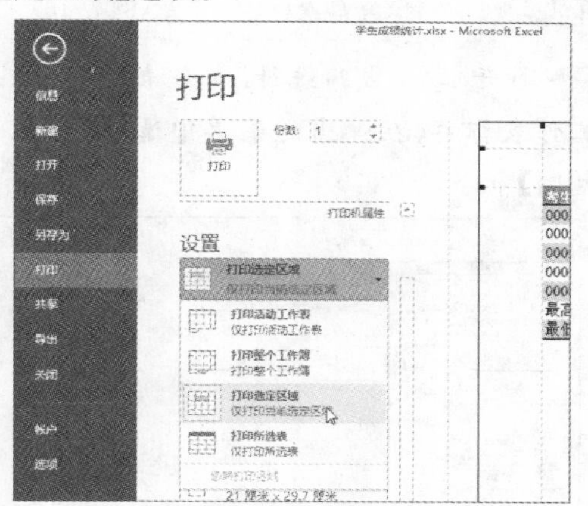

此时，窗口右侧窗格中将显示指定打印区域的预览效果，单击【打印】按钮即可打印相应的工作表区域。

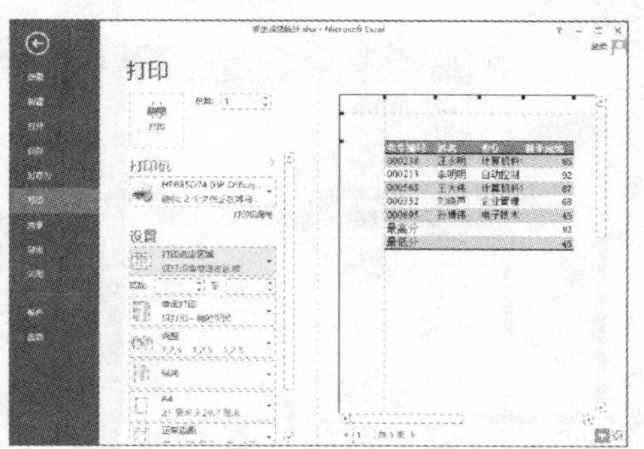

7.7 实战演练

本章主要介绍了 Excel 2013 的基本使用方法，通过对本章的学习，读者应能使用 Excel 2013 进行数据分析和处理。本章实战演练将主要介绍对数据进行筛选和使用图表展示数据的方法，帮助读者进一步掌握 Excel 2013 的使用方法。

7.7.1 Excel 数据的筛选

数据筛选功能是一种用于查找特定数据的快速方法，经过筛选后的数据只显示包含指定条件的数据行，以供用户浏览和分析。本例通过一个具体实例介绍在 Excel 2013 中筛选数据的方法。

【例 7-15】在“学生成绩表”工作表中进行以下操作：(1)自动筛选出“总分”最高的两条记录；(2)自定义筛选出“英语”成绩大于等于 80 分而小于等于 90 分的所有学生记录。

视频+素材(光盘素材\第 07 章\例 7-15)

01 打开“学生成绩统计”工作表，然后右击工作表标签，在弹出的菜单中选择【移动或复制】命令。

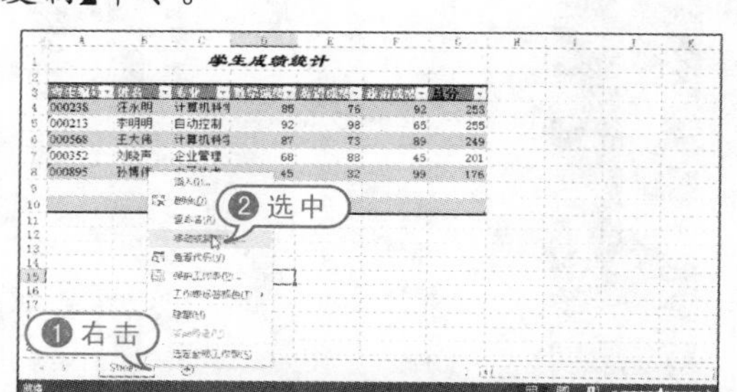

02 打开【移动或复制工作表】对话框，选择工作表复制的位置，然后选中【建立副本】复选框。

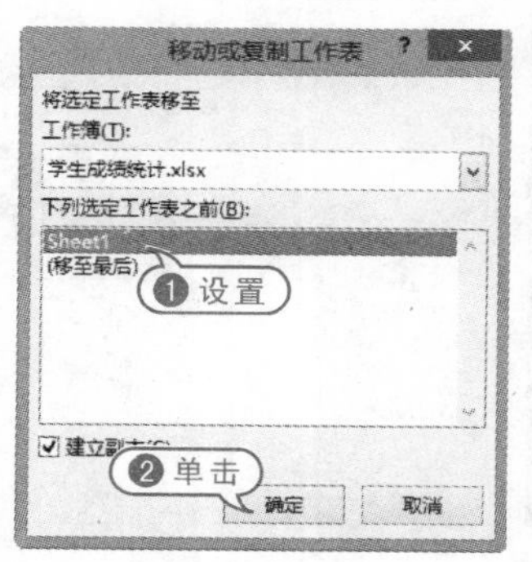

03 在【移动或复制工作表】对话框中单击【确定】按钮，复制工作表并将其重命名为【筛选 1】。

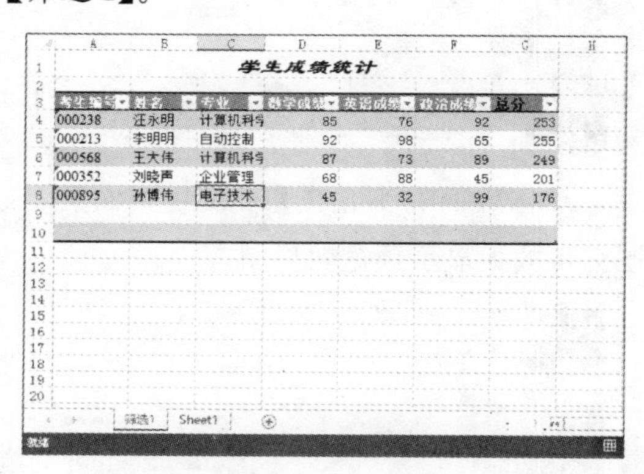

04 打开【筛选 1】工作表，选中筛选区域 D4:G8。

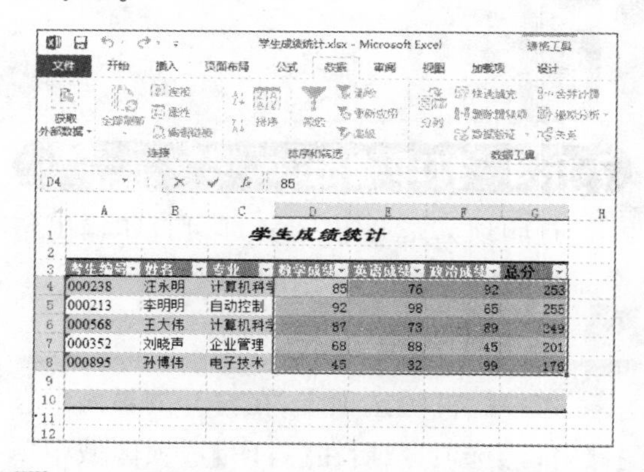

05 打开【数据】选项卡，在【排序和筛选】组中单击【筛选】按钮，进入筛选模式。

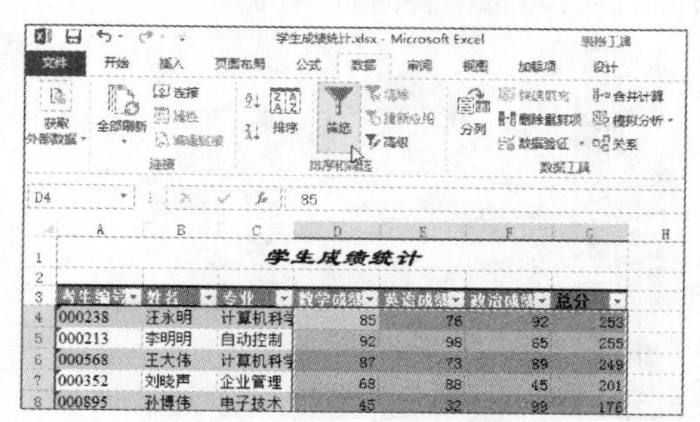

06 单击【总分】单元格旁边的倒三角按钮，在弹出的菜单中选择【数字筛选】|【前 10 项】命令。

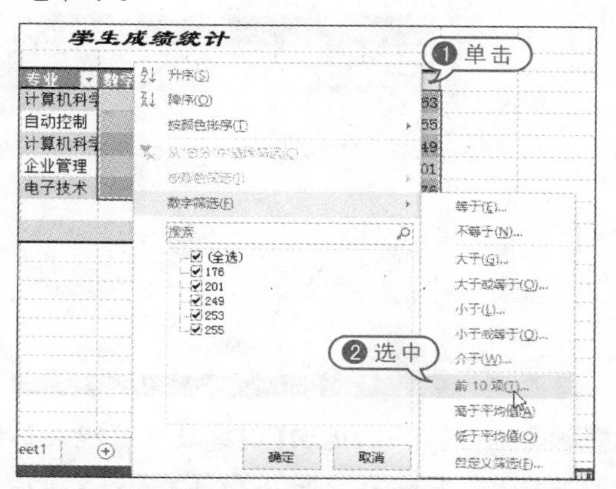

07 打开【自动筛选前 10 个】对话框，在【最大】右侧的微调框中输入 2，然后单击【确定】按钮。

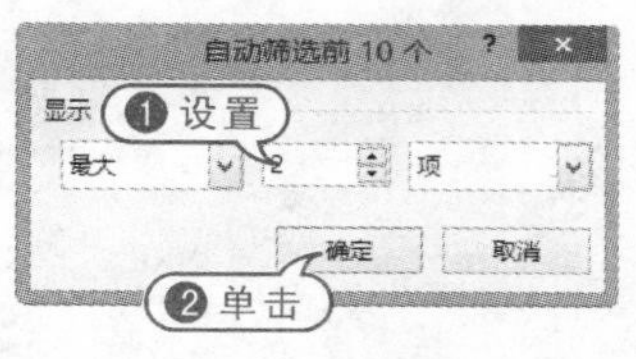

08 返回工作表窗口，系统即显示筛选出的总分最高的两条记录。

学生成绩统计

考生编号	姓名	专业	数学成绩	英语成绩	政治成绩	总分
000238	汪永明	计算机科学	85	76	92	253
000213	李明明	自动控制	92	98	65	255

09 再次复制“学生成绩统计”工作表，并将其命名为“筛选 2”。

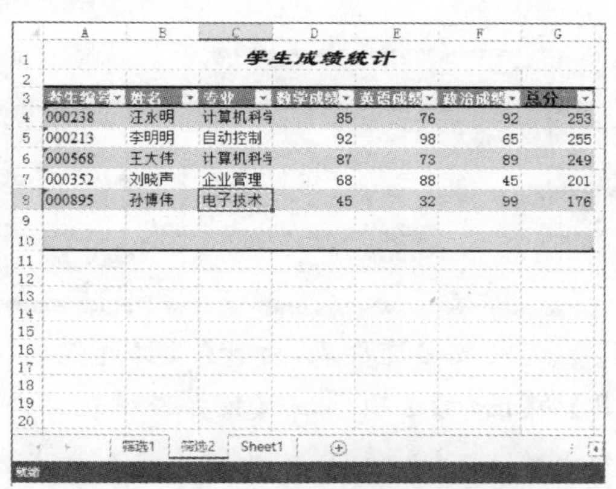

10 打开“筛选 2”工作表，选中筛选区域 E4:E8。打开【数据】选项卡，在【排序和筛选】组中单击【筛选】按钮，进入筛选模式。

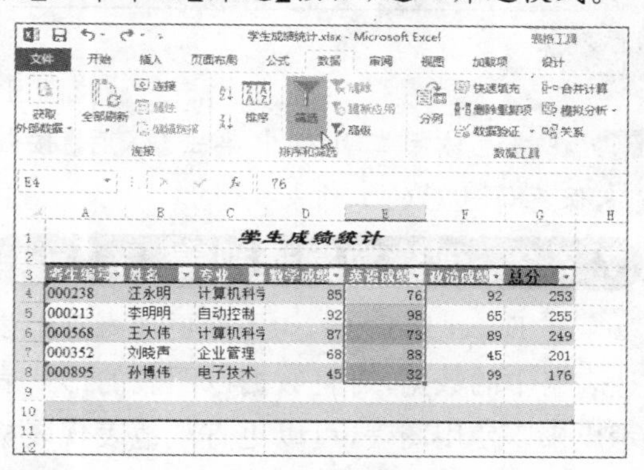

11 单击【英语】单元格右侧的下拉按钮，选择【数字筛选】|【介于】命令。

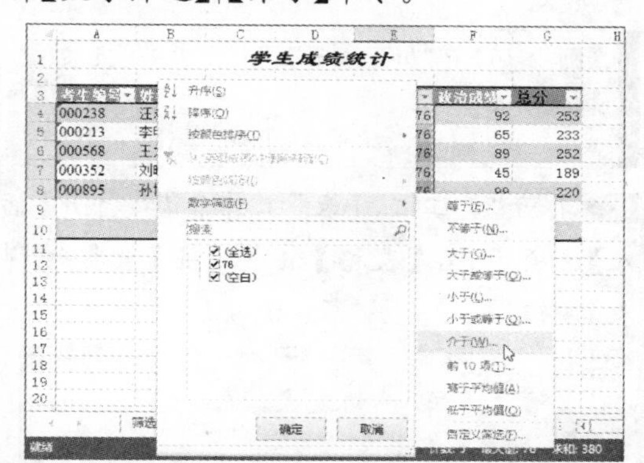

12 在打开的【自定义自动筛选方式】对话框中的【大于或等于】文本框中输入 80，在【小于或等于】文本框中输入 90，单击【确定】按钮。

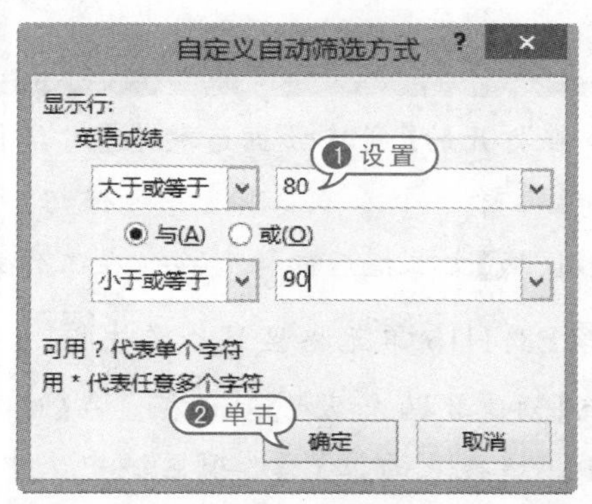

13 返回工作簿窗口，Excel 自动筛选出【英语】成绩在 80 分～90 分之间的记录。

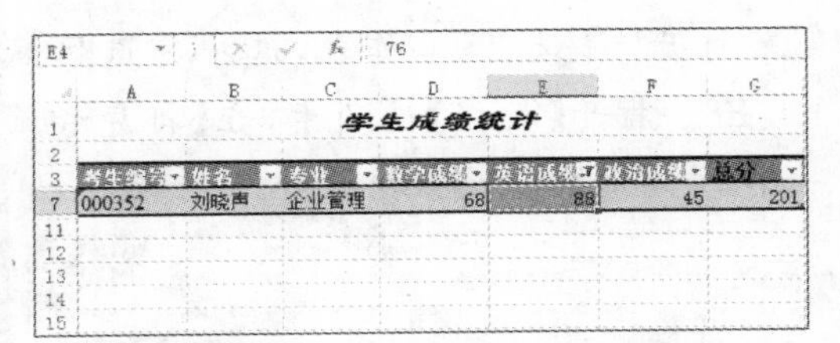

14 在快速访问工具栏中单击【保存】按钮，保存筛选后的工作表。

7.7.2 创建数据透视表

在 Excel 2013 中，为了能更加直观地表达表格中的数据，可将数据以图表的形式表示出来。使用图表，可以更直观地表现表格中数据的发展趋势或分布状况，方便对数据进行对比和分析。

【例 7-16】在“员工工资表”工作表中创建数据透视图表。
视频+素材（光盘素材\第 07 章\例 7-16）

01 打开“员工工资表”工作表后，打开【插入】选项卡，在【表格】组中单击【数据透视表】按钮。

02 在打开的【创建数据透视表】对话框中选中【选择一个表或区域】单选按钮，单击【表/区域】文本框后的按钮，在工作表中选择 B3:H15 单元格区域。单击按钮，返回【创建数据透视表】对话框。在【选择放置数据透视表的位置】选项区域中选中【现有工作表】单选按钮，在【位置】文本框后单击按钮，选定 Sheet 2 工作表的 A2 单元格。

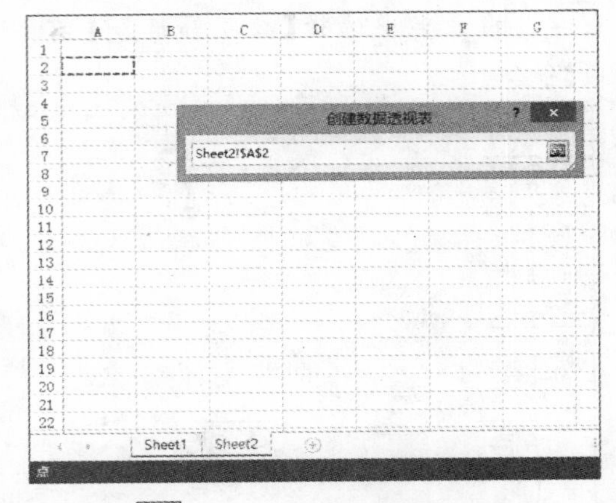

03 单击按钮，返回【创建数据透视表】对话框，然后在该对话框中单击【确定】按钮，即可在 Sheet 2 工作表中插入数据透视表。

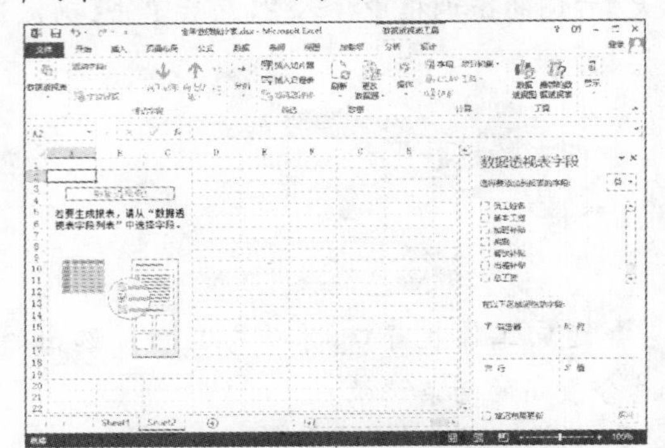

04 在【数据透视表字段列表】任务窗格中设置字段布局，工作表中的数据透视表即会进行相应变化。

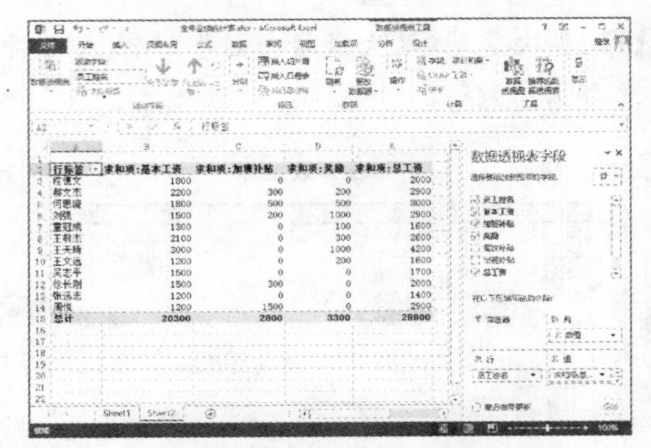

05 选定数据透视表，打开【数据透视表工具】的【设计】选项卡，在【数据透视表样式】组中单击按钮，打开数据透视表样式列

表，在列表框中选择【数据透视表样式中等、深浅 19】样式，设置数据透视表套用该样式。

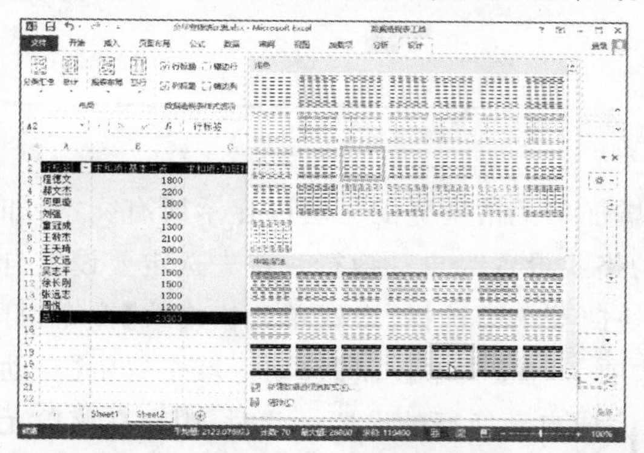

06 选定数据透视表，打开【插入】选项卡，然后单击该选项卡中的【数据透视图】按钮，在弹出的下拉列表框中选中【数据透视图】选项。

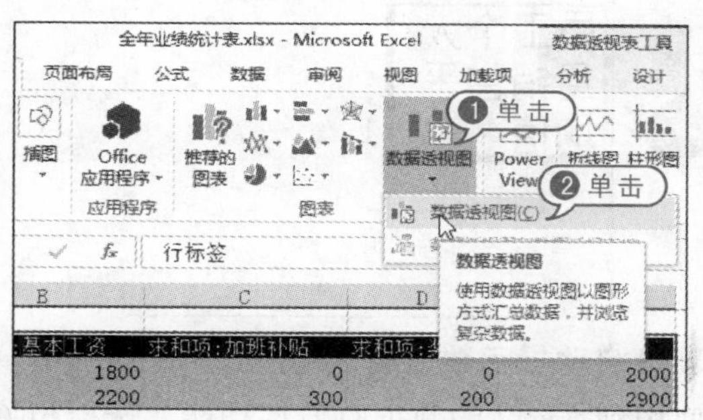

07 在打开的【插入图表】对话框中选中【饼图】选项，然后在显示的选项区域中选中【三维饼图】选项。

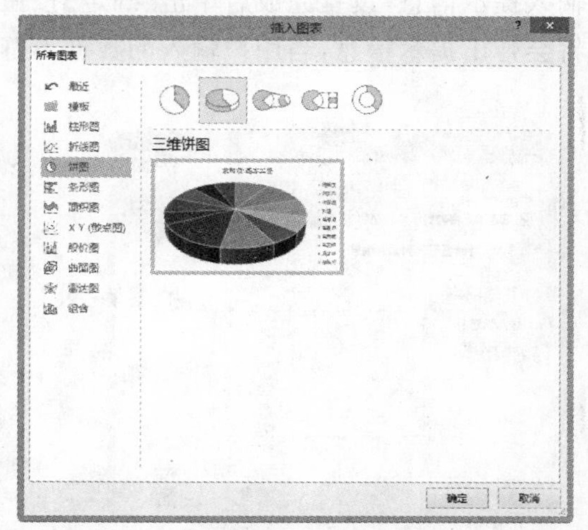

08 在【插入图表】对话框中单击【确定】按钮即可插入数据透视图，效果如下。

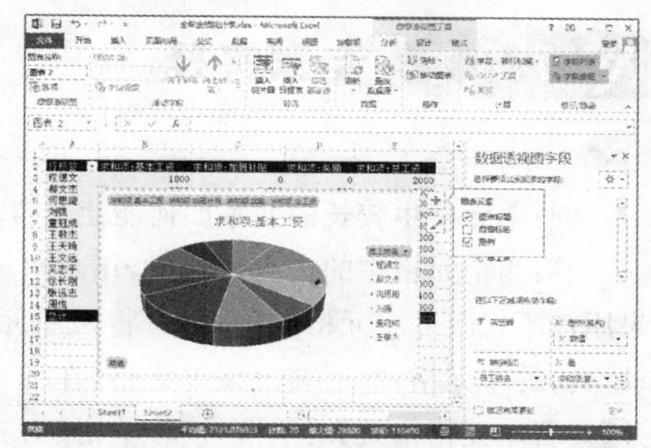

09 选定数据透视图，打开【数据透视图工具】的【设计】选项卡，在【图表布局】组中选择一种图表样式，并调整数据透视图位置和大小。

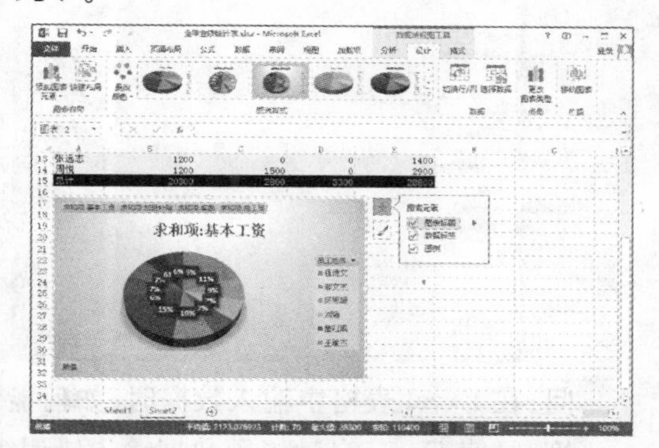

10 在快速访问工具栏中单击【保存】按钮，保存编辑过的数据透视图。选择【文件】选项卡，然后在打开的界面中选择【打印】选项，打开如下所示的选项区域。

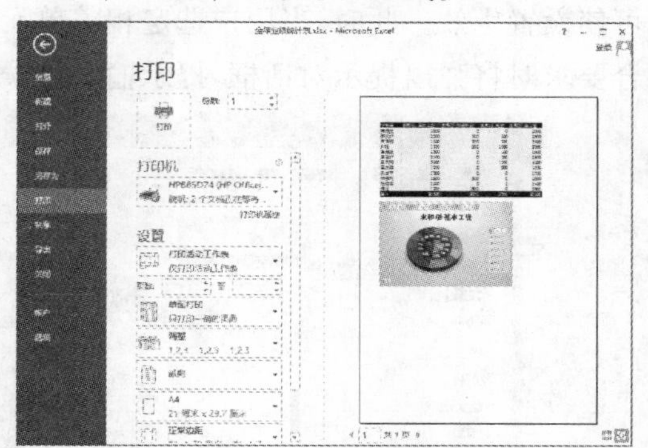

11 在【打印】界面中单击【打印机】按钮，在弹出的下拉列表框中选择一个用于打印表格文档的打印机后，单击【打印】按钮打印

本例创建的数据透视表。

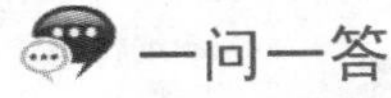

7.8 专家答疑

一问一答

问：单元格中较长的文本如何能让其自动换行？

答：当单元格中的文本过长时，用户可采用增加单元格列宽的方法以显示所有文本，如果用户不想改变单元格的列宽，可将该单元格的格式设置为自动换行。首先选定要设置自动换行的单元格，然后右击该单元格，在弹出的快捷菜单中选择【设置单元格格式】命令，打开【设置单元格格式】对话框，接着单击【对齐】选项卡，在【文本控制】选项区域中选中【自动换行】复选框，设置完成后单击【确定】按钮，即可完成自动换行的设置。此时，用户在该单元格中输入较长的文本时，Excel 将会自动换行。

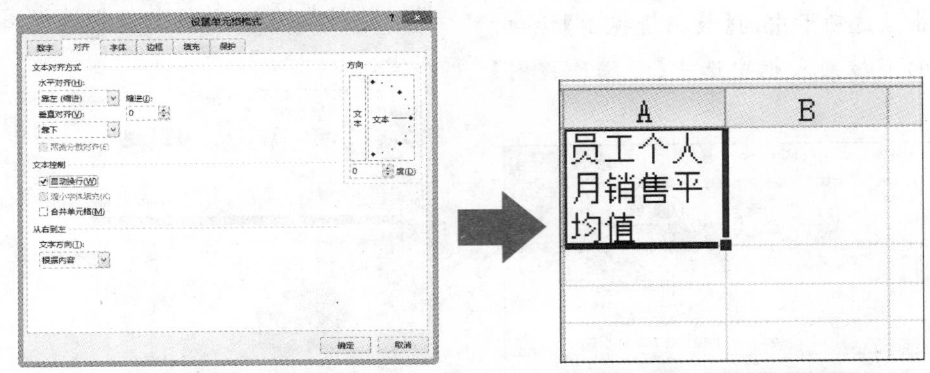

问：在 Excel 表格中输入数据时，如何能让 Excel 自动提示数据输入错误？

答：要使 Excel 自动提示数据输入错误需要使用到 Excel 的数据有效性功能。选择相关单元格或单元格区域，单击【数据】选项卡【数据工具】组中的【数据验证】按钮，打开【数据验证】对话框，在该对话框的【设置】选项卡中可设置数据的有效性条件，例如设置只能输入 10 到 100 之间的整数；在【输入信息】选项卡中可以输入提示信息，设置完成后单击【确定】按钮可使设置生效。此时，当用户选定相关单元格时将会弹出提示信息，当用户输入的数据不符合要求时将弹出提示对话框，提示输入错误。

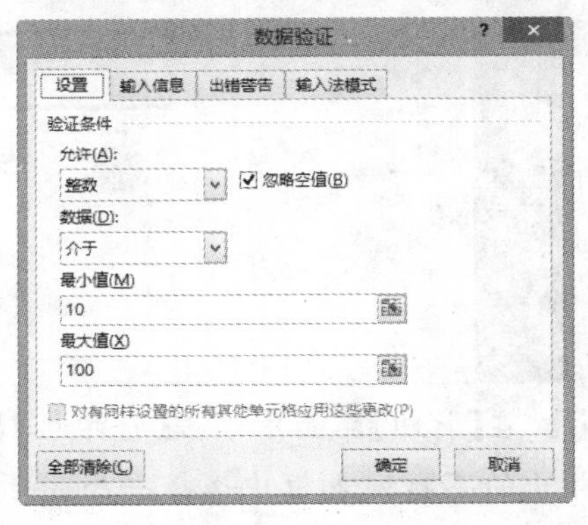

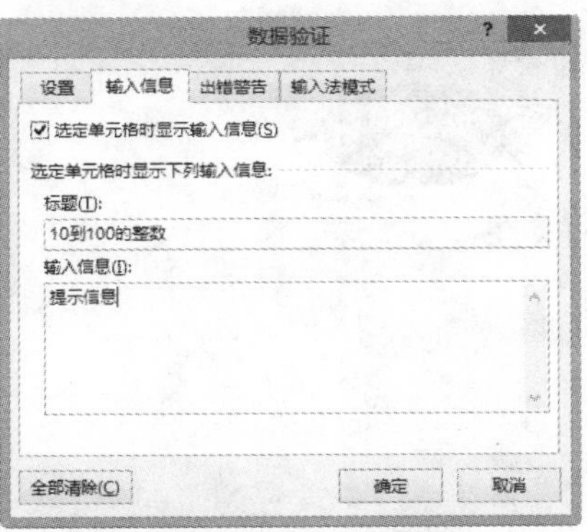

使用 PowerPoint 制作演示文稿

PowerPoint 2013 是目前最为常用的多媒体演示软件，它可以将文字、图形、图像、动画、声音和视频剪辑等多种媒体对象集合于一体，在一组图文并茂的画面中显示出来，从而更有效地向他人展示自己想要表达的内容。

参见随书光盘

例 8-1 使用现有模板创建演示文稿
例 8-2 自定义模板创建演示文稿
例 8-3 在文本占位符中输入文本
例 8-4 使用文本框
例 8-5 设置文本格式
例 8-6 插入电脑图片
例 8-7 添加艺术字
例 8-8 编辑艺术字
例 8-9 设置幻灯片背景
例 8-10 添加幻灯片切换动画
例 8-11 设置切换动画计时选项
例 8-12 添加动画对象
例 8-13 设置动画计时选项
例 8-14 设置动画触发器
例 8-15 为幻灯片添加超链接
更多视频请参见光盘目录

8.1 管理桌面元素

PowerPoint 和 Word、Excel 等应用软件一样，是 Microsoft 公司推出的 Office 系列软件之一。它可以制作出集文字、图形、图像、声音和视频等多媒体对象于一体的演示文稿，把学术交流、辅助教学、广告宣传、产品演示等信息以更轻松、更高效的方式表达出来。

8.1.1 PowerPoint 工作界面

PowerPoint 2013 的主工作界面与 Word 2013 相似，主要由标题栏、功能区、预览窗格、幻灯片编辑窗口、备注栏、状态栏、快捷按钮和显示比例滑杆等元素组成。其中相似的元素不再重复介绍了，这里仅介绍一下 PowerPoint 常用的预览窗格、幻灯片编辑窗口、备注栏以及快捷按钮和显示比例滑杆。

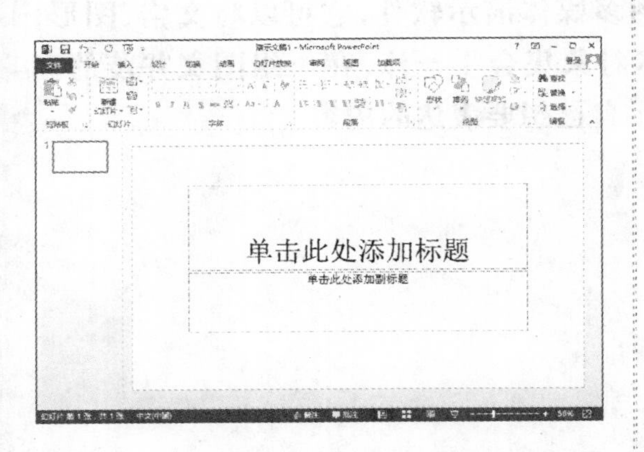

- 预览窗格：该窗格包含两个选项卡，在【幻灯片】选项卡中显示了幻灯片的缩略图，单击某个缩略图可在主编辑窗口查看和编辑该幻灯片；在【大纲】选项卡中可快速对幻灯片的标题性文本进行编辑。
- 幻灯片编辑窗口：幻灯片编辑窗口是 PowerPoint 2013 的主要工作区域，用户对文本、图像等多媒体元素进行操作的结果都将显示在该区域。
- 备注栏：在该栏中可分别为每张幻灯片添加备注文本。
- 快捷按钮和显示比例滑杆：该区域包括六个快捷按钮和一个【显示比例滑杆】，其中四个视图按钮可快速切换视图模式，一个比例按钮可快速设置幻灯片的显示比例，最右边的一个按钮可使幻灯片以合适比例显示在主编辑窗口；通过拖动【显示比例滑杆】中的滑块，可以直观地改变文档编辑区的大小。

8.1.2 PowerPoint 视图模式

PowerPoint 2013 提供了普通视图、幻灯片浏览视图、备注页视图、幻灯片放映视图和阅读视图等五种视图模式。

打开【视图】选项卡，在【演示文稿视图】组中单击相应的视图按钮，或者单击主界面右下角的快捷按钮，即可将当前操作界面切换至对应的视图模式。

1. 普通视图

PowerPoint 普通视图又可以分为两种形式，主要区别在于 PowerPoint 工作界面最左边的预览窗格是幻灯片形式还是大纲形式，用户可以通过单击该预览窗口上方的切换按钮进行切换。

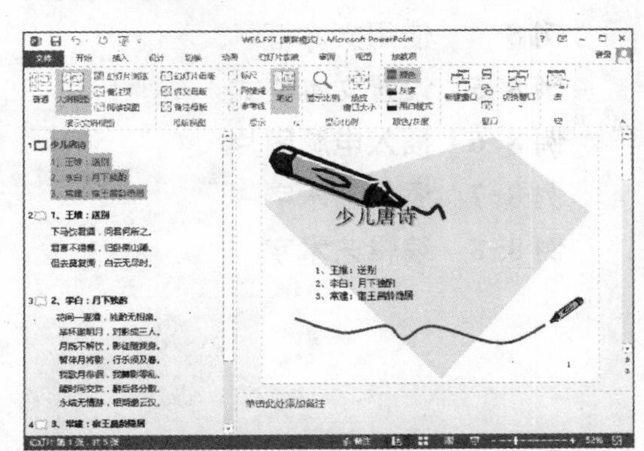

2. 幻灯片浏览视图

使用幻灯片浏览视图，可以在屏幕上同时看到演示文稿中的所有幻灯片，这些幻灯片以缩略图方式显示在同一窗口中。

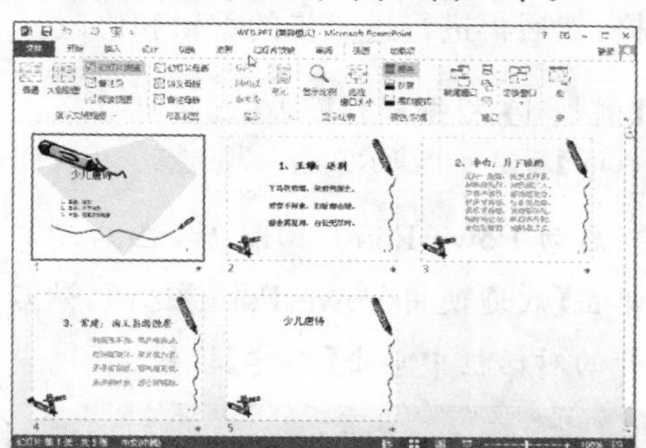

专家指点

在幻灯片浏览视图中，可以查看幻灯片的背景、配色方案或更换模板后演示文稿发生的整体变化，也可以检查各个幻灯片是否前后协调、图标的位置是否合适等问题。

3. 备注页视图

在备注页视图模式下，用户可以方便地添加和更改备注信息，也可以添加图形等信息。

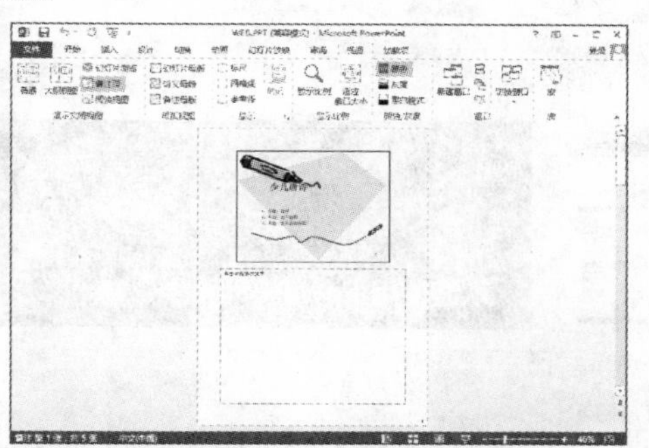

4. 幻灯片放映视图

幻灯片放映视图反映的是演示文稿的最终效果。幻灯片放映视图并不是显示单个的静止的画面，而是以动态的形式显示演示文稿中的各个幻灯片。

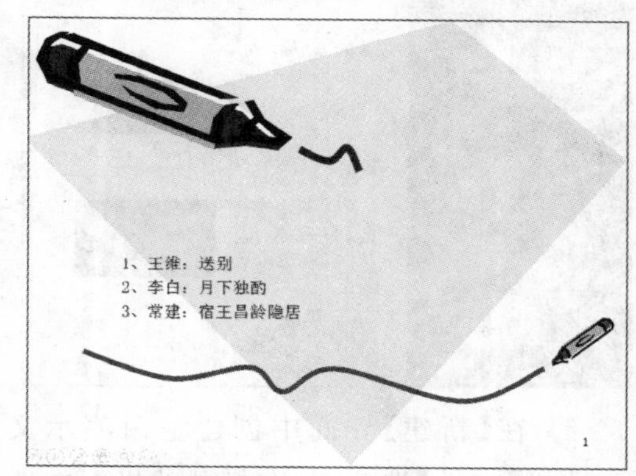

5. 阅读视图

如果用户希望在一个设有简单控件的窗口中查看演示文稿，而不想使用全屏的幻灯片放映视图，则可以在自己的电脑中使用阅读视图。

此时要更改演示文稿，应从阅读视图切换至其他的视图模式中。

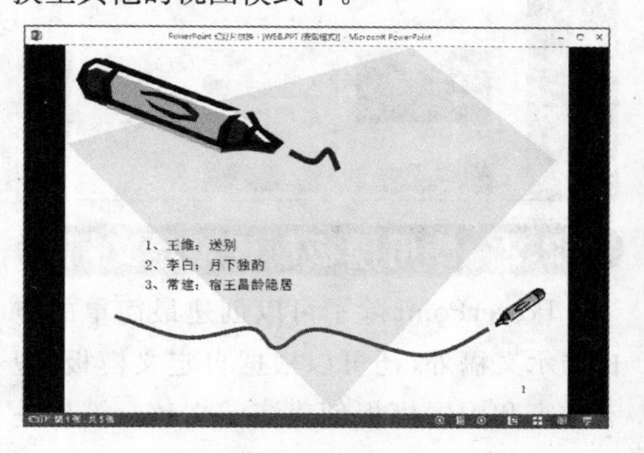

8.2 新建演示文稿

在 PowerPoint 中，使用 PowerPoint 制作出来的整个文件叫演示文稿，而演示文稿中的每一页叫做幻灯片，每张幻灯片都是演示文稿中既相互独立又相互联系的内容。

8.2.1 新建空白演示文稿

空白演示文稿是一种形式最简单的演示文稿，没有应用模板设计、配色方案以及动画方案，可以自由设计。创建空白演示文稿的方法主要有以下两种。

- 在 PowerPoint 启动界面中创建空白演示文稿：启动 PowerPoint 2013 后，在打开的界面中单击【空白演示文稿】按钮。

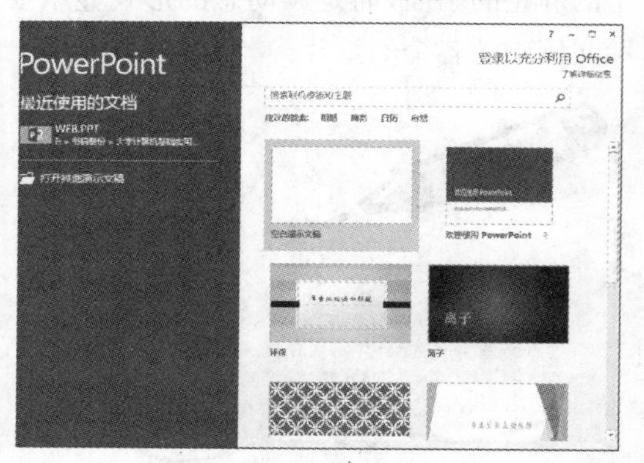

- 在【新建】界面中创建空白演示文稿：选择【文件】选项卡，在打开的界面中选中【新建】选项，打开【新建】界面，在【新建】界面中单击【空白演示文稿】按钮。

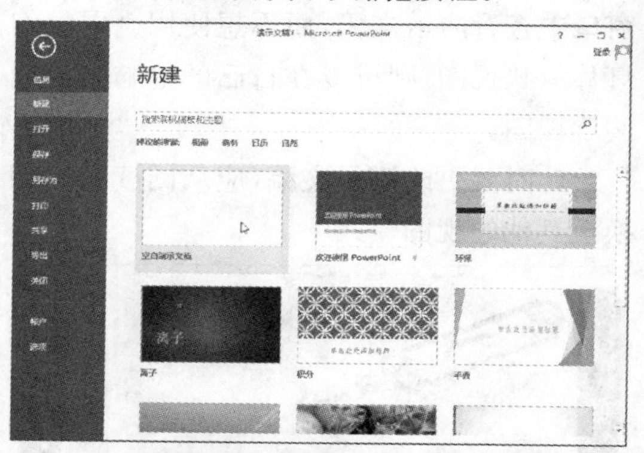

8.2.2 使用模板创建演示文稿

PowerPoint 除了可以创建最简单的空白演示文稿外，还可以根据自定义模板、现有内容和内置模板创建演示文稿。模板是一种以特殊格式保存的演示文稿，一旦应用了一种模板后，幻灯片的背景图形、配色方案等就都已经确定，所以套用模板可以提高新建演示文稿的效率。

1. 使用现有模板新建演示文稿

PowerPoint 2013 提供了许多美观的设计模板，这些设计模板将演示文稿的样式、风格，包括幻灯片的背景、装饰图案、文字布局及颜色、大小等均预先定义好。用户在设计演示文稿时可以先选择演示文稿的整体风格，然后再进行进一步的编辑和修改。

【例 8-1】根据现有模板【欢迎使用 PowerPoint】新建一个演示文稿。视频

01 启动 PowerPoint 2013 后，在启动界面中单击【欢迎使用 PowerPoint】选项，然后在打开的对话框中单击【创建】按钮。

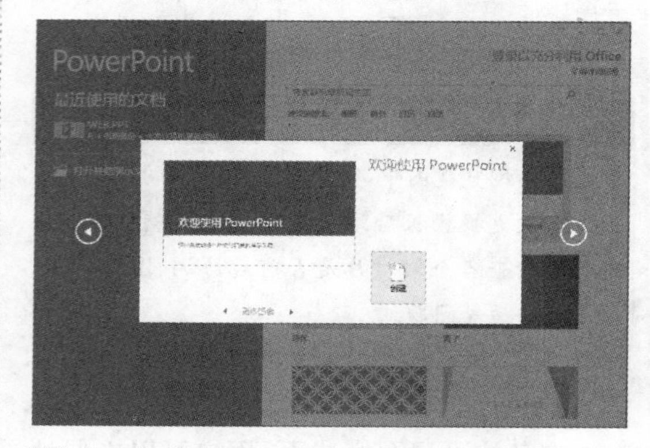

02 此时，【欢迎使用 PowerPoint】模板将被应用于新建的演示文稿，效果如下所示。

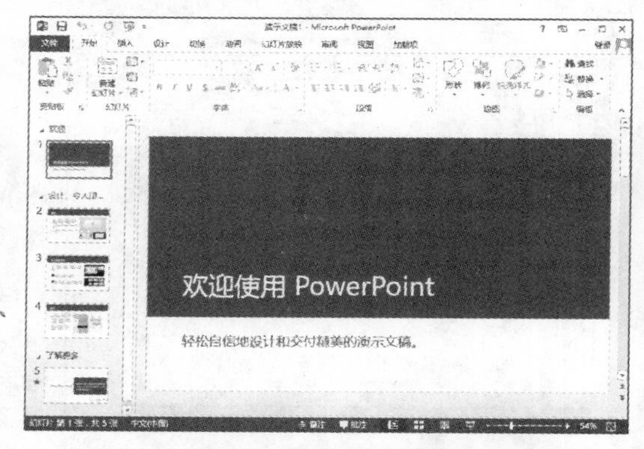

2. 根据自定义模板新建演示文稿

用户可以将自定义的演示文稿保存为【PowerPoint 模板】类型，使其成为一个自定义模板保存在【我的模板】中。当需要使用该模板时，在【我的模板】列表框中调用即可。

PowerPoint 自定义模板可以由以下两种方法获得。

- 在演示文稿中自行设计主题、版式、字体样式、背景图案和配色方案等基本要素，然后保存为模板。
- 由其他途径（如下载、共享、光盘等）获得的模板。

【例 8-2】将从其他途径获得的模板保存到【我的模板】列表框中，并调用该模板。
视频+素材（光盘素材\第 08 章\例 8-2）

01 启动 PowerPoint 2013，双击打开预先设计好的模板。

02 单击界面左上方的【文件】按钮，在打开的界面中选中【浏览】选项。

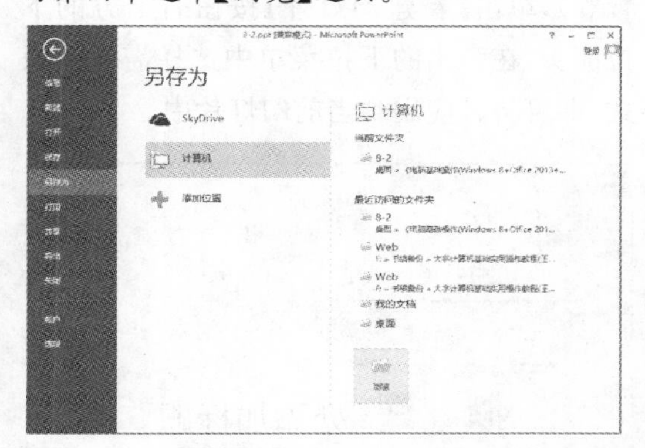

03 在打开的【另存为】选项卡中单击【浏览】按钮，打开【另存为】对话框；在该对话框的【文件名】文本框中输入模板名称，在【保存类型】下拉列表框中选择【PowerPoint 模板】选项。

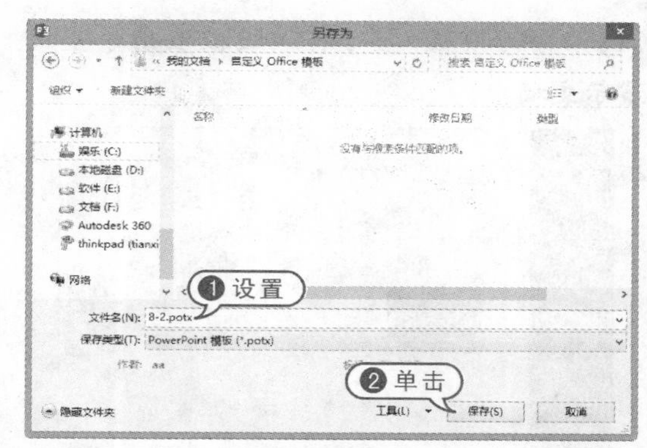

04 此时，【另存为】对话框的【保存位置】下拉列表框中将自动更改保存路径，单击【确定】按钮，将模板保存到 PowerPoint 默认模板存储路径下。完成以上操作后，关闭保存后的模板。启动 PowerPoint 2013 应用程序，打开一个空白演示文稿，

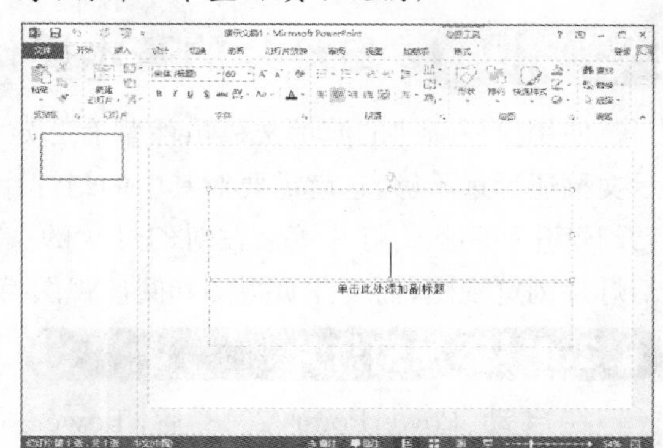

05 单击 PowerPoint 2013 界面左上方的【文件】按钮，在打开的界面中选中【新建】选项。

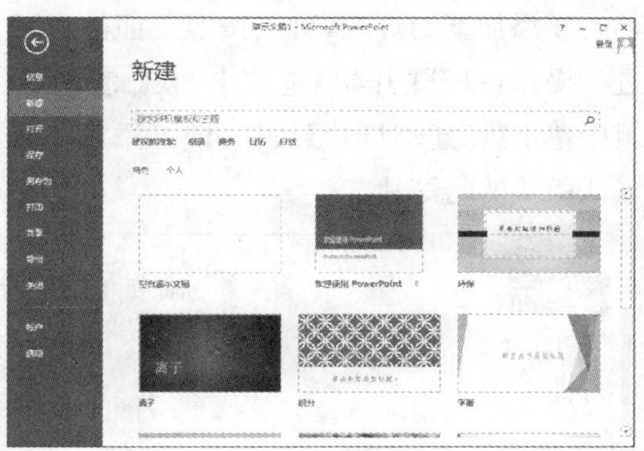

06 在打开的【新建】选项卡中单击【个人】选项，然后在打开的选项区域中单击【步骤

04】保存的模板，即可将该模板应用于空白演示文稿中。

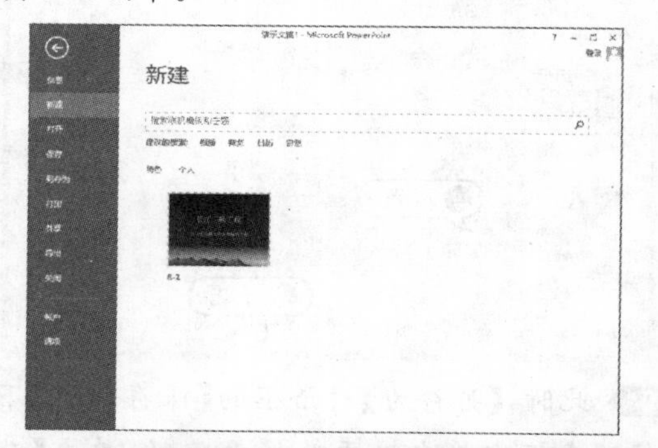

8.2.3 使用现有内容创建文稿

如果用户想使用现有演示文稿中的一些内容或风格来设计其他的演示文稿，可以使用 PowerPoint 的【现有内容】创建一个和现有演示文稿具有相同内容和风格的新演示文稿，然后用户只需在原有的基础上进行适当修改即可。

具体操作步骤如下：单击【文件】按钮，在打开的界面中选择【新建】选项，在【新建】选项区域中单击某个现有模板选项即可。

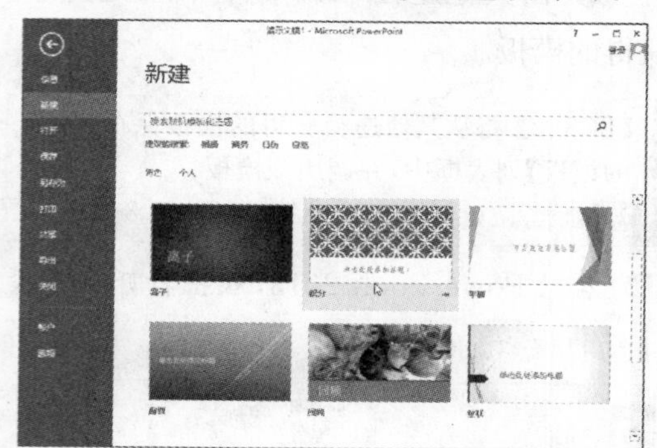

8.3 幻灯片的基本操作

使用模板新建的演示文稿虽然都有一定的内容，但这些内容要构成用于传播信息的演示文稿还远远不够，这就需要对其中的幻灯片进行编辑操作，如插入幻灯片、复制幻灯片、移动幻灯片和删除幻灯片等。在对幻灯片的编辑过程中，最为方便的视图模式是普通视图和幻灯片浏览视图，而备注页视图和阅读视图模式则不适合对幻灯片进行编辑操作。

8.3.1 添加幻灯片

在启动 PowerPoint 2013 后，PowerPoint 会自动建立一张新的幻灯片，随着制作过程的推进，需要在演示文稿中添加更多的幻灯片。

要添加新幻灯片，可以按照下面的方法进行操作：打开【开始】选项卡，在【幻灯片】组中单击【新建幻灯片】按钮，即可添加一张默认版式的幻灯片。

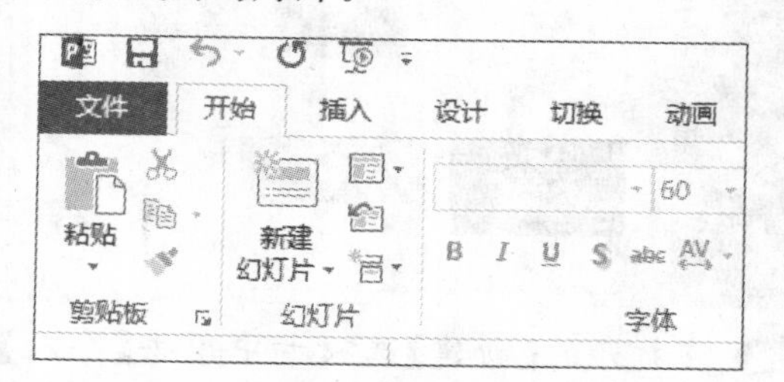

当需要应用其他版式时(版式是指预先定义好的幻灯片内容在幻灯片中的排列方式，如文字的排列及方向、文字与图表的位置等)，单击【新建幻灯片】按钮右下方的下拉箭头，在弹出的下拉菜单中选择需要的版式，即可将其应用到当前幻灯片中。

另外，在幻灯片预览窗格中选择一张幻灯片，按下 Enter 键后，将在该幻灯片的下

方添加新幻灯片。

8.3.2 选择幻灯片

在 PowerPoint 2013 中，可以一次选中一张幻灯片，也可以同时选中多张幻灯片，然后对选中的幻灯片进行操作。

- 选择单张幻灯片：无论是在普通视图的【大纲】或【幻灯片】方式下，还是在幻灯片浏览视图中，只需单击目标幻灯片，即可选中该张幻灯片。
- 选择连续的多张幻灯片：单击起始编号的幻灯片，然后按住 Shift 键，再单击结束编号的幻灯片，此时将有多张连续的幻灯片被同时选中。
- 选择不连续的多张幻灯片：在按住 Ctrl 键的同时，依次单击需要选择的每张幻灯片，此时被单击的多张幻灯片同时选中。在按住 Ctrl 键的同时再次单击已被选中的幻灯片，则该幻灯片被取消选中。

在幻灯片浏览视图中，除了可以使用上述的方法来选择幻灯片以外，还可以直接在幻灯片之间的空隙中按下鼠标左键并拖动，此时鼠标划过的幻灯片都将被选中。

8.3.3 移动和复制幻灯片

PowerPoint 支持以幻灯片为对象的移动和复制操作，可以将整张幻灯片及其内容进行移动或复制。

1. 移动幻灯片

在制作演示文稿时，如果需要重新排列幻灯片的顺序，就需要移动幻灯片。移动幻灯片的方法如下。

第一步：选中需要移动的幻灯片，在【开始】选项卡的【剪贴板】组中单击【剪切】按钮。

第二步：在需要移动的目标位置单击鼠标，然后在【开始】选项卡的【剪贴板】组中单击【粘贴】按钮。

2. 复制幻灯片

在制作演示文稿时，有时会需要两张内容基本相同的幻灯片。此时，可以利用幻灯片的复制功能，复制出一张相同的幻灯片，然后对其进行适当的修改。复制幻灯片的方法如下。

第一步：选中需要复制的幻灯片，在【开始】选项卡的【剪贴板】组中单击【复制】按钮。

第二步：在需要插入幻灯片的位置单击鼠标，然后在【开始】选项卡的【剪贴板】组中单击【粘贴】按钮。

专家指点

在 PowerPoint 2013 中，Ctrl+X、Ctrl+C 和 Ctrl+V 快捷键同样适用于幻灯片的剪贴、复制和粘贴操作。

8.3.4 删除幻灯片

在演示文稿中删除多余幻灯片是清除大量冗余信息的有效方法。删除幻灯片的方法主要有以下几种。

- 选中需要删除的幻灯片，直接按下 Delete 键。
- 右击需要删除的幻灯片，从弹出的快捷菜单中选择【删除幻灯片】命令
- 选中幻灯片，在【开始】选项卡的【剪贴板】组中单击【剪切】按钮。

8.4 编辑与输入文本

幻灯片文本是演示文稿中至关重要的部分，它对文稿中的主题、问题的说明与阐述具有其他方式不可替代的作用。无论是新建文稿时创建的空白幻灯片，还是使用模板创建的幻

灯片都类似一张白纸，需要用户将要表达的内容用文本表达出来。

8.4.1 输入文本

在 PowerPoint 中，不能直接在幻灯片中输入文字，只能通过文本占位符或插入文本框来添加。下面分别介绍如何使用文本占位符和插入文本框。

1. 在文本占位符中输入文本

大多数幻灯片的版式中都提供了文本占位符，这种占位符中预设了文字的属性和样式，供用户添加标题文字、项目文字等。

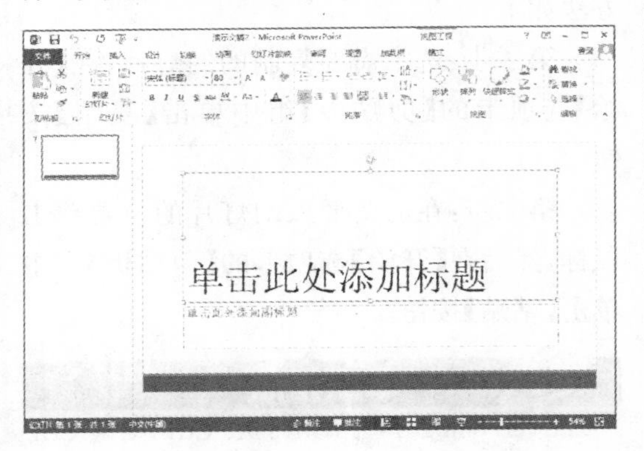

【例 8-3】创建一个空白演示文稿，并在其中输入文本。视频

01 创建一个空白演示文稿，单击【单击此处添加标题】文本占位符内部，此时占位符中将出现闪烁的光标，切换至搜狗拼音输入法，输入文本“那些年，我们一起追的女孩！”。

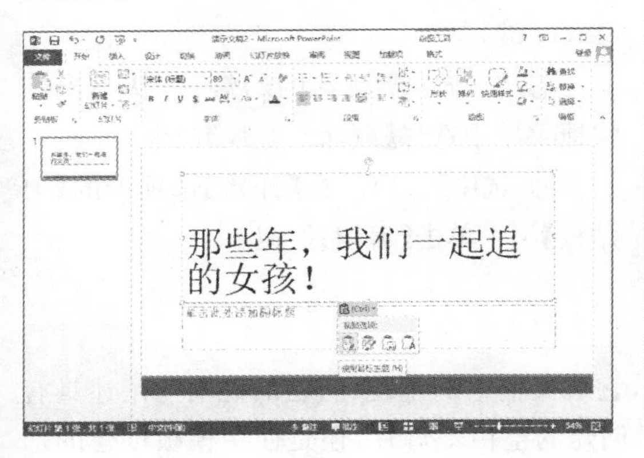

02 单击【单击此处添加副标题】文本占位符内部，当出现闪烁的光标时，输入文本“好想拥抱你 拥抱错过的勇气”。

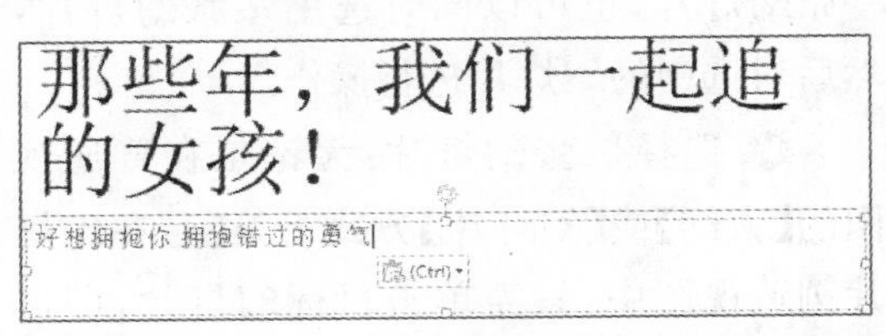

03 在快速工具栏中单击【保存】按钮，将演示文稿以“那些年”为名保存。

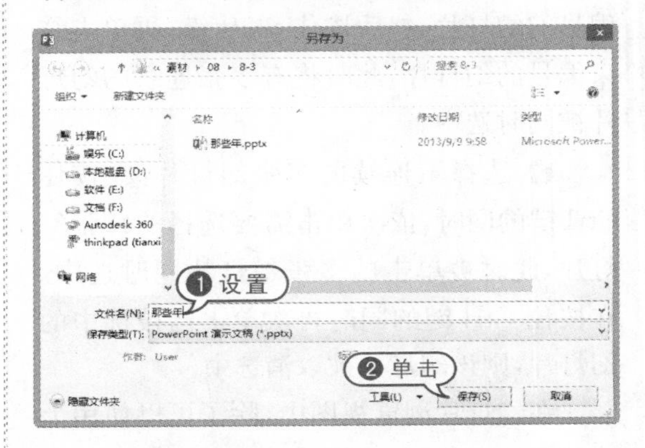

2. 使用文本框

文本框是一种可移动、可调整大小的文字容器，它与文本占位符非常相似。使用文本框可以在幻灯片中放置多个文字块，可以使文字按照不同的方向排列，也可以突破幻灯片版式的制约，实现在幻灯片中任意位置添加文字信息的目的。

PowerPoint 2013 提供了两种形式的文本框：横排文本框和垂直文本框，分别用来放置水平方向的文字和垂直方向的文字。

【例 8-4】在“那些年”演示文稿中插入一个横排文本框。
视频+素材（光盘素材\第 08 章\例 8-4）

01 继续【例 8-3】的操作，选择【插入】选项卡，在【文本】组中单击【文本框】下拉按钮，在弹出的下拉菜单中选择【横排文本框】

命令。

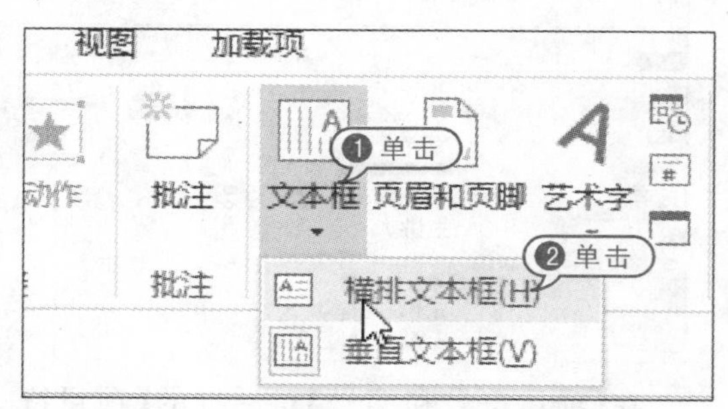

02 移动鼠标指针到幻灯片的编辑窗口，当指针变为↓形状时，在幻灯片编辑窗格中按住鼠标左键，鼠标指针变成✚形状。拖动出合适大小的矩形框后，释放鼠标左键，完成横排文本框的插入。

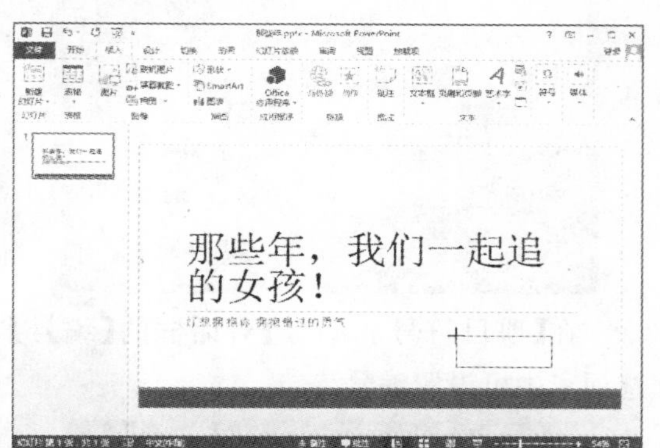

03 此时光标自动位于文本框内，切换至搜狗拼音输入法，然后输入文本"点点滴滴都是你"。

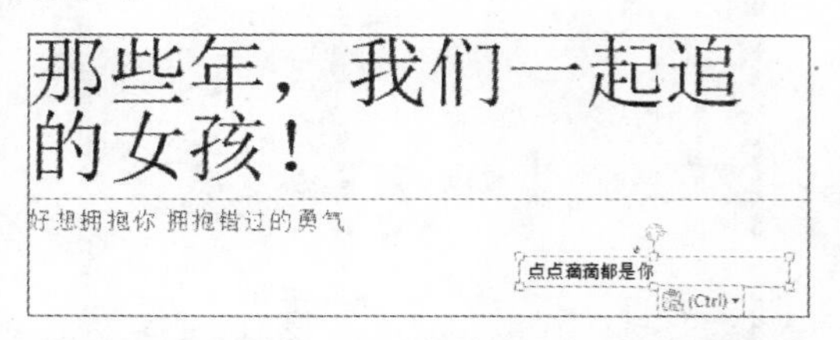

04 在快速工具栏中单击【保存】按钮，保存"那些年"演示文稿。

8.4.2 设置文本格式

要使演示文稿更加美观、清晰，通常需要对文本格式进行设置。文本的格式设置包括字体、字形、字号及字体颜色等。

【例 8-5】在"那些年"演示文稿中设置文本格式，并调节占位符和文本框的大小和位置。

视频+素材（光盘素材\第 08 章\例 8-5）

01 继续【例 8-4】的操作，选中主标题占位符，在【开始】选项卡的【字体】组中单击【字体】下拉按钮，从弹出的下拉列表框中选择【华文琥珀】选项，在【字号】框中设置字号为 60。

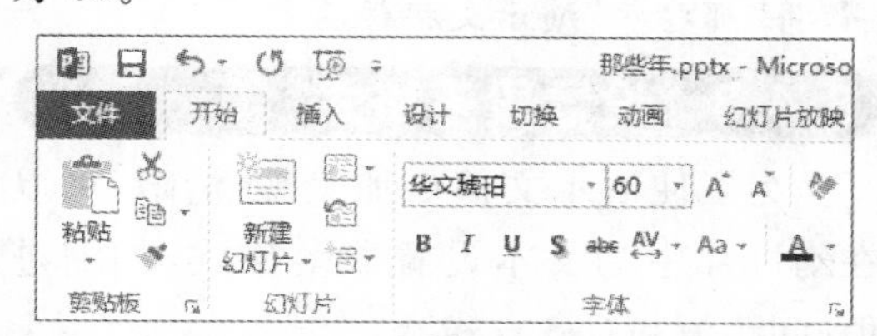

02 在【字体】组中单击【字体颜色】下拉按钮，从弹出的菜单中选择【深蓝】选项。

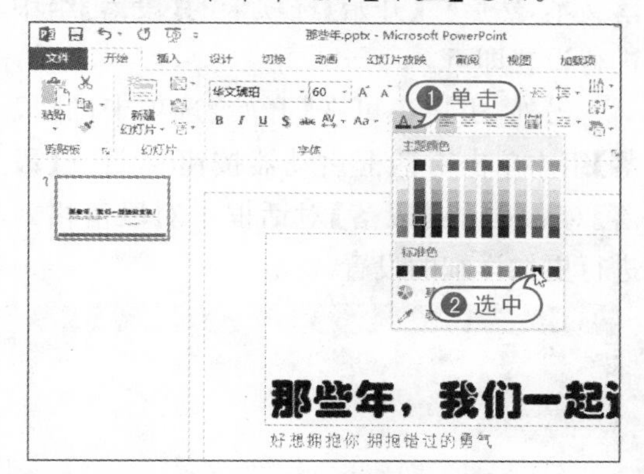

03 使用同样的方法，设置副标题占位符中文本字体为【华文行楷】，字号为【36】，字体颜色为【橙色】；设置右下角文本框中文本字体为【方正姚体】，字号为【28】。

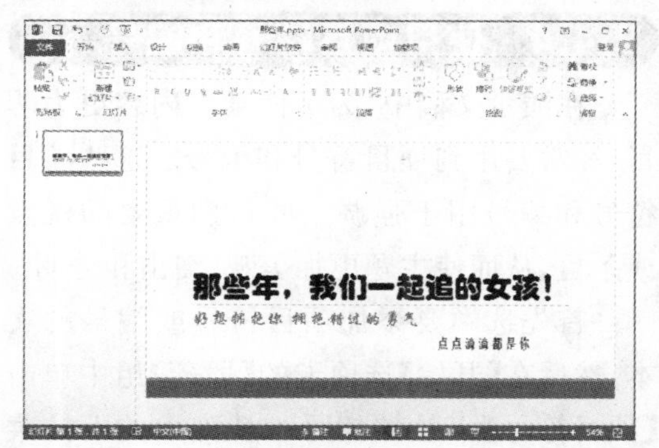

04 分别选中主标题和副标题文本占位符，

拖动鼠标调节其大小和位置。

05 在快速访问工具栏中单击【保存】按钮,将“那些年”演示文稿保存。

8.4.3 设置段落格式

为了使演示文稿更加美观、清晰，可以在幻灯片中为文本设置段落格式，如缩进值、间距值和对齐方式。

要设置段落格式，应先选定要设定的段落文本，然后在【开始】选项卡的【段落】组中进行设置即可。

另外，用户还可在【开始】选项卡的【段落】组中单击对话框启动器按钮，打开【段落】对话框，在【段落】对话框中对段落格式进行更加详细的设置。

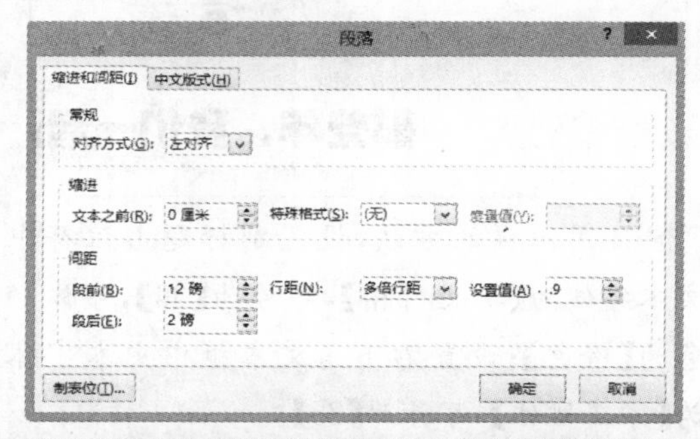

8.4.4 使用项目符号和编号

在演示文稿中，为了使某些内容更为醒目，经常要用到项目符号和编号。这些项目符号和编号用于强调一些特别重要的观点或条目，从而使主题更加美观、突出和分明。

首先选中要添加项目符号或编号的文本，然后在【开始】选项卡的【段落】组中单击【项目符号】下拉按钮，从弹出的下拉菜单中选择【项目符号和编号】命令，打开【项目符号和编号】对话框。

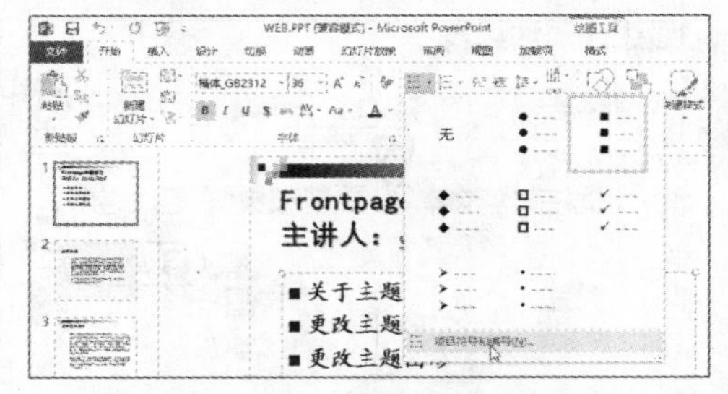

在【项目符号和编号】对话框的【项目符号】选项卡中可设置项目符号。

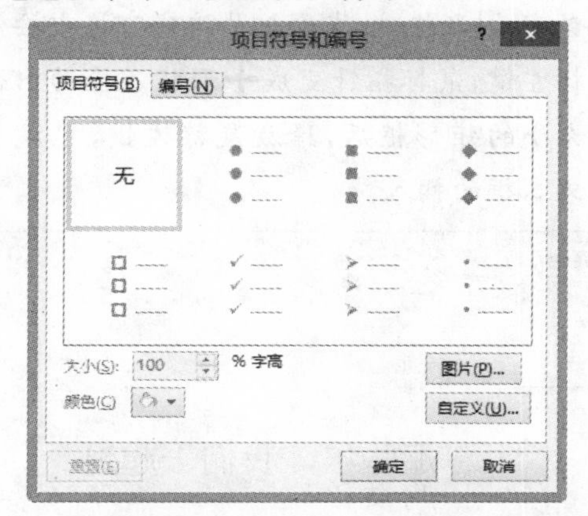

在【项目符号和编号】对话框的【编号】选项卡中可设置编号。

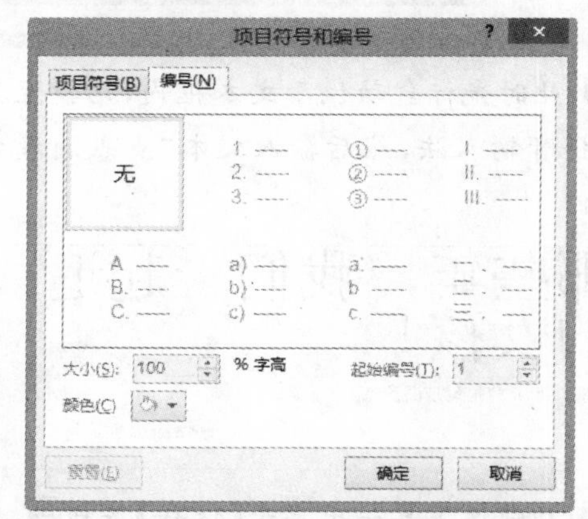

注意事项

在 PowerPoint 2013 中设置段落格式、添加项目符号和编号以及自定义项目符号和编号的方法和 Word 2013 中的方法非常相似，因此本节不再详细的举例介绍，用户可参考本书中对于 Word 2013 的介绍。

8.5 插入多媒体元素

幻灯片中只有文本未免会显得单调，PowerPoint 2013 支持在幻灯片中插入各种多媒体元素，包括图片、艺术字、声音和视频等。

8.5.1 在幻灯片中插入图片

在演示文稿中插入图片，可以更生动形象地阐述其主题和要表达的思想。在插入图片时，要充分考虑幻灯片的主题，使图片和主题和谐一致。

1. 插入剪贴画

要插入剪贴画，可以在【插入】选项卡的【图像】组中单击【联机图片】按钮，打开【插入图片】对话框，然后在该对话框的【Office.com 剪贴画】文本框中输入剪贴画的名称，并按下 Enter 键。

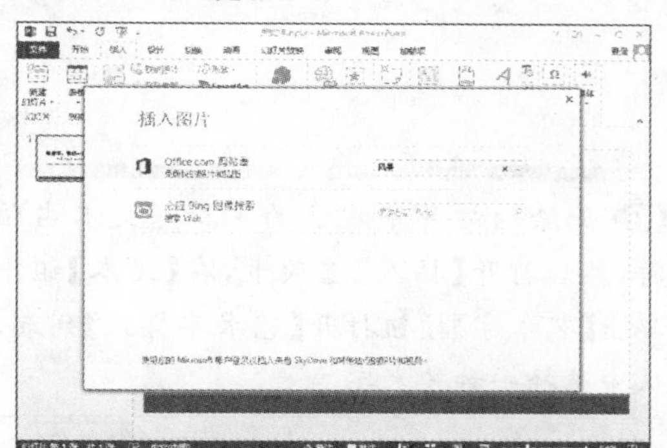

在显示的剪贴画列表框中选中剪贴画并单击【插入】按钮，即可将其添加到幻灯片中。

2. 插入电脑图片

用户除了插入 PowerPoint 2013 附带的剪贴画之外，还可以插入磁盘中的图片。这些图片可以是 BMP 位图，也可以是由其他应用程序创建的图片、从因特网下载的图片或通过扫描仪及数码相机输入的图片等。

打开【插入】选项卡，在【图像】组中单击【图片】按钮，打开【插入图片】对话框，选择需要的图片后单击【插入】按钮，即可在幻灯片中插入图片。

【例 8-6】在"那些年"演示文稿中插入图片。
视频+素材（光盘素材\第 08 章\例 8-6）

01 继续【例 8-5】的操作，打开【插入】选项卡，在【图像】组中单击【图片】按钮打开【插入图片】对话框。

02 在【插入图片】对话框中选择需要插入的图片后单击【插入】按钮，将该图片插入到幻灯片中。

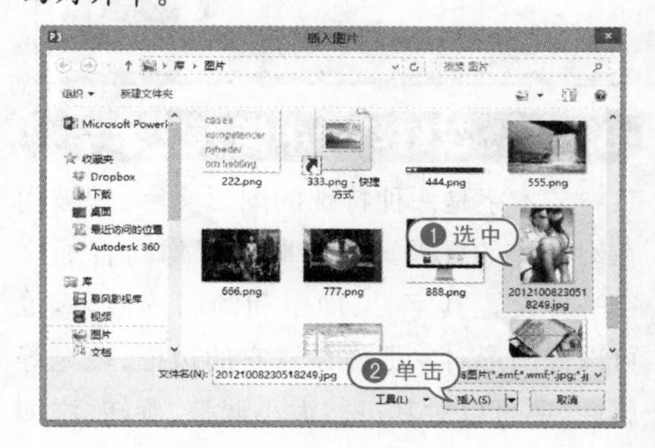

03 使用鼠标调整图片的大小和位置，效果如下所示。

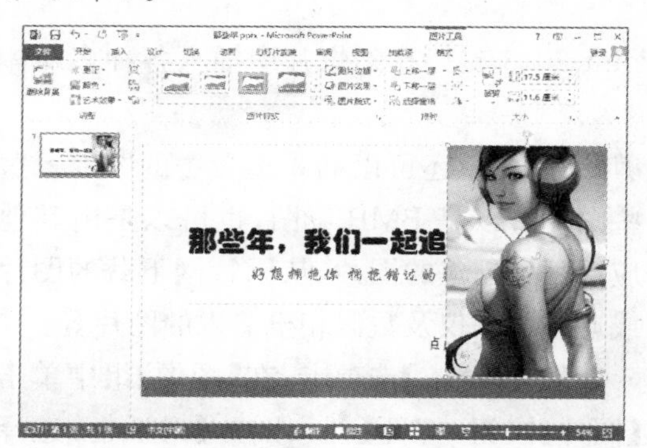

04 打开图片的【格式】选项卡，在【排列】组中单击【下移一层】下拉按钮，选择【置于底层】命令，将图片置于底层。

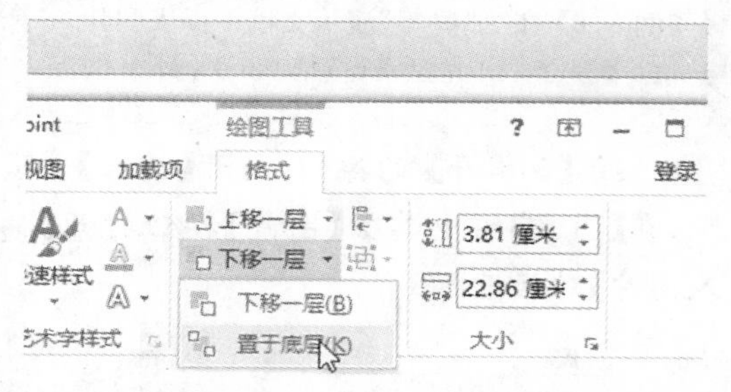

05 在快速工具栏中单击【保存】按钮，保存“那些年”演示文稿。

8.5.2 在幻灯片中插入艺术字

艺术字是一种特殊的图形文字，常被用在幻灯片的标题。用户既可以像对普通文字一样设置其字号、加粗和倾斜等效果，也可以像图形对象那样设置它的边框、填充等属性，还可以对其进行大小调整、旋转、添加阴影、设置三维效果等。

1. 添加艺术字

打开【插入】选项卡，在功能区的【文本】组中单击【艺术字】按钮，打开【艺术字样式】列表，单击需要的样式，即可在幻灯片中插入艺术字。

【例 8-7】新建“发现地球之美”演示文稿，并插入艺术字。

视频+素材（光盘素材\第 08 章\例 8-7）

01 新建一个空白演示文稿并将其保存为“发现地球之美”。

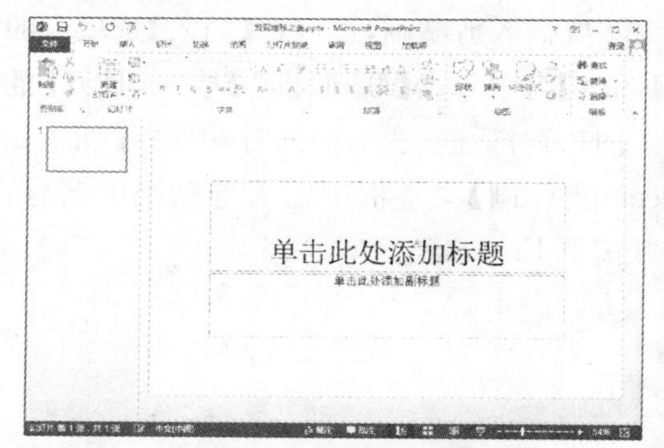

02 删除幻灯片中默认的主标题文本占位符，然后打开【插入】选项卡，在【文本】组中单击【艺术字】按钮打开【艺术字样式】列表，从中选择一种艺术字。

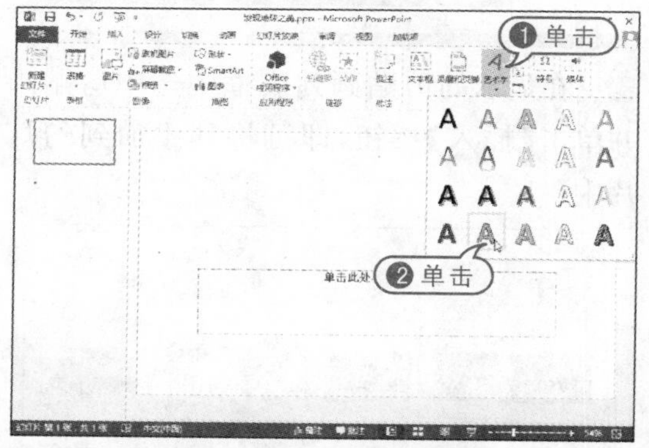

03 在【请在此处放置您的文字】占位符中输入文字“发现地球之美”

发现地球之美

单击此处添加副标题

04 使用鼠标调整艺术字的位置并设置其大小，效果如下所示。

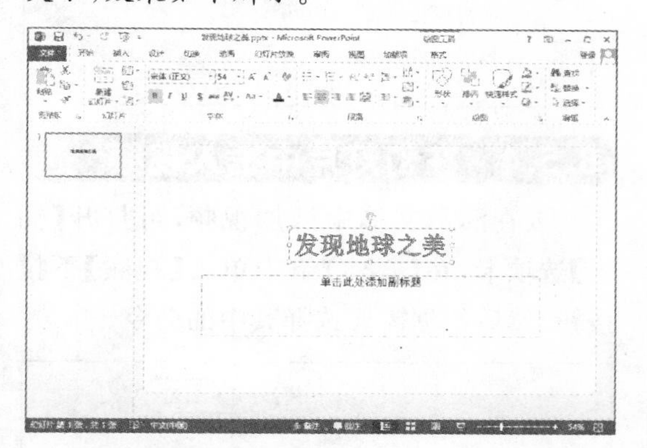

2. 编辑艺术字

用户在插入艺术字后，如果对艺术字的效果不满意，可以对其进行编辑修改。选中艺术字后，即可在【绘图工具】的【格式】选项卡中进行编辑。

【例 8-8】在“发现地球之美”演示文稿中编辑艺术字。
视频+素材（光盘素材\第 08 章\例 8-8）

01 继续【例 8-7】的操作，选中艺术字，在打开的【格式】选项卡的【艺术字样式】组中单击【文字效果】按钮，在弹出的样式列表框中选择【阴影】|【透视】分类下的【左上对角透视】选项，为艺术字应用该样式。

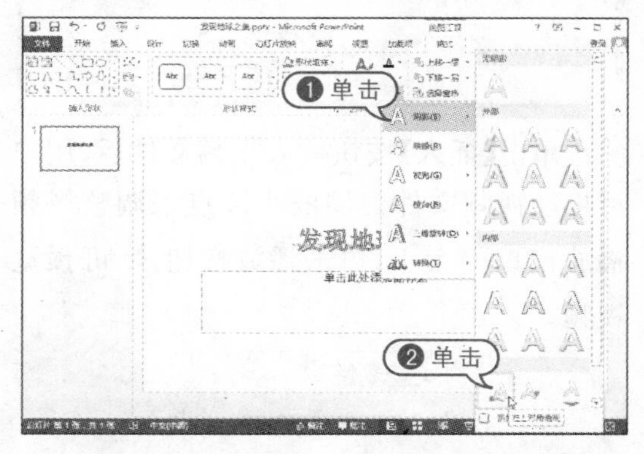

02 保持选中艺术字，再次单击【文字效果】按钮，在弹出的样式列表框中选择【转换】|【弯曲】分类下的【波形 2】选项。

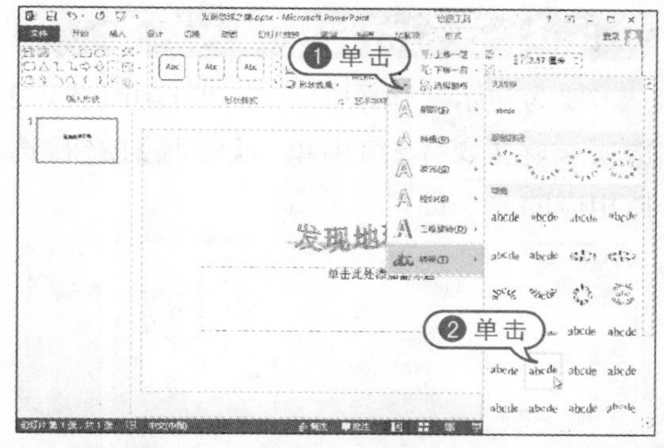

03 在副标题文本占位符中输入文本“摄影作品精选”，然后选定副标题文本占位符；打开【绘图工具】的【格式】选项卡，在【艺术字样式】组中单击【快速样式】按钮，选择一种艺术字样式。

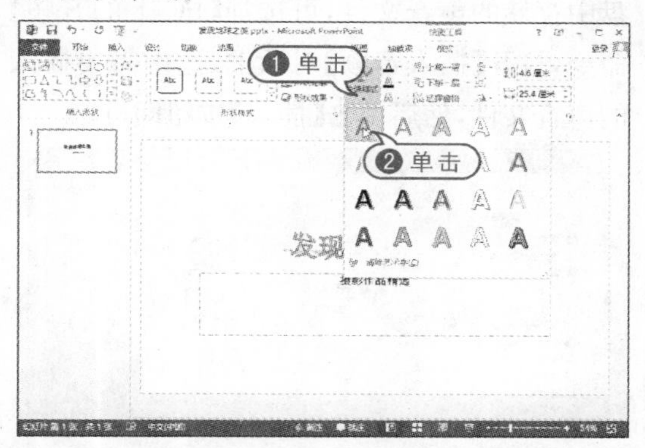

04 在【开始】选项卡的【字体】组中设置副标题文本占位符中的艺术字大小为 36，并调整其位置，效果如下所示。

05 完成以上操作后，在快速工具栏中单击【保存】按钮，保存“发现地球之美”演示文稿。

8.5.3 在幻灯片中插入声音

要为演示文稿添加声音，可打开【插入】选项卡，在【媒体】组中单击【音频】按钮，选择相应的命令即可。

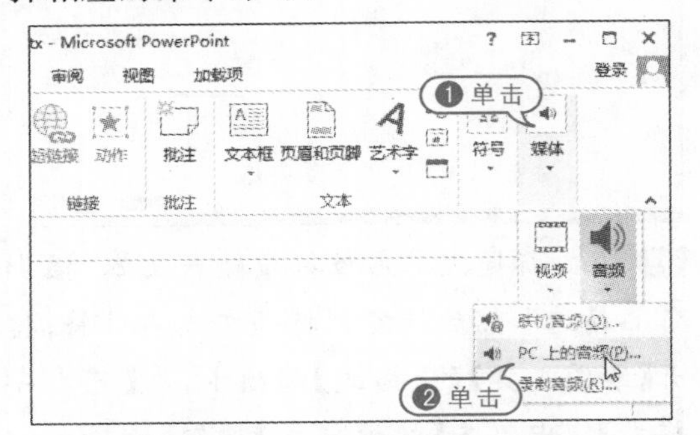

例如，用户要在演示文稿中添加自己硬盘中存储的声音文件，可选择【PC 上的音频】命令，打开【插入音频】对话框，选中需要插入的声音文件，然后单击【插入】按钮即可。

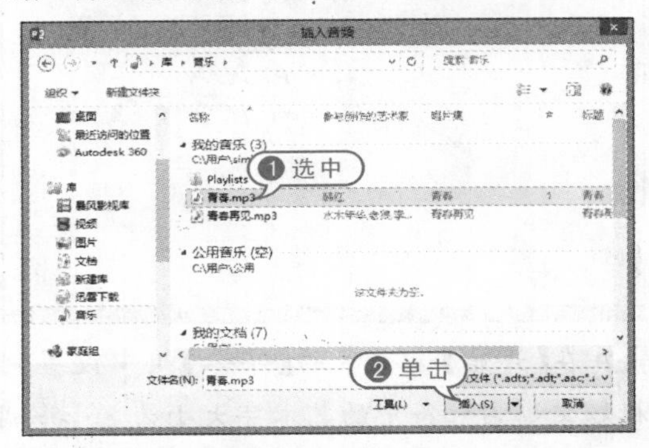

插入声音文件后，在幻灯片中将显示声音控制图标，选中其中的声音图标 。在打开的【播放】选项卡中用户可对音频的具体属性进行设置，例如淡入淡出处理、播放方式等。

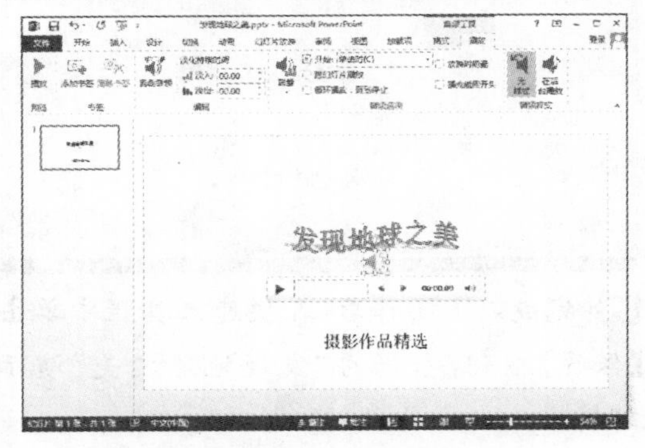

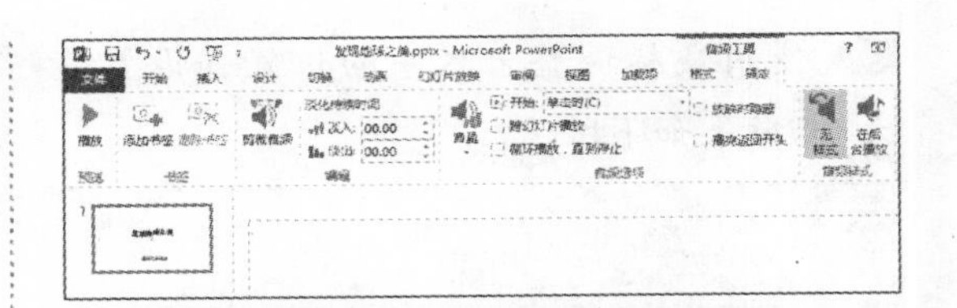

8.5.4 在幻灯片中插入视频

要在演示文稿中添加视频，可打开【插入】选项卡，在【媒体】组中单击【视频】下拉按钮，然后根据需要选择其中的命令。

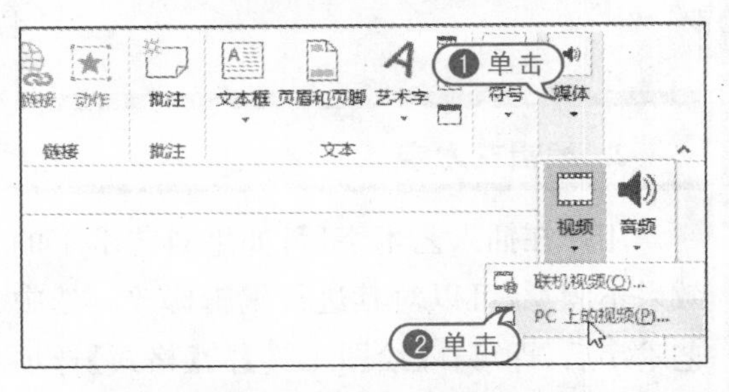

例如，要添加本地计算机上的视频，可选择【PC 上的视频】命令，打开【插入视频文件】对话框，然后选择要插入的视频文件。

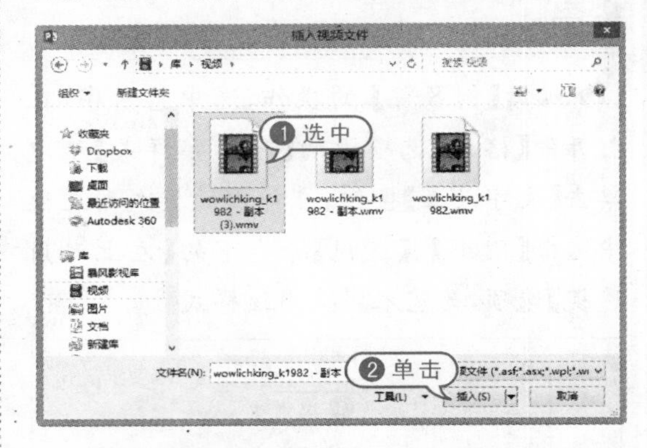

单击【插入】按钮插入视频文件后，用户可拖动视频文件四周的小圆点来调整视频播放窗口的大小，单击播放按钮 ▶ 可预览视频。

8.6 设置主题和背景

PowerPoint 2013 提供了多种主题颜色和背景样式，使用这些主题颜色和背景样式可以使幻灯片具有丰富的色彩和良好的视觉效果。

8.6.1 为幻灯片设置主题

PowerPoint 2013 为每种设计模板提供了几十种内置的主题颜色，用户可以根据需要选择不同的颜色来设计演示文稿。这些颜色是预先设置好的协调色，将自动应用于幻灯片的背景、文本线条、阴影、标题文本、填充、强调和超链接。

应用设计模板后，打开【设计】选项卡，单击【主题】组中的【颜色】按钮 颜色(C)，将打开主题颜色菜单，在该菜单中可以选择内置主题颜色。

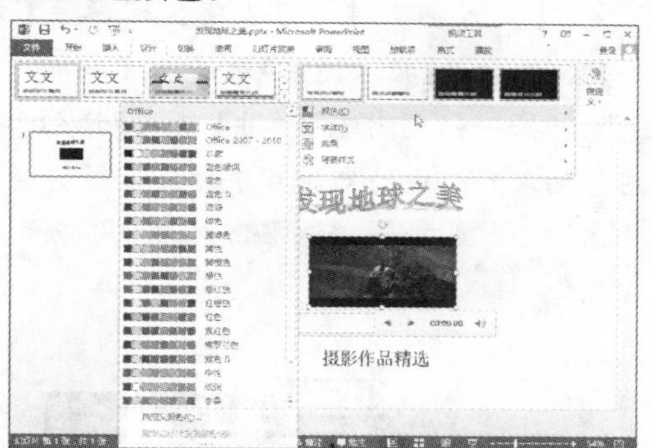

用户还可以自定义设置主题颜色。单击【颜色】按钮，从弹出的菜单中选择【自定义颜色】命令，打开【新建主题颜色】对话框，在该对话框中用户可对主题颜色进行自定义。

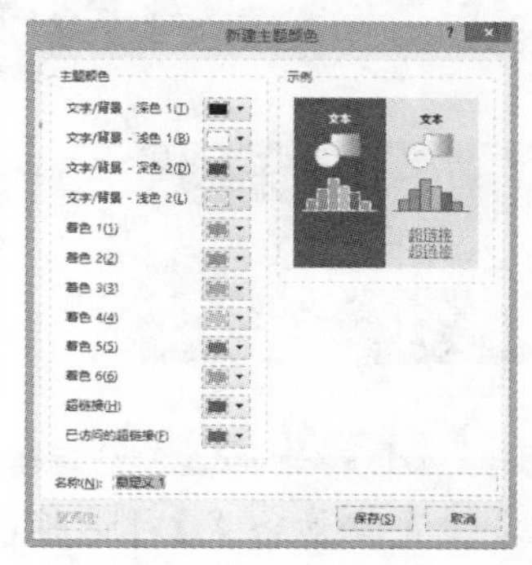

单击【字体】按钮 字体 ▾，在弹出的【内置字体】命令中选择一种字体类型；或选择【自定义字体】命令，打开【新建主题字体】对话框。

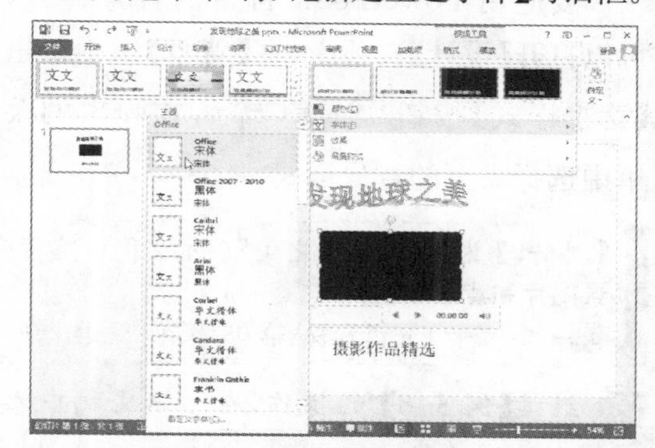

在【新建主题字体】对话框中可自定义幻灯片中文字的字体，并将其应用到演示文稿中。

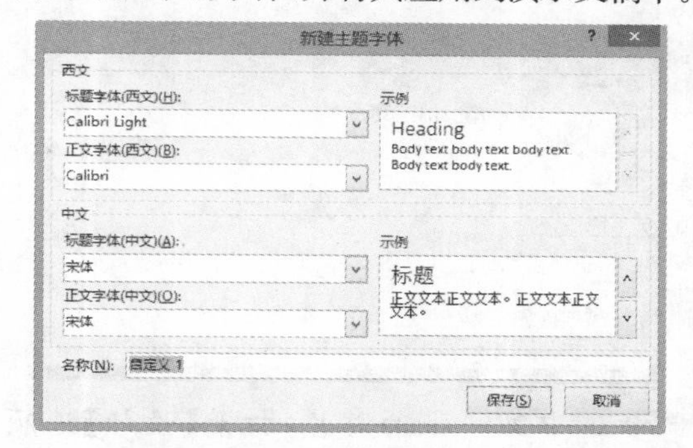

单击【效果】按钮 效果 ▾，在弹出的内置主题效果中选择一种效果，可更改当前演示文稿的主题效果。

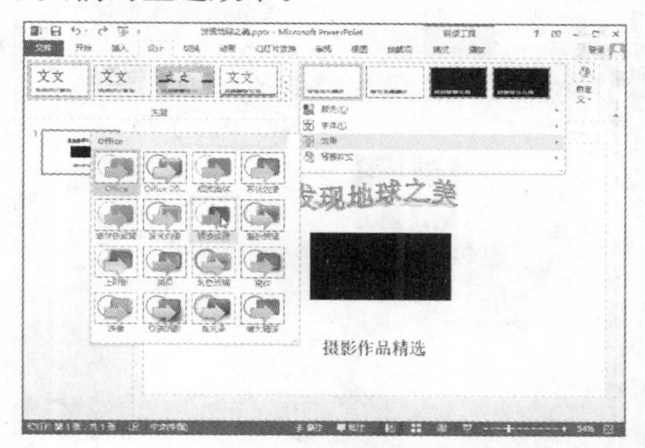

8.6.2 为幻灯片设置背景

在设计演示文稿时，用户除了可在应用模板或改变主题颜色时更改幻灯片的背景外，还可以根据需要任意更改幻灯片的背景颜色和背景设计，如添加底纹、图案、纹理或图片等。

要应用 PowerPoint 自带的背景样式，可以打开【设计】选项卡，在【背景】组中单击【背景样式】按钮 背景样式 ，在弹出的菜单中选择需要的背景样式。

> 【例 8-9】为"发现地球之美"演示文稿设置背景图片和背景颜色。
> 视频+素材(光盘素材\第 08 章\例 8-9)

01 继续【例 8-8】的操作，在演示文稿中添加三张幻灯片。

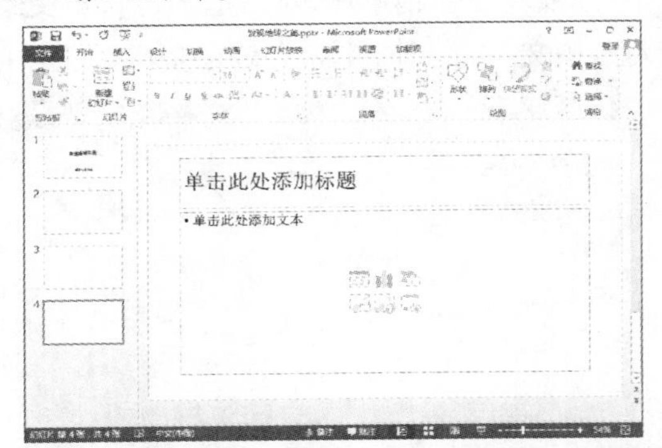

02 选中第一张幻灯片，打开【设计】选项卡，在【背景】组中单击【背景样式】按钮，从弹出的背景样式列表框中选择【设置背景格式】命令，打开【设置背景格式】对话框。

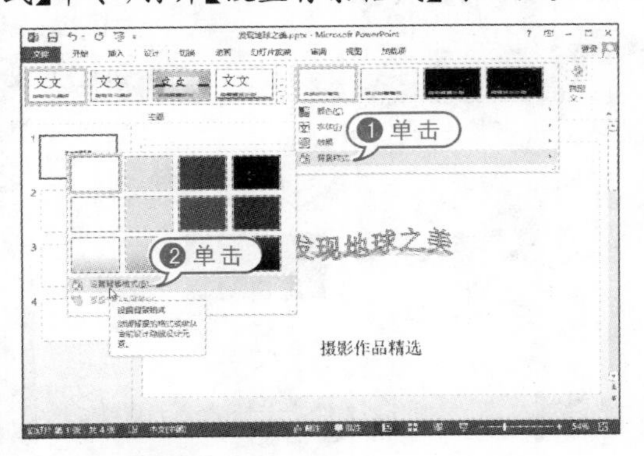

03 在【填充】选项卡中选中【图片或纹理填充】单选按钮，单击【纹理】下拉按钮，从弹出的样式列表框中选择【羊皮纸】选项，单击【全部应用】按钮，将该纹理样式应用到演示文稿中的每张幻灯片中。

04 在【插入图片来自】选项区域单击【文件】按钮，打开【插入图片】对话框。

05 选择一张图片后，单击【插入】按钮，将图片插入到选中的幻灯片中。

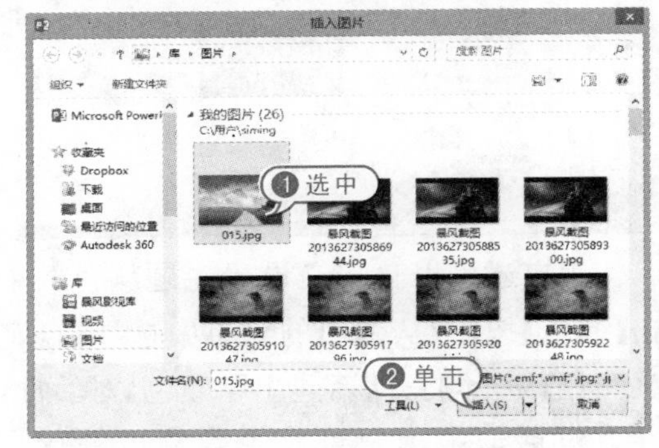

06 返回【设置背景格式】对话框，单击【关

闭】按钮✕，关闭【设置背景格式】对话框，且图片被设置为幻灯片的背景。

07 在快速工具栏中单击【保存】按钮，保存"发现地球之美"演示文稿。

专家指点

在【设置背景格式】对话框中，选中【纯色】单选按钮，可以设置纯色背景；选中【渐变填充】单选按钮，可以设置渐变色背景；选中【图案】单选按钮，可以设置图案样式背景；还可以自定义前景色和背景色。

8.7 设置幻灯片切换动画

幻灯片切换效果是指一张幻灯片如何从屏幕上消失，以及另一张幻灯片如何显示在屏幕上的方式。幻灯片切换方式可以是简单地以一张幻灯片代替另一张幻灯片，也可以是幻灯片以特殊的效果出现在屏幕上。在 PowerPoint 2013 中，可以为一组幻灯片设置同一种切换方式，也可以为每张幻灯片设置不同的切换方式。

8.7.1 添加幻灯片切换动画

要为幻灯片添加切换动画，可以打开【切换】选项卡，在【切换到此幻灯片】组中进行设置。先在该组中单击按钮，打开幻灯片动画效果列表。

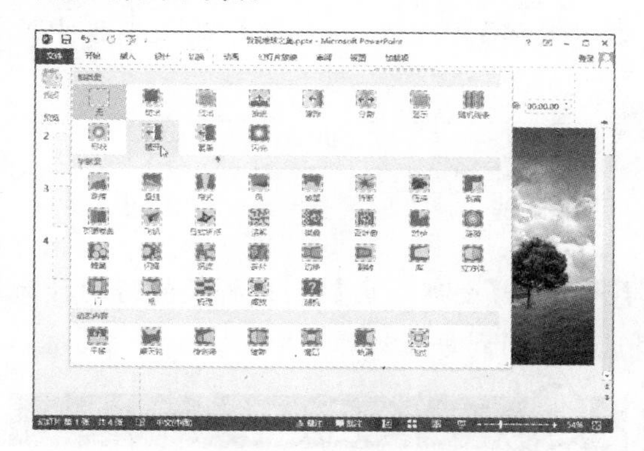

当鼠标指针指向某个选项时，幻灯片将应用该效果，供用户预览。

【例 8-10】为"发现地球之美"演示文稿设置幻灯片切换动画。
视频+素材（光盘素材\第 08 章\例 8-10）

01 继续【例 8-9】的操作，为"发现地球之美"演示文稿添加内容，效果如下所示。

02 选中第一张幻灯片，打开【切换】选项卡，在【切换到此幻灯片】组中单击【其他】按钮，从弹出的切换效果列表框中选择【库】选项，将该切换动画应用到第一张幻灯片中，并可预览切换动画效果。

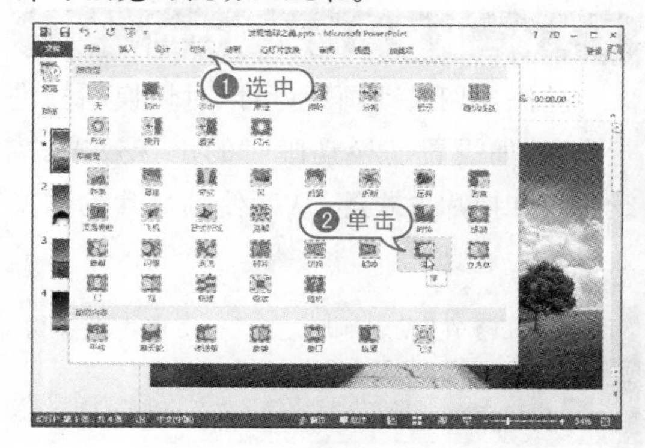

03 在【切换到此幻灯片】组中单击【效果选项】按钮,从弹出的菜单中选择【自左侧】选项。

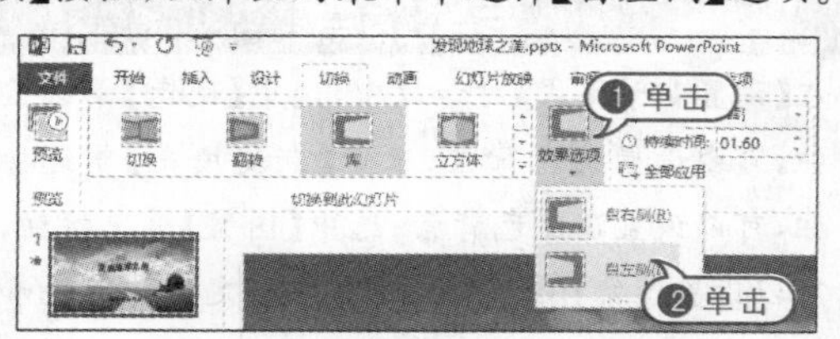

04 此时,可在幻灯片编辑区域中预览第一张幻灯片的切换动画效果。

05 使用同样的方法,为其他幻灯片添加切换动画,例如同样为第二张幻灯片设置【库】效果。

8.7.2 设置切换动画计时选项

在添加切换动画后,可以对切换动画进行设置,如设置切换动画时的声音效果、持续时间和换片方式等,从而使幻灯片的切换效果更为逼真。

【例 8-11】在“发现地球之美”示文稿中设置切换声音、切换速度和换片方式。
视频+素材(光盘素材\第 08 章\例 8-11)

01 继续【例 8-10】的操作,打开【切换】选项卡,在【计时】组中单击【声音】下拉按钮,选择【风铃】选项,为幻灯片应用该声音。

02 在【计时】组的【持续时间】微调框中输入“01.80”,为幻灯片设置动画切换效果的持续时间,其目的是控制幻灯片的切换速度,以方便观看者观看。

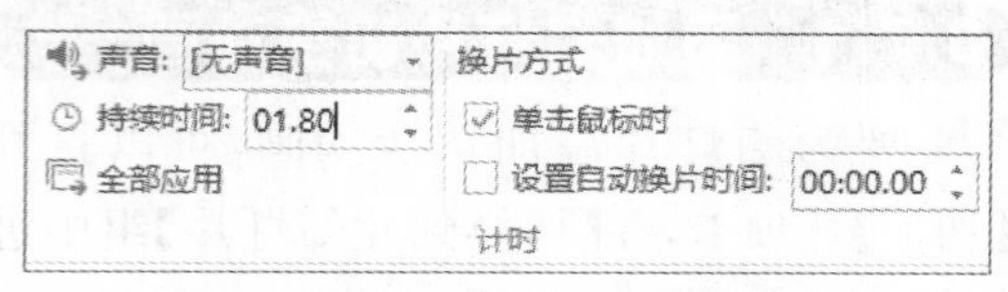

03 在【计时】组的【换片方式】区域中取消选中【单击鼠标时】复选框,选中【设置自动换片时间】复选框,并在其后的微调框中输入“00:00.30”。

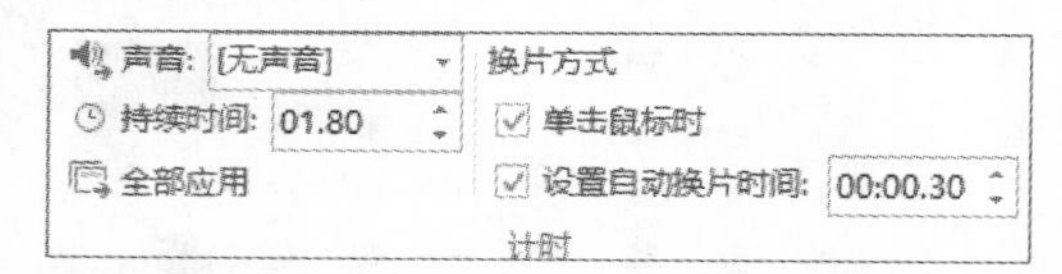

04 单击【全部应用】按钮,将设置好的计时选项应用到每张幻灯片中。

专家指点

在【切换】选项卡的【计时】组的【换片方式】区域中选中【单击鼠标时】复选框,表示在播放幻灯片时通过单击鼠标左键来换片;而取消选中该复选框,选中【设置自动换片时间】复选框,表示在播放幻灯片时会根据设置时间自动切换至下一张幻灯片,无须单击鼠标。

8.8 为对象添加动画效果

在 PowerPoint 中，除了可以为幻灯片设置切换动画外，还可为幻灯片中的各个对象设置动画效果。例如可以幻灯片中的文本、图形和表格等对象添加不同的动画效果，包括进入动画、强调动画、退出动画和动作路径动画等。

8.8.1 添加动画对象

下面将通过一个具体实例介绍如何为对象添加动画效果。

【例 8-12】在“四大网络视频压缩技术对比”演示文稿中为对象设置动画效果。
视频+素材（光盘素材\第 08 章\例 8-12）

01 启动 PowerPoint 2013，打开“四大网络视频压缩技术对比”演示文稿。

02 选中【四大网络视频压缩技术对比】文本框，打开【动画】选项卡，在【动画】组中为其设置【随机线条】的进入动画效果。

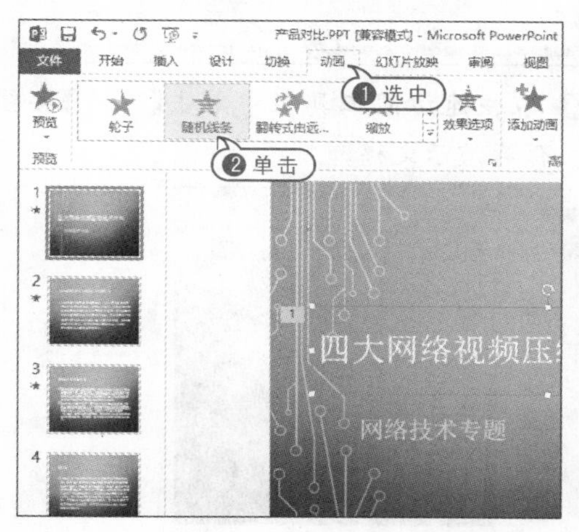

03 选中副标题文本框，然后在【动画】选项卡的【高级动画】组中单击【添加动画】按钮，选择【浮入】的进入动画效果。

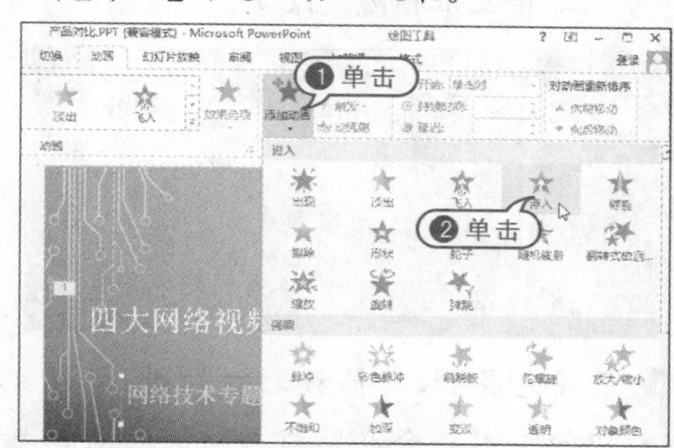

04 设置完成后，单击【保存】按钮，保存“四大网络视频压缩技术对比”演示文稿。

8.8.2 设置动画计时选项

动画计时选项指的是动画的开始方式、持续时间和顺序等。

【例 8-13】在“四大网络视频压缩技术对比”演示文稿中将标题文本框设置为“无需单击，自动播放”。
视频+素材（光盘素材\第 08 章\例 8-13）

01 启动 PowerPoint 2013，打开“四大网络视频压缩技术对比”演示文稿。

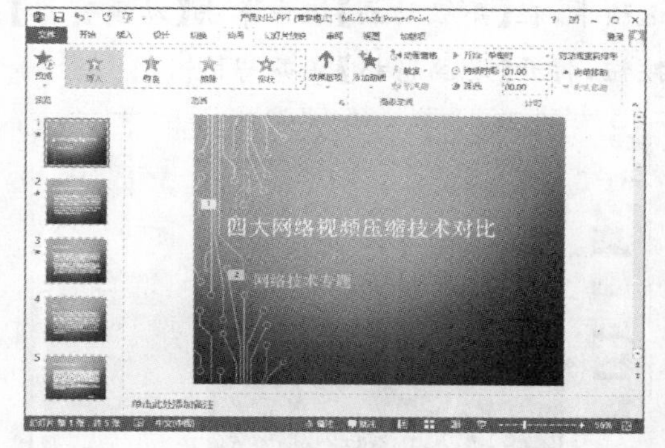

02 选中标题文本所在文本框，打开【动画】选项卡，在【计时】组的【开始】下拉列表框中

设置动画的开始方式为【与上一动画同时】。

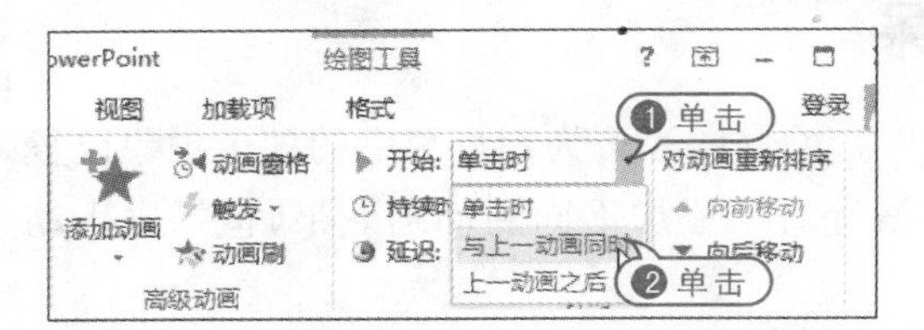

03 此时，标题文本框左上角的阿拉伯数字变为0，其余文本框随之改变。

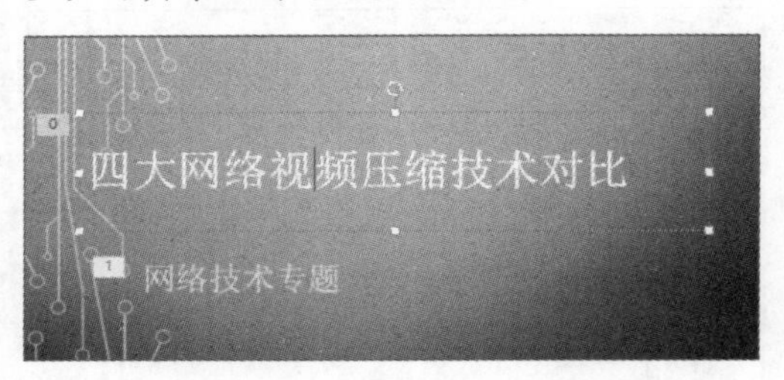

04 设置完成后，再播放幻灯片时，标题文本框中的文本将会在幻灯片打开时自动播放，无需单击鼠标。

8.8.3 设置动画触发器

在幻灯片放映时使用触发器功能，可以在单击幻灯片中的对象后显示动画效果。下面将介绍设置动画触发器的方法。

【例 8-14】在“四大网络视频压缩技术对比”演示文稿中设置动画触发器。
视频+素材（光盘素材\第 08 章\例 8-14）

01 启动 PowerPoint 2013，打开“四大网络视频压缩技术对比”演示文稿；打开【动画】选项卡，在【高级动画】组中单击【动画窗格】按钮，打开【动画窗格】任务窗格。

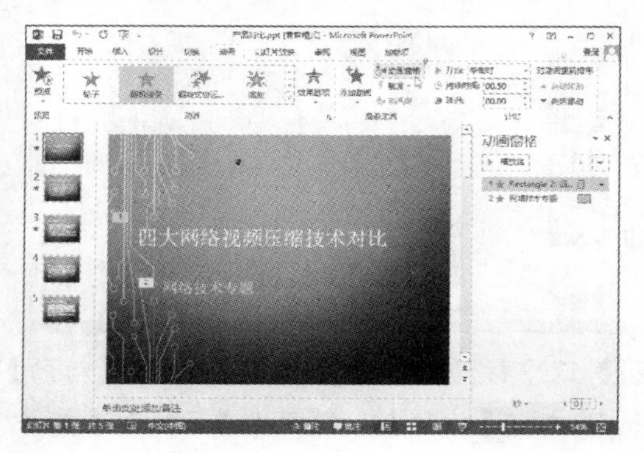

02 在【动画窗格】任务窗格中选择编号为“2”的动画效果，单击其右边的下拉按钮，选择【计时】选项。

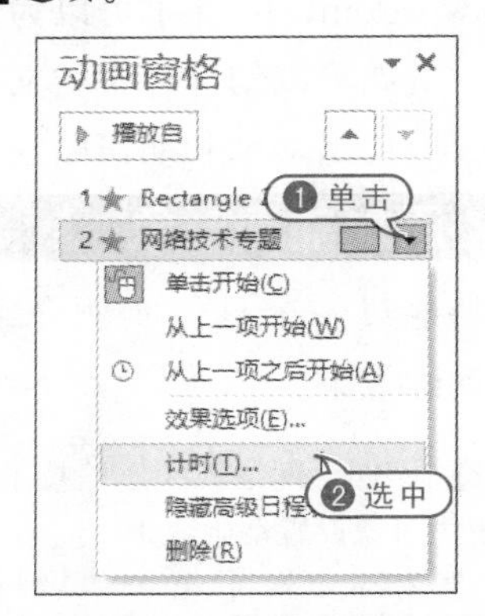

03 打开【缩放】对话框中的【计时】选项卡，然后单击【触发器】按钮，选中【单击下列对象时启动效果】单选按钮，并在其后的下拉列表框中选中【Rectangle2：四大网络视频压缩技术对比】选项，单击【确定】按钮。

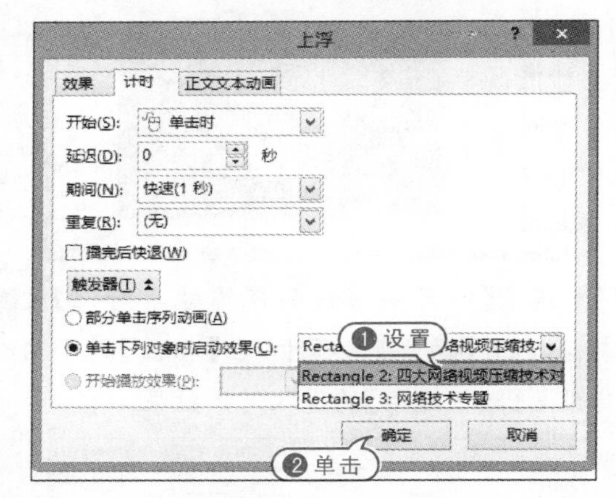

04 在快速访问工具栏中单击【保存】按钮，保存演示文稿。

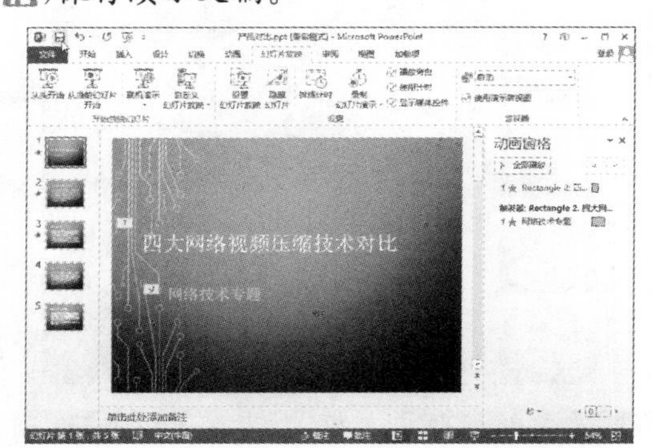

8.9 放映幻灯片

幻灯片制作完成后就可以放映了，在放映幻灯片之前，可对放映方式进行设置，PowerPoint 2013 提供了多种演示文稿的放映方式，用户可选用不同的放映方式以满足放映的需要。

8.9.1 设置放映方式

打开【幻灯片放映】选项卡，在【设置】区域单击【设置幻灯片放映】按钮，打开【设置放映方式】对话框。

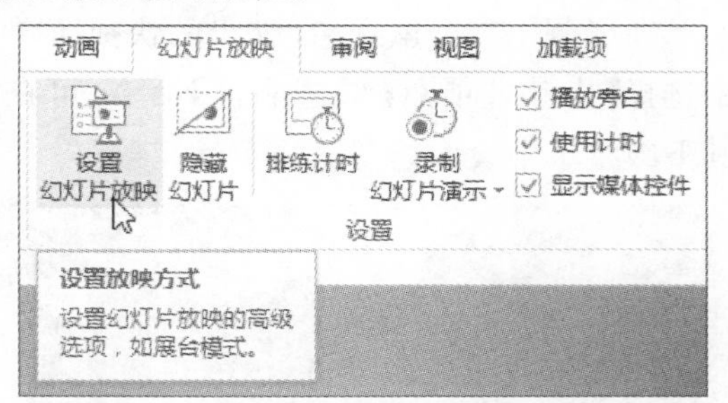

在该对话框的【放映类型】选项区域中可以设置幻灯片的放映模式。

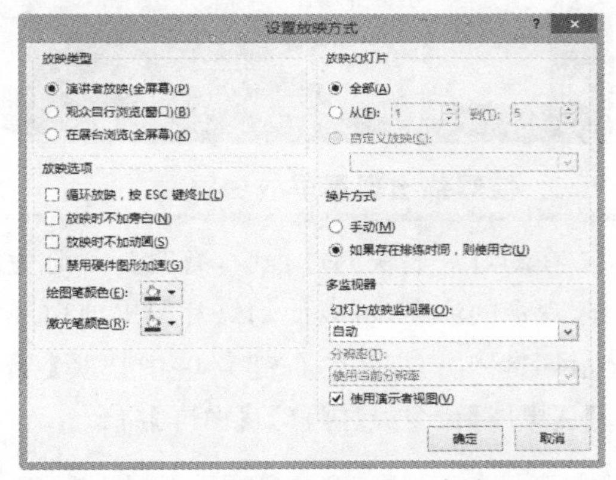

- 【演讲者放映】(全屏幕)：该模式是系统默认的放映类型，也是最常见的全屏放映方式。在这种放映方式下，演讲者现场控制演示节奏，具有放映的完全控制权。可以根据观众的反应随时调整放映速度或节奏，还可以暂停下来进行讨论或记录观众即席反应，甚至可以在放映过程中录制旁白。该放映类型一般用于召开会议时的大屏幕放映、联机会议或网络广播等。

- 【观众自行浏览】(窗口)：观众自行浏览是在标准 Windows 窗口中显示的放映形式，放映时的 PowerPoint 窗口具有菜单栏、Web 工具栏，类似于浏览网页的效果，便于观众自行浏览。

- 【在展台浏览】(全屏幕)：该放映类型最主要的特点是不需要专人控制就可以自动运行。使用该放映类型时，如超链接等控制方法都将失效。当播放完最后一张幻灯片后，会自动从第一张重新开始播放，直至用户按下 Esc 键才会停止播放。该放映类型主要用于展览会的展台或会议中的某部分需要自动演示等场合。

注意事项

使用【在展台浏览】模式放映演示文稿时，用户不能对其放映过程进行干预，必须预先设置好每张幻灯片的放映时间，否则可能会长时间停留在某张幻灯片上。

8.9.2 开始放映幻灯片

完成放映前的准备工作后就可以开始放映幻灯片了。常用的放映方法为从头开始放映和从当前幻灯片开始放映。

- 从头开始放映：按下 F5 键，或者在【幻灯片放映】选项卡的【开始放映幻灯片】组中单击【从头开始】按钮。

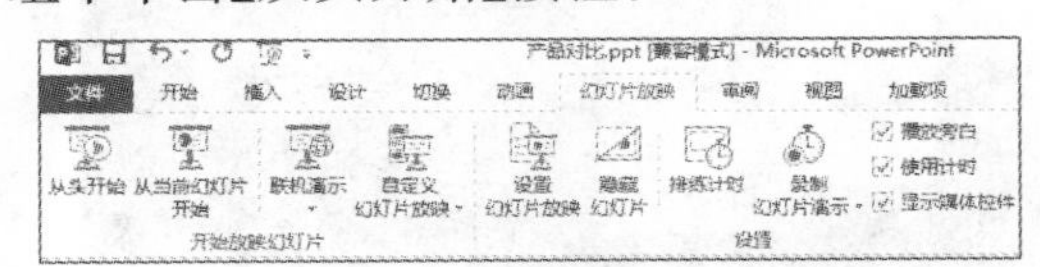

- 从当前幻灯片开始放映：在状态栏的【幻灯片视图】切换按钮区域中单击【幻灯片放映】按钮，或者在【幻灯片放映】选项卡的【开始放映幻灯片】组中单击【从当前幻

灯片开始】按钮。

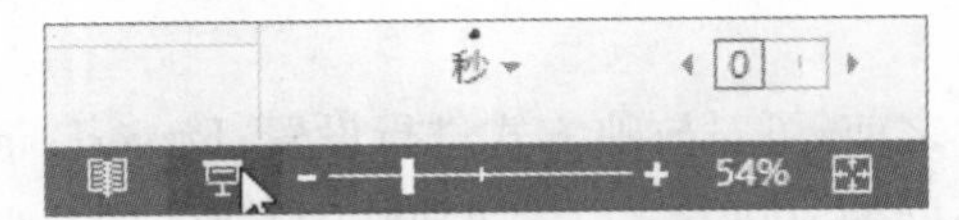

8.9.3 控制幻灯片放映过程

在放映演示文稿的过程中，用户可以根据需要设置按放映次序依次放映、快速定位幻灯片、为重点内容做上标记、使屏幕出现黑屏或白屏和结束放映等。

1. 按放映次序依次播放

如果需要按放映次序依次放映，可以进行如下操作。

- 单击鼠标左键。
- 在放映屏幕的左下角单击 按钮。
- 在放映屏幕的左下角单击 按钮，在弹出的菜单中选择【下一张】命令。
- 单击鼠标右键，在弹出的快捷菜单中选择【下一张】命令。

2. 为重点内容添加标记

使用 PowerPoint 2013 提供的绘图笔可以为重点内容做上标记。绘图笔的作用类似于板书笔，常用于强调或添加注释。用户可以选择绘图笔的形状和颜色，也可以随时擦除绘制的笔迹。

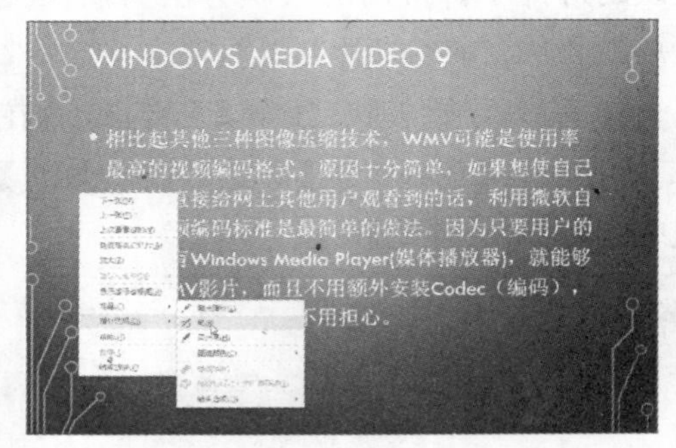

放映幻灯片时，在屏幕中右击鼠标，在弹出的快捷菜单中选择【指针选项】|【笔】选项，将绘图笔设置为“笔”样式，然后按住鼠标左键拖动鼠标即可绘制标记。

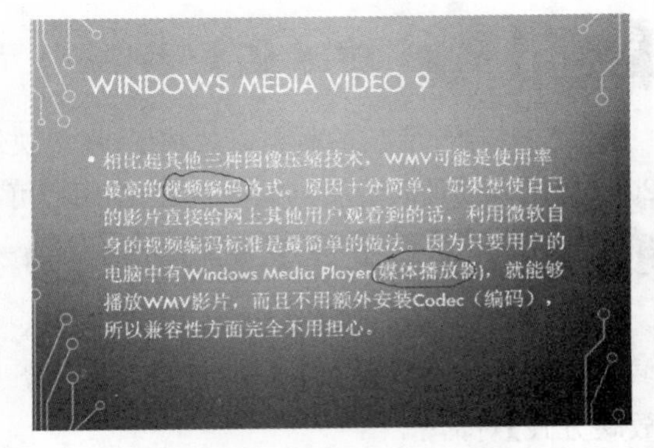

在屏幕中右击鼠标，在弹出的快捷菜单中选择【指针选项】|【墨迹颜色】命令，可在其下级菜单中设置绘图笔的颜色。

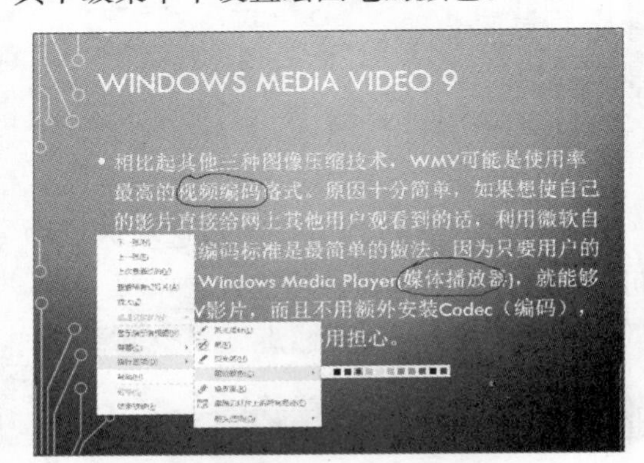

3. 使屏幕出现黑屏或白屏

在幻灯片放映的过程中，有时为了避免引起观众的注意，可以使幻灯片黑屏或白屏显示。具体方法是在右键菜单中选择【屏幕】|【黑屏】命令或【屏幕】|【白屏】命令。

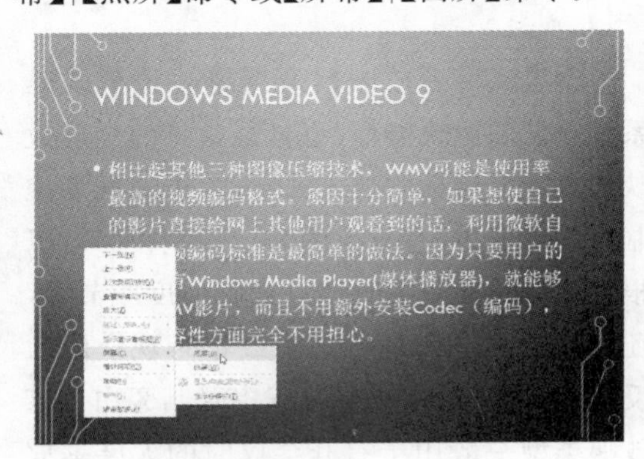

4. 结束幻灯片放映

在幻灯片放映的过程中，有时需要快速

结束放映操作，此时可以按 Esc 键，或者单击⋯按钮，或者在幻灯片中右击鼠标，从弹出的菜单中选择【结束放映】命令，演示文稿即退出放映状态。

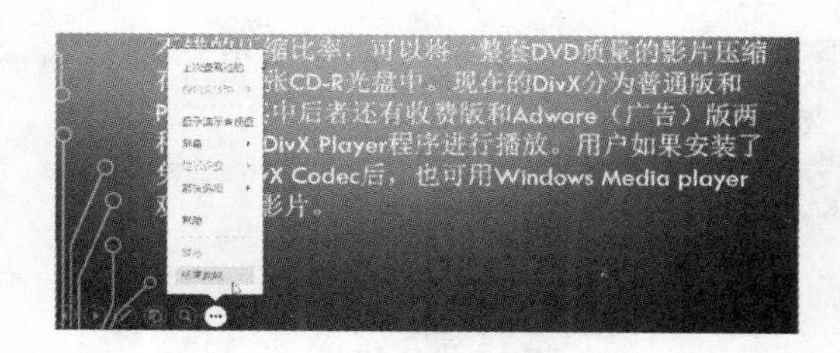

8.10 实战演练

本章主要介绍了 PowerPoint 2013 的基本使用方法，通过本章的学习，读者应能使用 PowerPoint 2013 制作多种媒体综合应用的演示文稿。本次实战演练将介绍在 PowerPoint 2013 中添加超链接以及制作一个完整演示文稿的方法。

8.10.1 为幻灯片添加超链接

超链接是指向特定位置或文件的一种连接方式，可以利用它指定程序的跳转位置。超链接只有在幻灯片放映时才有效。当鼠标移至超链接文本时，鼠标将变为手形指针。在 PowerPoint 中，使用超链接可以跳转到当前演示文稿中的特定幻灯片、其他演示文稿中特定的幻灯片、自定义放映、电子邮件地址、文件或 Web 页上。

【例 8-15】在“Frontpage 主题学习”演示文稿中设置超链接。

视频+素材（光盘素材\第 08 章\例 8-15）

01 启动 PowerPoint 2013，打开“Frontpage 主题学习”演示文稿。

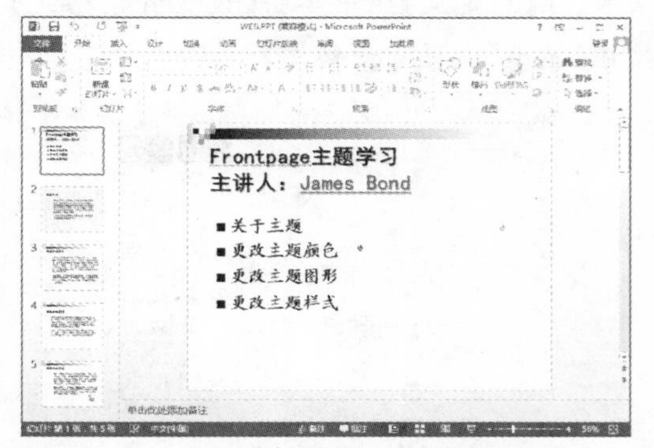

02 打开第一张幻灯片，选中文本“关于主题”，然后打开【插入】选项卡，在【链接】组中单击【超链接】按钮，打开【插入超链接】对话框。

03 在【链接到】列表框中单击【本文档中的位置】按钮，在【请选择文档中的位置】列表框中单击【幻灯片标题】展开列表，然后选中【关于主题】选项。此时在右侧的预览区域可以预览幻灯片 2 的内容。

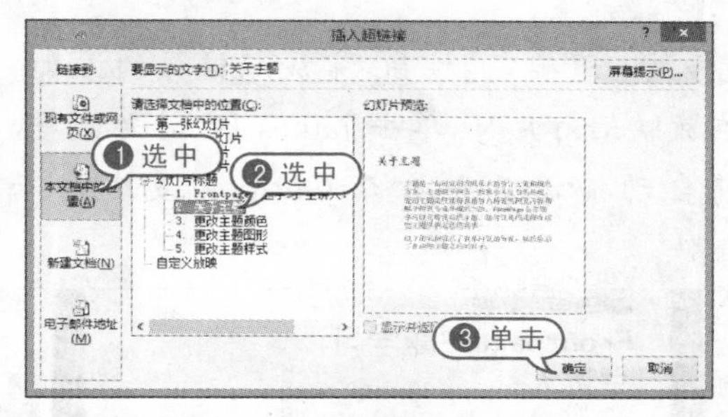

04 确认无误后，单击【确定】按钮，此时该文字颜色发生变化，且文字下方出现下划线。在放映幻灯片时，单击该超链接可直接切换到第二张幻灯片。

Frontpage主题学习
主讲人：James Bond

- 关于主题
- 更改主题颜色
- 更改主题图形
- 更改主题样式

05 按照同样的方法为其他几个标题文本添加超链接。

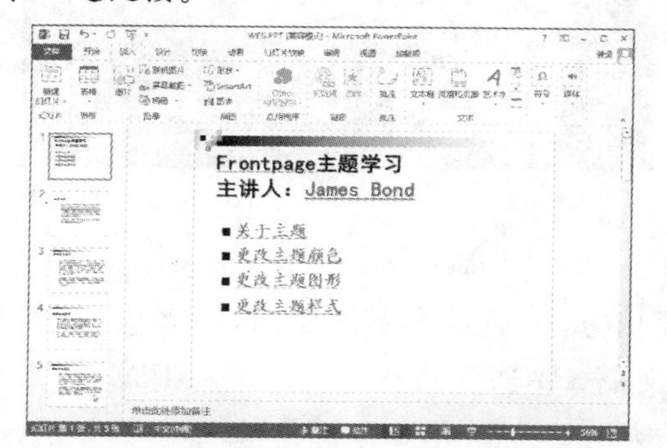

06 添加完成后，选中文本“James Bond”，打开【插入超链接】对话框，在【链接到】列表框中单击【电子邮件地址】选项，在【电子邮件地址】文本框中输入邮件地址：mailto：miaofa@sina. com。

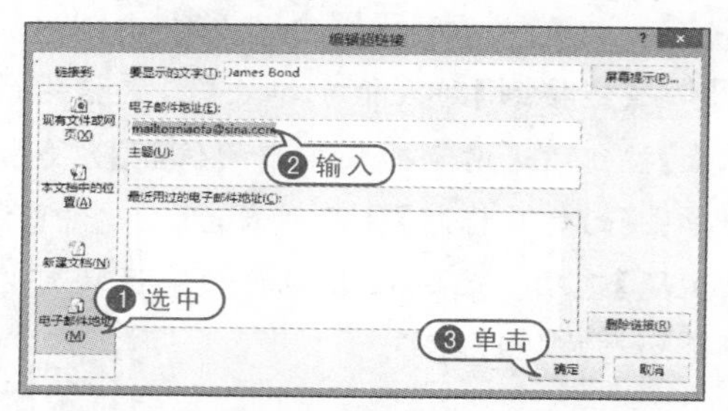

07 单击【确定】按钮，完成超链接的添加。在放映幻灯片时，单击 James Bond 超链接，将自动提示是否打开 Outlook 发送电子邮件。

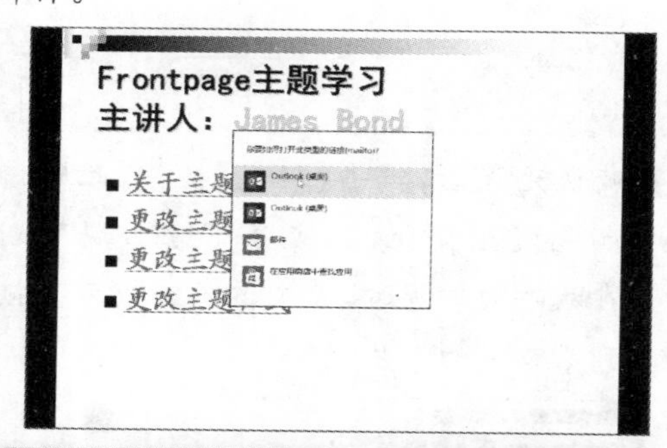

8.10.2 制作“绘画欣赏”文稿

下面将通过实例，介绍如何在 PowerPoint 2013 中制作一个介绍“绘画欣赏”的演示文稿。

【例 8-16】制作“绘画欣赏”演示文稿。
视频+素材（光盘素材\第 08 章\例 8-16）

01 启动 PowerPoint 2013 后，在打开的软件界面中单击【空白演示文稿】选项，创建一个空白演示文稿。

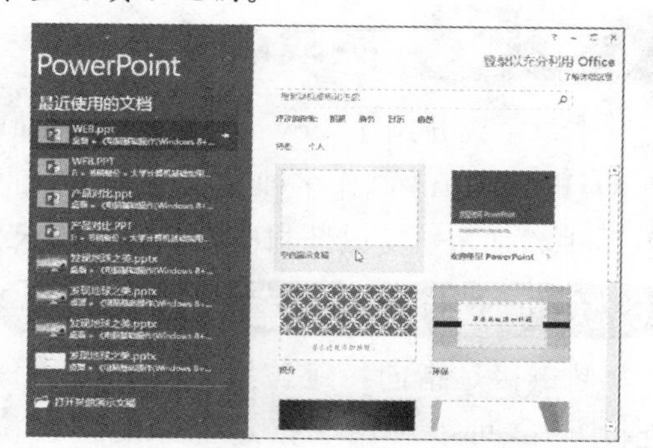

02 选中第一张幻灯片，然后按两次 Enter 键，添加两张新的幻灯片。

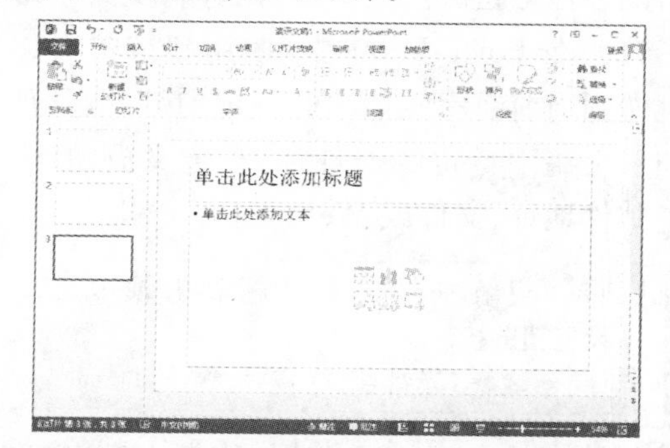

03 再次选中第一张幻灯片，打开【设计】选项卡，在【自定义】组中单击【设置背景格式】按钮，显示【设置背景格式】面板。

04 在【设置背景格式】面板中选中【图片或纹理填充】单选按钮，然后在显示的选项区域中单击【文件】按钮。

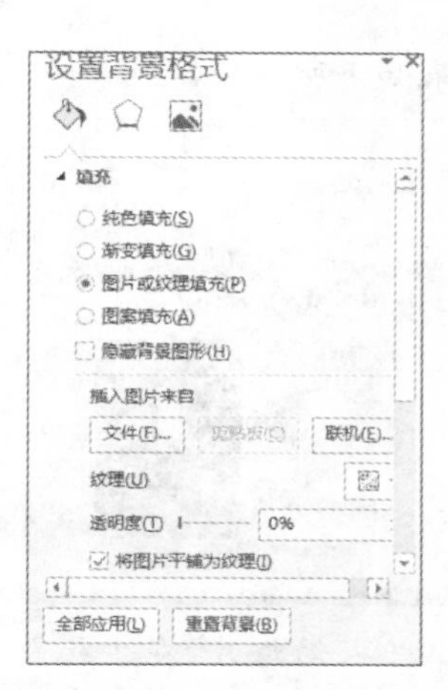

05 在打开的【插入图片】对话框中选中一张图片，然后单击【插入】按钮。

06 返回【设置背景格式】对话框，单击【全部应用】按钮，将该背景图片应用到所有幻灯片中。

07 选中第一张幻灯片，单击【文件】按钮打开【插入图片】对话框，在该对话框中选择一张背景图片，单击【插入】按钮，插入背景图片，关闭【设置背景格式】对话框，完成修改第一张幻灯片的背景图片。

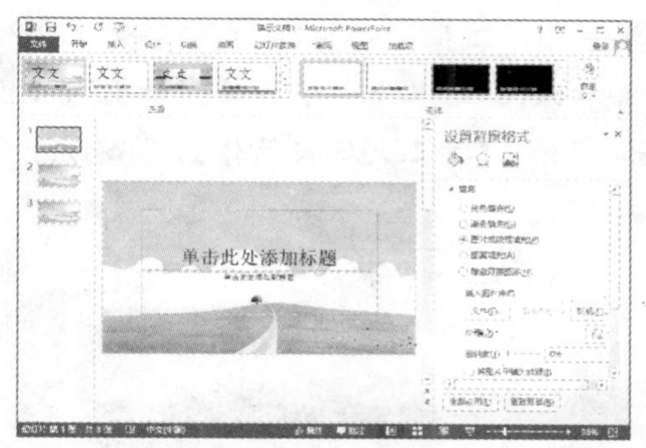

08 编辑第一张幻灯片文本。先选中该幻灯片，删除其中的两个文本占位符，打开【插入】选项卡，在【文本】组中单击【艺术字】按钮，选择如下所示的艺术字样式。

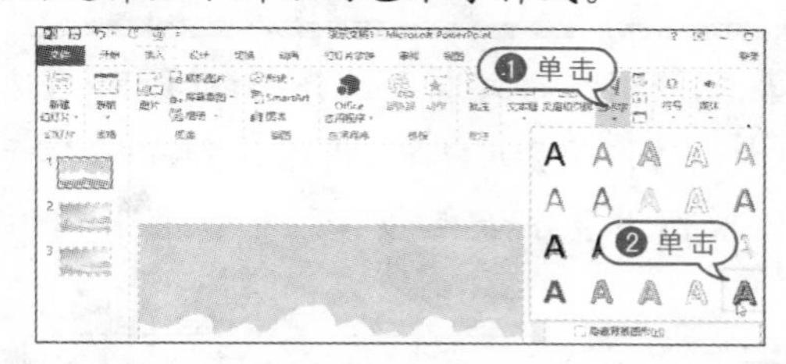

09 插入艺术字标题“绘画欣赏”，并设置艺术字的样式。

10 打开【插入】选项卡，在【文本】组中单击【文本框】按钮，选择【横排文本框】选项，绘制一个横排文本框，在文本框中输入文本并设置文本的格式。

11 选中第二张幻灯片，在主标题文本占位符中输入文本“二十四节气系列插画”，并设置其字体为【方正大标宋简体】，对齐方式为【左对齐】。

12 删除副标题文本占位符，打开【插入】选项卡，在【图像】组中单击【图片】按钮，打开【插入图片】对话框，然后选择一张图片图片。

13 在【插入图片】对话框中单击【插入】按钮，插入图片，并调整图片的大小和位置。

14 重复以上操作，在第二张幻灯片中插入另外两张图片，并调整图片的大小和位置，完成后效果如下所示。

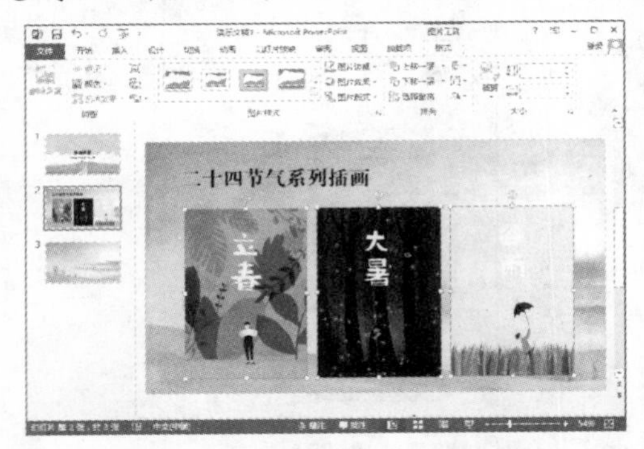

15 选中第三张幻灯片，在主标题文本占位符中输入文本“梵高油画补充”，并设置其字体为【方正大标宋简体】，对齐方式为【左对齐】。

16 删除副标题文本占位符，打开【插入】选项卡，在【文本】组中单击【文本框】按钮，选择【横排文本框】选项，绘制一个横排文本框，在文本框中输入文本并设置文本的格式。

17 打开【插入】选项卡，在【图像】组中单击【图片】按钮，在幻灯片中插入两张图片，并调整图片的大小和位置。

18 选中插入的横排文本框，打开【格式】选

项卡，在【形状样式】组中单击【其他】按钮，为文本框选择一种内置的形状样式。

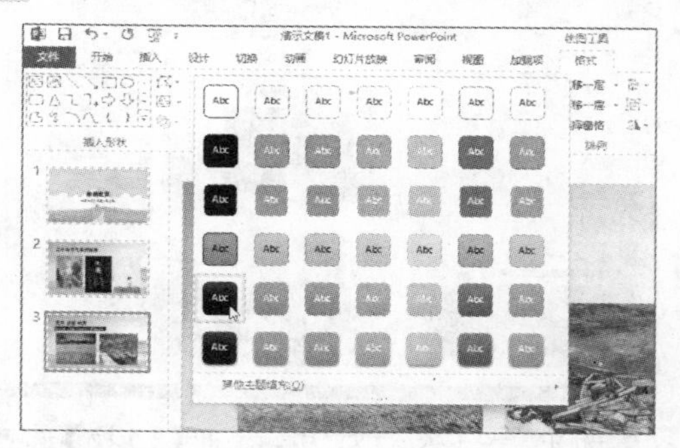

19 选中第三张幻灯片，按下 Enter 键添加第四张幻灯片，并在第四张幻灯片中添加图片和文本。

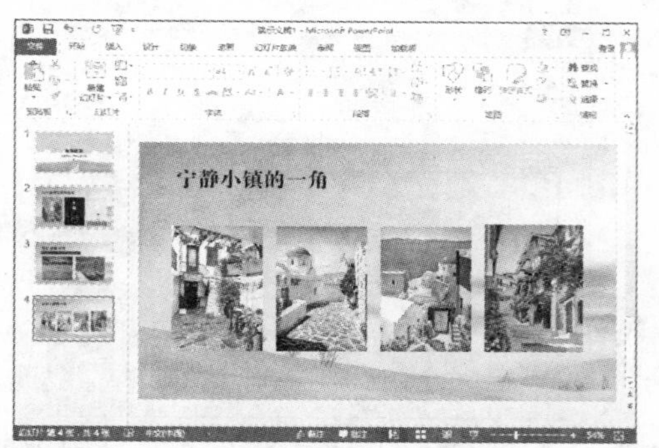

20 为幻灯片中的对象设置动画效果。选择第一张幻灯片，选中【水彩画作品欣赏】|【图片组】文本框，打开【动画】选项卡，在【动画】组中选中【随机线条】选项，在【计时】组中设置动画的【开始】方式为【与上一动画同时】。

21 打开【插入】选项卡，在【文本】组中单击【文本框】按钮，选择【垂直文本框】选项，在第一张幻灯片中插入三个垂直文本框，并输入如下所示的文本。

22 选中插入的垂直文本框，打开【动画】选项卡，在【动画】组中选中【擦除】选项，然后单击【效果选项】下拉按钮，选择【自顶部】选项。

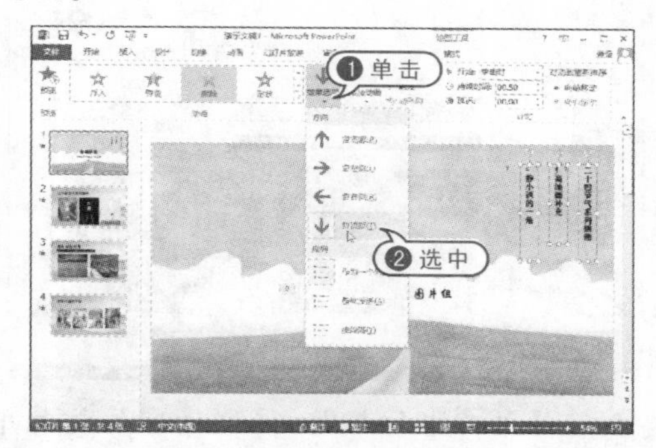

23 在【计时】组中设置动画的【开始】方式为【上一动画之后】。

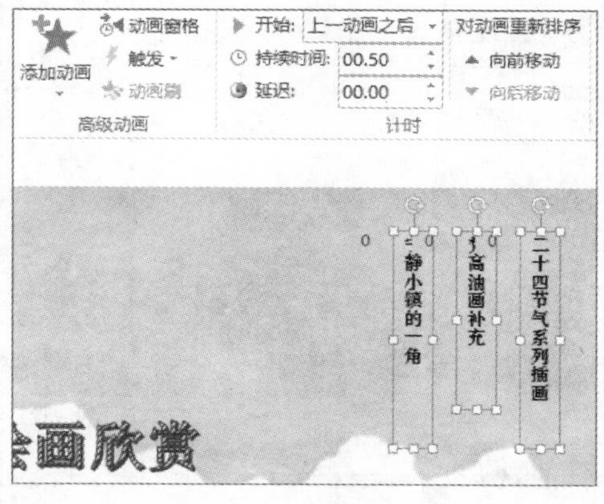

24 选择第二张幻灯片，依次选中幻灯片中图片，打开【动画】选项卡，在【动画】组中选中【淡出】选项，然后在【计时】组中设置动画

的开始方式为【单击时】。

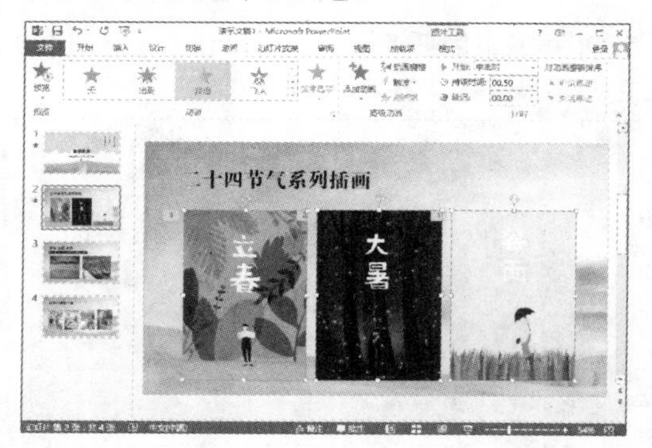

25 选中第三张幻灯片，选中图片上方的横排文本框，打开【动画】选项卡，在【动画】组中选中【弹跳】选项，在【计时】组中设置动画的开始方式为【单击时】。

26 选择第四张幻灯片，依次选中幻灯片中图片，打开【动画】选项卡，在【动画】组中选中【劈裂】选项，在【计时】组中设置动画的开始方式为【单击时】。

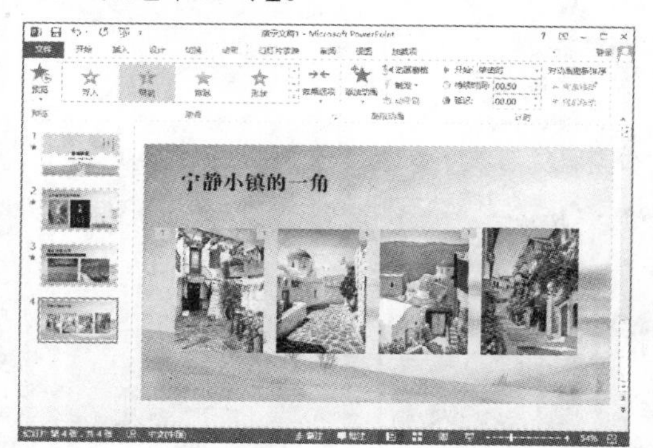

27 为幻灯片设置切换动画。为了方便预览，首先切换到【幻灯片浏览】视图，打开【视图】选项卡，然后单击该选项卡中的【幻灯片浏览】按钮。

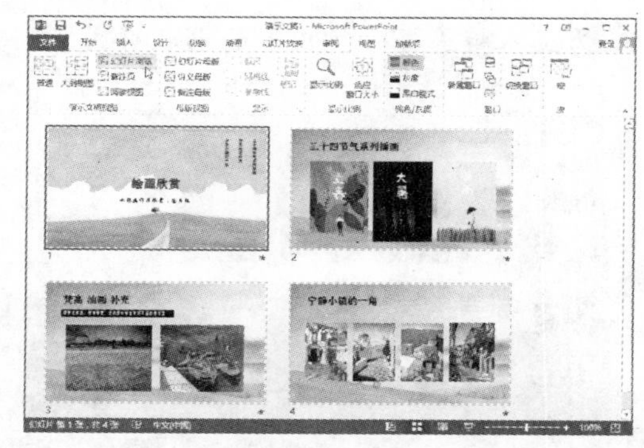

28 选中第一张幻灯片，打开【切换】选项卡，在【切换到此幻灯片】组中选中【分割】选项，可同时预览分割效果。

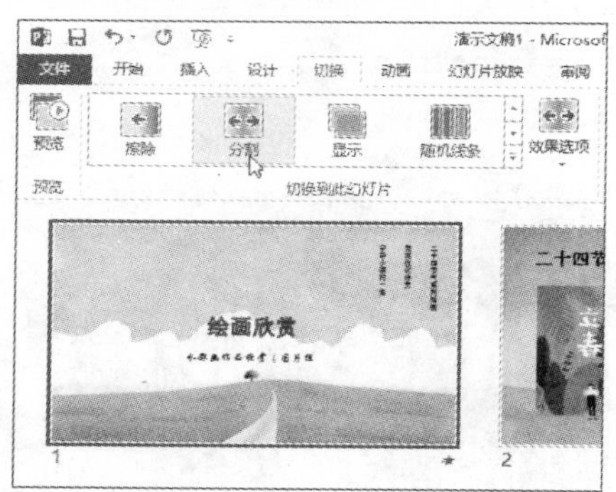

29 在【计时】组中设置幻灯片切换时的声音和换片方式。本例设置换片时的声音为【风铃】声，换片方式为【单击鼠标时】。

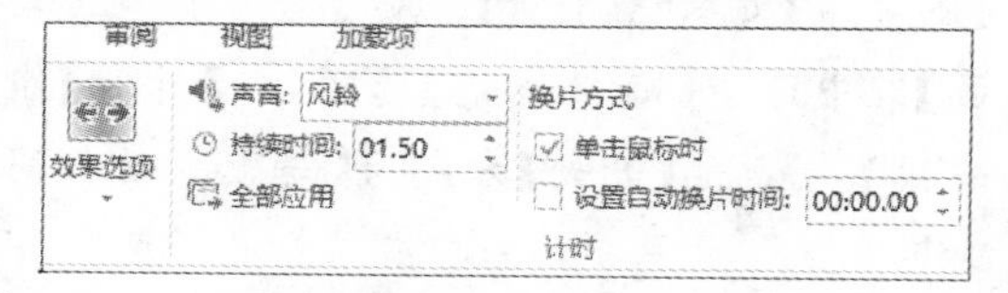

30 为其他几张幻灯片设置切换效果。完成后打开【视图】选项卡，单击【普通】按钮，切换回普通视图。

31 为演示文稿设置交互效果。选中第一张幻灯片，右击文本“宁静小镇的一角”，在弹出的菜单中选择【超链接】命令。

32 在打开的【插入超链接】对话框中单击左侧的【本文档中的位置】选项，然后选择【4. 宁静小镇的一角】选项。

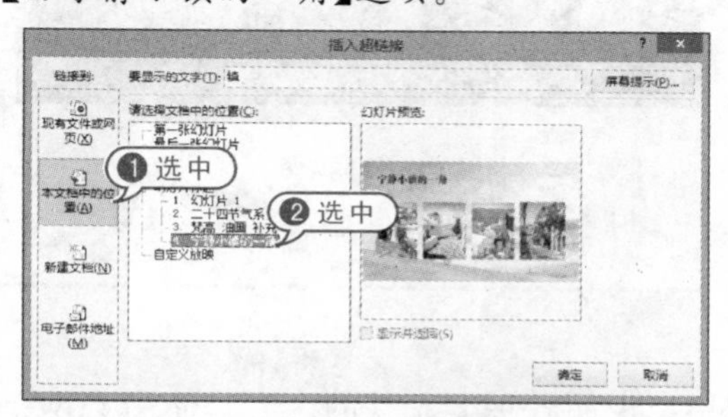

33 在【插入超链接】对话框中单击【确定】按钮，添加超链接。重复以上操作，为第一张幻灯片中的文本“梵高油画补充”和“二十四节气系列插画”设置超链接。

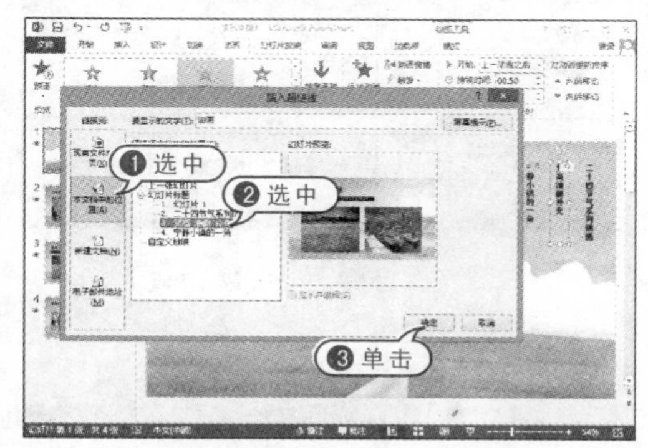

34 演示文稿制作完毕。选择【文件】选项卡，在打开的界面中选中【浏览】选项，显示如下所示的【另存为】选项区域。

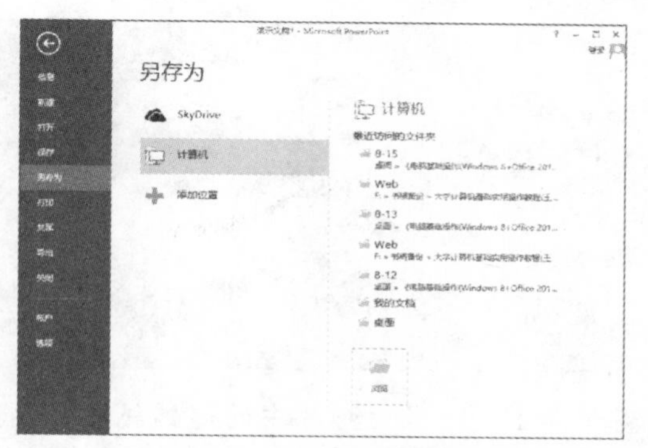

35 在【另存为】选项区域中选中【计算机】选项，然后单击【计算机】选项组中的【浏览】按钮，打开【另存为】对话框。

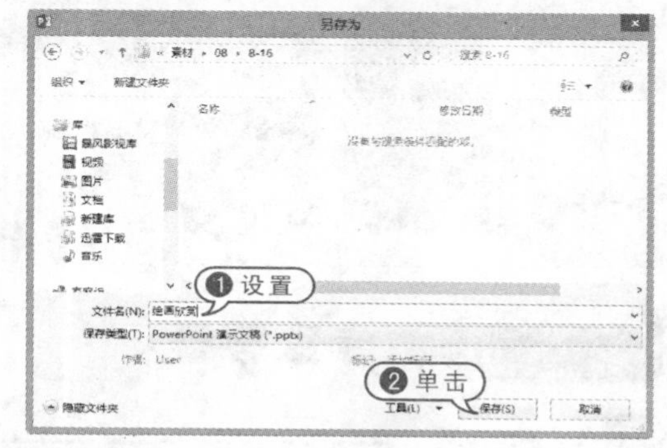

36 在【另存为】对话框中设置演示文稿的保存路径和文件名后，单击【保存】按钮将演示文稿保存。选择【幻灯片放映】选项卡并单击【开始放映幻灯片】组中的【从头开始】按钮。

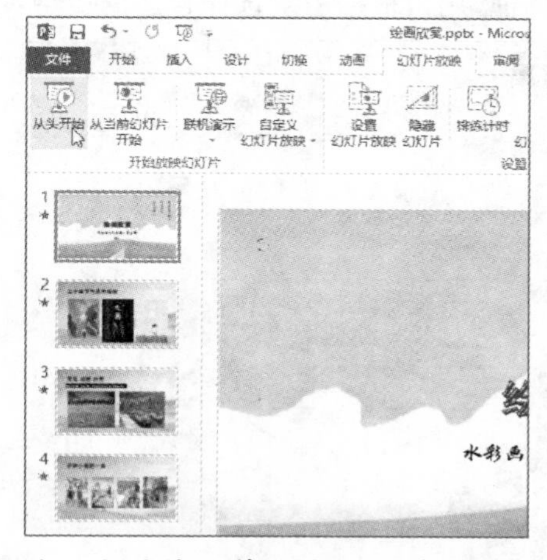

37 演示文稿将从第一张幻灯片开始播放，效果如下所示。

 单击第一张幻灯片中的超链接文本,将切换至相应的幻灯片。

39 连续单击鼠标,播放至最后一张幻灯片,再次单击鼠标即可结束幻灯片的播放。

8.11 专家答疑

一问一答

问:如何在幻灯片中插入 SmartArt 图形?

答:在制作演示文稿时经常需要制作流程图用以说明各种概念性的内容。使用 PowerPoint 2013 中的 SmartArt 图形功能可以在幻灯片中快速地插入 SmartArt 图形。具体操作步骤为:打开【插入】选项卡,在【插图】组中单击【SmartArt】按钮,打开【选择 SmartArt 图形】对话框,用户根据需要选择合适的类型,单击【确定】按钮。

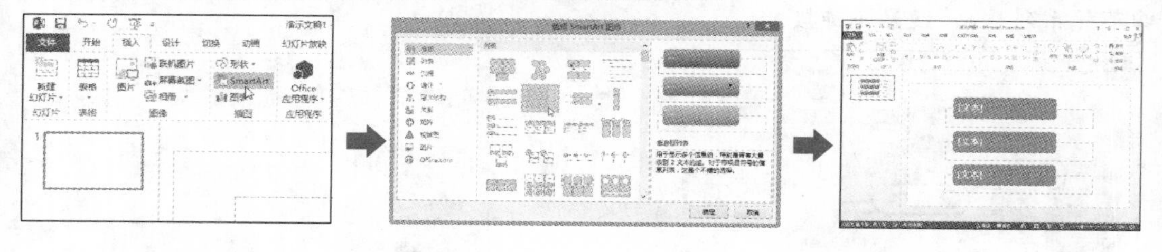

第9章

使用电脑上网冲浪

在日常的生活工作中，网络逐渐成为获取信息的最重要的渠道之一，用户可以通过电脑接入因特网来浏览网页、查找资料、下载软件、进行网络交流，网络生活已经成为人们日常生活必不可少的一部分。Windows 8 内置的 IE 10 浏览器在性能与风格上与之前版本的 IE 浏览器有很大的不同，本章将重点介绍该浏览器在网络生活中的应用。

参见随书光盘

例 9-1　设置电脑接入局域网

例 9-2　设置电脑通过宽带上网

例 9-3　设置电脑通过拨号上网

例 9-4　使用浏览器加速器

例 9-5　收藏网页

例 9-6　设置浏览器主页

例 9-7　设置在选项卡中打开网页

例 9-8　设置浏览器兼容模式

例 9-9　启用隐私浏览模式

例 9-10　设置浏览器隐私安全

例 9-11　调整上网安全级别

例 9-12　屏蔽网页弹出广告

例 9-13　设置仿冒网站筛选

例 9-14　设置网页代理服务器

例 9-15　设定网页内容审查

更多视频请参见光盘目录

9.1 设置电脑连接 Internet

在上网冲浪之前，用户必须建立 Internet 连接，将自己的计算机同 Internet 连接起来，否则就无法获取网络上的信息。在 Windows 8 中，面向用户的一些常用网络设置选项也采用了隐藏式的 Metro 化菜单。本节将介绍 Windows 8 中常用网络设置的方法。

9.1.1 接入局域网

在使用 Windows 8 系统时，用户可以参考下面实例所介绍的方法，通过系统的以太网属性将电脑接入局域网。

【例 9-1】在 Windows 8 系统中设置电脑接入局域网。视频

01 在 Windows 8 系统桌面的任务栏左下角右击鼠标，然后在弹出的菜单中选中【控制面板】命令，打开【控制面板】窗口。

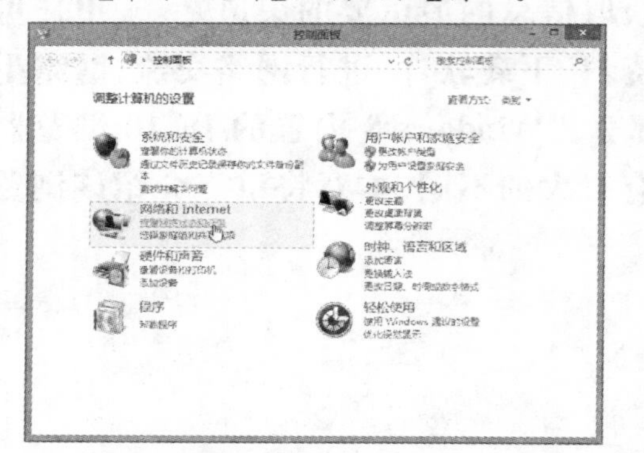

02 在【控制面板】窗口中单击【以太网】选项，打开【以太网状态】对话框。

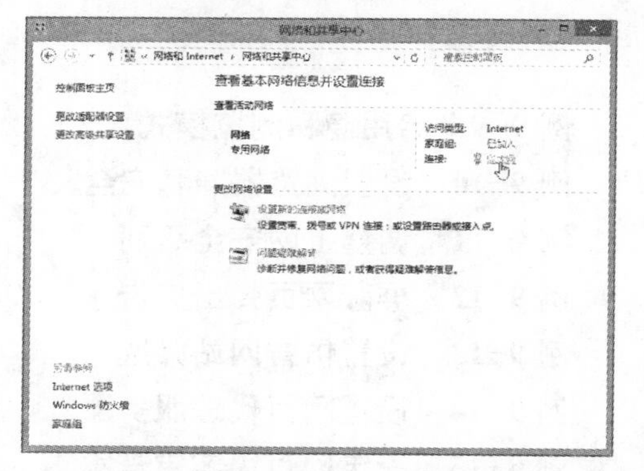

03 在打开的【以太网状态】对话框中单击【属性】命令，打开【以太网属性】对话框。

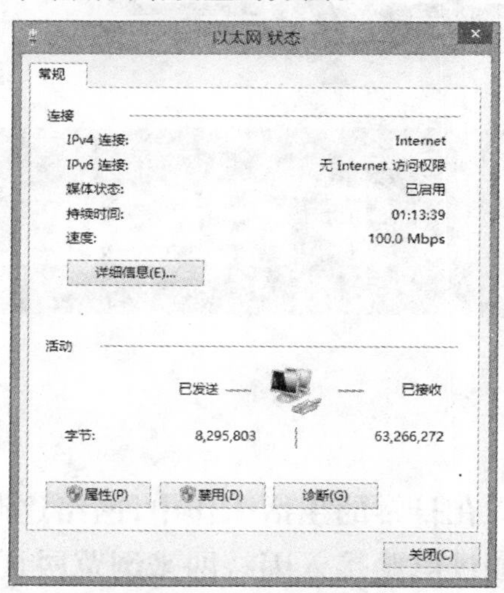

04 在【以太网属性】对话框中选中【此连接使用下列项目】列表框中的【Internet 协议版本 4(TCP/IP 4)】选项后，单击【属性】按钮。

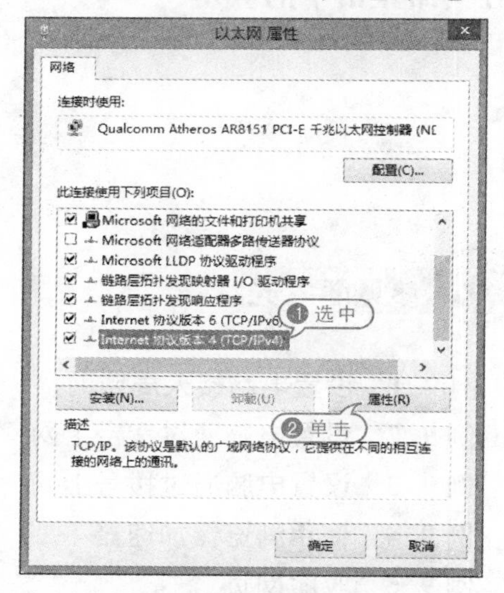

05 在打开的【Internet 协议版本 4(TCP/IP 4)属性】对话框中选中【使用下面的 IP 地址】单选按钮后，将申请到的局域网 IP 地址、子网掩码、默认网关和 DNS 服务器的设置填入对话框中相应的选项区域内，然后单击【确

定】按钮。

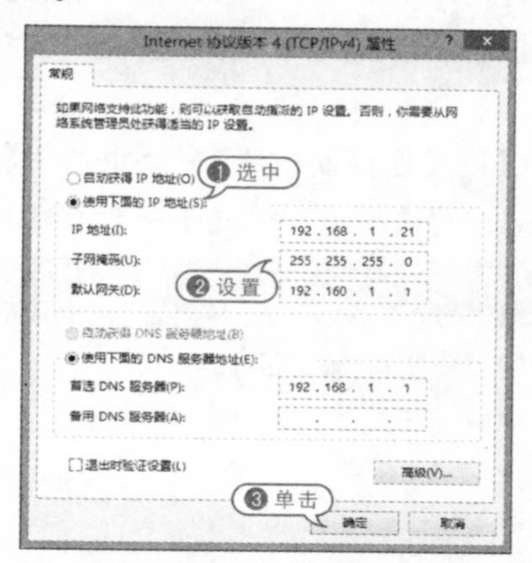

06 完成以上操作后返回【以太网属性】对话框，在该对话框中单击【确定】按钮返回【以太网状态】对话框；单击【以太网状态】对话框中的【详细信息】按钮，可以在打开的【网络连接详细信息】对话框中查看【步骤05】所配置的网络信息。

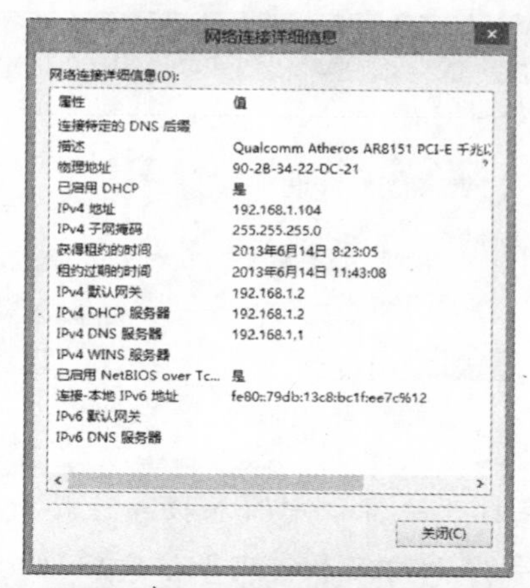

9.1.2 设置宽带与拨号上网

在 Windows 8 中，宽带拨号设置发生了一些变化。宽带拨号的过程更加方便简洁，系统桌面不再保留一个宽带拨号的图标。

1. 宽带上网

用户可以参考下面介绍的方法设置电脑通过“宽带(PP PoE)”方式接入 Internet。

【例 9-2】在 Windows 8 中设置电脑通过“宽带(PP PoE)”方式接入网络。视频

01 在 Windows 8 系统桌面的任务栏左下角右击鼠标，然后在弹出的菜单中选中【控制面板】命令，打开【控制面板】窗口。

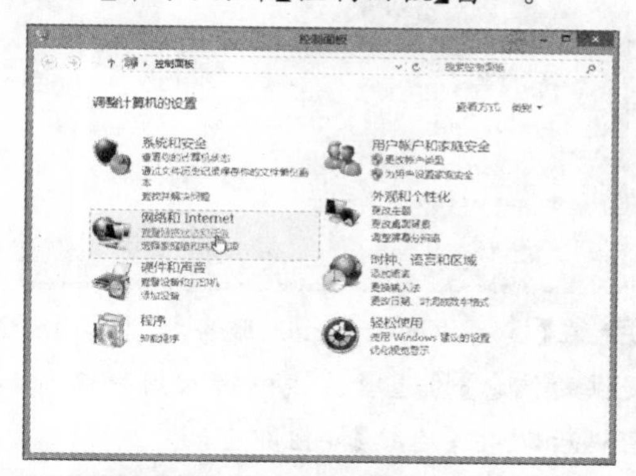

02 在【控制面板】窗口中单击【查看网络状态和任务】选项。

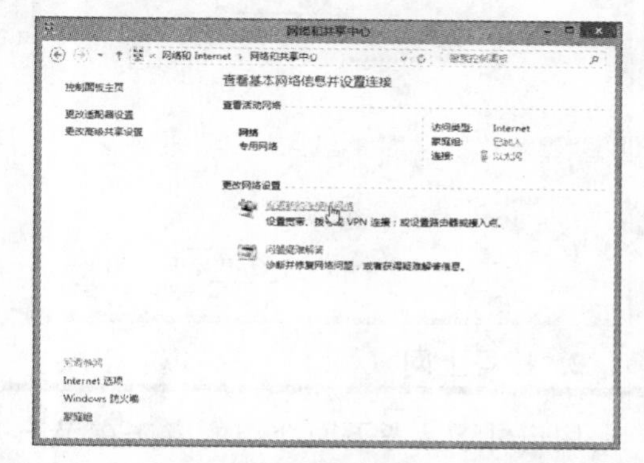

03 在打开的【网络和共享中心】窗口中单击【设置新的连接或网络】选项，打开【设置连接或网络】窗口。

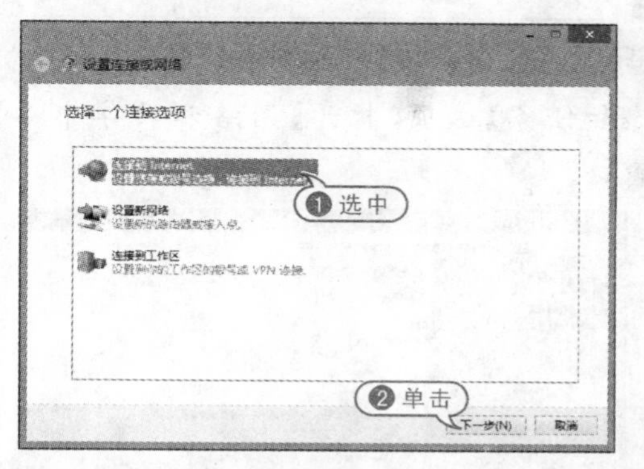

04 在【设置连接或网络】窗口中选中【连接到 Internet】选项后，单击【下一步】按钮，在打开的窗口中单击【宽带(PP PoE)】选项。

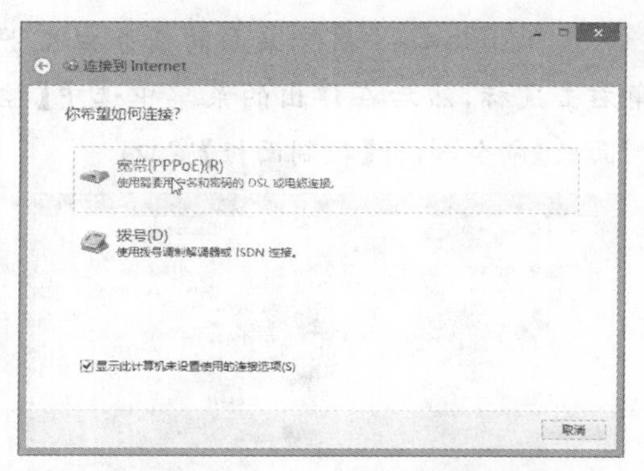

05 在【键入你的 Internet 服务提供商(ISP)提供的信息】的选项区域中输入用户名称和密码后，单击【连接】按钮即可。

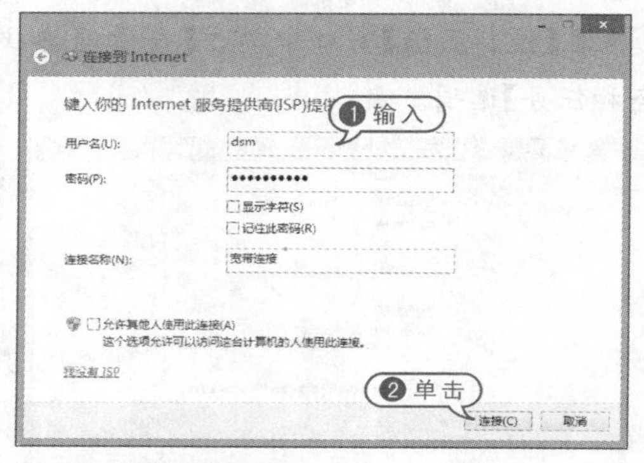

2. 拨号上网

用户可以参考下面介绍的方法在 Windows 8 中设置拨号上网。

【例 9-3】在 Windows 8 中设置电脑通过拨号方式上网。视频

01 在【控制面板】窗口中单击【查看网络状态和任务】选项，打开【网络和共享中心】窗口。

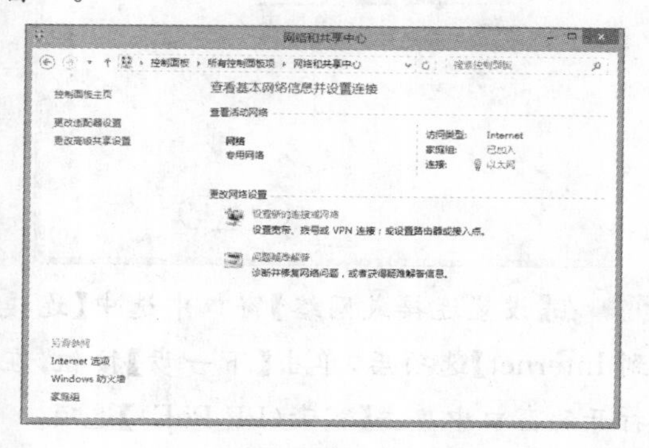

02 在【网络和共享中心】窗口中单击【设置新的连接或网络】选项，打开【设置连接或网络】窗口。

03 在【设置连接或网络】窗口中选中【连接到 Internet】选项后，单击【下一步】按钮。

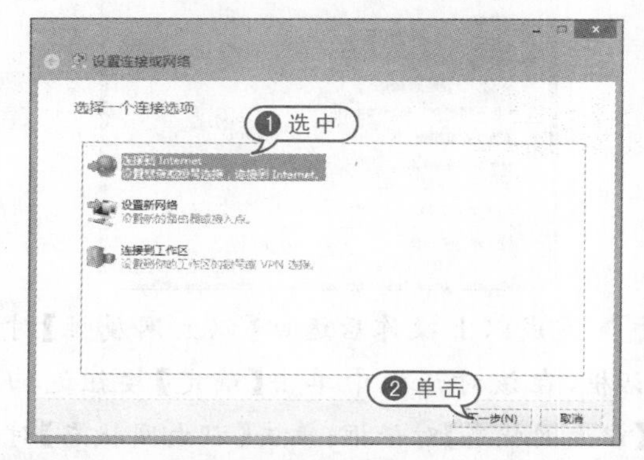

04 在【你希望如何连接】的选项区域中【显示此计算机未设置使用的连接选项】复选框后，单击【拨号】选项。

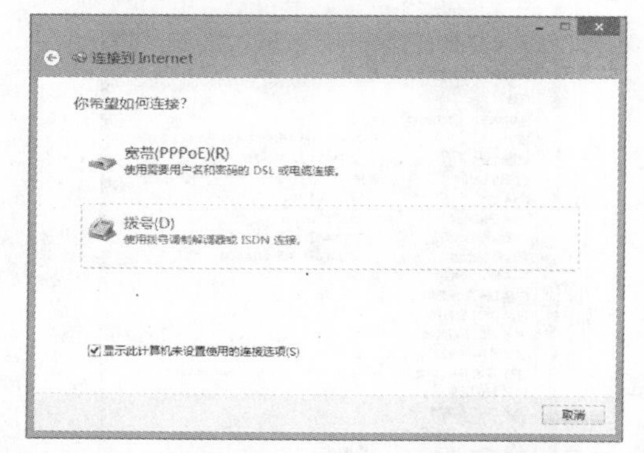

05 在打开的窗口中输入拨号连接所需的电话号码、用户名和密码等信息后，单击【连接】按钮即可。

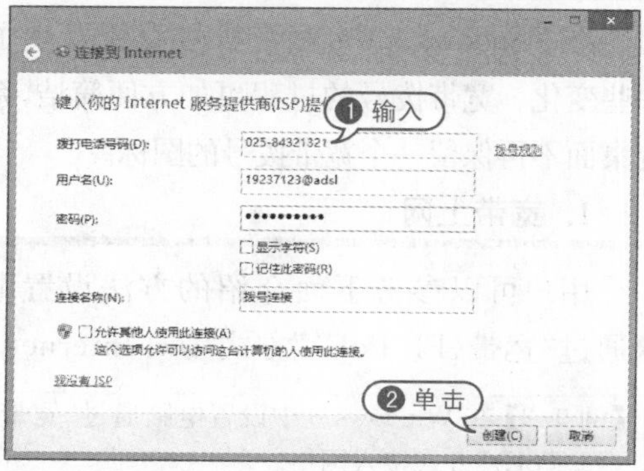

①输入
②单击

9.2 使用 Internet Explorer 10

Windows 8 系统内置的 Internet Explorer 10(简称 IE 10)浏览器与之前版本的 IE 浏览器最大的区别是,在 Windows 8 中有两个版本的 IE 10,分别为 Metro 与传统桌面版本。其中,Metro 版本的 IE 10 是以触控为主的浏览模式,而桌面版本的 IE 10 则维持传统的浏览器使用方式(这两个版本的 IE 10 使用各自独立的应用程序)。

9.2.1 IE 10 简介

在 Windows 8 操作系统中,Metro 与传统桌面版本的浏览器在网页浏览方式与风格上完全不同,其主要区别如下。

- 传统桌面版 IE 10 浏览器维持传统的浏览器使用体验,其网页浏览的方式和选项设置与 IE 9 浏览器并没有太大的差别。

- 针对 Metro 风格设计的 Metro 版 IE 10 浏览器提供一种新的网页浏览方式。在系统开机后显示的 Metro 界面中单击 Internet Explorer 图标即可打开 Metro 版 IE 10。

在功能界面上,传统 IE 10 与 Metro 版 IE 10 的差别如下。

- 在 Metro 版的 IE 10 浏览器界面的空白处右击鼠标,屏幕下方将显示地址栏与工具栏,而屏幕上方则显示各标签页的略缩图。
- 单击 Metro 版 IE 10 浏览器的地址栏,将显示经常浏览的网站缩略图。

9.2.2 使用加速器

加速器是在 IE 8 浏览器中开始添加的功能,IE 10 浏览器延续了该功能。加速器可以使用户在浏览网页时能够轻松快捷地搜索关键字、查看图片和翻译网页,并进一步获取推荐的内容主题。要在 IE 10 浏览器中使用加速器浏览网页,用户可以参考下面实例所介绍的方法。

【例 9-4】在 IE 10 中使用加速器浏览网页。
视频

01 使用 IE 10 浏览器打开一个网页,选中该网页中的任意文本,单击显示的蓝色加速器图标。

02 在弹出的下拉列表框中,用户可以基于选中的网页文本内容进行搜索、查看 dit、发

送电子邮件、翻译等操作。

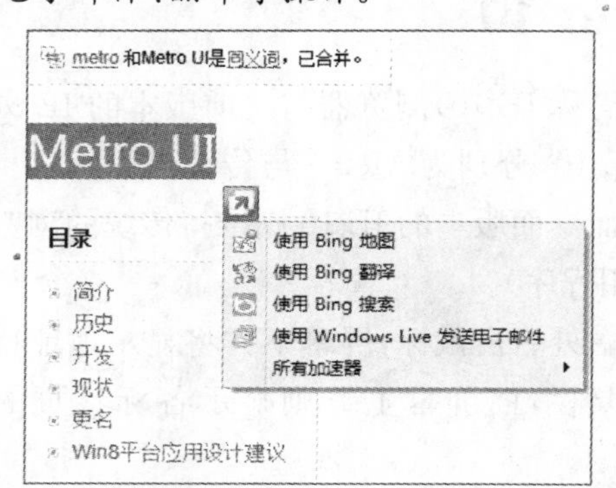

03 用户还可以在加速器菜单中选中【所有加速器】命令，然后在弹出的子菜单中选择【查找更多加速器】命令，按照自己的需要添加更多的 Web 服务器提供商开发的加速器。

9.2.3 收藏网页

使用 Metro 版 IE 10 浏览器收藏网页的方法很简单，用户只需在打开的网页中右击鼠标，然后在弹出的菜单中选择【添加到收藏夹】命令即可，具体步骤如下。

【例 9-5】使用 IE 10 浏览器收藏网页，并通过收藏夹访问收藏的网页。视频

01 使用 IE 10 浏览器打开一个网页后，右击该网页的空白处，在弹出的菜单中选中【添加到收藏夹】命令，打开【添加收藏夹】对话框。

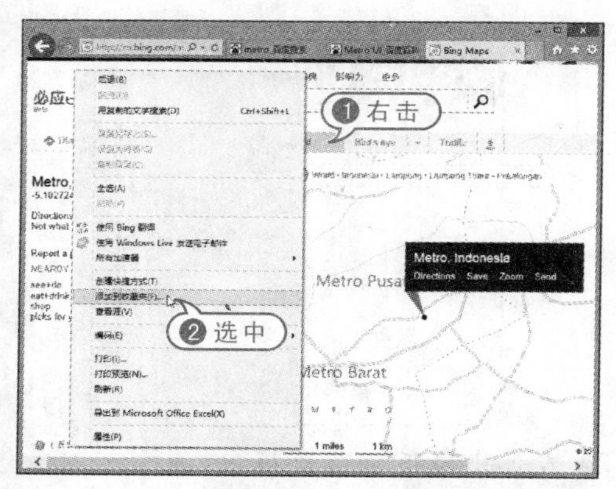

02 在【添加收藏】对话框中设置收藏网页的名称和创建位置等信息后，单击【添加】按钮，即可收藏当前网页。

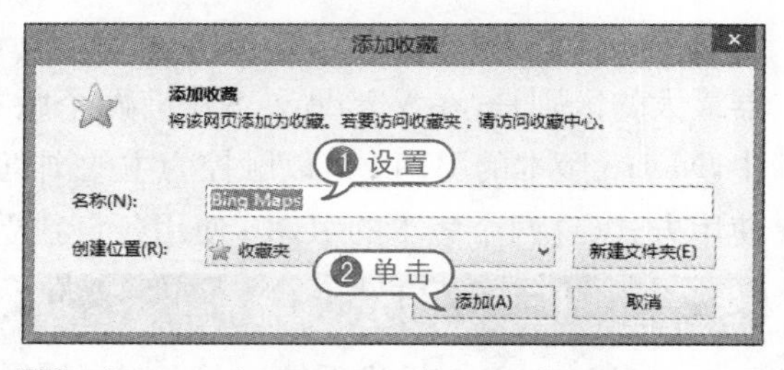

03 成功收藏网页后，单击浏览器右上方的☆按钮，可以打开网页收藏列表框，单击该列表框中收藏的网页名称，即可以打开收藏的网页。

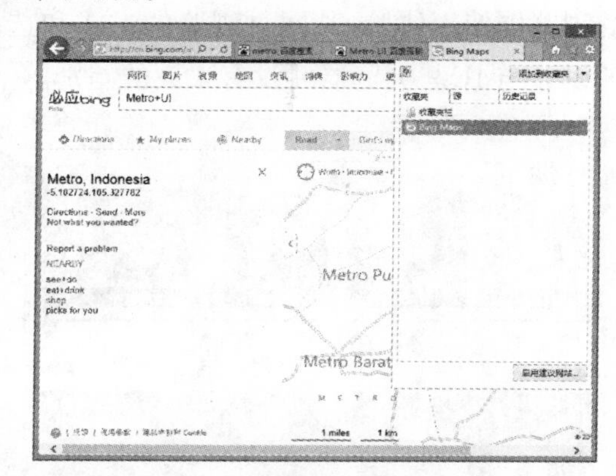

04 若用户需要删除收藏的网页，可以在收藏列表框中右击网页的名称，然后在弹出的菜单中选中【删除】命令。

05 选择【重命名】命令，可以对收藏的网页名称进行修改。

9.3 设置 Internet Explorer 10

为了更加方便的浏览网页,用户可以根据自己的需要和习惯对 IE 浏览器进行设置。本节将通过实例操作,详细介绍设置 IE 10 浏览器的常用方法。

9.3.1 设置浏览器主页

在 Windows 8 中,用户可以参考下面介绍的方法为 IE 10 浏览器设置主页。

【例 9-6】设置 IE 10 浏览器的主页。视频

01 打开 IE 10 浏览器后,单击浏览器窗口右上角的按钮,在弹出的菜单中选中【Internet 选项】命令,打开【Internet 选项】对话框。

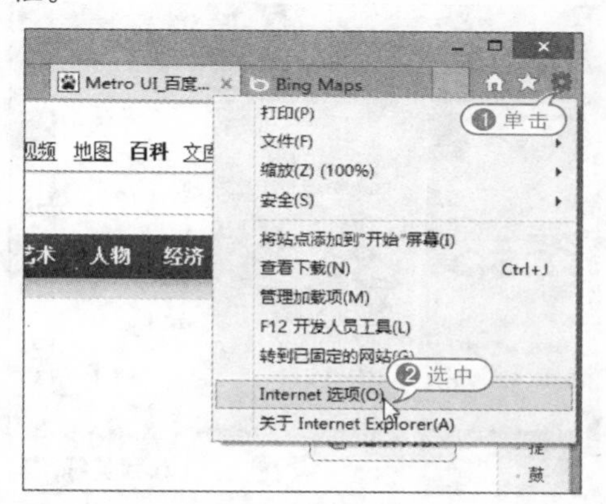

02 在【Internet 选项】对话框的【主页】文本框中输入要设置为浏览器主页的网站网址后,单击【确定】按钮即可。

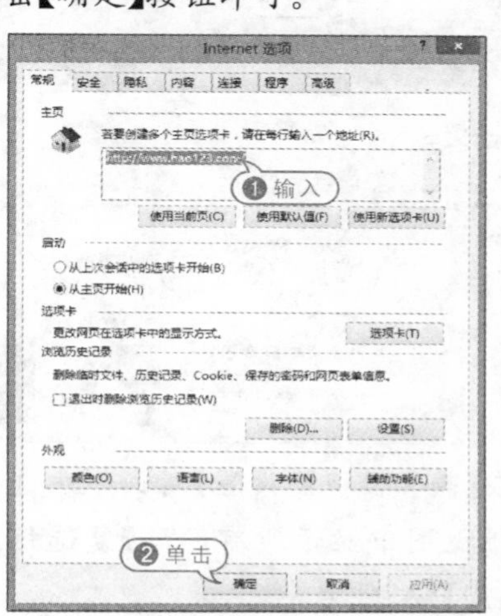

03 成功设置浏览器主页后,在 Windows 8 启动后单击 Metro UI 界面上的【Internet Explorer 10】磁贴,即可打开浏览器访问相应的网页。

9.3.2 设置用选项卡打开网页

选项卡是 IE 浏览器的一项功能,该功能允许用户在一个浏览器窗口中打开多个网站。用户可以在新选项卡中打开网页,并通过单击要查看的选项卡切换这些网页。使用 Metro 版 IE 10 浏览器设置在新选项卡中打开网页的方法如下。

【例 9-7】设置 IE 10 浏览器的选项卡。视频

01 在 IE 10 浏览器上方单击【新选项卡】按钮。

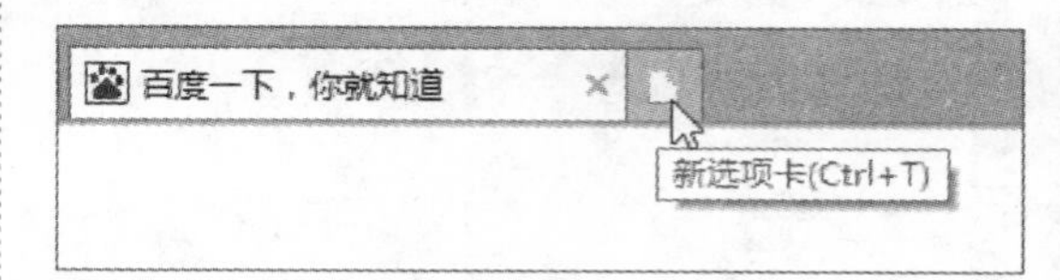

02 在打开的新选项卡界面中,用户可以通过单击页面中的图标打开自己常用的网站,也可以通过在浏览器上方的地址栏中输入网址访问某个网站。

03 浏览器选项卡使用完后，用户可以通过单击选项卡右侧的 按钮关闭选项卡。

04 单击浏览器窗口右上角的 按钮，在弹出的菜单中选中【Internet 选项】命令打开【Internet 选项】对话框，然后在该对话框中单击【选项卡】按钮。

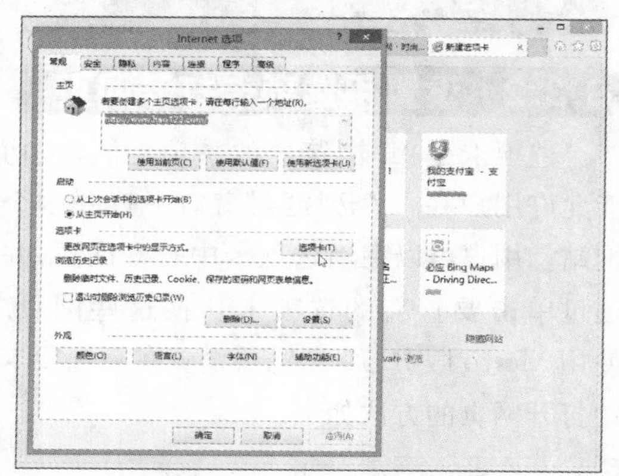

05 在打开的【选项卡浏览设置】对话框中，用户可以对浏览器选项卡的工作方式进行设置。

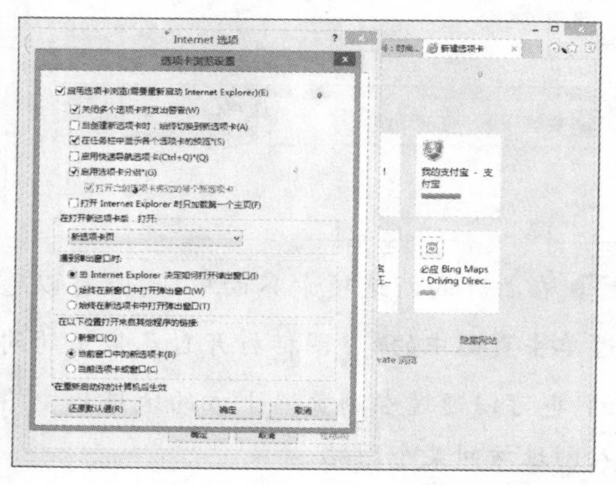

9.3.3 设置浏览器兼容模式

由于很多网站在设计之初并没有考虑到要兼容 IE 10 浏览器，使得在 IE 10 中打开这些网站时页面会显示不正常，甚至影响一部分的网页功能。当遇到此类情况时，用户可以通过在 IE 10 浏览器中启用浏览器兼容模式来解决问题。

【例 9-8】在 IE 10 中设置浏览器兼容模式。
视频

01 在 Windows 8 中启动 IE 10 浏览器后，右击浏览器顶部的边框，在弹出的菜单中选中【菜单栏】命令，显示浏览器菜单栏。

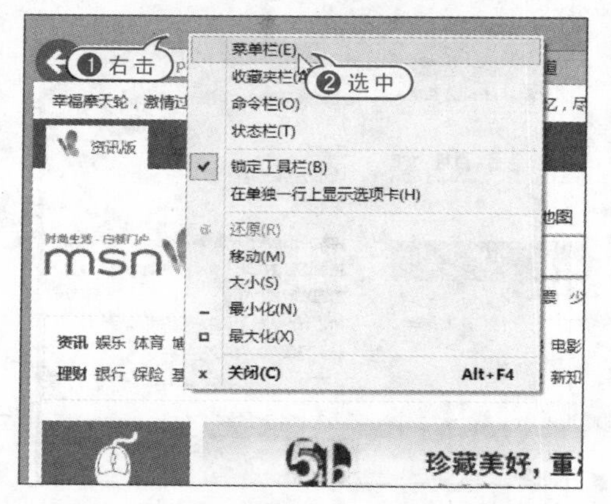

02 选择【工具】|【兼容性视图设置】命令，打开【兼容性视图设置】对话框。

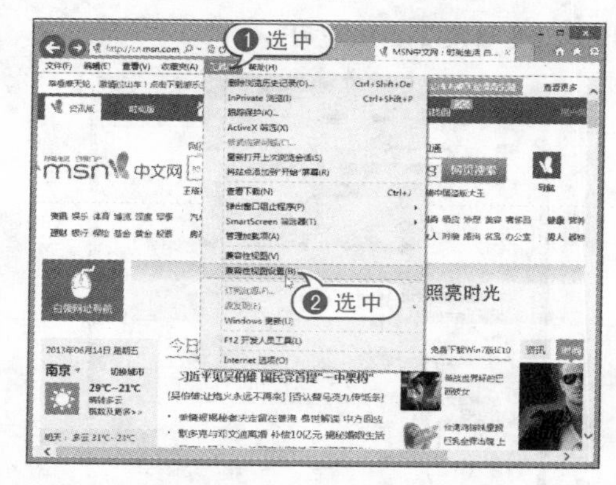

03 在【兼容性视图设置】对话框中选中【在兼容性视图中显示所有网站】复选框后，单击【关闭】按钮。

04 完成以上设置后，按下 F5 键刷新当前网页即应用设置。

9.4 设置网页浏览安全与隐私

无论是使用公用电脑进行网购，还是在公共场所查看电子邮件，用户都不希望计算机中留下网络浏览的记录。此时，可以在 Windows 8 中设置 IE 10 浏览器隐私的浏览模式。

9.4.1 启用隐私浏览模式

IE 10 浏览器提供隐私浏览模式，在该模式中浏览网站不会被记录相关的网页浏览信息。打开 IE 10 隐私模式的方法如下。

【例 9-9】在 IE 10 浏览器中启用隐私浏览模式浏览网页。视频

01 参考【例 9-8】介绍的方法，在 IE 10 浏览器中显示菜单栏后，选择【工具】|【InPrivate 浏览】命令，打开隐私浏览模式。

02 启用隐私浏览模式后，浏览器窗口的地址栏上将显示一个明显的标记 InPrivate，表明当前窗口正处于隐私浏览模式。

9.4.2 设置浏览器隐私安全

网络信息安全对于用户来说是一个非常重要的问题。用户在上网时，自己的信息随时都有泄露的可能。这时，可以通过提高 IE 浏览器的隐私安全级别来提高隐私的保密程度。

【例 9-10】在 IE 浏览器中设置隐私安全级别。视频

01 单击 IE 浏览器窗口右上角的 ⚙ 按钮，在弹出的菜单中选中【Internet 选项】命令，打开【Internet 选项】对话框。

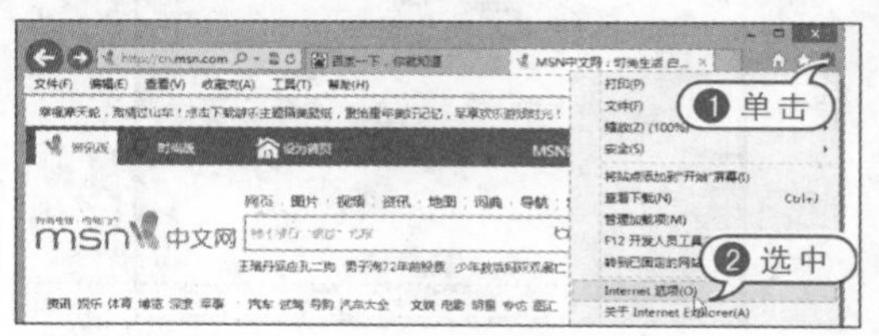

02 在【Internet 选项】对话框中选中【隐私】选项卡，然后在该选项卡中滑动【设置】滑块，设定隐私的安全级别后单击【确定】按钮即可。

9.4.3 调整上网安全级别

浏览器窗口在遇到网页中包含程序时，会打开一个"只显示安全内容"的提示框。这种情况通常会发生在网上购物、浏览包含图像或广告的进入网站或允许来自不安全服务器的脚本上。此时，用户可以通过调整 IE 浏览器的上网安全级别来保护系统的安全。

【例 9-11】设置浏览器的上网安全级别。
视频

01 参考【例 9-8】介绍的方法，在 IE 10 浏览器中显示菜单栏后，选择【工具】|【Internet 选项】命令，打开【Internet 选项】对话框。

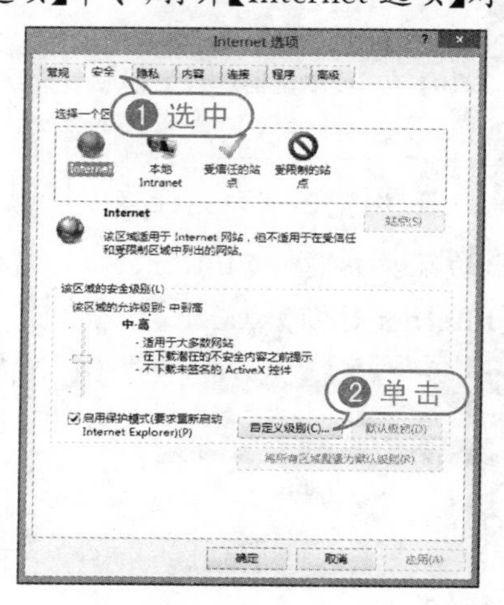

02 在【Internet 选项】对话框中选中【安全】选项卡，然后单击该选项卡中的【自定义级别】按钮。

03 在打开的【安全设置】对话框中，选中【显示混合内容】选项区域中的【禁用】单选按钮后，单击【确定】按钮即可。

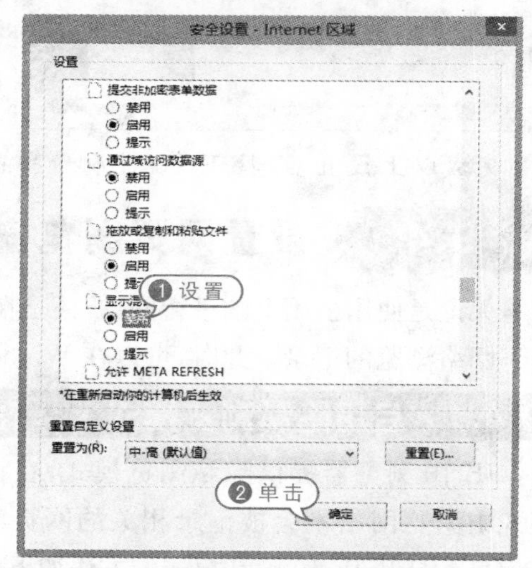

【安全设置】对话框中的【禁用】、【启用】和【提示】单选按钮的功能如下。

- 【禁用】单选按钮：将不会显示非安全项目。
- 【启用】单选按钮：在不询问的情况下将始终显示非安全项目。
- 【提示】单选按钮：在网页中存在非安全内容时将弹出提示信息。

9.4.4 屏蔽网页弹出广告

在使用 IE 10 浏览器上网时，用户可以参考下面介绍的方法屏蔽网页中弹出的各类广告窗口。

【例 9-12】设置 IE 10 屏蔽网页弹出广告。
视频

01 参考【例 9-8】介绍的方法，在 IE 10 浏览器中显示菜单栏后，选择【工具】|【Internet 选项】命令，打开【Internet 选项】对话框，在该对话框中选中【安全】选项卡，然后选中

该选项卡中的【受限制的站点】图标，并单击【站点】按钮。

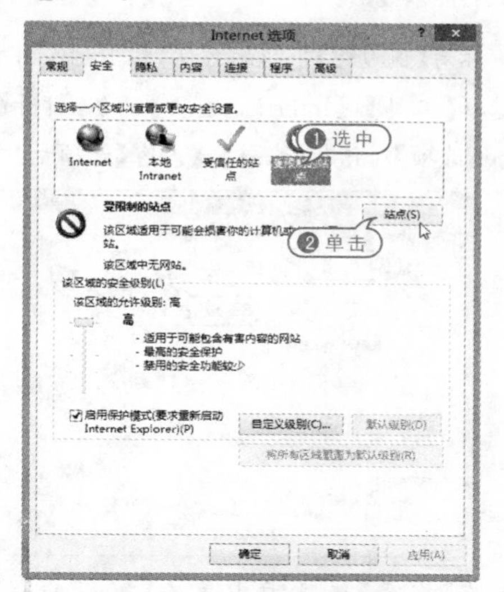

02 在打开的【受限制的站点】对话框中设置受限站点的网址后，单击【添加】按钮，并单击【关闭】按钮。

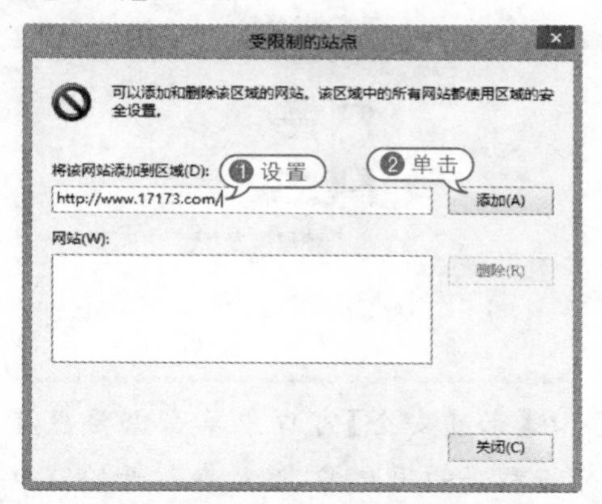

03 完成以上设置后，单击【受限制的站点】对话框中的【关闭】按钮即可。

9.4.5 设置仿冒网站筛选

仿冒网站（通常指“钓鱼”网站）一直是互联网安全的重大威胁，此类网站通过模拟可信网站来获取访问者的个人或财务信息，可能会给用户造成不必要的损失。在 IE 10 浏览器中，用户可通过设置启用“仿冒网站筛选”功能来避免遭到仿冒网站的欺诈，具体步骤如下。

【例 9-13】在 IE 10 浏览器中设置启用“仿冒网站筛选”功能。视频

01 参考【例 9-8】介绍的方法，在 IE 10 浏览器中显示菜单栏后，选择【工具】|【SmartScreen 筛选器】|【启用 SmartScreen 筛选器】命令，打开【Microsoft SmartScreen 筛选器】对话框。

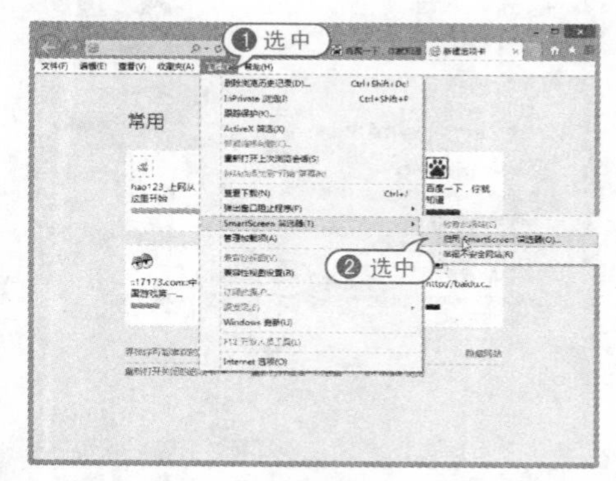

02 在【Microsoft SmartScreen 筛选器】对话框中选中【启用 SmartScreen 筛选器】单选按钮后，单击【确定】按钮。

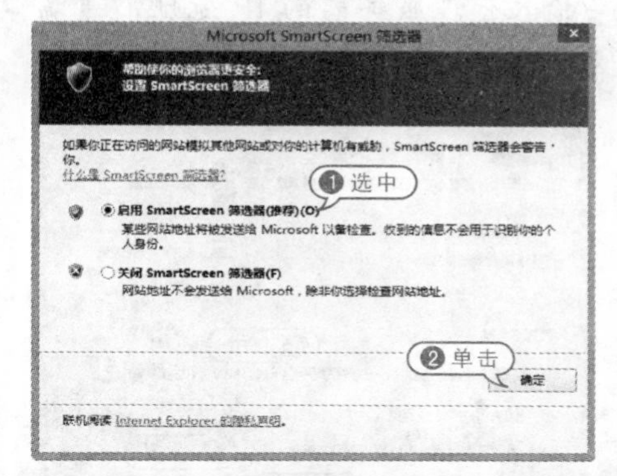

9.4.6 设置网页代理服务器

在用 IE 10 浏览器上网时，用户可以参考下面介绍的方法，手动设置代理服务器访问一些受网络限制（例如受教育网限制）的网站。

【例 9-14】在 IE 10 浏览器中设置网页代理服务器。视频

01 参考【例 9-8】介绍的方法，在 IE 10 浏览器中显示菜单栏后，选择【工具】|【Internet 选项】命令，打开【Internet 选项】对话框，在该对话框中选中【连接】选项卡，然后单击该选项卡中的【局域网设置】按钮，打开【局域网设置】对话框。

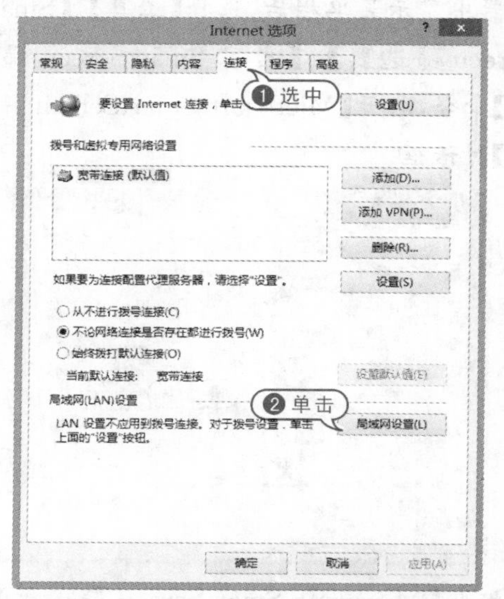

02 在【局域网设置】对话框中选中【为 LAN 使用代理服务器】复选框后，在【地址】文本框中输入代理服务器的 IP 地址，在【端口】文本框中输入 IP 地址对应的开放端口。

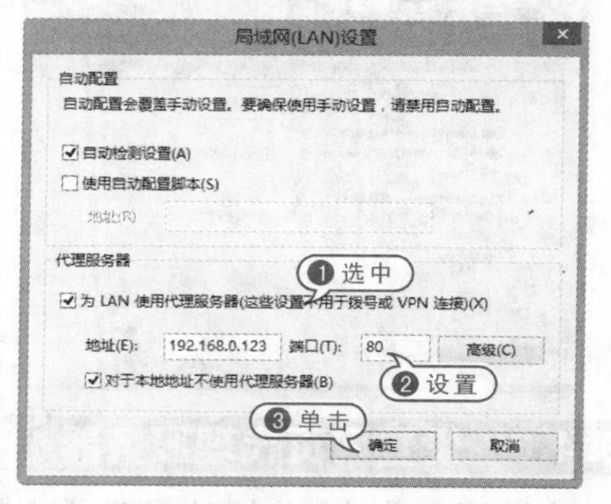

03 完成以上设置后，在【局域网设置】对话框中单击【确定】按钮即可。

9.4.7 设定网页内容审查

在网络中，对于无法判别或分辨内容是否安全的网站，用户可以在浏览器中设置内容审查程序，自动过滤站点中的不良信息，具体方法如下。

【例 9-15】在 IE 10 浏览器中设置网页内容审查程序。视频

01 参考【例 9-8】介绍的方法，在 IE 10 浏览器中选择【工具】|【Internet 选项】命令，打开【Internet 选项】对话框后，选择【内容】选项卡。

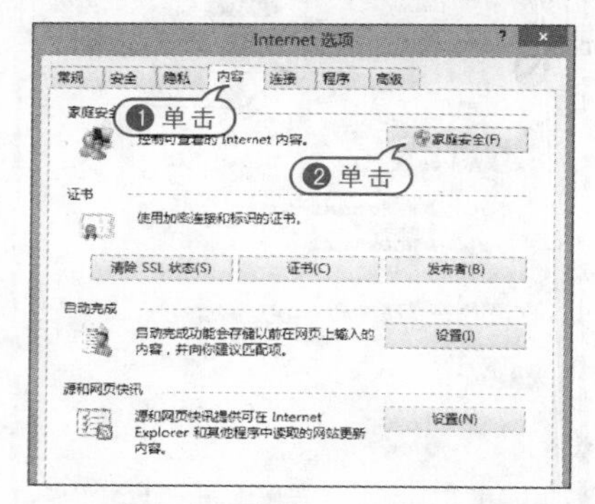

02 在【内容】选项卡中单击【家庭安全】按钮，打开【家庭安全】窗口。

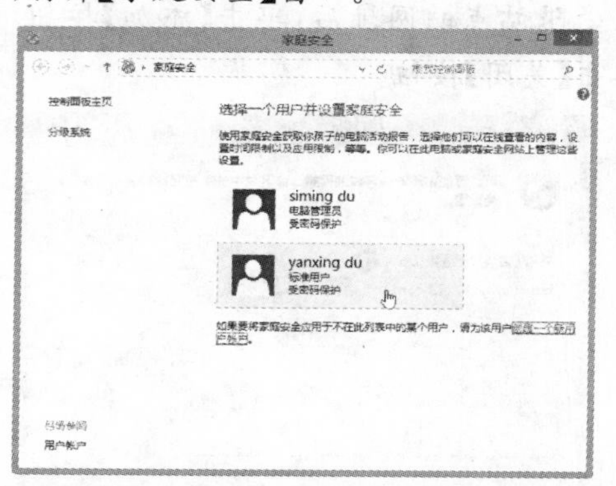

03 在【家庭安全】窗口中单击需要设置内容审查程序的用户名，然后在打开的窗口中选中【启用，应用当前设置】单选按钮，并单击【网站筛选】选项。

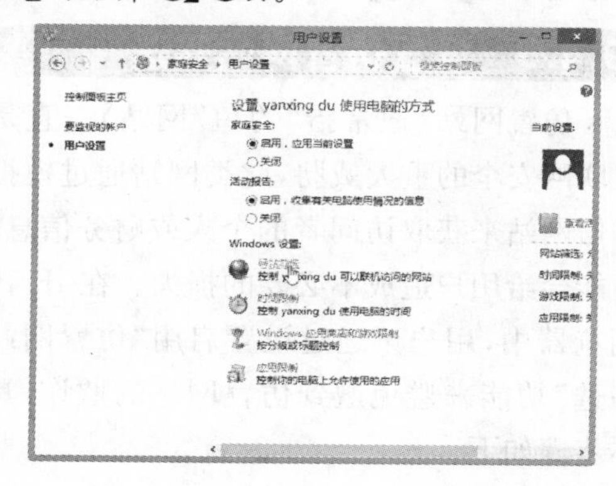

04 在打开的【网站筛选】窗口中选中【只能访问我允许的网站】单选按钮后，单击【设置网站筛选级别】选项。

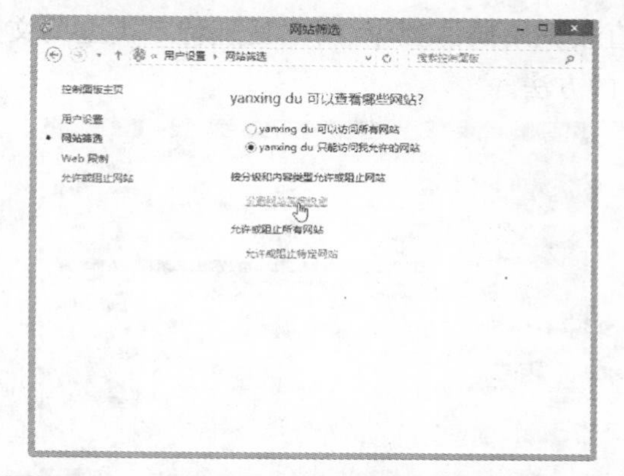

05 在打开的选项区域中选中【仅限允许列表】、【适合孩子】、【大众娱乐】、【在线通信】或【成人警告】等单选按钮中的一个，设置网站访问的限制级别，然后单击【允许或阻止网站】选项。

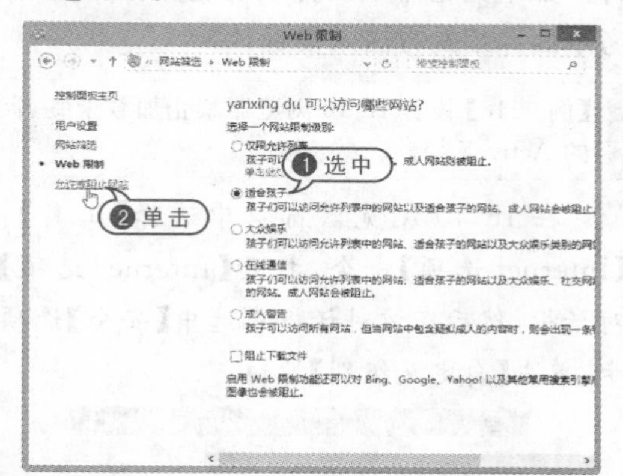

06 在打开的【允许或阻止网站】窗口中，用户可以在【输入要允许或阻止的网站】文本框中输入受限制或允许的网站地址，然后通过【允许】或【阻止】按钮，将网站地址插入【阻止的网站】或【允许的网站】列表框中。

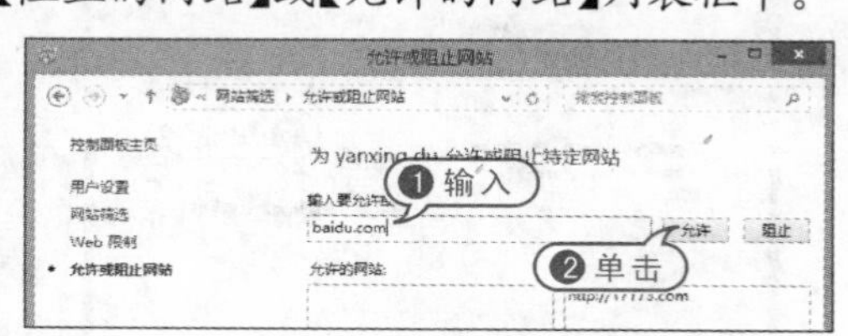

07 完成以上设置后，关闭【允许或阻止网站】窗口，浏览器将会自动审查受限用户访问的网站内容。

9.4.8 设置自动清理临时文件

在 Windows 8 中，用户可以参考下面介绍的方法，设置 IE 10 浏览器自动清理保存的 Cookies、页面信息和历史记录等临时文件。

【例 9-16】设置 IE 10 浏览器自动清理临时文件。视频

01 参考【例 9-8】介绍的方法，在 IE 10 浏览器中选择【工具】|【Internet 选项】，打开【Internet 选项】对话框后，选中该对话框中的【常规】选项卡，在该选项卡中选中【退出时删除浏览历史记录】复选框，然后单击【确定】按钮即可。

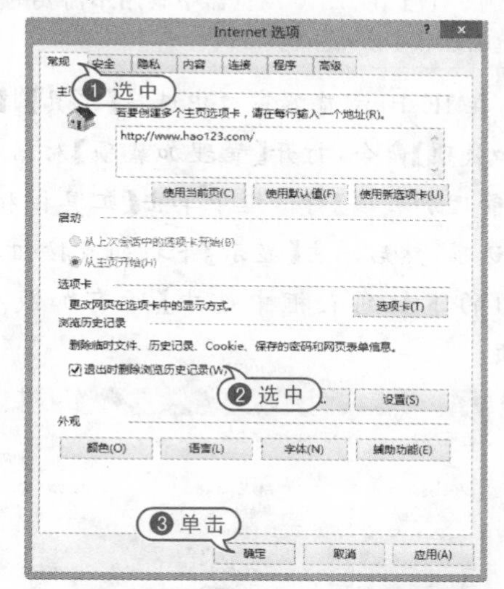

02 单击浏览器窗口右上角的 × 按钮，关闭 IE 10 浏览器，浏览器将自动清除用户上网时保存的临时文件。

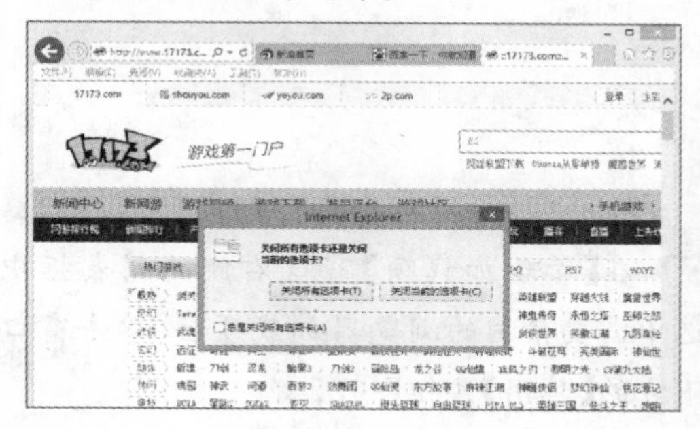

9.5 管理浏览器插件

插件是一种遵循一定规范的应用程序接口编写出来的程序。很多软件都有插件，在 IE 浏览器中，安装相关的插件后，Web 浏览器能够直接调用插件程序，用于处理特定类型的文件。本节将主要介绍使用 IE 10 管理浏览器插件的方法。

9.5.1 禁用 IE 浏览器加载项

当用户在使用 IE 10 浏览器访问网站时，经常会遇到网页提示要安装 Active 控件或加载项的要求，使得浏览器窗口中多了一堆用不到的内容，这很可能会让浏览器启动速度变慢。下面将通过实例介绍在 IE 10 中禁用用不到的 IE 加载项的方法，帮助用户解决问题。

【例 9-17】在 IE 10 浏览器中禁用不需要的浏览器加载项。视频

01 在 IE 10 浏览器窗口中选择【工具】|【管理加载项】命令，打开【管理加载项】对话框，在【管理加载项】对话框中单击【工具栏和扩展】选项，然后单击【显示】下拉列表按钮，在弹出的下拉列表框中选中【所有加载项】选项。

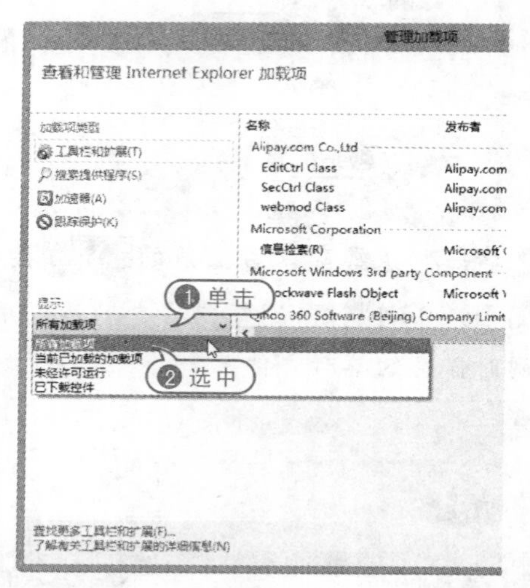

02 在【管理加载项】窗口右侧的列表框中选中需要禁用的浏览器加载项后，单击窗口下方的【禁用】按钮即可。

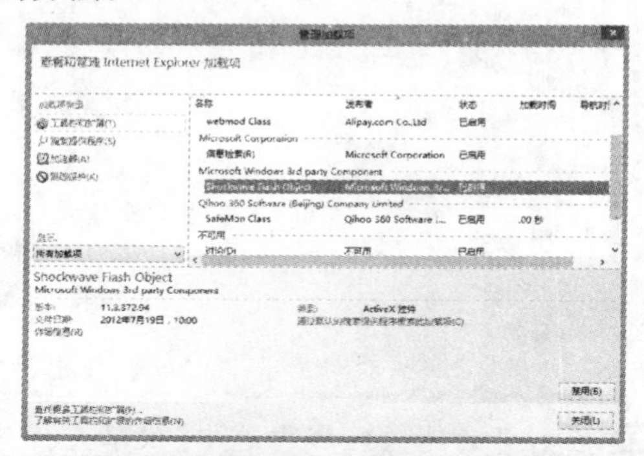

9.5.2 禁止加载 ActiveX 标签

一般情况下，IE 10 浏览器默认设置的安全级别是禁止加载未签名的 ActiveX 控件。如果浏览器未设置该功能，用户可以参考下面介绍的方法来设置。

【例 9-18】设置 IE 10 浏览器禁止加载未签名的 ActiveX 控件。视频

01 在 IE 10 浏览器窗口中选择【工具】|【Internet 选项】命令，打开【Internet 选项】对话框，然后在该对话框中选中【安全】选项卡，单击【自定义级别】按钮。

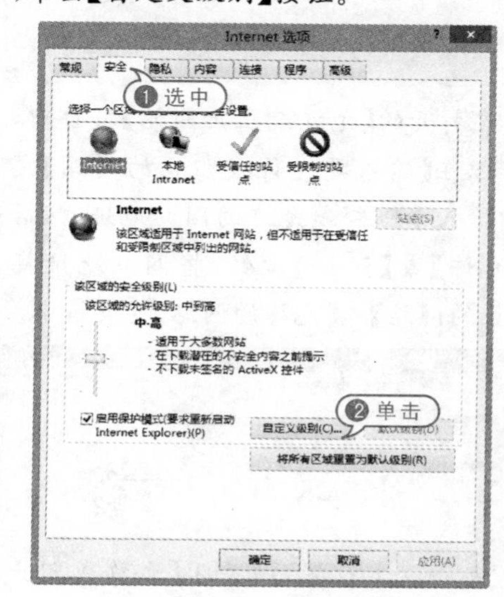

02 在打开的【安全设置】对话框的【下载未签名的 ActiveX 控件】选项区域中选中【禁用】单选按钮，然后单击【确定】按钮。

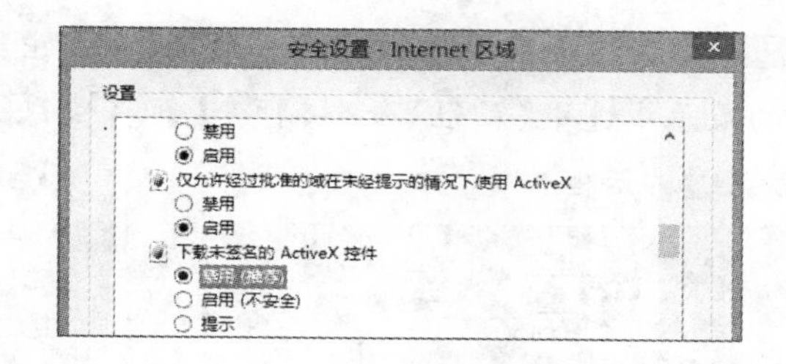

9.6 实战演练

本章的实战演练将通过实例介绍 IE 10 浏览器的一些常用功能和使用技巧，帮助用户进一步掌握使用该浏览器的方法。

9.6.1 使用网页快讯

用户可以参考下面介绍的方法，在 IE 10 浏览器中订阅、设置与删除网页快讯。

【例 9-19】使用 IE 10 浏览器的“网页快讯”功能浏览即时网站信息。

01 首先使用 IE 10 浏览器访问一个有“网页快讯”功能的网页（例如凤凰网财经频道）。

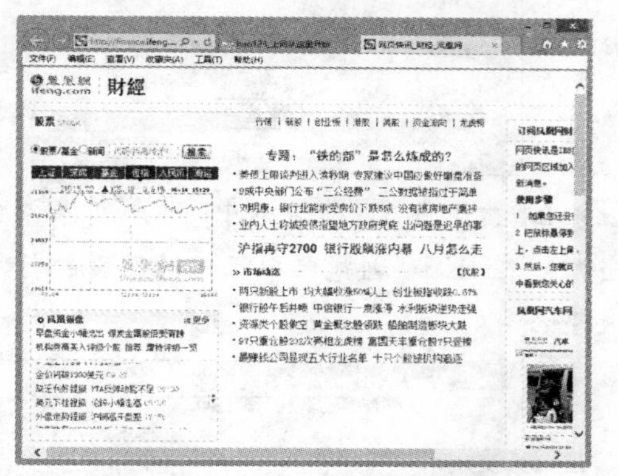

02 右击浏览器窗口，在弹出的菜单中选中【命令栏】命令，显示命令栏。

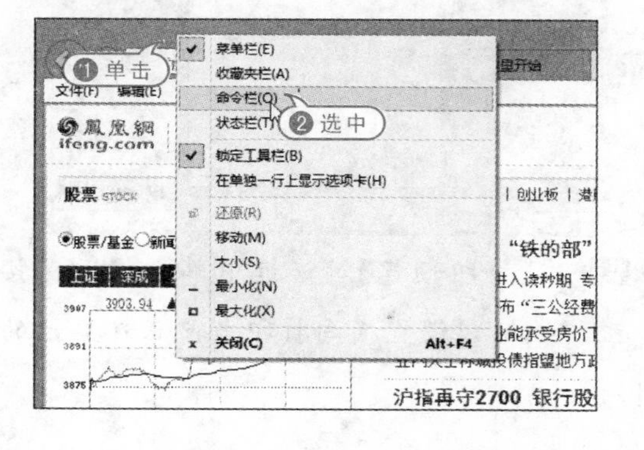

03 单击命令栏上的【添加网页快讯】按钮，打开【Internet Explorer】对话框。

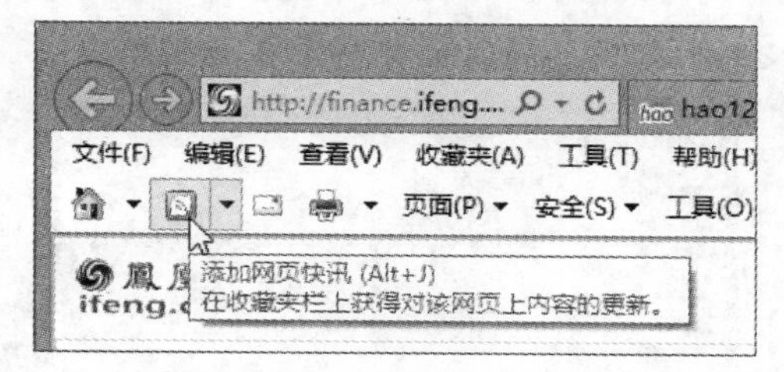

04 在【Internet Explorer】对话框中单击【添加到收藏夹栏】按钮，订阅网页快讯。

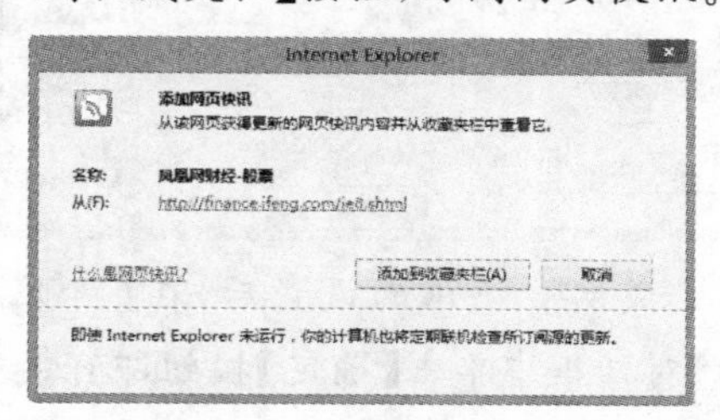

05 成功订阅网页快讯后，浏览器将自动显示收藏栏，单击收藏栏中订阅的快讯名称，在弹出的下拉列表框中即可浏览网页快讯。

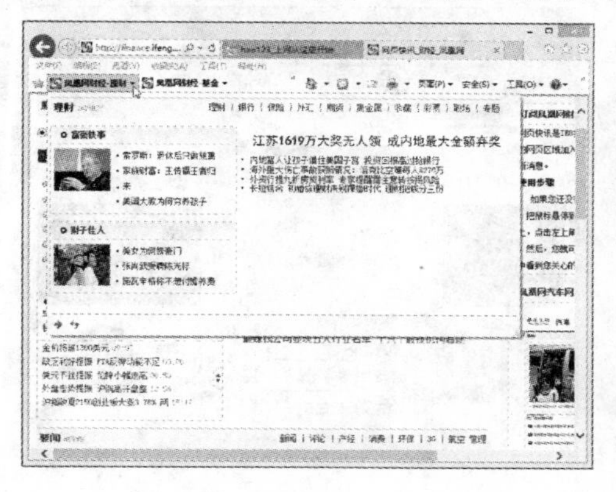

06 右击收藏栏中订阅的网页快讯，在弹出的菜单中选中【属性】命令，打开【网页快讯属性】对话框。

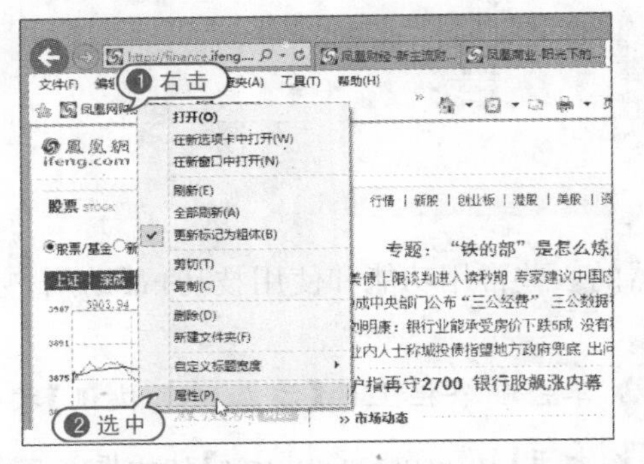

07 在【网页快讯属性】对话框中，用户可以根据需要设置网页快讯的更新计划。

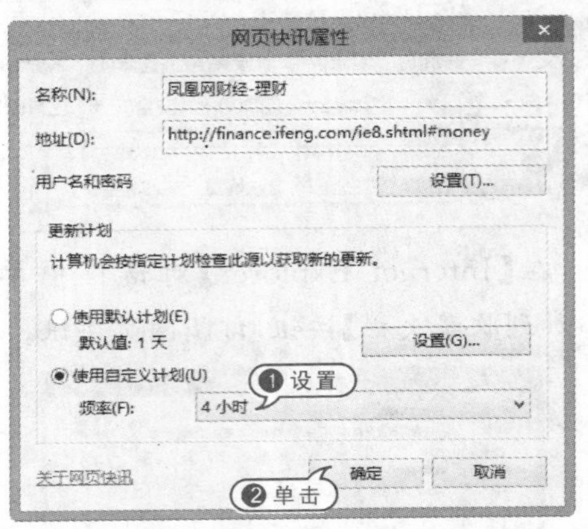

08 完成网页快讯的设置后，在【网页快讯属性】对话框中单击【确定】按钮即可。当用户需要删除某个订阅的网页快讯时，只需在IE 10浏览器收藏栏中右击该网页快讯，然后在弹出的菜单中选中【删除】命令。

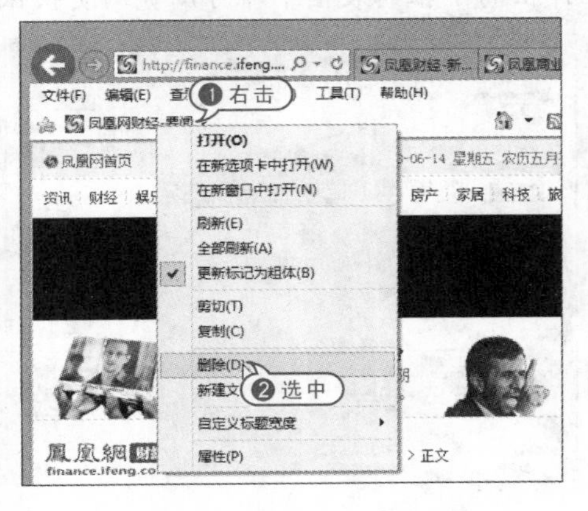

9.6.2 使用浏览器打印网页

用户可以参考下面介绍的方法，使用IE 10浏览器打印正在浏览的网页。

【例9-20】使用IE 10浏览器打印网页。视频

01 使用IE 10浏览器打开一个网页后，右击网页空白处，在弹出的菜单中选中【打印预览】命令，打开【打印预览】对话框。

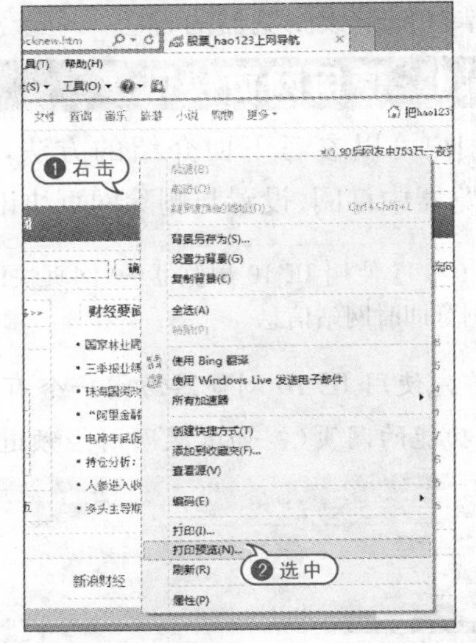

02 在【打印预览】对话框中，用户可以预览当前正在IE 10浏览器中显示的网页的打印效果。

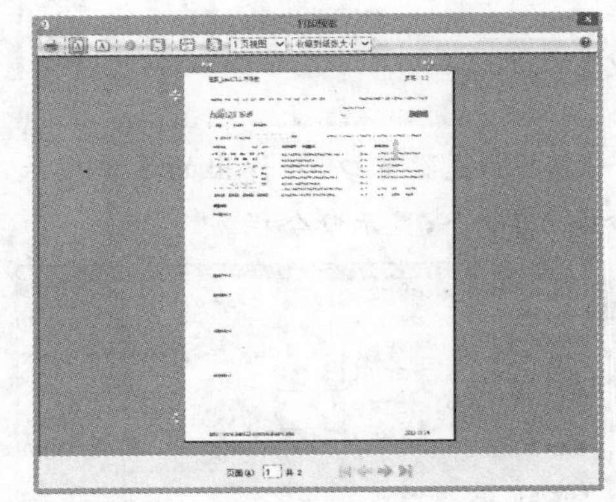

03 在【打印预览】对话框中单击【横向】按钮，可以设置横向打印当前正在显示的网页。

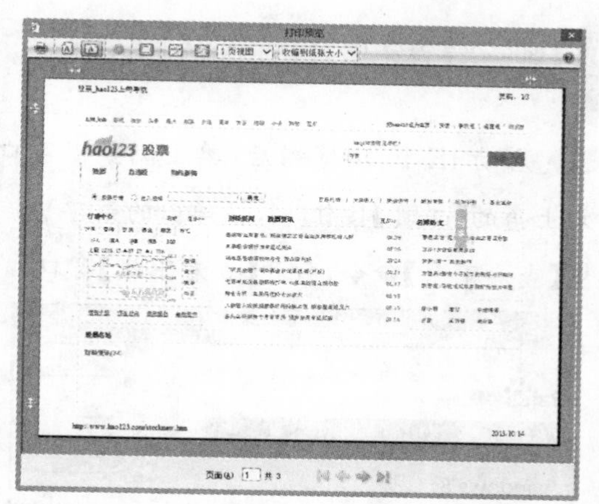

04 单击【打印预览】对话框中的【打印文档】按钮 ，打开【打印】对话框。

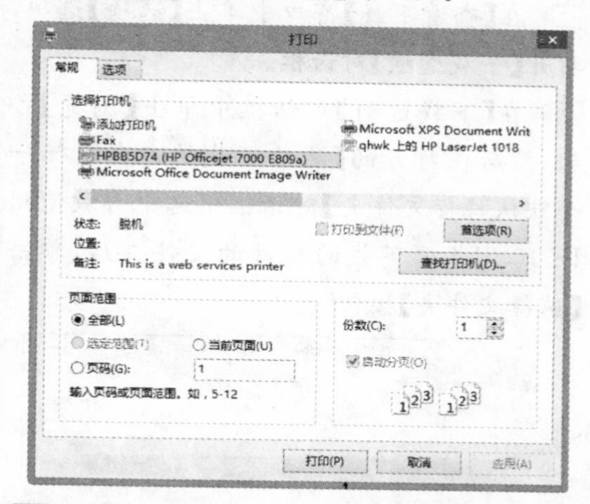

05 在【打印】对话框中选中连接电脑的打印机并单击【打印】按钮即可。

9.6.3 使用“跟踪保护”功能

“跟踪保护”最初是IE 9浏览器中的功能，由于该功能具有较高的安全性和实用性，所以IE 10浏览器中也具有该保护功能。用户可以参考下面介绍的方法，在IE 10浏览器中使用“跟踪保护”功能。

【例9-21】使用IE 10浏览器自带的“跟踪保护”功能。 视频

01 启动IE 10浏览器后，单击浏览器窗口右上角的【工具】按钮 ，然后在弹出的菜单中选中【管理加载项】命令，打开【管理加载项】对话框。

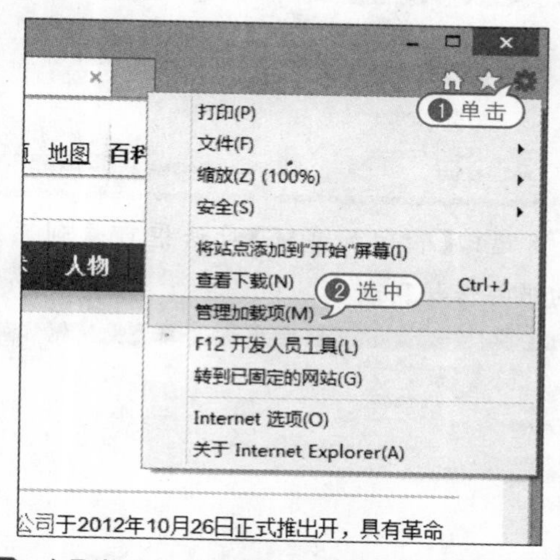

02 在【管理加载项】对话框中选中【跟踪保护】选项，然后单击【联机获取跟踪保护列表】选项，打开微软官方站点 http://www.iegallery.com。

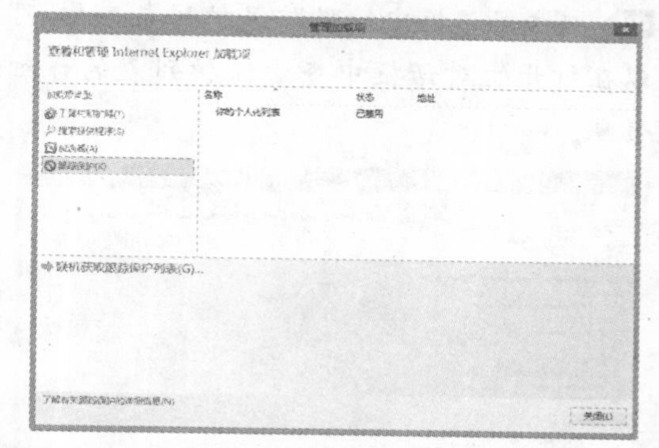

03 在微软官方站点中单击“跟踪保护列表1”和“跟踪保护列表2”后的【添加】按钮。

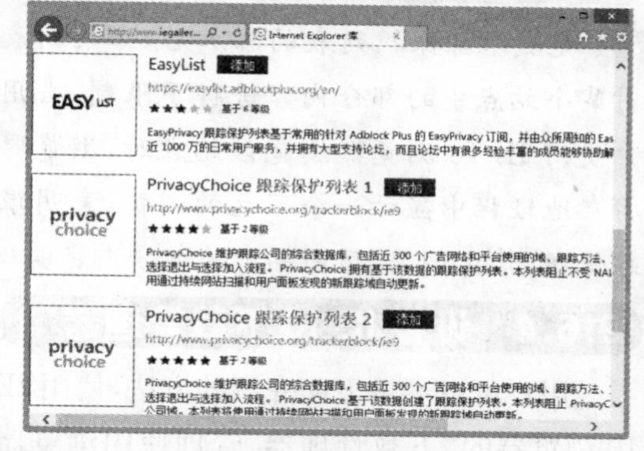

04 在打开的【跟踪保护】对话框中单击【添加列表】按钮。

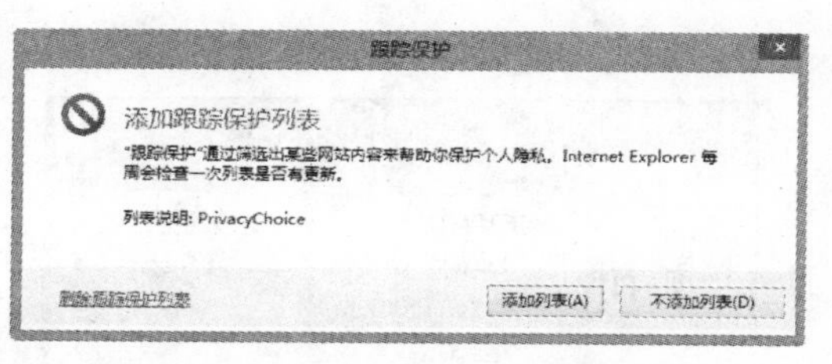

05 返回【管理加载项】对话框可看到添加的跟踪保护列表。

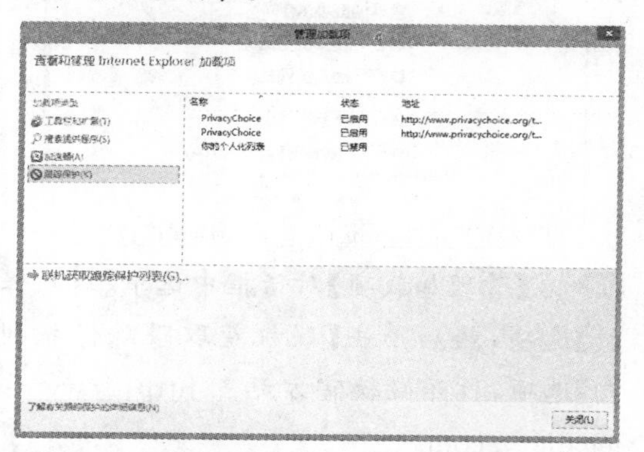

06 双击对话框中的跟踪保护列表名称，可以在打开的对话框中查看保护列表的详细信息。

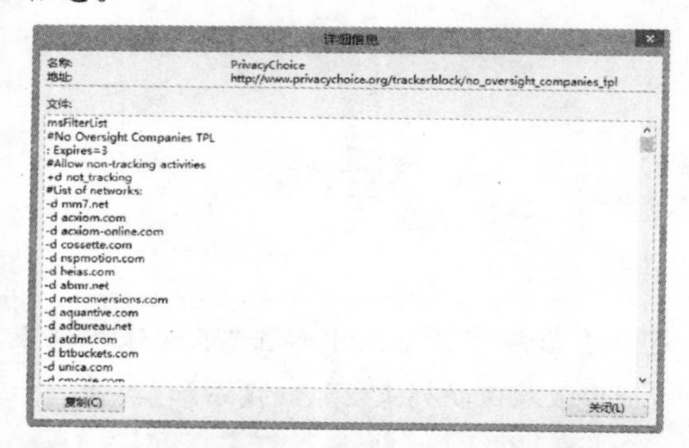

07 完成跟踪保护列表的添加后，如果列表对某个站点中的部分内容进行了限制，当用户使用 IE 10 浏览器浏览该站点时，浏览器将在地址栏中显示一个蓝色的图标，表明跟踪保护"禁止调用"该网站中的部分内容。

9.6.4 设置 IE 10 下载管理器

用户可以参考下面介绍的方法，使用 IE 10 浏览器的"下载管理器"管理使用浏览器下载的文件资源。

【例 9-22】设置 IE 10 浏览器的"下载管理器"。
视频

01 启动 IE 10 浏览器后，单击浏览器窗口右上角的【工具】按钮，在弹出的菜单中选中【查看下载】命令，打开【查看下载】窗口。

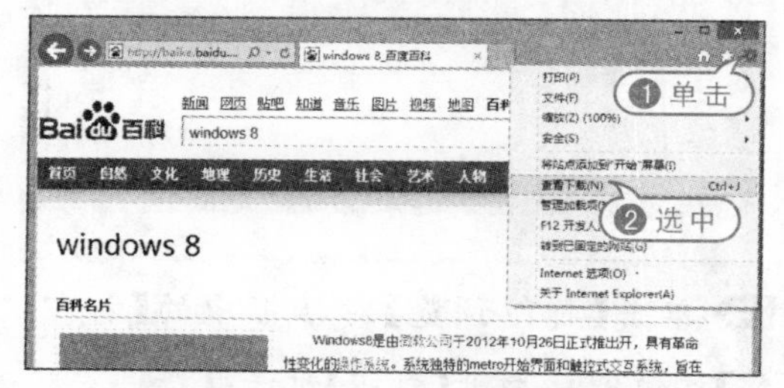

02 在【查看下载】窗口中单击【选项】选项，打开【下载选项】对话框。

03 在【下载选项】对话框中单击【浏览】按钮，然后在打开的【为你下载的内容选择一个默认目标文件夹】对话框中选中存放使用 IE 10 浏览器下载的文件的文件夹后，单击【选择文件夹】按钮。

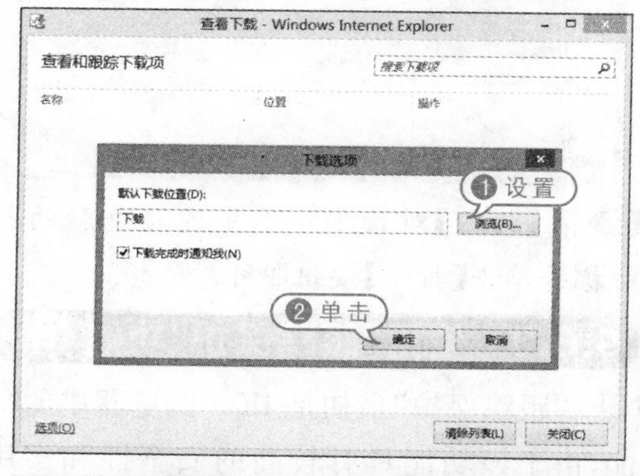

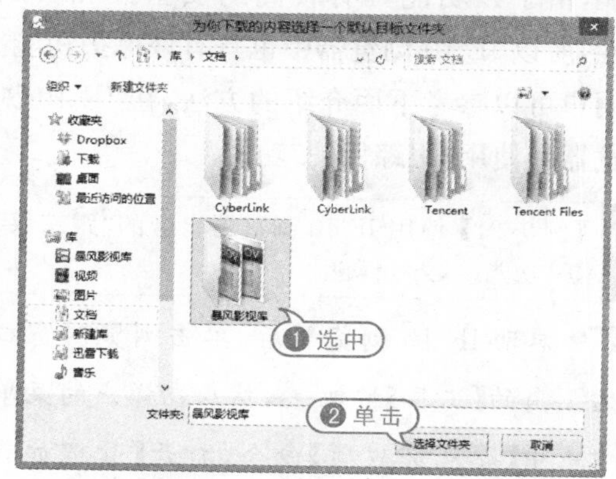

04 返回【下载管理】对话框后，单击【确定】按钮，然后使用 IE 10 浏览器打开一个可供文件下载的网页。

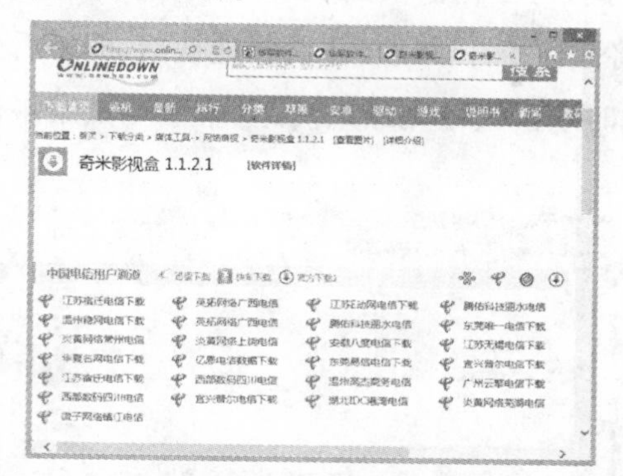

05 单击网页中的文件下载链接，在弹出的提示框中单击【保存】按钮即可开始下载相应的文件。

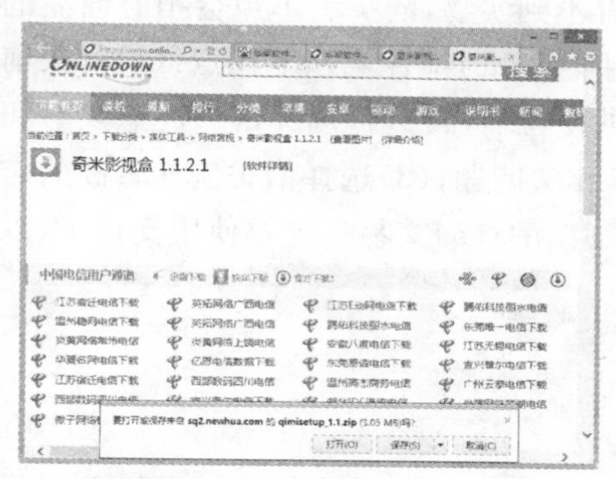

06 文件下载完成后，在弹出的提示框中单击【查看下载】按钮，可以打开【查看下载】窗口，查看下载的文件列表。

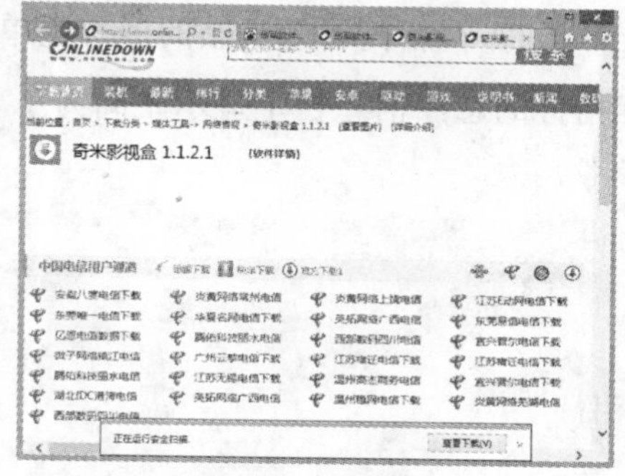

07 在【查看下载】窗口中单击下载文件名称后的【打开】按钮，可以直接运行下载的文件。

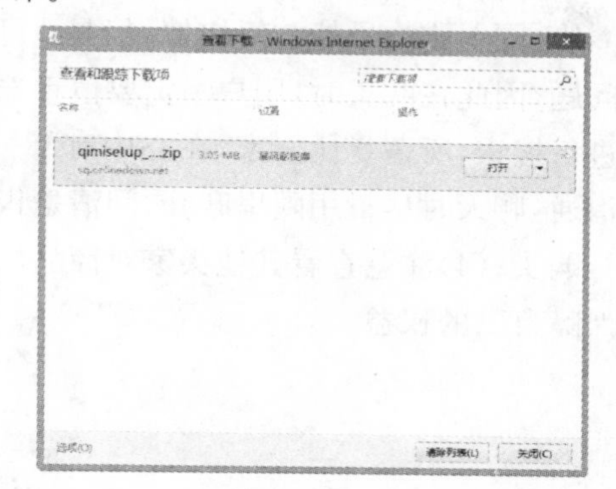

9.7 专家答疑

一问一答

问：我不会打字，但是想使用百度搜索功能，该如何输入关键字呢？

答：百度搜索本身提供了手写输入的功能，在百度的主页中单击输入法后面的下拉按钮，在弹出的下拉菜单中选择【手写】选项，打开手写板，此时可使用鼠标书写汉字，系统会对用户输入的汉字进行识别，并在手写板的右侧显示最接近的汉字，在其中选择要输入的汉字即可完成输入。

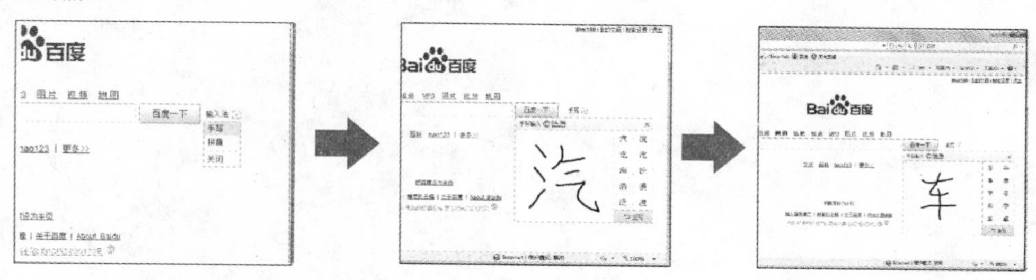

问:在百度电子地图中如何粗略测量两个地点之间的距离?

答:百度电子地图为用户提供了方便的测距功能,例如在南京市地图中,如果用户想要测量新街口地铁站到张府园地铁站之间的直线距离,可单击【测距】选项,当鼠标指针变为形状时,在新街口地铁站的标志上单击,然后将鼠标指针移动至张府园地铁站,即可看到鼠标指针的悬浮信息栏中显示距离为 1.1 公里,此时双击鼠标则结束测距(本例测试结果仅供参考)。

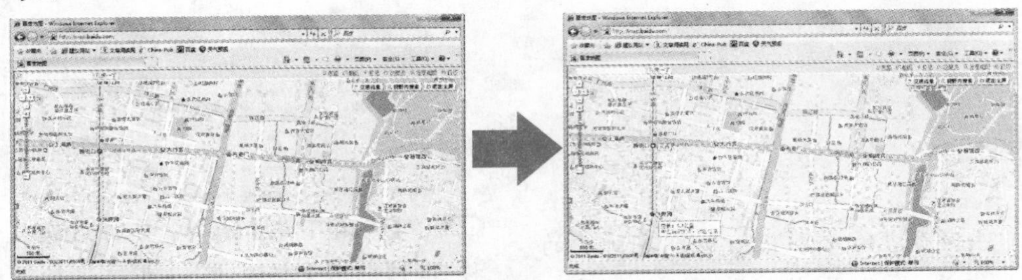

问:在淘宝网上购物如何才能做到买得放心?

答:网上购物虽然方便快捷,但是由于购买时看不到实物,购买者不免会担心商品的质量问题,因此在购买时,用户一定要慎重选择。在淘宝购物时应注意以下几点:(1)购买前要多进行搜索,所谓货比三家,在心中有了一个大概的定位后,再进行选择;(2)注意及时和卖家沟通,聊天时尽量用阿里旺旺,问清楚售后服务等相关问题;(3)选择信誉度比较高的店铺进行购买;(4)注意查看其他买家对商品的评价,仔细斟酌;(5)交易一定要使用支付宝,以有效保障自己的权益。

第10章

Windows 8 的多媒体应用

Windows 8 系统提供了很多供休闲娱乐的多媒体软件，使用电脑用户能够听音乐、看图片、看电影、玩游戏，满足其视觉和听觉感受，也是工作之余一种轻松的休闲方式。本章将主要介绍 Windows 8 系统在多媒体及休闲娱乐方面的功能，包括照片库、Windows Media Player 和 Movie Maker 的设置等。

参见随书光盘

例 10-1　安装照片库
例 10-2　设置图片导入命名方式
例 10-3　修改图片信息
例 10-4　编辑与美化图片
例 10-5　播放音乐
例 10-6　播放电影
例 10-7　播放 CD 光盘与影碟
例 10-8　创建与使用播放列表
例 10-9　启动 Movie Maker
例 10-10　导入视频和图片
例 10-11　设置过渡与特效
例 10-12　保存电影
例 10-13　发布电影
例 10-17　使用暴风影音软件
例 10-18　使用搜狗音乐软件
更多视频请参见光盘目录

10.1 使用照片库分享与管理照片

照片库是一个非常实用的照片管理与编辑软件，用户可用其对照片进行浏览、编辑及制作成幻灯片等操作，还可以将制作完成的作品通过网络和其他用户交流分享。本节将重点介绍 Windows 8 照片库的一些常用操作方法。

10.1.1 免费安装照片库

Windows 8 操作系统在安装时不包含照片库软件，用户需要到微软官方网站上下载中文版的 Windows 软件包(http://download.live.com)。

【例 10-1】在 Windows 8 中安装照片库。
视频

01 下载 Windows 软件包后，双击安装程序打开【Windows 软件包】安装界面。

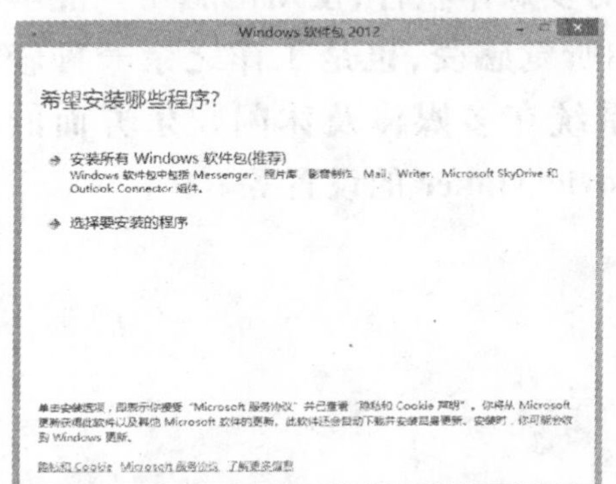

02 在【Windows 软件包】安装界面中单击【选择要安装的程序】选项，然后在打开的窗口中选中【照片库和影音制作】复选框，并单击【安装】按钮。

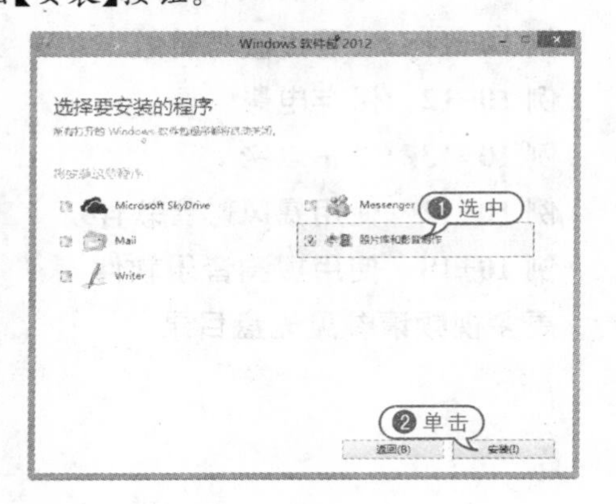

03 完成照片库的安装后，按下 Windows 徽标键返回 Metro 界面，然后在该界面中右击，并在弹出的选项区域中单击【所有应用】选项。

04 在打开的【应用】界面中找到并单击【Photo Gallery】选项。

05 使用 Microsoft 账户(电子邮箱)即可登录照片库。

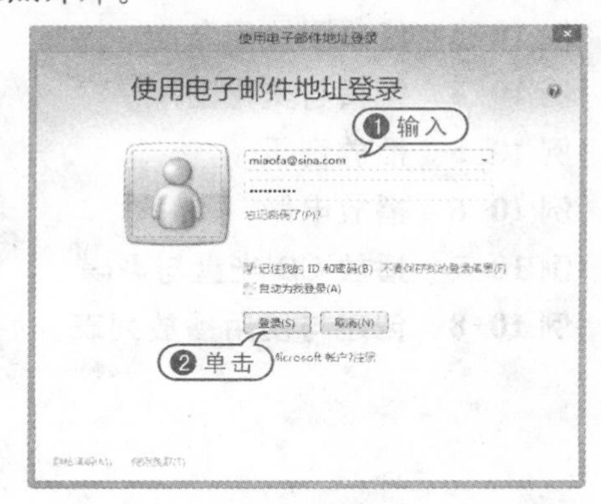

10.1.2 设置图片导入命名方式

数码照片在拍摄后，用户一般要长时间保存。而数码相机拍摄照片时通常以很简单的数字序列来命名照片，这样在长时间后，照片的拍摄时间以及拍摄地点等信息可能被用户遗忘。为了使用户能对照片进行更好的管理，照片库提供了多种实用的命名方式，具体设置方法如下。

【例 10-2】在照片库中设置图片导入命名方式。视频

01 继续【例 10-1】的操作，在【照片库】窗口中单击【文件】选项，然后在弹出的选项区域中选中【选项】命令，打开【照片库选项】对话框。

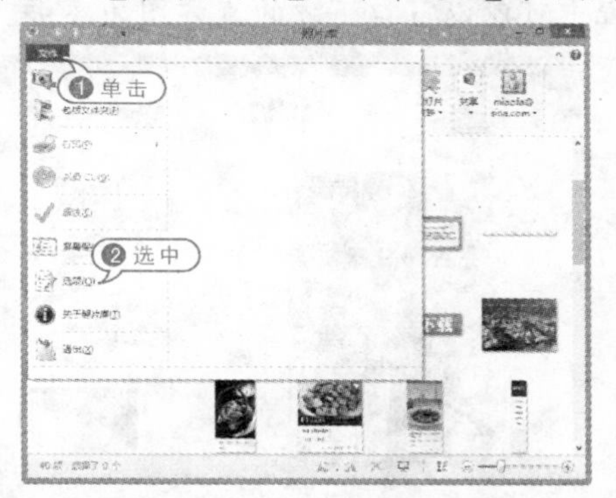

02 在【照片库选项】对话框中选中【导入】选项卡，然后单击该选项卡中的【文件名】下拉列表按钮，并在弹出的下拉列表框中选择一种照片的命名方式。

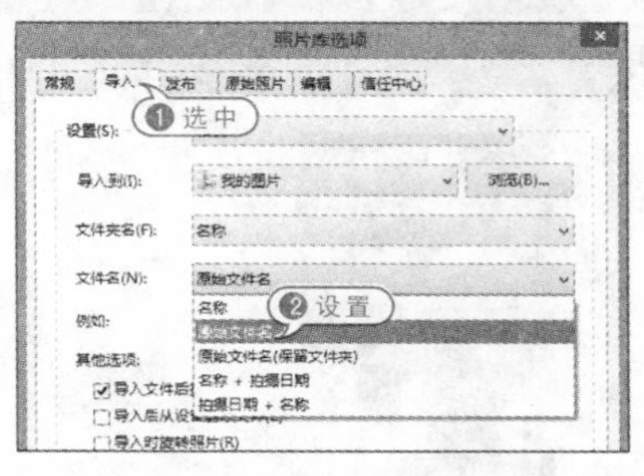

03 完成以上设置后，在【照片库选项】对话框中单击【确定】按钮即可。

10.1.3 修改图片信息

在 Windows 8 中，照片库提供对多张照片进行分类管理的功能，用户可以根据照片类别的不同，自由选择照片的分类方式。

【例 10-3】在照片库中为图片添加“地理标记”。视频

01 继续【例 10-1】的操作，在打开【照片库】窗口后选中窗口中的一张（或多张）照片。

02 单击【照片库】窗口【开始】选项卡中的【地理标记】选项，则在窗口右侧显示【地理标记】文本框，在该文本框中输入需要为图片添加的地理信息（例如 China）。

03 完成地理标记信息的添加后，选择窗口上方的【查看】选项卡。

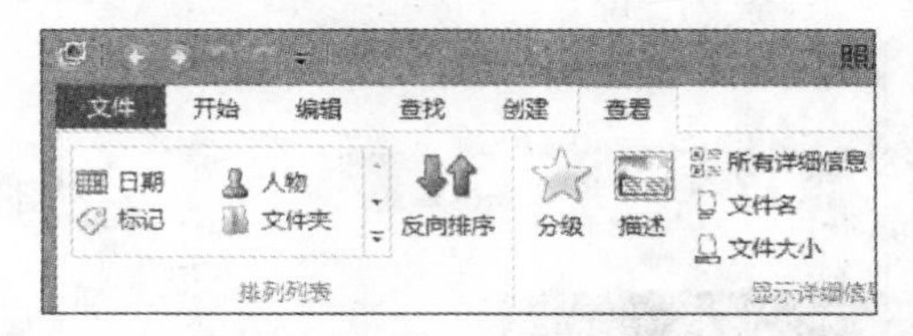

04 单击【查看】选项卡【排列列表】选项区域中的【地理标记】按钮，窗口中将按地理标

记分类显示图片，在窗口左侧窗格中可以找到包含分类图片的文件夹。

10.1.4 编辑与美化图片

照片库软件为用户提供了一些基本的图片编辑与美化功能，在"照片库"窗口中双击要编辑的图片即可进入编辑界面，具体操作如下。

【例 10-4】使用照片库对照片进行调整。
视频

01 继续【例 10-3】的操作，在打开的【照片库】窗口中双击打开需要编辑的图片。

02 单击【照片库】窗口上方的【微调】按钮，显示想要的选项区域。

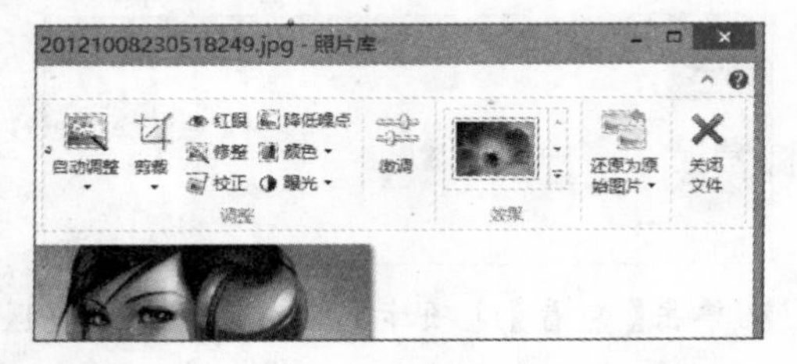

03 在【微调】选项区域中单击【校正照片】选项，在随后展开的选项区域中通过拖动滑块调整照片的角度。

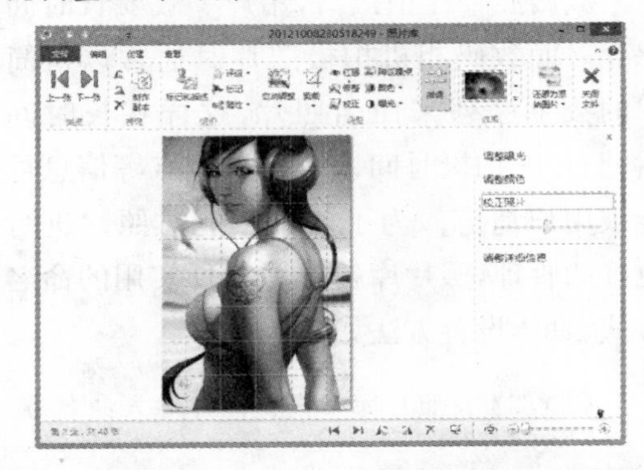

04 在【微调】选项区域中单击【调整曝光】选项，可以在打开的选项区域中对图片的亮度、对比度、阴影等参数进行调整，在调整的过程中可以以窗口下方的直方图为参考。

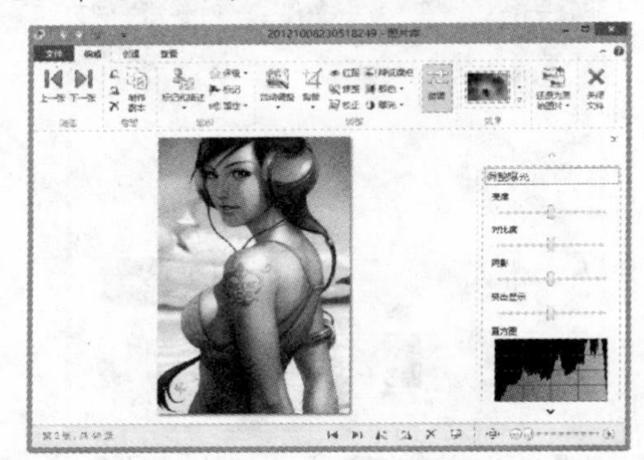

05 在【微调】选项区域中单击【调整颜色】选项，可以在打开的选项区域中对图片的色温、色调和饱和度参数进行调整。

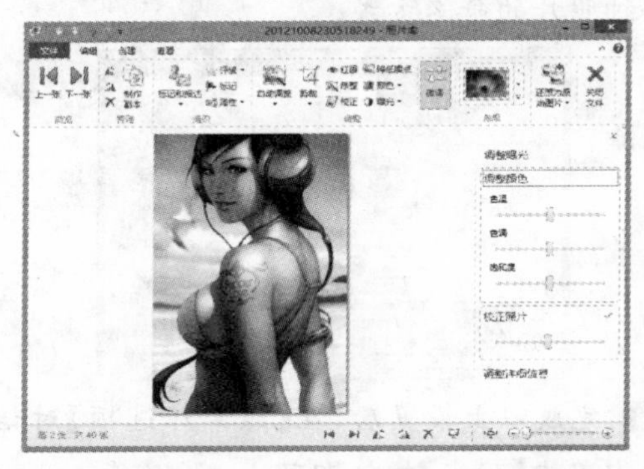

06 在【微调】选项区域中单击【调整详细信息】选项，可以在打开的选项区域中设置锐化图片或降低图片噪点。

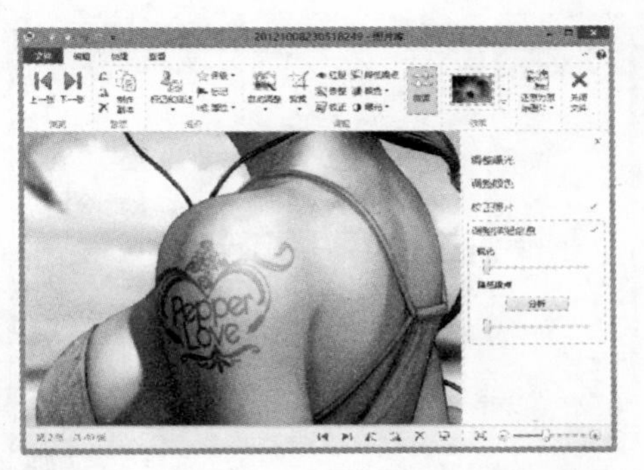

07 在【照片库】窗口上方的【效果】选项区域中单击需要的效果图标，可以在当前照片上应用效果。

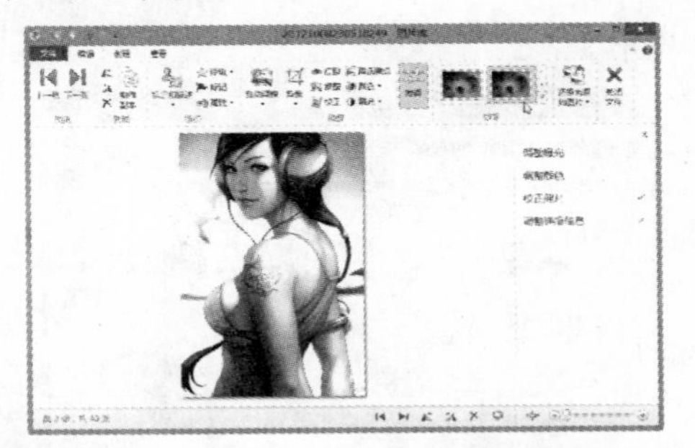

08 在【照片库】窗口上方的【调整】选项区域中单击【自动调整】图标，可以设置自动调整当前打开的图片。单击【自动调整】图标下的下拉列表按钮，然后在弹出的下拉列表框中选中【设置】按钮，打开【照片库选项】对话框。

09 在【照片库选项】对话框中选中【编辑】选项卡，用户可以在打开的选项区域中根据个人喜好设置自动调整图片的内容。

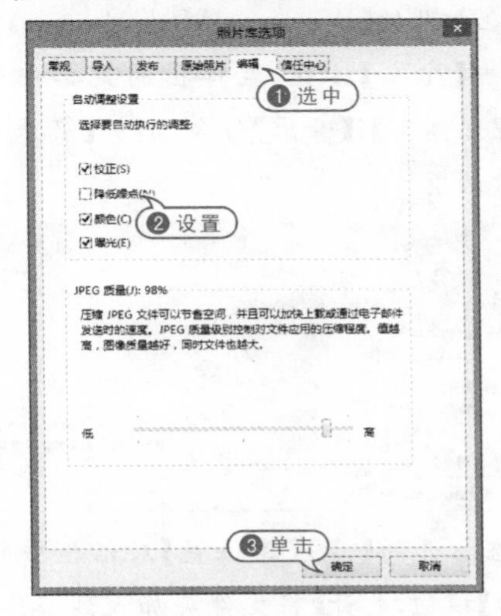

10.2 使用 Windows Media Player

Windows Media Player是Windows系统内置的多媒体播放器，不仅支持主流的多媒体文件格式，例如MP3、WAV、AVI等，还可以连接到网络播放网络电视、网络广播或者从CD光盘中复制音乐文件等。

10.2.1 播放音乐与视频

电脑中一般会存储大量的音乐和电影资源，用户可以将这些资源添加在Windows Media Player媒体库中，在需要时直接从媒体库列表中查找相应的内容。这种方式相比从文件夹中查找更加方便。

1. 播放音乐

用户可以参考下面介绍的方法，使用Windows Media Player播放音乐。

【例10-5】使用Windows Media Player播放音乐。视频

01 在Metro界面中右击鼠标，然后在弹出的选项区域中单击【所有应用】选项，打开

【应用】界面，在该界面中单击 Windows Media Player 选项，启动 Windows Media Player。

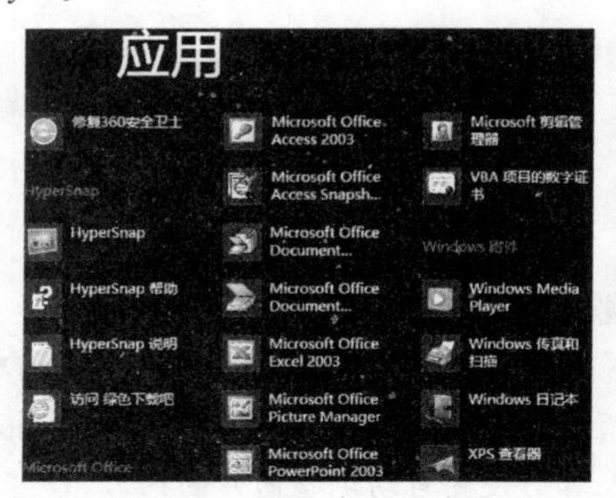

02 在打开的【Windows Media Player】窗口中单击【组织】按钮，在弹出的菜单中选中【管理媒体库】|【音乐】命令，打开【音乐库位置】对话框。

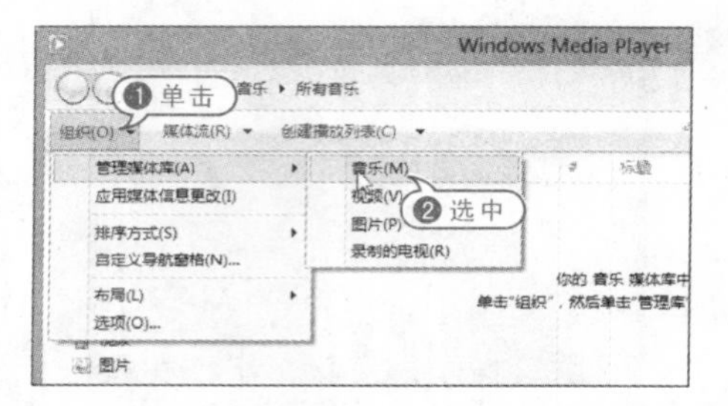

03 在打开的【音乐库位置】对话框中单击【添加】按钮，打开【将文件夹加入到音乐中】对话框。

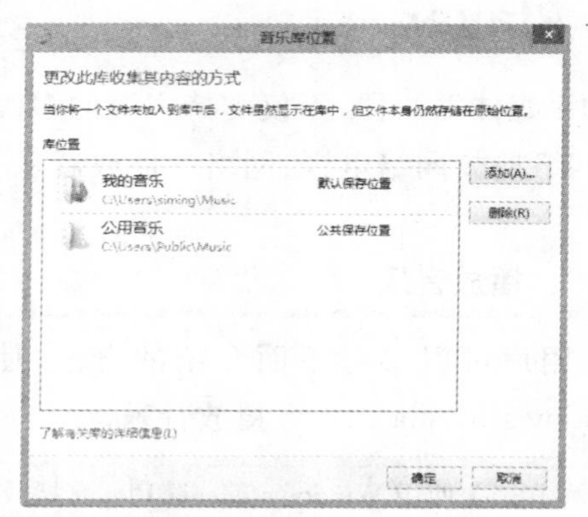

04 在【将文件夹加入到音乐中】对话框中选中需要添加的文件夹后，单击【加入文件夹】按钮。

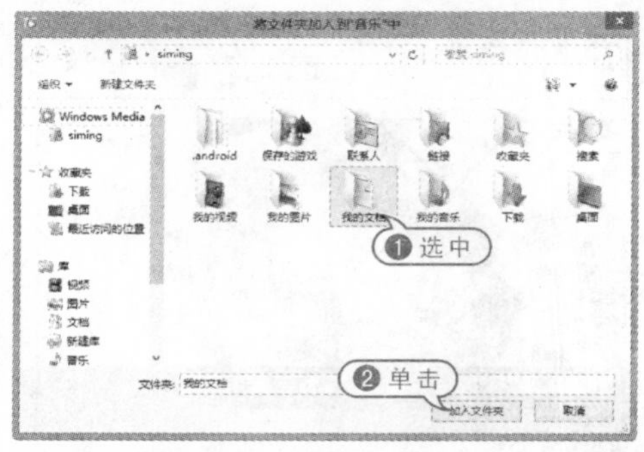

05 返回【音乐库位置】对话框后，在该对话框中单击【确定】按钮，即可以将电脑硬盘中的文件夹添加至 Windows Media Player 音乐库中。

06 单击【Windows Media Player】窗口左侧的【音乐】选项，将显示音乐库中的音乐列表，选中需要播放音乐，并单击窗口下方的【播放】按钮即可开始播放音乐。

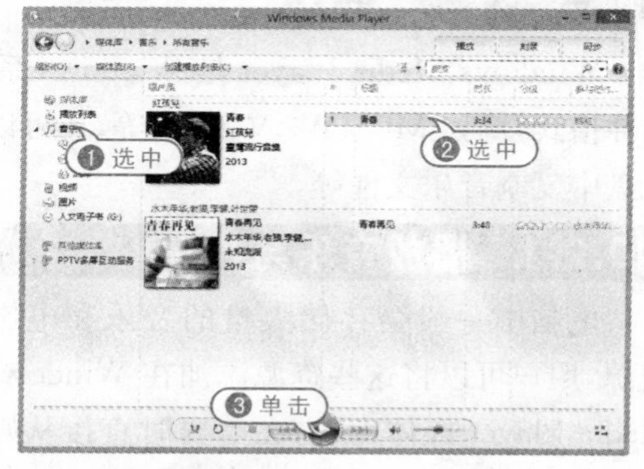

2. 播放电影

用户可以参考下面介绍的方法，使用 Windows Media Player 播放电影。

【例 10-6】使用 Windows Media Player 播放电影。视频

01 启动 Windows Media Player 后，单击【视频】按钮，可以显示视频库中所包含的视频列表。

02 在视频列表中双击需要播放的视频，即可打开如下所示的窗口播放视频。

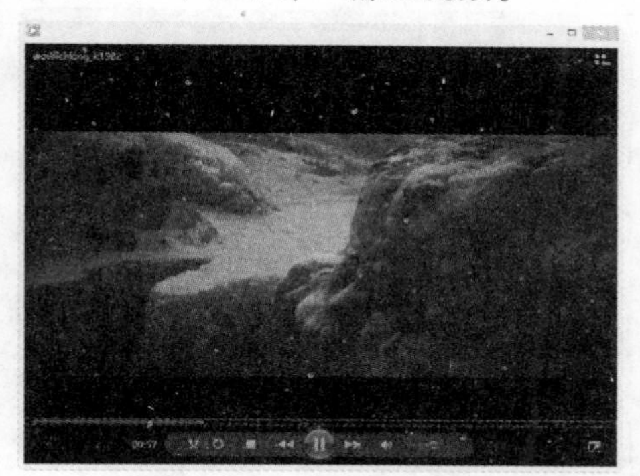

03 在播放视频的过程中，用户可以单击按钮停止播放视频；单击窗口右上方的按钮，可以返回【Windows Media Player】媒体库模式。

10.2.2 播放 CD 光盘与影碟

Windows Media Player 有直接播放 CD 光盘和 VCD/DVD 影碟的功能，用户将要播放的 CD/DVD 光盘放入光驱即可通过 Windows Media Player 对其进行播放。

【例 10-7】使用 Windows Media Player 播放视频光盘。

01 在系统桌面上双击【计算机】图标，打开【计算机】窗口，在该窗口中右击 DVD 驱动器图标，然后在弹出的菜单中选中【属性】命令，打开【属性】对话框。

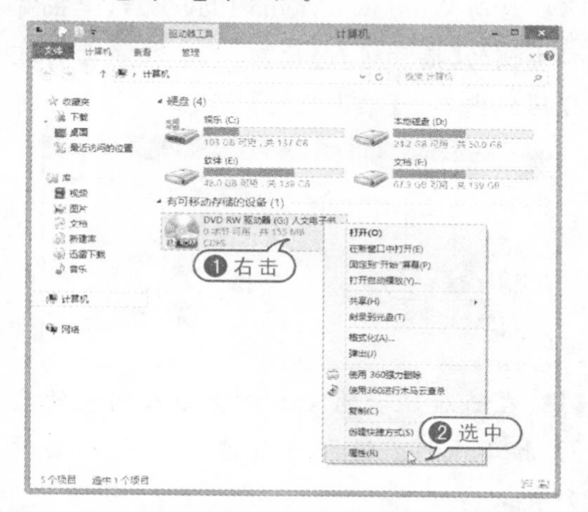

02 在【属性】对话框中选中【自定义】选项卡，然后单击该选项卡中的【常规项目】下拉列表按钮，并在弹出的下拉列表框中选择【视频】选项。

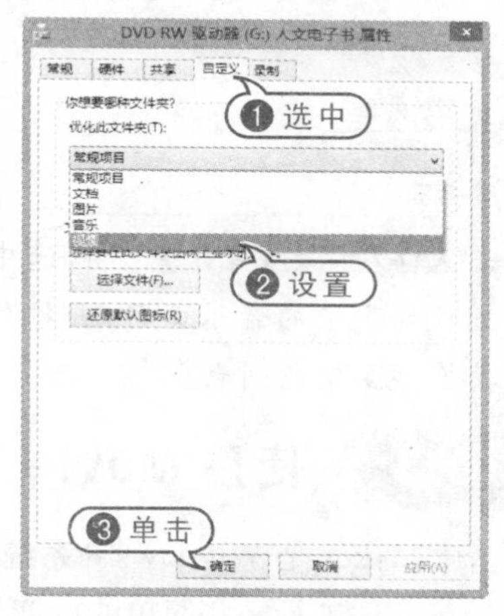

03 在完成以上操作后，在【属性】对话框中单击【确定】按钮即可。

10.2.3 创建与使用播放列表

Windows Media Player 具有播放列表功能，允许用户根据自己的喜好将歌曲添加到不同的播放列表中，在播放时根据用户设定的播放列表播放歌曲、视频或图片的任意

组合。

【例 10-8】使用 Windows Media Player 创建一个播放列表。视频

01 启动 Windows Media Player 后，单击窗口左侧的【播放列表】按钮，然后在显示的选项区域中单击【单击此处】选项。

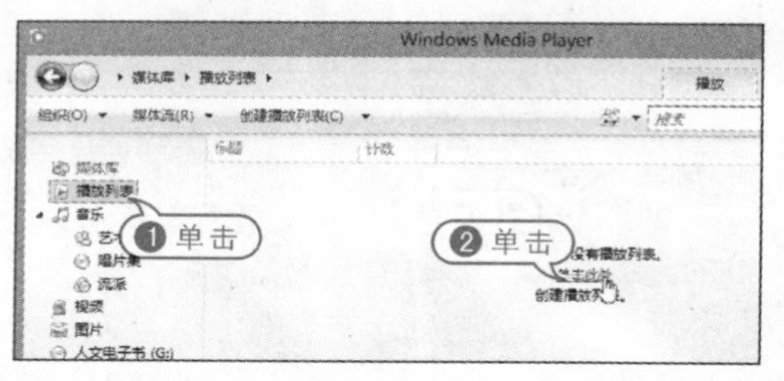

02 在随后显示的文本框中输入列表的名称，按下 Enter 键即可创建一个新的播放列表。

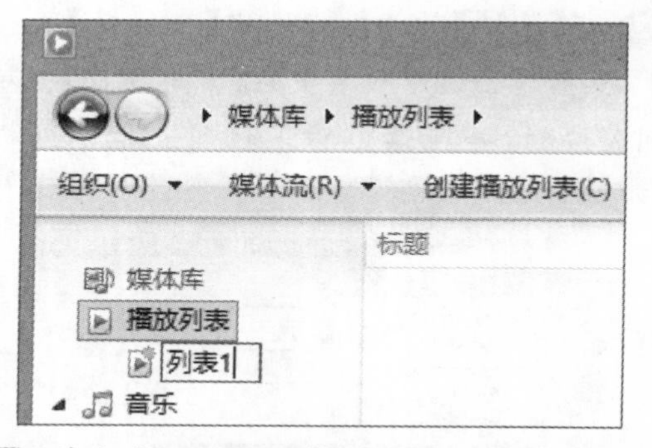

03 单击窗口左侧的【音乐】选项，选中需要添加至播放列表中的音乐曲目，并按住鼠标左键将其拖拽至播放列表中。

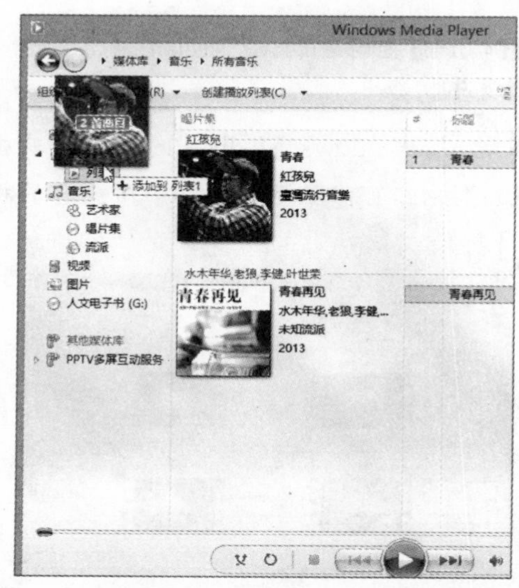

04 在往播放列表中添加音乐后，单击【Windows Media Player】窗口左侧的播放列表名称，即可显示播放列表中所包含的音乐。

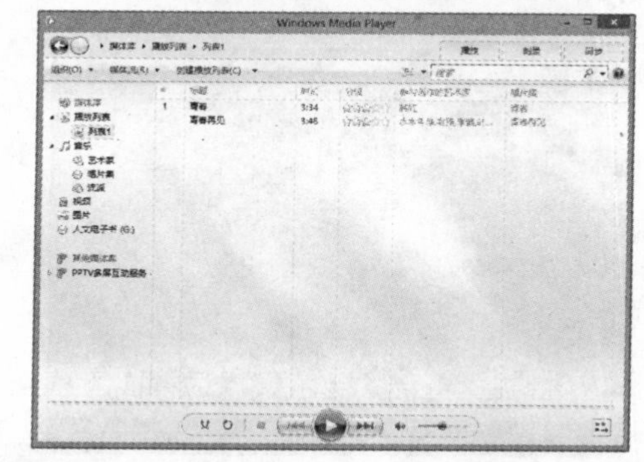

05 完成以上操作后，双击播放列表即可开始播放列表中的曲目。

10.3 使用 Movie Maker

Movie Maker 是 Windows 8 系统附带的一个影视剪辑软件，其功能简单实用，适合对一般家庭摄像文件进行一些简单的后期处理。

10.3.1 启动 Movie Maker

用户在 Windows 8 操作系统中，可以参考下面介绍的方法启动 Movie Maker。

【例 10-9】在 Windows 8 中启动 Movie Maker。视频

01 打开【应用】界面，然后在该界面中单击【Movie Maker】选项，启动 Movie Maker。

02 启动 Movie Maker 后，将打开如下所示的软件窗口，其界面包含菜单栏、功能区、预

览窗口和内容窗口等几个部分。

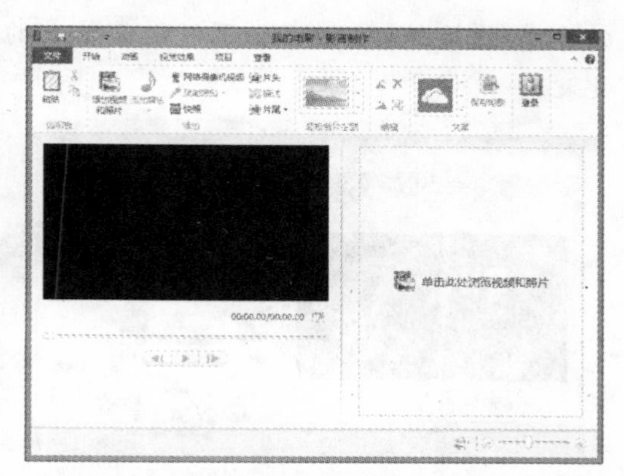

使用 Movie Maker 制作视频分为导入、编辑和发布等三个步骤，下面将通过实例详细介绍各步骤的具体操作方法。

10.3.2 导入视频、音频和图片

用户在 Movie Maker 中编辑音频、视频或静态图片的第一步操作就是导入文件，导入的过程可以分为导入视频、图片和导入音频两步，具体方法如下。

【例 10-10】在 Movie Maker 中导入视频和音频。视频

01 启动 Movie Maker 后，单击【单击此处添加视频和照片】选项，打开【添加视频和照片】对话框，然后在该对话框中选中一个视频文件后，单击【打开】按钮。

02 单击【Movie Maker】窗口上方的【添加音乐】按钮，打开【添加音乐】对话框。

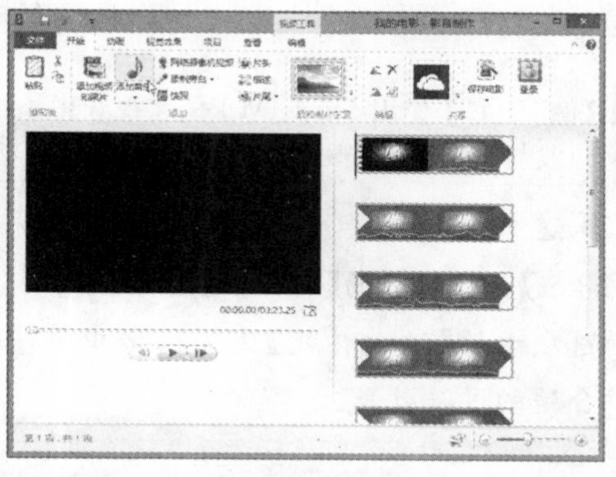

03 在【添加音乐】对话框中选中一个音乐文件后，单击【打开】按钮。

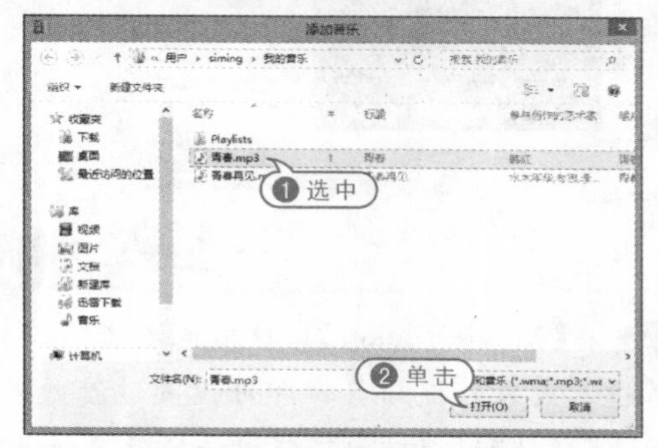

04 完成以上操作后，视频和音频已经成功导入 Movie Maker，此时窗口上方将显示【视频工具】和【音乐工具】选项。

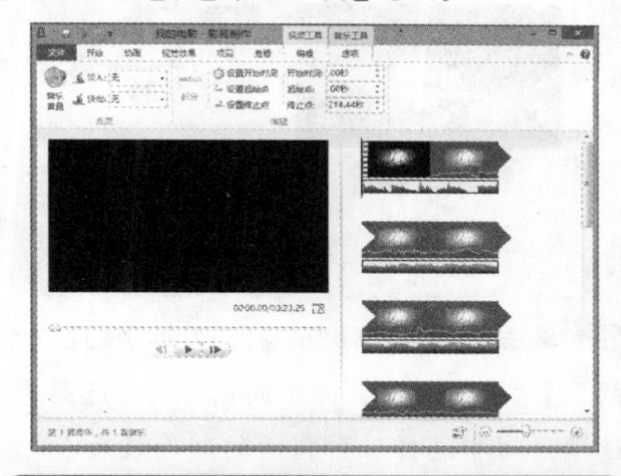

10.3.3 设置过渡与特效

一个影片一般由多个视频或图片组成，两个视频如果直接进行拼接会显得非常生硬并且不美观，这就需要添加过渡效果；在影片的播放过程中为了突出一些情景或让画面显得更加绚丽，也需要添加一些特殊的

效果。

【例 10-11】使用 Movie Maker 在视频中添加过渡与特效。视频

01 继续【例 10-10】的操作，单击【Movie Maker】窗口上方的【动画】选项，然后在打开的选项卡的【过渡特效】选项区域中选中一种合适的过渡效果。

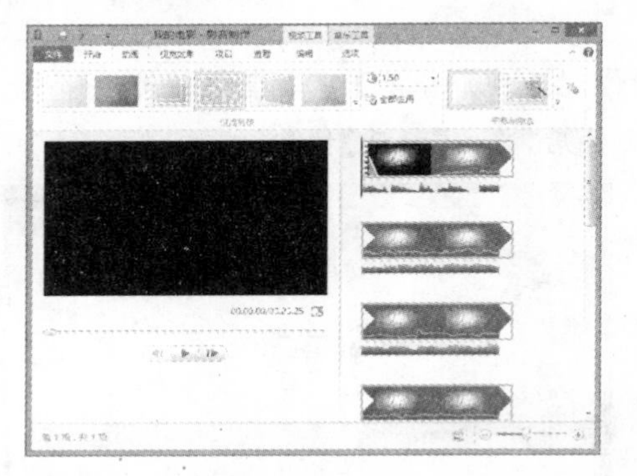

02 在【Movie Maker】窗口右侧单击需要添加过渡效果的视频剪辑即可设置过渡效果，单击【播放】按钮可以预览视频的过渡效果。

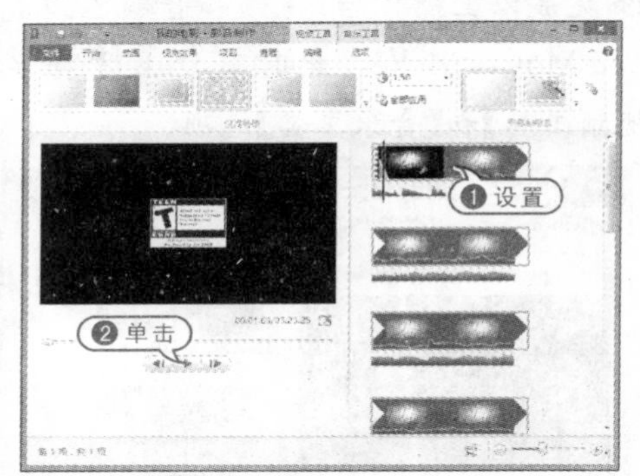

03 单击【Movie Maker】窗口上方的【视觉效果】选项，然后在打开的选项卡的【效果】选项区域中选择一种合适的颜色效果。

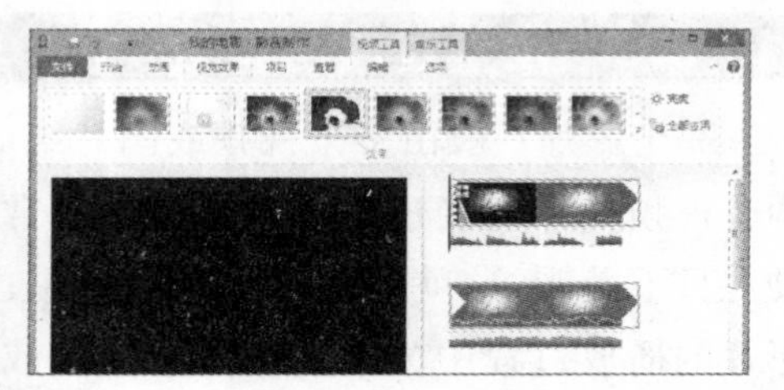

04 在【Movie Maker】窗口右侧选择要添加颜色特效的视频剪辑即可设置视频特效，完成后单击【播放】按钮可以预览视频特效的效果。

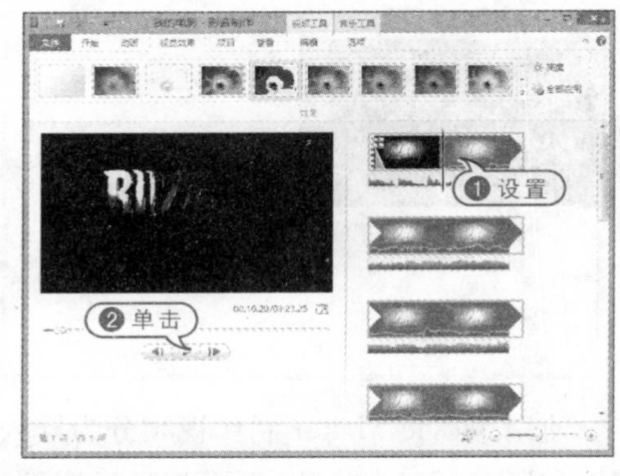

05 在【Movie Maker】窗口右侧选中一个视频剪辑，单击窗口上方的【编辑】选项，然后在打开的选项卡中单击【速度】下拉列表按钮，在弹出的下拉列表框中选择视频合适的播放速度。

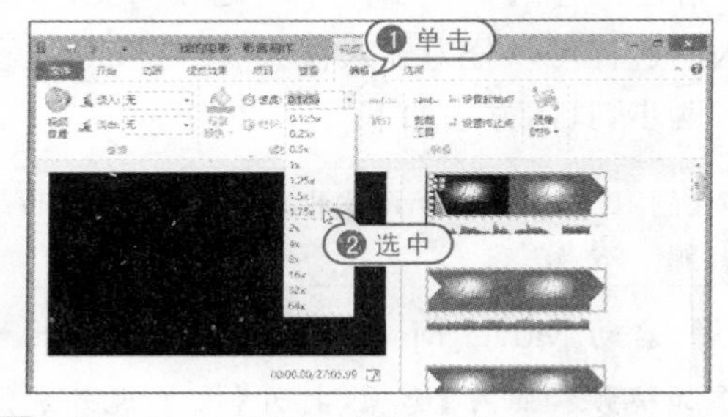

06 在【Movie Maker】窗口右侧选中一个视频剪辑，单击窗口上方的【开始】选项，然后在打开的选项卡中单击【描述】按钮，即可在视频中显示的文本框中添加视频描述信息。

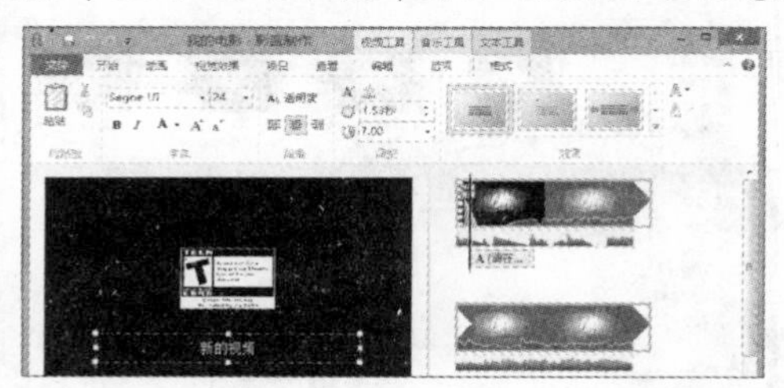

07 完成以上设置后，单击【播放】按钮即可预览视频编辑后的效果。

10.3.4 保存与发布电影

用户在使用 Movie Maker 制作完电影

后，若需要长时间保存，可以将电影保存在电脑中或发布到网上。

1. 保存电影

用户可以参考下面介绍的方法在Movie Maker中保存电影文件。

【例10-12】在Movie Maker中保存电影。 视频

01 使用Movie Maker打开一个视频后，单击窗口上方的【开始】选项，然后在打开的选项卡中单击【保存电影】选项，打开【保存电影】对话框。

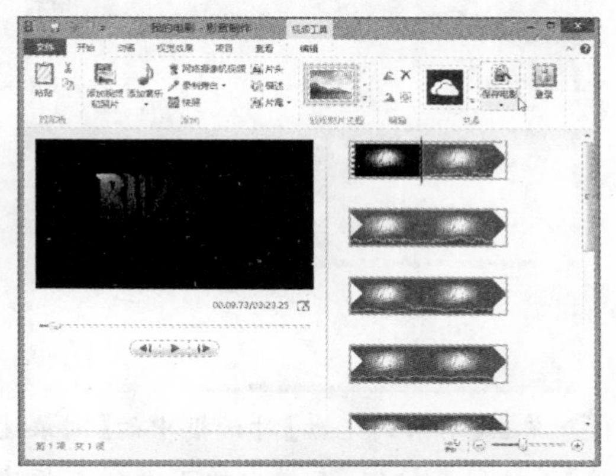

02 在【保存电影】对话框中选择视频保存在电脑硬盘上的存储路径后，在【文件名】文本框中输入视频的名称，并单击【保存】按钮即可。

2. 发布电影

用户可以参考下面介绍的方法使用Movie Maker将电影发布至Internet上。

【例10-13】使用Movie Maker将视频发布至网上。 视频

01 使用Movie Maker打开一个视频后，选择【文件】|【发布电影】命令，在弹出的列表框中选择视频要发布的网站，打开【影音制作】对话框。

02 在【影音制作】对话框中选择视频的分辨率，在打开的相应网站登录界面中输入自己的账户和密码，并根据该网站的提示操作即可。

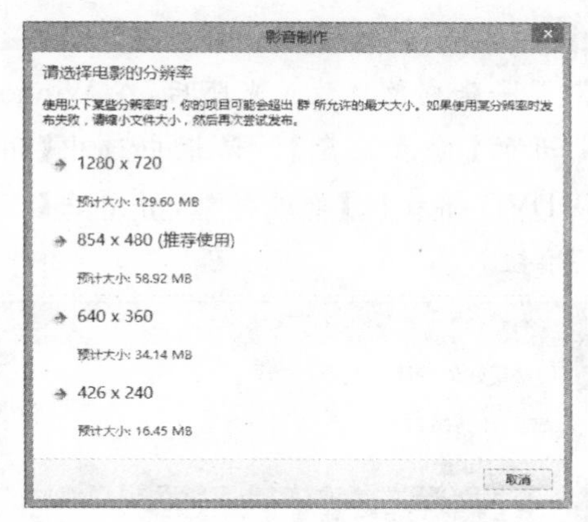

10.4 使用Windows 8刻录光盘

随着DVD/CD刻录光驱在个人电脑上的普及，将一些重要文件以光盘的方式进行存储和保存是一种非常安全的方式。为了满足用户刻录光盘的需要，Windows 8系统自带了功能完善的刻录功能。本节将通过实例操作，详细介绍使用Windows 8刻录光盘的方法。

10.4.1 刻录普通数据光盘

用户使用Windows 8自带的软件可以非常方便地将文件刻录至光盘中，具体操作如下。

【例 10-14】使用 Windows 8 操作系统刻录普通光盘。

01 在 Windows 8 中右击需要刻录的文件，在弹出的菜单中选中【发送到】|【DVD RW 驱动器】命令。

02 此时，系统将打开【刻录到光盘】对话框，提示用户将刻录盘放入光驱。

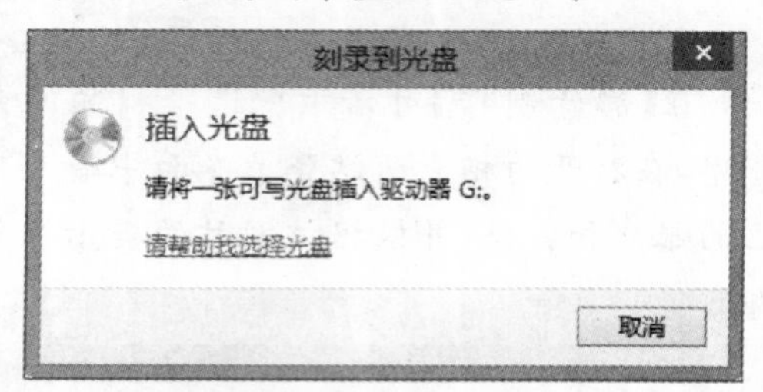

03 将一张刻录盘放入光驱后，在 Windows 8 打开的【刻录光盘】对话框中选中【用于 CD/DVD 播放机】单选按钮，并单击【下一步】按钮。

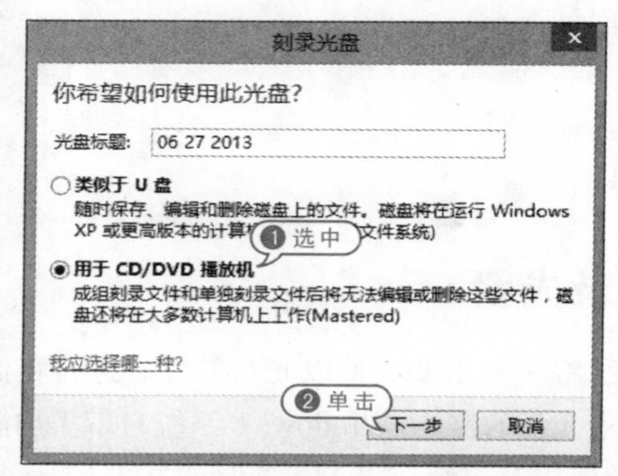

04 在打开的【DVD RW 驱动器】窗口中检查要刻录的文件列表是否完整，然后在窗口空白处右击，并在弹出的菜单中选中【刻录到光盘】命令。

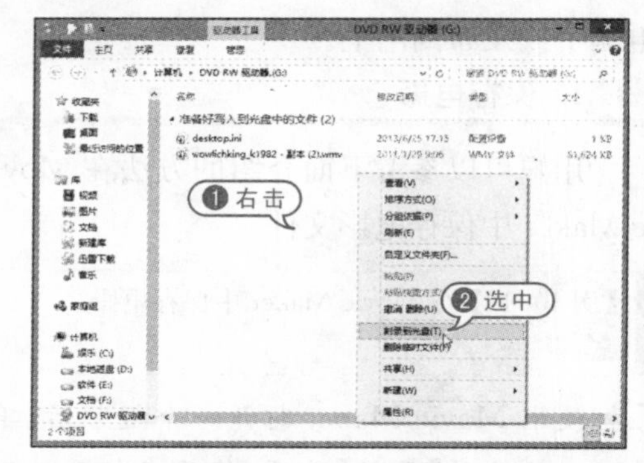

05 在打开的【刻录到光盘】对话框的【光盘标题】文本框中输入光盘的标题。

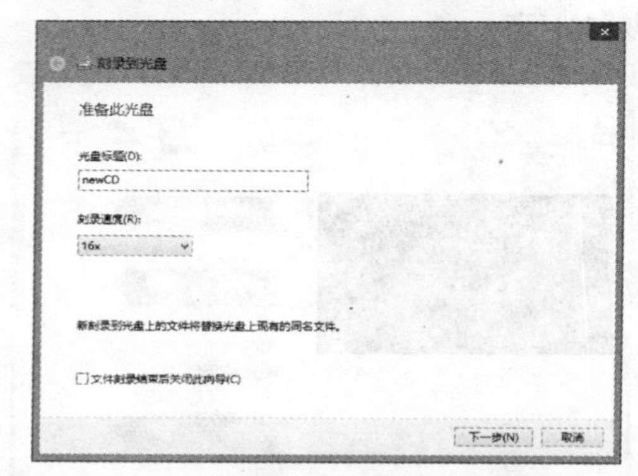

06 单击【刻录到光盘】对话框中的【刻录速度】下拉列表按钮，在弹出的下拉列表框中设定光盘的刻录速度。

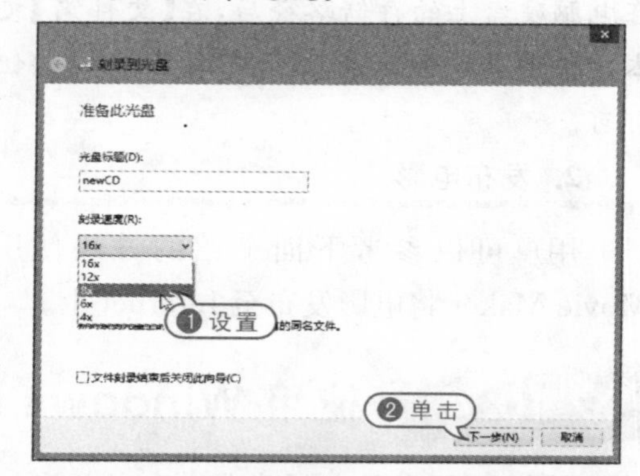

07 单击【下一步】按钮，系统在检查光盘后开始刻录数据到光盘中。

10.4.2 设置临时文件存放区

Windows 8 系统刻录软件在刻录文件的过程中，一般需要先将文件临时保存在硬盘的某个特定分区，一般默认保存在系统分区中。但是有时系统分区剩余的空间不足或者较小，此时就需要更改临时文件的存放位置，具体方法如下。

【例 10-15】在 Windows 8 中设置刻录文件临时存放区。

01 双击桌面上的【计算机】图标，然后在打开的【计算机】窗口中右击【DVD RW 驱动器】，在弹出的菜单中选中【属性】命令。

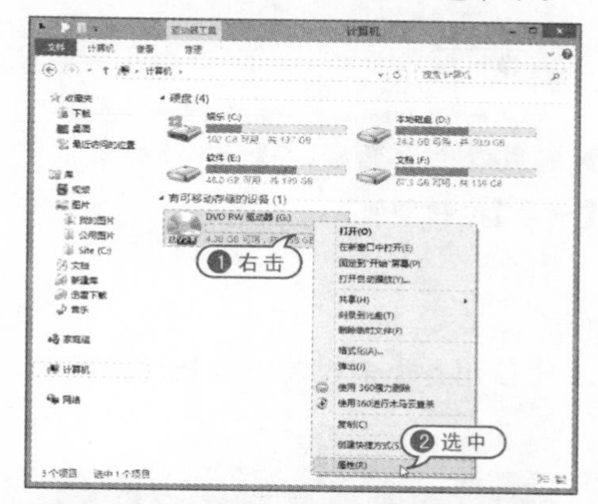

02 在打开的【DVD RW 驱动器属性】对话框中选中【录制】选项卡，然后单击该选项卡中的下拉列表按钮，在弹出的下拉列表框中选中一个硬盘驱动器后，单击【确定】按钮。

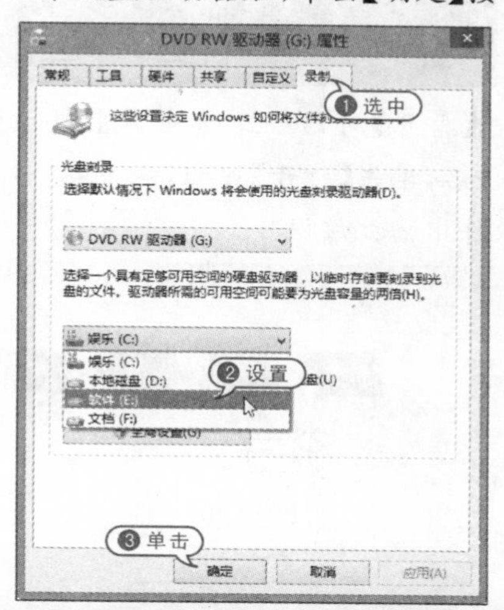

10.4.3 刻录音乐光盘

在管理保存在电脑中的音乐文件时，用户可以将那些需要经常转移到其他电脑或影碟机等设备播放的音乐刻录成 CD 光盘，具体操作方法如下。

【例 10-16】在 Windows 8 系统中刻录音乐光盘。

01 启动 Windows Media Player，然后单击【刻录】选项卡。

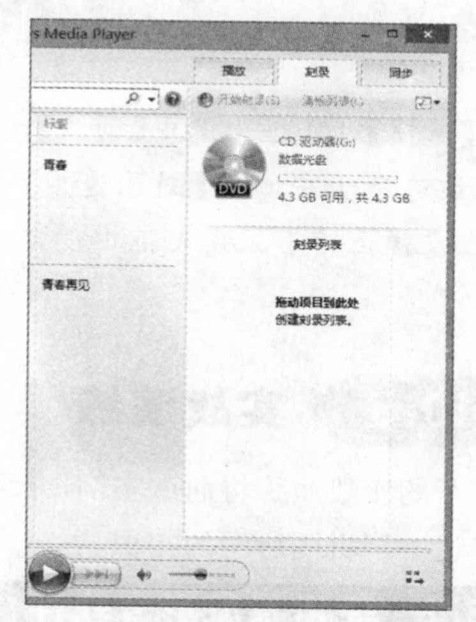

02 在【Windows Media Player】窗口中单击选中需要刻录的音乐文件后，按住鼠标左键不放，将其拖拽至刻录列表中。

03 单击【Windows Media Player】窗口右侧的【刻录选项】按钮，在弹出的下拉列表框中选中【更多刻录选项】选项，打开【选项】对话框。

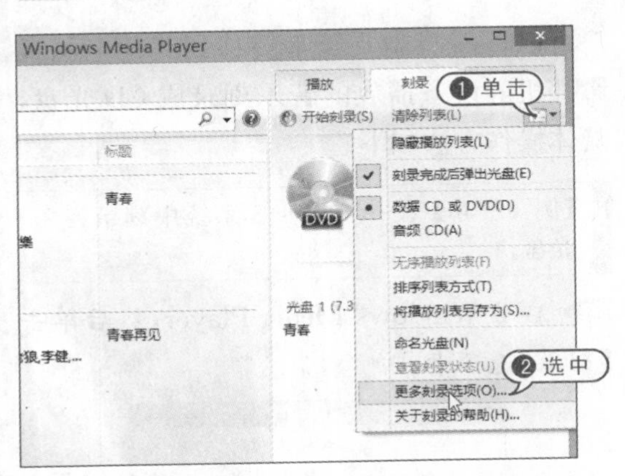

04 在【选项】对话框中选中【刻录】选项卡，然后在该选项卡中单击【刻录速度】下拉列表按钮，在弹出的下拉列表框中设定光盘的刻录速度。

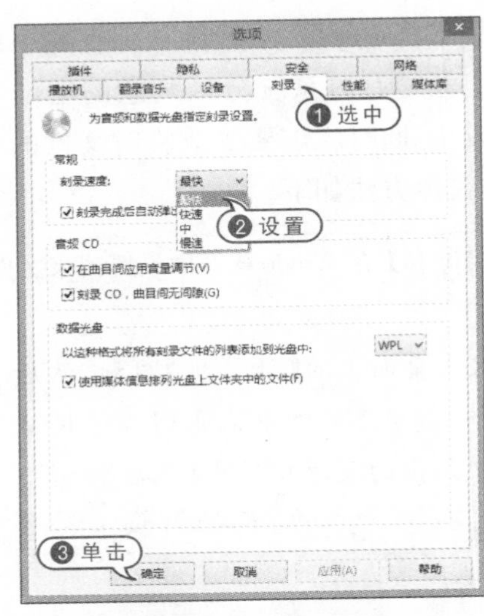

05 完成以上设置后，在【选项】对话框中单击【确定】按钮即可。

10.5 实战演练

本章的实战演练将通过实例，介绍在 Windows 8 中使用各类多媒体播放软件的方法，帮助用户进一步巩固所学的知识。

10.5.1 使用暴风影音软件

用户可以参考下面介绍的方法，使用“暴风影音”软件播放视频。

【例 10-17】在 Windows 8 中使用“暴风影音”软件播放视频。视频

01 安装“暴风影音”软件后，双击桌面上的软件图标，进入如下所示的软件界面。

02 单击“暴风影音”软件左上角的【暴风影音】按钮，在弹出的菜单中选择【文件】|【打开文件】命令，打开【打开】对话框。

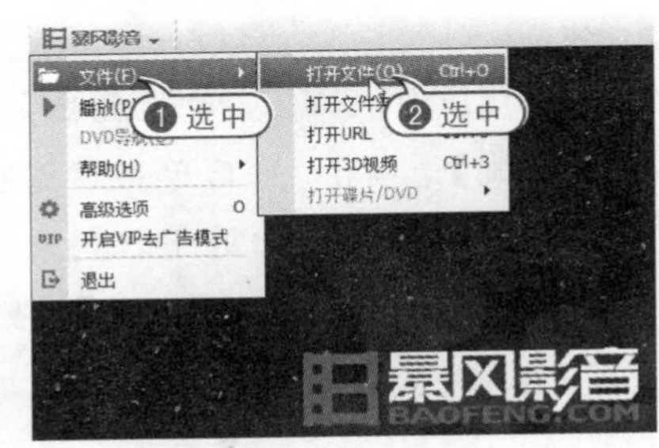

03 在【打开】对话框中选中需要播放的视频文件后，单击【打开】按钮，即可在“暴风影音”软件中播放该视频。

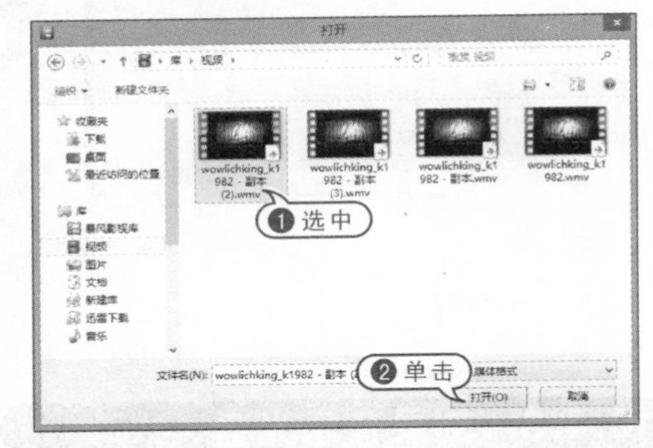

04 在使用“暴风影音”软件播放视频的过程

中，单击窗口左下方的【工具箱】按钮，然后在打开的选项区域中单击【截图】选项。

05 此时，"暴风影音"软件将对正在播放的视频进行截图操作，截图文件保存在"C:\Users\siming\Pictures"文件夹中。

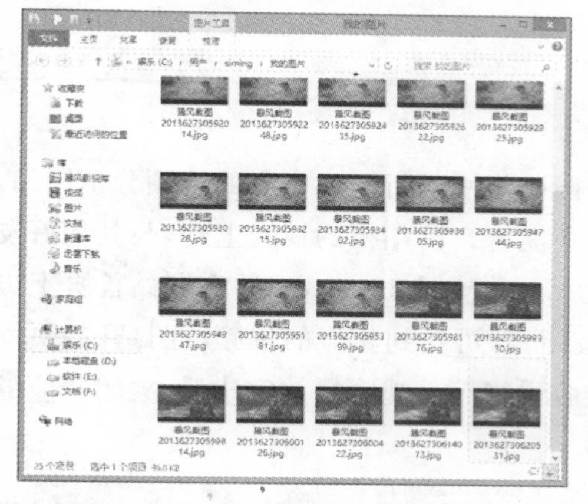

06 将鼠标指针移动至窗口左上角，可以在弹出的工具栏中设定视频的播放模式，包括全屏、最小界面、1倍尺寸、2倍尺寸等。

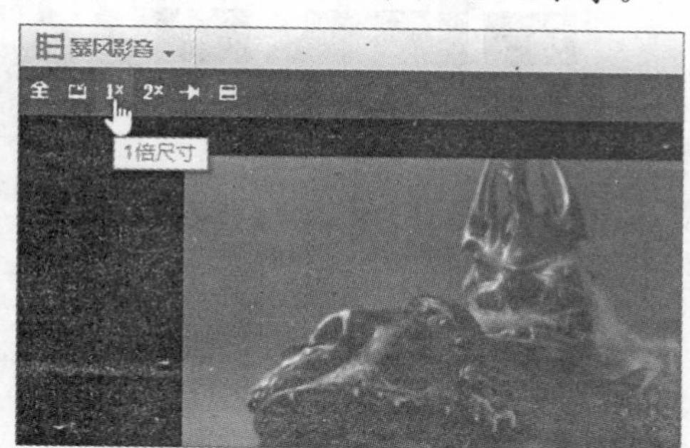

07 单击【暴风影音】窗口右侧的【在线影视】选项，可以显示"暴风影音"软件提供的在线视频列表。

08 单击在线视频列表中的视频名称，然后在打开的视频信息界面中单击具体的视频分集名称，即可使用"暴风影音"软件播放在线视频。

10.5.2 使用搜狗音乐软件

用户可以参考下面介绍的方法，使用"酷狗音乐"软件播放音乐。

【例 10-18】在 Windows 8 中使用"酷狗音乐"软件播放音乐。视频

01 在电脑中安装"酷狗音乐"软件后，双击系统桌面上的软件图标，启动该软件，进入如下所示的软件界面。

02 单击【酷狗音乐】窗口中的【默认列表】选项，在展开的选项区域中单击【添加本地歌曲文件夹】选项，打开【浏览文件夹】对话框。

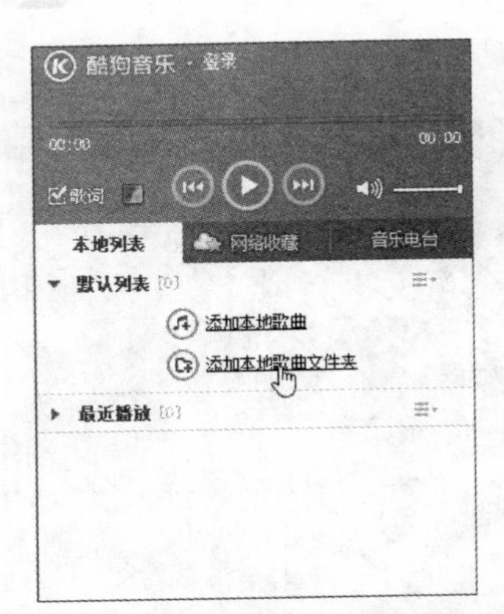

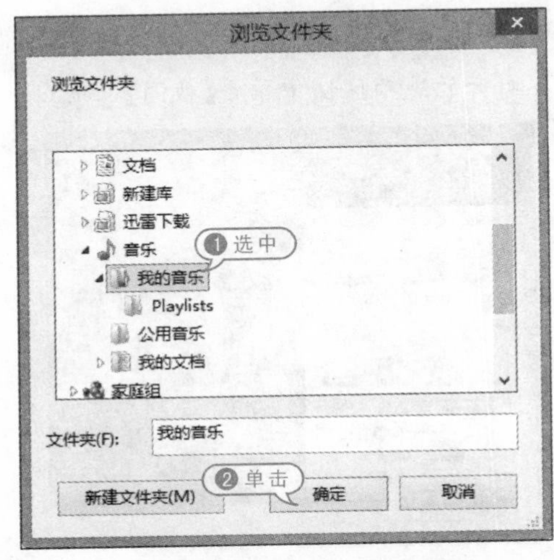

03 在【浏览文件夹】对话框中选中保存本地音乐文件的文件夹，单击【确定】按钮。

04 此时，在【酷狗音乐】窗口中将添加本地音乐列表，单击【播放】按钮即可播放音乐。

10.6 专家答疑

一问一答

问：如何使用电脑观看在线视频？

答：例如通过优酷网看在线视频。优酷网是中国网络视频行业中领先的视频分享网站，在优酷网中用户不仅可以搜索与观看喜欢的视频，还能将自己拍摄的视频上传，与其他好友分享。用户可在浏览器中访问优酷网首页，网址为 www. youku. com，然后在网站首页上方的文本框中输入想看的视频名称，并按下【搜索】按钮，即可找到相应的视频，在打开的页面中单击想要播放的视频图标，即可通过优酷网在线收看视频。视频播放完毕后，关闭相应的网页即可。

第11章

Windows 8 的附件与功能

Windows 8 系统自带了很多使用工具软件方便用户使用，这些软件包括写字板、画图程序、计算器、照片、邮件等。即使电脑没有安装专业的应用程序，用户也可以通过这些 Windows 自带的工具软件进行日常的文本编辑、图像绘制、数值计算、电子邮件收发等操作。本章将主要介绍 Windows 8 常用附件与应用的具体使用方法。

参见随书光盘

例 11-1　使用截图工具
例 11-2　使用画图工具
例 11-3　编辑电脑图片
例 11-4　使用写字板打开文档
例 11-5　选中写字板中的文本
例 11-6　替换写字板中的文本
例 11-7　启用计算器工具
例 11-8　使用标准型计算器
例 11-9　使用科学型计算器
例 11-10　使用“照片”应用
例 11-11　使用“邮件”应用
例 11-12　使用“人脉”应用
例 11-13　使用“消息”应用
例 11-14　使用“放大镜”工具
例 11-15　使用“讲述人”工具
更多视频请参见光盘目录

11.1 使用 Windows 8 内置附件

Windows 8 系统自带了很多使用工具软件方便用户使用，这些软件包括写字板、画图程序、计算器等。即使电脑没有安装专业的应用程序，用户也可以通过这些 Windows 8 自带的工具软件进行日常的文本编辑、图像绘制、数值计算等操作。

11.1.1 使用截图工具

在使用电脑的过程中，用户经常需要使用截图工具来截取图片介绍知识或说明问题，因为图片比文字描述直观得多。安装 Windows 8 的用户可以使用系统自带的截图工具方便地截取电脑屏幕中的内容。

1. 启用截图工具

用户在启动 Windows 8 系统后，按下 Win+R 组合键调出【运行】对话框，输入截图命令“snippingtool. exe”，然后按下 Enter 键即可启动截图工具。Windows 8 系统的截图工具位于 C:\windows\system32 文件夹中。

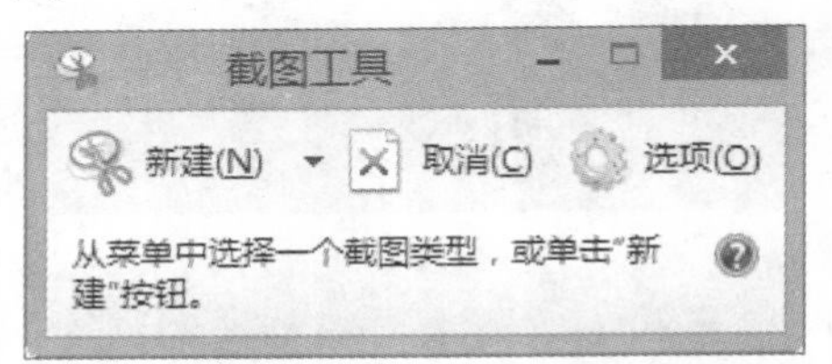

除了以上方法以外，用户还可以在 Metro 界面空白处右击鼠标，在弹出的界面中单击【所有应用】选项，打开【应用】界面，在该界面中单击【截图工具】选项，启用 Windows 8 截图工具。

2. 快速截图

用户在 Windows 8 中启动截图工具后，单击【新建】按钮(或按下 Ctrl＋N 组合键)，然后拖动鼠标光标选取要捕捉的区域，即可在电脑屏幕上快速截图。

【例 11-1】在 Windows 8 中使用截图工具截图，并对截取的图片进行编辑。 视频

01 按下 Win+R 组合键调出【运行】对话框，然后输入截图命令“snippingtool. exe”，启动截图工具后单击【截图工具】窗口上的【选项】按钮，打开【截图工具】窗口。

02 成功截图后，单击软件窗口上方的【笔】按钮，可以对截图中重要的部分进行标

注；单击【橡皮擦】按钮，可以删除使用【笔】按钮绘制的图线；单击【复制】按钮，可以复制截图。

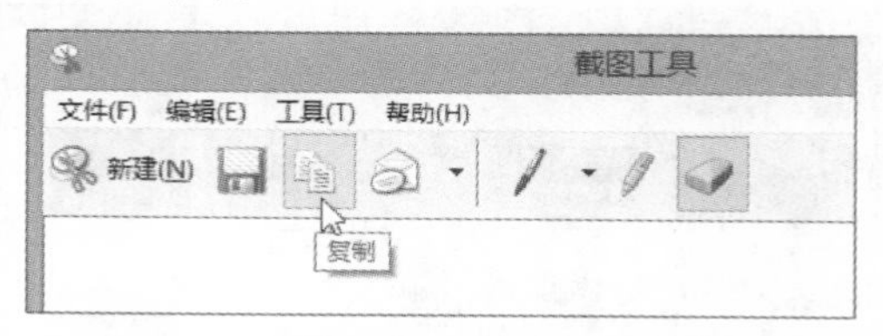

03 打开一个 Word 文档，然后按下 Ctrl+V 键，可以将复制的截图粘贴在文档中。

04 用户还可以在【截图工具】窗口中选择【文件】|【发送到】命令，将截图通过电子邮件发送给好友。

3. 保存截图

要保存截取的图片，用户可以在【截图工具】窗口中选择【文件】|【另存为】命令，打开【另存为】对话框。

在【另存为】对话框的【文件名】文本框中输入截图文件名称，并单击【保存】按钮，即可保存截取的图片。

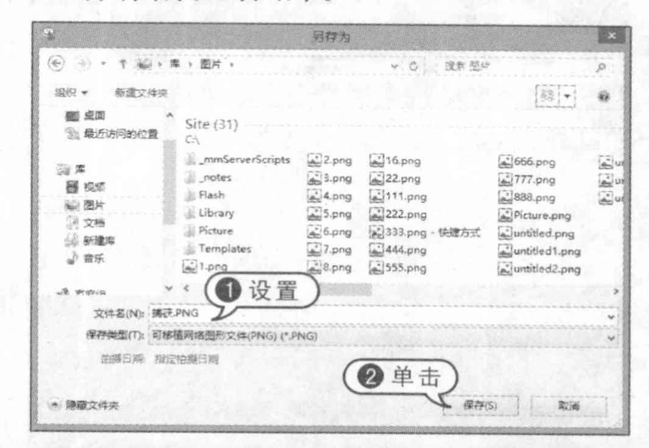

11.1.2 使用画图工具

画图工具是 Windows 8 自带的用于绘图、编辑图片的工具。利用画图工具，用户可以轻松制作图片或者对图片进行处理与修改。

1. 启用画图工具

在 Windows 8 中，用户可以参考下面介绍的方法启用画图工具。

【例 11－2】在 Windows 8 中启用画图工具。视频

01 启动 Windows 8 后，在 Metro 界面空白处右击鼠标，在弹出的界面中单击【所有应用】选项，打开【应用】界面，然后在该界面中单击【画图】选项。

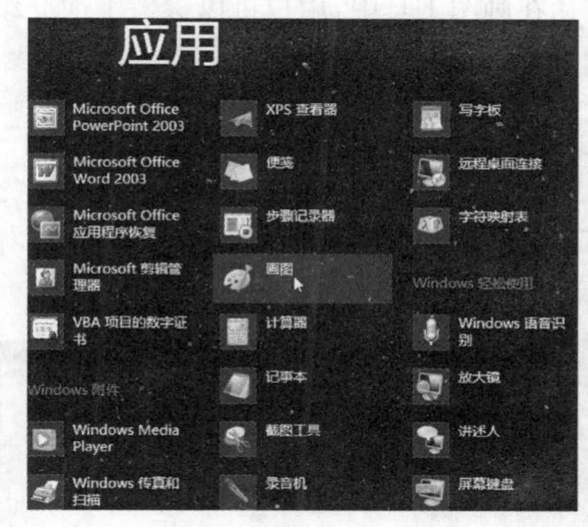

02 系统启动画图工具，打开如下所示的程

序界面。

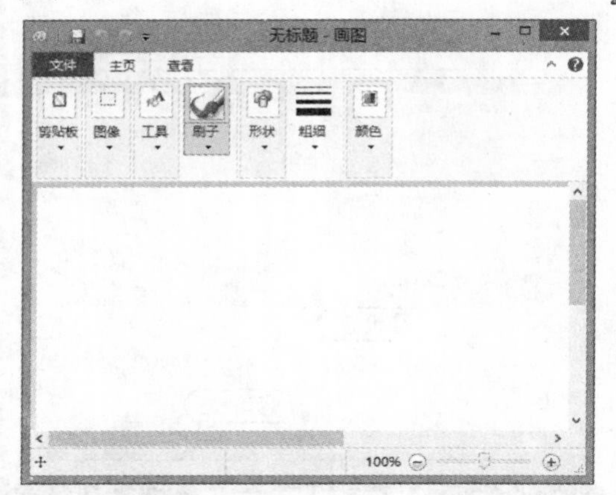

03 除了以上方法可以启动画图工具以外，用户还可以在 Windows 8 中右击一个图片文件，在弹出的菜单中选择【打开方式】|【画图】命令，来启动画图工具。

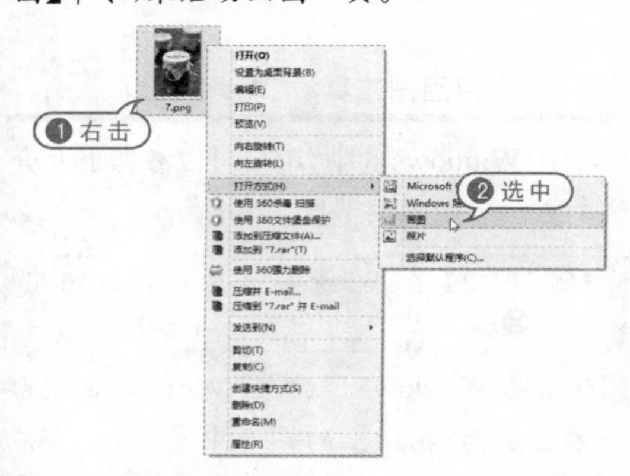

2. 编辑图片

在画图工具中，用户可以参考下面介绍的方法编辑图片。

【例 11-3】使用画图工具编辑图片。
视频

01 在 Windows 8 中启动画图工具后，选择【文件】|【打开】命令，打开【打开】对话框。

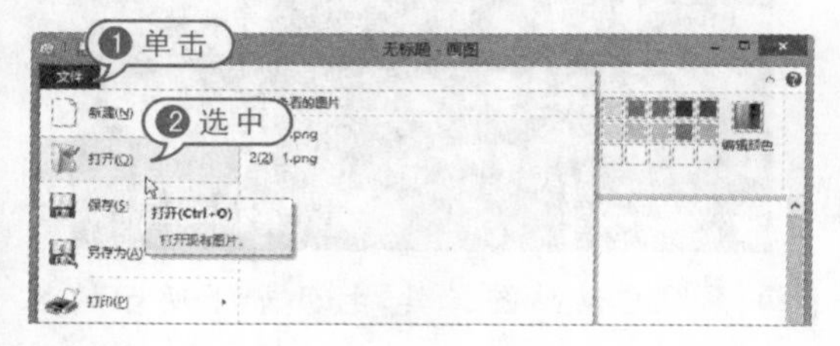

02 在【打开】对话框中选中一张需要编辑的图片文件后，单击【打开】按钮，将图片文件在画图工具中打开。

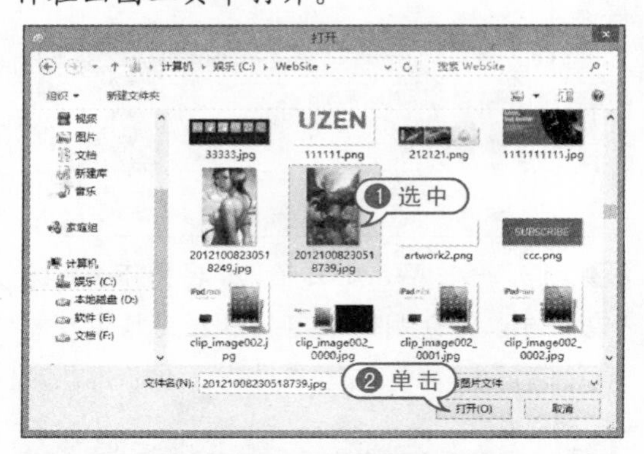

03 单击【画图】窗口中【工具】面板上的【放大镜】按钮，然后在窗口中的图片上单击鼠标，可以对图片的局部进行放大显示。

04 单击【工具】面板上的【文本】按钮A，然后在窗口中的图片上单击鼠标，在打开的文本输入框中输入文字，可以在图片中添加文本。

05 选中输入的文本，然后单击【工具】面板

上的【字体】按钮，并在打开的面板中单击字体大小下拉列表按钮，在弹出的下拉列表框中用户可以设置图片中插入文本的字体大小。

06 使用【字体】面板中提供的按钮，用户可以对图片中插入文本的字体、粗细、倾斜、下划线和删除线进行设置。完成图片中文本字体的调整后，单击文本输入框以外的图片区域即可应用图片编辑效果。

07 单击【工具】面板上的【放大镜】按钮，然后右击图片可以缩小预览图片效果。

08 单击选中画图工具中的【图像】按钮，在打开的面板中单击【选择】选项，然后在弹出的下拉列表框中选中【矩形选择】选项。

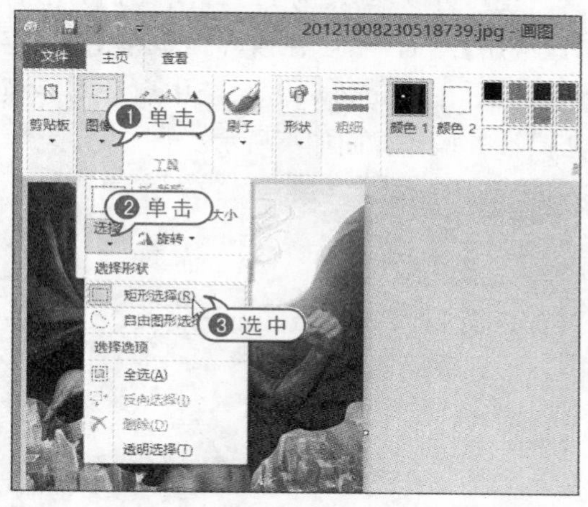

09 按住鼠标左键拖拽，可以选取图像中的一部分区域。

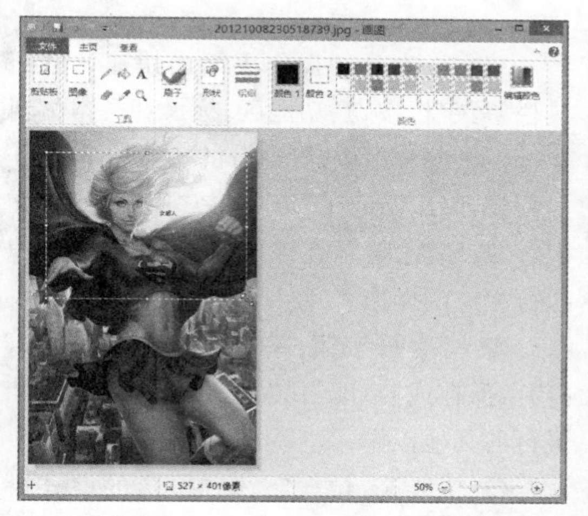

10 此时，用户可以使用鼠标随意拖动选中的图像区域，或按住 Ctrl 键拖动鼠标，复制选中的图像区域。在画图工具中完成对图片的编辑操作后，选择【文件】|【另存为】命令，在弹出的菜单中选择一种图片格式，然后在打开的【另存为】对话框中单击【确定】按钮即可保存编辑过的图片。

11.1.3 使用写字板

在 Windows 8 系统中，写字板工具是大部分用户创建基本字处理文档的强大工具，

可以有效提高使用者的工作效率。

1. 写字板的操作界面

用户可以参考【例 11-2】介绍的方法打开【应用】界面，然后在该界面中单击【写字板】选项，在 Windows 8 系统中启动写字板工具。其操作界面如下所示。

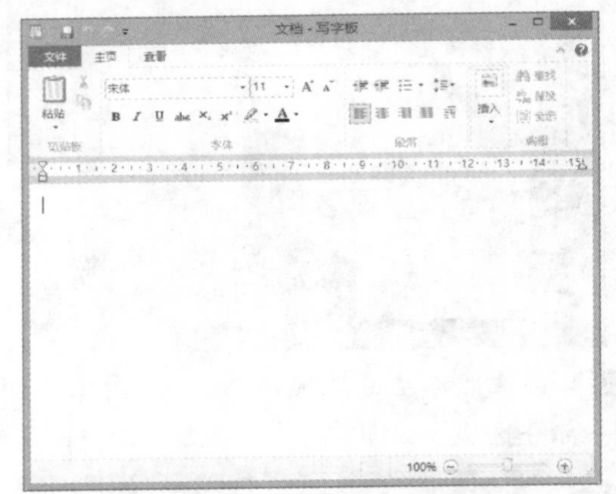

写字板工具的操作界面由快速访问工具栏、写字板按钮、功能区、标尺和文本编辑区等几个部分组成，各部分的功能如下。

- 快速访问工具栏：将常用的操作（如保存、打印等）显示在该栏中，可以方便用户执行相应的操作。
- 写字板按钮：单击此处的按钮可以打开、保存或打印，并能够查看可以对文档进行的其他操作。
- 功能区：包含字体和段落的格式操作按钮、常用的文本操作（查找、替换等）按钮和常用的插入选项（如当前日期、图片等）按钮。利用功能区的按钮可以对文档进行编辑。
- 标尺：是显示文本宽度的工具，其默认单位是厘米。
- 文本编辑区：该区域用于输入与编辑文本。

2. 写字板的基本操作

写字板工具的基本操作包括创建、保存和打开文档等几项，下面将通过具体的实例操作分别进行介绍。

(1) 创建文档

在写字板工具中，用户可以使用以下两种方法创建一个新的空白文档。

- 在【写字板】窗口中，单击快速访问工具栏中的 按钮，在弹出的菜单中选中【新建】命令，然后单击显示的【新建】按钮 。

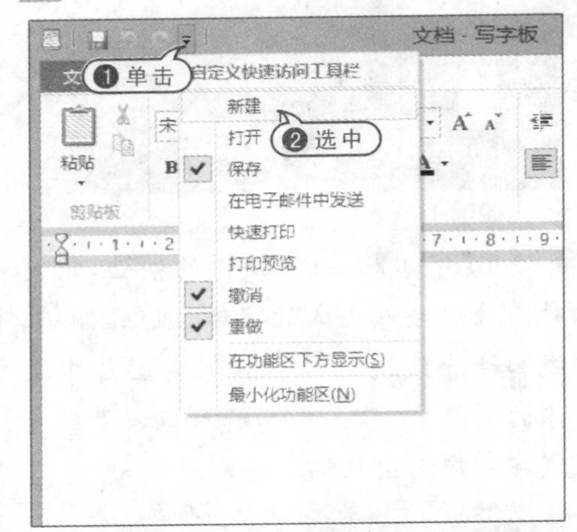

- 在【写字板】窗口中选择【文件】|【新建】命令。

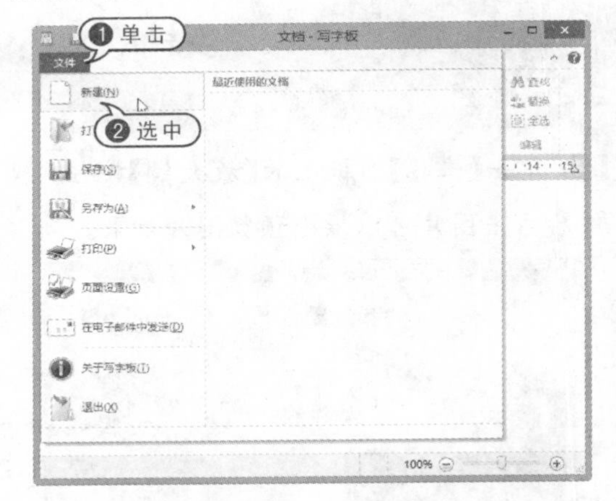

(2) 保存文档

在写字板工具中，用户可以使用以下两种方法保存创建的文档。

- 在写字板工具中选择【文件】|【另存为】命令，然后在打开的【保存为】对话框中

输入文档名称，并单击【确定】按钮。

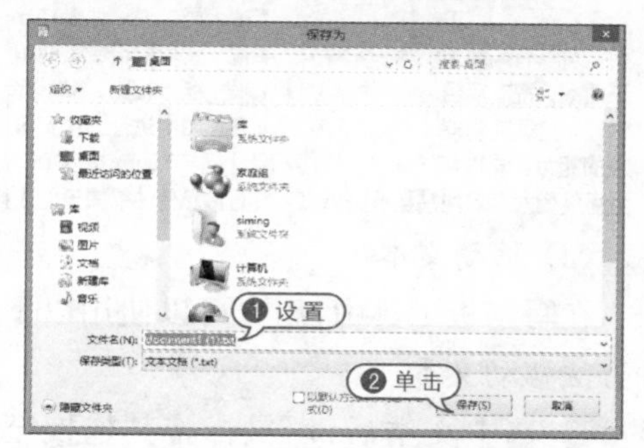

▶ 单击快速访问栏中的 按钮，在弹出的菜单中选中【保存】命令，然后单击显示的【保存】按钮 。

(3) 打开文档

要打开写字板工具创建的文档，或者使用写字板工具打开其他软件创建的文档，用户可以参考下面实例介绍的方法。

【例 11-4】使用写字板工具打开文档。视频

01 单击快速访问栏中的 按钮，在弹出的菜单中选中【打开】命令，显示【打开】按钮 。

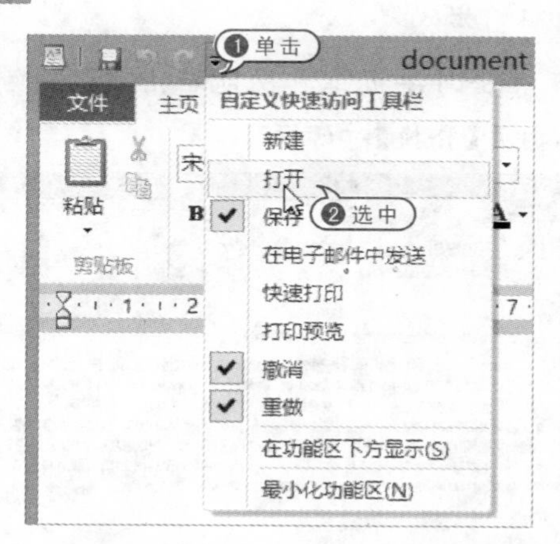

02 单击快速访问栏中的【打开】按钮 ，然后在打开的【打开】对话框中选中需要打开的文档文件，并单击【打开】按钮即可。

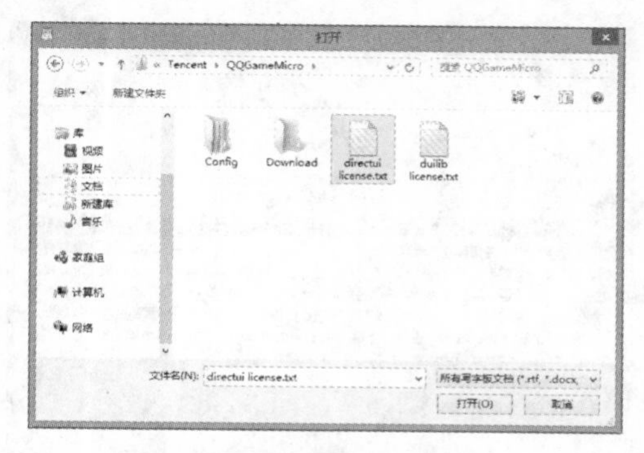

3. 编辑与设置文档

用户在掌握了使用写字板创建、保存与输入文本的方法之后，就可以对写字板中输入的文本进行一些编辑和格式修改操作，从而利用该工具实现对电子文档的处理。

(1) 选择文本

写字板工具提供了多种选择文本的方法，用户可以方便地选中文档中的文本内容。下面将通过实例简单介绍在写字板中选中文本的方法。

【例 11-5】使用写字板工具打开一个文档并选中一段文本。视频

01 在 Windows 8 中启动写字板工具后，参考【例 11-4】所介绍的方法打开如下所示的文档。

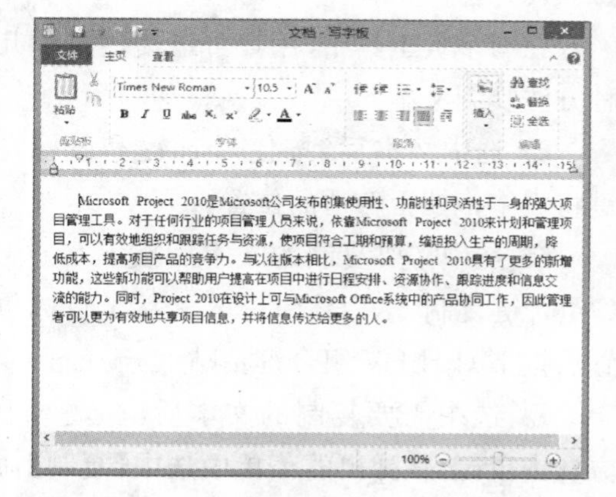

02 将光标移动至需要选择的文本开始处，然后按住鼠标左键拖拽，使所需选择的文本内容全部呈现蓝底白字显示。

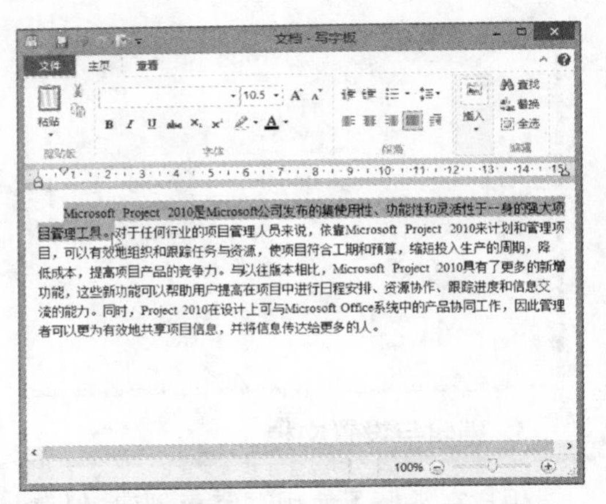

03 将鼠标指针移动至需要选择的文本行的左侧，当指针变成↗时单击即可选中该行。

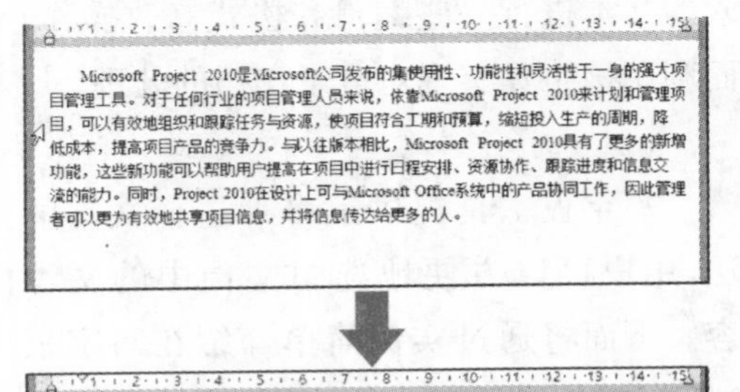

04 按下 Ctrl＋A 组合键可以选中写字板工具中的全部文本。

(2) 复制文本

在写字板工具中，用户可以使用以下几种方法复制文本。

- 选中文本后，按住 Ctrl 键和鼠标左键将文本拖拽至合适的位置。
- 选中需要复制的文本后按下 Ctrl＋C 组合键复制，然后将鼠标光标移至目标位置后按下 Ctrl＋V 组合键粘贴。
- 选中需要复制的文本后，在文本上方右击鼠标，在弹出的菜单中选中【复制】命令，将光标移至目标位置后再次右击鼠标，在弹出的菜单中选中【粘贴】命令。

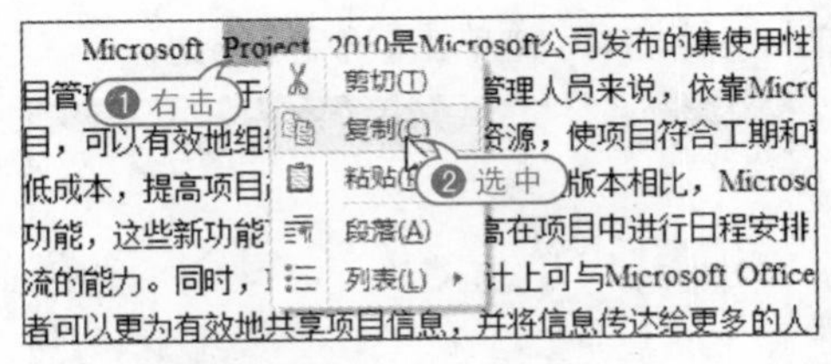

(3) 移动文本

在写字板工具中，用户可以使用以下几种方法移动文本。

- 选中文本后，用鼠标将其拖拽至合适的位置。
- 选中文本并右击，在弹出的快捷菜单中选中【剪切】命令，将光标移动至合适的位置后再次右击鼠标，在弹出的菜单中选中【粘贴】命令。
- 选中要剪切的文本后按下 Ctrl＋X 键将选中的文字剪切到剪贴板上，再将鼠标光标移动至目标位置并按下 Ctrl＋V 键粘贴。

(4) 替换文本

当文本出现多处相同的错误时，使用写字板的替换文本的功能，可以一次性修正错误，具体方法如下。

【例 11-6】将文档中的“Projec”修改为“Project”。视频

01 单击写字板工具功能栏上的【替换】按钮，打开【替换】对话框。

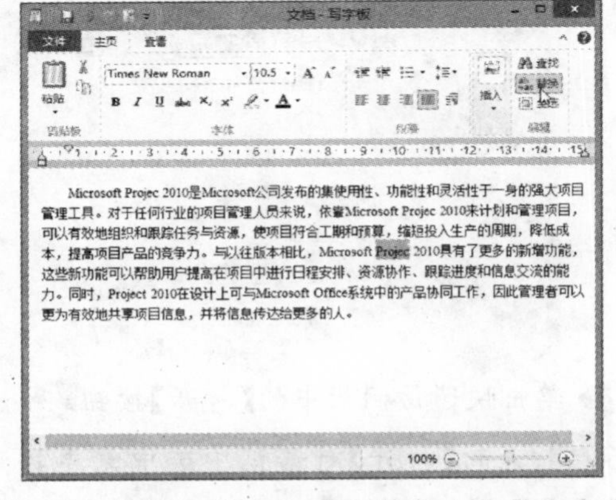

02 在【替换】对话框的【查找内容】文本框

中输入“Projec”，在【替换为】文本框中输入“Project”，然后单击【全部替换】按钮即可。

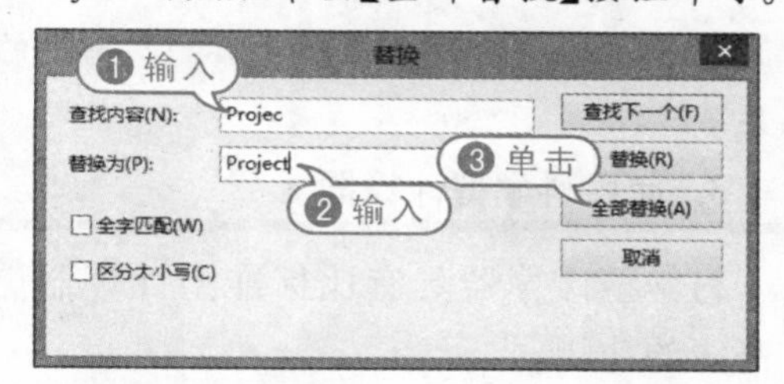

（5）删除文本

在写字板工具中，用户可以使用以下几种方法删除不需要的文本。

- 按下 Delete 键删除光标后的文本。
- 按下 Backspace 键删除光标前的文本。
- 选中需要删除的文本后，按下 Delete 或 Backspace 键将其删除。

11.1.4 使用计算器

计算器是 Windows 系统自带的工具软件，Windows 8 中的计算器功能十分全面并强大，加入了多重计算和中间过程显示区域等。

1. 启用计算器

在 Windows 8 中，用户可以参考下面介绍的方法启用计算器工具。

【例 11-7】启用计算器工具。视频

01 在 Windows 8 的【应用】窗口中单击【计算器】选项。

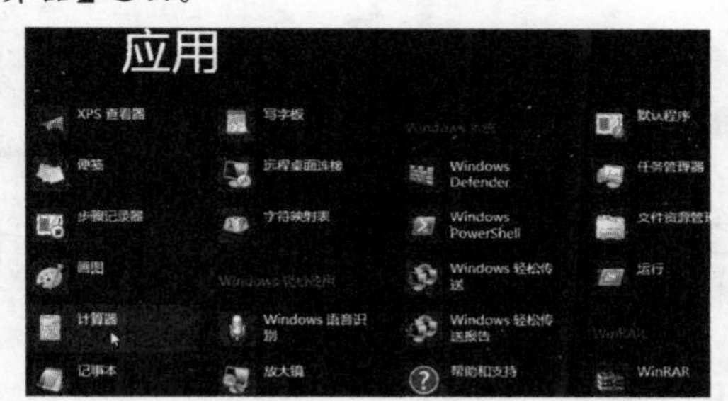

02 此时将启动计算器工具，打开如下所示的程序界面。

Windows 8 中的计算器有标准型、科学型、程序员和统计四种模式，本节将重点介绍标准型与科学型计算器。用户在初次启动计算器工具时显示的是标准型计算器。

2. 使用标准型计算器

用户可以参考下面介绍的方法，使用标准型计算器进行简单的数字计算。

【例 11-8】使用标准型计算器进行简单的四则运算。视频

01 参考【例 11-7】介绍的方法启动计算器工具后，默认为标准型计算器，在计算器中连续输入“1”和“0”按钮。

02 单击“计算器”工具上的“+”按钮，然后连续单击“5”、“.”和“8”按钮。

03 单击计算器工具上的“=”按钮，显示 10＋5.8 的结果。

04 单击“—”按钮，然后在计算器上输入数字“3”，并单击“=”按钮，显示 10＋5.8－3 的结果。

05 以步骤 04 计算的结果为基础，单击“*”后再单击数字按钮“4”，显示 12.8×4 的结果；以步骤 04 计算的结果为基础，单击“/”后，单击数字按钮“2”，显示 12.8/2 的结果。

3. 使用科学型计算器

科学型计算器具有比标准型计算器更加高级的功能。

【例 11-9】在计算器工具中，使用科学型计算器计算 145°角的余弦值。视频

01 在 Windows 8 中启用计算器工具后，选择【查看】|【科学型】命令，转换为科学型计算器。

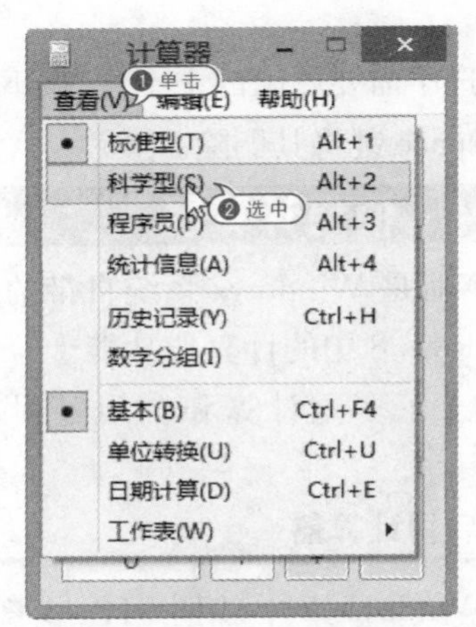

02 启动科学型计算器，依次单击“1”、“4”、“5”按钮。

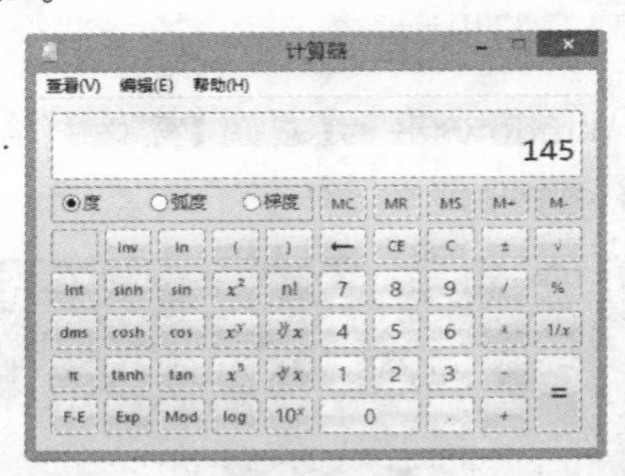

03 单击计算余弦函数的按钮“cos”，即可计算出 145°角的余弦值，并显示在文本框内。

11.2 使用 Windows 8 应用程序

Windows 8 中本身自带了一些非常实用的 Metro 应用程序(例如人脉、邮件和照片等)，

通过这些程序，用户可以非常方便地完成一些基本工作任务。

11.2.1 使用“照片”应用

用户可以参考下面介绍的方法，使用Windows 8系统自带的“照片”应用。

【例 11-10】使用 Windows 8 的“照片”应用。
视频

01 在 Windows 8 中打开【应用】界面后，单击该界面中的【照片】选项，进入【照片】界面。

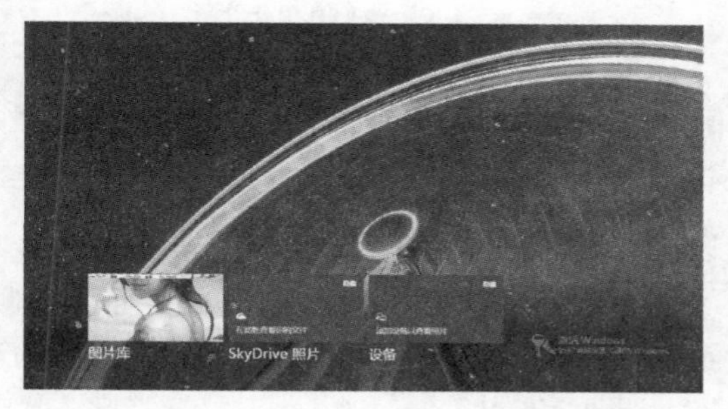

02 在【照片】界面中单击【图片库】图标，可以查看本地电脑中保存的图片。

03 默认图片以列表的形式显示，单击任何一个图片就可以进入幻灯片模式查看。

04 单击界面右下角的 - + 按钮，可以放大或缩小显示正在查看的图片；右击正在查看的图片，在打开的选项区域中单击【删除】按钮，然后在弹出的提示框中再次单击【删除】按钮，可以将正在查看的照片删除。

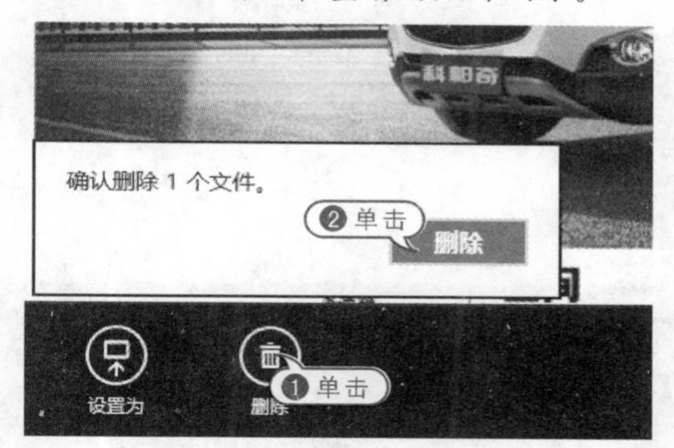

05 右击正在查看的图片，在打开的选项区域中单击【设置为】按钮，然后在弹出的列表框中选中【应用磁贴】选项。

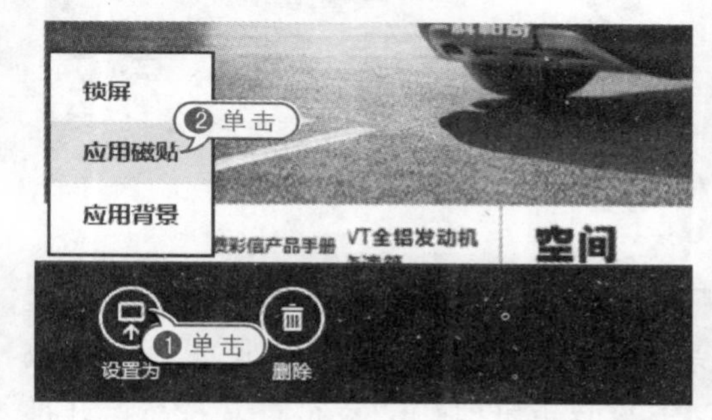

06 此时，正在查看的照片将被应用在【开始】界面的磁贴中，用户可以通过单击磁贴快速查看图片。

07 按下 Win 徽标键返回【开始】界面后，单击该界面中的【桌面】图标打开系统桌面，然后双击桌面上的【库】图标，打开【库】窗口。

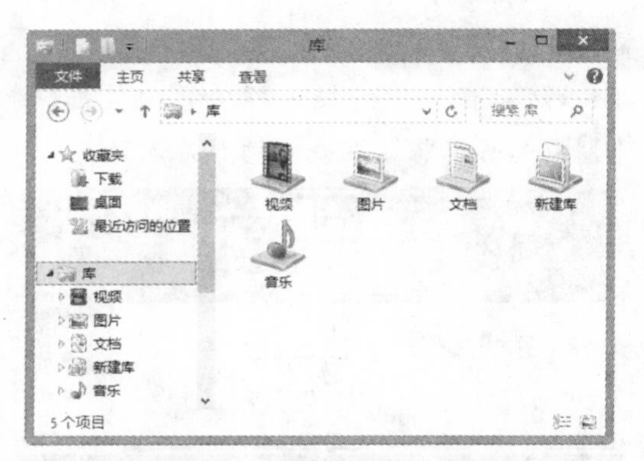

08 在【库】窗口中双击【图片】图标，打开【图片】窗口。

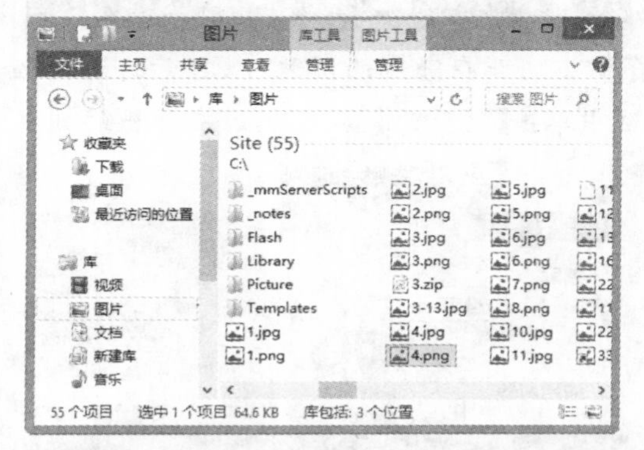

09 在【图片】窗口中保存的图片文件将显示在 Windows 8 的“照片”应用中，用户可以在该窗口中对“照片”应用中显示的图片进行添加与删除操作。在【库】窗口中右击【图片】图标，然后在弹出的菜单中选中【属性】命令，可以打开【图片属性】对话框。

10 在【图片属性】对话框中单击【添加】按钮，打开【将文件夹加入到图片中】对话框，然后在该对话框中选中一个包含图片的文件夹，并单击【加入文件夹】按钮。

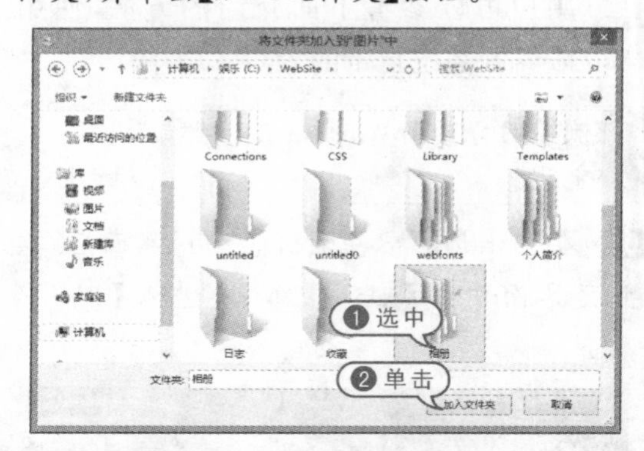

11 返回【图片属性】对话框后，在该对话框中单击【确定】按钮，即可将选中的图片文件夹添加至“图片库”中，在“照片”应用中进行查看。将鼠标指针移动至界面左上角，当出现“照片”应用略缩图标时，单击鼠标返回“照片”应用。

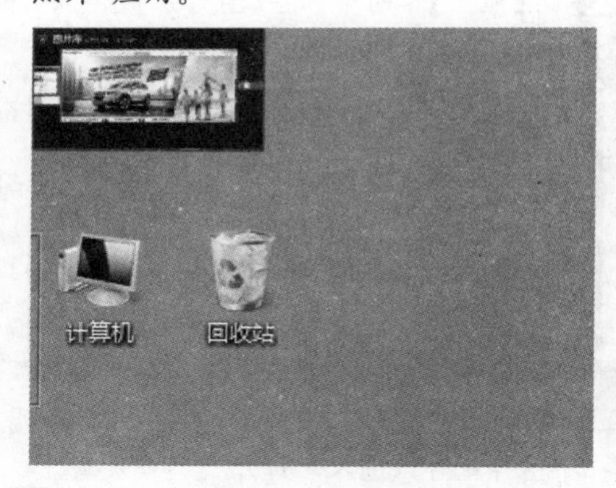

12 在“照片”应用中按下 Win+I 组合键，然后在显示的【设置】选项区域中单击【选项】按钮，打开【选项】选项区域。

13 在【选项】选项区域中，用户可以设置是否在此帖中动态显示照片，以及在“照片”中显示哪些来源的图片。

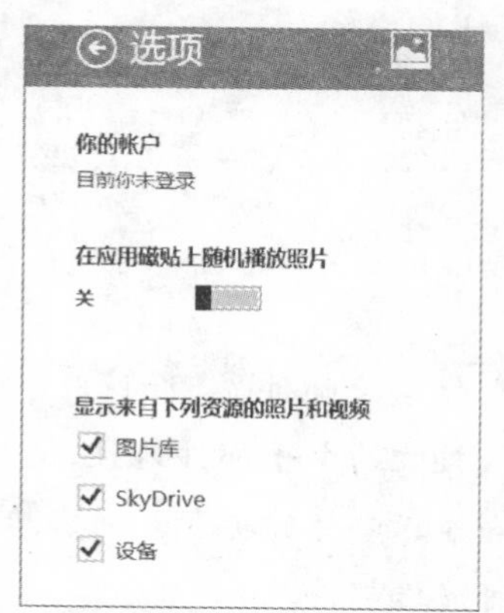

14 使用完“照片”应用后，按下 Windows 徽标键返回【开始】界面，然后将鼠标指针移至屏幕的最左侧，在显示的应用列表框中右击“照片”应用，在弹出的菜单中选中【关闭】命令即可关闭“照片”应用。

11.2.2 使用“邮件”应用

用户可以参考下面介绍的方法，使用 Windows 8 系统自带的“邮件”应用。

> 【例 11-11】使用 Windows 8 的“邮件”应用。
> 视频

01 在 Metro 界面空白处右击鼠标，在弹出的选项区域中单击【所有应用】选项，打开【应用】界面，然后单击该界面中的【邮件】选项，打开【添加 Microsoft 账户】界面。

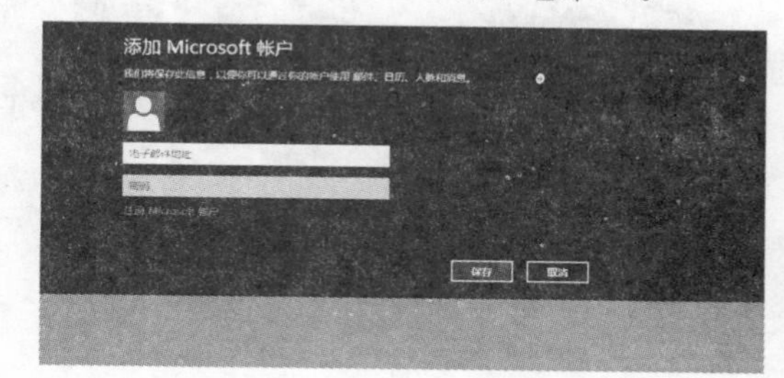

02 在【添加 Microsoft 账户】界面中输入相应的邮箱和密码后，单击【保存】按钮，进入 Windows 8 的“邮件”应用，即可访问添加的电子邮箱内容。Windows 8 的“邮件”应用由三个部分组成，左侧部分是邮件文件夹列表，中间部分是邮件列表，右侧部分为邮件内容查看窗口。

03 当用户电子邮箱收到信件后，“邮件”应用将在屏幕右上方显示提示信息，单击该信息即可打开“邮件”应用并查看新邮件。在“邮件”应用中按下 Win+I 组合键，打开【设置】选项区域。

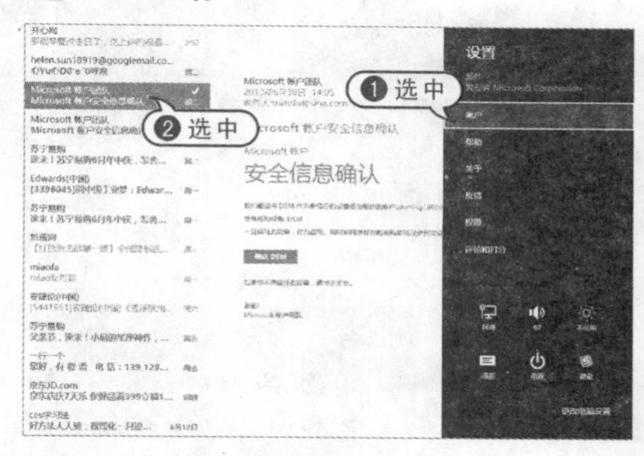

04 在【设置】选项区域中单击【账户】选项，打开【账户】选项区域。

05 在【账户】选项区域中单击【添加账户】选项，可以在打开的【添加账户】选项区域中添加一个新的邮箱账户。

06 在【添加账户】选项区域中选中一种类型的邮箱账户，在打开的界面中输入相应的邮箱地址及密码，单击【连接】按钮即可添加新电子邮箱账户。

07 在“邮件”应用中添加新电子邮箱后，单击界面右上方的的【+】按钮，可以在打开的界面中创建一个空白电子邮件。

08 在空白电子邮件界面的【收件人】文本框中输入接收的电子邮件地址，然后在界面右侧分别输入邮件的标题和内容后，单击按钮即可发送邮件。

09 使用“邮件”应用成功发送电子邮件后，单击界面左侧的【已发送】选项，即可查看成功发送的电子邮件内容。

10 单击“邮件”应用界面左侧的【收件箱】选项，然后在随后显示的邮件列表中右击一封电子邮件，在弹出的选项区域中选中【移动】按钮，再点击界面右侧的邮件文件夹列表中的某个选项，可以将该电子邮件移动至相应的位置。

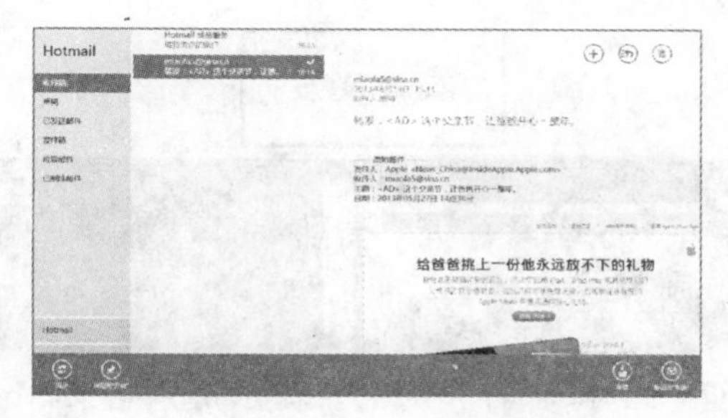

11 在“邮件”应用界面中选中一个电子邮件后，单击界面右上方的【删除】按钮，可以将该电子邮件删除。

11.2.3 使用“人脉”应用

用户可以参考下面介绍的方法，使用Windows 8系统自带的“人脉”应用。

【例11-12】使用Windows 8的“人脉”应用。
视频

01 打开【应用】界面后，单击该界面中的【人脉】选项，打开“人脉”应用，进入如图所示的界面。

02 在“人脉”应用界面中右击鼠标，然后在打开的选项区域中单击【新建】按钮，打开【新建联系人】界面。

03 在【新建联系人】界面中填写联系人的信息后，单击【保存】按钮即可在“人脉”应用中添加一个新的联系人。

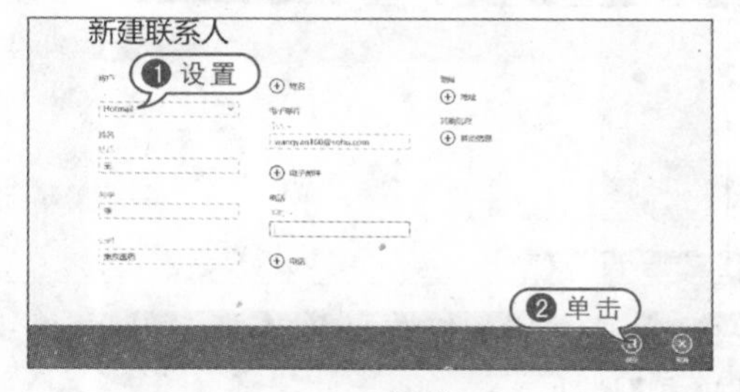

04 单击界面左上角的⊕按钮，返回“人脉”应用界面，在该界面中单击联系人的名称，可以在打开的界面中向联系人发送邮件或查看其个人资料。

05 当用户需要删除某个联系人时，可以在“人脉”应用界面中单击该联系人的名称，在打开的界面中右击鼠标，在打开的选项区域中单击【删除】按钮，并在弹出的提示框中再次单击【删除】按钮。

11.2.4 使用“消息”应用

用户可以参考下面介绍的方法，使用Windows 8系统自带的“消息”应用。

【例11-13】使用Windows 8的“消息”应用。
视频

01 打开【应用】界面后，单击该界面中的【消息】选项，打开“消息”应用。

02 右击界面，在弹出的选项区域中单击【状态】按钮。

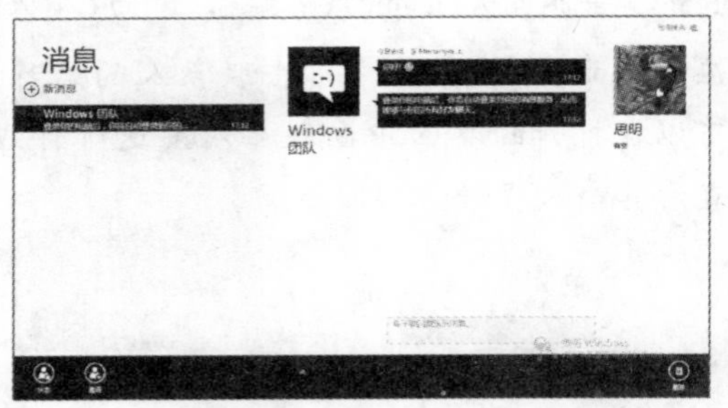

03 在弹出的列表框中，用户可以设置“消息”应用的状态，包括有空、隐私两种状态。

04 再次右击界面，在弹出的选项区域中单击【邀请】选项，然后在打开的下拉框中单击【添加新好友】选项。

05 此时，将打开浏览器提示用户登录 Microsoft 账户。

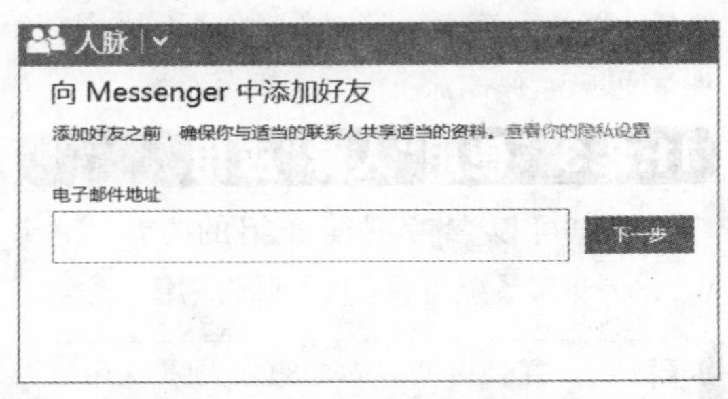

06 用户使用自己的 Microsoft 账户登录后，根据网页的提示输入需要邀请好友的电子邮箱并发送邀请后，即可在“消息”应用中与其进行网络聊天。

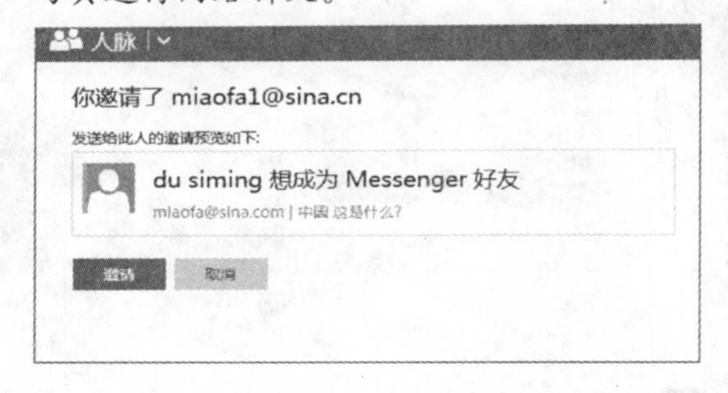

11.3 使用“Windows 轻松应用”

“Windows 轻松应用”功能包含 Windows 8 系统提供的一些常用工具，它可以方便用户快速启动和使用一些系统自带的工具盒软件，例如放大镜、讲述人、屏幕键盘和语音识别等。

11.3.1 使用放大镜

用户在浏览图片和网页时，如果有看不清的内容，可以使用 Windows 8 提供的“放大镜”工具，将屏幕中的局部区域放大显示。

【例 11-14】在 Windows 8 中使用“放大镜”工具。视频

01 启动 Windows 8 系统后，在 Metro 界面空白处右击鼠标，在弹出的选项区域中单击【所有应用】选项，打开【应用】界面，然后在该界面中的【Windows 轻松使用】栏下单击【放大镜】选项，将在 Windows 8 系统桌面上显示【放大镜】图标。

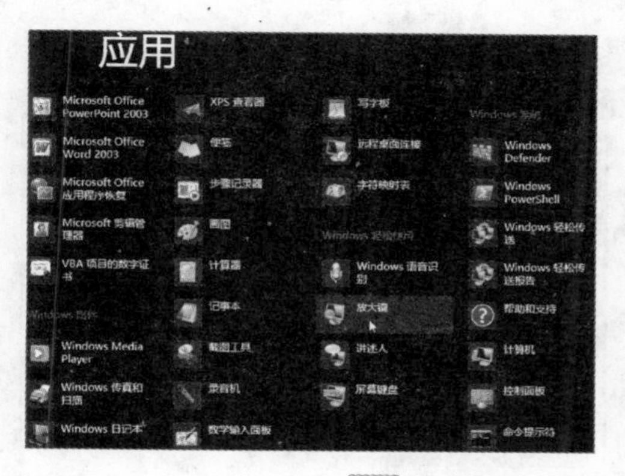

02 此时，屏幕中将显示图标，单击该图标即可显示“放大镜”工具的设置界面。

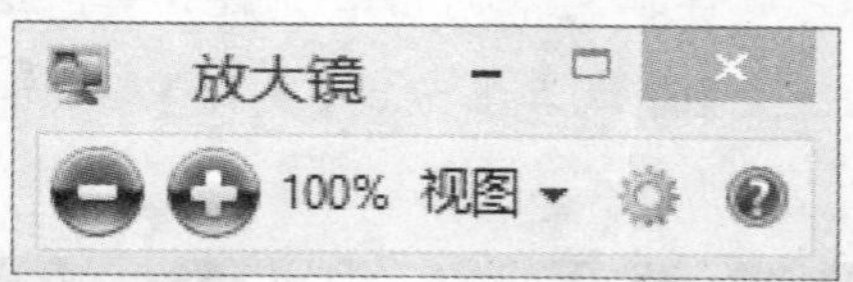

03 在“放大镜”工具的设置界面中单击按钮，可以在打开的【放大镜选项】对话框中设置放大镜的视图变化范围和跟踪属性。

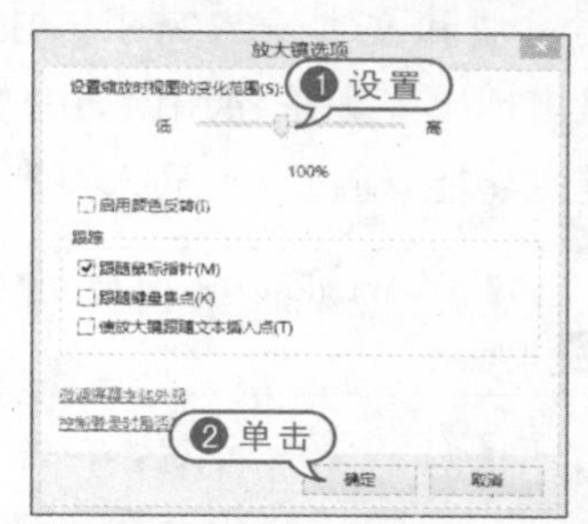

04 单击“放大镜”工具设置界面中的【视图】下拉列表按钮，在弹出的下拉列表框中用户可以设置放大镜屏幕的类型(例如选中【镜头】选项)。

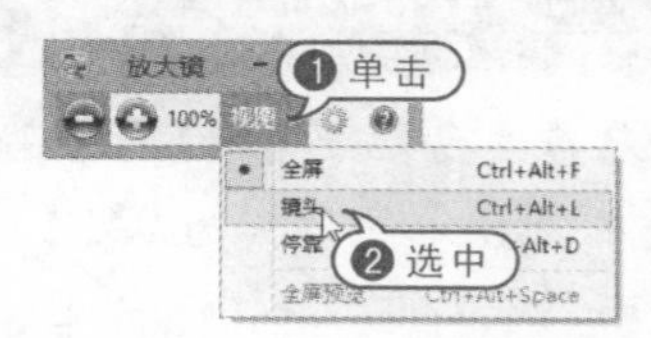

05 单击一次“放大镜”工具设置界面中的按钮，可以将选中的区域放大100%，单击两次按钮，则可以将选中的区域放大200%。

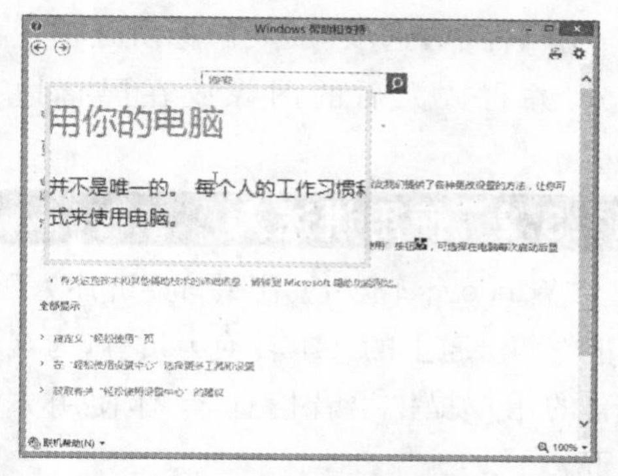

06 “放大镜”工具使用结束后，单击该工具窗口右上方的【关闭】按钮即可。

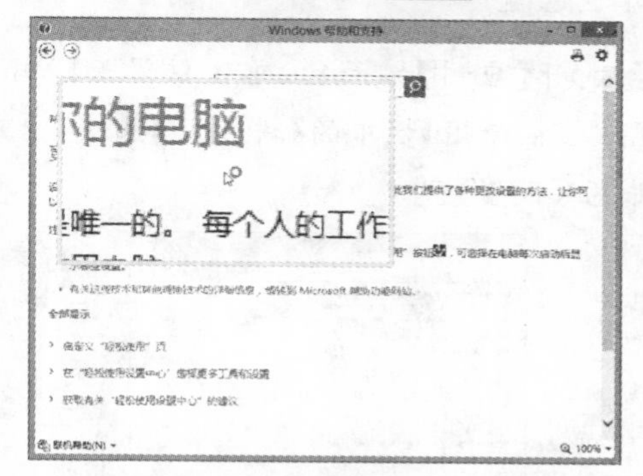

在【放大镜选项】对话框中，比较重要的选项功能如下。

- 【跟随鼠标指针】复选框：鼠标指针移动到哪里，放大区域的中心就会移动到哪里。
- 【跟随键盘焦点】复选框：通过键盘上的Tab键或方向键可以控制放大区域中心的移动。
- 【使放大镜跟随文本插入点】复选框：输入时放大区域会跟随文本插入点移动。
- 【启用颜色反转】复选框：启用该选项后，放大区域的颜色将与原来的颜色倒置。

在【视图】下拉列表中，各选项的具体功能如下。

- 【全屏】选项：对当前整个屏幕进行缩放。
- 【镜头】选项：截取鼠标周围部分的区域进行缩放，效果类似于相机的镜头。

◎【停靠】选项：放大鼠标所处位置的部分，并将放大后的图像放在屏幕边上显示。

11.3.2 使用讲述人

“Windows 轻松应用”中的“讲述人”工具能够将屏幕上的文本转换为语音，为观看屏幕的用户提供语音信息，具体使用方法如下。

【例 11-15】在 Windows 8 中使用“讲述人”工具。视频

01 打开【应用】界面后，单击该界面【Windows 轻松使用】栏中的【讲述人】选项，启动【讲述人设置】窗口。

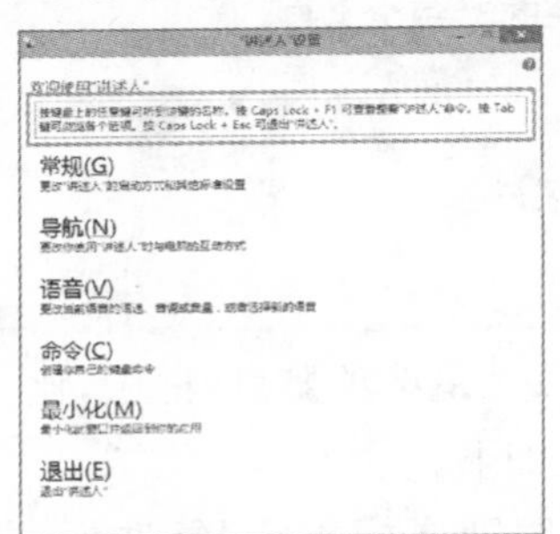

02 在【讲述人设置】窗口中单击【语音】选项，打开【语音】对话框，然后在该对话框的【选择语音】列表框中选中声音的语言类型，并根据语音讲述需求设置语音速度、音量和音调等参数。

03 完成语音设置后，单击【保存更改】按钮，然后将鼠标移动至需要讲述的文本上方，单击鼠标即可使用“讲述人”工具讲述屏幕中的文本内容。

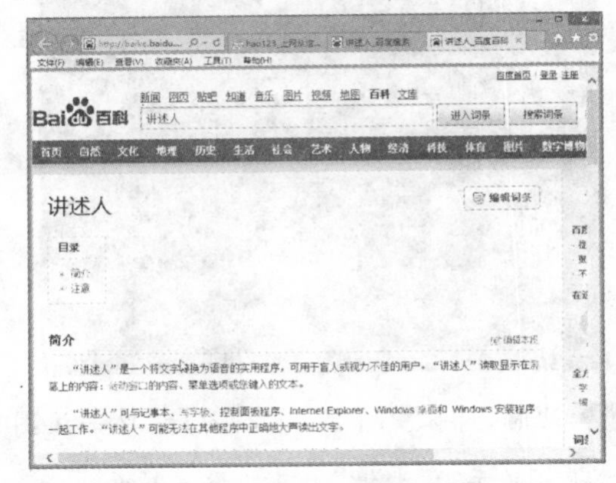

04 完成屏幕文本的语音讲述后，单击【讲述人设置】窗口右上方的【关闭】按钮 × 即可。

11.3.3 使用屏幕键盘

Windows 8 系统除了支持外接键盘输入以外，还具备屏幕键盘工具，可以满足用户的使用习惯和文本输入需求。在电脑的外接键盘出现故障无法使用时，用户可以启用屏幕键盘功能，通过鼠标输入文本。

【例 11－16】在 Windows 8 中使用“屏幕键盘”。视频

01 在打开【应用】界面后，单击该界面【Windows 轻松使用】栏中的【屏幕键盘】选项，打开屏幕键盘。

02 单击屏幕键盘左下角的【Fn】键，可以将屏幕键盘中的数字键切换为从 F1～F12 的功能键。

03 单击屏幕键盘右下角的【选项】按钮，在

打开的【选项】对话框中,用户可以对屏幕键盘进行设置。

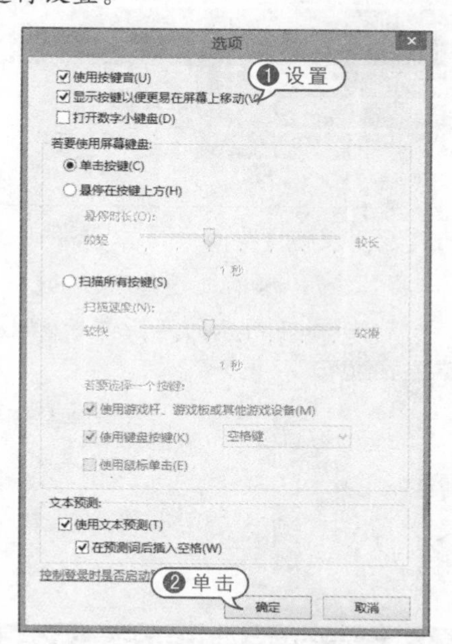

04 单击屏幕键盘上的【Win】键,可以切换至Metro界面。

05 打开一个空白写字板,在写字板的文本编辑区域中单击鼠标,然后激活屏幕键盘即可在文档中输入文本。

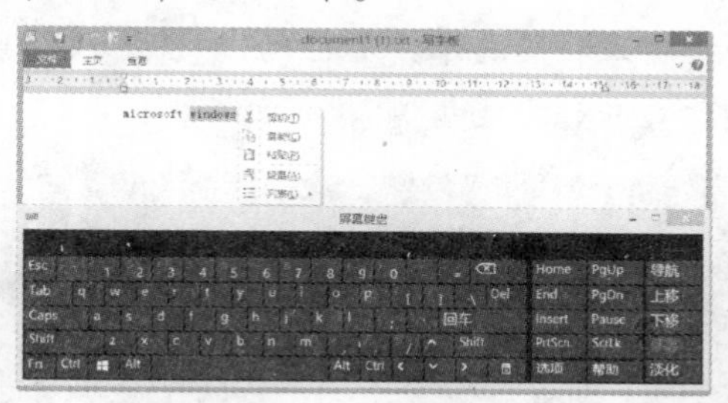

06 使用屏幕键盘完成文本的输入后,单击屏幕键盘界面右上方的【关闭】按钮 ×,即可关闭屏幕键盘。

11.4 实战演练

本章的实战演练将通过实例,介绍在Windows 8系统中使用"应用商店"安装与更新系统中各种应用使用"文件历史记录功能、备份与恢复文件、使用系统还原功能、使用系统映像功能"的方法。

11.4.1 使用"应用商店"

用户可以参考下面介绍的方法,使用"应用商店"安装Windows 8应用。

【例11-17】使用"应用商店"安装与更新应用。视频

01 在Metro界面中单击【应用商店】磁贴,打开【应用商店】界面。

02 滑动鼠标滚轮,可以浏览【应用商店】界面中提供的各类应用分类,单击应用分类名称(例如单击"游戏"分类),可以打开相应的分类界面。

03 在具体的应用分类界面中单击需要安装的应用,打开相应的应用信息介绍界面。

04 在应用信息介绍界面中单击【安装】按钮，然后在打开的【添加 Microsoft 账户】界面中输入相应的账户及密码，单击【保存】按钮即可开始安装应用。

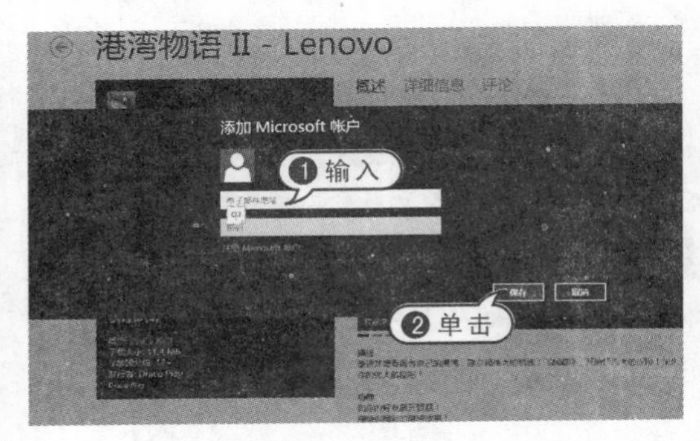

05 成功安装应用后，按下 Windows 徽标键返回 Metro 界面，然后在该界面中右击鼠标，在弹出的选项区域中单击【所有应用】选项，在打开的【应用】界面中可以找到安装的应用。

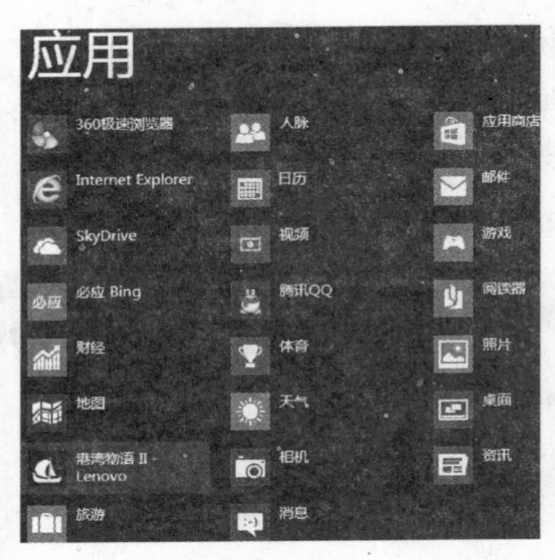

06 返回"应用商店"首页，单击界面右上方的【更新】选项，打开【应用更新】界面。

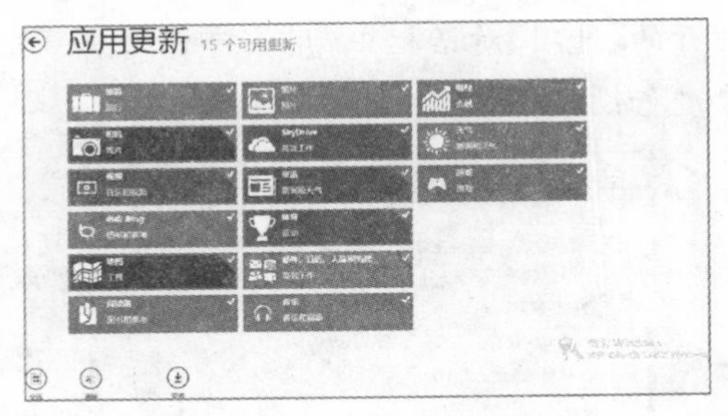

07 在【应用更新】界面中选中需要更新的 Windows 8 应用后，单击界面下方的【安装】按钮即可打开如下所示的界面更新应用。

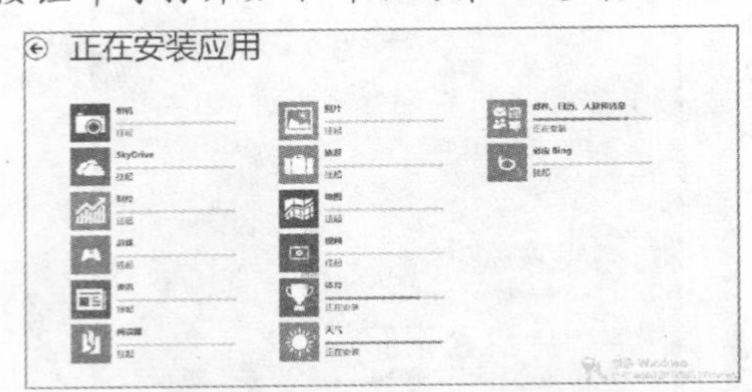

11.4.2 使用"文件历史记录"功能

在 Windows 8 中，用户可以参考下面的方法启用"文件历史记录"功能。

【例 11-18】在 Windows 8 中启用"文件历史记录"功能。视频

01 将鼠标指针移动至任务栏右下角(或右上角)，在弹出的 Charm 菜单中单击【设置】按钮，然后在打开的【设置】界面中单击【控制面板】选项。

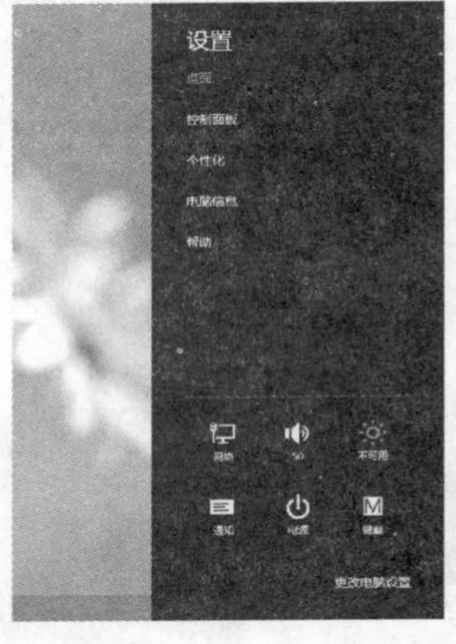

02 在打开的【控制面板】窗口中单击【系统和安全】选项，打开【系统和安全】窗口。

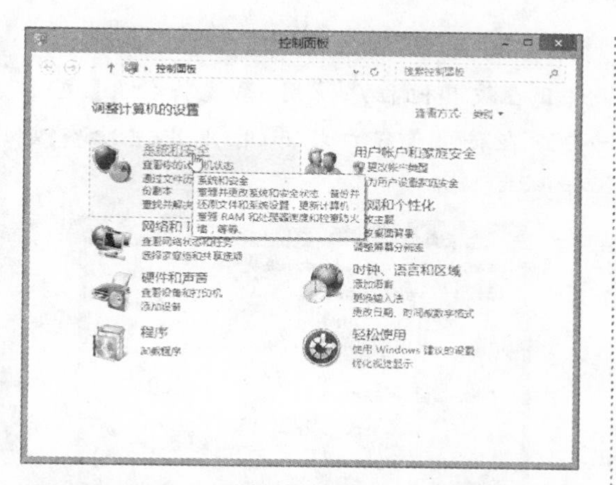

03 在【系统和安全】窗口中单击【文件历史记录】选项，打开【文件历史记录】窗口。

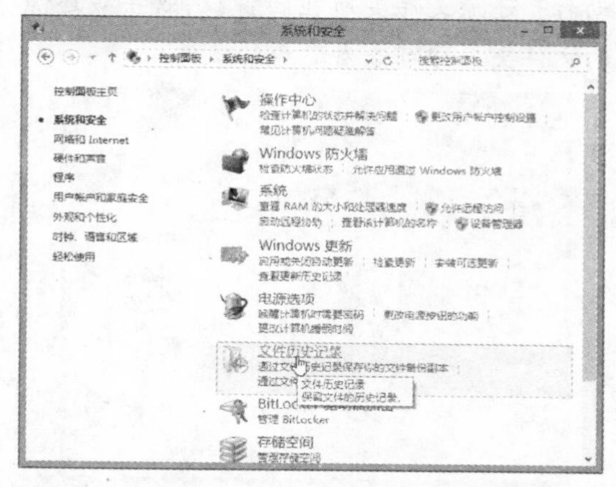

04 在【文件历史记录】窗口中，左侧窗格列出了“还原个人文件”、“选择驱动器”、“排除文件夹”和“高级设置”四个功能选项。

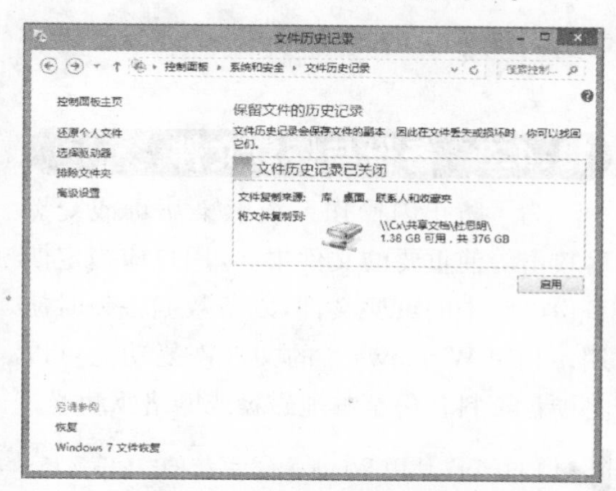

05 在开始使用“文件历史记录”备份之前，用户需要设置一个驱动器来保护文件。可以在【文件历史记录】窗口中单击【选择驱动器】选项，打开如下所示的窗口设置驱动器。

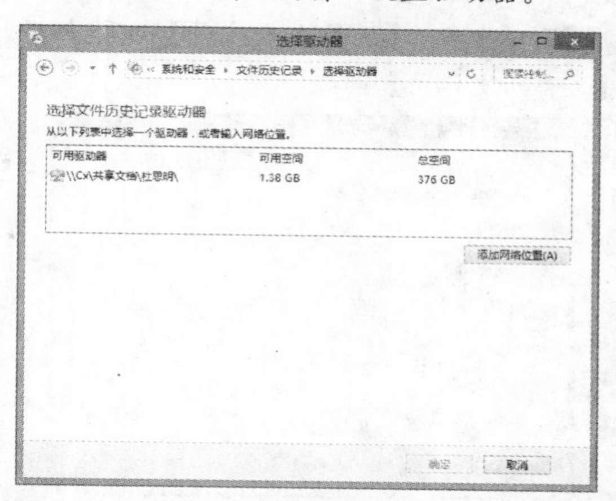

06 完成驱动器的选择操作后，返回【文件历史记录】窗口，然后在该窗口中单击【启用】按钮，即可启用“文件历史记录”功能。“文件历史记录”功能启用后，系统将显示“文件历史记录在第一次保存你的文件的副本”。

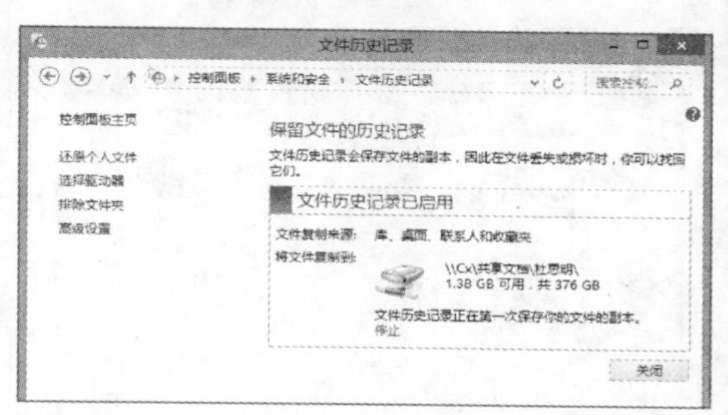

07 当备份完成后，系统会显示上次备份的时间。单击窗口中的【立即运行】按钮即可再次执行备份，完成后单击【关闭】按钮。

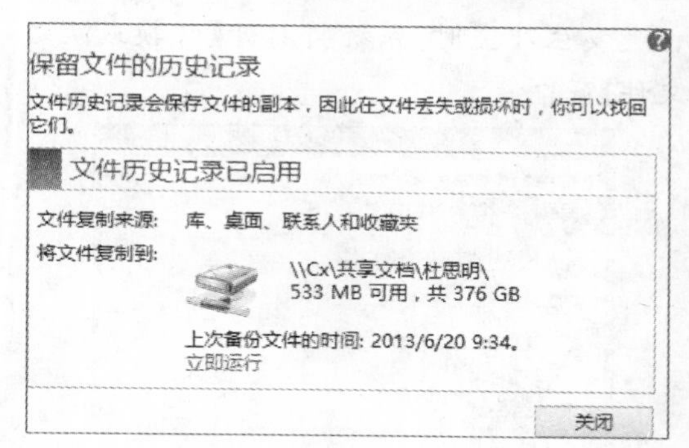

08 当备份结束后，打开外部存储器（或选定的网络位置），其中名称为“FileHistory”的文件夹即为备份文件夹。在【文件历史记录】窗口中单击【还原个人文件】选项，打开【文件历史记录】窗口。

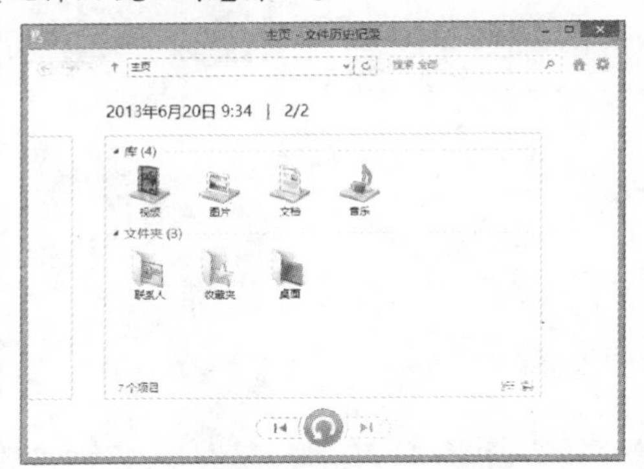

09 在【文件历史记录】窗口中用户每备份一次文件，就会自动生成一个版本。用户可以通过单击【上一版本】和【下一版本】按钮或浏览屏幕查找所需的文件备份记录（例如选中“文档”库），然后单击【还原到原始位置】按钮将其恢复。

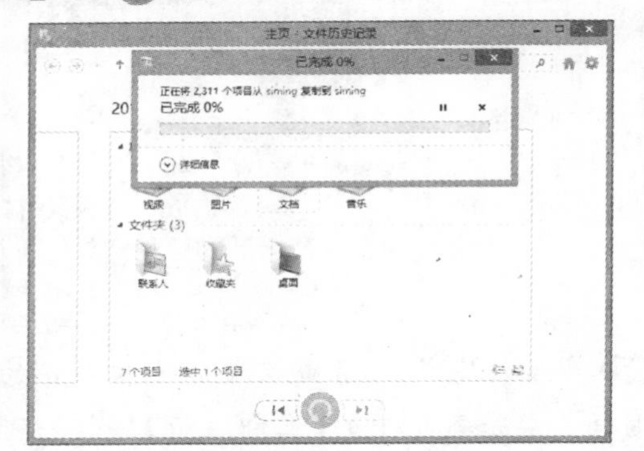

10 在还原文件时，当还原的文件与目标文件夹发生冲突时，系统将打开【替换或跳过文件】窗口。

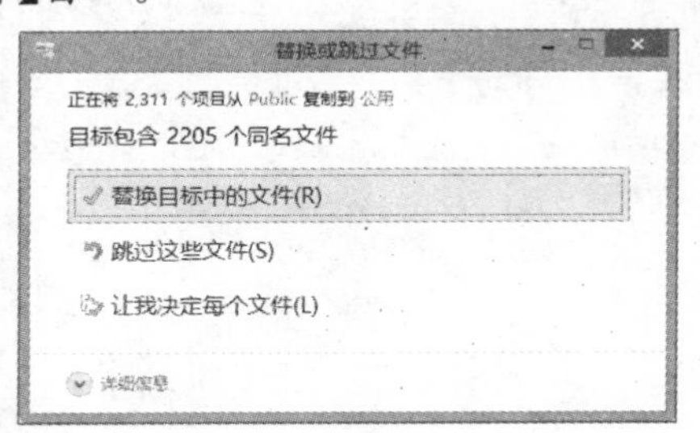

11 在还原文件的过程中，如果被还原的文件正在被其他程序使用，系统将打开【文件夹正在使用】窗口提示用户处理冲突文件夹。

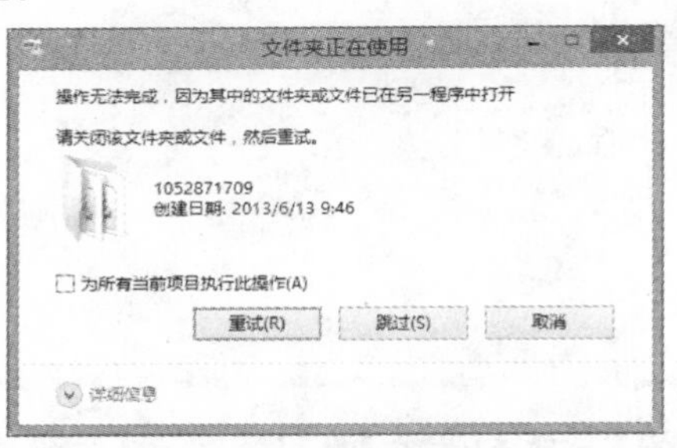

12 成功完成文件的还原操作后，系统将自动打开还原文件夹所在的窗口，双击被还原的文件夹后即可查看还原的文件。

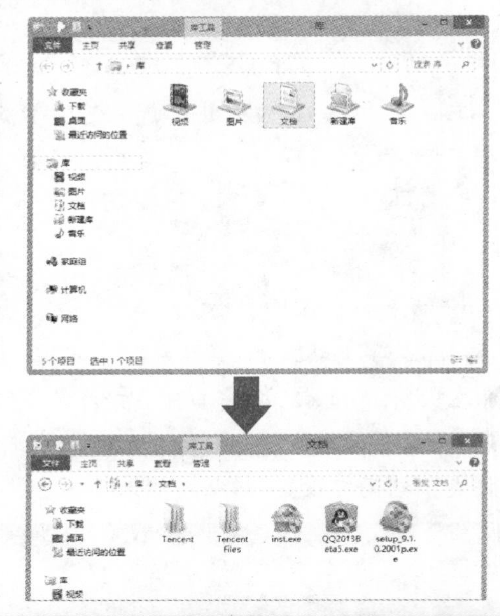

11.4.3 备份与恢复文件

为了防止因操作系统感染病毒或受黑客攻击等使重要的文件损坏，用户应当定期备份电脑中的重要文件，以备数据丢失时使用。利用 Windows 8 的文件恢复功能可以将硬盘资料备份至本地磁盘或网络驱动器。

【例 11-19】使用 Windows 8 系统的“备份或还原文件”功能备份与恢复电脑中的文件。

视频

01 右击系统任务栏左下角,在弹出的菜单中选择【控制面板】命令,打开【控制面板】窗口。

02 在【控制面板】窗口中单击【Windows 7文件恢复】选项,打开【Windows 7文件恢复】窗口。

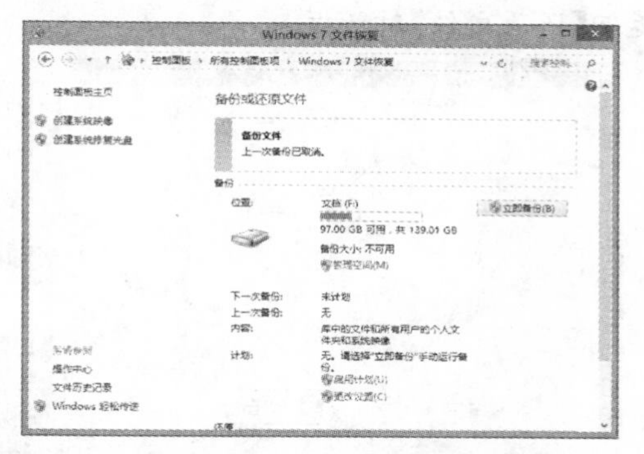

03 在【Windows 7文件恢复】窗口中单击【更改设置】选项,打开【设置备份】对话框,然后在该对话框中的【备份目标】列表框中选中一个保存备份的位置。

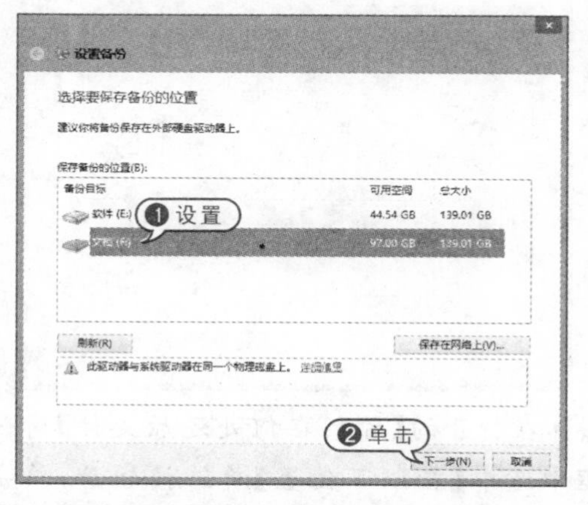

04 在【设置备份】对话框中单击【下一步】按钮,然后在打开的对话框中选中【让我选择】单选按钮,设置备份的内容。

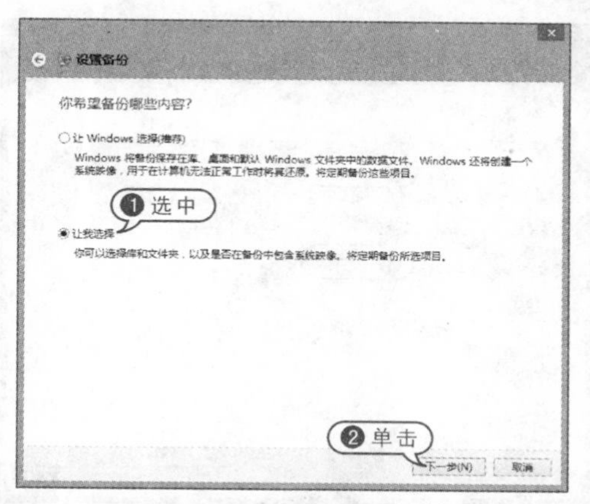

05 单击【下一步】按钮,然后在打开的对话框的列表框内选中需要备份的具体文件夹和库内容。

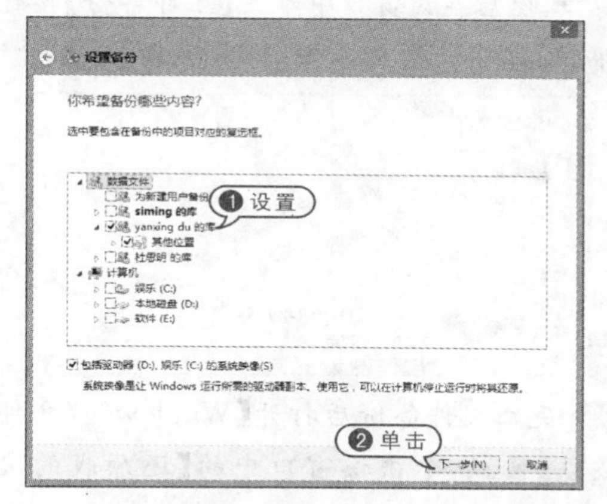

06 单击【下一步】按钮,然后在打开的对话框中单击【更改计划】选项。

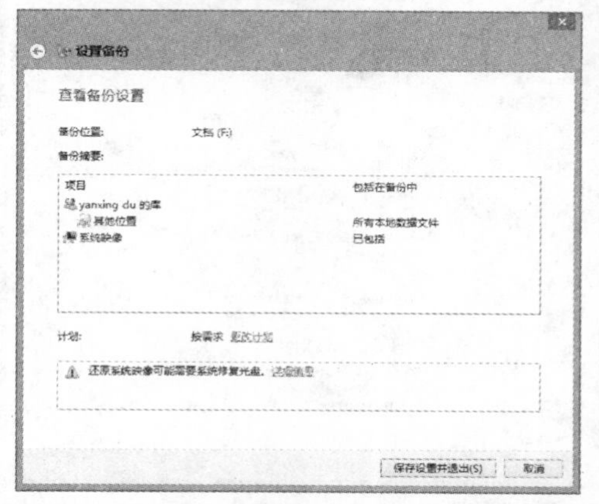

07 在打开的【你希望多久备份一次】对话框中选中【按计划运行备份】复选框后,设置备份的频率、日期和时间等参数。

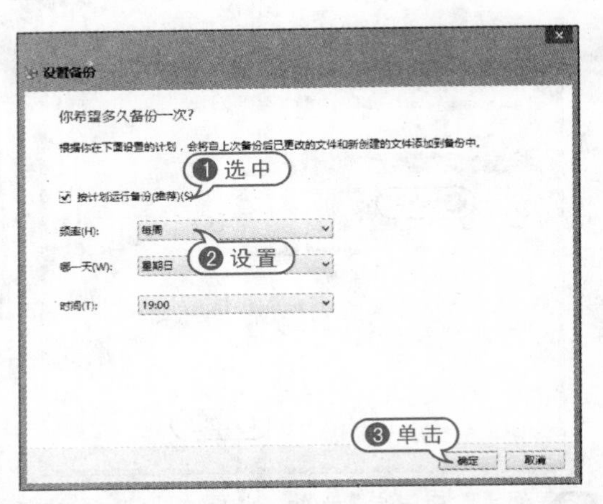

08 在【你希望多久备份一次】对话框中单击【确定】按钮，返回【Windows 7 文件恢复】窗口，然后在该窗口中单击【立即备份】按钮即可。

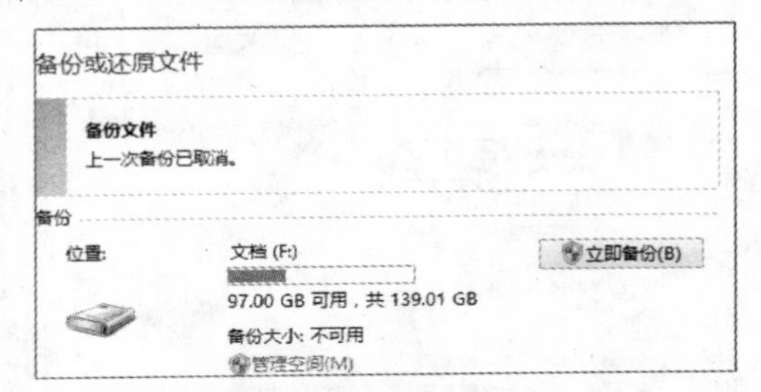

09 完成文件备份后打开【Windows 8 文件恢复】窗口，单击该窗口中的【还原我的文件】按钮。

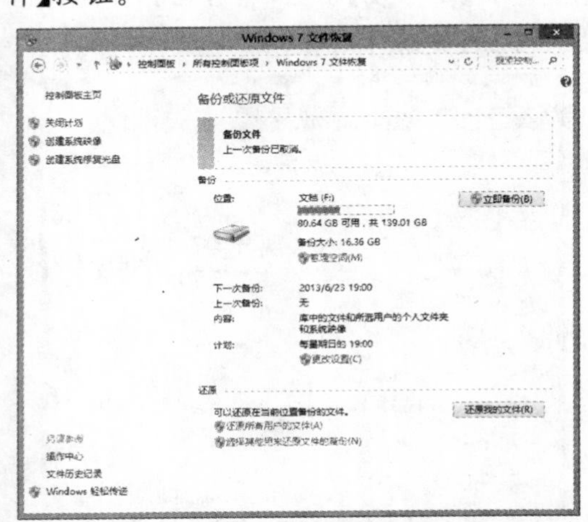

10 在打开的【还原文件】对话框中单击【浏览文件夹】按钮，打开【浏览文件夹或驱动器的备份】对话框。

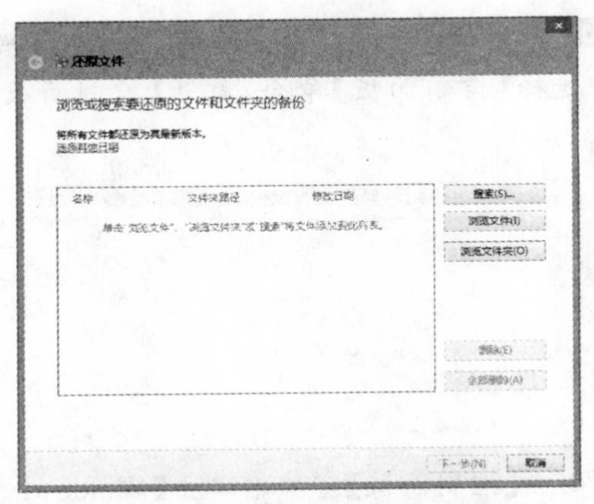

11 在【浏览文件夹或驱动器的备份】对话框中选中文件后，单击【添加文件夹】按钮，返回【还原文件】对话框。

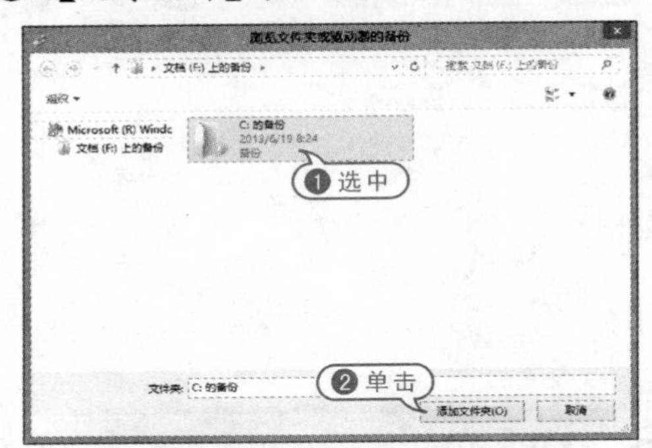

12 在【还原文件】对话框中单击【下一步】按钮，打开【你想在何处还原文件】对话框。

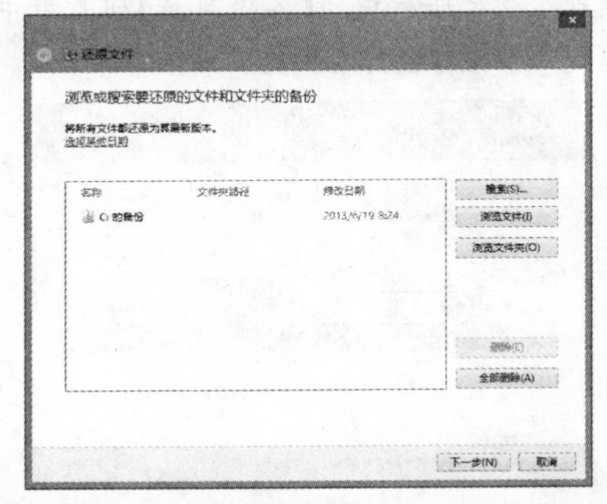

13 在打开的【你想在何处还原文件】对话框中选中【在以下位置】单选按钮后，单击【浏览】按钮，打开【浏览文件夹】对话框。

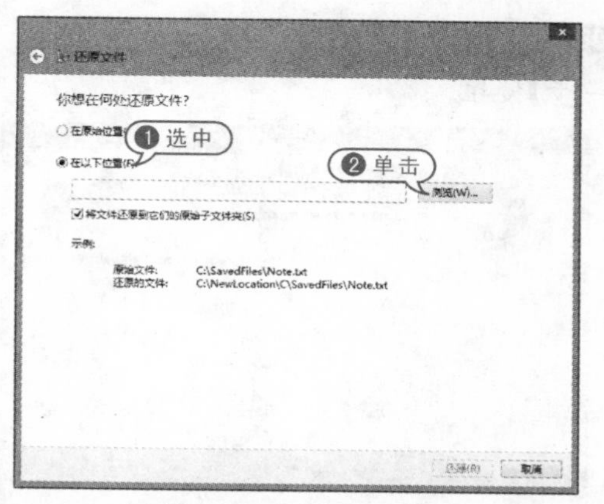

14 在【浏览文件夹】对话框中选中文件恢复的目标位置后，单击【确定】按钮，返回【你想在何处还原文件】对话框。

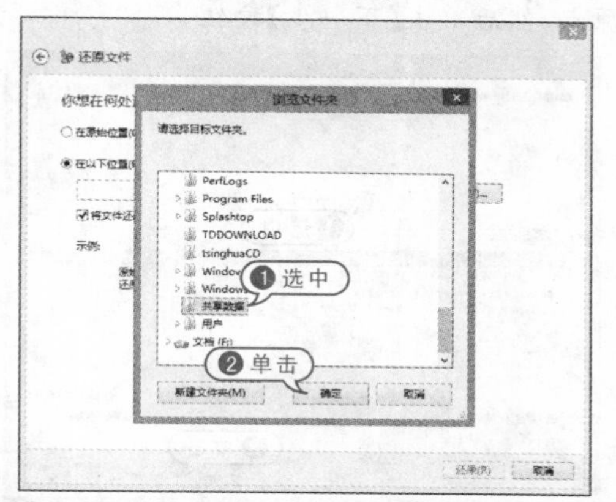

15 完成以上设置后，在【你想在何处还原文件】对话框中单击【还原】按钮即可。

11.4.4 使用系统还原功能

在实际工作中，系统中安装某个程序或驱动可能会导致意外地更改电脑的设置，或导致 Windows 系统发生不可预见的操作。一般情况下，卸载软件或驱动程序可以解决上述问题，但是如果卸载并没有能够修复问题，则可以尝试将 Windows 8 系统还原到之前正常运行的日期。

【例 11-20】在 Windows 8 中设置并使用手动创建的系统还原点。视频

01 右击任务栏左下角，在弹出的菜单中选中【控制面板】命令，打开【控制面板】窗口，在【控制面板】窗口中单击【恢复】选项。

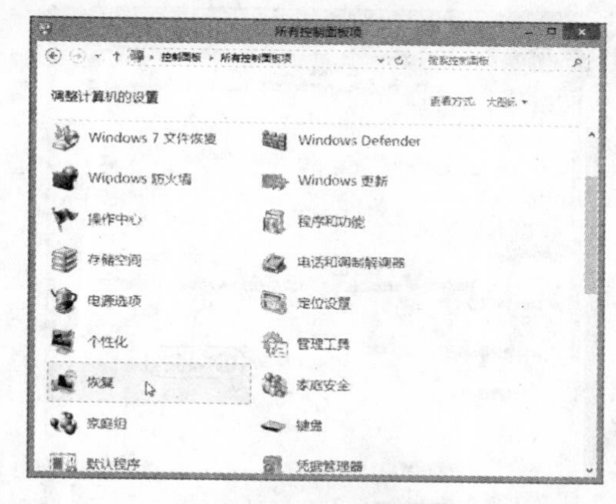

02 在打开的【恢复】窗口中单击【配置系统还原】选项，打开【系统属性】对话框。

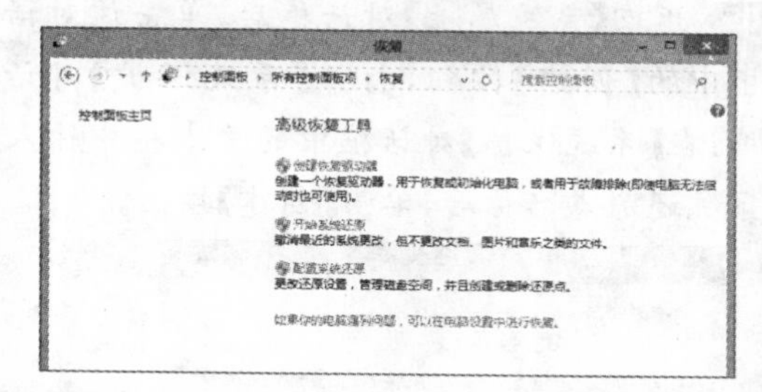

03 在【系统属性】对话框中选中【系统保护】选项卡，然后在该选项卡的【可用驱动器】列表框中选中要创建还原点的磁盘分区，单击【配置】按钮。

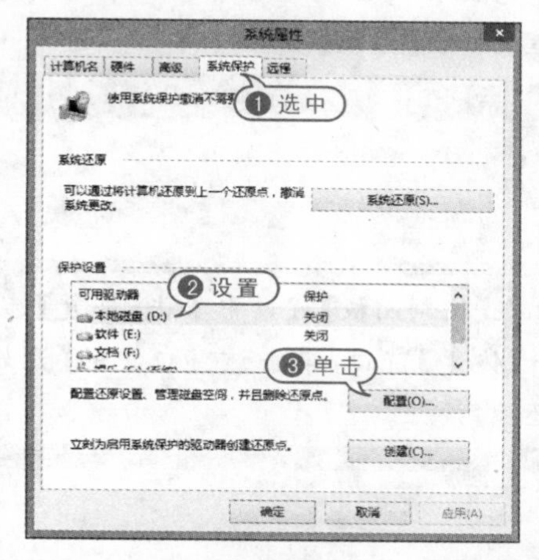

04 在打开的【系统保护本地磁盘】对话框中拖动【最大使用量】滑块，调整用于系统还原点的磁盘空间使用量，然后单击【确定】

按钮。

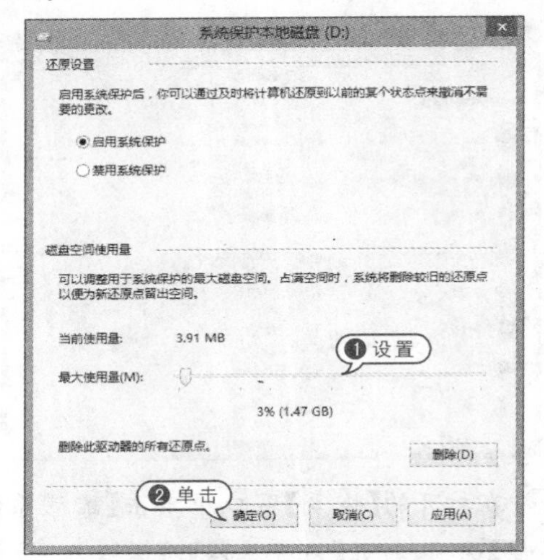

05 返回【系统属性】对话框后，单击该对话框中的【创建】按钮，打开【系统保护】对话框；在【系统保护】对话框中的文本框中输入系统还原点名称后，单击【创建】按钮。

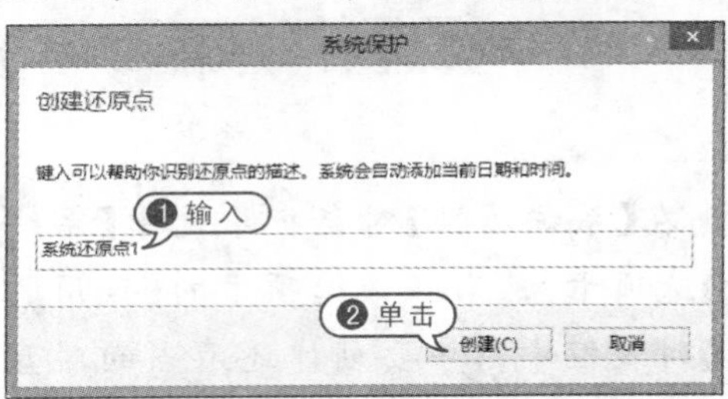

06 完成系统还原点的创建后，在打开的对话框中单击【关闭】按钮。

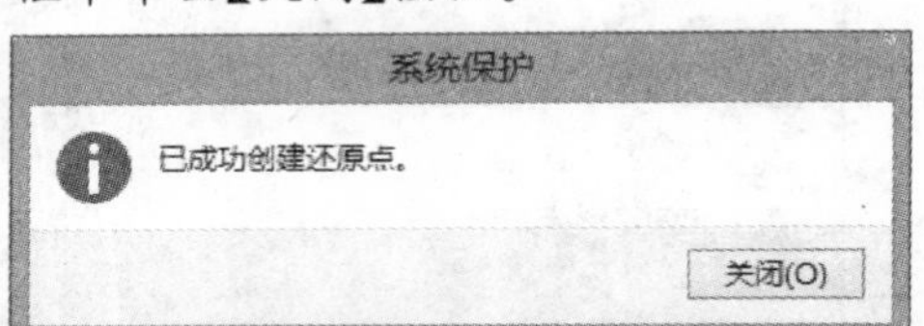

07 在【控制面板】窗口中单击【恢复】选项，打开【恢复】窗口，单击该窗口中的【开始系统还原】按钮。

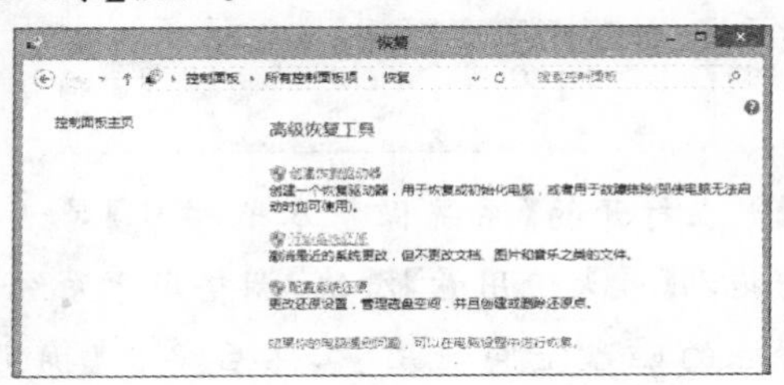

08 在打开的【系统还原】对话框中单击【下一步】按钮。

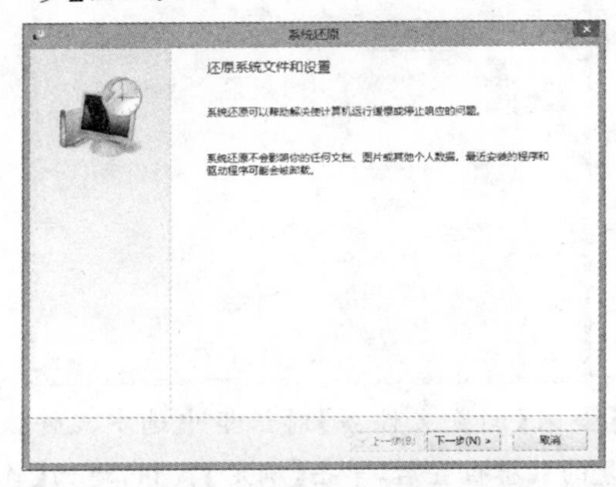

09 在打开的对话框中选中创建的系统还原点，然后单击【下一步】按钮。

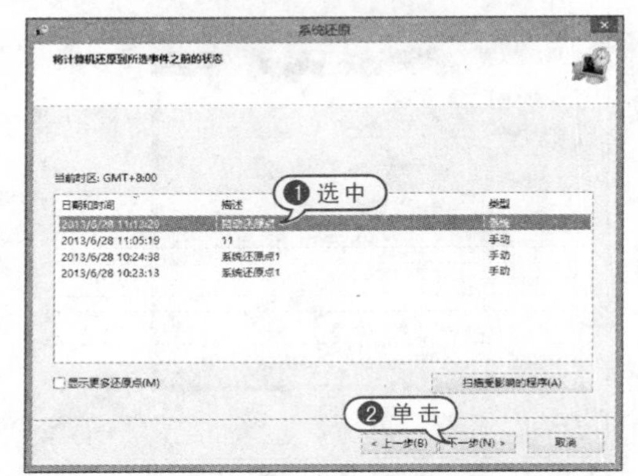

10 在打开的【确认还原点】对话框中单击【完成】按钮。

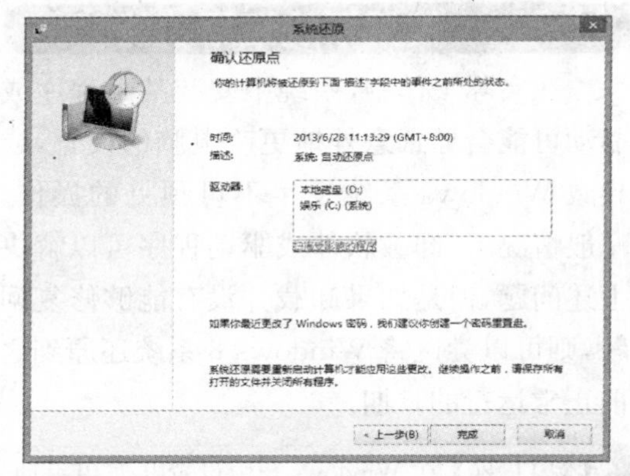

11 系统将打开提示框提示用户"系统还原不能中断"，用户在该对话框中单击【是】按钮即可开始还原系统。

11.4.5 使用系统映像功能

系统映像是驱动器的精确副本。默认设置中，系统映像包含 Windows 运行所需的驱动器，还包含 Windows 和用户的系统设置、程序及文件。如果硬盘或电脑无法工作，则可使用系统映像来还原计算机的内容。使用系统映像还原电脑时，将进行完整还原，不能选择项目进行还原，当前的所有程序、系统设置和文件都将被系统映像中的相应内容替换。

【例 11-21】在 Windows 8 中创建系统映像。
视频

01 打开【控制面板】窗口后，单击该窗口中的【Windows 7 文件恢复】选项，打开【Windows 7 文件恢复】窗口。

02 在【Windows 7 文件恢复】窗口中单击【创建系统映像】选项，打开【你想在何处保存备份】窗口。

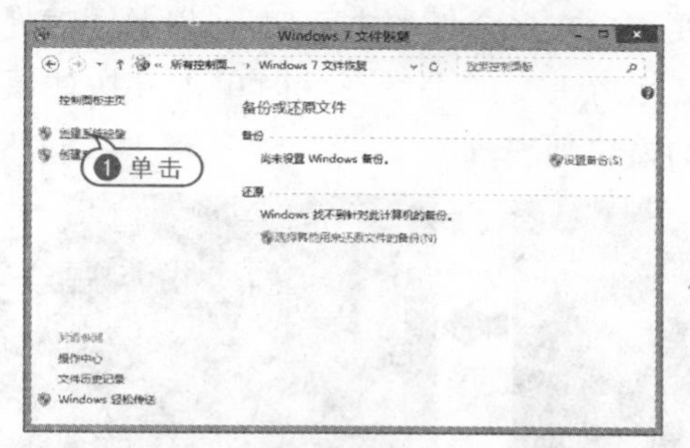

03 在【你想在何处保存备份】窗口中选中【在硬盘上】单选按钮后，单击该单选按钮下的下拉列表按钮，在弹出的下拉列表框中选中一个磁盘分区用于保存系统映像。

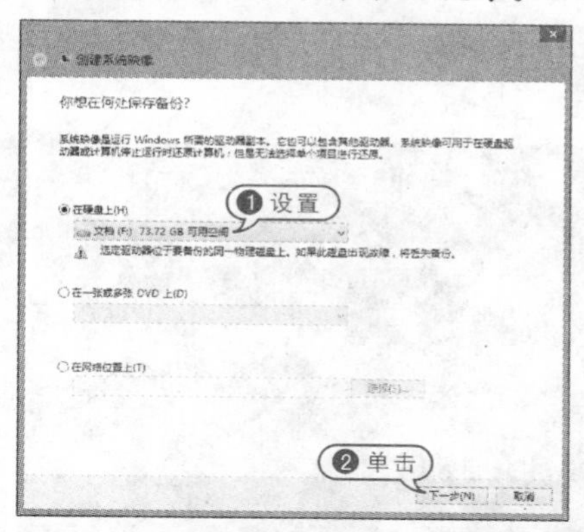

04 在【你想在何处保存备份】窗口中单击【下一步】按钮，打开【你要在备份中包括哪些驱动器】对话框，然后在该对话框中选中需要备份的驱动器，并单击【下一步】按钮。

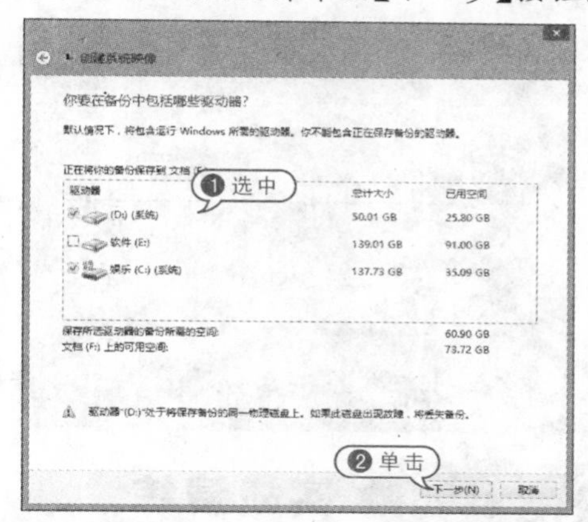

05 在打开的【确认你的备份设置】对话框中单击【开始备份】按钮即可开始备份系统映像。

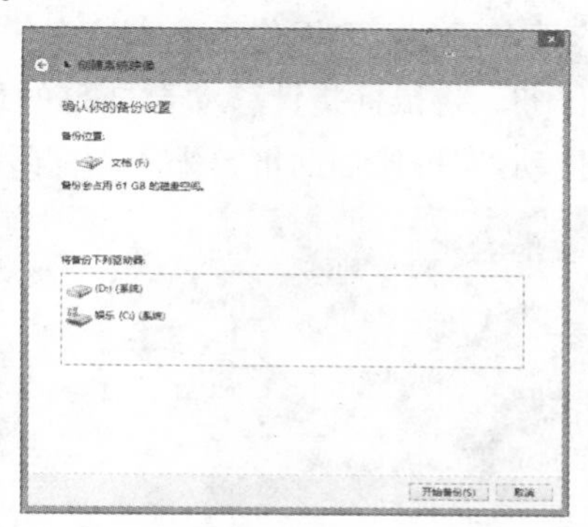

06 系统在备份完成时，将打开提示对话框提示用户“是否创建系统修复光盘?”，此时单击【否】按钮即可，重新启动电脑，在操作系统选择界面中单击【更改默认值或选择其他选项】按钮。

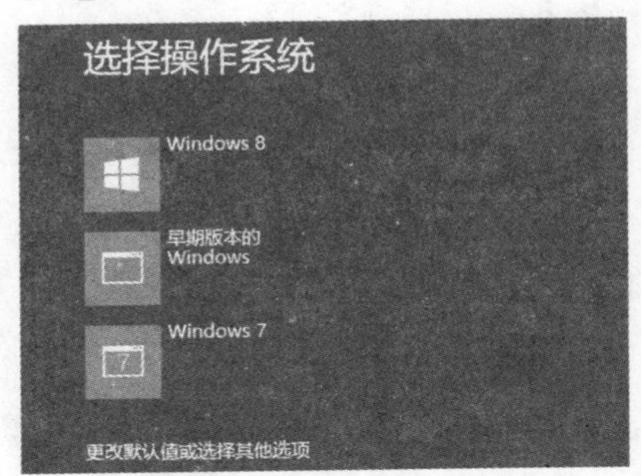

07 在打开的【选项】界面中单击【选择其他选项】按钮(如下所示)，打开【选择一个选项】界面。

08 在【选择一个选项】界面中单击【疑难解答】按钮，打开【疑难解答】界面。

09 在【疑难解答】界面中单击【高级选项】按钮，在打开的【高级选项】界面中单击【系统映像恢复】按钮即可使用制作的系统映像恢复操作系统。

 11.5 实战演练

一问一答

问：如何管理 Windows 8 中同时打开的多个窗口?

答：Windows 8 操作系统支持多任务处理，方便用户在多个任务之间切换，以及同时处理多个任务。将鼠标指针移动至屏幕的最上方，当鼠标箭头变成手掌形状时单击并按住鼠标左键拖动，即可使当前屏幕缩小，并显示当前打开的窗口列表。

第12章

电脑的安全与优化设置

使用软件保护电脑的安全并对电脑进行优化，不仅能够保证电脑的正常运行，还能够提高电脑的性能，使电脑时刻处于最佳工作状态。优化电脑主要包括两个方面：优化软件系统与优化硬件设备。本章将重点介绍优化系统性能以及通过软件保障电脑安全的常用方法。

参见随书光盘

例 12-1　启动与关闭防火墙
例 12-2　允许程序通过防火墙
例 12-3　创建防火墙入站规则
例 12-4　修改防火墙入站规则
例 12-5　导入与导出防火墙策略
例 12-6　设置 UAC 通知等级
例 12-7　关闭与启动 UAC
例 12-8　获取文件权限
例 12-9　恢复文件 ACL 配置
例 12-10　使用 ReadyBoost
例 12-11　调整系统虚拟内存
例 12-12　关闭多余的系统服务
例 12-13　减少开机启动程序
例 12-14　清理磁盘垃圾文件
例 12-15　设置简化磁盘维护
更多视频请参见光盘目录

12.1 设置 Windows 防火墙

Windows 防火墙能够有效地阻止来自 Internet 的攻击和恶意程序，维护操作系统的安全。从 Windows XP 系统开始，为了提高网络的安全性，Windows 系统开始内置防火墙软件。在默认设置下，Windows 自带的防火墙处于开启状态，用户可以参考本节所介绍的方法对其进行设置，例如关闭防火墙、设置防火墙位置类型或设置出站与入站规则等。

12.1.1 启动与关闭防火墙

在 Windows 8 系统中，防火墙需要处于打开状态，以此来保护电脑的安全，如果防火墙被意外关闭，用户可以参考下面介绍的方法启动 Windows 防火墙。

【例 12-1】在 Windows 8 中启动与关闭防火墙。视频

01 打开【控制面板】窗口后，单击该窗口中的【Windows 防火墙】图标，打开【Windows 防火墙】窗口。

02 在【Windows 防火墙】窗口中单击【启用或关闭 Windows 防火墙】选项，打开【自定义设置】窗口。

03 在【自定义设置】窗口中分别选中【专用网络设置】和【公共网络设置】选项后的【启用 Windows 防火墙】单选按钮，然后单击【确定】按钮。

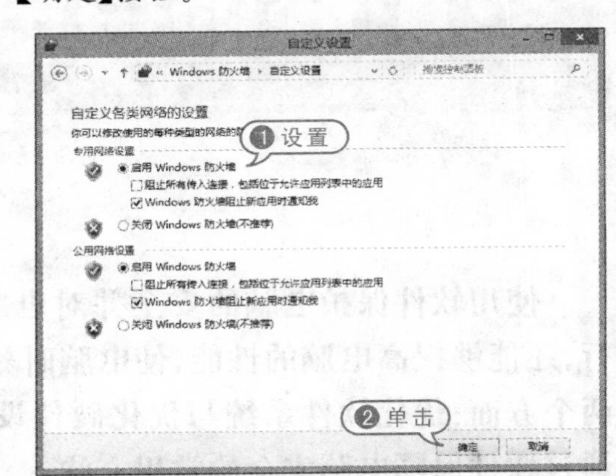

04 启动 Windows 防火墙后，若用户将来需要将其关闭，可以重复【步骤 03】的操作，在【自定义设置】窗口中分别选中【专用网络设置】和【公共网络设置】选项后的【关闭 Windows 防火墙】单选按钮。

12.1.2 网络位置类型简介

用户在电脑中成功安装 Windows 8 后，第一次连接到网络时，Windows 防火墙会自

动为所连接网络的类型设置适当的防火墙和安全设置。这样可以让用户不需做任何操作，就能够对所有在网络中的通信操作得到控制。Windows 8 中的三种网络位置类型如下。

1. 公用网络

在 Windows 8 默认设置中，电脑第一次连接到互联网，操作系统会不考虑网络类型而均将连接设置为公用网络位置类型。使用公用网络位置时，操作系统会阻止某些应用程序和服务运行，这样有助于保护计算机免受未经授权的访问。

如果电脑的网络连接采用公用网络位置类型，并且 Windows 防火墙处于启用状态，则某些应用程序或服务可能会要求用户允许它们通过防火墙进行通信，以便让这些程序或服务可以正常工作。例如，网络连接采用的是公用网络位置类型并安装了 QQ 软件，第一次使用 QQ 时，Windows 防火墙会出现安全警报提示对话框，该对话框中显示了正在运行的应用程序的信息，用户单击其中的【允许访问】按钮才可以使 QQ 程序不受操作系统限制进行网络通信。

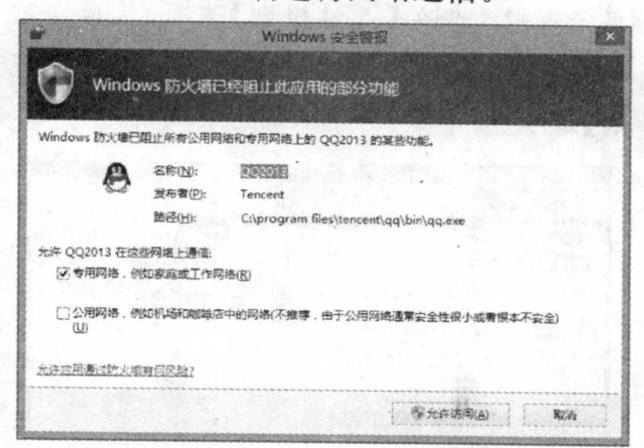

2. 专用网络

专用网络位置类型适用于家庭计算机或工作网络环境。由于 Windows 安全性的需求，所有的网络连接都默认为公用网络位置类型，用户可以将特定应用程序或服务设置为专用网络位置类型，专用网络防火墙规则通常要比公用网络防火墙规则允许更多的网络活动。

如果用户使用无线网络连接，只要开启网络连接的共享功能，Windows 8 系统会自动修改此网络连接的网络位置类型为专用网络。

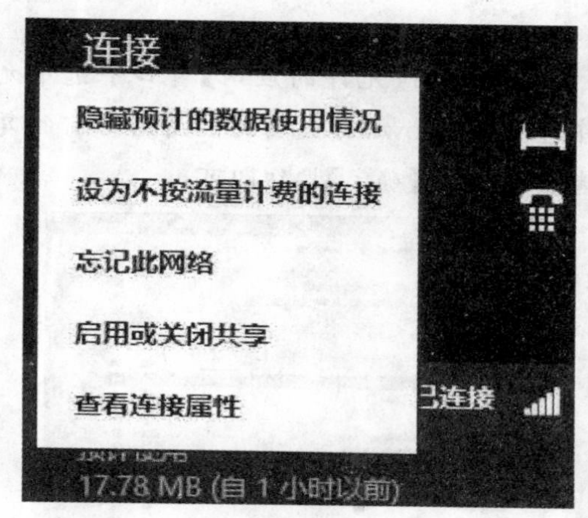

3. 域

域网络位置类型用于域网络(例如在企业工作区的网络)。只有当连接到每个网络适配器的网络上均可检测到域控制器时才能应用域网络位置类型。域类型下的防火墙规则是最严格的，其网络位置由管理员控制，一般用户无法选择或更改。

12.1.3 允许程序通过防火墙

在 Windows 防火墙中，用户可以设置特定应用程序或功能通过 Windows 防火墙进行网络通信，具体步骤如下。

【例 12-2】在 Windows 8 操作系统中设置允许特定程序或功能通过防火墙。视频

01 参考【例 12-1】介绍的方法打开【Windows 防火墙】窗口后，单击该窗口左侧的【允许应用或功能通过 Windows 防火墙】选项。

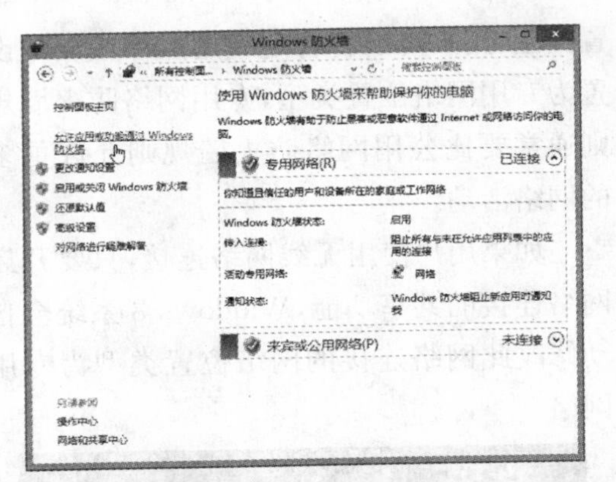

02 在打开的【允许的应用】窗口中选中允许通过 Windows 防火墙的应用名称前的复选框后，单击【确定】按钮即可。

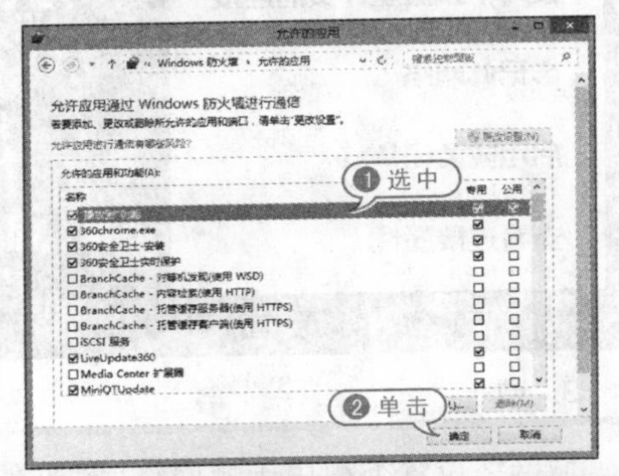

12.1.4 设置防火墙入站规则

防火墙的出入站规则指的是本地电脑上产生的数据信息要通过 Windows 防火墙才能进行网络通信。例如，通过 QQ 聊天，只有在 Windows 防火墙中将 QQ 的出入站规则设置为“允许”才能进行。在 Windows 8 中设置出站规则和设置入站规则的方法一样，为了不重复，下面将只介绍入站规则的创建步骤。

1. 创建入站规则

在 Windows 8 中，用户可以参考下面实例所介绍的方法创建入站规则。

【例 12-3】创建一个针对 QQ 软件的入站规则。
视频

01 打开【控制面板】窗口后，单击该窗口中的【Windows 防火墙】图标，打开【Windows 防火墙】窗口。

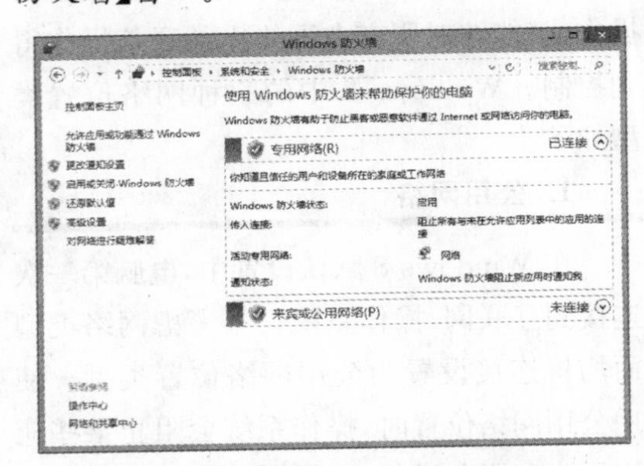

02 在【Windows 防火墙】窗口中单击【高级设置】选项，打开【高级安全 Windows 防火墙】窗口。

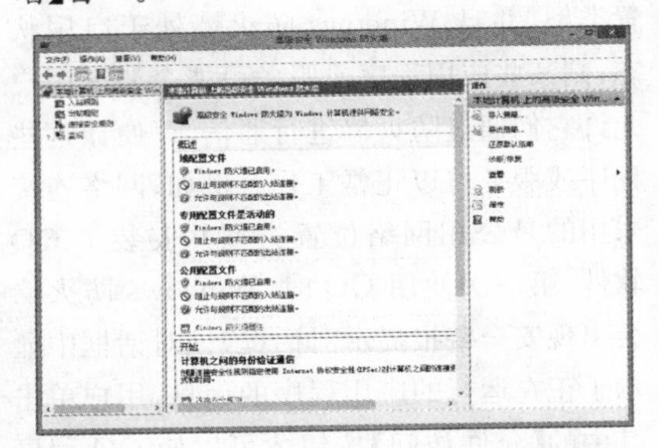

03 在【高级安全 Windows 防火墙】窗口中单击窗口左侧的【入站规则】选项，然后在窗口右侧的【操作】选项区域中单击【新建规则】选项。

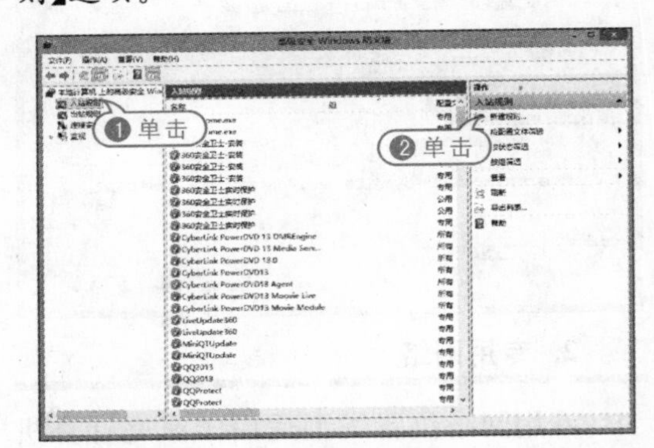

04 在打开的【新建入站规则】对话框中选中【程序】单选按钮后，单击【下一步】按钮。

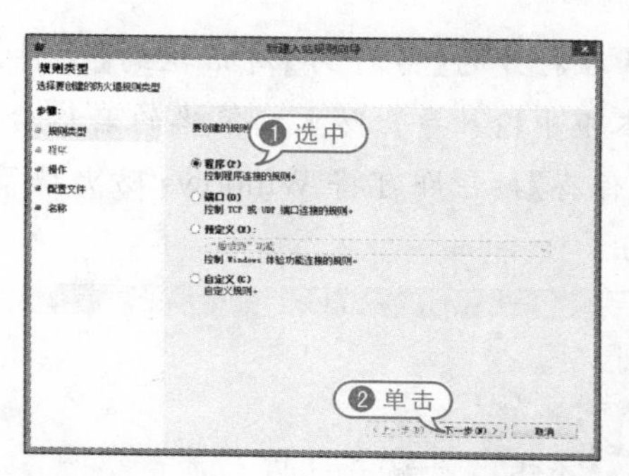

05 在打开的对话框中选中【此程序路径】单选按钮，然后单击【浏览】按钮，打开【打开】对话框。

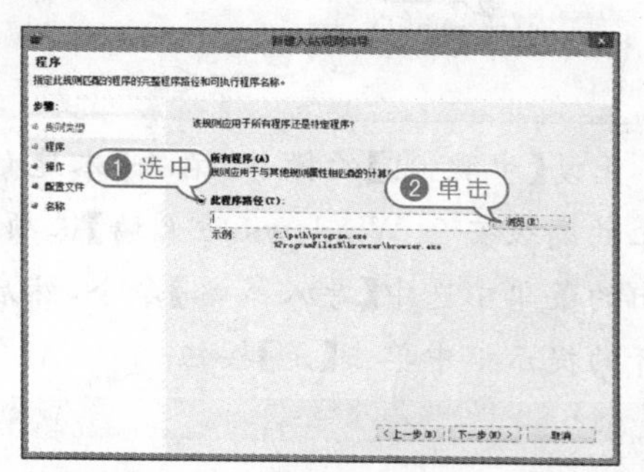

06 在【打开】对话框中选中 QQ 软件的启动图标后，单击【打开】按钮。

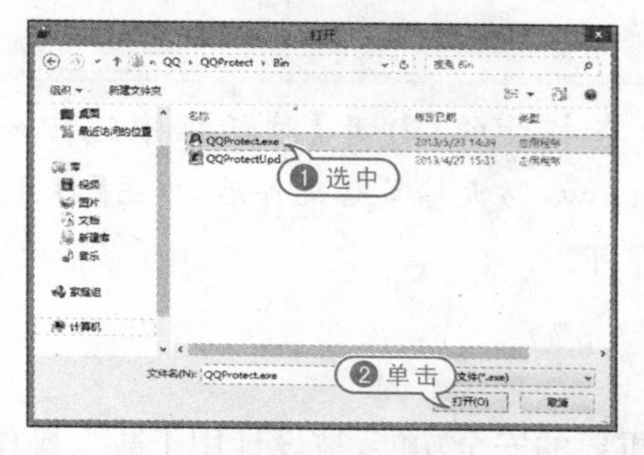

07 返回【新建入站规则】对话框后，单击【下一步】按钮，设置入站条件。

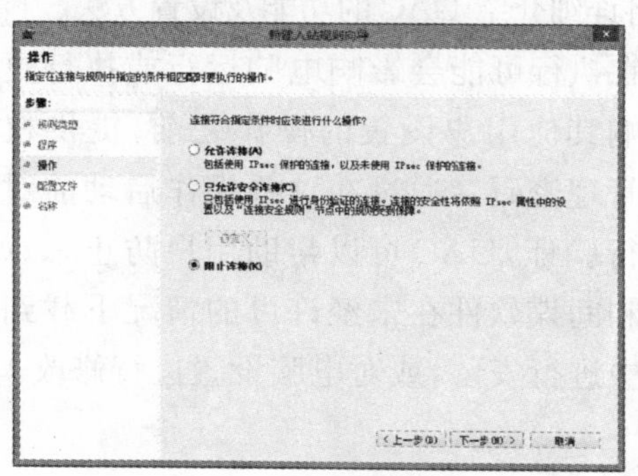

08 完成入站连接条件的设置后，单击【下一步】按钮，然后在打开的对话框中输入入站规则的名称和描述信息，再单击【下一步】按钮，返回【高级安全 Windows 防火墙】窗口，即可看到新创建的入站规则。

2. 修改入站规则

用户可以参考下面介绍的方法，在 Windows 8 中修改防火墙的入站规则。

【例 12-4】修改 Windows 防火墙的入站规则。视频

01 继续【例 12-3】的操作，在【高级安全 Windows 防火墙】窗口中右击创建的 QQ 入站规则，并在弹出的菜单中选中【属性】命令。

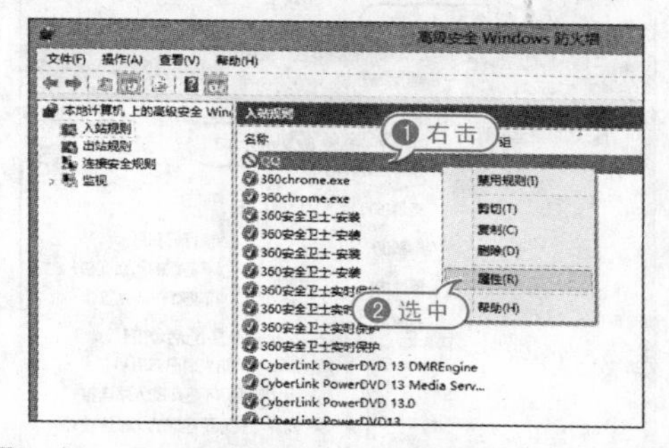

02 在打开的【QQ 属性】对话框中，用户可以设置防火墙的入站规则。

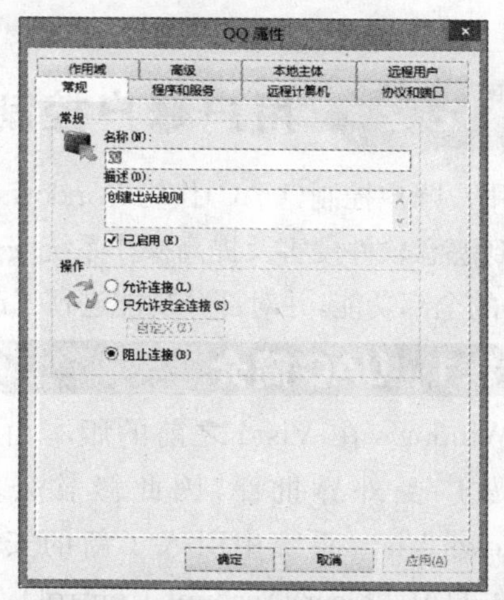

12.1.5 导入与导出防火墙策略

在每次重新安装操作系统后，设置

Windows 防火墙出站与入站规则是一件很繁琐的工作。在【高级安全 Windows 防火墙】对话框中，用户可以对出站与入站规则进行导出与导入操作，从而避免繁琐的设置操作，提高工作效率。

【例 12-5】在 Windows 8 中设置导出与导入 Windows 防火墙策略。视频

01 参考【例 12-3】介绍的方法打开【高级安全 Windows 防火墙】窗口后，右击窗口右侧的【本地计算机上的高级安全 Windows 防火墙】选项，在弹出的菜单中选中【导出策略】命令。

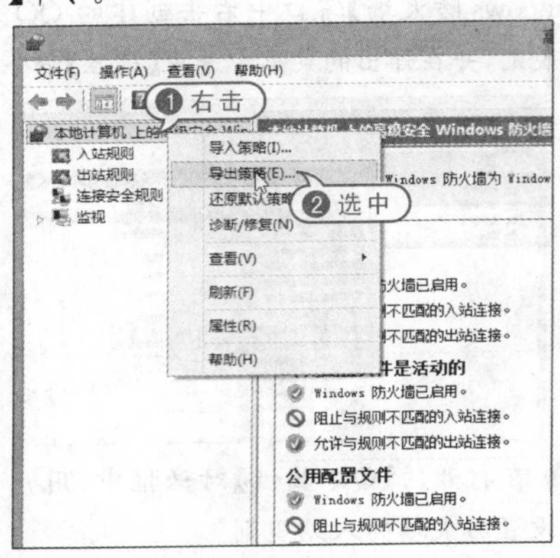

02 在打开的【另存为】对话框的【文件名】文本框中输入导出防火墙策略的名称后，单击【保存】按钮即可将 Windows 防火墙策略导出。

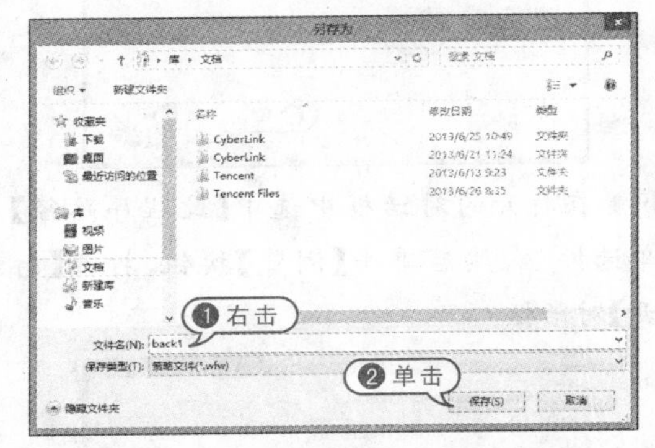

03 重复【步骤 01】的操作，右击【本地计算机上的高级安全 Windows 防火墙】选项，在弹出的菜单中选中【导入策略】命令，然后在打开的提示框中单击【是】按钮。

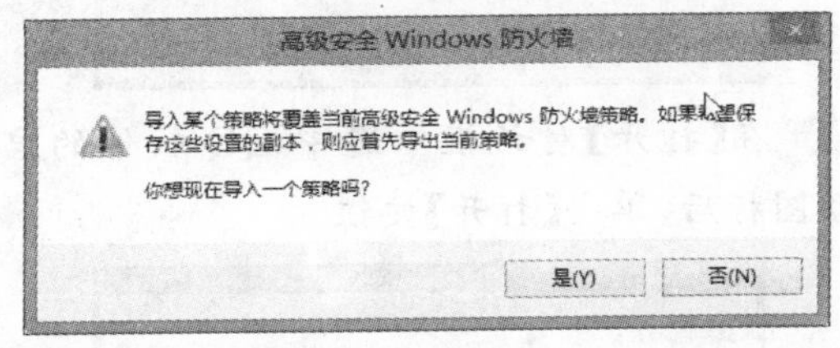

04 在打开的【打开】对话框中选中一个 Windows 防火墙策略文件后，单击【打开】按钮即可。

12.2 用户账户控制(UAC)

用户账户控制(UAC)作为 Windows 8 系统一项重要的安全功能，被设计用于减少操作系统受到恶意软件侵害及提高操作系统安全性。Windows 8 中的 UAC 继承了 Windows 7 系统中 UAC 的全部功能，并对部分功能进行了改进。本节将详细介绍 UAC 的功能及设置方法。

12.2.1 UAC 简介

Windows 在 Vista 之前的版本由于安全问题广受外界批评，因此微软公司在 Windows Vista 系统中引入了新的安全技术——UAC(User Account Control)，其目的是提高操作系统的安全性。

Windows 系统使用 UAC 后，会要求用户在执行可能会影响电脑运行或执行更改影响其他用户设置的操作之前，提供权限或管理密码。通过在这些操作启动前对其进行验证，UAC 可以帮助用户防止恶意软件和间谍软件在未经许可的情况下载到电脑中进行安装，或对电脑设置进行修改。

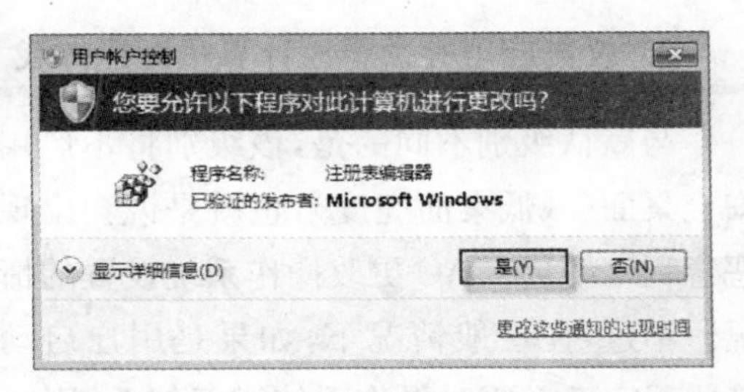

在 Windows 8 中,能够触发 UAC 的操作包括以下几个。

- 修改 Windows Update 配置;
- 增加或删除用户账户;
- 改变用户的账户类型;
- 改变 UAC 设置;
- 安装 ActiveX 控件;
- 安装或卸载程序;
- 安装设备驱动程序;
- 修改和设置家长控制;
- 增加或修改注册表;
- 将文件移动或复制到 Program Files 或 Windows 目录;
- 访问其他用户的文件夹。

简单的说,UAC 的工作原理是临时分配系统权限。在默认设置中,大部分的程序只有普通权限,不会对操作系统的关键区域进行修改或使用,所以也不需要 UAC 进行提升权限操作。但是某些需要系统权限才能运行的程序则必须通过 UAC 临时获得系统权限才能运行。也可以在程序图标上右击鼠标,在弹出的菜单中选中【以管理员身份运行】命令,手动获得系统权限。

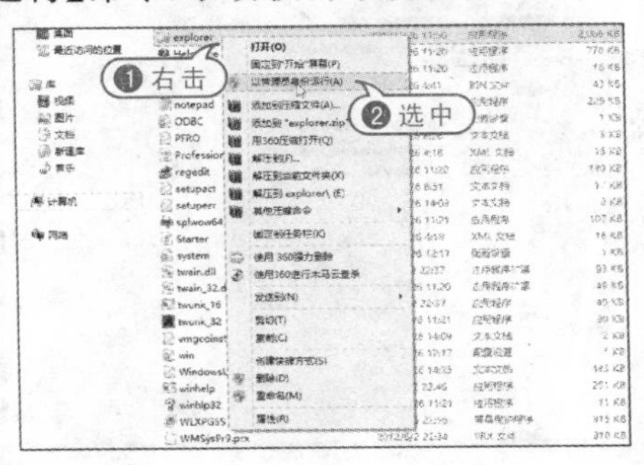

Windows Vista 系统中的 UAC 由于设计的不够完善,导致频繁弹出权限验证对话框,影响了用户正常的使用,因此微软公司在 Windows 7 系统中对 UAC 功能进行了改进,加入了 UAC 的等级设置功能,分为四个级别,每个级别对应一种权限通知等级。Windows 8 系统继承了 Windows 7 系统的改进,用户可以参考以下实例介绍的方法设置 UAC 的通知等级。

【例 12-6】在 Windows 8 中设置 UAC 通知等级。视频

01 单击【控制面板】窗口中的【用户账户】选项,打开【用户账户】窗口。

02 在【用户账户】窗口中单击【更改用户账户控制设置】选项,打开【用户账户控制设置】窗口。

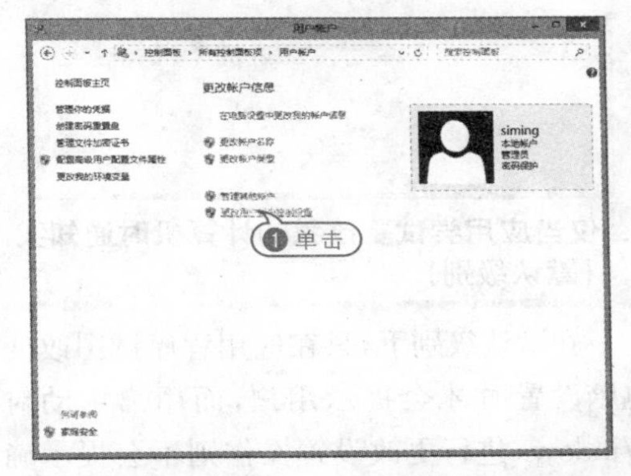

03 在【用户账户控制设置】窗口中调整窗口中的滑块即可设置 UAC 通知等级,完成后单击【确定】按钮即可。

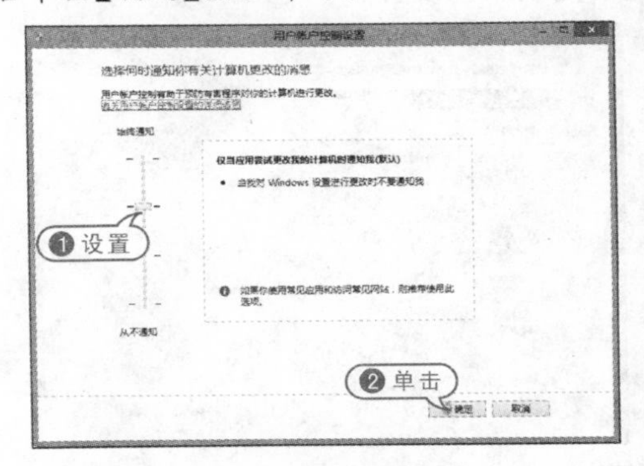

12.2.2 配置 UAC 规则

用户在打开【用户账户控制设置】窗口后,可以在该窗口中选择设置四种不同类型的 UAC 级别,其各自的作用如下。

1. 始终通知(最高级别)

在最高级别下,用户安装或卸载应用程序、更改 Windows 设置等操作,都会弹出 UAC 提示框,此时桌面将变暗,用户必须先允许或拒绝 UAC 提示框中的请求,然后才能在电脑中执行相应的操作。变暗的桌面称为安全桌面,因为其他程序在桌面变暗时无法运行。

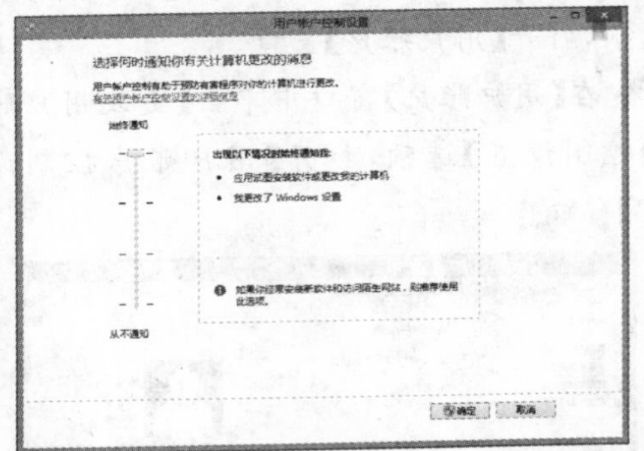

2. 仅当应用尝试更改我的计算机时通知我(默认级别)

在默认级别下,只在应用程序试图改变电脑设置时才会提示用户,而用户主动对 Windows 进行更改设置操作则不会提示确认。默认级别既不干扰用户的正常操作,又可以有效防范恶意程序在用户不知情的情况下修改系统设置。

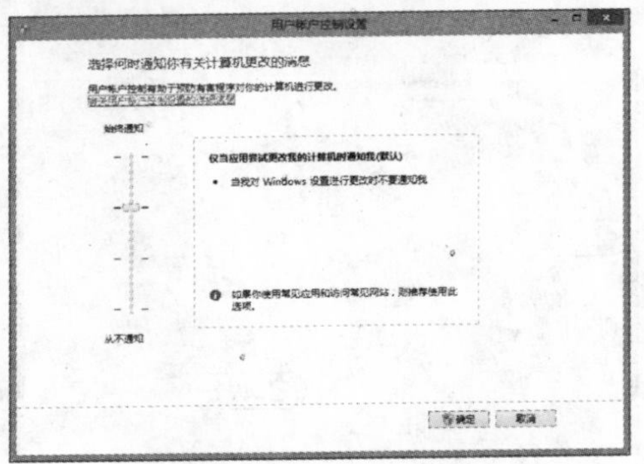

3. 仅当应用尝试更改计算机时通知我

与默认级别不同的是,该级别将不启用安全桌面(减低桌面亮度),也就是说会出现恶意程序绕过 UAC 更改操作系统设置的情况。不过,在一般情况下,如果是用户启动某些程序而需要对操作系统进行修改,则可以直接运行,不会产生安全问题,但如果用户没有运行任何程序却弹出提示窗口,则有可能是恶意程序在试图修改操作系统的设置,此时应果断选择阻止。

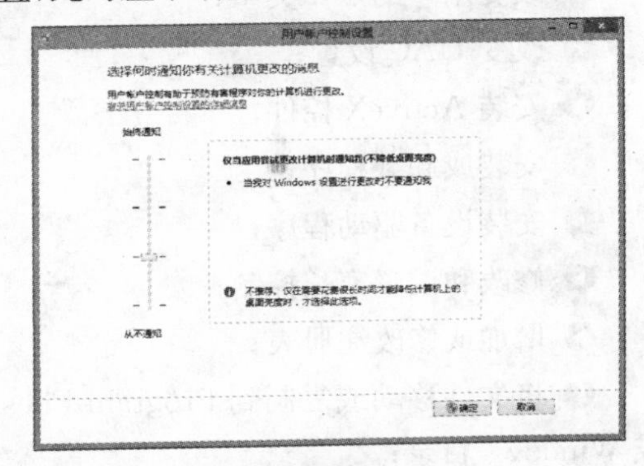

4. 从不通知(最低级别)

在该级别下,如果用户以管理员身份登录,则所有操作系统都将直接运行而不会有任何通知,包括病毒或木马对操作系统进行的修改;如果以标准账户登录,则任何需要管理员权限的操作都会被自动拒绝。在此级别下,病毒或木马可以任意连接访问网络中的其他电脑,甚至与互联网上的电脑进行通信或数据传输。

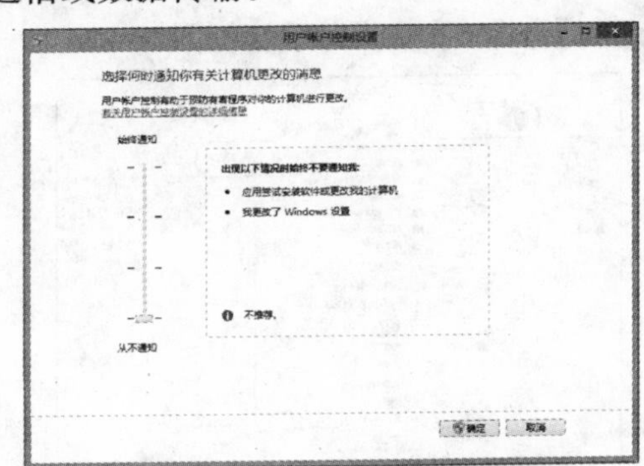

在 Windows 7 系统中选择此级别就会关闭 UAC，但是在 Windows 8 中选择此级别则不会关闭 UAC。

12.2.3 启动与关闭 UAC

在 Windows 7 中用户可以很容易地关闭 UAC，但在 Windows 8 中，要关闭 UAC 就必须要通过组策略，具体方法如下。

【例 12-7】关闭 UAC。视频

01 按下 Win+R 组合键打开【运行】对话框后，在该对话框的【打开】文本框中输入“gpedit. msc”后，单击【确定】按钮，打开【本地组策略编辑器】窗口。

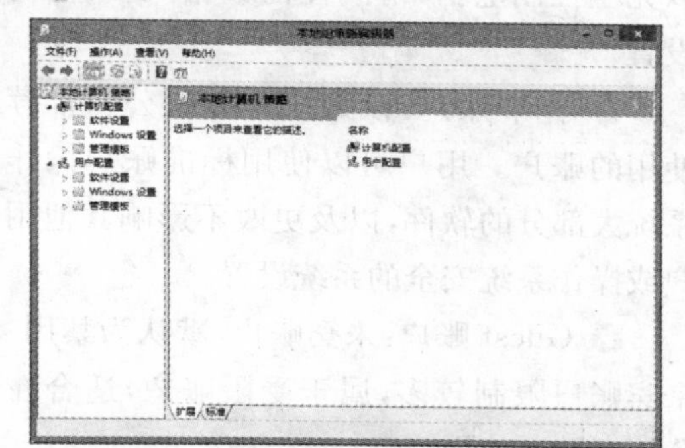

02 在【本地组策略编辑器】窗口中展开【计算机配置】选项下的【Windows 设置】选项。

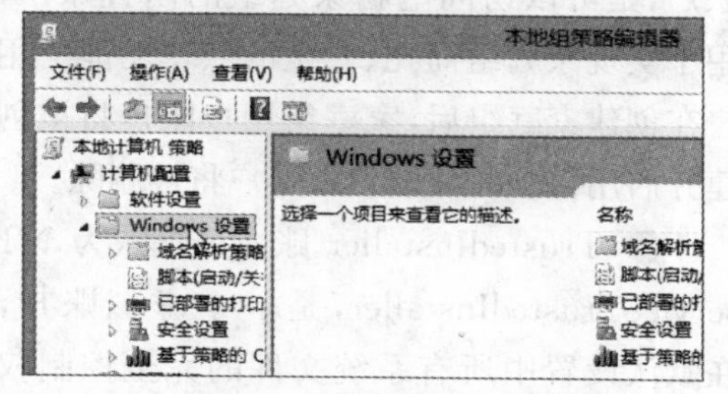

03 在【Windows 设置】选项下展开【安全设置】选项的【本地策略】选项。

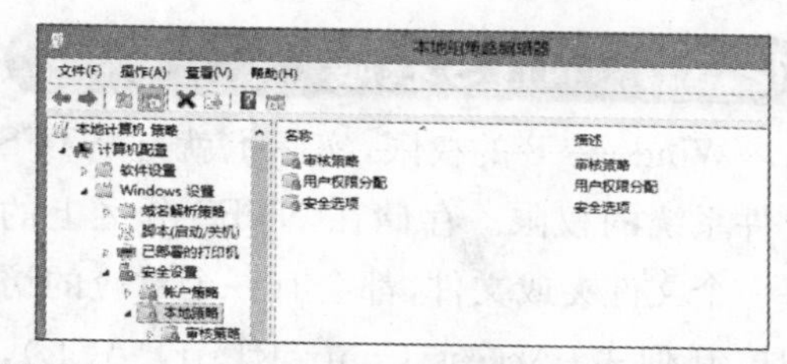

04 在【本地策略】选项下选中【安全选项】选项，然后在窗口右侧的列表框中双击【用户账户控制：以管理员批准模式运行所有管理员】选项。

05 在打开的对话框中选中【已禁用】单选按钮，然后单击【确定】按钮。

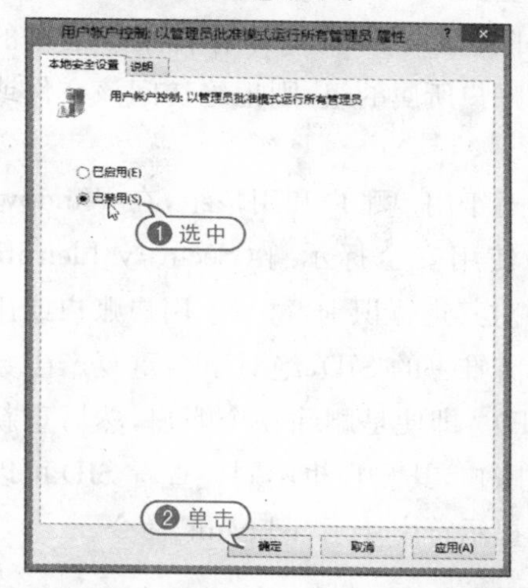

06 彻底关闭 UAC 后，所有的 Metro 程序都不能运行，同时提示需要开启 UAC。

12.3 管理 Windows 系统权限

在 Windows 系统中，权限指的是不同用户账户或用户组访问文件、文件夹的能力。作为操作系统的安全措施之一，权限管理同样需要用户了解，也可以说权限和 UAC 是相辅相成的。对文件或文件夹等对象设置使用权限，可以有效地防止系统文件被删除或修改。

12.3.1 NTFS 权限

Windows 8 的权限，实际上就是 NTFS 文件系统的权限。存储在 NTFS 分区上的每一个文件夹或文件，都会有一个对应的访问控制列表(Access Control List, ACL)，ACL 中包括可以访问该文件夹或文件的所有用户账户、用户组以及访问类型。在 ACL 中，每一个用户账户或用户组都对应一组访问控制项(Access Control Entry, ACE)，ACE 用于存储特定用户账户或用户组的访问类型。权限的适用主体只针对数据，是数据的权限设置来决定哪些用户账户可以访问。

当用户访问一个文件夹或文件时，NTFS 文件系统将会检查该用户所使用的账户或账户所属的组是否存在于此文件夹的 ACL 中。如果存在则进一步检查 ACE，然后根据 ACE 中的访问类型来分配用户的最终权限；如果 ACL 中不存在用户适用的账户或账户所属的组，则拒绝访问该文件或文件夹。

对于用户账户和用户组，在 Windows 8 中是使用安全标示符(Security Identifier, SID)对其进行识别，每一个用户账户或用户组都有唯一的 SID，绝对不会重复产生数值的 SID。即便是删除一个账户，然后重新创建该账户，其 SID 也不同。查看 SID 可以在命令提示符中使用“whoami”命令。

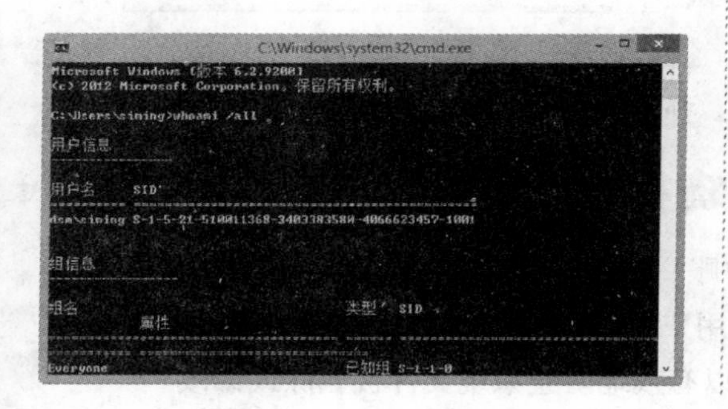

在 Windows 8 中，通过 ACL、ACE 以及 SID，操作系统可以很好地管理权限设置，不至于造成权限混乱。

12.3.2 Windows 账户

Windows 8 中常见的账户主要包括用户账户、用户组、特殊账户等几种。每种账户都有其特定的使用环境，下面将分别进行介绍。

- Administrator 账户：超级系统管理员账户，默认为禁用。在默认设置中使用该账户登录操作系统，可以以管理员身份运行任何应用程序，并不受 UAC 管理，可以完全控制电脑，访问任何数据，更改任何设置。
- 标准账户：该账户为微软公司推荐使用的账户。用户可以使用标准账户操作系统大部分的软件，以及更改不影响其他用户或操作系统安全的系统设置。
- Guest 账户：来宾账户，默认为禁用。来宾账户限制较多，属于受限账户，适合在公用电脑上使用。
- HomeGroupUser 账户：家庭组用户账户，是可以访问电脑家庭组的内置账户，用于实现家庭组简化、安全的共享功能。用户在创建家庭组后，家庭组用户账户将被创建并启用，关闭家庭组后，账户将被删除。
- TrustedInstaller 账户：全称为 NT serviceTrustedInstaller，是一个虚拟账户，在默认设置中所有系统文件的完全控制权限都属于该账户。如果用户删除系统文件，操作系统将会要求提供 TrustedInstaller 权限。
- Administrators 组：Administrators 组成员包含所有系统管理员账户，通常使用 Administrators 组对系统管理员账户的权限进行分配。

▶ Users 组：Users 组的成员包括所有用户账户，通常使用 Users 组对用户的权限设置进行分配。

▶ SYSTEM 账户：Windows 操作系统中的最高权限账户，也是一个虚拟账户，操作系统核心的程序和服务都以 SYSTEM 账户的身份运行。

▶ HomeUsers 组：HomeUsers 组成员包括所有家庭组账户，通常使用 HomeUsers 组对家庭组的权限设置进行分配。

▶ AuthenticatedUsers 组：Authenticated Users 组包括在电脑上或域中所有通过身份验证的账户。身份验证的用户不包括来宾账户(即使来宾账户有密码)。

▶ Everyone 组：所有账户的集合，无论其是否是合法账户。

12.3.3 基本权限与高级权限

Windows 权限大的方面主要有基本权限与高级权限两种，其中分有子操作权限，具体如下。

1. 基本权限

在 Windows 8 操作系统中，基本权限包括完全控制、修改、读取和执行、读取、写入、特殊权限、列出文件夹内容等。

▶ 完全控制：完全控制权限允许用户对文件夹、子文件夹、文件进行全权控制，例如修改文件的权限、获取文件的所有者的权限、删除文件的权限等。拥有完全控制权限就等于拥有了所有其他的权限。

▶ 修改：修改权限允许用户修改或删除文件，同时让用户拥有写入、读取、运行权限。

▶ 读取和执行：该权限允许用户拥有读取和列出文件目录的权限，另外也允许用户在文件中进行移动和遍历，这使得用户能够直接访问子文件夹与文件，即使用户没有权限访问该路径。

▶ 读取：该权限允许用户查看该文件夹中的文件以及子文件夹，也允许查看该文件夹的属性、所有者和拥有的权限等。

▶ 写入：该权限允许用户在该文件夹中创建新的文件和子文件夹，也可以改变文件夹的属性，查看文件夹的所有者和权限等。

▶ 特殊权限：其他不常用的权限，比如删除文件权限的权限。

▶ 列出文件夹内容：该权限允许用户查看文件夹中的子文件夹与文件名称(作用对象仅为文件夹)。

2. 高级权限

在 Windows 8 操作系统中，高级权限包完全控制、遍历文件夹/执行文件、列出文件夹/读取数据、读取属性、读取扩展属性、创建文件/写入数据、创建文件夹/附加数据、写入属性、写入扩展属性、删除等，具体如下。

▶ 安全控制：完全控制权限。

▶ 遍历文件夹/执行文件：遍历文件夹允许或拒绝通过文件夹来移动，以到达其他文件或文件夹，即使用户没有已遍历的文件夹的权限。例如用户新建一个 A 文件夹，设置用户 PcBeta 有遍历文件夹的权限，则 PcBeta 不能访问这个文件夹，但可以把这个文件夹移到其他的目录下面。如果 A 文件夹设置 PcBeta 没有任何权限，则 PcBeta 移动 A 文件夹的资格都没有，会显示访问被拒绝。

▶ 列出文件夹/读取数据：该权限允许用户查看文件夹中的文件名称、子文件夹名称，查看文件中的数据。

▶ 读取属性：该权限允许用户查看文

件或文件夹的属性(例如系统、只读、隐藏等属性)。

- 读取扩展属性:该权限允许用户查看文件或文件夹的扩展属性,这些扩展属性通常由程序所定义,并可以被程序修改。
- 创建文件/写入数据:该权限允许用户在文件夹中创建新文件,也允许将数据写入现有文件并覆盖现有文件中的数据。
- 创建文件夹/附加数据:该权限允许用户在文件夹中创建新文件夹或允许用户在现有文件的末尾添加数据,但不能对文件现有的数据进行覆盖、修改,也不能删除数据。
- 写入属性:该权限允许用户改变文件或文件夹的属性。
- 写入扩展属性:该权限允许用户对文件或文件夹的扩展属性进行修改。
- 删除:该权限允许用户删除当前文件夹和文件。如果用户在该文件或文件夹上没有删除权限,但是在其父级的文件夹上有删除子文件及文件夹权限,那么就仍然可以将其删除。
- 读取权限:该权限允许用户读取文件或文件夹的权限列表。
- 更改权限:该权限允许用户改变文件或文件夹上的现有权限。
- 取得所有权:该权限允许用户获取文件或文件夹的所有权,一旦获取了所有权,用户就可以对文件或文件夹进行全权控制。
- 删除子文件及文件:该权限允许用户删除文件夹中的子文件夹或文件,即使在这些子文件夹和文件上没有设置删除权限(作用对象仅为文件夹)。

12.3.4 权限配置规则

用户在配置 Windows 的权限时,用户应注意下面所介绍的权限配置规则。

1. 文件权限高于文件夹权限

文件权限高于文件夹权限指的是文件权限对于文件夹权限具有优先权。例如,用户对某个文件具有使用权限,这个文件在用户不具有访问权限的文件夹中,但是用户同样可以使用该文件,前提是文件没有继承它所属的文件夹的权限。

假设用户对文件夹 folderA 没有访问权限,而该文件夹下的文件 file. txt 并没有继承 folderA 的权限,所以用户可以正常使用 file. txt 这个文件。但是用户不可以使用文件资源管理器打开 folderA 文件夹去使用 file. txt,只能通过输入 file. txt 文件的完整路径访问该文件。

2. 权限的累积

用户对文件的有效权限等于分配给该用户账户和用户所属的组的所有权限的总和。例如用户账户对文件具有读取权限,该用户所属的组又对该文件具有写入的权限,那么该用户账户就对文件夹同时具有读取和写入的权限。

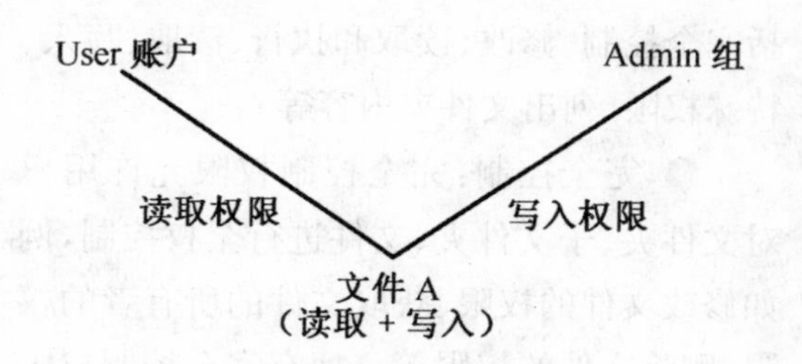

3. 拒绝权限高于其他权限

拒绝权限可以覆盖所有其他的权限。甚至例如一个组的成员有权访问某个文件夹或文件,但是该组被拒绝访问,那么该用户本来具有的所有权限都会被锁定而导致无法访问该文件夹或文件。也就是说权限累积原则将失效。

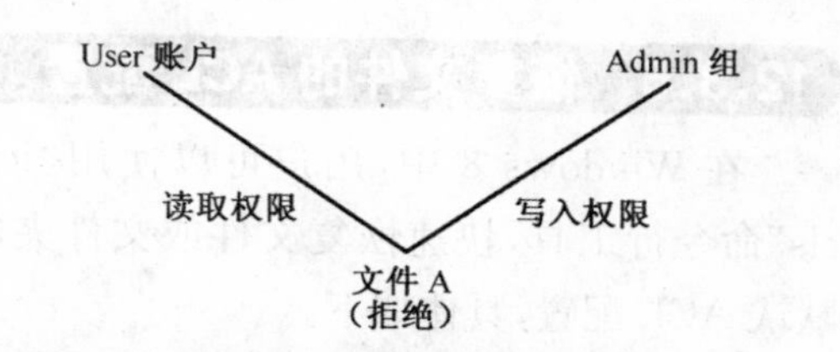

4. 指定权限优先于继承权限

用户或用户组对文件的明确权限设置优先于继承而来的该用户或用户组的权限设置。例如有一个文件夹 folderA，folderA 中有子文件夹 folderB，folderB 与 folderA 存在权限继承关系。对于用户 User，folderA 拒绝其拥有写入权限，而 folderB 在继承而来的权限设置之外，还单独赋予用户 User 写入权限，此时用户 User 对 folderB 拥有写入权限。

12.3.5 获取文件权限

当用户对系统分区进行删除操作时，操作系统会要求用户提供 TrustedInstaller 账户权限才能继续操作。下面将通过实例介绍获取 TrustedInstaller 账户权限的方法。

【例 12-8】在 Windows 8 中获取 TrustedInstaller 账户权限。视频

01 右击需要设置权限的文件或文件夹，在弹出的菜单中选中【属性】命令，打开【属性】对话框。

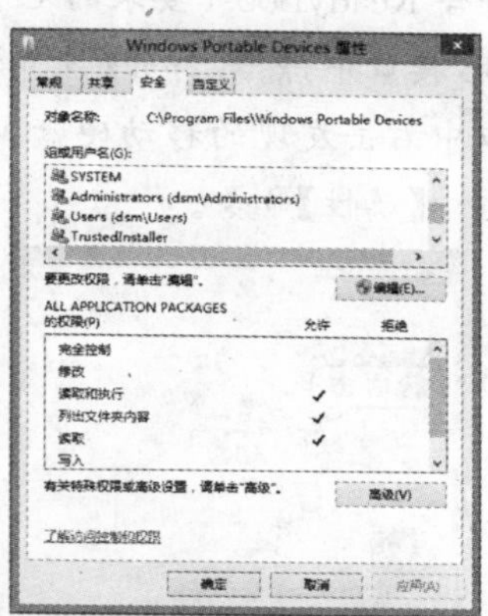

02 在打开的【属性】对话框中单击【高级】按钮，打开【高级安全设置】对话框。

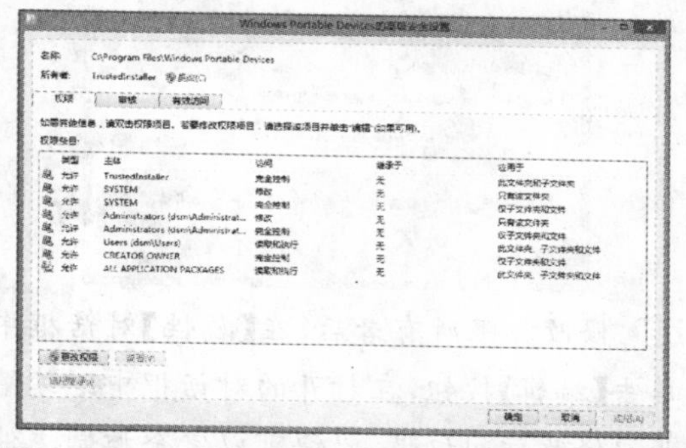

03 在【高级安全设置】对话框中(在该对话框中，可以看到文件或文件夹的权限所有者为 TrustedInstaller)单击【更改】选项，打开【选择用户或组】对话框，在【选择用户或组】对话框的【输入要选择的对象名称】列表框中输入要更改所有权的账户，然后单击【检查名称】按钮。

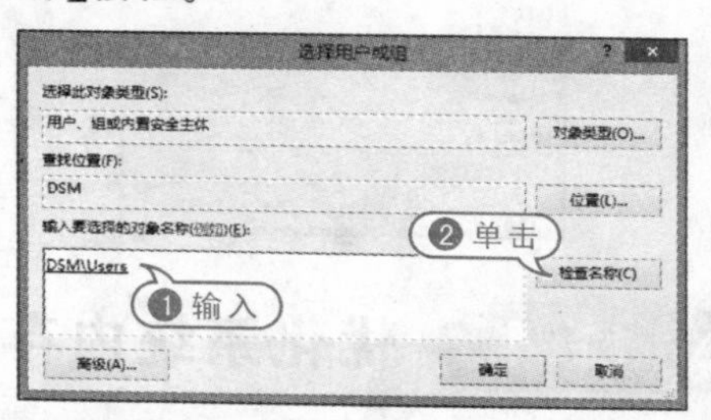

04 在【选择用户或组】对话框中单击【确定】按钮，返回【高级安全设置】对话框，在该对话框中将会发现文件或文件夹的权限所有者已经变回当前使用的用户账户。

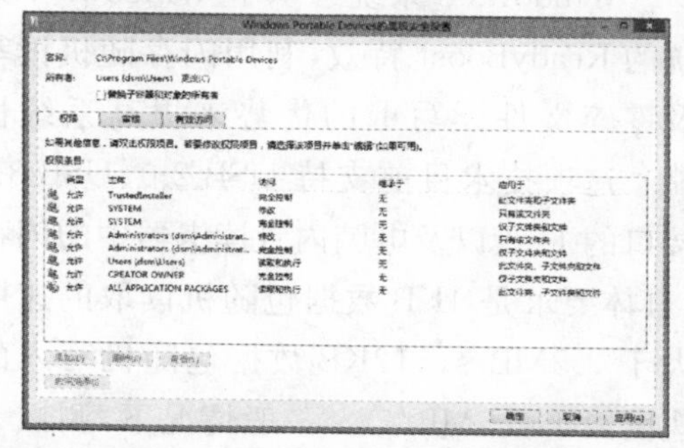

05 在【高级安全设置】对话框中单击【确定】按钮后，若用户删除此文件，系统会打开如下所示的提示框，提示用户需要提升权限。

06 修改权限所有者后，在【属性】对话框中单击【编辑】按钮，在打开的对话框中继续给账户修改访问权限，以便可以完全控制文件或文件夹。选中【完全控制】复选框，然后单击【确定】按钮即可。

12.3.6 恢复文件的 ACL 配置

在 Windows 8 中，用户可以使用“icacls”命令行工具，快速恢复文件或文件夹的默认 ACL 配置，具体如下。

【例 12-9】在 Windows 8 中快速恢复文件夹或文件的 ACL 配置。视频

01 继续【例 12-8】的操作，以管理员身份运行命令提示符，然后在命令提示符中输入以下命令(引号中间为文件或文件夹的完整路径)：

```
icacls“C:\Program Files\Windows Portable Devices” /reset
```

02 按下 Enter 键，即可恢复文件或文件夹的默认权限。

12.4 优化系统内存

在 Windows 8 中，用户可以通过使用 ReadyBoost、调整虚拟内存、关闭多余的系统服务或减少系统开机程序等手段优化电脑的内存使用，从而加快系统的运行速度。

12.4.1 使用 ReadyBoost

Windows 8 系统继承了 Windows 7 系统的 ReadyBoost 特效，利用闪存随机读写及零碎文件读写上的优势来提高系统性能。这项技术目前支持 USB 2.0、USB 3.0 接口的 U 盘以及电脑内置读卡器中的闪存(具体要求是 4KB 数据包随机读取的速度大于 3.5MB/s，512KB 数据包随机写入的速度大于 2.5MB/s)。一般情况下，测试 U 盘能否被加速的方法是复制大于 150MB 的单个文件到 U 盘，在 USB 2.0 下，如果持续显示速度达到 4MB/s 以上，则可以运用加速。

【例 12-10】在 Windows 8 中使用 ReadyBoost 加速系统。视频

01 将符合 ReadyBoost 要求的 U 盘插入电脑的 USB 接口中，然后打开【计算机】窗口，在该窗口中右击发现的移动硬盘，在弹出的菜单中选中【属性】命令。

02 在打开的【磁盘属性】对话框中，选中ReadyBoost选项，然后选中该对话框中的【该设备专用于ReadyBoost】单选按钮，并拖拽对话框中的滑块选择用于优化系统性能的空间。

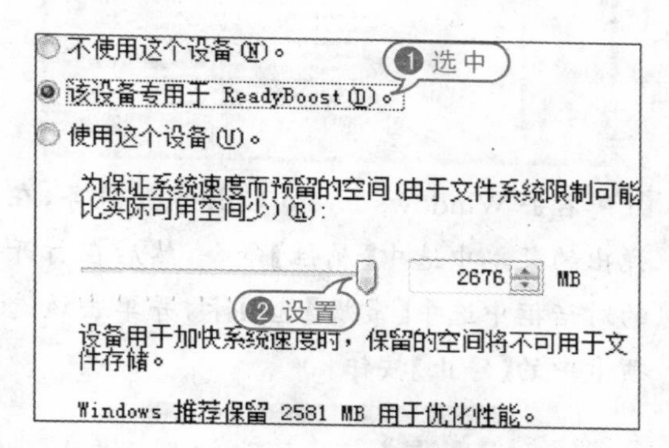

03 当对U盘成功进行ReadyBoost系统加速后，U盘会自动新建一个ReadyBoost Sfcahe文件，该文件位于U盘的根目录中。

12.4.2 调整系统虚拟内存

当用户在Windows 8系统中运行一个需要大量数据、占用大量内存的程序时，内存会被“塞满”，并将部分暂时不用的数据放置到硬盘中，而这些数据所占用的空间就是虚拟内存。由于虚拟内存使用了硬盘，而硬盘上非连续写入的文件会产生磁盘碎片，因此一旦用于实现虚拟内存的文件或分区过于零碎，就会加长硬盘的寻道时间，如果虚拟内存设置在系统盘，还会大大影响系统的性能。下面将通过具体的实例，介绍在Windows 8中将虚拟内存调整至非系统分区以减少磁盘碎片的操作方法。

【例12-11】在Windows 8中将虚拟内存调整至非系统分区。视频

01 右击Windows 8系统桌面上的【计算机】图标，然后在弹出的菜单中选择【属性】命令。

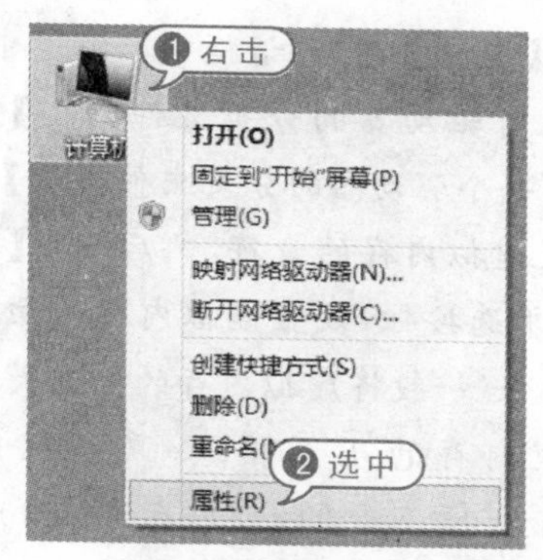

02 在打开的【系统属性】对话框中选择【高级】选项卡，然后单击【性能】选项区域中的【设置】按钮，打开【性能属性】对话框。

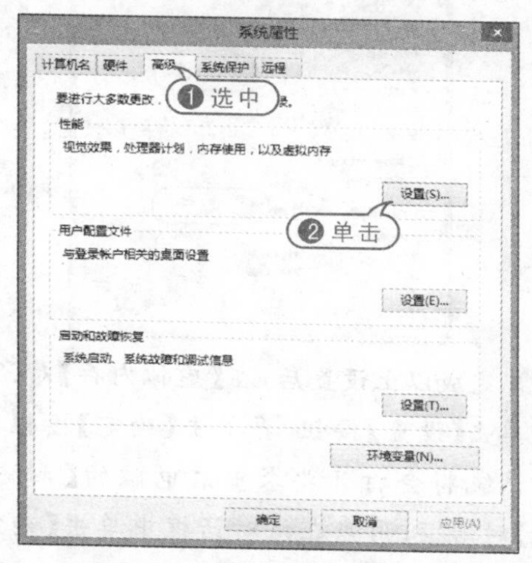

03 在【性能选项】对话框中选中【高级】选项卡，并单击该选项卡中的【更改】选项，打开【虚拟内存】对话框。

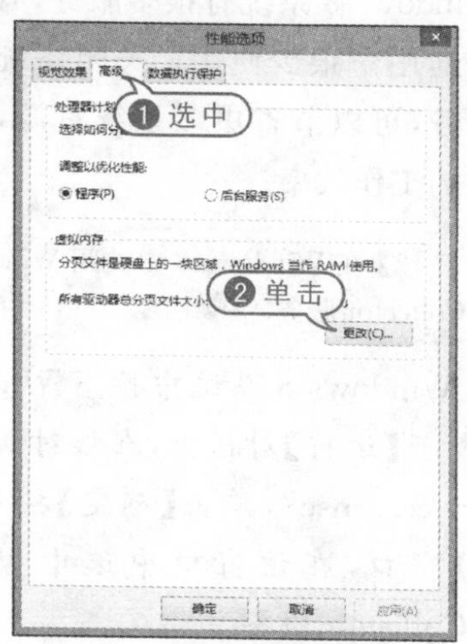

04 在【虚拟内存】对话框中取消选中【自动管理所有驱动器的分页文件大小】复选框后，在【每个驱动器的分页文件大小】列表框中设置虚拟内存的盘符，然后选中【自定义大小】单选按钮，设置虚拟内存的初始大小和最大值(一般将虚拟内存的初始大小设置为物理内存的 1.5 倍；如果物理内存为 1GB，最大值设置为物理内存的 3 倍)。

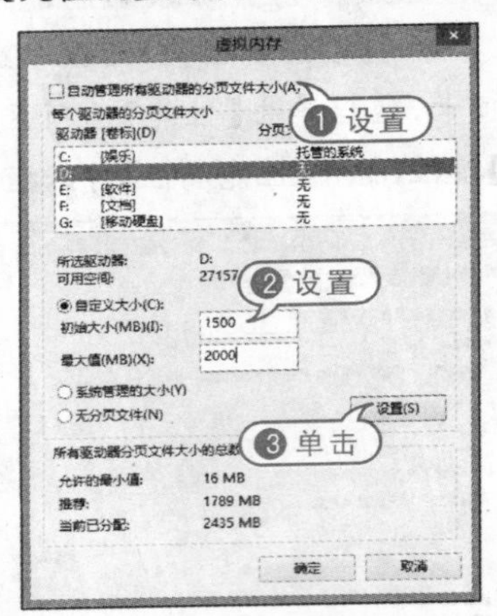

05 完成以上设置后，在【虚拟内存】对话框中单击【设置】按钮，再单击【确定】按钮，此时系统将会打开要求重启电脑的【系统属性】对话框，用户在该对话框中单击【确定】按钮后将自动重新启动电脑。

12.4.3 关闭不需要的服务

Windows 8 系统有很多服务，其中有一部分普通用户很少使用。关闭系统中不需要的服务，可以节省更多系统资源，从而提高电脑的工作效率。

【例 12-12】在 Windows 8 中关闭 Windows Event Collector 服务。视频

01 在 Windows 8 系统中按下 Win+R 组合键，打开【运行】对话框，在该对话框中输入“Services. msc”，单击【确定】按钮，打开【服务】窗口，在该窗口中选中 Windows Event Collector 服务。

02 右击 Windows Event Collector 服务，在弹出的菜单中选中【属性】命令，然后在打开的对话框中选中【常规】选项卡，并单击该选项卡中的【停止】按钮。

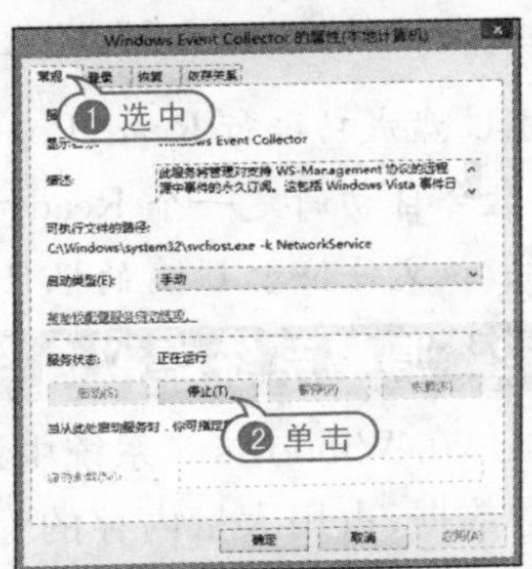

03 单击【启动类型】下拉列表按钮，在弹出的下拉列表框中选中【禁用】选项，设置禁用 Windows Event Collector 服务。

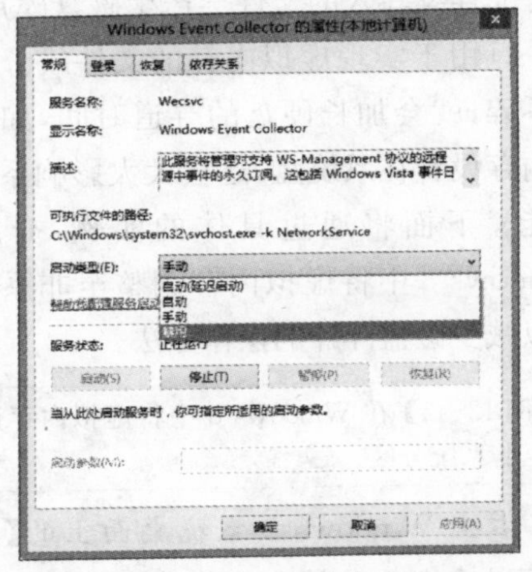

04 完成以上设置后，单击【确定】按钮。在重新启动电脑之后，操作系统将不再启动 Windows Event Collector 服务。

12.4.4 减少开机启动程序

许多应用程序在安装时会自动添加至系统启动组，每次电脑启动时，系统将自动运行，这不仅延长了开机的时间，而且增加了操作系统的内存占用量。下面将通过一个简单的实例介绍关闭系统开机启动程序的方法。

【例 12-13】在 Windows 8 中关闭不需要的开机启动的程序。视频

01 右击任务栏，在弹出的菜单中选中【任务管理器】命令，打开【任务管理器】窗口。

02 在打开的【任务管理器】窗口中单击【详细信息】选项，显示系统中运行的进程列表。

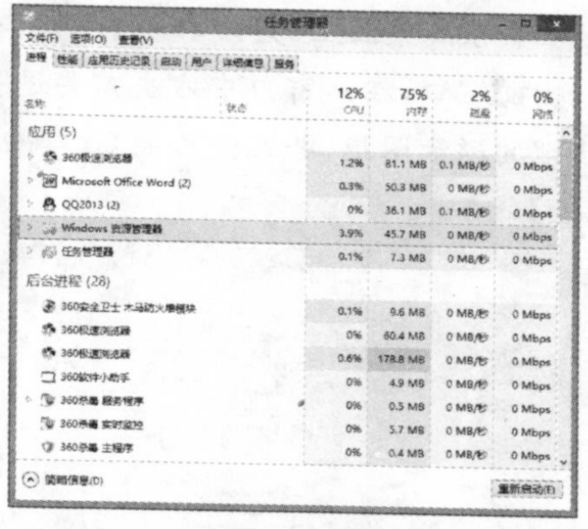

03 选中【启动】选项卡，然后在该选项卡中右击需要禁用的程序名称，在弹出的菜单中选中【禁用】命令即可。

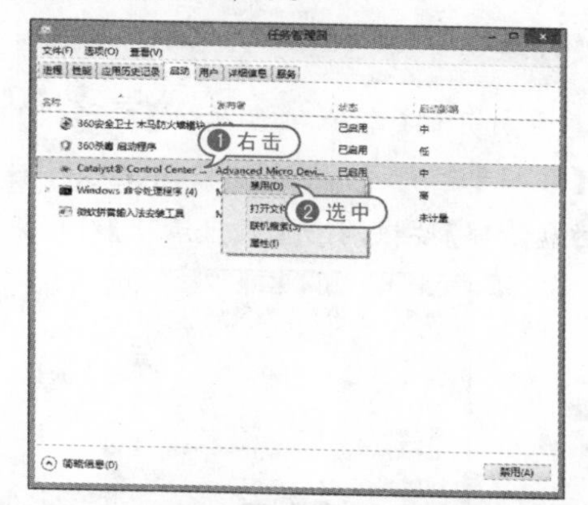

04 完成以上设置后，关闭【任务管理器】窗口，重新启动电脑，则被禁用的应用程序将不会在电脑启动时自动启动。

12.5 管理磁盘文件

在 Windows 8 操作系统中，用户可以通过清除磁盘垃圾文件、使用计划任务等方法对磁盘中的文件进行管理。

12.5.1 清理磁盘垃圾文件

Windows 8 在运行的过程中会生成各种垃圾文件(例如 BAK、OLD、TMP 文件以及浏览器中的 CACHE 文件、TEMP 文件夹等)，占用大量的磁盘空间。这些垃圾文件广泛分布在磁盘的不同文件夹中，并且它们与其他文件之间的区别并不十分明显，手动清除非常麻烦。

磁盘清理程序是一个垃圾文件清除工具，它可以自动找出并清理整个磁盘的各种无用文件。经常运行磁盘清理程序删除系统中的无用文件，可以保持系统的简洁，大大提高系统的性能。下面将通过实例介绍磁盘清理程序的详细使用方法。

【例 12-14】在 Windows 8 中使用磁盘清理程序清理磁盘垃圾文件。视频

01 双击系统桌面上的【计算机】图标，打开【计算机】窗口，在该窗口中右击需要进行磁盘清理的磁盘图标，并在弹出的菜单中选中【属性】命令。

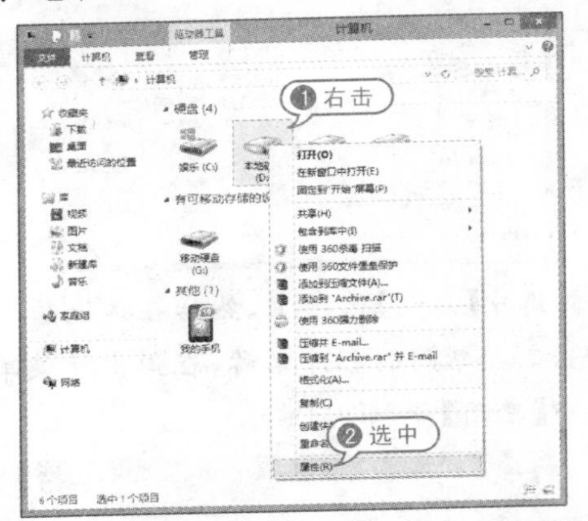

02 在打开的【本地磁盘属性】对话框中选中【常规】选项卡，然后单击该选项卡中的【磁盘清理】按钮，打开【磁盘清理】对话框。

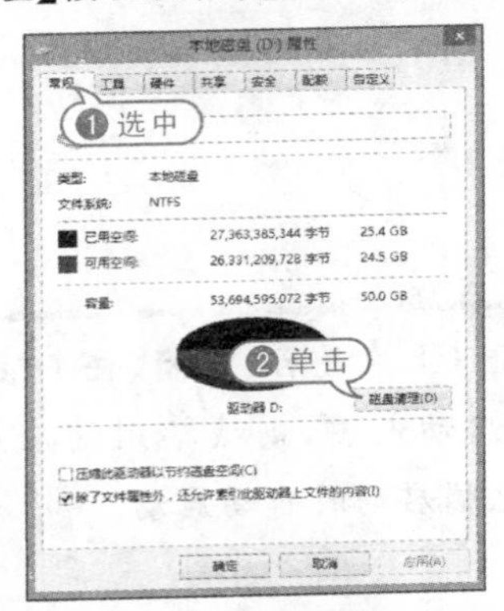

03 在【磁盘清理】对话框的【要删除的文件】列表框中选中需要删除的项目后，单击【确定】按钮。

04 此时，系统将打开【磁盘清理】对话框，提示用户"确实要永久删除这些文件吗?"，单击【删除文件】按钮，可以删除【步骤 03】所选中的文件。

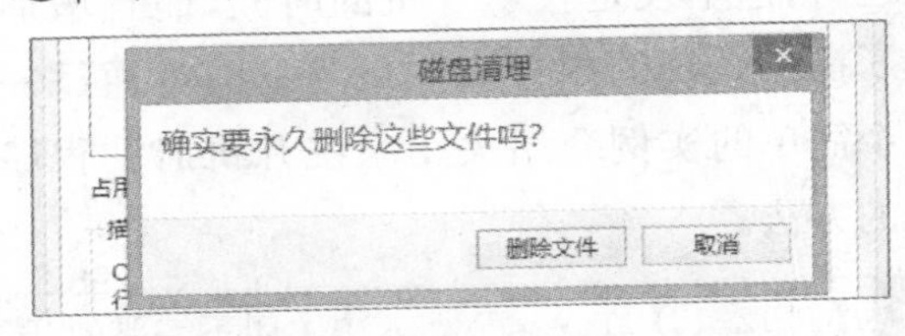

05 最后，重新启动电脑即可。

12.5.2 设置简化磁盘维护

由于磁盘维护工作需要不定期进行，为了简化操作，用户可以利用计划任务来进行。Windows 计划任务程序可以使电脑在指定的时间自动执行常用的任务。

【例 12-15】在 Windows 8 中利用计划任务简化磁盘维护操作。视频

01 在 Windows 8 系统桌面的任务栏左下角右击鼠标，然后在弹出的菜单中选中【控制面板】命令，打开【控制面板】窗口。

02 在【控制面板】窗口中单击【系统和安全】选项，打开【系统和安全】窗口。

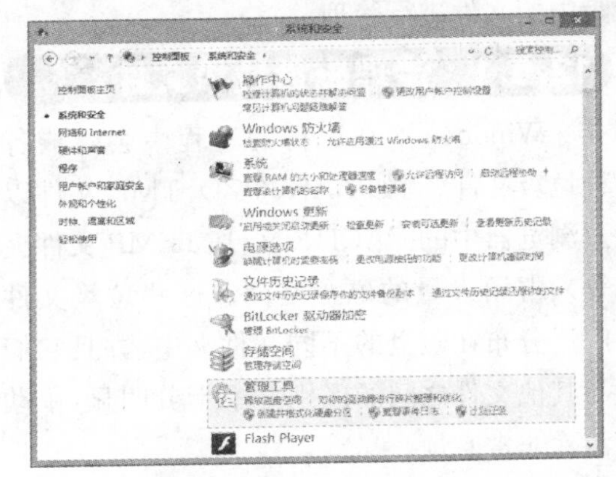

03 在【系统和安全】窗口中单击【计划和任务】选项，在打开的窗口中单击【创建基本任务】选项，打开【创建基本任务向导】对话框。

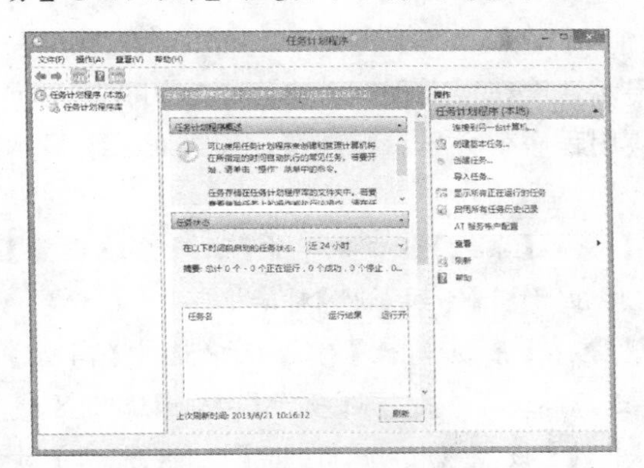

04 在【创建基本任务向导】对话框的【名称】文本框中输入任务名称后，单击【下一步】按钮。

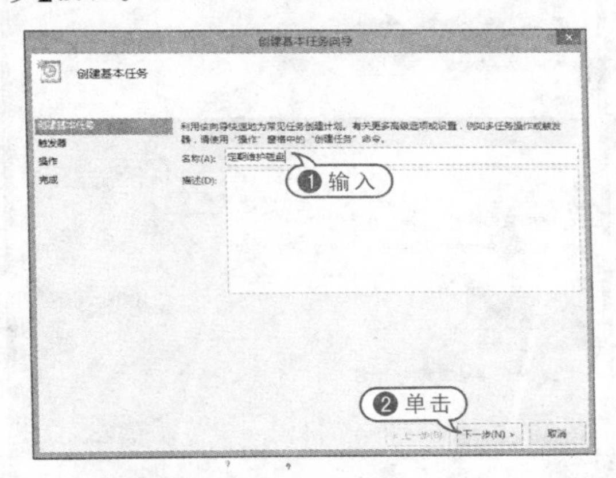

05 在打开的对话框中，根据需要设置任务的开始时间周期，完成设置后单击【下一步】按钮。

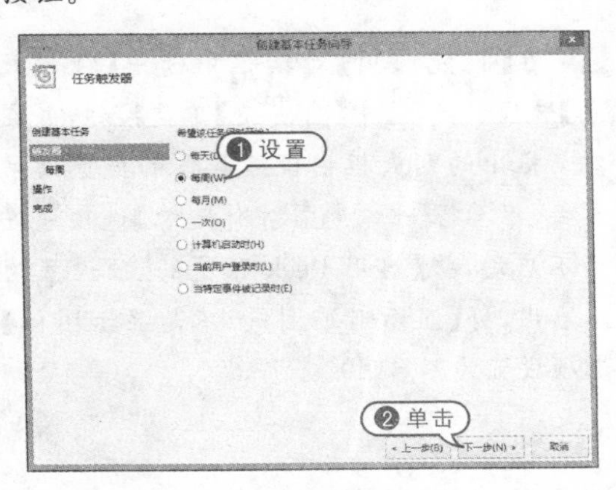

06 在打开的窗口中，根据需要设置任务的具体开始日期，完成设置后单击【下一步】按钮。

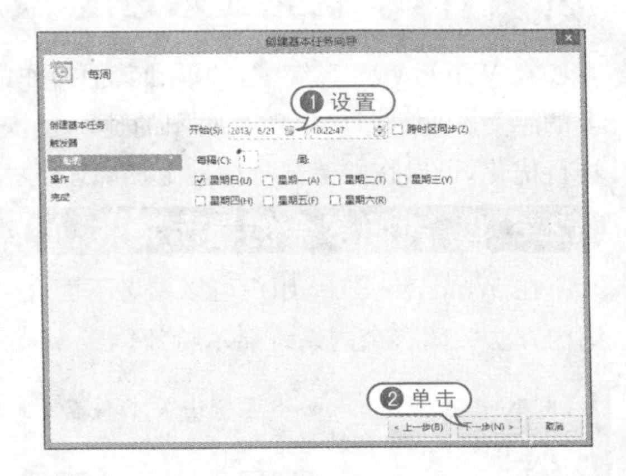

07 在打开的对话框中选中【启用程序】单选按钮后，单击【下一步】按钮。

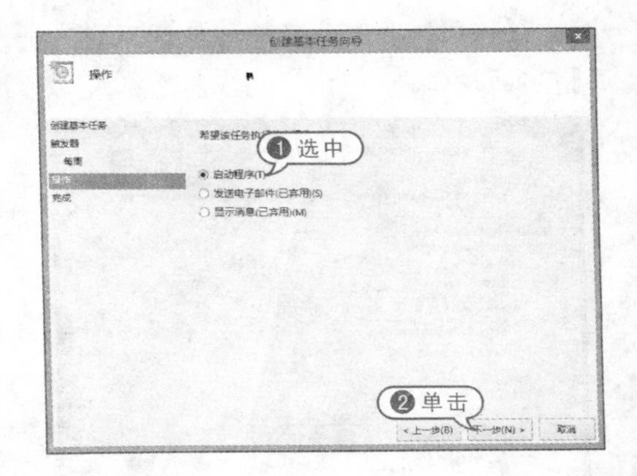

08 在打开的对话框中输入"cleanmgr. exe"后，单击【下一步】按钮。

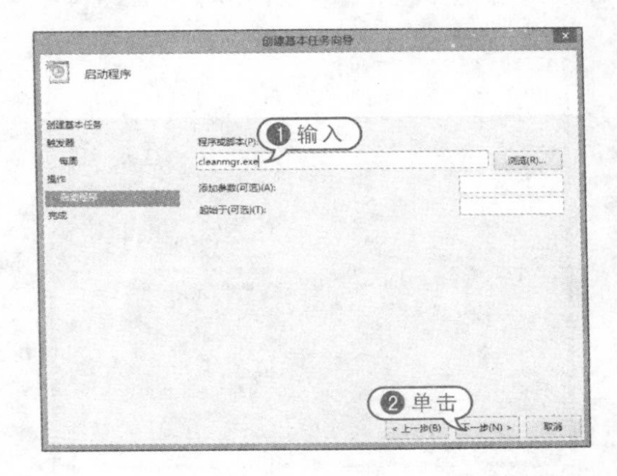

09 在打开的对话框中确认所有信息无误后，单击【完成】按钮，返回【任务计划程序】窗口。在该窗口的【活动任务】列表中可以找到设置成功的“定期维护磁盘”任务计划。

12.6 优化显示速度

在 Windows 8 系统中，图形和其他操作的显示速度在很大程度上决定了应用程序视觉上的感受速度。窗口出现及画图的速度越快，应用程序就会显示得越快。通过对系统显示进行优化，可以在整体视觉体验上提高速度。

12.6.1 关闭多余的显示特效

在 Windows 8 中，用户可以参考下面介绍的方法关闭多余的系统显示特效。

【例 12-16】在 Windows 8 系统中关闭不需要的显示特效。视频

01 打开【控制面板】窗口后，单击该窗口中的【优化视觉显示】选项，然后在打开的窗口中选中【关闭所有不必要的动画】复选框，单击【确定】按钮。

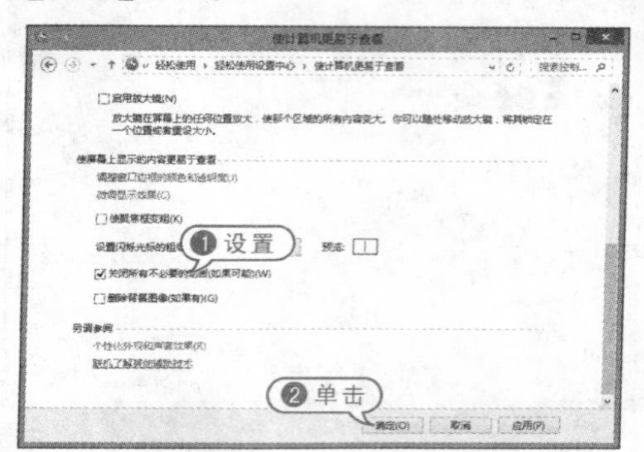

02 在系统桌面上右击【计算机】图标，在弹出的菜单中选中【属性】命令，打开【系统】窗口。

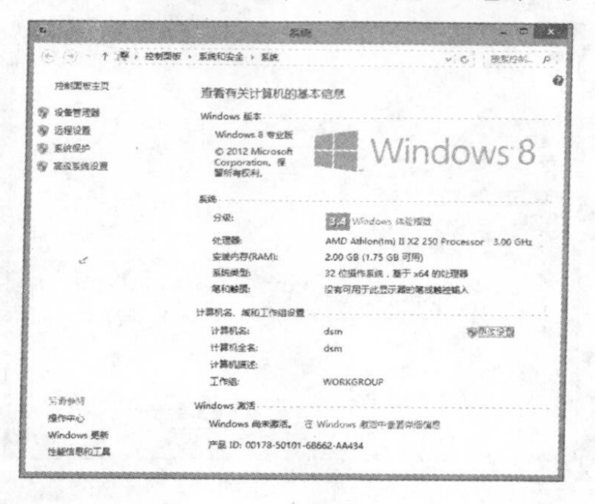

03 在【系统】窗口中单击【高级系统设置】按钮，打开【系统属性】对话框。

04 在【系统属性】对话框中选中【高级】选项卡后，单击该选项卡【性能】选项区域中的【设置】按钮，打开【性能选项】对话框。

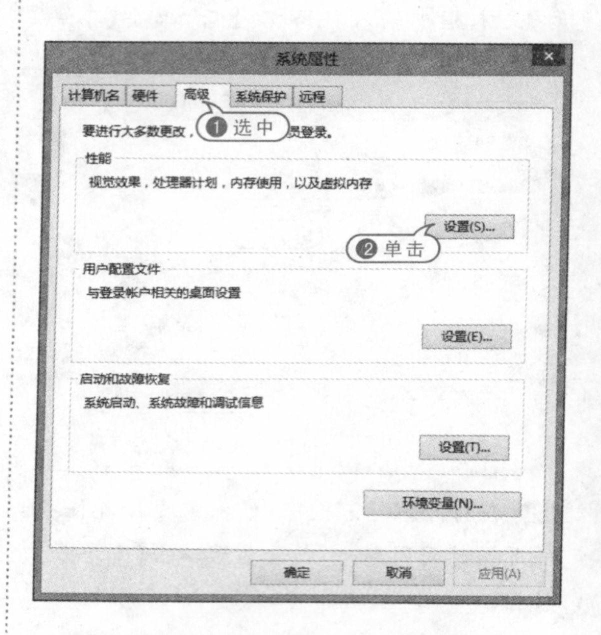

05 在【性能选项】对话框中选中【视觉效果】选项卡后，选中【自定义】单选按钮，并在对话框中的列表框内设置具体的视觉效果参数(推荐将【平滑屏幕字体边缘】选项设置为不启用，将【启用 Peek 预览】选项设置为不启用，将【显示略缩图，而不是显示图标】选项设置为不启用)。

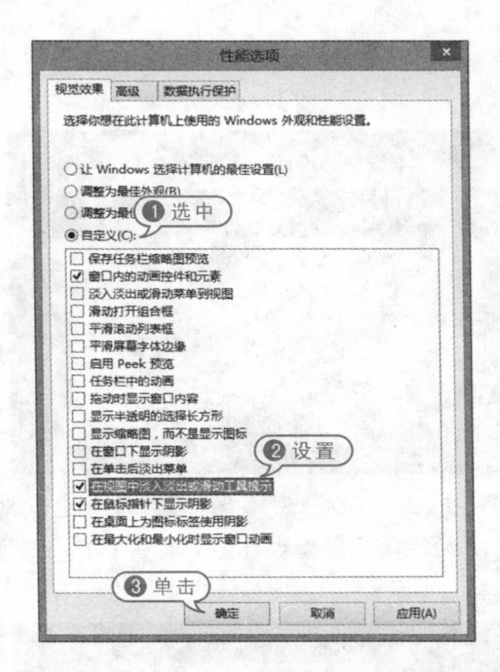

06 完成以上操作后，单击【性能选项】对话框中的【确定】按钮即可。

12.6.2 设置加速视频播放

硬件解码指的是图形芯片厂家提供的用 GPU 资源解码视频流的方案，具有效率高、热功耗低等优点，同时也具有缺乏有力支持、局限性较大和设置较复杂等缺点。本节将通过具体的实例介绍通过 PowerDVD 软件实现硬件解码的方法。

【例 12-17】使用 PowerDVD 实现硬件解码加速视频播放。视频

01 通过网络下载并安装 PowerDVD 软件后，双击系统桌面上的 PowerDVD 图标启动该软件，在打开的软件注册界面中输入注册信息并单击【立即注册】按钮，完成软件的注册，进入 PowerDVD 主界面。

02 单击 PowerDVD 主界面右上角的⚙按钮，然后在打开的【设置】对话框中单击【视频、音频、字幕】选项。

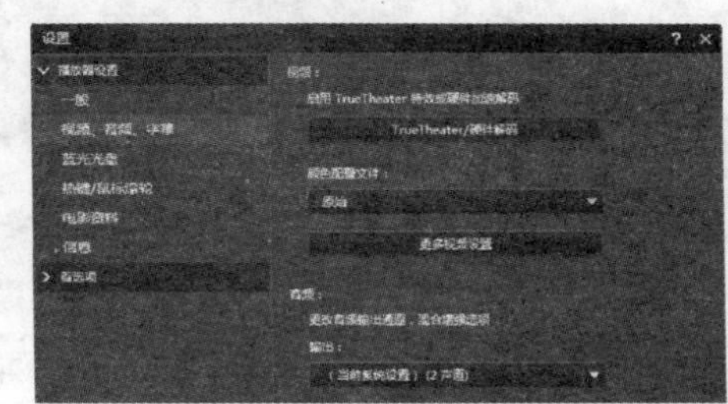

03 在打开的对话框中单击【启用 TrueTheater 特效或硬件加速解码】按钮，然后在打开的【视频】选项卡中选中【在可能的情况下启用硬件加速解码】单选按钮。

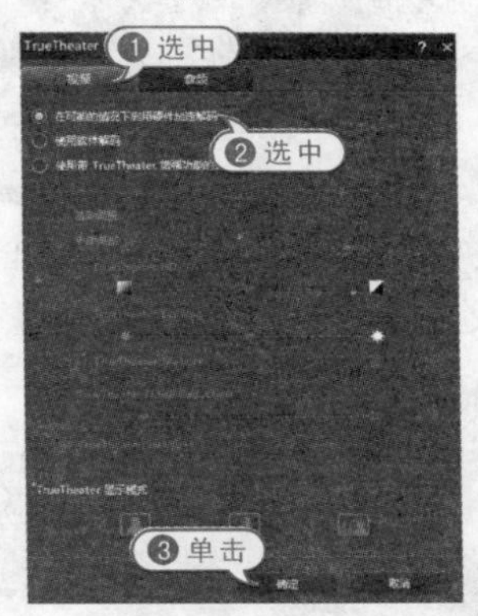

04 完成以上设置后，在【视频】选项卡中单击【确定】按钮即可。

12.7 实战演练

本章的实验指导将通过实例介绍使用软件维护与优化 Windows 8 操作系统的具体方法，帮助用户进一步掌握所学的知识。

12.7.1 使用 Windows 优化大师

用户可以参考下面介绍的方法，利用 Windows 8 优化大师优化操作系统。

【例 12-18】使用“Windows 优化大师”软件优化操作系统。视频

01 单击“Windows 8 优化大师”安装文件，在打开的界面中单击【立即安装】按钮。

02 软件安装结束后，单击程序安装界面中显示的【完成安装】按钮。

03 在打开的【优化向导/安全加固】对话框中，通过界面中的选项设置电脑当前的安全参数后，单击【下一步】按钮。

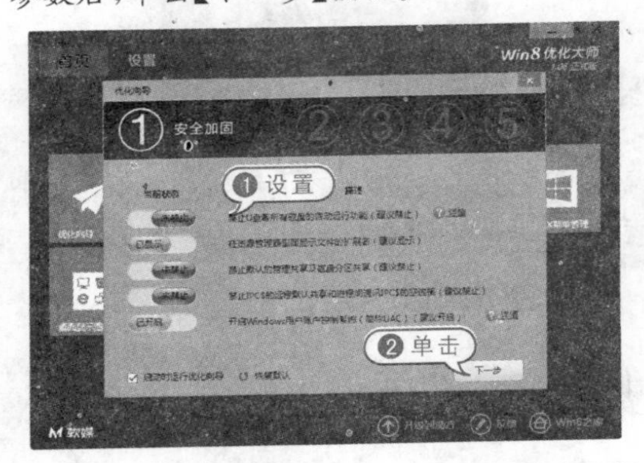

04 在打开的【优化向导/个性设置】对话框中，通过界面中的选项设置电脑的个性化参数后，单击【下一步】按钮。

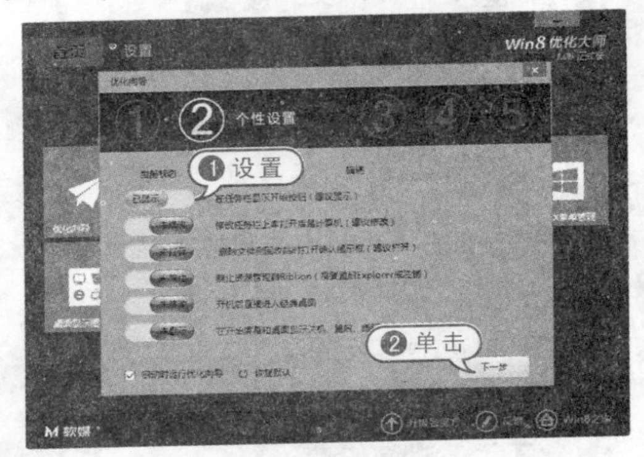

05 在【优化向导/网络优化】对话框中设置电脑的网络优化参数后，单击【下一步】按钮。

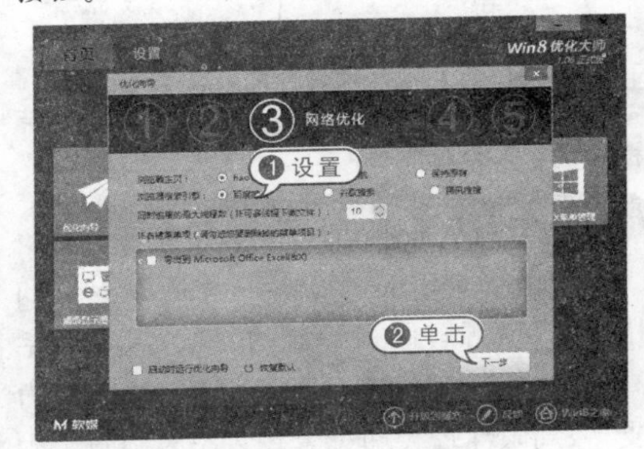

06 在【优化向导/开机加速】对话框中设置电脑的开机启动项后，单击【下一步】按钮。

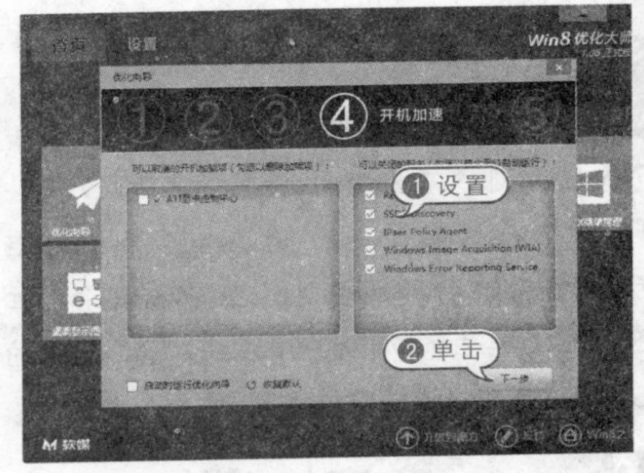

07 在打开的【优化向导/易用性改善】对话框中设置系统的易用性参数后，单击【下一步】按钮。

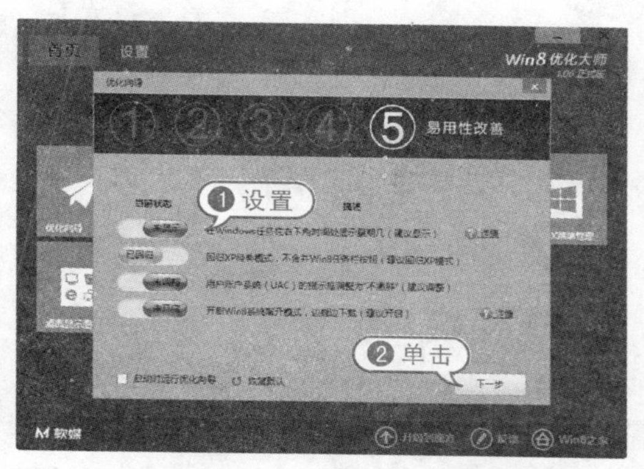

08 在打开的对话框中单击【完成】按钮，进入软件主界面。

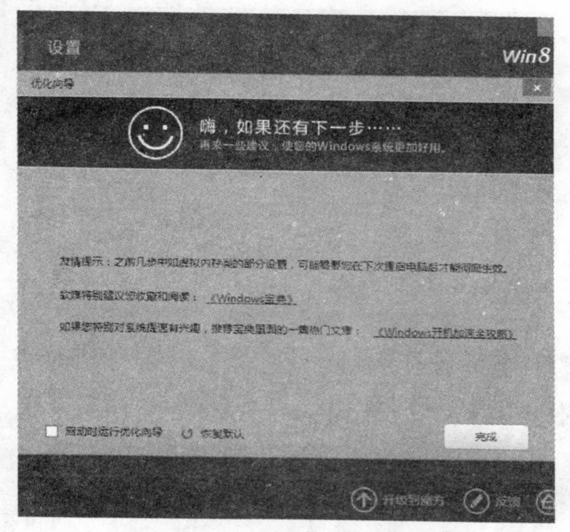

09 在“Windows 8 优化大师”主界面中单击【右键菜单快捷组】按钮，打开【右键菜单快捷组】界面。

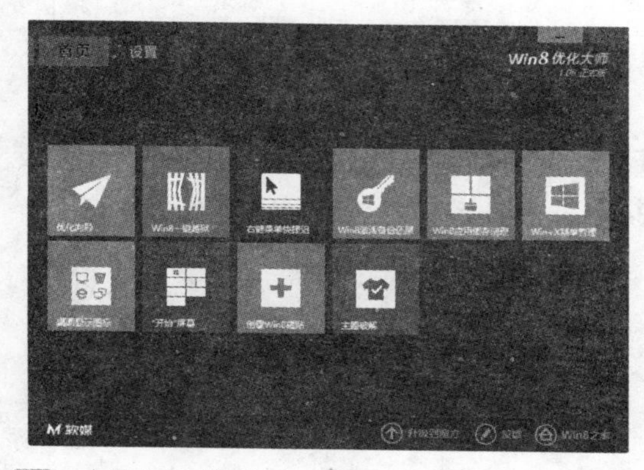

10 在【右键菜单快捷组】界面下方单击【升级到魔方】按钮后，在打开的【魔方】安装向导中单击【立即安装】按钮。

11 完成魔方的安装后，在打开的提示框中单击【完成安装】按钮。

12 参考步骤(3)～(8)的操作，在打开的对话框中设置“魔方”的优化向导。

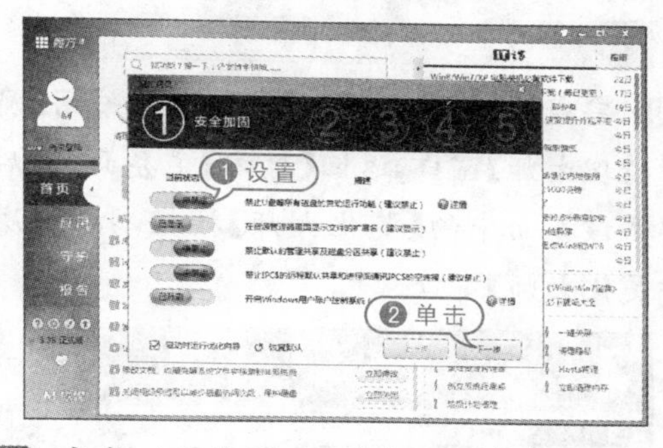

13 完成以上设置后，在打开的【魔方】窗口中单击【清理大师】按钮，打开【魔方清理大师】窗口。

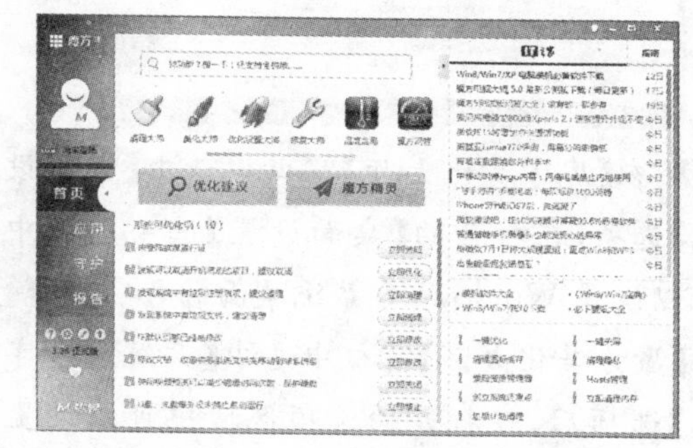

14 在【魔方清理大师】窗口中单击【开始扫

描】按钮，扫描系统中的文件。

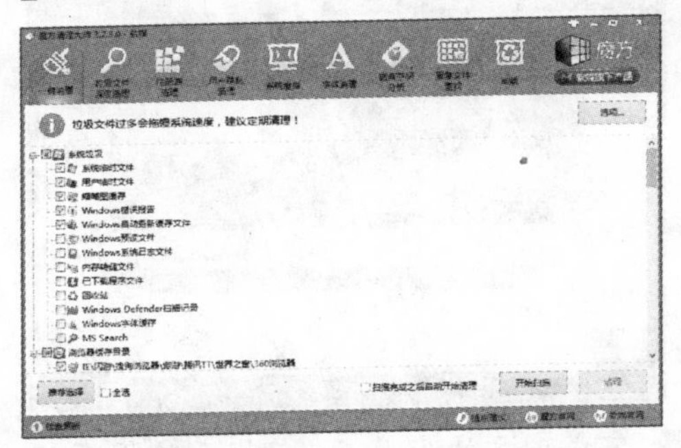

15 完成系统垃圾文件的扫描操作后，在【魔方清理大师】窗口中单击【清理】按钮，开始清理系统垃圾文件。

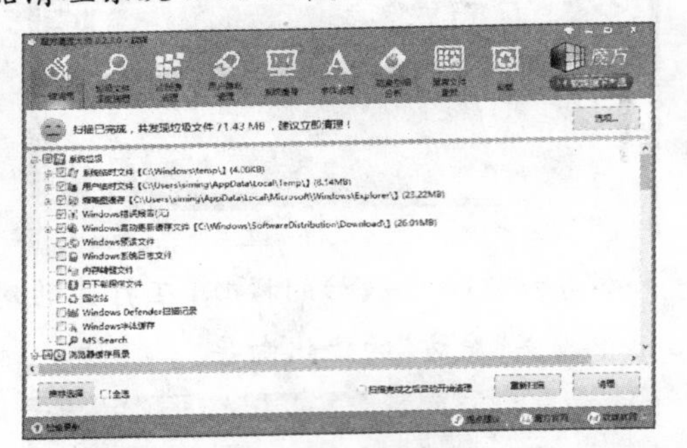

16 完成系统垃圾文件的清理后，关闭【魔方清理大师】窗口，返回【魔方】主界面，然后单击该界面中的【美化大师】按钮，打开【魔方美化大师】窗口。

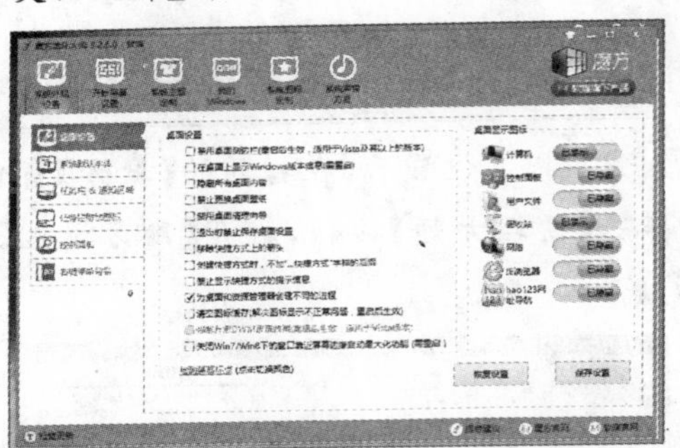

17 在【魔方美化大师】窗口中选中【桌面设置】选项，在打开的【桌面设置】选项区域中可以设置 Windows 8 系统桌面的各项功能。在【魔方美化大师】窗口中选中【系统默认字体】选项后，在打开的选项区域中可以设置 Windows 8 系统的默认字体。

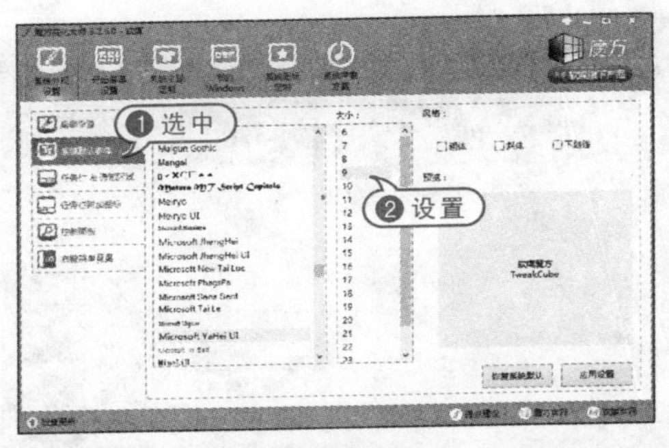

18 在【魔方美化大师】窗口中选中【任务栏&通知区域】选项后，在打开的选项区域中可以设置系统任务栏与通知区域的各项功能。

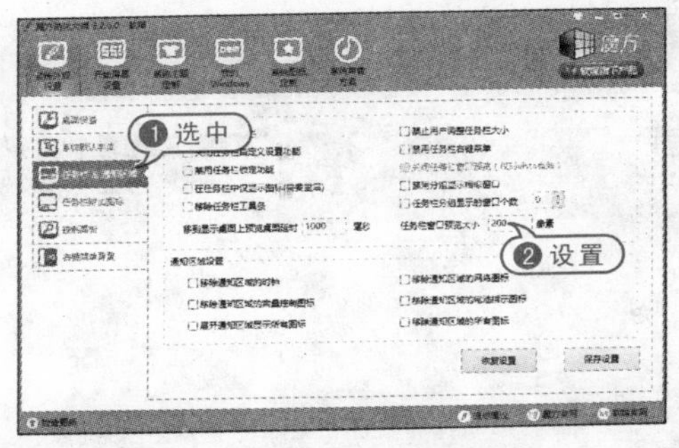

19 选中【任务栏附加图标】选项，可以设置任务栏的附加图标。

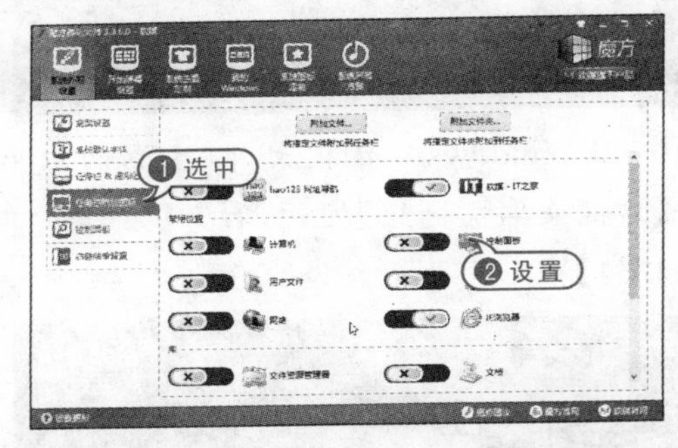

20 选中【控制面板】选项，在打开的选项区域中可设置系统“控制面板”的显示选项。

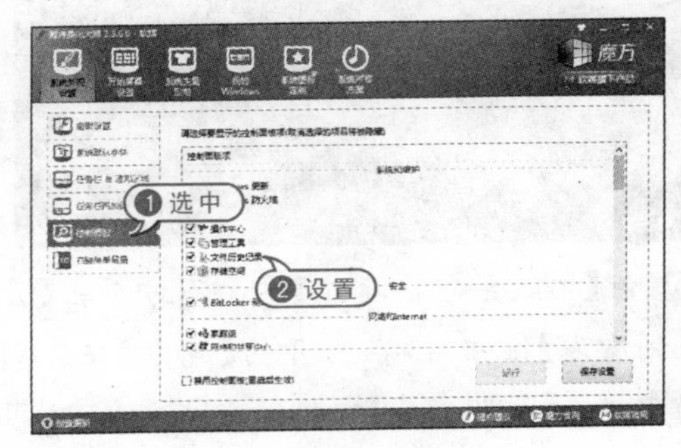

21 完成以上设置后，关闭【魔方美化大师】窗口，返回【魔方】主界面，然后单击该界面中的【优化设置大师】按钮，打开【魔方优化设置大师】窗口。

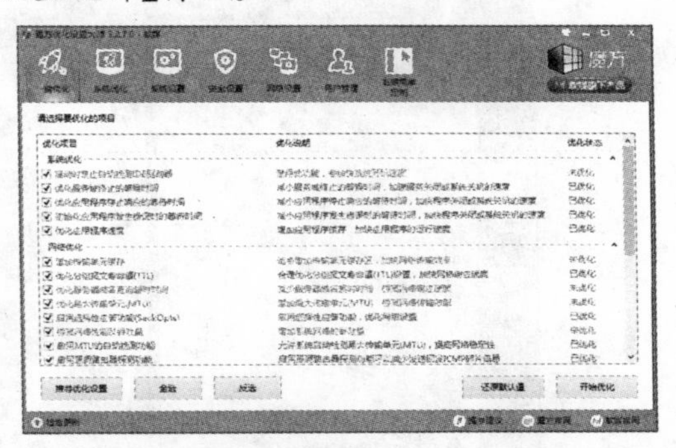

22 在【魔方优化设置大师】窗口中选中【一键优化】按钮后，在界面的【请选择要优化的项目】列表框中选中需要优化的系统项目，然后单击【开始优化】按钮即可对 Windows 8 系统执行“一键优化”操作。

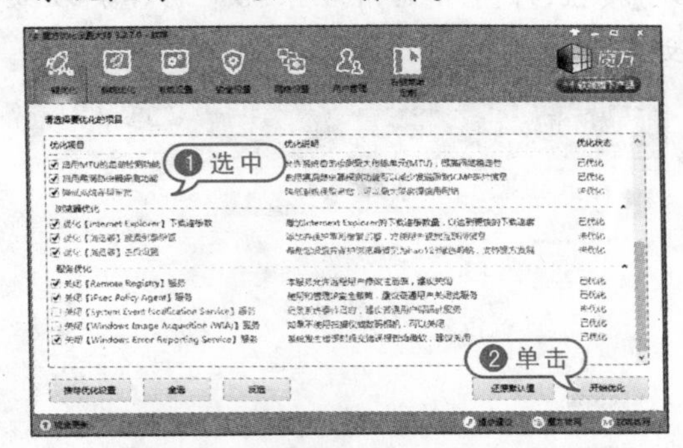

23 系统优化操作结束后，关闭【魔方优化设置大师】窗口，返回【魔方】主界面中，单击该界面中的【优化建议】按钮，将显示对当前电脑的优化建议，单击建议项目后的解决方法即可对建议项目进行优化。

12.7.2 使用360安全卫士

用户可以参考下面介绍的方法，使用“360安全卫士”软件优化电脑性能。

【例12-19】使用“360 安全卫士”软件优化 Windows 8 操作系统。视频

01 在 Windows 8 中下载并安装“360 安全卫士”软件后，双击该软件图标进入主操作界面。

02 在【360 安全卫士】主界面中单击【优化加速】选项，打开【一键优化】界面，将显示当前电脑的可优化项目。

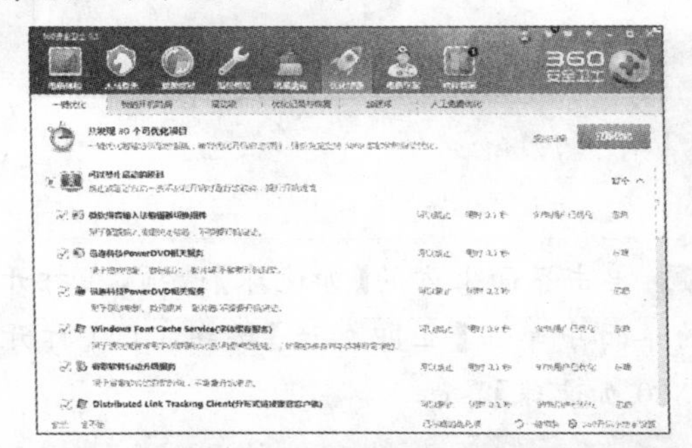

03 在【一键优化】界面中单击【立即优化】按钮，即可对当前系统执行“一键优化”操作，提高系统工作效率。单击界面上方的【我的开机时间】选项，在打开的界面中用户可以设置 Windows 8 系统的开始屏效果，并查看系统的开机时间。

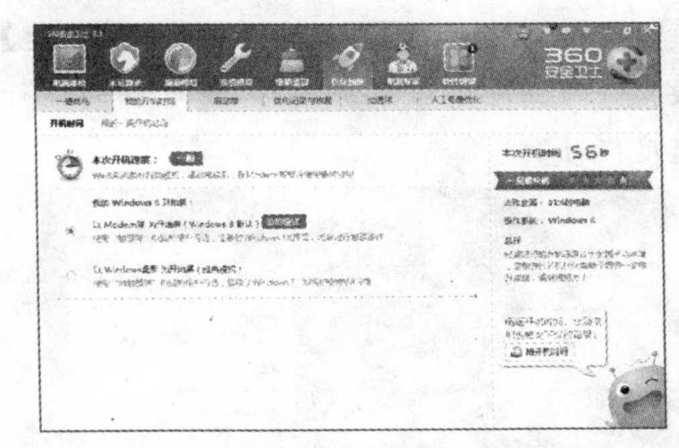

04 单击界面上方的【启动项】选项，在打开的界面中用户可以设置 Windows 8 系统的开机启动选项。

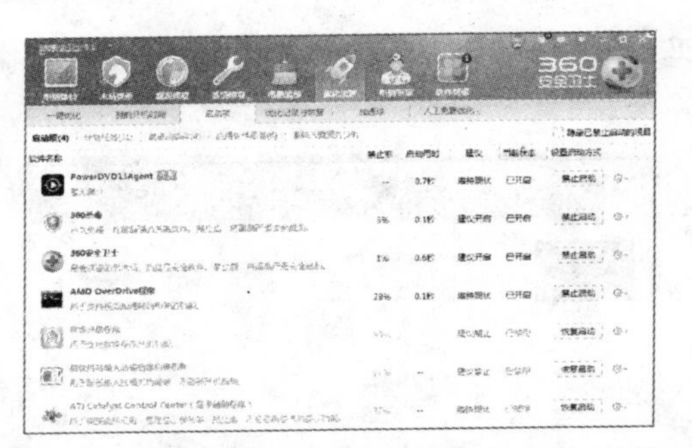

05 单击界面上方的【优化记录与恢复】选项，在打开的界面中用户可以查看当前电脑的优化记录，设置恢复已优化的项目。

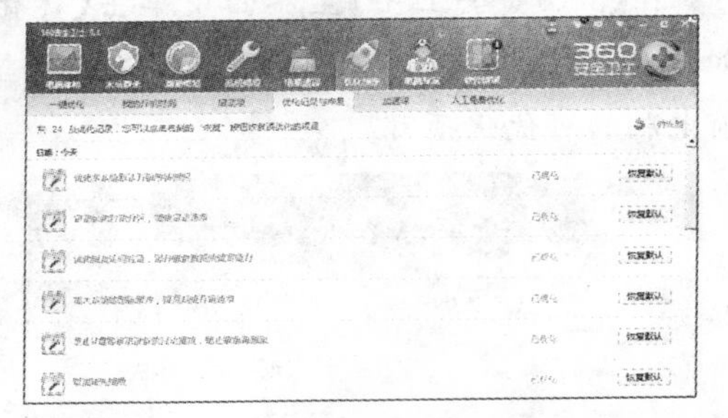

06 单击界面上方的【加速球】选项，在打开的界面中单击【立即加速】按钮，可以打开【360 加速球】界面。

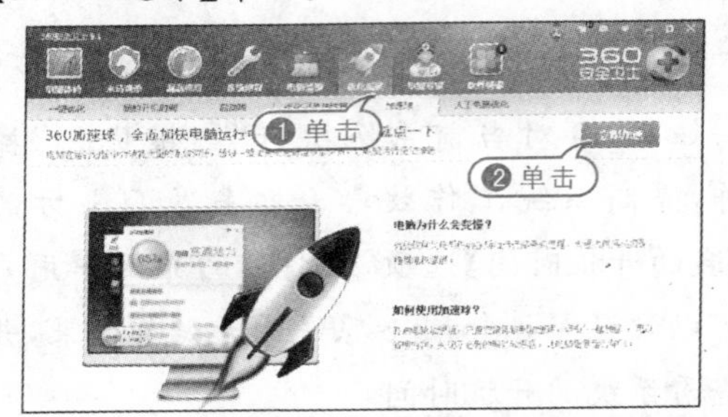

07 在【360 加速球】界面中单击【一键加速】按钮即可立即清理系统内存，使电脑的运行速度提升。

08 在【360 加速球】界面中选中【流量】选项卡，可以查看当前系统中各应用程序使用网络带宽的情况。

09 返回“360 安全卫士”软件的主界面，单击该界面中的【电脑清理】图标，在打开的界面中选中需要清理的项目并单击【一键清理】按钮，即可开始清理系统中的各类垃圾文件。

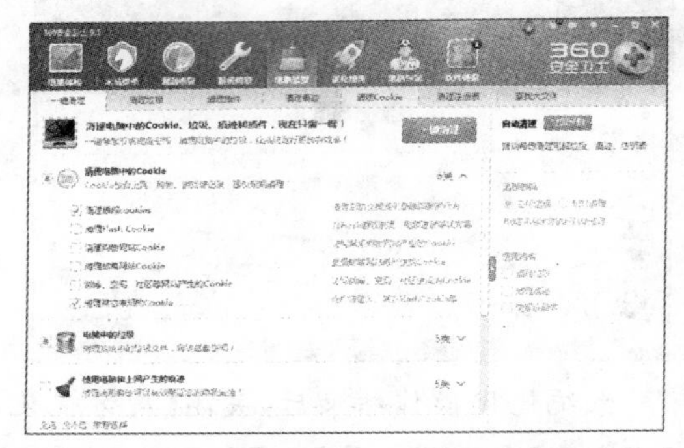

10 在【电脑清理】界面中选中【清理插件】选项卡，然后单击该选项卡中的【开始扫描】按钮，即可扫描电脑中的插件信息。

11 完成插件扫描后，在打开的列表框中选中需要清理的插件，然后单击【立即清理】按钮，即可开始清理系统中的插件。

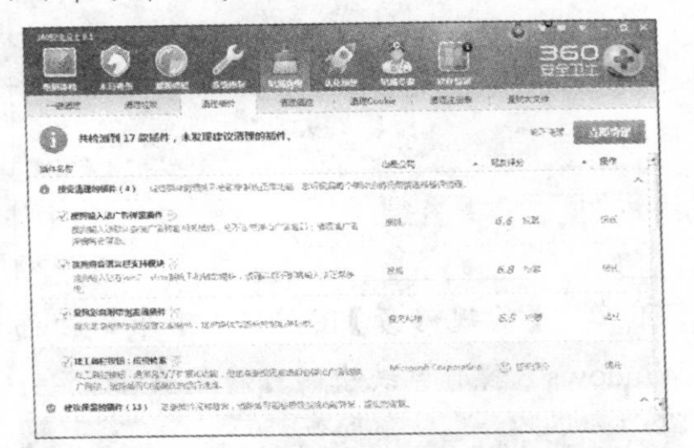

12 在【电脑清理】界面中选中【清理痕迹】选项卡，然后单击该选项卡中的【开始扫描】按钮，即可扫描电脑的使用痕迹。

13 在扫描结果列表中选中需要清理痕迹的项目后，单击窗口右上角的【立即清理】按钮，即可开始清理系统使用痕迹。

14 在【电脑清理】界面中选中【清理 Cookie】选项卡，然后单击该选项卡中的【开始扫描】按钮，即可扫描浏览器 Cookies 信息。

15 在扫描结果列表中选中需要清理的 Cookies 项目后，单击窗口右上角的【立即清理】按钮，即可开始清理系统 Cookies 信息。

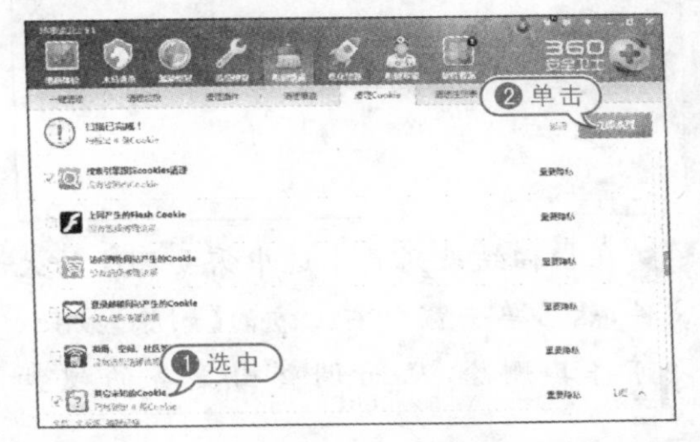

16 在【电脑清理】界面中选中【清理注册表】选项卡，然后单击该选项卡中的【开始扫描】按钮，即可扫描系统注册表信息。

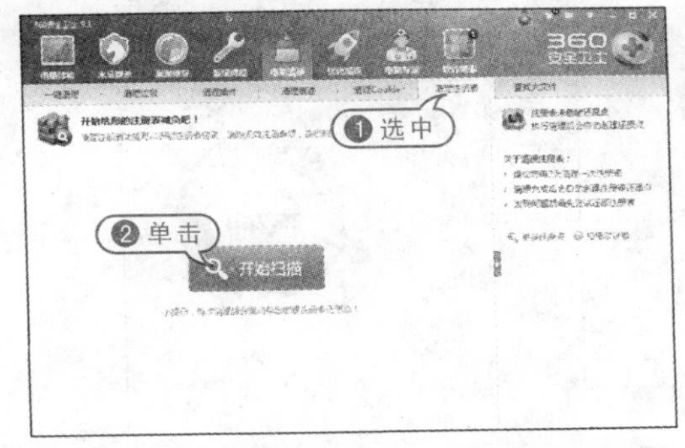

17 在扫描结果列表中选中需要清理的注册表项后，单击窗口上方的【立即清理】按钮，即可开始清理系统注册表信息。

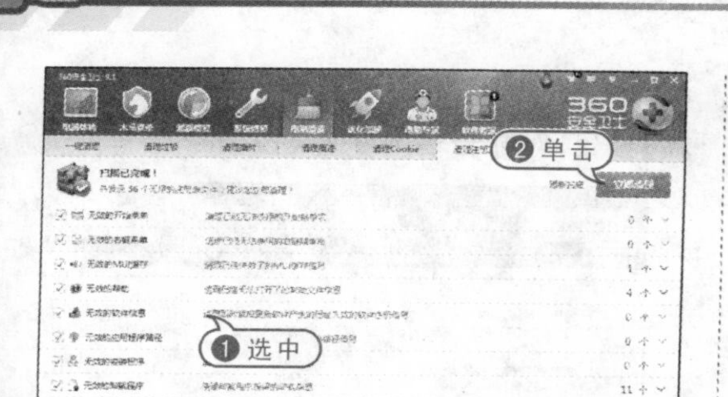

18 在【电脑清理】界面中选中【查找大文件】选项卡，然后在该选项卡下方选中需要扫描的分区，并单击该选项卡中的【扫描大文件】按钮，即可扫描电脑硬盘中的大文件。

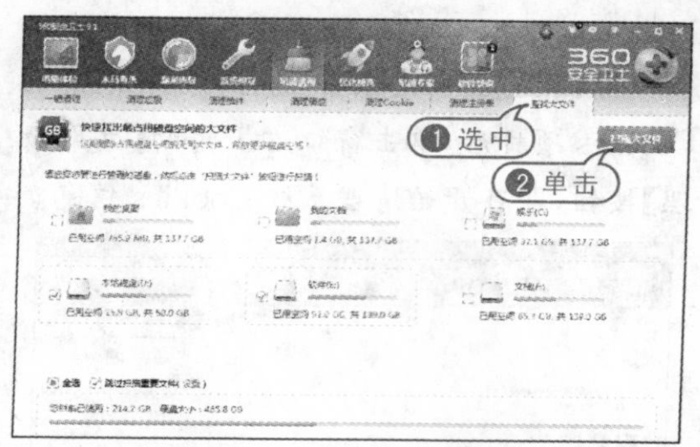

19 在扫描结果列表中选中需要删除的大文件，然后单击窗口右上方的【删除】按钮，即可将其删除，从而调整出更多的硬盘空间。

20 返回“360 安全卫士”软件主界面，再单击该界面上方的【系统修复】图标，打开如下所示的【系统修复】窗口。

21 单击【常规修复】图标，即可开始扫描Windows 8 操作系统中的可修复项目。

22 在扫描结果列表中选中需要修复的系统项目后，单击窗口右上角的【立即修复】按钮即可修复所选项目。

23 返回“360 安全卫士”软件主界面，再单击该界面上方的【漏洞修复】图标，在打开窗口中，软件将自动扫描当前操作系统可安装的系统漏洞补丁，单击窗口右上方的【立即修复】按钮，即可开始修复系统漏洞。

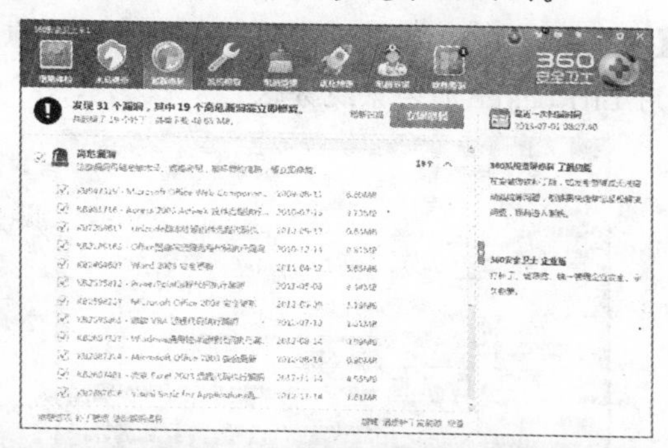

12.7.3 启用 Windows Defender

用户可以参考下面介绍的方法，在 Windows 8 中使用 Windows Defender。

【例 12-20】使用 Windows Defender。视频

01 在【应用】界面中单击【Windows Defender】选项，启动 Windows Defender。

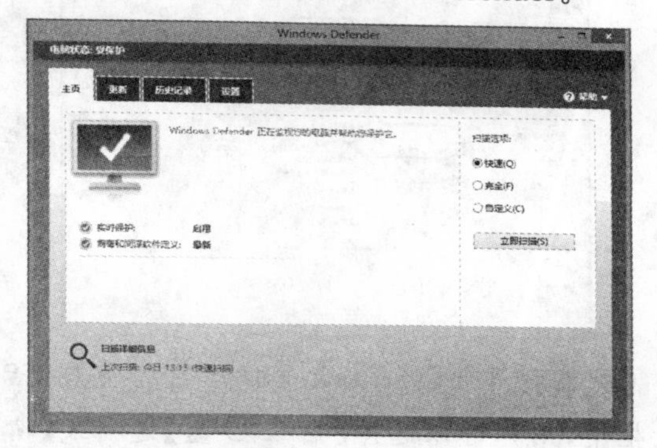

02 在【Windows Defender】窗口中选中【更新】选项卡，然后在打开的选项区域中单击【更新】按钮，可手动更新最新的病毒库。

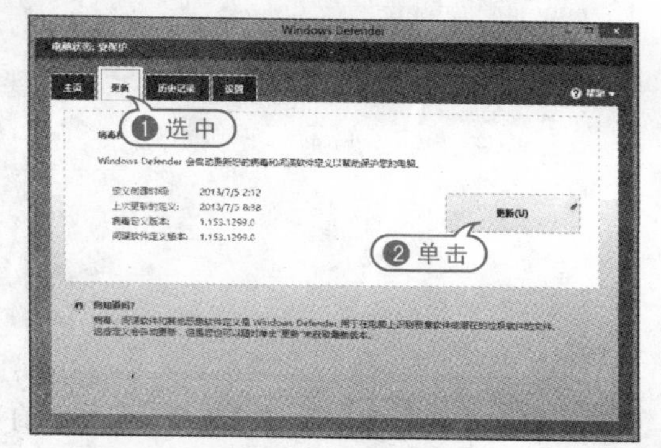

03 选中【设置】选项卡，在打开的选项区域中，用户可以设置 Windows Defender 应用的主要选项参数，包括实时保护、排除的文件和位置、排除的进程、MAPS 等。

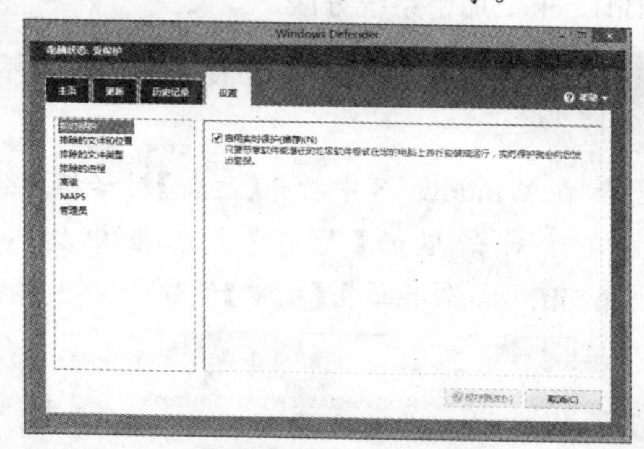

04 选中【主页】选项卡，在该选项卡的【扫描选项】选项区域中选择一种病毒扫描方式(快速、完全、自定义)，然后单击【立即扫描】按钮，即可开始检测电脑中的病毒或恶意软件。

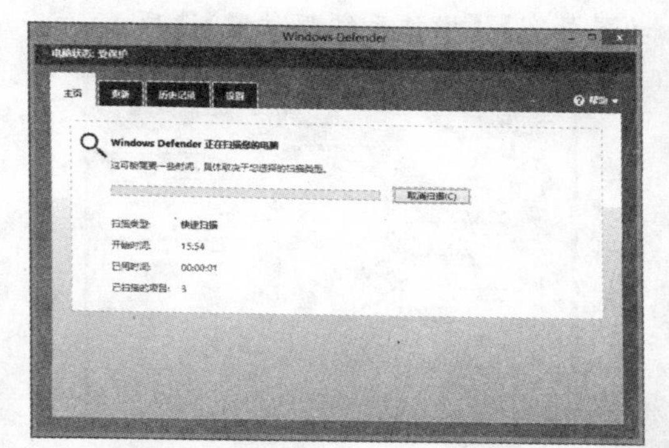

05 完成扫描后，在【Windows Defender】窗口中选中【历史记录】选项卡，可以在打开的选项区域中查看 Windows Defender 扫描文件的一些具体信息。

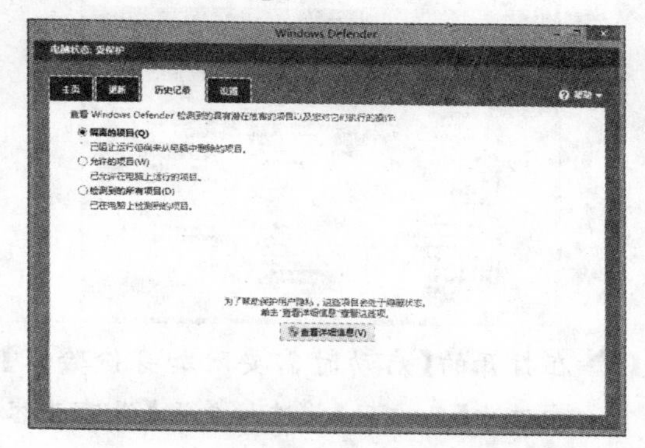

12.7.4 使用 BitLocker

用户可以参考下面介绍的方法，使用BitLocker加密系统分区。

【例 12-21】在 Windows 8 中设置加密系统分区。视频

01 在 Windows 8 中打开【运行】对话框，然后在该对话框的【打开】文本框中输入“gpedit. msc”，并单击【确定】按钮。

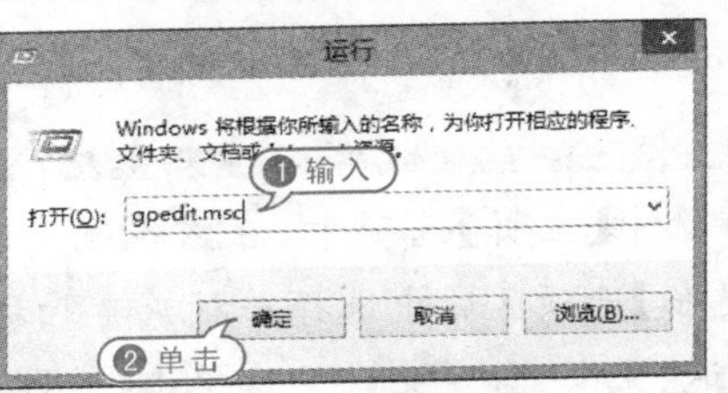

02 在【本地组策略编辑器】窗口中选中【计算机配置】|【Windows 组件】|【BitLocker 驱动器加密】|【操作系统驱动器】选项。

03 在【本地组策略编辑器】窗口中双击【操作系统驱动器】选项，在展开的选项区域中双击【启动时需要附加身份验证】选项。

04 在打开的【启动时需要附加身份验证】窗口中选中【已启用】单选按钮和【没有兼容的 TPM 时允许 BitLocker】复选框，再单击【确定】按钮，即可在没有 TPM 的电脑上使用 BitLocker 加密系统分区。

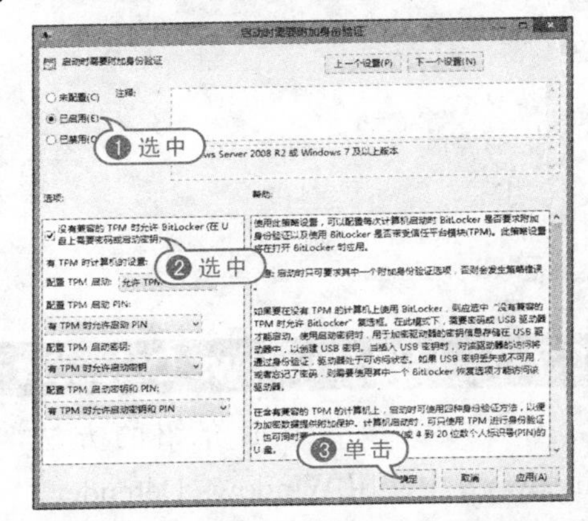

05 双击系统桌面上的【计算机】图标，在打开的【计算机】窗口中右击系统分区盘符，在弹出的菜单中选中【启用 BitLocker】命令。

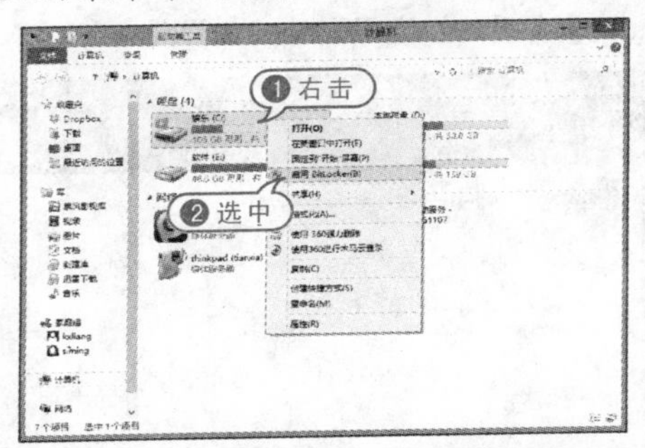

06 在打开的【BitLocker 驱动器加密】对话框中，用户可以选择【插入 U 盘】选项或【输入密码】选项。

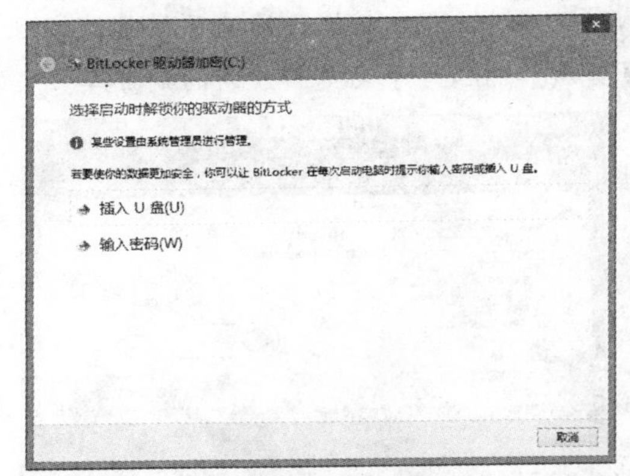

07 若用户选择【插入 U 盘】选项，系统会自动识别 U 盘，并打开【保存启动密钥】对话

框，提示用户选择U盘。

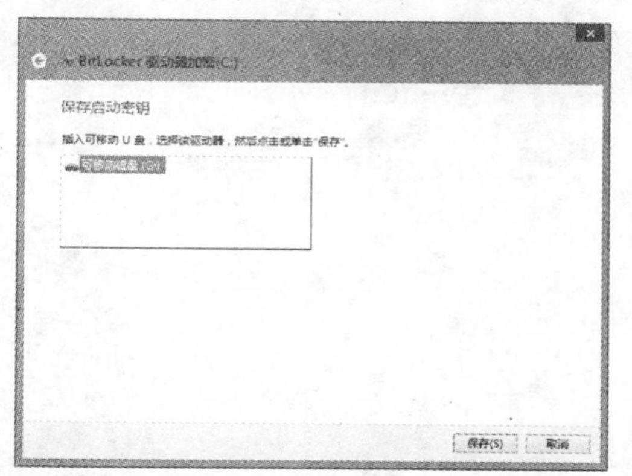

08 若用户选择【输入密码】选项，系统将打开【创建用于解锁此驱动器的密码】对话框，提示用户创建解锁驱动器的密码。

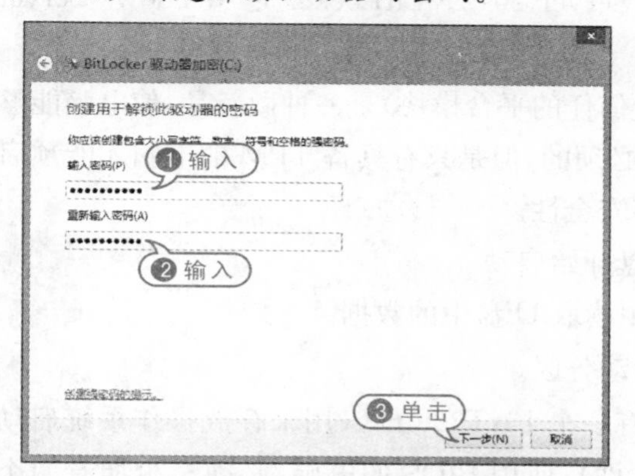

09 为确保解锁密钥不会丢失，系统会提供四种备份方式要求用户备份恢复密钥。

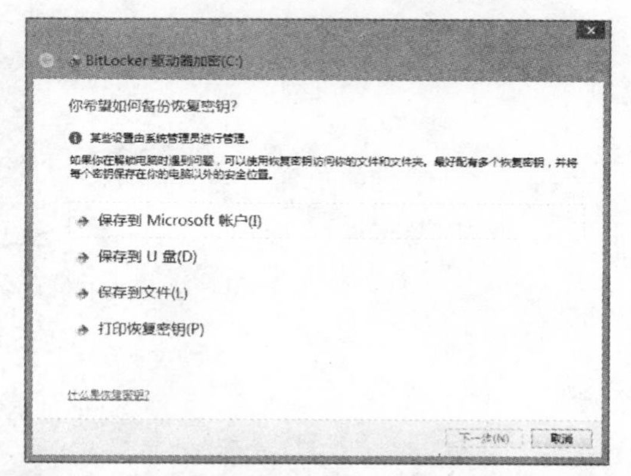

10 成功备份密钥后，单击【下一步】按钮，打开【选择要加密的驱动器空间大小】对话框。

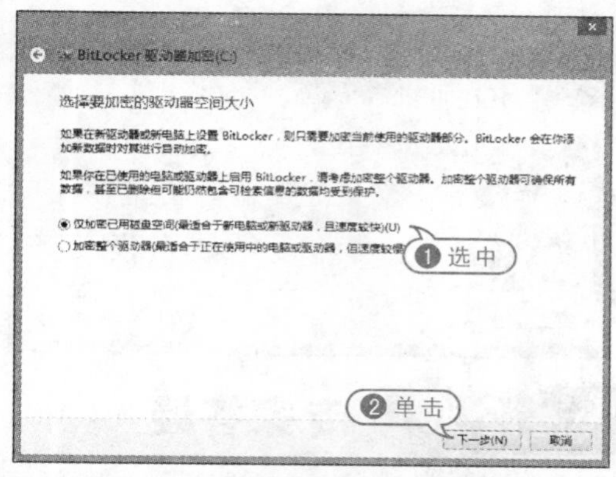

11 在【选择要加密的驱动器空间大小】对话框中单击【下一步】按钮，打开【是否准备加密该驱动器】对话框。

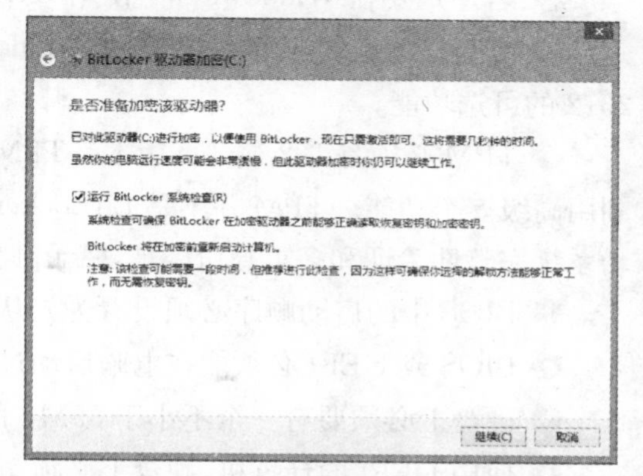

12 在【是否准备加密该驱动器】对话框中单击【继续】按钮，然后在弹出的提示框中单击【立即重新启动】按钮，重新启动电脑，在进行BIOS自检后，会要求用户输入解锁密码才能继续启动操作系统。

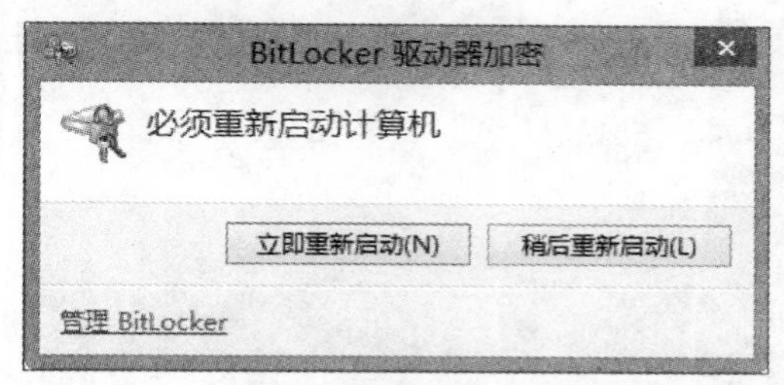

13 若用户采用U盘解锁，用户需要在重启电脑之前插入U盘。在电脑重启的过程中，系统会自动从U盘中读取解密密钥，验证通过后会继续启动操作系统。系统重启后，将正式开始加密系统分区。

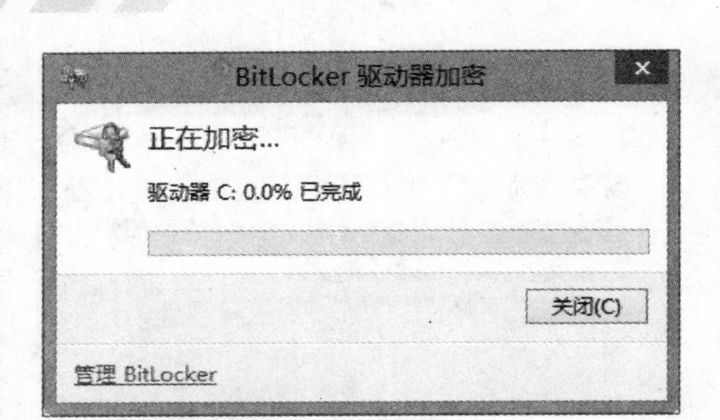

14 完成分区加密操作后，【计算机】窗口中的系统分区图标上将显示加密锁标志。

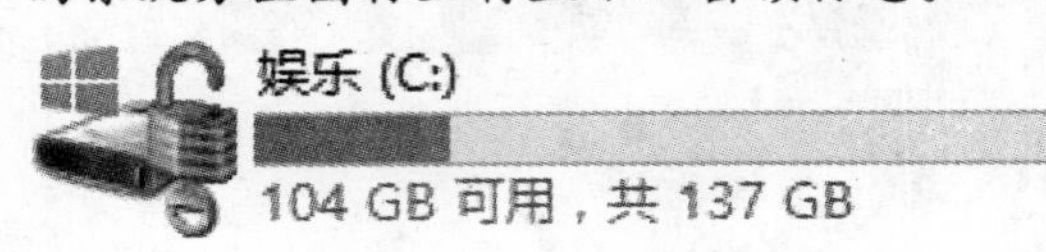

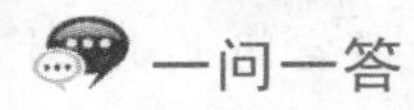

12.8 专家答疑

一问一答

问：在 Windows 8 中使用 BitLocker 有哪些要求？

答：若用户要在 Windows 8 中使用 BitLocker，必须要符合以下硬件和软件要求。

- 电脑必须安装 Windows 8 或 Windows Server 2012。BitLocker 是 Windows Server 2012 的可选功能。
- TPM 必须是 1.2 或 2.0 版本。TPM(受信任的平台模块)是一种微新品，使电脑能够利用高级安全功能。TPM 并不是 BitLocker 所必须的，但是只有具备 TPM 的电脑才能预启动系统完整性验证和多重身份验证，赋予其更多安全性。
- BIOS 中的启动顺序必须设置为先从硬盘开始启动。
- BIOS 或 UEFI 必须能在电脑启动过程中读取 U 盘中的数据。
- 硬盘上必须要有一个不小于 35MB 的活动分区。
- 使用 UEFI 的计算机，硬盘上必须至少有一个 FAT32 分区(用来存放操作系统启动文件)和一个 NTFS 分区(用来存放操作系统文件)；使用 BIOS 的电脑，必须至少拥有两个 NTFS 分区，一个是 350MB 大小的系统保留分区，另一个是系统分区。